CAMBRIDGE LIBRARY COLLECTION

Books of enduring scholarly value

Mathematical Sciences

From its pre-historic roots in simple counting to the algorithms powering modern desktop computers, from the genius of Archimedes to the genius of Einstein, advances in mathematical understanding and numerical techniques have been directly responsible for creating the modern world as we know it. This series will provide a library of the most influential publications and writers on mathematics in its broadest sense. As such, it will show not only the deep roots from which modern science and technology have grown, but also the astonishing breadth of application of mathematical techniques in the humanities and social sciences, and in everyday life.

Oeuvres complètes

Augustin-Louis, Baron Cauchy (1789-1857) was the pre-eminent French mathematician of the nineteenth century. He began his career as a military engineer during the Napoleonic Wars, but even then was publishing significant mathematical papers, and was persuaded by Lagrange and Laplace to devote himself entirely to mathematics. His greatest contributions are considered to be the Cours d'analyse de l'École Royale Polytechnique (1821), Résumé des leçons sur le calcul infinitésimal (1823) and Leçons sur les applications du calcul infinitésimal à la géométrie (1826-8), and his pioneering work encompassed a huge range of topics, most significantly real analysis, the theory of functions of a complex variable, and theoretical mechanics. Twenty-six volumes of his collected papers were published between 1882 and 1958. The first series (volumes 1–12) consists of papers published by the Académie des Sciences de l'Institut de France; the second series (volumes 13–26) of papers published elsewhere.

Oeuvres complètes

Series 1

VOLUME 4

AUGUSTIN LOUIS CAUCHY

CAMBRIDGE
UNIVERSITY PRESS

CAMBRIDGE UNIVERSITY PRESS

Cambridge New York Melbourne Madrid Cape Town Singapore São Paolo Delhi

Published in the United States of America by Cambridge University Press, New York

www.cambridge.org
Information on this title: www.cambridge.org/9781108002707

This edition first published 1884
This digitally printed version 2009

ISBN 978-1-108-00270-7

ŒUVRES

COMPLÈTES

D'AUGUSTIN CAUCHY

PARIS. — IMPRIMERIE DE GAUTHIER-VILLARS, SUCCESSEUR DE MALLET-BACHELIER.
5050 Quai des Augustins, 55.

ŒUVRES

COMPLÈTES

D'AUGUSTIN CAUCHY

PUBLIÉES SOUS LA DIRECTION SCIENTIFIQUE

DE L'ACADÉMIE DES SCIENCES

ET SOUS LES AUSPICES

DE M. LE MINISTRE DE L'INSTRUCTION PUBLIQUE.

I^{RE} SÉRIE. — TOME IV.

PARIS,

GAUTHIER-VILLARS, IMPRIMEUR-LIBRAIRE

DU BUREAU DES LONGITUDES, DE L'ÉCOLE POLYTECHNIQUE,

SUCCESSEUR DE MALLET-BACHELIER,

Quai des Augustins, 55.

M DCCC LXXXIV

PREMIÈRE SÉRIE.

MÉMOIRES, NOTES ET ARTICLES

EXTRAITS DES

RECUEILS DE L'ACADÉMIE DES SCIENCES

DE L'INSTITUT DE FRANCE.

III.

NOTES ET ARTICLES

EXTRAITS DES

COMPTES RENDUS HEBDOMADAIRES DES SÉANCES

DE L'ACADÉMIE DES SCIENCES.

NOTES ET ARTICLES

EXTRAITS DES

COMPTES RENDUS HEBDOMADAIRES DES SÉANCES

DE L'ACADÉMIE DES SCIENCES.

1.

Analyse mathématique. — *Sur l'intégration des équations différentielles.*

C. R., t. II, p. 85 (25 janvier 1836).

Dans ce Mémoire, l'auteur ramène d'abord l'intégration d'un système quelconque d'équations différentielles à l'intégration d'une seule équation aux différences partielles du premier ordre. Il exprime, par des intégrales définies, les intégrales des équations proposées.

Il s'occupe ensuite de la convergence des séries dans lesquelles ces intégrales se développent. Il donne les conditions de cette convergence et les limites des restes que l'on néglige.

Il annonce, en terminant, qu'il appliquera les méthodes contenues dans ce Mémoire à l'intégration des équations différentielles qui expriment les mouvements simultanés des astres dont se compose notre système planétaire.

2.

Optique mathématique. — *Lettre à M. le Président de l'Académie des Sciences.*

C. R., t. II, p. 182 (22 février 1836).

L'Académie des Sciences a déjà reçu les premières livraisons des *Nouveaux Exercices* que j'ai eu l'honneur de lui offrir. En attendant que les suivantes lui parviennent, je ne puis résister au désir d'indiquer ici quelques-uns des résultats qui s'y trouvent contenus. Ces résultats me paraissent de nature à intéresser l'Académie, à laquelle je vous prie de vouloir bien donner lecture de cette Note, en demandant qu'elle soit jointe au procès-verbal et déposée dans les archives.

Les livraisons, déjà imprimées jusqu'à la septième, renferment la suite du Mémoire sur la dispersion de la lumière. Quelques autres encore se rapporteront au même objet. Dans le § III, que vous avez reçu, j'ai donné (p. 34 et 35) les conditions nécessaires et suffisantes pour que la propagation de la lumière soit la même en tous sens. Ces conditions établissent des rapports numériques entre certaines sommes triples et aux différences finies, composées de termes dont chacun dépend : 1° de la distance r de deux molécules éthérées; 2° des angles α, β, γ formés par cette distance avec les axes coordonnés; 3° de l'action réciproque $f(r)$ de deux molécules l'une sur l'autre, et fournissent le moyen de débarrasser des angles α, β, γ les sommes que l'on conserve dans le calcul. En supposant ces conditions remplies, on obtient pour tous les milieux une première approximation des mouvements de l'éther; et l'on reconnaît que la durée T d'une oscillation moléculaire pour une couleur donnée, ou le rapport $s = \frac{2\pi}{T}$, est liée avec l'épaisseur l d'une onde plane, ou le rapport $k = \frac{2\pi}{l}$, par une équation du troisième degré en s^2 qui offre deux racines égales et une racine simple, toutes développables en séries ordonnées suivant les puissances ascendantes de k^2. Pour une couleur donnée, c'est-à-dire, pour une valeur donnée de s, cette équation sert à déterminer la longueur d'ondulation, ou la valeur de k, et la vitesse de propagation de l'onde lumineuse, ou $\Omega = \frac{s}{k}$.

D'autre part, les conditions dont il s'agit sont toujours remplies lorsque les sommations doubles relatives aux angles peuvent être transformées en intégrations doubles aux différences infiniment petites. Il est donc naturel de penser qu'on obtiendra une première approximation des mouvements de l'éther dans tous les milieux, et probablement avec une grande précision les lois de son mouvement dans le vide, si l'on transforme les sommes triples aux différences finies en intégrales triples aux différences infiniment petites. Alors, dans la série qui représente le développement de la racine double de l'équation du troisième degré, le coefficient de k^{2n} devient une intégrale simple relative à r, et se réduit même à une constante multipliée par la différence entre les deux valeurs qu'acquiert le produit

$$r^{2n+2} f(r)$$

quand on attribue successivement à la distance r des valeurs nulle et infinie. Cela posé, le phénomène de la dispersion disparaîtra si le produit en question s'évanouit toujours pour une valeur infinie de r, et se réduit à une constante différente de zéro, pour $n = 1$, et pour une valeur nulle de r. C'est ce qui aura lieu, par exemple, si la fonction $f(r)$ est de la forme

$$\frac{A}{r^h} e^{-hr},$$

h étant positif. D'ailleurs, pour que le rapport $\frac{k^2}{s^2}$ reste positif, il faudra que la constante A soit négative, c'est-à-dire que les molécules d'éther se repoussent. Donc nos formules donneront dans le vide, conformément à l'expérience, la même vitesse de propagation pour toutes les couleurs, si l'action réciproque de deux molécules est une force qui, pour un rapprochement considérable de ces molécules, soit *répulsive* et *réciproquement proportionnelle à la quatrième puissance de la distance*. Déjà dans les *Anciens Exercices* (IIIe Volume, p. 203), en considérant le mouvement d'un système de points matériels, j'avais remarqué qu'il fallait supposer le produit $r^4 f(r)$ nul avec r pour faire disparaître des termes que M. Navier a conservés dans les équations des corps élastiques. Mes nouvelles recherches sur la lumière doivent faire croire que ce produit ne s'évanouit pas avec r dans le fluide éthéré. Probablement il ne s'évanouit pas non plus avec r dans les corps solides; d'où il résulte qu'on peut calculer le mouvement des corps élastiques avec une approximation qui sera suffisante dans un grand nombre de cas, en transformant, avec M. Navier, les sommes aux différences finies en intégrales aux différences infiniment petites.

Lorsqu'on cesse de transformer les sommes relatives aux angles en intégrales aux différences infiniment petites, les deux racines égales de l'équation du deuxième degré sont généralement remplacées par deux racines peu différentes l'une de l'autre, et l'on obtient les phénomènes de la polarisation et de la double réfraction, comme on l'a vu dans les paragraphes déjà publiés de mon Mémoire. Mais on peut généraliser encore les résultats qui s'y trouvent contenus en développant les formules (24) du § II, et cessant de négliger les sommes composées de termes qui changent de signe en même temps que les cosinus des trois angles α, β, γ. Alors les racines de l'équation du troisième degré, développées en séries, renferment des puissances impaires de k multipliées par $\sqrt{-1}$; par suite la valeur de k, correspondante à une valeur donnée de s^2, devient en partie imaginaire, et des exponentielles négatives, introduites comme facteurs dans les valeurs des déplacements moléculaires, peuvent les faire décroître très rapidement et les rendre insensibles à une distance plus ou moins considérable de la surface d'un milieu réfringent. Lorsque cette distance est comparable aux longueurs d'ondulation, le milieu devient opaque. D'ailleurs les coefficients de r, dans les exponentielles négatives, étant fonctions de k, varient avec les couleurs, ainsi que dans le passage du rayon ordinaire au rayon extraordinaire. Nos formules ainsi généralisées représentent les phénomènes de l'absorption de la lumière ou de certains rayons, produite par les verres colorés, la tourmaline, etc., le phénomène de la polarisation circulaire produite par le cristal de roche, l'huile de térébenthine, etc. (*Voir* les expériences de MM. Arago, Biot, Fresnel, etc.) Elles servent même à déterminer les conditions et les lois de ces phénomènes; elles montrent que généralement, dans un rayon de lumière polarisée, une molécule d'éther décrit une ellipse. Mais, dans certains cas particuliers, cette ellipse se change en une droite; et alors on obtient la polarisation rectiligne. Ajoutons que, si le coefficient de r dans les exponentielles négatives diffère de zéro, les ellipses décrites par les diverses molécules décroîtront de plus en plus pour des valeurs croissantes de r, et que, si ces valeurs croissent en progression arithmétique, l'intensité de la lumière décroîtra en progression géométrique. Enfin le calcul prouve que, dans le cristal de roche, l'huile de térébenthine, etc., la polarisation des rayons transmis parallèlement à l'axe (s'il s'agit du cristal de roche) n'est pas rigoureusement circulaire, mais qu'alors l'ellipse diffère très peu du cercle.

3.

OPTIQUE MATHÉMATIQUE. — *Lettre à M. Ampère sur la théorie de la lumière.*

C. R., t. II, p. 207. (9 février 1836.)

Dans ma Lettre de vendredi, je vous ai fait connaître les divers résultats auxquels j'ai été conduit par mes dernières recherches sur la théorie de la lumière. (*Voir* p. 5 du présent Volume.) J'aurai bientôt l'honneur de vous adresser un extrait de ces recherches. Mais, en attendant, je désire joindre encore à l'exposition que j'en ai faite quelques observations nouvelles que je vous prie de vouloir bien communiquer à l'Académie dans sa plus prochaine séance.

Lorsque la propagation de la lumière est la même en tous sens, l'équation du troisième degré, qui établit une relation entre le carré de la quantité s, réciproquement proportionnelle aux durées des oscillations moléculaires, et la quantité k, réciproquement proportionnelle aux longueurs d'ondulations, étant résolue par rapport à s^2, fournit deux racines égales et une racine simple. Or je trouve qu'au lieu de développer ces racines en séries, il est plus commode de les présenter sous forme finie. Dans ce cas, en nommant r la distance des deux molécules, $f(r)$ l'action de l'une sur l'autre, et changeant les sommes triples en intégrales, je trouve que la racine double peut être représentée par la somme de deux termes, l'un constant, l'autre proportionnel à k^2. Le terme constant a pour facteur la valeur extrême du produit $r^2 f(r)$ correspondante à une valeur infinie de r. Le second terme a pour facteur la valeur du produit $r^n f(r)$ correspondante à $r = 0$. Il en résulte que la racine double, ou la première valeur de s^2, cessera de s'évanouir dans deux hypothèses, savoir : 1° si $r^n f(r)$ se réduit à une constante finie pour $r = 0$; 2° si le produit $r^2 f(r)$ se réduit à une constante finie pour $r = \infty$. La première condition sera remplie si l'on a

$$f(r) = \frac{A}{r^n} e^{-nr},$$

ou même, plus simplement,

$$f(r) = \frac{A}{r^n}.$$

La seconde condition sera remplie si l'on a

$$f(r) = \frac{A}{r^2}.$$

La première hypothèse me semble représenter les mouvements de l'éther dans le vide. La seconde représenterait-elle les mouvements moléculaires des corps pondérables? C'est ce que j'examinerai plus tard. Dans l'une et l'autre hypothèse, les termes conservés par M. Navier dans les équations du mouvement des corps subsistent, comme je le disais dans ma dernière Lettre. Mais il est juste d'observer que les rapports entre les coefficients semblent différents de ceux qui paraissent convenir aux corps élastiques. Il y a plus, dans la première hypothèse, il faut avoir soin de prendre pour origine d'une certaine intégrale relative à r, non pas précisément une valeur nulle de r, mais la distance des molécules les plus voisines. Autrement cette intégrale, qui d'ailleurs ne se trouve que dans la seconde valeur de s^2, semblerait infinie. Quant à cette seconde valeur de s^2, il serait intéressant d'examiner si elle ne pourrait pas représenter le mouvement de la chaleur. Je désirerais, pour cette raison, que vous eussiez la complaisance de me transmettre quelques détails sur celle de vos séances où il a été question de la polarisation de la chaleur.

4.

ANALYSE MATHÉMATIQUE. — *Notes sur l'Optique, adressées à M. Libri.*

C. R., t. II, p. 341. (4 avril 1836.)

PREMIÈRE NOTE.

Suivant les principes que j'ai développés dans le *Mémoire sur la dispersion*, les mouvements de l'éther, pour un rayon simple d'une couleur donnée, se trouvent généralement représentés par les formules (24) du § II de ce Mémoire. Lorsque, dans ces mêmes formules, les dérivées du premier ordre des déplacements moléculaires ζ, η, ρ disparaissent, c'est-à-dire lorsque les coefficients de ces dérivées se réduisent à zéro, on obtient les formules (25), et par suite les formules (34), (35) du même paragraphe. La dernière de ces formules, ou l'équation (35), est une équation du troisième degré en s^2 qui sert à déterminer le rapport $s = \frac{2\pi}{K}$, ou bien encore la vitesse de propagation $A = \frac{s}{K} = \frac{l}{T}$ $\Big($T étant la durée d'une vibration, et $l = \frac{2\pi}{K}$ l'épaisseur d'une onde plane$\Big)$ en fonction de K et des cosinus a, b, c des angles formés par la perpendiculaire au plan de l'onde avec les axes coordonnés. Or, de cette équation du troisième degré en s^2, je déduis très simplement une seconde équation de même degré qui doit être vérifiée en même temps que la première, toutes les fois que deux racines de la première deviennent égales entre elles, ce qui permet de déterminer avec une grande facilité les deux axes optiques, c'est-à-dire les directions que doit prendre le rayon ordinaire pour se confondre avec le rayon extraordinaire dans un milieu doublement réfringent. Les racines de la nouvelle équation du troisième degré sont, comme celles de la première, représentées par des fonctions des quantités K, a, b, c. Or il suffit d'admettre que ces fonctions deviennent indépendantes de a, b, c et de réduire, en outre, à leurs premiers termes les développements des inconnues en séries ordonnées suivant les puissances ascendantes de K, pour obtenir des formules entièrement semblables à celles que j'ai données dans la 51e livraison des *Anciens Exercices* (1) et par conséquent pour retrouver les théorèmes de Fresnel sur la double réfraction, sur la surface des ondes, etc. Toutefois il y a une remarque essentielle à faire, et que je vais indiquer.

Lorsque le plan de l'onde coïncide avec l'un des plans principaux dans un système de molécules qui offre trois axes d'élasticité rectangulaires, la vitesse de propagation d'un rayon polarisé parallèlement à l'un des axes peut être (*voir* la 51e livraison, p. 69 et 70) la racine carrée de l'une quelconque des six quantités représentées par

$$\mathrm{R}+\mathrm{H},\quad \mathrm{P}+\mathrm{I},\quad \mathrm{Q}+\mathrm{G},$$
$$\mathrm{Q}+\mathrm{I},\quad \mathrm{R}+\mathrm{G},\quad \mathrm{P}+\mathrm{H}.$$

D'après les formules de Fresnel, ces six quantités se réduiraient à trois, les vitesses de propagation de deux rayons polarisés perpendiculairement au même axe étant toujours égales. Or cela peut arriver de deux manières, sans que P, Q, R s'évanouissent, et cela arrivera effectivement : 1° si les conditions

$$\mathrm{G}=0,\quad \mathrm{H}=0,\quad \mathrm{I}=0,$$

étant remplies, les vibrations des molécules s'effectuent dans les plans généralement nommés plans de polarisation, puisque alors on aura $\mathrm{P}+\mathrm{I}=\mathrm{P}+\mathrm{H}=\mathrm{P}, \ldots$; 2° si G, H, I n'étant pas nulles, et les vitesses des molécules étant perpendiculaires aux plans de polarisation,

(1) Ve année. — Ce renvoi se rapporte à l'ancienne édition. Il en sera de même pour tous ceux qui suivront et qui se rapporteront à un texte non encore publié dans la présente édition. Lorsque celle-ci sera terminée, on publiera une Table de concordance qui indiquera les renvois aux divers volumes de la collection. Quant aux renvois qui concerneront des textes déjà reproduits dans la nouvelle édition, ils se rapporteront à cette dernière et seront signalés par une annotation indiquant la série, le tome et la page. (*Note des éditeurs.*)

on a, entre les quantités P, Q, ..., G, ..., les équations de condition

$$R + H = Q + I, \quad P + I = R + G, \quad Q + G = P + H,$$

dont les deux premières entraînent la troisième. D'ailleurs il suit des principes exposés dans ma dernière Lettre que les quantités G, H, I, c'est-à-dire les pressions relatives à l'état naturel, ne s'évanouissent pas dans le vide. On doit donc préférer la seconde hypothèse à la première que j'avais développée dans la 51e livraison des *Anciens Exercices;* et l'on doit prendre, dans cette livraison, pour équation de la surface des ondes, la formule (240) qui, en vertu des conditions énoncées en dernier lieu, peut elle-même acquérir la forme de l'équation (218) ou (219). Ainsi Fresnel a eu raison de dire, non seulement que les vibrations des molécules éthérées sont généralement comprises dans les plans des ondes, mais encore que les plans de polarisation sont perpendiculaires aux directions des vitesses ou des déplacements moléculaires.

J'arrive au reste à cette dernière conclusion, d'une autre manière, en établissant les lois de la réflexion et de la réfraction à l'aide d'une nouvelle méthode qui sera développée dans mon Mémoire. En nommant τ l'angle d'incidence, τ' l'angle de réfraction, I, $I_,$, I' les intensités de la lumière dans les rayons incident, réfléchi et réfracté, enfin i, $i_,$, i' les angles formés avec le plan d'incidence par les plans de polarisation des rayons incident, réfléchi et réfracté, je trouve

$$\frac{I \cos i}{\sin(\tau + \tau')} = \frac{-I_, \cos i_,}{\sin(\tau - \tau')} = \frac{I' \cos i'}{2 \sin\tau' \cos\tau},$$

$$\frac{I \sin i}{\sin(\tau + \tau') \cos(\tau - \tau')} = \frac{I_, \sin i_,}{\sin(\tau - \tau') \cos(\tau + \tau')} = \frac{I' \sin i'}{2 \sin\tau' \cos\tau}.$$

SECONDE NOTE.

Le temps ne m'ayant pas permis de développer les deux formules placées à la fin de ma dernière Lettre, je m'empresse de vous adresser à ce sujet quelques éclaircissements, que je vous prie de vouloir bien encore transmettre de ma part à l'Académie.

Considérons la réflexion et la réfraction qui s'opèrent dans la lumière polarisée rectilignement à la surface de séparation de deux milieux dont aucun n'est doublement réfringent. Soient I, $I_{,}$, I' les déplacements absolus et maxima, ou bien encore les plus grandes vitesses des molécules de l'éther dans les rayons incident, réfléchi et réfracté. Soient pareillement i, $i_{,}$, i' les angles que forment avec le plan d'incidence les directions suivant lesquelles s'effectuent les déplacements dont il s'agit, ou, en d'autres termes, les directions des vitesses des molécules. Enfin, désignons par τ, $\tau_{,}$, τ' les angles d'incidence, de réflexion et de réfraction. La nouvelle méthode par laquelle j'établis les lois de la réflexion et de la réfraction me fournit : 1° les équations connues $\sin\tau_{,} = \sin\tau$, $\cos\tau_{,} = -\cos\tau$, $\frac{\sin\tau'}{\sin\tau} = \text{const.}$; 2° les deux formules

$$(1) \qquad \frac{\mathrm{I}\sin i}{\sin(\tau+\tau')} = \frac{-\mathrm{I}_{,}\sin i_{,}}{\sin(\tau-\tau')} = \frac{\theta\mathrm{I}'\sin i'}{\sin 2\tau},$$

$$(2) \qquad \frac{\mathrm{I}\cos i}{\sin(\tau+\tau')\cos(\tau-\tau')} = \frac{\mathrm{I}_{,}\cos i_{,}}{\sin(\tau-\tau')\cos(\tau+\tau')} = \frac{\theta\mathrm{I}'\cos i'}{\sin 2\tau},$$

θ désignant une quantité qui pourrait dépendre elle-même des angles τ, τ', mais que je trouve égale à l'indice de réfraction, en sorte qu'on a

$$(3) \qquad \theta = \frac{\sin\tau}{\sin\tau'}.$$

Il est bon d'observer que les plus grandes vitesses des molécules d'éther représentées dans les formules (1) et (2) par I, $I_{,}$, I', ou plutôt leurs carrés I^2, $\mathrm{I}_{,}^2$, I'^2 peuvent servir de mesure à l'intensité de la lumière dans les rayons incident, réfléchi et réfracté. Ajoutons que si l'on désignait par i, $i_{,}$, i' les angles formés par le plan d'incidence, non plus avec les directions suivant lesquelles les molécules se déplacent, mais avec les plans que l'on nomme *plans de polarisation*, et qui sont perpendiculaires à ces mêmes directions, il faudrait, dans les équations (1) et (2), échanger l'un contre l'autre le sinus et le cosinus de chacun des angles i, $i_{,}$, i', ce qui réduirait ces équations à la forme sous laquelle elles sont présentées dans ma dernière Lettre.

La méthode par laquelle je parviens aux équations (1) et (2) est applicable non seulement à la théorie de la lumière, mais encore à un grand nombre de questions de Physique mathématique. Elle ne m'oblige plus à supposer, comme je l'avais fait dans un article du *Bulletin des Sciences*, que la densité de l'éther est la même dans tous les milieux. Mes nouvelles recherches donnent lieu de croire que cette densité varie en général, quand on passe d'un milieu à un autre. Au reste, les équations (1) et (2) ne diffèrent de celles que j'ai données dans l'article cité que par la valeur de θ qui dans ces formules se réduisait, non au rapport constant $\frac{\sin\tau}{\sin\tau'}$, mais au rapport inverse $\frac{\sin\tau'}{\sin\tau}$.

On tire des équations (1) et (2)

$$(4)\qquad I_{,}^{2}=\left[\frac{\sin^2(\tau-\tau')}{\sin^2(\tau+\tau')}\sin^2 i+\frac{\text{tang}^2(\tau-\tau')}{\text{tang}^2(\tau+\tau')}\cos^2 i\right]I^2,$$

$$(5)\qquad \cot i_{,}=-\frac{\cos(\tau+\tau')}{\cos(\tau-\tau')}\cot i,$$

$$(6)\qquad I'^2=\frac{\sin^2 2\tau}{\theta^2\sin^2(\tau+\tau')}\left[\sin^2 i+\frac{\cos^2 i}{\cos^2(\tau-\tau')}\right]I^2,$$

$$(7)\qquad \cot i'=\frac{1}{\cos(\tau-\tau')}\cot i.$$

En se rappelant que les angles représentés dans les équations précédentes par i, $i_{,}$, i' sont les compléments de ceux que forment, avec le plan d'incidence, les plans de polarisation des rayons incident, réfléchi et réfracté, on reconnaîtra immédiatement que les formules (4), (5) coïncident avec celles qu'a données Fresnel pour déterminer l'intensité de la lumière réfléchie, ainsi que le mouvement de son plan de polarisation, et la formule (7) avec celle qu'a donnée M. Brewster pour déterminer le mouvement du plan de polarisation de la lumière réfractée. Il résulte en outre des formules (1), (2) et (5) que, dans le fluide éthéré, les vibrations perpendiculaires au plan d'incidence sont transformées par la réflexion en d'autres vibrations de même espèce, mais dirigées en sens contraire, tandis que les vibrations parallèles au plan d'incidence sont transformées en d'autres vibrations dirigées, au moment où la reflexion s'opère, tantôt dans le même sens, tantôt en sens contraire, suivant que la somme des angles d'incidence et de réfraction est inférieure ou supérieure à un angle droit. Quand cette somme devient précisément égale à un droit, c'est-à-dire lorsque le rayon incident est perpendiculaire au rayon réfracté, les vibrations sont toujours perpendiculaires au plan d'incidence dans le rayon réfléchi, ou, en d'autres termes, la lumière réfléchie est tout entière polarisée dans ce plan, comme l'a trouvé M. Brewster.

L'intensité de la lumière réfléchie, ou la quantité $I_{,}^2$ déterminée par la formule (4), dépend des angles τ, τ' liés entre eux par l'équation (3), et atteint son maximum lorsque le produit $\cos\tau\cos\tau'$ s'évanouit, c'est-à-dire lorsque l'un des angles τ, τ' devient droit. Alors les formules (4), (5) donnent

$$I_{,}^2 = I^2, \tag{8}$$

$$\cot i_{,} = \cot i; \tag{9}$$

par conséquent la lumière réfléchie a la même intensité que la lumière incidente, et se trouve polarisée dans le même plan. On dit, pour cette raison, qu'il y a réflexion totale. Cela peut d'ailleurs arriver de deux manières, savoir : 1° quand le second milieu étant plus réfringent que le premier, le rayon incident forme un angle infiniment petit avec la surface de séparation des deux milieux; 2° quand le second milieu étant moins réfringent que le premier, la même surface forme un angle infiniment petit, non plus avec le rayon incident, mais avec le rayon réfracté.

La formule (6) détermine l'intensité I'^2 de la lumière réfractée. C'est la seule des quatre équations que les formules (1) et (2) peuvent fournir, dont la comparaison avec l'expérience reste encore à faire, puisque les équations (4), (5), (7) s'accordent avec les observations des physiciens. D'ailleurs on conclut aisément de cette formule que l'intensité de la lumière réfractée atteint son maximum lorsque le produit $\sin\tau\cos\tau'$ s'évanouit. Cela peut arriver de deux manières, savoir : 1° lorsque, le second milieu étant plus réfringent que le premier, on a $\tau = 0$; 2° lorsque, le second milieu étant moins réfringent que le premier, on a $\tau' = \frac{\pi}{2}$. Dans le premier cas, les équations (6) et (7) se réduisent aux formules connues

$$(10)\qquad I'^2 = \frac{4}{(\theta+1)^2} I^2,$$

$$(11)\qquad \cot i' = \cot i,$$

dont la première a été donnée par M. Young et par M. Poisson. Dans ce cas, où le rayon incident est perpendiculaire à la surface de séparation des deux milieux, la lumière réfractée est polarisée dans le même plan que la lumière incidente; mais elle a une intensité moindre, puisque θ surpasse l'unité. Dans le second cas, on trouve

$$(12)\qquad I'^2 = 4\left(\sin^2 i + \frac{\cos^2 i}{\theta^2}\right) I^2,$$

$$(13)\qquad \cot i' = \frac{\cot i}{\sin \tau}.$$

Dans ce cas, où le rayon incident rencontre la surface de séparation des deux milieux sous l'angle de réflexion totale, la lumière réfractée n'est plus polarisée dans le même plan que la lumière incidente; et son intensité, divisée par celle de la lumière incidente, donne pour quotient un nombre renfermé entre les deux limites 4 et $\frac{4}{\theta^2}$ dont la seconde surpasse la première, puisque $\theta < 1$. Ce nombre atteint sa limite inférieure 4, ou sa limite supérieure $\frac{4}{\theta^2}$, suivant que la lumière incidente est polarisée dans le plan d'incidence, ou perpendiculairement à ce plan. La moyenne entre ces deux limites, ou le produit

$$(14)\qquad \frac{2}{\theta^2}(1+\theta^2) = 2\left(1 + \frac{1}{\theta^2}\right),$$

exprime le rapport des intensités de la lumière réfractée et de la lumière incidente lorsque cette dernière est de la lumière naturelle.

Pour les valeurs de τ très voisines de l'angle de réflexion totale, c'est-à-dire lorsque le rayon incident ou réfracté devient sensiblement parallèle à la surface de séparation des deux milieux, la lumière réfléchie est entièrement semblable à la lumière incidente, et offre sensiblement la même intensité. C'est là ce qu'on exprime en disant que le rayon incident, au lieu d'éprouver, comme dans toute autre hypothèse, une réflexion partielle, est réfléchi en totalité. Il semblerait que, dans le même cas, l'intensité de la lumière réfractée devrait toujours être sensiblement nulle, et que cette intensité devrait s'affaiblir par degrés, tandis que τ s'approcherait indéfiniment de l'angle de réflexion totale. C'est effectivement ce qui arrive lorsque le second milieu est plus réfringent que le premier. Mais si le second milieu est moins réfringent que le premier, par exemple, si la lumière passe du verre ou du diamant dans l'air ou dans le vide, alors, dans le voisinage de la réflexion totale, on obtiendra non seulement une lumière réfléchie dont l'intensité sera sensiblement égale à celle de la lumière incidente, mais encore une lumière réfractée dont l'intensité deviendra au moins quatre fois plus considérable. Le rapport des intensités de la lumière réfractée et de la lumière incidente pourra même, si les vibrations des molécules éthérées sont parallèles au plan d'incidence, atteindre la limite $\frac{4}{\theta^2}$, et par conséquent les nombres 9, 30, ou même 35, si la lumière sort du verre ordinaire, du diamant, ou d'une substance aussi réfringente que le chromate de plomb, pour passer dans l'air ou dans le vide.

La prodigieuse multiplication de la lumière dont il est ici question suppose que l'on compare, par exemple, le rayon émergent d'un cristal à celui qui traverse le même cristal. Si, le cristal étant terminé par deux faces planes, la lumière les traversait l'une après l'autre, on devrait distinguer trois rayons, savoir : le rayon incident, le rayon réfracté, et le rayon émergent. Alors, en supposant les deux faces parallèles, et nommant I'', i'' ce que deviennent I, i pour le rayon émergent, on tirerait des formules (1) et (2)

$$I'' \sin i'' = \frac{\sin 2\tau \sin 2\tau'}{\sin^2(\tau+\tau')} I \sin i, \tag{15}$$

$$I'' \cos i'' = \frac{\sin 2\tau \sin 2\tau'}{\sin^2(\tau+\tau')\cos^2(\tau-\tau')} I \cos i, \tag{16}$$

et par suite

$$(17)\qquad I''^2 = \frac{\sin^2 2\tau \sin^2 2\tau'}{\sin^4(\tau+\tau')}\left[\sin^2 i + \frac{\cos^2 i}{\cos^2(\tau-\tau')}\right] I^2,$$

$$(18)\qquad \cot i'' = \frac{1}{\cos^2(\tau-\tau')}\cot i.$$

M. Brewster, qui a donné la formule (18), l'a vérifiée par l'expérience, et l'on peut ajouter que des observations, qui seraient d'accord avec l'une des formules (15), (16), (17), entraîneraient la vérification de la formule (6).

La valeur de I''^2 donnée par la formule (17) devient un maximum, lorsque l'on a $i = 0$, $\tau + \tau' = \frac{\pi}{2}$. Alors le rayon incident est polarisé perpendiculairement au plan d'incidence, le rayon réfléchi disparaît, et les formules (17), (18) donnent

$$(19)\qquad I''^2 = I^2,$$

$$(20)\qquad i'' = i = 0;$$

par suite, le rayon émergent est lui-même polarisé perpendiculairement au plan d'émergence, et offre la même intensité de lumière que le rayon incident. Ainsi, lorsque les deux faces d'un cristal sont parallèles, l'intensité de la lumière émergente a pour limite supérieure l'intensité de la lumière incidente, et n'atteint cette limite que dans le cas où il n'y a plus de lumière réfléchie.

Il en sera autrement si les faces du cristal cessent d'être parallèles. Alors, il est vrai, l'intensité de la lumière réfractée sera inférieure à l'intensité de la lumière reçue par la première face du cristal, même sous l'incidence perpendiculaire; et si, dans ce dernier cas, on prend l'intensité de la lumière incidente pour unité, l'intensité de la lumière réfractée sera représentée par le rapport $\frac{4}{(\theta+1)^2}$, qui se réduira en particulier pour le verre à 0,64, pour le diamant à 0,28, pour le chromate de plomb à 0,25. Mais si le rayon émergent est sensiblement parallèle à la seconde face, et polarisé, ainsi que les rayons incident et réfracté, perpendiculairement au plan d'émergence, l'intensité de la lumière émergente sera l'un des produits que l'on obtiendra en multipliant les trois nombres qui précèdent par ceux que nous avons trouvés plus haut. Cette intensité sera donc de 5,8 pour le verre ordinaire, de 8,6 pour le diamant, et de 9 environ pour le chromate de plomb, si l'on fait abstraction de la propriété qu'a cette dernière substance d'être doublement réfringente. Les trois derniers nombres devraient être réduits à 4,2, à 4,6 et à 4,9 si le rayon incident était de la lumière naturelle.

Des principes ci-dessus développés il résulte que, si deux faces non parallèles d'un cristal sont traversées par un rayon de lumière, d'abord incident, puis réfracté, puis émergent, le rayon émergent s'éteindra toujours lorsque le rayon incident formera un angle infiniment petit avec la face d'entrée, de manière à éprouver sur cette surface une réflexion totale; mais, qu'au contraire, si le rayon réfracté rencontre la face de sortie à très peu près sous l'angle de réflexion totale, et de manière que le rayon émergent forme un angle infiniment petit avec le plan de cette face, le dernier rayon, loin de s'éteindre, pourra, dans certains cas, acquérir une très grande intensité. Ayant communiqué, le 20 mars dernier, cette conséquence de mes formules à M. Kessler, professeur de Physique, je lui proposai de la vérifier par l'observation. Il colla du papier noir sur les triangles rectangles qui servaient de bases à un prisme de verre, et sur les deux plus petites des trois faces latérales, après avoir percé d'un trou d'épingle le papier qui devait recouvrir une des surfaces latérales; et nous reconnûmes que l'image d'une bougie était transmise à travers le prisme avec une grande intensité dans le cas même où le rayon émergent devenait sensiblement parallèle à la face de sortie. J'ai observé depuis que le rayon émergent s'éteint graduellement quand le rayon incident forme un angle de plus en plus petit avec la face d'entrée. Je ne connais pas d'auteur qui ait parlé de cette expérience, que tout le monde peut répéter avec la plus grande facilité.

Dans les phénomènes d'interférence, de la lumière ajoutée à de la lumière produit l'obscurité. Ici, au contraire, un rayon réfléchi en totalité est de plus transmis avec accroissement de lumière; ce qui est un nouvel argument contre le système de l'émission.

Les faits que je viens d'exposer me paraissent une nouvelle confirmation de la théorie développée dans mon Mémoire *Sur la Dispersion*, et donnent l'explication d'un phénomène bien connu, savoir : du grand éclat que présentent sous certains aspects les corps doués d'une puissance réfractive considérable, et de ce qu'on nomme les *feux* du diamant.

On ne doit pas oublier que, dans les applications numériques, nous avons pris ici pour mesure de l'intensité de la lumière le carré de la plus grande vitesse des molécules éthérées. Si l'on prenait pour mesure de l'intensité de la lumière cette vitesse elle-même, les nombres obtenus devraient être remplacés par leurs racines carrées. Mais les intensités maxima et minima ne cesseraient pas de correspondre aux directions que donnent les formules trouvées ci-dessus, et, par suite, les phénomènes que nous avons signalés continueraient de subsister conformément à l'observation.

5.

Optique mathématique. — *Lettre a M. Ampère, sur l'explication de divers phénomènes de la lumière dans le système des ondes.*

C. R., t. II, p. 364. (11 avril 1836.)

Les formules générales auxquelles je suis parvenu dans mes nouvelles recherches sur la théorie de la lumière ne fournissent pas seulement les lois de la propagation de la lumière dans le vide et dans les divers milieux transparents, comme je vous le disais dans mes Lettres du 12 et du 19 février, ou les lois de la réflexion ou de la réfraction à la surface des corps transparents, telles qu'elles se trouvent énoncées dans les deux Lettres que j'ai adressées à M. Libri, le 19 et le 28 mars.

Elles s'appliquent aussi à la propagation de la lumière dans la partie d'un corps opaque, voisine de la surface, et à la réflexion de la lumière par un corps de cette espèce. On sait d'ailleurs que, si la lumière passe d'un milieu plus réfringent dans un autre qui le soit moins, ce dernier deviendra opaque à l'égard des rayons qui rencontreront sa surface sous un angle tel que le complément τ, c'est-à-dire l'angle d'incidence, devienne supérieur à une extrême limite qu'on nomme l'angle de réflexion totale. Dans ma dernière Lettre à M. Libri, j'ai remarqué la prodigieuse [1] multiplication de la lumière qui a lieu au moment où l'angle τ est sur le point d'atteindre cette limite, et j'ai donné les formules qui, lorsque le rayon incident est polarisé en ligne droite, déterminent l'intensité de la lumière réfractée aussi bien que l'intensité de la lumière réfléchie avec les mouvements des plans de polarisation. Mais ces formules, dont trois coïncident avec celles de MM. Fresnel et Brewster, ainsi que les lois qui en dérivent et qui subsistent avec de légères modifications dans leur énoncé, lorsque la polarisation devient elliptique ou circulaire, se rapportent uniquement au cas où le milieu réfringent ne fait pas, à l'égard du rayon incident, la fonction d'un corps opaque, c'est-à-dire (quand le second milieu est moins réfringent que le premier) au cas où l'angle d'incidence est inférieur à l'angle de réflexion totale. Les résultats que j'ai obtenus dans le cas contraire me paraissent assez intéressants pour que vous me pardonniez de vous écrire encore à ce sujet, en vous priant de communiquer ma Lettre à l'Académie.

Supposons qu'un rayon polarisé tombe sur la surface de séparation de deux milieux, dont le premier soit le plus réfringent, et que l'angle d'incidence devienne supérieur à l'angle de réflexion totale. Si l'on nomme τ l'angle d'incidence, $\frac{1}{\theta}$ le rapport qui existait entre le sinus

(1) Cette multiplication de lumière a également lieu, mais à un plus faible degré, quand on considère un rayon qui, après être entré dans un prisme de verre perpendiculairement à une première face, est réfléchi en totalité par une seconde face, et sort du prisme perpendiculairement à une troisième; ce qu'on pouvait déjà conclure des formules de MM. Young, Poisson et Fresnel.

d'incidence et le sinus de réfraction avant que le rayon réfracté disparût, enfin $l = \frac{2\pi}{K}$ et $l' = \frac{2\pi}{K'}$ les épaisseurs qu'une onde lumineuse acquiert dans le premier et dans le second milieu, on aura

$$(1) \qquad \theta = \frac{K}{K'} = \frac{l'}{l},$$

et, si l'on pose d'ailleurs

$$(2) \qquad b = \theta \sin\tau,$$

$$(3) \qquad a = \sqrt{b^2 - 1},$$

l'intensité de la lumière dans le second milieu, à la distance x de la surface de séparation, sera proportionnelle à l'exponentielle négative $e^{-aK'x}$. Si τ se réduit à l'angle de réflexion totale, on aura

$$\sin\tau = \frac{1}{\theta}, \quad b = 1, \quad a = 0, \quad e^{-aK'x} = 1,$$

et la lumière réfractée aura une grande intensité. Mais si τ croît à partir de la limite qu'on vient de rappeler, la lumière réfractée s'éteindra à une distance comparable à l'épaisseur l' des ondes que peut transmettre le second milieu, et d'autant moindre que a sera plus grand. Si l'on suppose $\tau = \frac{\pi}{2}$, a atteindra sa limite supérieure $\sqrt{\theta^2 - 1}$. Ajoutons que la quantité b, déterminée par la formule (2), remplace ici le sinus de réfraction avec lequel elle coïncide, lorsqu'on a $\sin\tau = \frac{1}{\theta}$. Considérons maintenant la lumière réfléchie.

Le rayon incident que nous supposons polarisé en ligne droite, suivant une direction quelconque, peut être remplacé par le système de deux rayons polarisés à angles droits, l'un dans le plan d'incidence, l'autre perpendiculairement à ce plan. Nous nommerons ces derniers *rayons composants*. Or, après la réflexion, chacun de ces deux rayons conservera l'intensité qui lui est propre, et si de plus l'angle τ se réduit à l'angle de réflexion totale, la marche des ondulations dans chacun d'eux sera la même avant et après la réflexion. Mais, si τ devient supérieur à l'angle de réflexion totale, alors, dans chacun des rayons composants, la réflexion déplacera toutes les ondulations et transportera chacune d'elles en avant à une certaine distance qui atteindra sa limite supérieure, et deviendra équivalente à une demi-épaisseur d'onde ou à $\frac{\pi}{K}$, quand on aura $\sin\tau = 1$, c'est-à-dire quand le rayon incident formera un angle infiniment petit avec la surface de séparation des deux milieux. Si $\sin\tau$ demeure compris entre les limites $\frac{1}{\theta}$ et 1, la distance dont il s'agit ne sera plus généralement la même dans les deux rayons composants. Alors, en désignant cette distance par $\frac{\mu}{K}$ pour le rayon polarisé perpendiculairement au plan d'incidence et par $\frac{\nu}{K}$ pour le rayon polarisé parallèlement à ce plan, on trouvera

$$\tag{4} \operatorname{tang}\frac{\mu}{2} = \theta\,\frac{a}{\cos\tau},$$

$$\tag{5} \operatorname{tang}\frac{\nu}{2} = \frac{1}{\theta}\,\frac{a}{\cos\tau},$$

et par suite

$$\tag{6} \operatorname{tang}\frac{\mu}{2} = \theta^2 \operatorname{tang}\frac{\nu}{2}:$$

puis, en désignant par ϖ l'angle de polarisation totale d'un rayon qui subirait une réflexion partielle, et posant en conséquence

$$\tag{7} \operatorname{tang}\varpi = \frac{1}{\theta},$$

on tirera de l'équation (6)

$$\tag{8} \sin\frac{\mu-\nu}{2} = \cos 2\varpi\,\sin\frac{\mu+\nu}{2},$$

et des formules (4), (5) jointes aux équations (2) et (3)

$$\tag{9} \cos^2\tau = \frac{\sin\frac{\mu-\nu}{2}\cos\frac{\nu}{2}}{\sin\frac{\mu}{2}},\quad \sin^2\tau = \frac{\cos\frac{\mu-\nu}{2}\sin\frac{\nu}{2}}{\sin\frac{\mu}{2}},\quad \operatorname{tang}^2\tau = \frac{\operatorname{tang}\frac{\nu}{2}}{\operatorname{tang}\frac{\mu-\nu}{2}}.$$

Il résulte de la formule (8) que la différence de marche des deux rayons composants, ou la quantité

$$(10)\qquad \frac{\mu - \nu}{K},$$

atteint son maximum, quand la somme $\mu + \nu$, qui varie entre les limites 0, 2π, atteint sa valeur moyenne π, c'est-à-dire quand on a

$$(11)\qquad \mu + \nu = \tau.$$

Alors, les formules (4) donnent

$$(12)\qquad \operatorname{tang}\frac{\mu}{2} = \theta, \quad \operatorname{tang}\frac{\nu}{2} = \frac{1}{\theta}, \quad a = \cos\tau;$$

par conséquent

$$(13)\qquad \mu > \frac{\pi}{2}, \quad \nu < \frac{\pi}{2};$$

et comme, en vertu de la formule (11), on doit avoir encore

$$(14)\qquad \mu - \nu < \pi,$$

la formule (8), réduite à

$$(15)\qquad \sin\frac{\mu - \nu}{2} = \cos 2\varpi,$$

entraîne la suivante

$$(16)\qquad \mu - \nu = \pi - 4\varpi,$$

de laquelle on tire, en la combinant avec l'équation (7),

$$(17)\qquad \theta = \cot\frac{\pi - (\mu - \nu)}{4}.$$

Enfin, de la première des équations (9), combinée avec les formules (11) et (15), on tirera

$$(18)\qquad \cos^2\tau = \cos 2\varpi.$$

Il suit de la condition (14) qu'après une seule réflexion la différence de marche des deux rayons, ou l'expression (10), ne peut jamais atteindre la demi-épaisseur d'une onde ou la longueur d'une demi-ondulation; pour qu'elle pût atteindre un quart d'ondulation, il faudrait que la valeur maximum de $\mu - \nu$ fût égale ou supérieure à $\frac{\pi}{2}$; et par suite, en vertu de l'équation (17), la valeur de θ devrait alors être égale ou supérieure à celle que détermine la formule

$$(19)\qquad \theta = \cot\frac{\pi}{8} = 2,4142\ldots.$$

En admettant cette dernière valeur de θ, on tirerait des formules (16) et (18)

$$(20)\qquad \varpi = \frac{\pi}{8},\quad \cos\tau = \cos^{\frac{1}{2}}\left(\frac{\pi}{4}\right) = 2^{-\frac{1}{4}},\quad \tau = 32°46'.$$

Alors, en supposant les intensités des rayons composants égales entre elles, ou, ce qui revient au même, en supposant le rayon primitif polarisé à 45° du plan d'incidence, on obtiendrait, après une seule réflexion sous l'angle de 32°46', la polarisation circulaire. Or la valeur de θ donnée par la formule (19) est à peu près celle qui convient aux diamants les moins réfringents. Donc, pour obtenir après une seule réflexion totale la polarisation circulaire, il faut employer un corps dont l'indice de réfraction soit égal ou supérieur à celui du diamant. Si l'on emploie des corps doués d'une puissance réfractive moins considérable, deux réflexions totales sous un certain angle pourront produire la polarisation circulaire, pourvu que l'indice de réfraction soit égal ou supérieur à la valeur de θ que fournit l'équation (17) quand on y pose $\mu - \nu = \frac{\pi}{4}$. Or, on tire alors des formules (17) et (18)

$$(21)\qquad \theta = \cot\frac{3\pi}{16} = 1,4966\ldots,$$

$$(22)\qquad \tau = 51°47'.$$

La valeur précédente de θ est un peu plus faible que celle qui convient au verre ordinaire. Par conséquent, deux réflexions sur la surface du verre, ou d'un milieu plus réfringent, pourront produire la polarisation circulaire, si dans ces deux réflexions les surfaces réfléchissantes sont parallèles, et si de plus l'angle τ a une valeur déterminée qui, pour le verre, doit être peu différente de 52°.

En général, si l'on fait subir à un rayon polarisé une suite de réflexions totales sur diverses surfaces toutes perpendiculaires au plan d'incidence, qui sera aussi le plan des réflexions successives, et si, après avoir déterminé pour la première surface les valeurs des angles μ, ν, à l'aide des formules (4), (5), on nomme μ', ν', μ'', ν'', ... ce que deviennent les angles μ, ν, dans la seconde, la troisième, ... réflexion, la différence de marche entre les deux rayons composants sera, en définitive, représentée par le rapport

$$(23)\qquad \frac{\mu+\mu'+\mu''\ldots-(\nu+\nu'+\nu''\ldots)}{\mathrm{K}}=\frac{\mu+\mu'+\mu''\ldots-(\nu+\nu'+\nu''\ldots)}{\pi}\,\frac{l}{2}.$$

Si ce rapport est nul ou multiple de $\frac{l}{2}$, c'est-à-dire, en d'autres termes, si la somme

$$(24)\qquad \mu+\mu'+\mu''\ldots-(\nu+\nu'+\nu''+\ldots)$$

se réduit à zéro ou à un multiple de π, le système des deux rayons composants produira définitivement un rayon réfléchi semblable au rayon incident. Si la somme (24) est le produit de $\frac{\pi}{2}$ par un nombre impair, et si de plus le rayon incident est polarisé à 45° du plan d'incidence, le rayon réfléchi sera polarisé circulairement. Dans tout autre cas, ce rayon offrira la polarisation elliptique, c'est-à-dire que la courbe décrite dans ce rayon, par chaque molécule d'éther, sera une ellipse. Si toutes les surfaces réfléchissantes sont parallèles et de même nature, si de plus toutes les réflexions s'effectuent sous le même angle, alors, en nommant n le nombre des réflexions, on réduira la quantité (24) au produit

$$(25)\qquad n(\mu-\nu).$$

Ce dernier produit dépend de l'angle τ, et atteint son maximum pour la valeur de τ déterminée par la formule (18). Ce maximum pour le verre est environ

$$\frac{n\tau}{4}. \tag{26}$$

Donc, si l'on emploie le verre ordinaire, il faudra faire subir au rayon incident au moins deux réflexions totales pour produire la polarisation circulaire, et au moins deux nouvelles réflexions pour la détruire. De plus, pour que la polarisation circulaire soit produite par les deux premières réflexions, il faudra non seulement que l'angle d'incidence soit de 52° environ, mais encore que le rayon incident soit polarisé à 45° du plan d'incidence; et alors, après quatre réflexions, le rayon réfléchi sera polarisé lui-même à 45° du plan d'incidence, mais de l'autre côté de ce plan. Huit réflexions totales, sous l'incidence de 52°, ramèneraient le plan de polarisation du même côté. Si le rayon incident était polarisé, non plus à 45° du plan d'incidence, mais dans un plan quelconque, quatre réflexions totales sous un angle de 52° offriraient encore un rayon réfléchi semblable au rayon incident, et les plans de polarisation des rayons extrêmes, incident et réfléchi, formeraient encore des angles égaux avec le plan d'incidence, mais seraient situés de deux côtés différents par rapport à ce dernier. Au reste, on pourrait produire le même effet avec cinq, six, ... réflexions totales, en changeant la valeur de l'angle d'incidence; et l'on pourrait pareillement obtenir la polarisation circulaire à l'aide de trois, quatre, ... réflexions totales. Si, pour fixer les idées, on veut la produire à l'aide de trois réflexions totales, sous la même incidence, on déterminera les angles μ, ν à l'aide de la formule (8), jointe à la suivante :

$$\mu - \nu = \frac{\pi}{6} = 30°, \tag{27}$$

puis l'angle τ à l'aide de l'une des formules (9). Si l'on emploie un verre dont l'indice de réfraction soit $\theta = 1,52$, on trouvera successivement

$$\varpi = 33°20'30'', \quad \sin\frac{\mu+\nu}{2} = 0,65368\ldots, \quad \frac{\mu+\nu}{2} = 90° \pm 49°10'50'',$$

et par suite

$$\mu = 55^\circ 49' 10'', \quad \nu = 25^\circ 49' 10'',$$

ou bien

$$\mu = 154^\circ 10' 50'', \quad \nu = 124^\circ 10' 50''.$$

Cela posé, la dernière des formules (9) donnera

$$\tau = 42^\circ 24' \quad \text{ou} \quad \tau = 69^\circ 21' 40''.$$

Ainsi, la polarisation circulaire pourra être obtenue à l'aide de trois réflexions totales, opérées dans l'un de ces deux derniers angles, dont la demi-somme est à peu près l'angle sous lequel le même genre de polarisation résulte de deux réflexions seulement. Au reste, tous les résultats qu'on vient d'énoncer sont conformes aux calculs et aux expériences de Fresnel. Il y a plus : si l'on élimine les quantités a, b, $\frac{\mu + \nu}{2}$ entre les formules (2), (3), (4) et (5), on en tirera, en posant $\mu - \nu = \delta$,

$$\cos\delta = \frac{2\theta^2 \sin^4\tau - (\theta^2 + 1)\sin^2\tau + 1}{(\theta^2 + 1)\sin^2\tau - 1}. \tag{28}$$

Or cette dernière équation est précisément celle que Fresnel a obtenue, en cherchant, dit-il, ce que l'analyse voulait indiquer par les formes, en partie imaginaires, que prennent dans le cas de la réflexion totale les coefficients de vitesses absolues déterminées dans l'hypothèse de la réflexion partielle. Cette même équation, que Fresnel a confirmée par diverses expériences, et *en faveur de laquelle*, suivant l'expression de cet illustre physicien, *s'élevaient déjà des probabilités théoriques*, est, comme on le voit, une conséquence nécessaire des formules que nous avons établies.

Lorsque deux réflexions successives s'opèrent sous le même angle, et que les deux plans d'incidence sont perpendiculaires entre eux, on a évidemment $\mu' = \nu$, $\nu' = \mu$, $\mu + \mu' - (\nu + \nu') = 0$. Donc alors le rayon réfléchi devient, après la seconde réflexion, semblable au rayon incident.

L'analyse dont j'ai fait usage démontre encore que les valeurs de μ

et de ν resteraient les mêmes, si le rayon primitif, au lieu d'être polarisé rectilignement, offrait la polarisation circulaire ou elliptique.

En terminant cet exposé, je ferai une observation relative à une assertion émise dans ma dernière Lettre à M. Libri, savoir que les vibrations perpendiculaires au plan d'incidence sont transformées, par la réflexion, en d'autres vibrations de même espèce, mais dirigées en sens contraire, etc. Cela doit s'entendre du cas où, le second milieu étant plus réfringent que le premier, on a $\tau > \tau'$, ainsi qu'on le reconnaîtra sans peine en jetant les yeux sur les formules (1) et (2) de la Lettre dont il s'agit. Au reste, toutes les conséquences que l'on peut déduire de ces deux formules, relativement aux signes, s'accordent avec les conclusions tirées des formules de MM. Young, Poisson, Fresnel, etc., et avec l'explication qu'ils ont donnée du phénomène des anneaux colorés. J'ai avancé dans la même Lettre que l'intensité de la lumière, transmise à travers un prisme, atteignait son maximum lorsque le rayon émergent était polarisé perpendiculairement au plan d'émergence. Une expérience que j'ai faite avec M. Hessler, professeur de Physique, a confirmé l'exactitude de cette proposition.

6

Optique mathématique. — *Deuxième Lettre à M. Libri, sur la théorie de la lumière.*

C. R., t. II, p. 427. (2 mai 1836.)

Dans ma dernière Lettre, j'ai indiqué les résultats que fournissent les formules générales auxquelles je suis parvenu, quand on les applique au phénomène connu sous le nom de *réflexion totale*, c'est-à-dire au cas où le second milieu, quoique transparent, remplit la fonction d'un corps opaque. Je vais aujourd'hui vous entretenir un instant de ce qui arrive lorsque le second milieu est constamment opaque sous toutes les incidences, et en particulier lorsque la lumière se trouve réfléchie par un métal. Si l'on fait tomber sur la surface d'un métal un rayon simple doué de la polarisation rectiligne, ou circulaire, ou même elliptique, ce rayon pourra toujours être décomposé en deux autres polarisés en ligne droite, l'un perpendiculairement au plan d'incidence, l'autre parallèlement à ce plan. Or, je trouve que, dans chaque rayon composant, la réflexion fait varier l'intensité de la lumière suivant un rapport qui dépend de l'angle d'incidence, et qui généralement n'est pas le même pour les deux rayons. De plus, la réflexion transporte les ondulations lumineuses en avant ou en arrière, à une certaine distance qui dépend encore de l'angle d'incidence. Si l'on représente cette distance, pour le premier rayon composant, par $\frac{\mu}{k}$; pour le second, par $\frac{\nu}{k}$, $l = \frac{2\pi}{k}$ étant l'épaisseur d'une onde, la différence de marche entre les deux rayons composants, après une première réflexion, sera représentée par

$$\frac{\mu - \nu}{k}.$$

Après n réflexions, opérées sous le même angle, elle deviendra

$$n\frac{\mu - \nu}{k}.$$

Je trouve d'ailleurs qu'après une seule réflexion, sous l'angle d'incidence τ, la différence de marche est d'une demi-ondulation, si $\tau = 0$, et d'une ondulation entière, si $\tau = \frac{\pi}{2}$. Donc, en ne tenant pas compte des multiples de la circonférence dans la valeur de l'angle $\mu - \nu$, on peut considérer la valeur numérique de cet angle comme variant entre les limites π et zéro. Lorsque $\mu - \nu$ atteint la moyenne entre ces deux limites ou $\frac{\pi}{2}$, on obtient ce que M. Brewster appelle la polarisation elliptique, et

$$2, 4, 6, 8, \ldots, 2n$$

réflexions semblables ramènent le rayon polarisé à son état primitif.

Alors, si le rayon incident était polarisé en ligne droite, le dernier rayon réfléchi sera lui-même polarisé rectilignement. Mais son plan de polarisation formera avec le plan de réflexion un angle δ dont la tangente sera égale, au signe près, à la puissance $2n$ du quotient qu'on obtient en divisant l'un par l'autre les rapports suivant lesquels la première réflexion fait varier, dans chaque rayon composant, les plus grandes vitesses des molécules. Donc, tandis que le nombre des réflexions croîtra en progression arithmétique, les valeurs de $\tang\delta$ varieront en progression géométrique; et comme, pour les différents métaux, on trouve généralement $\delta < \frac{\pi}{4}$ ou 45°, la lumière, pour de grandes valeurs de n, finira par être complètement polarisée dans le plan d'incidence. On déduit encore de mes formules générales un grand nombre de conséquences que je développerai plus en détail dans une seconde Lettre, et qui s'accordent aussi bien que les précédentes avec les résultats obtenus par M. Brewster.

7.

OPTIQUE MATHÉMATIQUE. — *Troisième et quatrième Lettre à M. Libri, sur la théorie de la lumière.*

C. R., t. II, p. 455. (9 mai 1836.)

Comme une des plus graves objections que l'on ait faites contre la théorie des ondulations de l'éther se tirait de l'existence des ombres et de la propriété qu'ont les écrans d'arrêter la marche des vibrations lumineuses, je désirais beaucoup arriver à déduire de mes formules générales les lois relatives aux deux phénomènes des ondes et de la diffraction; mais, pour y parvenir, il fallait surmonter quelques difficultés d'analyse. J'y ai enfin réussi, et pour représenter les mouvements de l'éther, lorsque la lumière est en partie interceptée par un écran, j'ai trouvé des formules dont je veux un instant vous entretenir.

Considérons, pour fixer les idées, le cas où le corps éclairant est assez éloigné pour que les ondes sphériques qui se propagent autour de ce corps soient devenues sensiblement planes. Prenons pour axe des x la direction du rayon lumineux, et pour axe des y une droite parallèle aux vibrations moléculaires de l'éther. Nommons x le déplacement d'une molécule mesuré parallèlement à l'axe des y, I la valeur maximum de x, $l = \frac{2\pi}{K}$ l'épaisseur d'une onde lumineuse et $I = \frac{2\pi}{s}$ la durée d'une vibration; enfin concevons que, dans le plan des zy, perpendiculaire à l'axe des x, la lumière soit interceptée par un écran, du côté des y négatives. Si le rayon lumineux, que nous supposerons dirigé dans le sens des x positives, est un rayon simple, son équation, pour des valeurs négatives de x, sera de la forme

$$(1) \qquad y = I \cos(Kx - st + \lambda),$$

λ désignant une quantité constante. Or je trouve que, du côté des x positives, la valeur de y pourra être développée en une série, et qu'en réduisant cette série à son premier terme, on aura

$$(2) \qquad y = \left(\frac{1}{\pi}\right)^{\frac{1}{2}} I \int_{-\infty}^{\frac{K^{\frac{1}{2}} y}{\sqrt{2x}}} \cos\left(Kx + \lambda - st - \frac{\pi}{4} + \alpha^2\right) d\alpha.$$

D'ailleurs, le nombre K étant très considérable, la valeur de y donnée par la formule (2) se réduira sensiblement à zéro, pour des valeurs finies et négatives de l'ordonnée y, tandis que, pour des valeurs finies et positives de la même ordonnée, la formule (2) coïncidera sensiblement avec la formule (1). Donc la partie de l'espace située au delà du plan de l'écran sera dans l'ombre du côté où l'écran se trouve, c'est-à-dire derrière l'écran, et continuera d'être éclairée du côté opposé, comme si l'écran n'existait pas. On devra seulement excepter les points de l'espace correspondants à de très petites valeurs de y, et pour lesquels le déplacement y dépendra des deux coordonnées x, y aussi bien que du temps t. Pour ces derniers points, la formule (2) reproduit les lois de la diffraction, telles que Fresnel les a données, et l'on peut simplifier l'étude de ces lois en transformant le second membre de l'équation (2) à l'aide des formules que j'ai données dans plusieurs Mémoires.

J'ai dit plus haut que les ondes qui se propagent autour d'un corps éclairant sont généralement sphériques. Effectivement il résulte du calcul qu'un rayon simple peut se propager dans l'éther sous la forme d'ondes sphériques, ou cylindriques, ou planes. On peut obtenir ces diverses formes en supposant qu'à l'origine du mouvement l'éther est mis en vibration, ou en un seul point, ou dans tous les points d'un même axe, ou dans tous les points d'un même plan; et les deux premières hypothèses fournissent les mêmes résultats que la troisième à une grande distance du point éclairant ou de l'axe qui le remplace. J'ajouterai que, dans les deux premières hypothèses, les vibrations moléculaires sont, pour un rayon simple, dirigées suivant les éléments de circonférences de cercles parallèles tracés sur la surface de l'onde, et que ces vibrations sont semblables entre elles, et isochrones pour tous les points d'une même circonférence.

Dans celle de mes Lettres qui avait pour objet les lois de la réfraction et de la réflexion à la surface des corps transparents, je remarquai que, des quatre équations comprises dans les formules auxquelles j'étais parvenu, trois étaient déjà vérifiées et conformes à toutes les observations connues. Or il se trouve heureusement que la quatrième équation, la seule dont la comparaison avec l'expérience restât encore à faire, est vérifiée à son tour par le phénomène des anneaux colorés. En effet, concevons que la surface extérieure ou intérieure d'une lame d'air, ou d'un corps transparent quelconque, en réfléchissant un rayon polarisé parallèlement ou perpendiculairement au plan d'incidence, fasse varier les plus grandes valeurs des déplacements moléculaires dans le rapport de 1 à Θ, et nommons Θ', Θ'' ce que devient le rapport Θ quand on suppose le rayon, non plus réfléchi, mais réfracté, et passant de l'extérieur à l'intérieur de la lame, ou de l'intérieur à l'extérieur. Soit d'ailleurs I le déplacement absolu et maximum d'une molécule d'éther dans le rayon incident. Si l'épaisseur de la plaque est un multiple de l'épaisseur des ondes lumineuses, les diverses réflexions, en nombre infini, qui seront produites, l'une par la surface extérieure, les autres par la surface intérieure de la lame mince, ramèneront vers l'œil de l'observateur une infinité de rayons, et de la composition de ces rayons naîtra un rayon résultant dans lequel le déplacement maximum aura pour mesure, comme on sait, le produit

$$\Theta I(1 - \Theta'\Theta'' - \Theta^2\Theta'\Theta'' - \ldots) = \Theta I\left(1 - \frac{\Theta'\Theta''}{1 - \Theta^2}\right).$$

Pour que ce produit s'évanouisse et que, dans le phénomène des anneaux colorés, la tache obscure du centre présente le noir foncé, il faudra que l'on ait

$$\Theta'\Theta'' = 1 - \Theta^2. \tag{1}$$

Or cette condition sera effectivement remplie si l'on adopte, pour l'intensité de la lumière réfractée, la valeur que donnent les formules ci-dessus mentionnées. Il y a plus, la condition (1) fournit immédiatement les deux équations inscrites sous les n°s 15 et 16 dans ma Lettre sur la réfraction et la réflexion que produisent les corps transparents; car, si l'on nomme τ l'angle d'incidence, et τ' l'angle de réfraction, on aura

$$\Theta^2 = \left[\frac{\sin(\tau - \tau')}{\sin(\tau + \tau')}\right]^2, \quad \text{ou} \quad \Theta^2 = \left[\frac{\sin(\tau - \tau')\cos(\tau + \tau')}{\sin(\tau + \tau')\cos(\tau - \tau')}\right]^2,$$

suivant que le rayon incident sera polarisé parallèlement ou perpendiculairement au plan d'incidence, et l'on tirera de la formule (1), dans le premier cas,

$$\Theta'\Theta'' = \frac{\sin 2\tau \sin 2\tau'}{\sin^2(\tau + \tau')},$$

dans le second cas,

$$\Theta'\Theta'' = \frac{\sin 2\tau \sin 2\tau'}{\sin^2(\tau + \tau')\cos^2(\tau - \tau')}.$$

Au reste, j'ai aussi obtenu des formules générales pour la réflexion qui s'opère à la surface des corps opaques, particulièrement des métaux, et ces formules s'accordent parfaitement avec l'expérience, comme je vous l'expliquerai plus en détail, lorsque le temps dont je pourrai disposer me permettra d'entrer à ce sujet dans quelques développements.

Si l'écran par lequel on suppose la lumière interceptée dans le plan des yz ne laissait passer les rayons lumineux que dans l'intervalle compris entre les limites $y = y_0$, $y = y_1$, en sorte que l'observateur, placé du côté des x positives, reçût la lumière par une ouverture dont la largeur fût $y_1 - y_0$, la formule (2) (de la Lettre précédente) devrait être remplacée par la suivante

$$(d) \qquad y = \left(\frac{1}{\pi}\right)^{\frac{1}{2}} \mathrm{I} \int_{\frac{k^{\frac{1}{2}}(y - y_1)}{\sqrt{2x}}}^{\frac{k^{\frac{1}{2}}(y - y_0)}{\sqrt{2x}}} \cos\left(kx + \lambda - st - \frac{\pi}{4} + \alpha^2\right) d\alpha.$$

L'équation (d) elle-même fournit seulement une valeur approchée de y, et se déduit de formules générales et rigoureuses qui représentent le rayon diffracté, quelle que soit la direction du rayon incident, et quelles que soient les directions des vibrations moléculaires dans ce même rayon. Ces formules, en donnant les lois de la diffraction, montrent, par exemple, que si le rayon incident est polarisé dans un certain plan, le rayon diffracté restera toujours polarisé dans ce même plan.

8.

Théorie de la lumière. — *Lettre à M. Libri.*

C. R., t. III, p. 422. (3 octobre 1836.)

Dans le *Compte rendu* de la séance du 9 août se trouve une assertion relative au nouveau Mémoire *Sur la théorie de la lumière,* que vous avez eu la bonté de présenter en mon nom à l'Académie des Sciences.

Il y est dit : *A l'occasion du nouveau Mémoire de M. Cauchy sur la lumière, présenté aujourd'hui à l'Académie, M. Arago croit devoir signaler une erreur de fait dans laquelle l'auteur est tombé au sujet de la dispersion des substances gazeuses. M. Cauchy suppose cette dispersion nulle. M. Arago dit, au contraire, qu'elle est sensible, et qu'il l'a mesurée pour un grand nombre de gaz simples et composés. Dans une prochaine séance, M. Arago fera connaître tous ses résultats.* Il serait assez singulier que l'erreur de fait se trouvât, non dans le Mémoire lithographié, mais dans l'assertion qu'on vient de lire, appliquée, comme elle semble l'être, à ce nouveau Mémoire; et sans doute il y a ici une faute d'impression ou de rédaction qui aura dénaturé la pensée de notre savant confrère. La première Partie du nouveau Mémoire se compose de quatre paragraphes, dont les trois premiers se rapportent à des questions de pure Analyse, tandis que le quatrième offre une méthode propre à fournir, dans un grand nombre de problèmes de Physique mathématique, les conditions relatives aux limites des corps ou des systèmes de molécules. Les sept paragraphes que renferme la seconde Partie ont pour objet les équations générales du mouvement de l'éther, les couleurs, le mouvement de la lumière pénétrant à une petite profondeur à l'intérieur des corps opaques, le passage des formules obtenues dans le § III à celles qui représentent un mouvement vibratoire quelconque du fluide éthéré, les milieux où la propagation de la lumière s'effectue de la même manière en tous sens, soit autour d'un point quelconque, soit autour de tout axe parallèle à une droite donnée, enfin la propagation des ondes planes dans les corps transparents. Mais dans tout cela il n'est nullement question de gaz qui dispersent ou ne dispersent pas la lumière, et le mot même de gaz ou de substances gazeuses ne s'y trouve nulle part.

Ce que M. Arago aura dit, c'est que jusqu'à ce jour les physiciens n'avaient point observé la dispersion dans les gaz. C'est là ce que j'ai dit moi-même dans la 9e livraison d'un Mémoire plus ancien où, après avoir établi et vérifié les lois de la dispersion dans les corps solides, après avoir expliqué comment on s'assure que ce phénomène disparaît dans le vide, j'ajoute que *jusqu'à ce jour on n'a pu découvrir dans les gaz aucune trace de la dispersion des couleurs* (*voir* le Mémoire *Sur la Dispersion*, page 185, lignes 13 et 14, ancienne édition). La Note insérée dans le *Compte rendu* prouve elle-même l'exactitude de cette proposition à l'époque où j'écrivais ces lignes, et c'est parce que les physiciens n'avaient jusqu'ici rien découvert à cet égard que les observations promises par M. Arago contribueront notablement au progrès de la Science. Mais personne ne s'étonnera que je n'aie point parlé de ces observations plusieurs mois avant qu'elles fussent publiées et peut-être même entreprises. Je vous prie d'avoir la bonté de me transmettre ces observations aussitôt que vous les connaîtrez. L'accord de mes calculs avec toutes les observations déjà connues me donne lieu d'espérer que celles-ci offriront une confirmation nouvelle des formules établies dans mon Mémoire. Je serai, en particulier, curieux de savoir si, pour les substances gazeuses, comme pour les solides et les liquides, la différence entre les carrés des indices de réfraction relatifs à deux rayons colorés est sensiblement proportionnelle à la différence entre les carrés, non pas des longueurs d'ondulation, mais des quotients qu'on obtient en divisant l'unité par ces mêmes longueurs.

Je vous serai très obligé si vous avez la bonté de communiquer ma Lettre à l'Académie, dans la plus prochaine séance, et de la faire insérer dans le *Compte rendu*.

9.

Analyse mathématique. — *Extrait d'une Lettre à M. Coriolis.*

C. R., t. IV, p. 216. (13 février 1837.)

29 janvier 1837.

Je prendrai la liberté de vous dire ici quelques mots d'un nouveau Mémoire d'Analyse que je vous adresserai bientôt, et dans lequel je donne une plus grande extension aux méthodes exposées dans les précédents. Ainsi étendues, ces méthodes s'appliquent avec un succès remarquable à presque tous les grands problèmes d'Analyse, à la résolution générale des équations, à l'intégration des équations différentielles, à la Mécanique céleste, etc... Je vais indiquer ici sommairement les principes sur lesquels je m'appuie, et quelques-uns des résultats auxquels ils me conduisent. Dans mes trois Mémoires lithographiés, à Turin et à Prague, *Sur le Calcul des indices des fonctions*, *Sur le Calcul des limites*, et *Sur l'intégration des équations différentielles*, j'ai montré comment on pouvait déterminer le nombre des racines qui, dans une équation algébrique, offrent des modules compris entre des limites données; j'ai établi des règles sur la convergence des séries qui représentent les racines des équations algébriques ou transcendantes, ou les intégrales des équations différentielles, et j'ai fait voir comment on peut assigner des limites supérieures aux restes de ces séries. Or, pour établir ces règles et déterminer ces limites, de la manière la plus générale, il suffit de recourir à une proposition démontrée dans l'un de ces Mémoires, et dont voici l'énoncé :

x désignant une variable réelle ou imaginaire, une fonction y réelle ou imaginaire de x sera développable en une série convergente ordonnée suivant les puissances ascendantes de x, tant que le module de x conservera une valeur inférieure à celle pour laquelle la fonction cesse d'être finie et continue.

D'après la définition donnée dans mon *Cours d'Analyse*, une fonction d'une variable est continue entre des limites données lorsque, entre ces limites, chaque valeur de la variable produit une valeur unique et finie de la fonction, et que celle-ci varie par degrés insensibles avec la variable elle-même. Cela posé, une fonction qui ne devient pas infinie ne cesse en général d'être continue qu'en devenant multiple. Ainsi une racine d'une équation ne cessera généralement d'être fonction continue d'un paramètre renfermé dans l'équation, qu'autant que cette équation acquerra des racines égales. J'appelle *valeurs principales* du paramètre celles qui donnent des racines communes à l'équation et à sa dérivée. Cela posé, *toute racine est développable suivant les puissances ascendantes du paramètre, tant que le module de celui-ci reste inférieur aux modules de toutes ses valeurs principales.* Au reste, j'avais déjà donné ce dernier théorème dans un Mémoire présenté à l'Académie de Turin, le 10 septembre 1832. (*Voir* l'extrait de ce Mémoire, dans la *Gazette de Piémont*, du 22 septembre 1832.)

De ces principes se déduisent immédiatement un grand nombre de méthodes diverses pour la résolution générale des équations de tous les degrés. En voici deux exemples :

1° Les racines d'une équation de degré quelconque seront toutes développables, ou suivant les puissances ascendantes, ou suivant les puissances descendantes et fractionnaires du dernier terme, si le module de ce terme est inférieur ou supérieur aux modules de toutes ses valeurs principales. Dans le cas contraire, l'équation pourra être décomposée en plusieurs autres dont les coefficients seront développables suivant les puissances ascendantes ou descendantes du terme dont il s'agit. D'ailleurs le calcul des indices fournit le moyen de distinguer ces trois cas, sans résoudre aucune équation.

2° Pour résoudre une équation, partagez son premier membre en deux polynômes d'une manière quelconque, et supposez l'un de ces polynômes multiplié par un paramètre que vous réduirez plus tard à l'unité. Si toutes les valeurs principales du paramètre offrent des modules inférieurs ou des modules supérieurs à l'unité, toutes les racines seront développables en séries ordonnées suivant les puissances descendantes ou ascendantes de ce paramètre. Dans le cas contraire, l'équation proposée pourra être décomposée en plusieurs autres, dont les coefficients seront développables en séries ordonnées suivant les puissances ascendantes ou descendantes du même paramètre; et, pour effectuer cette décomposition, il suffira de résoudre les équations auxiliaires qu'on obtient en égalant à zéro chacun des deux polynômes; or, n étant le degré de l'équation donnée, il est clair qu'on pourra toujours réduire le degré de chacune des deux équations auxiliaires à un nombre égal ou inférieur à la moitié de n. Par exemple, on ramènera la résolution d'une équation du cinquième degré à celle de deux équations du second, en supposant les deux polynômes égaux, l'un à la somme des trois premiers termes, l'autre à la somme des trois derniers, ou l'un à la somme de termes de degré pair, l'autre à la somme de termes de degré impair.

On pourra de même réduire, non seulement la résolution des équations trinômes à celle des équations binômes, comme Lagrange l'avait déjà remarqué, mais encore celle des équations quadrinômes à celle des équations trinômes, et ainsi de suite.

Dans les intégrales d'équations différentielles entre plusieurs variables $x, y, z, \ldots$ considérées comme fonction de t, les valeurs principales des paramètres sont celles qui rendent infinies les dérivées des seconds membres des équations différentiés par rapport à $x, y, z, \ldots$. Ainsi, par exemple, dans la *Mécanique céleste,* les valeurs principales des masses, des excentricités, etc., ... sont celles qui réduisent les rayons vecteurs à zéro. C'est pour cette raison que, dans le mouvement elliptique, les développements cessent d'être convergents dès que l'excentricité ε acquiert un module égal ou supérieur à celui de la valeur imaginaire de ε qui vérifie l'équation

$$1 - \varepsilon \cos\psi = \frac{r}{a} = 0.$$

D'ailleurs la détermination des valeurs principales des paramètres fournit immédiatement des limites supérieures aux restes des développements. Ainsi, pour obtenir, dans la Mécanique céleste, des limites supérieures aux restes des développements effectués suivant les puissances ascendantes des masses perturbatrices, il suffira de chercher les valeurs principales réelles ou imaginaires de ces masses, c'est-à-dire les valeurs qui seront propres à réduire les rayons vecteurs à zéro.

3 février.

Depuis ma Lettre écrite, j'ai reconnu que l'on pouvait simplifier encore la résolution générale des équations de tous les degrés en prenant pour auxiliaires, non plus des équations de degré moitié moindre, mais seulement des équations binômes. C'est ce que je vous expliquerai plus en détail, lorsque j'aurai un moment de loisir.

10.

ANALYSE ALGÉBRIQUE. — *Sur la résolution des équations.* (*Extrait d'une Lettre adressée à M. Libri.*)

C. R., t. IV, p. 362. (6 mars 1837.)

Dans la dernière Lettre que j'ai eu l'honneur de vous écrire, j'ai indiqué en peu de mots quelques-uns des résultats auxquels j'avais été conduit par mes dernières recherches sur la résolution des équations de tous les degrés et l'intégration des équations différentielles de tous les ordres. Ces résultats suffisaient déjà pour montrer tout le parti qu'on peut tirer des méthodes exposées dans mes précédents Mémoires, et les avantages que présente l'application de ces méthodes à la solution des grands problèmes d'Analyse. Mais, avant que je puisse vous adresser le nouveau Mémoire qui renfermera une exposition plus détaillée des propositions que je suis parvenu à établir, je n'ai pas su résister au désir de vous en faire connaître encore ici quelques-unes, en vous priant de vouloir bien donner lecture de ma Lettre à l'Académie.

Comme je l'ai remarqué dans ma précédente Lettre, et plus anciennement dans un Mémoire de 1832, si l'on nomme *valeurs principales* d'un paramètre compris dans le premier membre d'une équation algébrique celles qui donnent des racines égales à cette équation, par conséquent des racines communes à cette équation et à sa dérivée, toutes les racines seront généralement développables en séries convergentes ordonnées suivant les puissances ascendantes du paramètre dont il s'agit, lorsque la valeur donnée de ce paramètre offrira un module inférieur aux modules de toutes les valeurs principales. Si, au contraire, le môdule donné du paramètre surpasse les modules de toutes les valeurs principales, toutes les racines seront développables suivant la puissance descendante du paramètre. Cela posé, soit

$$F(x) = 0 \tag{1}$$

une équation de degré n, dans laquelle le coefficient de x^n se réduit à l'unité, la fonction $F(x)$ étant de forme réelle. Si les racines sont inconnues, on pourra du moins, d'après ce qui précède, déterminer toutes celles de l'équation auxiliaire

$$F(x) = k, \tag{2}$$

pourvu que la constante k offre un module supérieur aux modules de toutes ses valeurs principales. C'est ce qui arrivera, par exemple, si le module de k surpasse le module de r^n, r étant la valeur de x qui rend, dans la proposée, le module du premier terme également supérieur à la somme des modules de tous les autres.

Pour revenir de l'équation (2) à l'équation (1), il suffira de faire varier un nouveau paramètre i entre les limites

$$i = 0, \quad i = k,$$

dans une nouvelle équation de la forme

$$F(x) = k - i. \tag{3}$$

Nous pourrons même admettre que, dans ce trajet, le rapport $\frac{i}{k}$ reste toujours réel et positif, quoique chacune des constantes k, i, puisse être imaginaire. Or cette idée très simple a des conséquences fort utiles, et dignes, ce me semble, de l'attention des géomètres, car elle fournit seule la résolution complète des équations de tous les degrés, ainsi qu'il résulte des théorèmes suivants, dont les deux premiers sont du nombre de ceux que j'avais trouvés en 1832. Dans ces divers théorèmes, je supposerai que le rapport $\frac{i}{k}$ reste réel et positif et j'appellerai, pour abréger, valeurs principales de x et de $F(x)$ celles qui répondent à l'équation dérivée

$$(4) \qquad F'(x) = 0.$$

THÉORÈME I. — *Si, toutes les valeurs principales de* $F(x)$ *étant réelles, on réduit à zéro la partie réelle du paramètre* k, *toutes les racines de l'équation* (3) *seront développables pour* $\frac{i}{k} = 1$, *et* $\frac{i}{k} < 1$, *en séries convergentes ordonnées suivant les puissances ascendantes de* i.

Corollaire. — On peut immédiatement développer en séries convergentes toutes les racines d'une équation dont la dérivée n'offre point de racines imaginaires; ce qui a lieu, par exemple, lorsque la proposée elle-même a toutes ses racines réelles.

THÉORÈME II. — *Si l'on réduit à zéro la partie réelle du paramètre* x, *alors pour* $\frac{i}{k} = 1$, *et* $\frac{i}{k} < 1$, *l'équation* (3) *offrira plus de racines développables en séries convergentes, ordonnées suivant les puissances ascendantes de* i, *que la dérivée* (4) *n'offre de racines réelles.*

Corollaire. — Il en résulte que, dans tous les cas, une racine au moins de l'équation (1) ou (3), si n est impair, deux racines, si n est pair, peuvent être immédiatement développées en séries convergentes.

THÉORÈME III. — *Si l'on réduit à zéro la partie réelle du paramètre* k, *alors, pour* $\frac{i}{k} = 1$, ou $\frac{i}{k} < 1$, *l'équation* (1) *pourra être décomposée en quatre autres, qui offrent seulement,*

La première, les racines réelles pour lesquelles $F'(x)$ *est positif;*

La seconde, les racines réelles pour lesquelles $F'(x)$ *est négatif;*

La troisième, les racines imaginaires dans lesquelles le coefficient de $\sqrt{-1}$ *est positif;*

La quatrième, les racines imaginaires dans lesquelles le coefficient de $\sqrt{-1}$ *est négatif.*

Corollaire. — Ce théorème, joint au premier, fournit la détermination de toutes les racines réelles d'une équation de degré quelconque.

THÉORÈME IV. — *Si la constante k est réelle, l'équation* (1) *ou* (2) *pourra être décomposée en plusieurs autres, dont chacune offre au plus une seule racine réelle.*

Tous ces théorèmes se démontrent à l'aide de ceux que j'ai déjà donnés. On peut aussi les démontrer par la Géométrie avec une grande facilité.

D'autres théorèmes sont relatifs aux cas où l'on suppose la constante k, en partie réelle, en partie imaginaire, ou bien la fonction $F(x)$ fractionnaire, et fournissent encore d'autres méthodes pour la résolution des équations de tous les degrés. On peut d'ailleurs donner de ces divers théorèmes, et des méthodes ci-dessus mentionnées, des démonstrations élémentaires qui permettront de les faire passer dans les éléments d'Algèbre.

11.

ANALYSE MATHÉMATIQUE. — *Extrait d'une Lettre sur un Mémoire publié à Turin, le* 16 *juin* 1833, *et relatif aux* racines des équations simultanées.

C. R., t. IV, p. 672. (8 mai 1837.)

Pour bien comprendre le théorème qui fait l'objet principal de cette Note, il faut se rappeler les définitions suivantes :

Soient x une variable réelle et $f(x)$ une fonction de cette variable qui devienne infinie pour $x = a$. Si l'on fait croître x, la fonction $f(x)$ passera, en devenant infinie, du négatif au positif, ou du positif au négatif, ou bien elle ne changera pas de signe. La quantité -1 dans le premier cas, $+1$ dans le deuxième, 0 dans le troisième, est ce qu'on nomme l'indice de la fonction pour la valeur donnée a de la variable x.

J'appelle *Indice intégral*, pris entre deux limites données $x = x_0$, $x = X$, la somme des indices correspondants à toutes les valeurs de x

qui rendent la fonction infinie entre ces limites, et je le désigne par la notation $\mathcal{J}_{x_0}^{X}\{[f(x)]\}$. L'indice intégral est aussi l'excès Δ du nombre de fois où la fonction $f(x)$, en s'évanouissant pour différentes valeurs de x entre les limites x_0, X passe du positif au négatif, sur le nombre de fois où elle passe, en s'évanouissant, du négatif au positif. Il est facile de voir que ces deux définitions conduisent au même résultat.

S'il s'agit d'une fonction de deux variables $f(x,y)$, j'appellerai de même *Indice intégral,* entre les limites x_0X, y_0Y, la somme des indices correspondants à toutes les valeurs simultanées de x et y qui, prises entre les mêmes limites, rendent la fonction infinie. Cet indice intégral est la moitié de la quantité

$$\mathcal{J}_{x_0}^{X}\{[f(x,Y)]\}-\mathcal{J}_{x_0}^{X}\{[f(x,y_0)]\}-\mathcal{J}_{y_0}^{Y}\{[f(X,y)]\}+\mathcal{J}_{y_0}^{Y}\{[f(x_0,y)]\}.$$

Je transcris maintenant les premières et dernières lignes du Mémoire publié en juin 1833.

« Dans un Mémoire présenté à l'Académie des Sciences de Turin, le 17 novembre 1831, j'ai fait connaître un nouveau calcul qui peut être fort utilement employé dans la résolution des équations de tous les degrés. Mais, dans le Mémoire dont il s'agit, les principes de ce calcul, que je nomme *Calcul des indices,* se trouvent déduits de la considération des intégrales définies. Je me propose ici de démontrer comment on peut établir directement ces mêmes principes sans recourir à des formules de Calcul intégral. »

Suivent les démonstrations de sept théorèmes que j'établissais successivement.

« En s'appuyant sur les principes ci-dessus exposés, on pourrait encore étendre le Calcul des indices à la détermination des racines imaginaires des équations, ainsi qu'à la résolution des équations simultanées et démontrer en particulier la proposition suivante :

» THÉORÈME VIII. — *Soient*

$$f(x,y),\ F(x,y)$$

deux fonctions de x, y qui restent continues entre les limites $x = x_0$, $x = X$, $y = y_0$, $y = Y$.

» *Nommons $\varphi(x,y)$, $\Phi(x,y)$ les dérivées de ces fonctions relatives à x, et $\chi(x,y)$, $X(x,y)$ leurs dérivées relatives à y.*

» *Enfin soit N le nombre des différents systèmes de valeurs de x, y propres à vérifier les équations simultanées*

$$f(x,y) = 0, \quad F(x,y) = 0$$

et comprises entre les limites ci-dessus énoncées, on aura

$$N = \frac{1}{2}\left(\int_{x_0}^{X} \{[\psi(x,Y)]\} - \int_{x_0}^{X} \{[\psi(x,y_0)]\} - \int_{y_0}^{Y} \{[\psi(X,y)]\} + \int_{y_0}^{Y} \{[\psi(x_0,y)]\}\right.$$

en supposant

$$\psi(x,y) = \frac{\Phi(x,y)\,\chi(x,y) - \varphi(x,y)\,X(x,y)}{F(x,y)} f(x,y).$$

» Turin, le 15 juin 1833. »

Parmi les démonstrations élémentaires que l'on peut donner de ce théorème, il en est une fort simple que je vais indiquer en peu de mots.

Considérons x, y comme des coordonnées rectangulaires. Chacune des équations

$$f(x,y) = 0, \tag{1}$$

$$F(x,y) = 0 \tag{2}$$

représentera une ligne droite ou courbe tracée dans le plan des x, y, et N sera le nombre de points suivant lesquels se coupent ces deux lignes dans l'intérieur du rectangle ABCD compris entre les quatre droites qui ont pour équations

$$x = x_0, \quad x = X, \quad y = y_0, \quad y = Y. \tag{3}$$

Cela posé, il sera facile de vérifier le huitième théorème si chacune des fonctions $f(x,y)$, $F(x,y)$ est linéaire par rapport à x, y, c'est-à-dire si les équations (1) et (2) représentent elles-mêmes deux droites; et l'on s'assurera aisément qu'alors le premier et le second membre de l'équation (a) se réduisent l'un et l'autre, soit à zéro, soit à l'unité, suivant que le point d'intersection des droites (1) et (2) est situé à l'extérieur ou à l'intérieur du rectangle ABCD. Mais si $f(x, y)$, $F(x, y)$ cessent, l'une ou l'autre, ou toutes deux à la fois, d'être des fonctions linéaires de x, y, on pourra diviser le rectangle ABCD par des droites parallèles à ses côtés en éléments assez petits pour qu'un seul point d'intersection au plus des courbes (1) et (2) soit renfermé dans chaque élément, et pour que les portions de ces courbes comprises dans chaque élément se confondent sensiblement avec leurs tangentes. Alors, pour obtenir la formule (a), appliquée au rectangle ABCD, il suffira de combiner par voie d'addition les diverses équations qu'on obtient en établissant successivement cette formule pour chacun des éléments de ce même rectangle.

Le huitième théorème, ainsi qu'il vous sera facile de le reconnaître, comprend, comme cas particuliers, ceux que j'ai donnés sur le nombre des racines imaginaires d'une équation algébrique, et, dans ce cas, la fonction $\psi(x, y)$ peut se réduire à $\frac{f(x, y)}{F(x, y)}$

Je verrais avec plaisir que la partie de ma Lettre qui est relative au Mémoire de Juin 1833 fût insérée dans le *Compte rendu* de la prochaine séance de l'Académie.

Goritz, le 22 avril 1837.

12.

Analyse mathématique. — *Première Lettre sur la détermination complète de toutes les racines des équations de degré quelconque.*

C. R., t. IV, p. 773. (22 mai 1837.)

..... Voici de quelle manière se démontrent les théorèmes fondamentaux indiqués dans la Lettre que j'ai adressée à M. Coriolis, le 29 janvier 1837.

Théorème I. — *t désignant une variable réelle ou imaginaire, une fonction réelle ou imaginaire de t, représentée par x, sera développable en série convergente, ordonnée suivant les puissances ascendantes de t, tant que le module de t conservera une valeur inférieure à celle pour laquelle la fonction x cesse d'être finie et continue.*

Démonstration. — On peut voir une démonstration de ce théorème dans l'extrait lithographié du Mémoire présenté à l'Académie de Turin, le 11 octobre 1831 (Ire Partie, § II, p. 6 et 7). Seulement les lettres t et x se trouvent remplacées, dans le Mémoire dont il s'agit, par les lettres x et y.

Corollaire. — Supposons que x soit une fonction implicite de t, déterminée par la résolution d'une certaine équation

$$F(x) = 0, \tag{1}$$

dans laquelle t entre comme paramètre. Si la fonction x reste finie pour des valeurs finies de t, elle ne cessera généralement d'être continue qu'en devenant multiple. Cela posé, soient

$$x,\ x + \Delta x \tag{2}$$

deux racines de l'équation (1) : on aura

$$F(x) = 0, \quad F(x + \Delta x) = 0,$$

et, par suite,

$$\frac{F(x + \Delta x) - F(x)}{\Delta x} = 0. \tag{3}$$

Or si, pour une certaine valeur réelle ou imaginaire de t, les racines x, $x + \Delta x$ se confondent, en faisant converger t vers cette valeur, pour laquelle l'équation (1) acquerra une racine double ou multiple, on verra l'équation (3) se transformer en cette autre

$$F'(x) = 0. \tag{4}$$

Ainsi, lorsque le paramètre t obtient une valeur pour laquelle l'équation (1) acquiert une racine double ou multiple, cette racine est commune à l'équation (1) et à sa dérivée. Cela posé, si l'on nomme *valeurs principales* du paramètre t celles qui donnent des racines communes à l'équation (1) et à sa dérivée, on déduira immédiatement des remarques précédentes, jointes au théorème I, la proposition que nous allons énoncer.

Théorème II. — *Toute racine d'une équation est généralement développable suivant les puissances ascendantes d'un paramètre renfermé dans l'équation dont il s'agit, tant que le module de ce paramètre reste inférieur aux modules de toutes ses valeurs principales.*

Corollaire. — Soient

$$\alpha,\ \beta,\ \gamma,\ \ldots$$

plusieurs racines réelles ou imaginaires de l'équation (1). Pour de très petites valeurs du module d'un paramètre t compris dans cette équation, chacune des racines α, β, γ, ... sera généralement développable suivant les puissances ascendantes de t, et l'on pourra en dire autant de la somme de ces racines et de la somme de leurs puissances entières d'un degré quelconque. Si, le module t venant à croître, deux ou plusieurs racines, par exemple, α et β, ou α, β et γ, ... deviennent égales entre elles, pour une certaine valeur du module dont il s'agit, à partir de cet instant, les racines α, β ou α, β, γ, ... cesseront d'être fonctions continues de t, et séparément développables suivant les puissances ascendantes de t. Mais la somme de ces racines, ou la somme de leurs puissances semblables, ne cessera pas d'être fonction continue du paramètre t, et développable suivant les puissances ascendantes de ce paramètre; et il en sera ainsi jusqu'au moment où l'accroissement progressif du module de t rendra l'une des racines que renferme le groupe (α, β) ou (α, β, γ), ... équivalente à une ou plusieurs autres racines non comprises dans ce même groupe. Alors ces dernières, et celles qui pouvaient déjà s'être groupées avec elles, formeront avec les premières un nouveau groupe composé d'un plus grand nombre de racines, dont la somme sera encore développable, ainsi que la somme de leurs puissances semblables, en séries ordonnées suivant les puissances ascendantes de t. D'ailleurs, lorsqu'on connaît la somme de plusieurs racines $\alpha, \beta, \gamma, \ldots$ de l'équation (1), et la somme de leurs puissances semblables d'un degré représenté par un nombre entier quelconque, on peut aisément développer suivant les puissances descendantes de x le logarithme du produit

$$\left(1-\frac{\alpha}{x}\right)\left(1-\frac{\beta}{x}\right)\left(1-\frac{\gamma}{x}\right)\cdots,$$

par conséquent ce produit lui-même, et former une nouvelle équation dont $\alpha, \beta, \gamma, \ldots$ soient les seules racines. Il importe d'observer à ce sujet que, pour obtenir tous les termes du produit en question, il suffit de prolonger le développement de ce produit, et par conséquent le développement de son logarithme, jusqu'au terme dans lequel l'exposant de $\frac{1}{x}$ est égal au nombre des racines $\alpha, \beta, \gamma, \ldots$. Cela posé, les principes que nous venons d'établir conduisent immédiatement au théorème suivant.

Théorème III. — *Soit t un paramètre renfermé dans le premier membre de l'équation* (1). *Tant que le module de ce paramètre restera inférieur aux modules de toutes ses valeurs principales, les racines distinctes de l'équation* (1) *seront séparément développables en séries convergentes ordonnées suivant les puissances ascendantes de t. Supposons d'ailleurs que, le module de t venant à croître, on distribue en divers groupes les racines de l'équation* (1), *de telle sorte que, dans l'origine, le nombre des groupes soit égal au nombre des racines distinctes, et que plus tard deux groupes se réunissent en un seul, au moment où deux racines qui appartiennent respectivement à ces deux groupes deviennent égales entre elles pour un module donné de t correspondant à une certaine valeur principale de ce paramètre. Le nombre des groupes de racines se trouvera complètement déterminé pour chaque valeur particulière attribuée au module de t, et l'équation* (1) *pourra être décomposée en plusieurs autres dont chacune fournisse séparément les diverses racines comprises dans un seul groupe.*

Corollaire I. — Dans les démonstrations des théorèmes II et III, nous avons implicitement supposé que les racines et les sommes de diverses racines de l'équation (1) ne cessaient d'être fonctions continues de t qu'au moment où deux ou plusieurs de ces racines devenaient égales entre elles. C'est ce qui a lieu, par exemple, lorsque l'équation (1) est de la forme

$$\Pi(x) + t\varpi(x) = 0, \tag{5}$$

$\varpi(x)$ et $\Pi(x)$ désignant deux fonctions entières de x, et le degré de la fonction $\Pi(x)$ étant supérieur à celui de la fonction $\varpi(x)$. Si le degré de $\Pi(x)$ devenait inférieur à celui de $\varpi(x)$, une ou plusieurs racines de l'équation (5) deviendraient infinies, par conséquent discontinues pour $t = 0$, et, si l'équation (1) n'était pas de la forme (5), ou si elle devenait transcendante, on conçoit que des valeurs particulières de t pourraient encore rendre une racine infinie ou discontinue, sans donner des racines communes à l'équation (5) et à sa dérivée. Il sera généralement facile de voir quelles sont les restrictions ou modifications qui doivent être apportées aux théorèmes II et III dans des cas semblables. Ainsi, par exemple, dans le cas où la fonction $\Pi(x)$, que renferme l'équation (5), offrira un degré inférieur à celui de $\varpi(x)$, on pourra encore développer les racines qui deviendront infinies pour $t = 0$, en séries ordonnées suivant les puissances ascendantes de t; seulement, les premiers termes de ces séries renfermeront des puissances négatives de t, comme on peut s'en assurer en développant suivant les puissances ascendantes, entières ou fractionnaires, du paramètre t, les racines des équations

$$x - 1 + tx^2 = 0, \quad x - 1 + tx^3 = 0.$$

Corollaire II. — Il est important d'observer que le théorème III, appliqué à l'équation (5), peut aisément se déduire de la formule (29) (p. 13) du Mémoire de 14 pages, lithographié à Turin, sous la date du 17 décembre 1831. Pour y parvenir, il suffit de remplacer, dans cette formule, $F(z)$ par une puissance entière de z, et $\varpi(z)$ par $t\varpi(z)$, d'écrire d'ailleurs, au lieu de x, dans l'équation (5),

$$x + y\sqrt{-1} = z,$$

en considérant les variables x, y comme propres à exprimer deux coordonnées rectangulaires, et substituant à l'équation (5) la suivante

$$(6)\qquad \Pi(x+y\sqrt{-1})+t\,\varpi(x+y\sqrt{-1})=0,$$

ou

$$(7)\qquad t=-\frac{\Pi(x+y\sqrt{-1})}{\varpi(x+y\sqrt{-1})};$$

puis de construire les différentes courbes représentées par l'équation

$$(8)\qquad \mathrm{T}=\mathrm{mod.}\frac{\Pi(x+y\sqrt{-1})}{\varpi(x+y\sqrt{-1})}\ \text{(1)},$$

T désignant le module du paramètre t. Pour $\mathrm{T}=0$, cette équation représentera autant de points que la suivante

$$(9)\qquad \Pi(z)=0,\quad \text{ou}\quad \Pi(x+y\sqrt{-1})=0,$$

offrira de racines distinctes. T venant à croître, chacun de ces points sera remplacé par une courbe fermée qui s'étendra de plus en plus, et les différentes courbes resteront isolées et indépendantes les unes des autres jusqu'au moment où, le module T acquérant une de ses *valeurs principales,* on verra deux ou plusieurs courbes se réunir en un point multiple, pour se réduire plus tard à une seule et même courbe. Il peut aussi arriver que le périmètre d'une courbe vienne à se rencontrer lui-même en un certain point, ou que deux courbes distinctes se rencontrent en deux points, de manière à se transformer ensuite en deux courbes d'espèces différentes, dont l'une s'élargisse et l'autre se rétrécisse de plus en plus. Ainsi, parmi les courbes représentées par l'équation (8), pour une valeur quelconque du module T, on pourra distinguer des courbes de première espèce qui s'élargiront, et des courbes de seconde espèce qui se rétréciront, pour des valeurs croissantes de ce module. Lorsque T deviendra infiniment petit, les seules courbes qui subsisteront seront des courbes de première espèce, dont

(1) Les initiales *mod.* placées devant une expression imaginaire indiquent son module.

les périmètres s'étendent à de très petites distances des points représentés par l'équation

$$(9\ bis)\qquad \Pi(x+y\sqrt{-1})=0 \quad \text{ou} \quad \Pi(z)=0,$$

pourvu que l'on suppose, comme on l'a dit, le degré de la fonction $\Pi(x)$ supérieur au degré de $\varpi(x)$. Au contraire, lorsque T deviendra infiniment grand, les seules courbes qui subsisteront seront des courbes de seconde espèce, dont les périmètres s'étendront à de très petites distances des points représentés par l'équation

$$(10)\qquad \varpi(x+y\sqrt{-1})=0 \quad \text{ou} \quad \varpi(z)=0,$$

et une seule courbe de première espèce, dont le périmètre sera très considérable et s'étendra à de très grandes distances tout autour de l'origine des coordonnées. Pour une valeur quelconque du module T de t, le nombre des courbes de première espèce, ou du moins le nombre de celles qui ne se trouveront point enveloppées de tous côtés par d'autres courbes de même espèce, sera précisément le nombre des groupes de racines mentionnés dans le théorème III, et la formule (29) du Mémoire lithographié déjà cité fournira le moyen de développer, suivant les puissances ascendantes de t, la somme des puissances semblables des racines de l'équation (5) correspondante à un même groupe. On pourra d'ailleurs supposer que le contour OO′O″..., dont il est question dans ce Mémoire, se réduit successivement à chacune des courbes de première espèce, non enveloppées par d'autres, et représentées par l'équation (8) au moment où le module T est sur le point d'acquérir une des valeurs principales [1], pour lesquelles deux ou plusieurs courbes de première espèce se réunissent, savoir, celle de ces valeurs principales qui est immédiatement supérieure au module de la valeur réelle ou imaginaire effectivement attribuée à t dans l'équation (5). Cela posé, on reconnaîtra sans peine que les derniers termes de chaque série convergente finiront par être, ou sensiblement

[1] Nous appelons, pour abréger, *valeurs principales du module* T les modules des valeurs principales de t.

proportionnels, ou inférieurs à ceux d'une progression géométrique décroissante dont la raison serait le rapport entre le module effectivement attribué à t et la valeur principale de T.

En opérant comme on vient de le dire, on se procurera le moyen de décomposer l'équation (5) en plusieurs équations particulières dont le nombre soit égal au nombre des groupes de racines mentionnées dans le théorème (3), ou même au nombre des courbes de première espèce, enveloppées ou non enveloppées par d'autres. Il y a plus, si l'on fait usage, non seulement des développements ordonnés suivant les puissances ascendantes de t, mais encore des développements ordonnés suivant les puissances descendantes de t, ou ascendantes de $\frac{1}{t}$, on pourra évidemment décomposer l'équation (5), pour une valeur donnée du module T de t, en autant d'équations particulières qu'il y aura de courbes distinctes, soit de première, soit de seconde espèce, correspondantes à cette valeur. Car, lorsqu'une courbe en enveloppera d'autres, on pourra déterminer la somme des racines de l'équation (5), correspondantes à des points situés sur ces diverses courbes, avec la somme des puissances semblables de ces racines, soit en tenant compte, soit en faisant abstraction des points situés sur la courbe-enveloppe, et obtenir en conséquence la somme des racines correspondantes aux seuls points situés sur la courbe enveloppe, avec la somme de leurs puissances semblables. Ce n'est pas tout, si l'une des équations (9) ou (10) admet des racines égales, on pourra développer séparément chacune des racines correspondantes de l'équation (5) suivant les puissances ascendantes et fractionnaires de t ou de $\frac{1}{t}$, lorsque le module T du paramètre t sera inférieur ou supérieur aux modules de toutes ses valeurs principales. Ainsi, par exemple, si, l'équation (9) offrant m racines égales à α, le module T de t est inférieur à tous les modules principaux de ce paramètre, alors, en posant

$$(11) \qquad t = \tau^m,$$

on pourra développer chacune séparément, suivant les puissances ascendantes de τ, celles des racines de l'équation (5) qui deviendraient égales à α pour $t = 0$. Cette proposition se déduit immédiatement du théorème II, lorsqu'on applique ce théorème à l'équation (5) résolue par rapport à τ.

Les variables x et t étant supposées liées entre elles par l'équation (5), les valeurs principales de t vérifieront à la fois cette équation et sa dérivée

$$\Pi'(x) + t\,\varpi'(x) = 0; \tag{12}$$

et les valeurs correspondantes de la variable x, c'est-à-dire les valeurs principales de x, seront déterminées par la formule

$$\frac{\Pi'(x)}{\Pi(x)} = \frac{\varpi'(x)}{\varpi(x)}, \quad \text{ou} \quad \frac{\Pi(x)}{\varpi(x)} = \frac{\Pi'(x)}{\varpi'(x)}. \tag{13}$$

Si dans cette dernière on écrit $x + y\sqrt{-1}$ au lieu de x, on obtiendra l'équation

$$\frac{\Pi(x+y\sqrt{-1})}{\varpi(x+y\sqrt{-1})} = \frac{\Pi'(x+y\sqrt{-1})}{\varpi'(x+y\sqrt{-1})}, \tag{14}$$

à laquelle satisferont les coordonnées x, y des points de réunion ou de séparation des courbes de première ou de seconde espèce représentées par la formule (8).

Observons encore que, dans le cas où les fonctions $\Pi(x)$, $\varpi(x)$ sont de forme réelle, l'équation (8) peut s'écrire comme il suit :

$$\mathrm{T}^2 = \frac{\Pi(x+y\sqrt{-1})}{\varpi(x+y\sqrt{-1})}\,\frac{\Pi(x-y\sqrt{-1})}{\varpi(x-y\sqrt{-1})}. \tag{15}$$

Si l'on pose, pour abréger,

$$-\frac{\Pi(x)}{\varpi(x)} = \mathfrak{f}(x), \tag{16}$$

les équations (12), (13), dont le système détermine les valeurs principales de t et de x, se réduiront à

$$t = \mathfrak{f}(x), \quad \mathfrak{f}'(x) = 0. \tag{17}$$

Par suite, les courbes de première et de seconde espèce, correspondantes à un module donné T du paramètre t, seront représentées par l'équation

$$T = \text{mod. } f(x + y\sqrt{-1}), \tag{18}$$

ou, si $f(x)$ est de forme réelle, par l'équation

$$T^2 = f(x + y\sqrt{-1})\, f(x - y\sqrt{-1}), \tag{19}$$

et les coordonnées des points de réunion ou de séparation de ces mêmes courbes satisferont à la condition

$$f'(x + y\sqrt{-1}) = 0. \tag{20}$$

C'est au reste ce que l'on peut démontrer comme il suit :

Si, pour une valeur donnée de T, deux branches de courbes se réunissent en un point, on pourra couper ces deux branches dans le voisinage du point de réunion par une droite parallèle à celle qui a pour équation $y = \theta x$, θ étant une constante choisie arbitrairement, et satisfaire à l'équation (19), non seulement par les valeurs de x, y relatives au point de la droite situé sur la première branche de courbe, mais encore en substituant à ces valeurs les coordonnées du point situé sur la seconde branche, que je supposerai désignées par $x + \Delta x$, $y + \Delta y$, la différence finie Δy étant de la forme

$$\Delta y = \theta\, \Delta x. \tag{21}$$

Cela posé, si l'on nomme u le logarithme du produit

$$f(x + y\sqrt{-1})\, f(x - y\sqrt{-1}),$$

l'équation (19) donnera non seulement

$$u = 2 \log T, \tag{22}$$

mais encore

$$\Delta u = 0, \quad \text{ou} \quad \frac{\Delta u}{\Delta x} = 0; \tag{23}$$

puis on conclura des formules (21) et (22), en faisant converger Δx vers la limite zéro,

$$\frac{dy}{dx} = \theta, \quad \frac{\partial u}{\partial x} + \frac{\partial u}{\partial y}\theta = 0, \tag{24}$$

quel que soit θ; par conséquent,

$$\frac{\partial u}{\partial x} = 0, \quad \frac{\partial u}{\partial y} = 0.$$

Or, il est aisé de voir que ces dernières équations entraînent les deux formules

$$f'(x + y\sqrt{-1}) = 0, \quad f'(x - y\sqrt{-1}) = 0. \tag{25}$$

C'est à peu près ainsi que j'avais établi à Turin la formule (14), de laquelle j'avais déduit le théorème II, et les autres théorèmes énoncés dans la *Gazette de Piémont* du 22 septembre 1832.

Si, dans l'équation (19), on attribue à x, y les valeurs qui correspondent au point de réunion ou de séparation de deux courbes, puis d'autres valeurs très voisines correspondantes à un second point situé sur l'une des courbes et très rapproché du premier; en nommant s l'arc compté à partir du point de réunion ou de séparation, et prenant cet arc s pour variable indépendante, on trouvera que, dans le passage du premier point au second, le logarithme du second membre de l'équation (19) reçoit un accroissement qui, eu égard aux formules (25), est sensiblement proportionnel à

$$\left[\frac{f''(x + y\sqrt{-1})}{f(x + y\sqrt{-1})} + \frac{f''(x - y\sqrt{-1})}{f(x - y\sqrt{-1})}\right]\left(\frac{dx^2}{ds^2} - \frac{dy^2}{ds^2}\right)$$
$$+ 2\frac{dx}{ds}\frac{dy}{ds}\sqrt{-1}\left[\frac{f'(x + y\sqrt{-1})}{f(x + y\sqrt{-1})} - \frac{f'(x - y\sqrt{-1})}{f(x - y\sqrt{-1})}\right].$$

En égalant cet accroissement à zéro, on obtiendra une équation qui fournira pour $\frac{dy}{dx}$ deux valeurs dont le produit sera -1; d'où il suit que deux branches de courbe, en se rencontrant, se couperont à angles droits. On prouvera pareillement que, si n branches de courbe se réunissent au même point, leurs tangentes en ce point comprendront entre elles des angles dont chacun sera le quotient de deux angles droits par le nombre n. En effet, si l'on pose $\frac{dy}{dx} = \theta$, la valeur de θ, relative au point dont il s'agit, sera donnée par une équation de la forme $\cos(c + n\theta) = 0$, c désignant une quantité qui ne variera pas dans le passage d'une courbe à l'autre, et rendra le binôme

$$\cos c + \sqrt{-1}\,\sin c$$

égal au quotient qu'on obtient quand on divise l'expression imaginaire $\frac{f''(x + y\sqrt{-1})}{f(x + y\sqrt{-1})}$ par le module de cette même expression.

Si l'on pose

$$(26) \qquad f(x + y\sqrt{-1}) = e^{S + P\sqrt{-1}},$$

S et P désignant deux fonctions réelles de x, y, l'équation (18) donnera simplement

$$T = e^{S}.$$

D'ailleurs on déduira de l'équation (26) les formules

$$(27) \qquad \frac{\partial S}{\partial y} + \sqrt{-1}\,\frac{\partial P}{\partial y} = \frac{f'(x + y\sqrt{-1})}{f(x + y\sqrt{-1})}\sqrt{-1} = \left(\frac{\partial S}{\partial x} + \sqrt{-1}\,\frac{\partial P}{\partial x}\right)\sqrt{-1},$$

$$(28) \qquad \left\{ \begin{aligned} &\frac{\partial^2 S}{\partial y^2} + \sqrt{-1}\,\frac{\partial^2 P}{\partial y^2} = -\left(\frac{\partial^2 S}{\partial x^2} + \sqrt{-1}\,\frac{\partial^2 P}{\partial x^2}\right), \\ &\frac{\partial^2 S}{\partial y^2} = -\frac{\partial^2 S}{\partial x^2}, \quad \frac{\partial^2 P}{\partial y^2} = -\frac{\partial^2 P}{\partial x^2}; \end{aligned} \right.$$

et en vertu de celles-ci, jointes à l'équation (20), on aura, pour chaque valeur principale de T ou de S,

$$(29) \qquad \frac{\partial S}{\partial x} = 0, \quad \frac{\partial S}{\partial y} = 0, \quad \frac{\partial^2 S}{\partial y^2} = -\frac{\partial^2 S}{\partial x^2}.$$

Donc, généralement, chaque valeur principale de T ou de S sera tout à la fois un maximum relatif à x, et un minimum relatif à y, ou un maximum relatif à y, et un minimum relatif à x.

On prouvera encore aisément que, si la fonction $f(x)$ étant de forme réelle, on prend T^2 pour l'ordonnée d'une surface courbe, les coordonnées x, y d'une ligne de plus grande pente tracée sur cette surface vérifieront l'équation

$$\frac{f(x+y\sqrt{-1})}{f(x-y\sqrt{-1})} = \text{const.} \tag{30}$$

Les principes que nous venons d'établir fournissent, pour la résolution des équations, les méthodes indiquées dans ma Lettre du 29 janvier 1837. Si l'on veut maintenant obtenir les propositions énoncées dans ma Lettre du 24 février, il suffira de remplacer les équations (17), (18), (19) par les suivantes :

$$t = K - e^{\varpi\sqrt{-1}} f(x), \quad f'(x) = 0, \quad T = \text{mod.}[K - e^{\varpi\sqrt{-1}} f(x+y\sqrt{-1})],$$

$$T^2 = [K - e^{\varpi\sqrt{-1}} f(x+y\sqrt{-1})][K - e^{-\varpi\sqrt{-1}} f(x-y\sqrt{-1})],$$

K, ϖ désignant deux quantités réelles, et le paramètre t ne différant pas de celui que nous avons désigné par i dans la Lettre en question. La discussion des courbes représentées par la formule

$$T^2 = [K - e^{\varpi\sqrt{-1}} f(x+y\sqrt{-1})][K - e^{-\varpi\sqrt{-1}} f(x-y\sqrt{-1})]$$

n'offrira pas plus de difficulté que celle des courbes représentées par la formule (15) ou (19) et cette discussion, jointe aux formules établies dans le Mémoire lithographié sous la date du 17 décembre 1831, fournira les méthodes présentées dans ma Lettre du 24 février pour la résolution de l'équation $f(x) = 0$. Au reste, je me propose de vous transmettre prochainement de nouveaux détails sur cet objet, ainsi que la démonstration du théorème général sur la convergence des séries qui représentent les intégrales d'un système d'équations différentielles.

Goritz, 5 mai 1837.

13.

Analyse mathématique. — *Deuxième Lettre sur la résolution des équations de degré quelconque.*

C. R., t. IV, p. 805 (29 mai 1837).

Soit

$$f(x) = 0 \tag{1}$$

une équation du degré n, dans laquelle le coefficient de x^n se réduit à l'unité, en sorte qu'on ait identiquement

$$f(x) = x^n + a_1 x^{n-1} + a_2 x^{n-2} + \ldots + a_{n-1} x + a_n, \tag{2}$$

a_1, a_2, ..., a_{n-1}, a_n étant des coefficients réels ou imaginaires. Soit d'ailleurs k une constante, réelle ou imaginaire, dont le module surpasse le plus grand des modules principaux de $f(x)$. D'après ce qui a été démontré dans ma Lettre du 6 mai, on pourra développer, suivant les puissances descendantes et fractionnaires de k, les racines de l'équation

$$f(x) = k. \tag{3}$$

Pour y parvenir, il suffira d'employer les formules tirées du calcul des résidus, ou bien encore la formule de Lagrange, en opérant comme il suit.

L'équation (3) étant écrite ainsi,

$$x^n + a_1 x^{n-1} + a_2 x^{n-2} + \ldots + a_{n-1} x + a_n = k, \tag{4}$$

si l'on fait, pour plus de commodité,

$$x = \frac{1}{z}, \qquad 1 + a_1 z + a_2 z^2 + \ldots + a_n z^n = [\varpi(z)]^n, \tag{5}$$

en choisissant $\varpi(z)$ de manière que l'on ait

$$\varpi(0) = 1, \tag{6}$$

cette équation deviendra

$$(7)\qquad z^n = \frac{1}{k}[\varpi(z)]^n,$$

et on la vérifiera en posant

$$(8)\qquad z = \lambda\,\varpi(z),$$

pourvu que l'on désigne par λ une des racines de l'équation binôme

$$(9)\qquad \lambda^n = \frac{1}{k}.$$

Or, les valeurs de z et de $F(z)$ tirées de l'équation (8), en vertu de la formule de Lagrange, pour un module de λ suffisamment petit, ou, ce qui revient au même, pour un module de k suffisamment grand, seront

$$(10)\qquad z = \lambda\,\varpi(0) + \frac{\lambda^2}{1.2}\frac{d[\varpi(\varepsilon)]^2}{d\varepsilon} + \frac{\lambda^3}{1.2.3}\frac{d^2[\varpi(\varepsilon)]^3}{d\varepsilon^2} + \ldots$$

et

$$(11)\qquad \left\{\begin{aligned} F(z) &= F(0) + \lambda\,F'(0)\,\varpi(0) \\ &\quad + \frac{\lambda^2}{1.2}\frac{d\{F'(\varepsilon)[\varpi(\varepsilon)]^2\}}{d\varepsilon} + \frac{\lambda^3}{1.2.3}\frac{d^2\{F'(\varepsilon)[\varpi(\varepsilon)]^3\}}{d\varepsilon^2} + \ldots, \end{aligned}\right.$$

ε devant être réduit à zéro après les différentiations, et $\varpi(0)$ ne différant pas de l'unité. On obtiendra donc sans peine les valeurs de z et de $F(z)$, par conséquent celles de $[\varpi(z)]^{-1}$ et de

$$(12)\qquad x = \frac{1}{z} = \lambda^{-1}[\varpi(z)]^{-1},$$

développées en séries ordonnées suivant les puissances ascendantes et entières de λ, ou descendantes et fractionnaires de k, lorsque le module de k surpassera tous les modules principaux de $f(x)$, c'est-à-dire, ceux qui correspondent aux racines de l'équation

$$(13)\qquad f'(x) = 0.$$

Pour remplir cette condition, il suffirait de supposer k équivalent à

$2r^n$, r étant la valeur de x qui, dans l'équation (1), rendrait le premier terme égal à la somme de tous les autres. En effet, soient

$$A_1, A_2, \ldots, A_{n-1}, A_n$$

les modules des coefficients

$$a_1, a_2, \ldots, a_{n-1}, a_n;$$

la valeur de r dont il s'agit sera donnée par la formule

$$(14) \qquad r^n - A_1 r^{n-1} - A_2 r^{n-2} - \ldots - A_{n-1} r - A_n = 0,$$

et surpassera celle que fournirait l'équation

$$(15) \qquad n r^{n-1} - (n-1) A_1 r^{n-2} - (n-2) A_2 r^{n-3} - \ldots - A_{n-1} = 0,$$

de laquelle on tirerait

$$r^n - \frac{n-1}{n} A_1 r^{n-1} - \frac{n-2}{n} A_2 r^{n-2} - \ldots - \frac{1}{n} A_{n-1} r = 0,$$

et, par suite,

$$r^n - A_1 r^{n-1} - A_2 r^{n-2} - \ldots - A_{n-1} r - A_n < 0.$$

Donc la valeur de r donnée par la formule (14) surpassera les modules de toutes les racines de l'équation

$$n x^{n-1} + (n-1) a_1 x^{n-2} + (n-2) a_2 x^{n-3} + \ldots + a_{n-1} = 0, \quad \text{ou} \quad f'(x) = 0;$$

comme on le démontrera facilement à l'aide des raisonnements dont nous avons fait usage dans l'*Analyse algébrique* (p. 480). D'ailleurs, il résulte évidemment de l'équation (14) que, pour un module de x égal ou inférieur à cette valeur de r, le module de $f(x)$ ne surpassera pas $2r^n$, ou le double de r^n.

Après avoir ramené, par le calcul des résidus, ou par le théorème de Lagrange, la résolution de l'équation (3) à la résolution d'une équation binôme, savoir, de l'équation (9), du moins pour une valeur du paramètre k suffisamment grande, il reste à montrer comment on peut revenir de l'équation (3) à l'équation (1). Or, pour y réussir, il suffira de faire varier un nouveau paramètre i entre les limites $i=0$, $i=k$, dans une nouvelle équation de la forme

$$\mathrm{f}(x) = k - i; \tag{16}$$

et l'on pourra même supposer que, dans ce trajet, le rapport $\frac{i}{k}$ reste toujours réel et positif. Chacune des constantes k, i pouvant d'ailleurs être imaginaire, nous écrirons dans les équations (3), (9) et (16),

$$ke^{-\varpi\sqrt{-1}} \quad \text{et} \quad ie^{-\varpi\sqrt{-1}},$$

au lieu de

$$k \quad \text{et} \quad i;$$

et par suite ces équations deviendront

$$e^{\varpi\sqrt{-1}}\,\mathrm{f}(x) = k, \tag{17}$$

$$\lambda^n = \frac{1}{k} e^{\varpi\sqrt{-1}}, \tag{18}$$

$$e^{\varpi\sqrt{-1}}\,\mathrm{f}(x) = k - i, \tag{19}$$

les valeurs de k, i pouvant être supposées ici réelles et positives, et ϖ désignant un arc réel, que nous resterons libres de choisir arbitrairement.

Remarquons à présent que toutes les racines de l'équation (19) seront développables par le calcul des résidus, ou par la formule de Lagrange, en séries ordonnées suivant les puissances ascendantes et entières du paramètre i, si la valeur réelle et positive attribuée à ce paramètre, dans l'équation (19), est inférieure aux modules de toutes les valeurs principales de i. Or, ces valeurs principales, qui pourront être imaginaires, se confondront avec les valeurs de la fonction

$$k - e^{\varpi\sqrt{-1}}\,\mathrm{f}(x), \tag{20}$$

correspondantes aux racines de l'équation dérivée

$$\mathrm{f}'(x) = 0. \tag{13}$$

Si, la fonction $\mathrm{f}(x)$ étant de forme réelle, l'équation (1) a toutes ses racines réelles et inégales, on pourra en dire autant de l'équation dérivée (13), et par suite les valeurs principales de la fonction $f(x)$ seront toutes réelles, mais différentes de zéro. Alors, si l'on pose

$$(21)\qquad \varpi = \pm\frac{\pi}{2},\quad e^{\varpi\sqrt{-1}} = \pm\sqrt{-1},$$

l'expression (20), réduite à

$$(22)\qquad k \mp f(x)\sqrt{-1},$$

offrira, pour chaque valeur principale de x, un module

$$(23)\qquad \{k^2 + [f(x)]^2\}^{\frac{1}{2}},$$

supérieur à k; et par suite toutes les racines de l'équation (19) seront développables, même pour $i = k$, en séries convergentes ordonnées suivant les puissances ascendantes de i, ces séries ayant pour premiers termes les racines déjà calculées de l'équation (17). Mais, quand on pose $i = k$, l'équation (19) se réduit à l'équation (1). Donc, si l'équation (1) a toutes ses racines réelles et inégales, la résolution de cette équation pourra être réduite à celle de l'équation (17), par conséquent à celle de l'équation binôme (18). Observons d'ailleurs qu'en supposant

$$(24)\qquad \varpi = \frac{\pi}{2},\quad e^{\varpi\sqrt{-1}} = \sqrt{-1},$$

on réduira les équations (17), (18), (19) à

$$(25)\qquad k = f(x)\sqrt{-1},$$

$$(26)\qquad \lambda^n = \frac{1}{k}\sqrt{-1},$$

$$(27)\qquad k = i + f(x)\sqrt{-1},\quad \text{ou}\quad i = k - f(x)\sqrt{-1};$$

tandis qu'en supposant

$$(28)\qquad \varpi = -\frac{\pi}{2},\quad e^{\varpi\sqrt{-1}} = -\sqrt{-1},$$

on réduira les équations (17), (18), (19) à

$$(29) \qquad k = -f(x)\sqrt{-1},$$

$$(30) \qquad \lambda^n = -\frac{1}{k}\sqrt{-1};$$

$$(31) \qquad k = i - f(x)\sqrt{-1}, \quad \text{ou} \quad i = k + f(x)\sqrt{-1}.$$

On peut donc énoncer la proposition suivante.

THÉORÈME I. — *Lorsque l'équation* (1) *a toutes ses racines réelles et inégales, on peut obtenir chacune de ces racines développée en série convergente; et, pour y parvenir, il suffit de poser $i = k$, dans les développements des racines de l'équation* (27) *ou* (31), *en séries convergentes ordonnées suivant les puissances ascendantes et entières de i, ces séries ayant pour premiers termes les racines de l'équation* (25) *ou* (29), *développées suivant les puissances descendantes et fractionnaires de k, ou, ce qui revient au même, suivant les puissances ascendantes et entières des valeurs de λ, propres à vérifier l'équation binôme* (26) *ou* (30).

Concevons maintenant que, la fonction $f(x)$ étant toujours de forme réelle, l'équation (1) ait encore ses racines toutes distinctes les unes des autres, par conséquent inégales, mais non toutes réelles. Soient, dans ce cas, m le nombre des racines réelles de l'équation (1), et

$$(32) \qquad a, b, c, d, \ldots, g, h$$

ces mêmes racines, rangées d'après leur ordre de grandeur; deux de ces racines réelles prises consécutivement, par exemple a et b, comprendront toujours entre elles au moins une racine réelle de la dérivée (13). Car si, en supposant x réelle, on fait croître cette variable x entre les limites $x = a$, $x = b$, la fonction $f(x)$, nulle à ces deux limites, acquerra dans l'intervalle au moins une valeur numérique maximum, pour une valeur réelle de x, qui fera évanouir la dérivée $f'(x)$. Donc, le nombre des racines réelles de l'équation (1) étant m, le nombre des racines réelles de la dérivée (13) ne pourra être inférieur à $m-1$, et le nombre des racines imaginaires de la dérivée ne pourra surpasser le nombre des racines imaginaires de l'équation (1), c'est-à-dire $n-m$.

D'autre part, si l'on nomme

$$\alpha+6\sqrt{-1}, \quad \alpha-6\sqrt{-1}$$

deux racines imaginaires conjuguées de l'équation (13), les valeurs principales de $f(x)$ correspondantes à ces racines seront elles-mêmes conjuguées et de la forme

$$A+B\sqrt{-1}, \quad A-B\sqrt{-1},$$

A, B désignant deux quantités réelles dont la seconde deviendra positive quand on choisira convenablement le signe de 6; et les valeurs principales du paramètre i correspondantes aux mêmes racines seront, pour l'équation (27),

$$i=k-(A+B\sqrt{-1})\sqrt{-1}, \quad i=k-(A-B\sqrt{-1})\sqrt{-1},$$

ou, ce qui revient au même,

$$(33) \qquad i=k+B-A\sqrt{-1}, \quad i=k-B-A\sqrt{-1},$$

et, pour l'équation (31),

$$(34) \qquad i=k-B+A\sqrt{-1}, \quad i=k+B+A\sqrt{-1}.$$

Or, la première des expressions (33) et la seconde des expressions (34) offriront évidemment des modules supérieurs à k. Donc, si, pour l'équation (27) ou (31), on détermine les modules principaux du paramètre i, ceux de ces modules qui surpasseront la quantité positive k seront en nombre égal ou supérieur à la somme qu'on obtient en ajoutant au nombre des racines réelles de l'équation dérivée (13) la moitié du nombre de ses racines imaginaires. Donc, le nombre des modules principaux de i qui ne surpasseront pas la quantité k sera égal ou inférieur au nombre des couples de racines imaginaires de l'équation (13), par conséquent égal ou inférieur au nombre des couples de racines imaginaires de l'équation (1), c'est-à-dire à

$$\frac{n-m}{2}.$$

Cela posé, si, en attribuant au paramètre i une valeur réelle et positive, on fait croître cette valeur par degrés insensibles, depuis $i=0$ jusqu'à $i=k$, les racines de l'équation (27) ou (31) commenceront par être développables, chacune séparément, en séries ordonnées suivant les puissances ascendantes de i, et ne cesseront pas de l'être si l'on remplace la valeur réelle et positive attribuée à i par une valeur imaginaire dont cette valeur réelle soit le module.

Les mêmes séries continueront d'être convergentes tant que la valeur positive du paramètre i, ou son module, restera inférieure à tous les modules principaux de ce paramètre. Mais, le module de i venant à croître, les racines devront être distribuées en divers groupes dont le nombre, d'abord égal à n, c'est-à-dire au degré de l'équation (1), diminuera d'une unité chaque fois que deux racines comprises dans deux groupes différents deviendront égales entre elles pour une valeur donnée du paramètre i. Alors ces deux groupes se réuniront en un seul, composé de racines dont la somme, ainsi que celle de leurs puissances entières de degré quelconque, continuera d'être développable suivant les puissances ascendantes de i. Si trois, quatre, ... racines comprises dans trois, quatre, ... groupes différents devenaient égales entre elles, la valeur principale correspondante du paramètre i se trouverait fournie par une valeur principale de x, qui serait elle-même une racine double, triple, ... de l'équation (13). Alors aussi, le module de i venant à croître au delà de sa valeur principale, les trois, quatre, ... groupes différents se réuniront en un seul. Il suit de ces diverses remarques que, si l'on nomme

$$n-l$$

le nombre des groupes correspondants à un module donné de i, le nombre entier l ne pourra surpasser le nombre des modules principaux de i inférieurs au module donné. Donc, si ce dernier module est égal à k, le nombre l, d'après ce qui a été dit plus haut, ne pourra surpasser la quantité

$$\frac{n-m}{2};$$

et pour chacune des équations (27), (31), réduites à l'équation (1), en vertu de la supposition $i=k$, le nombre des groupes de racines surpassera la différence

$$(35) \qquad n-\frac{n-m}{2}=\frac{n+m}{2}.$$

Il y a plus, si l'on nomme m' le nombre des racines réelles de l'équation (13), le nombre de ses racines imaginaires, savoir

$$\frac{n-m'-1}{2},$$

sera égal ou supérieur au nombre des modules principaux de i qui ne surpassent point la quantité k; et par suite, le nombre des groupes de racines, pour l'équation (27) ou (31), réduite à l'équation (1), en vertu de la supposition $i=k$, sera égal ou supérieur à la différence

$$(36) \qquad n-\frac{n-m'-1}{2}=\frac{1+m'+n}{2}.$$

Supposons maintenant que, parmi ces groupes, ceux qui renferment une seule racine soient en nombre égal à n_1, ceux qui renferment deux racines en nombre égal à n_2, ceux qui renferment trois racines en nombre égal à n_3, etc. On aura tout à la fois

$$(37) \qquad n_1+n_2+n_3+\ldots = \text{ou} > \frac{1+m'+n}{2},$$

$$(38) \qquad n_1+2n_2+3n_3+\ldots = n,$$

puis on en conclura

$$n+n_1 = \text{ou} > 2(n_1+n_2+n_3+\ldots) = \text{ou} > 1+m'+n,$$

par conséquent,

$$(39) \qquad n_1 = \text{ou} > 1 + m', \quad n_1 > m'.$$

Donc, le nombre n_1 des racines qui resteront isolées, et séparément développables suivant les puissances ascendantes de $i = k$, surpassera le nombre m' des racines réelles de la dérivée. On peut donc énoncer le théorème suivant.

THÉORÈME II. — *La fonction* $f(x)$ *étant supposée de forme réelle, l'équation*

$$(1) \qquad f(x) = 0,$$

considérée comme déduite de la formule (27) *ou* (31) *par la supposition* $i = k$, *offre plus de racines développables en séries convergentes, ordonnées suivant les puissances ascendantes de* i, *que l'équation dérivée*

$$(13) \qquad f'(x) = 0$$

n'offre de racines réelles.

Corollaire. — Il en résulte que, dans tous les cas, une racine au moins de l'équation (1), si le degré n est un nombre impair, deux racines, si le degré n est un nombre pair, pourront être immédiatement développées en séries convergentes.

Les théorèmes I et II, ainsi que j'en ai fait l'observation dans ma Lettre du 24 février, sont du nombre de ceux auxquels j'étais parvenu à Turin. En s'appuyant sur ces théorèmes, on pourrait développer successivement en séries convergentes toutes les racines d'une équation donnée $f(x) = 0$. Car, après avoir développé une première racine x_0, on pourrait en développer une seconde x_1 considérée comme racine de l'équation

$$\frac{f(x) - f(x_0)}{x - x_0} = 0 \quad \text{ou} \quad x^{n-1} + (x_0 + a_1)x^{n-2} + (x_0^2 + a_1 x_0 + a_2)x^{n-3} + \ldots = 0,$$

puis une troisième x_2, ..., et ainsi de suite. Si la racine x_0 devenait imaginaire ou de la forme $\alpha + \beta\sqrt{-1}$, alors $f(x)$ étant de forme réelle, on connaîtrait immédiatement la racine imaginaire conjuguée $\alpha - \beta\sqrt{-1}$, et, en nommant x_1 cette dernière, on pourrait développer une troisième racine x_2 considérée comme propre à vérifier l'équation

$$x^{n-2} + (x_0 + x_1 + a_1)x^{n-3} + \ldots = 0, \quad \text{etc.}$$

On pourra, d'ailleurs, déterminer les limites de l'erreur que l'on commettra sur une racine en réduisant son développement à un nombre fini de termes, et réciproquement déterminer une limite du nombre des termes qu'il faudra conserver pour obtenir la valeur de chaque racine avec une certaine approximation, par exemple à $\frac{1}{N}$ près, N étant un nombre entier quelconque. Les problèmes de ce genre sont précisément l'objet du nouveau calcul que j'ai appelé *Calcul des limites,* et qui s'applique même aux équations transcendantes. (*Voyez* le Mémoire présenté à l'Académie de Turin, le 11 octobre 1831.)

Je passe à la démonstration du théorème III, énoncé dans ma Lettre du 24 février.

Soient α, 6 deux quantités réelles, $f(x)$ étant toujours une fonction entière de forme réelle, et

$$(40) \qquad x = \alpha + 6\sqrt{-1}$$

une valeur de x propre à vérifier l'équation (27) ou (31) pour une valeur donnée réelle ou imaginaire de i. Si l'on fait varier cette dernière par degrés insensibles, en faisant croître son module, la valeur de x, et par suite celles de α, 6, varieront elles-mêmes par degrés insensibles; mais 6 ne pourra changer de signe avant que le module de i devienne supérieur à k. En effet, 6 ne pourra changer de signe sans passer par zéro, c'est-à-dire sans que x devienne réel, et pour une valeur réelle de x l'équation (27) ou (31) fournira un module de i équivalent à l'expression (23), par conséquent égal ou supérieur à k, suivant que x sera ou ne sera pas racine de l'équation (1). Il résulte de cette observation que, le module de i venant à croître depuis la limite zéro jusqu'à la limite k, le coefficient 6 de $\sqrt{-1}$, dans une racine imaginaire de l'équation (27) ou (31), ne pourra jamais changer de signe, mais seulement s'évanouir pour $i=k$, si l'équation (1) a des racines réelles. D'ailleurs, avant de se réunir dans un même groupe, deux racines imaginaires de l'équation (1), dans lesquelles les valeurs de $\mathfrak{G}$ ou les coefficients de $\sqrt{-1}$ se trouvent affectés de signes contraires, doivent devenir égales entre elles, ainsi qu'à une valeur principale de x, et par suite l'un de ces coefficients doit changer de signe. Donc, puisque ce changement ne saurait avoir lieu avant que le module de i devienne supérieur à k, nous devons conclure que les racines imaginaires de l'équation (27) ou (31), dans lesquelles le coefficient de $\sqrt{-1}$ sera positif, resteront séparées des racines imaginaires dans lesquelles le coefficient de $\sqrt{-1}$ sera négatif, tant que l'on aura

$$\text{(41)} \qquad \operatorname{mod} i < k.$$

Alors chaque groupe sera exclusivement formé des unes ou des autres; par conséquent la somme des unes, aussi bien que la somme des autres, sera développable, avec la somme de leurs puissances entières de degré quelconque, suivant les puissances ascendantes du paramètre i. D'ailleurs, tant que la condition (41) sera remplie, il est évident que l'équation (27) ou (31) n'admettra point de racines réelles.

Lorsque i devient précisément égal à k, l'équation (27) ou (31) se réduit à l'équation (1), et peut offrir des racines réelles. Mais alors la somme des racines, dans lesquelles le coefficient de $\sqrt{-1}$ avait un signe déterminé, ne pourrait cesser d'être développable en série convergente, ordonnée suivant les puissances ascendantes de i, qu'autant qu'une valeur principale de i, correspondante à une valeur principale de x, dans laquelle $\mathfrak{G}$ s'évanouirait, c'est-à-dire à une valeur principale et réelle de x, offrirait pour module le nombre k. Alors aussi, l'expression (23) devant se réduire à k, on aurait à la fois

$$f(x)=0, \quad f'(x)=0,$$

et par conséquent l'équation (1) admettrait des racines égales, contre l'hypothèse généralement admise dans ce qui précède. Donc, en revenant à cette hypothèse, nous pourrons énoncer la proposition suivante :

THÉORÈME III. — *La fonction* $f(x)$ *étant supposée réelle et entière, si l'on distribue les racines toutes imaginaires de l'équation* (25) *ou* (29) *en deux suites distinctes, la première suite comprenant les racines dans lesquelles le coefficient de* $\sqrt{-1}$ *est positif, et la seconde suite, les racines dans lesquelles le coefficient de* $\sqrt{-1}$ *est négatif; les mêmes conditions sont remplies, pour un module de* i *inférieur à* k, *par les racines de l'équation* (27) *ou* (31), *qui pourront être distribuées en deux nouvelles suites correspondantes aux deux premières, et composées chacune de racines dans lesquelles les coefficients de* $\sqrt{-1}$ *seront tous et toujours affectés du même signe. Alors la somme des termes de la troisième ou quatrième suite, ainsi que la somme de leurs puissances entières de degré quelconque, sera développable en une série ordonnée suivant les puissances ascendantes de* i, *le premier terme de la série étant la somme des termes de la première ou de la seconde suite, ou de leurs puissances entières du degré donné. Si l'équation* (1) *n'a point de racines égales, les séries obtenues ne cesseront pas d'être convergentes quand on posera* $i = k$, *ce qui réduira les formules* (27) *et* (31) *à l'équation* (1) *elle-même, et par conséquent l'équation* (1) *pourra être décomposée en deux autres dont les racines coïncideront respectivement avec les termes de la troisieme suite, puis avec les termes de la quatrième.*

Corollaire. — Parmi les racines réelles que peut admettre l'équation (1), il importe de savoir quelles sont celles qui devront être censées appartenir à la troisième suite ou à la quatrième. Or, pour décider cette question relativement à une racine donnée de l'équation (1), à la racine a par exemple, il suffira de rechercher si, en considérant la racine a comme la limite vers laquelle converge une racine imaginaire de l'équation (27) ou (31), tandis que le module de i croît et converge vers la limite k, on doit supposer dans cette racine imaginaire le coefficient de $\sqrt{-1}$ ou positif ou négatif. Soit

$$x = a + \delta + \varepsilon\sqrt{-1} \tag{42}$$

la racine imaginaire dont il s'agit, δ, ε désignant deux quantités réelles.

qui deviennent infiniment petites pour une valeur de i infiniment rapprochée de k, et s'évanouissent pour $i = k$. Posons en outre

$$(43) \qquad f(a + \delta \pm \varepsilon\sqrt{-1}) = D \pm \varepsilon E\sqrt{-1},$$

D, E désignant encore deux quantités réelles. En vertu des formules (42), (43), les équations (27) et (31) donneront

$$(44) \qquad i = k + \varepsilon E - D\sqrt{-1},$$

$$(45) \qquad i = k - \varepsilon E + D\sqrt{-1},$$

la valeur de E étant

$$(46) \qquad E = \frac{f(a + \delta + \varepsilon\sqrt{-1}) - f(a + \delta - \varepsilon\sqrt{-1})}{2\varepsilon\sqrt{-1}}.$$

Donc, pour que la valeur de i fournie par l'équation (27) ou par l'équation (31) offre une partie réelle inférieure à k, et à plus forte raison un module inférieur à k, il sera nécessaire que le signe de ε, ou du coefficient de $\sqrt{-1}$ dans $f(x)$, soit opposé dans le premier cas, pareil dans le second, au signe de la quantité réelle E déterminée par l'équation (46). Mais, pour des valeurs infiniment petites de ε et δ, cette quantité se réduit sensiblement à

$$f'(a + \delta) \quad \text{ou} \quad f'(a).$$

Donc, les racines réelles de l'équation (1) étant considérées comme des limites vers lesquelles convergent des racines imaginaires de l'équation (27) ou (31), tandis que le module de i croît et converge vers la limite k, le coefficient de $\sqrt{-1}$, dans chacune de ces racines imaginaires, offrira un signe dépendant de celui que prendra la fonction dérivée $f'(x)$ pour une valeur de x égale à la racine réelle correspondante de l'équation (1), savoir, un signe opposé à celui de $f'(x)$ s'il s'agit de l'équation (27), et un signe pareil à celui de $f'(x)$ s'il s'agit de l'équation (31). En conséquence, parmi les suites de racines mentionnées dans le théorème précédent, la troisième comprendra les racines réelles de l'équation (1) propres à fournir des valeurs ou négatives ou positives de la fonction dérivée $f'(x)$, et la quatrième les racines réelles propres à fournir les valeurs ou positives ou négatives de $f'(x)$, suivant que l'équation (1) sera déduite, par la supposition $i = k$, ou de la formule (27), ou de la formule (31). D'ailleurs les racines réelles

$$a, b, c, d, \ldots, g, h$$

de l'équation (1) étant rangées d'après l'ordre de leurs grandeurs, lorsqu'on reviendra, en suivant l'ordre inverse, de la dernière h à la première a, ces racines fourniront des valeurs de $f'(x)$ alternativement positives et négatives, la valeur $f'(h)$ qui correspond à la dernière racine étant positive. En effet, la fonction $f(x)$, qui s'évanouit quand x se réduit à l'une de ces racines, doit nécessairement, dans le passage de l'une à l'autre, commencer par croître et finir par décroître, ou commencer par décroître et finir par croître. Mais, à partir du moment où la valeur croissante de x atteint la dernière racine réelle h, il faut que la fonction $f(x)$ croisse pour devenir positive, puisque avec son premier terme x^n elle doit être positive pour de très grandes valeurs de x. D'autre part, on sait que la dérivée $f'(x)$ est positive ou négative suivant que la fonction $f(x)$ croît ou décroît pour des valeurs croissantes de x. Cela posé, si le nombre m des racines réelles $a, b, c, d, \ldots, g, h$ est impair, la fonction dérivée $f'(x)$ sera négative pour $\frac{m-1}{2}$ racines réelles, savoir

$$b, d, \ldots, g,$$

et positive pour $\frac{m+1}{2}$ racines réelles, savoir

$$a, c, \ldots, h.$$

Si, au contraire, le nombre m est pair, la fonction $f'(x)$ sera négative pour $\frac{m}{2}$ racines réelles, savoir

$$a, c, \ldots, g,$$

et positive pour $\frac{m}{2}$ racines réelles, savoir

$$b, d, \ldots, h.$$

Donc, si l'on pose, pour une valeur impaire de m,

$$u = (x-b)(x-d)\ldots(x-g), \tag{47}$$

$$v = (x-a)(x-c)\ldots(x-h), \tag{48}$$

et pour une valeur paire de m,

$$u = (x-a)(x-c)\ldots(x-g), \tag{49}$$

$$v = (x-b)(x-d)\ldots(x-h); \tag{50}$$

si d'ailleurs on nomme U le produit des facteurs simples qu'on obtient en retranchant successivement de x les racines imaginaires dans lesquelles le coefficient de $\sqrt{-1}$ est négatif, et V le produit des facteurs simples conjugués aux premiers; la troisième et la quatrième des suites mentionnées dans le théorème précédent auraient pour termes les racines de l'équation (1) propres à vérifier la première et la seconde des deux formules

$$u\mathrm{U} = 0, \tag{51}$$

$$v\mathrm{V} = 0, \tag{52}$$

ou bien encore la première et la seconde des deux formules

$$v\mathrm{U} = 0, \tag{53}$$

$$u\mathrm{V} = 0, \tag{54}$$

suivant que l'on supposera l'équation (1) tirée de la formule (27) ou de la formule (31) par la supposition $i = k$. D'ailleurs, les coefficients des équations (51) ou (52) et (53) ou (54) se déduiraient sans peine de la somme des termes de la troisième ou de la quatrième suite, et de la somme de leurs puissances semblables et entières des divers degrés. Donc l'équation (1), ou

$$uv\mathrm{UV} = 0, \tag{55}$$

pourra être, en vertu du théorème III, décomposée à volonté soit dans les équations (51) et (52), soit dans les équations (53) et (54). Mais, en divisant par leur plus grand commun diviseur les premiers membres des équations (51) et (53), ou (52) et (54), on réduira ces équations à

$$(56) \qquad u = 0, \quad v = 0.$$

De même, en divisant par leur plus grand commun diviseur les premiers membres des équations (51) et (54), ou (52) et (53), on réduira ces équations à

$$(57) \qquad U = 0, \quad V = 0.$$

On peut donc énoncer le théorème suivant :

THÉORÈME IV. — *La fonction entière* $f(x)$ *étant réelle, et les racines de l'équation* (1) *inégales entre elles, cette équation pourra toujours être décomposée en quatre autres, qui offrent seulement :*

La première, les racines réelles pour lesquelles $f'(x)$ *est négatif;*

La seconde, les racines réelles pour lesquelles $f'(x)$ *est positif;*

La troisième, les racines imaginaires dans lesquelles le coefficient de $\sqrt{-1}$ *est négatif;*

La quatrième, les racines imaginaires dans lesquelles le coefficient de $\sqrt{-1}$ *est positif.*

Corollaire. — Cette proposition coïncide avec le théorème III de ma Lettre du 24 février, et lorsqu'on la joint au théorème I, elle fournit la détermination complète des racines réelles d'une équation de degré quelconque. J'ajouterai que cette détermination peut encore être simplifiée à l'aide des considérations suivantes :

Soient s la somme des racines de l'équation (1), ou de leurs puissances semblables d'un degré donné l, et

$$S + T\sqrt{-1}$$

la somme des puissances semblables, et de même degré, des racines de l'équation (51),

$$s, \ S, \ T,$$

désignant trois quantités réelles. Il est clair que les sommes des puissances semblables, et du degré l, des racines des quatre équations (51), (52), (53), (54) seront respectivement, pour les équations (51) et (52),

$$S + T\sqrt{-1}, \tag{58}$$

$$s - S - T\sqrt{-1}, \tag{59}$$

et pour les équations (53), (54)

$$s - S + T\sqrt{-1}, \tag{60}$$

$$S - T\sqrt{-1}. \tag{61}$$

Cela posé, si l'on retranche l'expression (58) de l'expression (60), la différence

$$s - 2S \tag{62}$$

représentera évidemment la somme des puissances semblables, et du degré l, des racines réelles de l'équation (1), ces puissances étant prises avec le signe + ou avec le signe — suivant que les racines réelles dont il s'agit vérifieront l'une ou l'autre des formules

$$u = 0, \quad v = 0,$$

c'est-à-dire suivant que les valeurs de $f'(x)$ correspondantes à ces racines seront positives ou négatives. On aura donc, pour des valeurs impaires de m,

$$s - 2S = a^l - b^l + c^l - d^l + \ldots - g^l + h^l, \tag{63}$$

et, pour des valeurs paires de m,

$$s - 2S = - a^l + b^l - c^l + d^l - \ldots - g^l + h^l. \tag{64}$$

Si le nombre l est impair, la formule (63) ou (64), dans laquelle S représente la somme d'une série convergente ordonnée suivant les puissances ascendantes de $i = k$, fournira, pour une valeur impaire de m, la somme des puissances semblables, et du degré l, des m racines de l'équation

$$(x - a)(x + b)(x - c)(x + d)\ldots(x + g)(x - h) = 0, \tag{65}$$

ou, pour des valeurs paires de m, la somme des puissances semblables, et du degré l, des m racines de l'équation

$$(66) \qquad (x+a)(x-b)(x+c)(x-d)\ldots(x+g)(x-h)=0.$$

D'ailleurs, étant donnée, pour une équation du degré m, la somme des puissances semblables des racines des degrés représentés par les nombres

$$1,\ 3,\ 5,\ 7,\ \ldots,\ (2m-1),$$

on en tire aisément, à l'aide de formules toutes linéaires, les coefficients des diverses puissances de x dans le premier membre de cette équation. On peut donc énoncer encore la proposition suivante :

Théorème V. — *La fonction* $\mathrm{f}(x)$ *étant supposée entière et de forme réelle, et les racines de l'équation* (1) *inégales entre elles, on pourra déterminer immédiatement, à l'aide de séries convergentes, les coefficients d'une autre équation qui offrirait seulement pour racines les racines réelles de l'équation* (1) *prises avec le signe* + *ou avec le signe* — *suivant qu'elles correspondent à des valeurs positives ou négatives de* $\mathrm{f}'(x)$.

Corollaire. — Le théorème V, joint au Ier, suffit à la détermination de toutes les racines réelles d'une équation de degré quelconque. Je me propose de revenir, dans une Note nouvelle, sur cette détermination, d'éclaircir encore ce qui a été dit ci-dessus en montrant la méthode appliquée à des exemples numériques, et d'établir d'autres théorèmes relatifs à la résolution des équations. Parmi ces théorèmes, on doit distinguer ceux auxquels on est conduit lorsque, dans les formules (17), (18), (19), la valeur de ϖ cesse d'être égale à $\pm\frac{\pi}{2}\cdot$ On doit surtout remarquer le cas où l'on a $e^{\varpi\sqrt{-1}}=\pm 1$. On peut aussi établir facilement la proposition suivante :

Théorème VI. — $\Pi(x)$ *et* $\varpi(x)$ *désignant deux fonctions entières, la première du degré* n, *la seconde du degré* $m<n$, *et dans lesquelles les coefficients des plus hautes puissances de* x *sont réduits à l'unité, suppo-*

sons que les racines réelles et finies des deux équations

(67) $$\Pi(x) = 0,$$

(68) $$\varpi(x) = 0,$$

étant rangées par ordre de grandeur, forment la suite

$$\alpha,\ \beta,\ \gamma,\ \ldots,\ \lambda,\ \mu,\ \nu.$$

En donnant à cette suite, pour termes extrêmes, $-\infty$, $+\infty$, *on obtiendra celle-ci*

(69) $$-\infty,\ \alpha,\ \beta,\ \gamma,\ \ldots,\ \lambda,\ \mu,\ \nu,\ \infty;$$

et, si l'on nomme i une quantité réelle positive, deux termes de la dernière suite, pris consécutivement, pourront comprendre entre eux des racines réelles d'une seule des deux équations

(70) $$\Pi(x) - i\,\varpi(x) = 0,$$

(71) $$\Pi(x) + i\,\varpi(x) = 0.$$

Si l'on nomme 1er, 2e, 3e, ... intervalle les intervalles compris entre le 1er et le 2e terme, entre le 2e et le 3e, entre le 3e et le 4e, ..., les racines réelles de l'équation (70) ne pourront être renfermées que dans le 1er, le 3e, le 5e, ... intervalle, lorsque $n - m$ sera pair, et dans le 2e, le 4e, le 6e, ... intervalle, lorsque $n - m$ sera impair. Ce sera l'inverse pour l'équation (71). De plus, le nombre des racines réelles de l'équation (70) ou (71) qui pourront se trouver comprises dans l'intervalle compris entre deux termes consécutifs de la suite (70), par exemple entre β et γ, sera impair si ces deux termes sont racines réelles, l'un de l'équation (67), l'autre de l'équation (68). Le même nombre sera pair et pourra se réduire à zéro dans le cas contraire.

Nota. — Lorsque deux, trois, ... racines de l'équation (70) ou (71) deviennent égales, on ne doit pas cesser de considérer leur valeur commune comme représentant deux, trois, ... termes de la suite (69). Seulement ces termes sont égaux entre eux.

14.

Analyse mathématique. — *Note sur un théorème relatif aux racines des équations simultanées.*

C. R., t. V, p. 6. (3 juillet 1837.)

13 juin 1837.

Le *Compte rendu* de la séance du 15 mai 1837 [1] contient une Note de MM. Sturm et Liouville, sur le théorème qui termine un Mémoire lithographié à Turin, sous la date du 15 juin 1833. Je regrette que ce Mémoire ne soit point parvenu à MM. Sturm et Liouville; ils y auraient vu que j'étais complètement d'accord avec eux sur l'utilité de résoudre par des principes élémentaires les questions relatives à la détermination du nombre des racines réelles ou imaginaires des équations. Il y a plus : le but de ce Mémoire était précisément de montrer comment on peut résoudre directement de semblables questions sans recourir à des formules de Calcul intégral. Au reste, il était tout simple qu'en 1833 je fusse pénétré de cette pensée, puisque déjà en 1813 c'était sur des principes élémentaires que j'avais fondé une méthode pour déterminer *a priori* le nombre des racines réelles positives et le nombre des racines réelles négatives d'une équation de degré quelconque. Le Mémoire qui renfermait cette méthode, présenté à l'Institut dans la séance du 17 mai 1813, et approuvé sur le rapport de M. Poisson, est précisément celui duquel il résulte que, pour une équation de degré quelconque, on peut toujours obtenir des fonctions rationnelles et entières des coefficients, tellement choisies que, si l'on remplace chacune d'elles par $+1$ quand elle est positive, par -1 quand elle est négative, la somme des quantités $+1$ ou -1 ainsi trouvées est précisément égale au nombre des racines réelles comprises entre des limites données. (*Voir* le rapport de M. Poisson, l'exposé

(1) Voir *Comptes rendus* du 8 mai 1837, p. 672 (*OEuvres de C.*, S. I, t. IV, p. 45) et du 15 mai 1837, p. 720.

sommaire de la méthode imprimée chez Mme Courcier, avec la date du 17 mai 1813, et le *Journal de l'École Polytechnique.*)

. . . .

. . . .

Pressé par le temps, je n'ai pu développer la pensée qu'expriment les dernières lignes de ce Mémoire, et je me suis vu obligé d'omettre la démonstration du théorème VIII. Ce théorème, qu'on peut généraliser encore, entraîne comme conséquence les propositions sur le nombre des racines imaginaires énoncées dans le Mémoire de 1831, et, pour les en déduire, il suffit de prendre pour $f(x, y)$ et $F(x, y)$ la partie réelle et le coefficient de $\sqrt{-1}$ dans une fonction entière de la variable imaginaire $x+y\sqrt{-1}$.

Dans ce cas, et dans beaucoup d'autres, par exemple, lorsque la fonction $\Phi(x, y)\chi(x, y)-\varphi(x, y)\,X(x, y)$ reste continue et ne s'évanouit pas entre les limites données, le théorème est exact et la démonstration que j'ai indiquée subsiste. Mais on peut se demander si l'on doit conserver l'énoncé du théorème dans toute sa généralité MM. Sturm et Liouville se sont prononcés pour la négative, et ils ont eu raison. Ils ont fait l'observation très juste qu'un examen attentif de cette démonstration même devait conduire à l'opinion qu'ils manifestent; et j'avouerai à ce sujet que, trouvant cette démonstration trop peu développée dans ma Lettre du 22 avril, j'avais entrepris, dès le 24, la rédaction d'une Note plus étendue que je me proposais d'adresser à l'Académie; mais, arrivé à la treizième page de cette Note, je me trouvai arrêté par quelques difficultés qui me firent prendre le parti d'en ajourner l'envoi jusqu'au moment où l'on aurait publié dans les *Comptes rendus* les démonstrations des autres théorèmes relatifs à la résolution des équations, et que j'avais précédemment énoncés. En conséquence, à peine rétabli d'une indisposition assez grave, je profitai des premiers moments de loisir pour exposer la nouvelle méthode de résolution des équations qui se trouve développée dans mes deux Lettres adressées à l'Académie, sous les dates du 2 et du 13 mai. L'observation de MM. Sturm et Liouville m'ayant engagé à revoir la Note commencée le 24 avril, j'ai reconnu qu'en vertu des principes mêmes établis dans cette Note, le théorème VIII peut devenir inexact dans le cas où la fonction $\Phi(x, y)\chi(x, y) - \varphi(x, y)\mathrm{X}(x, y)$ s'évanouirait entre les limites données, mais que, même dans ce cas, le théorème subsiste encore, s'il n'existe point, entre les limites dont il s'agit, des valeurs réelles de x, y propres à vérifier simultanément les deux équations

$$\text{(A)} \qquad \Phi(x,y)\,\chi(x,y) - \varphi(x,y)\,\mathrm{X}(x,y) = 0, \quad \mathrm{F}(x,y) = 0$$

Ainsi, pour rectifier l'énoncé du théorème, il suffit d'y joindre la condition que le système des équations (A) ne puisse être vérifié pour des valeurs réelles de x, y comprises entre ces limites. Alors en effet, la démonstration indiquée est applicable, et l'on ne rencontre plus les mêmes difficultés. Au reste, je me propose de reproduire dans une autre Lettre les diverses méthodes à l'aide desquelles j'étais parvenu au théorème VIII, et qui toutes supposent implicitement la condition ci-dessus énoncée.

Quant à la démonstration élémentaire que MM. Sturm et Liouville ont donnée de mon théorème sur les racines imaginaires, et que je ne connais pas encore, n'ayant pas reçu leur Mémoire, quoique peut-être elle soit du nombre de celles qui se déduisent des principes que j'avais indiqués ou établis, toutefois, comme ils n'ont eu nulle connaissance du Mémoire de 1833, qui d'ailleurs ne renferme explicitement ni cette démonstration ni même celle du théorème VIII, il est clair qu'ils ont tout le mérite de la découverte, et qu'on doit leur savoir gré de l'avoir publiée.

15

Analyse mathématique. — *Note sur la résolution des équations de degré quelconque.*

C. R., t. V, p. 301. (27 août 1837.)

19 août 1837.

Les principes établis dans les différentes Lettres que j'ai eu l'honneur de transmettre à l'Académie fournissent, comme on l'a vu, des méthodes générales pour la résolution des équations de tous les degrés. En suivant l'une de ces méthodes, fondée sur le troisième théorème énoncé dans ma Lettre du 24 février, on développe immédiatement chaque racine d'une équation en série convergente, lorsque toutes les racines sont réelles, et l'on peut toujours ramener la question à ce dernier cas en se débarrassant, comme on l'a expliqué, des racines imaginaires. Mais quoique, sous le point de vue théorique, cette méthode ne laisse rien à désirer, il peut être avantageux de lui substituer, dans la pratique, l'une des autres méthodes qui se déduisent des principes exposés dans mes diverses Lettres, et en particulier celles qui se fondent sur plusieurs théorèmes que je vais énoncer en peu de mots.

Considérons une équation du degré n. On pourra la réduire, même d'une infinité de manières, à la forme

$$\varphi(x) = i,$$

$\varphi(x)$ désignant une fonction entière ou fractionnaire, et i un paramètre réel ou imaginaire. Or, comme je l'ai fait voir, la résolution de cette équation pourra toujours être ramenée, pour de très petites valeurs de i, à la résolution de l'équation auxiliaire

$$\varphi(x) = 0,$$

et, pour de très grandes valeurs de i, à la résolution de l'équation auxiliaire

$$\varphi(x) = \tfrac{1}{0}.$$

Il y a plus; si l'on nomme valeurs principales de x celles qui vérifient l'équation dérivée

$$\varphi'(x) = 0,$$

sans vérifier l'une des deux équations auxiliaires, et modules principaux de $i = \varphi(x)$ ceux qui répondent aux valeurs principales de x, toutes les racines de la proposée seront développables suivant les puissances ascendantes ou descendantes du paramètre i lorsque le module donné de ce paramètre sera inférieur ou supérieur à tous ses modules principaux. Enfin, si l'on fait correspondre à chaque expression imaginaire un point situé dans un plan donné, en prenant la partie réelle et le coefficient de $\sqrt{-1}$ pour l'abscisse et l'ordonnée de ce point, les expressions réelles correspondront toujours à des points situés sur l'axe des abscisses, et les diverses valeurs de x propres à résoudre l'équation

$$\varphi(x) = i,$$

pour un module donné de i, correspondront à des points situés sur un système de courbes qui pourront être de deux espèces différentes. Nous avons nommé courbes de première espèce celles qui s'élargissent, et courbes de seconde espèce celles qui se rétrécissent, pour une valeur croissante du module de i; et nous avons fait voir que l'équation proposée peut toujours être décomposée en autant d'équations partielles qu'il y a de courbes distinctes. Or si, la fonction $\varphi(x)$ étant de forme réelle, on attribue au paramètre i une valeur réelle, chacune des courbes traversées par l'axe des abscisses, étant symétrique par rapport à cet axe, ne pourra le couper en plus de deux points, hors le cas des racines égales. Donc alors chacune des équations partielles offrira au plus deux racines réelles. Ainsi se trouve établie la proposition suivante :

Théorème I. — *En supposant résolues les équations auxiliaires*

$$\varphi(x) = 0, \quad \varphi(x) = \tfrac{1}{0},$$

on peut généralement décomposer une équation de la forme

$$\varphi(x) = i$$

en équations partielles dont chacune offre au plus deux racines réelles.

Corollaire. — Si la proposée a toutes ses racines réelles, elle sera immédiatement décomposable en facteurs réels du premier ou du second degré.

A ce théorème on peut en joindre plusieurs autres dont je vais transcrire les énoncés, me réservant d'en offrir la démonstration dans une autre Lettre.

Théorème II. — *Si l'on donne successivement à la fonction $\varphi(x)$ les deux formes*

$$k - f(x), \quad k + f(x),$$

$f(x)$ désignant une fonction entière de forme réelle, et k une constante réelle ou imaginaire dont le module surpasse tous les modules principaux de $f(x)$; si d'ailleurs on suppose inégales entre elles les racines de l'équation

$$f(x) = 0,$$

cette équation, que l'on pourra présenter sous l'une quelconque des formes

$$k - f(x) = i, \quad k + f(x) = i,$$

en donnant au paramètre i la valeur k, offrira, sous l'une de ces formes, au moins une racine développable suivant les puissances ascendantes de i. On pourra d'ailleurs, dans l'hypothèse admise, développer suivant les puissances descendantes de k les racines de chacune des équations auxiliaires

$$k - f(x) = 0, \quad k + f(x) = 0.$$

Théorème III. — *Les mêmes choses étant admises que dans le théorème précédent, si l'on forme divers groupes avec les racines de l'équation*

$$f(x) = 0,$$

présentée d'abord sous la forme

$$k - f(x) = i,$$

puis sous la forme

$$k + f(x) = i,$$

en composant chaque groupe des racines qu'il est indispensable d'ajouter entre elles pour obtenir une somme développable en série convergente ordonnée suivant les puissances ascendantes de i, deux racines distinctes ne pourront en général se trouver réunies dans le premier cas, sans être séparées dans le second, ni réunies dans le second cas, sans être séparées dans le premier.

Corollaire. — Après avoir développé toutes les racines de chacune des équations

$$k - f(x) = i, \quad k + f(x) = i,$$

suivant les puissances ascendantes de i, et calculé les sommes formées par l'addition des développements qu'il est nécessaire d'ajouter entre eux pour obtenir des séries convergentes, il suffira, pour obtenir chaque racine, de réunir entre elles plusieurs de ces sommes, prises les unes avec le signe +, les autres avec le signe —

Exemple. — Si, l'équation proposée ayant toutes ses racines réelles, on suppose la constante k réelle et positive, les développements correspondants aux racines réelles des équations auxiliaires seront convergents, ainsi que la somme des développements correspondants à deux racines imaginaires conjuguées. Cela posé, si l'on nomme

$$a, b, c, d, \ldots, f, g, h$$

les racines réelles rangées par ordre de grandeur, et si, n étant le degré de l'équation donnée, on suppose le premier terme de $f(x)$ réduit à x^n, alors, pour des valeurs paires de n, l'équation auxiliaire

$$f(x) - k = 0$$

fournira le moyen de calculer les racines a, h, avec les sommes

$$b + c, \quad d + e, \quad \ldots, \quad f + g,$$

tandis que l'équation auxiliaire

$$f(x) + k = 0$$

fournira le moyen de calculer les sommes

$$a+b,\ c+d,\ \ldots,\ g+h.$$

Au contraire, si n est impair, la première équation auxiliaire fournira la racine h, avec les sommes $a+b$, $c+d$, ..., $f+g$; et la seconde, la racine a, avec les sommes $b+c$, $d+e$, ..., $g+h$. Dans l'une et l'autre hypothèse, on obtiendra immédiatement la plus petite et la plus grande racine, les autres étant données par les formules

$$b=(a+b)-a,\quad c=(b+c)-(a+b)+a,\quad \ldots.$$

16.

Analyse mathématique. — *Méthode générale pour la détermination des racines réelles des équations algébriques ou même transcendantes.*

C. R., t. V, p. 357. (4 septembre 1837.)

La méthode que je vais exposer est tellement simple qu'il y a lieu de s'étonner qu'elle ne se soit pas présentée plus tôt à l'esprit des géomètres. D'un autre côté, elle est tellement générale qu'elle fournit immédiatement des valeurs aussi approchées qu'on le désire de toutes les racines réelles des équations algébriques, souvent même des équations transcendantes. Enfin les approximations successives sont, non seulement très faciles, mais encore très rapides, pour le moins aussi rapides que dans la méthode newtonienne, et il arrive bientôt un moment où le nombre des chiffres décimaux est plus que doublé à chaque opération nouvelle. Tous ces avantages réunis ne me permettent pas de révoquer en doute la nouveauté de la méthode, quoique je n'aie en ce moment à ma disposition aucun Ouvrage écrit sur le même sujet. Mais ils sont tellement sensibles que la méthode, une fois livrée au public, ne pourrait manquer, ce me semble, d'être adoptée et mise en pratique par tous les amis des sciences. Je commencerai par énoncer deux des principaux théorèmes sur lesquels elle s'appuie; puis je déduirai de ces théorèmes la méthode elle-même.

Théorème I. — *Supposons que les deux fonctions*

$$f(x), \quad F(x),$$

étant l'une et l'autre positives pour $x = a$, *restent finies et continues entre les limites*

$$x = a, \quad x = b,$$

et vérifient constamment, dans cet intervalle, la condition

$$f(x) < F(x).$$

Si la seconde des équations

$$f(x) = 0, \tag{1}$$

$$F(x) = 0 \tag{2}$$

offre une ou plusieurs racines réelles comprises entre les limites données, et si l'on nomme c celle de ces racines qui est la plus voisine de la limite a, l'équation (1) *offrira elle-même une ou plusieurs racines réelles comprises, non seulement entre les limites*

$$a \quad \text{et} \quad b,$$

mais encore entre les limites plus resserrées

$$a \quad \text{et} \quad c.$$

Démonstration. — En effet, dans l'hypothèse admise, la condition

$$f(x) < F(x),$$

étant vérifiée pour $x = c$, en même temps que l'équation (2), donnera

$$f(c) < 0;$$

et, comme on aura d'ailleurs

$$f(a) > 0,$$

la fonction $f(x)$ passera du positif au négatif, tandis que la variable x passera de la valeur $x = a$ à la valeur $x = c$. Donc cette fonction, variant dans l'intervalle par degrés insensibles, puisqu'elle reste continue, s'évanouira pour une valeur de x comprise entre a et c.

Le théorème I, dans lequel on peut supposer à volonté $b < a$, ou $b > a$, entraîne évidemment la proposition suivante :

Théorème II. — *Soit*

$$f(x) = 0 \tag{1}$$

une équation dont le premier membre reste fonction continue de x, *entre des limites données*

$$x = x_0, \quad x = X > x_0. \tag{2}$$

Soient encore

$$\varpi(x), \ \psi(x); \ \Pi(x), \ \Psi(x)$$

quatre fonctions qui restent continues entre ces limites, et se réduisent à des quantités affectées du même signe que $f(x)$, *les deux premières pour* $x = x_0$, *les deux dernières pour* $x = X$. *Supposons d'ailleurs qu'entre les limites données ces diverses fonctions vérifient constamment les conditions*

$$\frac{\varpi(x)}{f(x_0)} < \frac{f(x)}{f(x_0)} < \frac{\psi(x)}{f(x_0)}, \tag{3}$$

$$\frac{\Pi(x)}{f(X)} < \frac{f(x)}{f(X)} < \frac{\Psi(x)}{f(X)}, \tag{4}$$

le signe $<$ *pouvant être remplacé par le signe* $=$ *quand la variable* x *se réduit, dans la formule* (3), *à la limite* x_0, *ou, dans la formule* (4), *à la limite* X. *Enfin concevons que, dans le cas où des valeurs de* x *renfermées entre* x_0, X *vérifieraient, comme racines, soit l'équation* (1), *soit une ou plusieurs des équations auxiliaires*

$$\varpi(x) = 0, \tag{5}$$

$$\psi(x) = 0, \tag{6}$$

$$\Pi(x) = 0, \tag{7}$$

$$\Psi(x) = 0, \tag{8}$$

on nomme

ξ *et* Ξ *la plus petite et la plus grande de ces racines, pour l'équation* (1),

$x_0 + \mu$ *la plus petite, pour l'équation* (5),
$x_0 + \nu$ *la plus petite, pour l'équation* (6),
$X - M$ *la plus grande, pour l'équation* (7),
$X - N$ *la plus grande, pour l'équation* (8).

Si l'équation (1) *admet effectivement des racines réelles comprises entre les limites* x_0, X, *l'existence de ces racines entraînera l'existence des racines*

$$x_0 + \mu, \quad X - M,$$

qui pourront être substituées avec avantage aux limites x_0, X, *attendu que l'on aura*

$$(9) \qquad x_0 + \mu < \xi,$$
$$(10) \qquad \Xi < X - M,$$

les deux racines ξ, Ξ *pouvant être distinctes ou se réduire à une seule. De plus, l'existence de la racine* $x_0 + \nu$ *entraînera toujours l'existence des racines* ξ, Ξ *distinctes ou non l'une de l'autre, et par suite des racines*

$$x_0 + \mu, \quad X - M$$

qui vérifieront la condition (10) *ainsi que la suivante :*

$$(11) \qquad x_0 + \mu < \xi < x_0 + \nu.$$

Pareillement l'existence de la racine $X - N$ *entraînera toujours l'existence des racines* ξ, Ξ, *distinctes ou non l'une de l'autre, et par suite des racines*

$$x_0 + \mu, \quad X - M$$

qui vérifieront la condition (9) *avec la suivante :*

$$(12) \qquad X - N < \Xi < X - M.$$

Corollaire I. — Si la limite x_0 était racine de l'équation (1), elle devrait être pareillement racine de l'équation (5); et, en excluant cette racine, on pourrait énoncer encore le théorème II, pourvu que l'on remplaçât, dans la formule (3), la quantité $f(x_0)$ par $f(x_0 + \varepsilon)$, ε désignant un nombre infiniment petit.

Corollaire II. — Si la limite X était racine de l'équation (1), elle devrait être pareillement racine de l'équation (7); et en excluant cette racine, on pourrait encore énoncer le théorème II, pourvu que l'on remplaçât, dans la formule (4), la quantité $f(X)$ par $f(X-\varepsilon)$, ε désignant un nombre infiniment petit.

Corollaire III. — Supposons la fonction $f(x)$ décomposée en deux autres

$$\varphi(x), \quad -\chi(x),$$

dont les dérivées

$$\varphi'(x), \quad -\chi'(x)$$

soient, la première toujours croissante, et la seconde toujours décroissante, pour des valeurs croissantes de x, comprises entre les limites données; ce qui arrivera, par exemple, si, ces limites étant positives, et $f(x)$ une fonction entière, on prend pour $\varphi(x)$ la somme des termes positifs, et pour $-\chi(x)$ la somme des termes négatifs. En désignant par a une quantité comprise entre les limites x_0, X, ou même équivalente à l'une de ces limites, on aura, en vertu d'une formule connue,

$$(13) \qquad \varphi(x) = \varphi(a) + (x-a)\,\varphi'(u), \quad \chi(x) = \chi(a) + (x-a)\,\chi'(v),$$

les quantités u, v étant renfermées elles-mêmes entre a et x, à plus forte raison entre les limites x_0, X; puis, en ayant égard à l'équation identique

$$(14) \qquad f(x) = \varphi(x) - \chi(x),$$

on tirera des formules (13)

$$(15) \qquad f(x) = f(a) + (x-a)[\varphi'(u) - \chi'(v)].$$

Comme on aura d'ailleurs, dans l'hypothèse admise,

$$(16) \qquad \varphi'(x_0) < \varphi'(u) < \varphi'(X), \quad \chi'(x_0) < \chi'(v) < \chi'(X),$$

la formule (15) donnera

$$(17) \qquad f(x) < f(a) + (x-a)[\varphi'(X) - \chi'(x_0)],$$

$$(18) \qquad f(x) > f(a) + (x-a)[\varphi'(x_0) - \chi'(X)];$$

puis, en divisant par $f(a)$ les deux membres de celles-ci, on trouvera : 1° si $f(a)$ est positif,

$$(19)\qquad 1+\frac{\varphi'(x_0)-\chi'(X)}{f(a)}(x-a)<\frac{f(x)}{f(a)}<1+\frac{\varphi'(X)-\chi'(x_0)}{f(a)}(x-a);$$

2° si $f(a)$ est négatif,

$$(20)\qquad 1+\frac{\varphi'(X)-\chi'(x_0)}{f(a)}(x-a)<\frac{f(x)}{f(a)}<1+\frac{\varphi'(x_0)-\chi'(X)}{f(a)}(x-a).$$

Si maintenant on désigne, pour abréger, par

$$-\frac{1}{\alpha}\quad \text{et}\quad -\frac{1}{\beta}$$

le plus petit et le plus grand des rapports

$$(21)\qquad \frac{\varphi'(x_0)-\chi'(X)}{f(x_0)},\quad \frac{\varphi'(X)-\chi'(x_0)}{f(x_0)},$$

et par

$$\frac{1}{A},\ \frac{1}{B}$$

le plus grand et le plus petit des rapports

$$(22)\qquad \frac{\varphi'(x_0)-\chi'(X)}{f(X)},\quad \frac{\varphi'(X)-\chi'(x_0)}{f(X)},$$

on tirera de la formule (19) ou (20) : 1° en y remplaçant a par x_0,

$$(23)\qquad 1-\frac{x-x_0}{\alpha}<\frac{f(x)}{f(x_0)}<1-\frac{x-x_0}{6},$$

2° en y remplaçant a par X,

$$(24)\qquad 1+\frac{x-X}{A}<\frac{f(x)}{f(X)}<1+\frac{x-X}{B}.$$

Comme les trois membres dont se compose chacune des formules (23), (24), sont trois fonctions de x qui offrent des valeurs égales à l'unité, par conséquent affectées du même signe, quand on pose $x=x_0$ ou $x=X$, ces formules pourront être substituées, dans le théorème II, aux formules (3) et (4); et alors les équations (5), (6), (7), (8), réduites aux suivantes :

$$(25) \qquad 1 - \frac{x - x_0}{\alpha} = 0,$$

$$(26) \qquad 1 - \frac{x - x_0}{6} = 0,$$

$$(27) \qquad 1 + \frac{x - X}{A} = 0,$$

$$(28) \qquad 1 + \frac{x - X}{B} = 0,$$

offriront pour les racines les quatre quantités

$$(29) \qquad x_0 + \alpha, \quad x_0 + 6, \quad X - A, \quad X - B.$$

Mais chacune de ces quantités ne pourra se confondre avec l'une de celles que nous avons représentées, dans le théorème II, par

$$(30) \qquad x_0 + \mu, \quad x_0 + \nu, \quad X - M, \quad X - N,$$

qu'autant qu'elle restera comprise entre les limites x_0, X. Cela posé, le théorème II entraînera évidemment la proposition suivante :

Théorème III. — *Soit*

$$(1) \qquad f(x) = 0$$

une équation dont le premier membre $f(x)$ reste fonction continue de x, entre les limites

$$x = x_0, \qquad x = X.$$

Supposons d'ailleurs la fonction $f(x)$ décomposée en deux autres

$$\varphi(x), \quad -\chi(x),$$

qui restent elles-mêmes continues entre les limites données, et soient toujours la première croissante, la seconde décroissante, tandis que l'on fait croître x entre ces limites. Enfin, nommons $-\frac{1}{\alpha}$ le plus petit et $-\frac{1}{6}$ le plus grand des rapports

$$\frac{\varphi'(x_0) - \chi'(X)}{f(x_0)}, \quad \frac{\varphi'(X) - \chi'(x_0)}{f(x_0)}.$$

Nommons, au contraire, $\frac{1}{A}$ *le plus grand et* $\frac{1}{B}$ *le plus petit des rapports*

$$\frac{\varphi'(x_0) - \chi'(X)}{f(X)}, \quad \frac{\varphi'(X) - \chi'(x_0)}{f(X)}.$$

Si l'équation (1) *offre des racines comprises entre les limites* x_0, X, *les quantités*

$$x_0 + \alpha, \quad X - A$$

seront elles-mêmes renfermées entre ces limites, et comprendront entre elles toutes les racines dont il s'agit. De plus, il suffira que l'une des quantités

$$x_0 + \beta, \quad X - B$$

soit comprise entre les limites x_0, X, *pour que l'équation* (1) *offre certainement des racines renfermées entre ces limites. Nommons* ξ *la plus petite, et* Ξ *la plus grande de ces racines, les deux racines* ξ, Ξ *pouvant quelquefois se réduire à une seule. Si la quantité* $x_0 + \beta$ *est comprise entre les limites* x_0, X, *on pourra en dire autant des quantités* $x_0 + \alpha$, X — A, *qui vérifieront les conditions*

(31) $$x_0 + \alpha < \xi < x_0 + \beta,$$

(32) $$\Xi < X - A;$$

et si la quantité X — B *est comprise entre* x_0, X, *on pourra encore en dire autant des quantités* $x_0 + \alpha$, X — A, *qui vérifieront les conditions*

(33) $$x_0 + \alpha < \xi,$$

(34) $$X - B < \Xi < X - A.$$

Nota. — Lorsqu'à la formule (15) on substitue la suivante :

$$f(x) = f(a) + (x - a)f'(a) + \tfrac{1}{2}(x - a)^2[\varphi''(u) - \chi''(v)],$$

alors on obtient le théorème suivant, analogue à celui qu'on vient d'énoncer :

Théorème IV. — *Le premier membre de l'équation donnée*

$$f(x) = 0$$

étant un polynôme en x du degré n, supposons qu'on cherche la racine positive immédiatement inférieure à une limite donnée X. On posera

$$\alpha = f(\mathrm{X}), \quad \beta = f'(\mathrm{X}),$$

et l'on prendra pour γ la moitié du résultat qu'on obtient en écrivant X au lieu de x dans la dérivée du second ordre de la partie de $f(x)$ qui se compose de termes affectés d'un signe opposé à celui de la quantité $f(\mathrm{X})$; puis on résoudra l'équation du second degré

$$\alpha + \beta(x - \mathrm{X}) + \gamma(x - \mathrm{X})^2 = 0. \tag{34}$$

Si l'on nomme X_1 la plus petite racine de cette dernière équation et

$$\mathrm{X}, \mathrm{X}_1, \mathrm{X}_2, \mathrm{X}_3, \ldots$$

une série de quantités dont la troisième se déduise de la seconde, la quatrième de la troisième, etc..., comme la seconde se déduit de la première, la racine cherchée sera la limite vers laquelle convergera très rapidement le terme général de cette série.

Si l'on prenait pour X une limite supérieure à toutes les racines positives, la méthode indiquée ferait connaître la plus grande de ces racines.

La méthode est applicable au cas même où X serait une racine positive déjà trouvée, et fournirait alors la racine positive immédiatement inférieure.

Démonstration. — En conservant les notations du théorème III, et supposant de plus $x_0 = 0$, $\mathrm{X} > 0$, on aura non seulement

$$\varphi(x) = \varphi(\mathrm{X}) + (x - \mathrm{X})\,\varphi'(\mathrm{X}) + \frac{(x - \mathrm{X})^2}{1.2}\,\varphi''(u),$$

u étant compris entre x_0 et X, mais aussi

$$\varphi''(u) > 0, \quad \varphi''(u) < \varphi''(\mathrm{X}),$$

et par suite

$$\varphi(x) > \varphi(\mathrm{X}) + (x - \mathrm{X})\,\varphi'(\mathrm{X}),$$
$$\varphi(x) < \varphi(\mathrm{X}) + (x - \mathrm{X})\,\varphi'(\mathrm{X}) + \frac{(x - \mathrm{X})^2}{1.2}\,\varphi''(\mathrm{X}),$$

on trouvera de même pour des valeurs de x inférieures à X

$$\chi(x) > \chi(X) + (x - X)\,\chi'(X),$$
$$\chi(x) < \chi(X) + (x - X)\,\chi'(X) + \frac{(x-X)^2}{1.2}\chi''(x);$$

et comme on a $f(x) = \varphi(x) - \chi(x)$, on trouvera

$$f(x) > f(X) + (x - X)\,f'(X) - \frac{(x-X)^2}{1.2}\chi''(X),$$
$$f(x) < f(X) + (x - X)\,f'(X) + \frac{(x-X)^2}{1.2}\varphi''(X);$$

donc, d'après le théorème II, la plus grande des racines de la proposée inférieures à X sera surpassée, si $f(X)$ est positif, par la plus petite des racines de l'équation auxiliaire

$$f(X) + (x - X)\,f'(X) - \frac{(x-X)^2}{1.2}\chi''(X) = 0;$$

et, si $f(X)$ est négatif, par la plus petite racine de l'équation

$$f(X) + (x - X)\,f'(X) + \frac{(x-X)^2}{1.2}\varphi''(x) = 0.$$

Donc, etc.

Exemple. — Soit donnée à résoudre l'équation de Lagrange

$$x^3 - 7x + 7 = 0,$$

et supposons que l'on cherche ses racines positives. Comme on aura (voir l'*Analyse algébrique*) $x^3 + 7 > 2\sqrt{7x^3}$, les racines positives de la proposée seront inférieures à la racine positive de l'équation auxiliaire $2\sqrt{7x^3} = 7x$, c'est-à-dire à $\frac{7}{4} = 1,75$. De plus la formule (1) donnera, pour $X = 1,75$,

$$(X^3 - 7X + 7) + (3X^2 - 7)(x - X) = 0, \qquad x = 1,7\ldots \text{ environ},$$

et pour $X = 1,7\ldots$,

$$(X^3 - 7X + 7) + (3X^2 - 7)(x - X) + 3X(x - X)^2 = 0, \qquad x = 1,38\ldots.$$

En posant de nouveau $x = 1,38$, on trouvera $x = 1,3569\ldots$. En posant $x = 1,70$, on trouvera $1,692$. Les deux racines de la proposée sont en effet $1,3569$ et $1,692$.

Ajoutons : 1° que les conclusions précédentes subsisteront lors même que $f(x)$ sera une fonction transcendante, si cette fonction est décomposable en deux parties $\varphi(x)$ et $\chi(x)$ telles que chacune des dérivées $\varphi''(x)$, $\chi''(x)$ acquerra des valeurs positives toujours croissantes pour des valeurs positives de x; 2° dans cette seconde méthode les équations auxiliaires ne sont plus linéaires, mais du second degré; et aussi les approximations sont plus rapides.

On démontre facilement que les méthodes de résolution des équations que nous venons d'indiquer, méthodes applicables dans tous les cas, comprennent, comme cas particulier, la méthode newtonienne; de plus, pour que cette dernière fournisse des valeurs de plus en plus approchées des racines de l'équation $f(x) = 0$, comprises entre des limites données $x = x_0$, $x = X$, il faut et il suffit, en conservant les notations précédentes, que les quantités

$$\varphi''(x_0) - \chi''(X), \quad \varphi''(X) - \chi''(x_0)$$

offrent les mêmes signes. Ce résultat si simple excitera sans doute l'attention des géomètres.

17.

Analyse mathématique. — *Détermination des racines réelles des équations : méthode linéaire.*

C. R., t. V, p. 417 (18 septembre 1837).

(Simple énoncé.)

18.

ANALYSE MATHÉMATIQUE. — *Détermination des racines réelles des équations.*

C. R., t. V, p. 587 (23 octobre 1837).

« M. Cauchy adresse un Mémoire sur l'application des fonctions nommées par M. Ampère *interpolaires,* à la détermination des racines réelles des équations. »

Les propriétés très remarquables de ces fonctions conduisent à une méthode nouvelle à l'aide de laquelle on peut resserrer indéfiniment les limites des racines réelles des équations, et obtenir de ces racines des valeurs aussi approchées que l'on voudra.

19

PHYSIQUE MATHÉMATIQUE. — *Mémoire sur les vibrations de l'éther dans un milieu ou dans le système de deux milieux, lorsque la propagation de la lumière s'effectue de la même manière en tous sens autour de tout axe parallèle à une droite donnée.*

C. R., t. VII, p. 751 (29 octobre 1838).

Montrer comment les lois des phénomènes lumineux peuvent se déduire des équations qui représentent les mouvements vibratoires d'un système de molécules sollicitées par des forces d'attraction ou de répulsion mutuelles, tel est l'objet de divers Mémoires que j'ai publiés à diverses époques, et en particulier du *Mémoire sur la Dispersion,* imprimé à Paris en 1830; de huit livraisons des *Nouveaux Exercices,* imprimées à Prague, et d'un Mémoire lithographié sous la date d'août 1836. Ce dernier Mémoire se composait de deux Parties. La première offrait des formules générales d'analyse applicables à un grand nombre de questions diverses. La seconde avait spécialement pour objet l'étude des lois suivant lesquelles se développent les divers phénomènes lumineux. Les sept premiers paragraphes de la seconde Partie, déjà publiés, offrent les formules fondamentales de la théorie de la lumière. Il y est successivement question des équations générales du mouvement de l'éther, des couleurs, des mouvements qui deviennent insensibles à de très petites distances, ou des corps opaques, des formules générales qui représentent un mouvement vibratoire quelconque du fluide éthéré, des milieux où la propagation de la lumière s'effectue suivant les mêmes lois en tous sens, ou autour de tout axe parallèle à une droite donnée; enfin, de la propagation des ondes planes dans les corps transparents. L'impression du Mémoire dont il s'agit a été interrompue par des circonstances indépendantes de ma volonté. Mais les résultats que devaient contenir les derniers paragraphes se trouvent déjà énoncés, pour la plupart, soit dans les *Nouveaux Exercices,* soit dans diverses lettres adressées à MM. Ampère et Libri, et publiées dans les *Comptes rendus des séances de l'Académie*. Je me propose maintenant de reproduire successivement ces mêmes résultats, avec quelques développements, dans une suite de Mémoires dont j'ai l'honneur d'offrir aujourd'hui le premier à l'Académie. Je vais indiquer son objet en peu de mots.

Comme je l'ai dit, dans la première Partie du Mémoire lithographié, d'août 1836, on est souvent fort embarrassé pour établir, dans les questions de Physique mathématique, les conditions relatives aux limites des corps et aux surfaces qui terminent des systèmes de molécules sollicitées par des forces d'attraction ou de répulsion mutuelles. Ainsi, en particulier, si l'on considère des ondes sonores, lumineuses, etc., propagées dans un corps élastique, dans un milieu transparent, etc., on pourra aisément suivre la propagation du mouvement jusqu'à une très petite distance de la surface qui termine ce corps ou ce milieu. Mais il n'en sera plus de même à l'instant où cette distance deviendra comparable au rayon de la sphère d'attraction ou de répulsion de deux molécules, et, à partir de cet instant, les équations qui représentaient les mouvements vibratoires dans l'intérieur du corps ou du milieu proposé se trouveront altérées; par conséquent, les lois déduites de ces équations cesseront de subsister. Cette difficulté se reproduit jusque dans la théorie de l'équilibre d'un système de molécules. Pour s'en débarrasser, on a généralement fait abstraction de la couche très mince des molécules situées près de la surface extérieure du corps à une distance plus petite que le rayon de la sphère d'activité sensible, et appliqué à cette surface extérieure les formules relatives à la surface intérieure de la couche dont il s'agit. Ainsi, dans l'Hydrostatique, quand on considère un liquide et un fluide élastique superposé, on admet que la pression mesurée, soit dans le liquide, soit dans le gaz, à une très petite distance de la surface du contact des deux milieux, ne diffère pas sensiblement de la pression exercée en un point de la surface elle-même. C'est encore ainsi que, dans la théorie des vibrations des corps élastiques, après avoir calculé la pression intérieure, pour des points situés tout près de la surface du corps, on égale cette même pression à celle que supporte la surface, c'est-à-dire à zéro, si les expériences s'exécutent dans le vide, ou à la pression atmosphérique, si elles s'exécutent dans l'air. Toutefois, il faut l'avouer, cette égalité entre les pressions extérieure et intérieure n'est point évidente par elle-même, et, si elle a effectivement lieu, elle constitue un théorème de Mécanique qu'il semble nécessaire de démontrer.

Lorsque l'on parvient aux limites d'un système de molécules, et que l'on s'approche de la surface qui le sépare d'un autre système, il suffit de parcourir un petit intervalle pour que les intégrales des équations d'équilibre ou de mouvement soient notablement modifiées, et pour que des changements sensibles s'opèrent, non seulement dans la valeur de la densité, qui peut être différente dans les deux milieux, mais encore dans les valeurs des autres quantités, telles que les déplacements maxima de molécules, les vitesses moléculaires, les vitesses des ondes sonores ou lumineuses, etc. Nous n'avons *a priori* nulle certitude qu'il ne puisse en être de même des pressions, et nous pouvons ajouter que la théorie de la lumière indique des variations très rapides de la pression qu'exercent les molécules éthérées dans le voisinage de la surface extérieure d'un milieu transparent. On voit donc combien il était à désirer que l'on pût établir une méthode générale propre à fournir, dans les questions de Physique mathématique, les conditions relatives aux limites des corps. On y parvient, dans un grand nombre de cas, en suivant celle que j'ai indiquée dans le § IV de la première Partie de mon Mémoire lithographié. Le Mémoire que je présente aujourd'hui à l'Académie renferme l'application de cette méthode à la théorie de la lumière, et montre comment on en déduit les formules publiées dans les *Nouveaux Exercices* et relatives à la surface de séparation de deux systèmes de molécules éthérées comprises dans deux milieux séparés par une surface plane. Pour simplifier les calculs, je considère spécialement le cas où dans chacun des deux milieux la propagation de la lumière s'effectue de la même manière en tous sens autour de tout axe perpendiculaire à la surface de séparation. D'ailleurs, le système de deux milieux homogènes pouvant être considéré comme un seul milieu hétérogène, je commence par reproduire, dans le § Ier du nouveau Mémoire, les équations du mouvement de l'éther dans un seul milieu, telles que je les ai données à la page 69 du Mémoire lithographié, savoir, celles qu'on obtient en supposant que la propagation du mouvement s'effectue de la même manière en tous sens autour de tout axe parallèle à une droite donnée. Je développe ensuite ces équations en m'arrêtant à la première approximation qui représente les mouvements auxquels on parvient quand on néglige la dispersion ; puis, dans le § II, j'applique les formules trouvées dans le premier paragraphe au système de deux milieux homogènes séparés par une surface plane, et je déduis de ces formules les conditions relatives à la surface de séparation. Ces conditions sont celles que j'ai indiquées à la page 203 des *Nouveaux Exercices*.

20.

Physique mathématique. — *Mémoire sur la propagation du mouvement par ondes planes dans un système de molécules qui s'attirent ou se repoussent à de très petites distances. Analogie de ces ondes avec celles dont la propagation donne naissance aux phénomènes de la polarisation de la lumière et de la double réfraction.*

C. R., t. VII, p. 865 (19 novembre 1838).

Parmi les mouvements que peut offrir un système de molécules sollicitées par des forces d'attraction ou de répulsion mutuelles, on doit surtout remarquer les mouvements vibratoires périodiques. Le calcul montre que de semblables mouvements peuvent avoir lieu de telle sorte qu'à chaque instant toutes les molécules situées dans l'un quelconque des plans perpendiculaires à une droite donnée offrent des vitesses égales et dirigées suivant des droites parallèles. Il peut d'ailleurs arriver que l'*amplitude* de chaque vibration, c'est-à-dire la plus grande distance à laquelle une molécule vibrante s'écarte de la position qu'elle occupait dans l'état d'équilibre, soit une distance invariable et indépendante de la position du plan perpendiculaire à la droite donnée, ou bien que cette distance varie avec la situation de ce même plan. Dans le premier cas, le système de molécules que l'on considère peut être divisé en tranches, que nous appelons des *ondes planes,* par une infinité de plans équidistants, perpendiculaires à la droite donnée, et tellement choisis que les molécules situées dans ces divers plans soient toutes au même instant animées de vitesses égales et dirigées suivant des droites parallèles. Alors l'épaisseur d'une tranche sera ce que nous nommons l'*épaisseur d'une onde plane* ou la *longueur d'une ondulation*. Lorsque cette épaisseur sera très petite, les deux plans qui termineront une onde se confondront sensiblement l'un avec l'autre comme avec chacun des plans intermédiaires, et l'on pourra en conséquence nommer *plan d'une onde* tout plan perpendiculaire à la droite donnée. Le calcul prouve encore que chaque onde se déplace avec le temps, et se propage avec une vitesse constante équivalente au quotient qu'on obtient quand on divise l'épaisseur d'une onde par la *durée d'une vibration moléculaire*. Cette durée est le temps même qu'emploie une molécule partant d'une position donnée pour y revenir, en vertu de son mouvement rectiligne ou curviligne. D'ailleurs, lorsque la molécule ne se meut pas suivant une droite tantôt dans un sens, tantôt dans le sens opposé, la courbe qu'elle parcourt est généralement une ellipse, dans laquelle le rayon vecteur, mené du centre à la circonférence, décrit des aires proportionnelles au temps. Mais, si l'on considère deux molécules diverses, les deux rayons vecteurs menés à ces deux molécules, à partir des centres des ellipses qu'elles décrivent, ne pourront être parallèles entre eux qu'autant que la distance entre les plans menés parallèlement aux plans des ondes par les deux molécules, prises dans l'état de repos, serait un multiple de la longueur d'ondulation. Du reste, l'ellipse décrite par une molécule peut se réduire à un cercle, ou même à une ligne droite, et alors on retrouve le mouvement rectiligne ci-dessus mentionné. Enfin, pour passer du cas où l'amplitude des vibrations est invariable, au cas où cette amplitude varie avec la situation du plan de l'onde, il suffit de faire décroître les dimensions de l'ellipse décrite par une molécule, ainsi que les déplacements de cette molécule, mesurés parallèlement aux axes coordonnés, dans le même rapport qu'une exponentielle dont l'exposant négatif soit proportionnel à la distance qui sépare la molécule d'un plan fixe mené par l'origine parallèlement aux plans des ondes. Dans tous les cas, le carré de la durée des vibrations moléculaires se trouve lié à l'épaisseur des ondes et aux cosinus des angles que forme la perpendiculaire au plan d'une onde avec les demi-axes des coordonnées positives par une équation du troisième degré, dont les trois racines correspondent à trois systèmes d'ondes parallèles à un même plan. Lorsque certaines conditions sont remplies, la propagation du mouvement s'effectue en tous sens, suivant les mêmes lois. Alors deux racines de l'équation du troisième degré deviennent égales entre elles; et par suite, deux des trois systèmes d'ondes se réduisent à un seul. Alors aussi, les vibrations rectilignes des molécules seront comprises dans les plans des ondes, ou perpendiculaires à ces plans, suivant qu'il s'agira des ondes correspondantes à la racine double ou à la racine simple de l'équation du troisième degré.

Il est facile de reconnaître l'analogie des mouvements que nous venons de décrire avec ceux qu'on est obligé d'attribuer aux molécules du fluide lumineux, ou de l'éther, pour rendre compte de divers phénomènes que présente la théorie de la lumière, et, en particulier, de la polarisation et de la double réfraction. Si l'on considère les formules obtenues pour un système de molécules qui s'attirent ou se repoussent à de très petites distances comme pouvant effectivement représenter les vibrations des molécules éthérées dans les phénomènes lumineux, les mouvements elliptiques ou circulaires ci-dessus mentionnés seront ceux que présente le phénomène de la polarisation elliptique ou circulaire, tandis que la polarisation deviendra rectiligne si les ellipses décrites par les molécules se réduisent à des lignes droites. De plus, les deux systèmes d'ondes planes, qui se réduisent à un seul quand certaines conditions sont remplies, seront les ondes planes admises par Fresnel dans les deux systèmes de rayons lumineux que présentent les cristaux doués de la double réfraction, et qui se réduisent à un système unique dans les milieux doués de la réfraction simple. Ces considérations se trouvent développées dans les deux Mémoires que j'ai l'honneur d'offrir aujourd'hui à l'Académie. Le premier, déjà déposé sur le bureau, dans la séance du 29 octobre dernier, a pour titre :

Mémoire sur les lois de la polarisation, lorsque la propagation de la lumière s'effectue par ondes planes, dans les milieux transparents, et dans ceux qui absorbent plus ou moins complètement la lumière.

Le second a pour titre :

Mémoire sur la polarisation rectiligne et la double réfraction.

Ce dernier Mémoire est divisé en trois paragraphes. Dans le premier paragraphe, après avoir rappelé les formules qui représentent le mouvement de l'éther dans le cas où la polarisation est rectiligne, je cherche ce que deviennent ces formules quand on s'arrête à l'approximation du premier ordre, c'est-à-dire, quand on néglige la dispersion. Dans le second paragraphe, je montre comment on peut déduire des formules dont je viens de parler, les axes optiques des milieux doués de la double réfraction. Enfin, dans le troisième paragraphe, j'indique une méthode très simple qui fournit immédiatement l'équation de la surface des ondes. J'ignore si cette méthode diffère ou non de celle que M. d'Ettingshausen m'a dit avoir substituée avec avantage à l'analyse dont je m'étais servi pour le même objet dans mes leçons au Collège de France et dans mes *Exercices de Mathématiques*. J'ajouterai que cet habile physicien m'a dit aussi avoir déduit des formules indiquées sous le n° 1, dans le premier Mémoire, les lois de la polarisation dans les corps transparents.

21.

Physique mathématique. — *Formules extraites des deux Mémoires présentés dans la séance du 19 novembre.*

C. R., t. VII, p. 907 (26 novembre 1838).

Considérons un système de molécules sollicitées par des forces d'attraction ou de répulsion mutuelles, et soient, au bout du temps t,

$$\xi,\ \eta,\ \zeta$$

les déplacements de la molécule m qui coïncide avec le point (x, y, z), ces déplacements étant mesurés parallèlement aux axes des coordonnées supposés rectangulaires entre eux. Les équations du mouvement par ondes planes seront de la forme

$$(1)\quad \xi = \mathrm{A}\cos(kr - st + \lambda),\quad \eta = \mathrm{B}\cos(kr - st + \mu),\quad \zeta = \mathrm{C}\cos(kr - st + \nu),$$

la valeur de r étant

$$r = ax + by + cz.$$

Dans ces équations

$$k,\ s,\ \lambda,\ \mu,\ \nu,\quad A,\ B,\ C,\ a,\ b,\ c$$

représentent des constantes dont les deux premières sont liées avec l'épaisseur l d'une onde plane, la durée T des vibrations moléculaires, et la vitesse de propagation Ω, par les formules

$$k = \frac{2\pi}{l},\qquad s = \frac{2\pi}{T},\qquad \Omega = \frac{s}{k} = \frac{l}{T},$$

tandis que les trois dernières, a, b, c, assujetties à la condition

$$a^2 + b^2 + c^2 = 1,$$

représentent les cosinus des angles formés par la perpendiculaire au plan d'une onde avec les demi-axes des coordonnées positives. Par suite, r désigne la distance de la molécule m à un plan passant par l'origine, et parallèle aux plans des ondes.

On tire des équations (1)

$$(2)\qquad \frac{\xi}{A}\sin(\mu-\nu) + \frac{\eta}{B}\sin(\nu-\lambda) + \frac{\zeta}{C}\sin(\lambda-\mu) = 0,$$

et

$$(3)\qquad \left(\frac{\eta}{B}\right)^2 - 2\frac{\eta}{B}\frac{\zeta}{C}\cos(\mu-\nu) + \left(\frac{\zeta}{C}\right)^2 = \sin^2(\mu-\nu),\quad \ldots.$$

La courbe qui a pour coordonnées les valeurs de ξ, η, ζ, déterminées par les formules (2), (3), est, en vertu de ces formules, une courbe plane du second degré, et même une ellipse. Elle se réduit à une droite lorsqu'on a

$$\lambda = \mu = \nu.$$

Alors, en effet, si l'on nomme ϖ la valeur commune de λ, μ, ν, les équations (1) deviendront

$$(4)\quad \xi = A\cos(kr - st + \varpi),\quad \eta = B\cos(kr - st + \varpi),\quad \zeta = C\cos(kr - st + \varpi),$$

et l'on tire de ces dernières

$$\frac{\xi}{A} = \frac{\eta}{B} = \frac{\zeta}{C}.$$

Il existe, entre les constantes contenues dans les équations (4), plusieurs relations en vertu desquelles on peut considérer k et Ω comme des fonctions de a, b, c, s, ou bien encore s et même les deux rapports $\frac{B}{A}$, $\frac{C}{A}$ comme des fonctions de a, b, c, k. Ces relations peuvent être réduites à trois formules qui déterminent s et les rapports $\frac{B}{A}$, $\frac{C}{A}$, en fonctions des trois quantités

$$(5) \qquad ka = u, \qquad kb = v, \qquad kc = w;$$

et, pour obtenir ces trois formules, il suffit de considérer la quantité $\frac{1}{s}$ et les coefficients A, B, C comme exprimant l'un des trois demi-axes d'un ellipsoïde et les cosinus des angles formés par ce demi-axe avec ceux des coordonnées positives, l'ellipsoïde étant représenté par l'équation

$$(6) \quad \left\{ \begin{aligned} & I(x^2+y^2+z^2) + x^2\frac{\partial^2 K}{\partial x^2} + y^2\frac{\partial^2 K}{\partial y^2} + z^2\frac{\partial^2 K}{\partial z^2} \\ & \qquad + 2yz\frac{\partial^2 K}{\partial y\,\partial z} + 2zx\frac{\partial^2 K}{\partial z\,\partial x} + 2xy\frac{\partial^2 K}{\partial x\,\partial y} = 1, \end{aligned} \right.$$

et I, K désignant deux fonctions déterminées de u, v, w développables en séries ordonnées suivant les puissances entières et ascendantes de u, v, w. Si certaines conditions sont remplies, les séries obtenues renfermeront seulement les puissances paires de u, v; w, et alors, en réduisant les séries, ou du moins leurs parties variables, à leurs premiers termes, savoir : le développement de I aux termes du second degré, et la partie variable du développement de K aux termes du second degré, on verra l'équation (6) se réduire à

$$(7) \quad \left\{ \begin{aligned} & (Gu^2 + Hv^2 + Iw^2)(x^2+y^2+z^2) + Lu^2x^2 + Mv^2y^2 + Nw^2z^2 \\ & \qquad + P(vz+wy)^2 + Q(wx+uz)^2 + R(uy+vx)^2 = 1, \end{aligned} \right.$$

G, H, I, L, M, N, P, Q, R désignant des quantités constantes. Si maintenant on cherche l'équation qui détermine s en fonction de u, v, w, ou, ce qui revient au même, Ω en fonction de a, b, c, on reconnaîtra que cette équation est du troisième degré par rapport à s^2 ou à Ω^2, et peut être présentée sous l'une des formes

$$(8)\qquad \frac{\left(\frac{u}{P}\right)^2}{s^2-Ak^2}+\frac{\left(\frac{v}{Q}\right)^2}{s^2-Bk^2}+\frac{\left(\frac{w}{R}\right)^2}{s^2-Ck^2}=\frac{1}{2PQR},$$

$$(9)\qquad \frac{\left(\frac{a}{P}\right)^2}{\Omega^2-A}+\frac{\left(\frac{b}{Q}\right)^2}{\Omega^2-B}+\frac{\left(\frac{c}{R}\right)^2}{\Omega^2-C}=\frac{1}{2PQR},$$

les valeurs de A, B, C étant

$$(10)\qquad \begin{cases} A=\left(L-2\frac{QR}{P}+G\right)a^2+(R+H)b^2+(Q+I)c^2,\\ B=(R+G)a^2+\left(M-2\frac{RP}{Q}+H\right)b^2+(P+I)c^2,\\ C=(Q+G)a^2+(P+H)b^2+\left(N-2\frac{PQ}{R}+I\right)c^2 \end{cases}$$

Dans le cas particulier où le mouvement se propage en tous sens suivant les mêmes lois autour d'un point quelconque, on a

$$(11)\qquad P=Q=R,\quad L=M=N=3P=3Q=3R,$$

et, par suite,

$$(12)\qquad \begin{cases} L-2\frac{QR}{P}+G=R+H=Q+I,\\ R+G=M-2\frac{RP}{Q}+H=P+I,\\ Q+G=P+H=N-2\frac{PQ}{R}+I, \end{cases}$$

$$(13)\qquad A=B=C.$$

Alors l'équation du troisième degré en Ω^2, à laquelle on parvient en faisant disparaître les dénominateurs dans la formule (9), fournit deux racines égales, c'est-à-dire deux valeurs de Ω^2 égales entre elles et à la valeur commune des coefficients A, B, C. Alors aussi on a

$$\frac{aA}{\sin(\mu-\nu)}=\frac{bB}{\sin(\nu-\lambda)}=\frac{cC}{\sin(\lambda-\mu)},$$

et l'équation (2), réduite à

$$a\xi+b\eta+c\zeta=0,$$

montre que les vibrations des molécules sont comprises dans les plans des ondes. Lorsque les conditions (11) sont remplies, non d'une manière rigoureuse, mais par approximation, les différences

$$Q - P, \quad R - P, \quad \ldots$$

ne sont plus rigoureusement nulles, mais très petites, et les deux racines précédemment égales diffèrent très peu de

$$A, \; B, \; C.$$

Alors, pour chacune d'elles, chacun des termes que renferme le premier membre de l'équation (9) acquiert des valeurs très considérables, quand on les compare au terme que renferme le second membre; et, dans un calcul approximatif, on peut réduire cette équation à

$$\frac{\left(\frac{a}{P}\right)^2}{\Omega^2 - A} + \frac{\left(\frac{b}{Q}\right)^2}{\Omega^2 - B} + \frac{\left(\frac{c}{R}\right)^2}{\Omega^2 - C} = 0,$$

ou même, puisqu'on suppose P, Q, R sensiblement égaux, à

(14) $$\frac{a^2}{\Omega^2 - A} + \frac{b^2}{\Omega^2 - B} + \frac{c^2}{\Omega^2 - C} = 0.$$

Il suffit que les conditions (12) soient remplies pour que les valeurs de A, B, C, fournies par les formules (10), deviennent indépendantes de a, b, c, c'est-à-dire de la direction du plan de l'onde. Alors, si l'on représente par Ω', Ω'', Ω''', les vitesses de propagation des ondes parallèles à des axes coordonnés dont l'un soit l'axe des x, ou des y, ou des z, on aura

(15) $$\Omega'^2 = A, \qquad \Omega''^2 = B, \qquad \Omega'''^2 = C;$$

et, par suite, l'équation (14) sera réduite à

(16) $$\frac{a^2}{\Omega^2 - \Omega'^2} + \frac{b^2}{\Omega^2 - \Omega''^2} + \frac{c^2}{\Omega^2 - \Omega'''^2} = 0.$$

Si le plan d'une onde devient parallèle à l'axe des z, on aura

$$c = 0;$$

et si l'on pose alors

$$a = \cos\tau,$$

les deux valeurs de Ω^2 propres à vérifier l'équation (16) seront

$$\Omega^2 = \Omega'''^2, \qquad \Omega^2 = \Omega''^2 \cos^2\tau + \Omega'^2 \sin^2\tau.$$

Ces deux valeurs deviendront égales si, Ω''' étant comprise entre Ω' et Ω'', une droite perpendiculaire au plan de l'onde devient parallèle à l'un des deux axes menés par l'origine dans le plan des xy, de manière à former avec l'axe des x un des angles τ déterminés par la formule

$$\tag{17} \operatorname{tang}\tau = \pm\sqrt{\frac{\Omega'''^2 - \Omega''^2}{\Omega'^2 - \Omega'''^2}}.$$

Si la perpendiculaire au plan d'une onde, cessant d'être parallèle à l'un de ces axes, forme avec eux des angles représentés par i et j, les deux valeurs de Ω^2 tirées de la formule (16) deviendront

$$\tag{18} \left\{\begin{aligned} \Omega^2 &= \Omega''^2 \cos^2\frac{j+i}{2} + \Omega'^2 \sin^2\frac{j+i}{2}, \\ \Omega^2 &= \Omega''^2 \cos^2\frac{j-i}{2} + \Omega'^2 \sin^2\frac{j-i}{2}. \end{aligned}\right.$$

Les formules (18) sont précisément celles qui déterminent la vitesse de propagation de la lumière, suivant une direction quelconque, dans un milieu doublement réfringent, lorsque ce milieu présente deux axes optiques, c'est-à-dire deux directions à chacune desquelles le plan d'une onde ne peut devenir perpendiculaire sans que les deux rayons transmis se réduisent à un seul. Donc l'équation (16), de laquelle sont tirées les formules (18), est applicable au mouvement du fluide lumineux dans un cristal à deux axes optiques. Cette équation suppose que l'on prend pour plan des x, y le plan des deux axes optiques, et pour axes des x et y deux droites tracées dans ce plan, de manière à diviser en parties égales les angles que les deux axes optiques forment entre eux.

Considérons maintenant une onde plane qui passe par l'origine quand on suppose $t = 0$. Cette onde, au bout d'un temps quelconque t, aura changé de place, et son plan sera représenté par l'équation

$$ax + by + cz = \Omega t. \tag{19}$$

Si, dans cette dernière équation, l'on fait varier les cosinus a, b, c, assujettis à vérifier la condition

$$a^2 + b^2 + c^2 = 1, \tag{20}$$

sans faire varier t, le plan de l'onde prendra des positions diverses, en demeurant toujours tangent à une certaine surface qu'on nomme la *surface des ondes*. L'équation de cette même surface se déduit aisément des formules (18), (19), (20), et peut s'écrire comme il suit :

$$\frac{x^2}{x^2+y^2+z^2-\Omega'^2 t^2} + \frac{y^2}{x^2+y^2+z^2-\Omega''^2 t^2} + \frac{z^2}{x^2+y^2+z^2-\Omega'''^2 t^2} = 1. \tag{21}$$

En faisant disparaître les dénominateurs, et en effaçant le terme $(x^2 + y^2 + z^2)^3$ qui se trouve alors dans les deux membres, on réduit la formule (21) à l'équation du quatrième degré, donnée par Fresnel.

22.

OPTIQUE MATHÉMATIQUE. — *Mémoire sur la réflexion et la réfraction de la lumière produites par la surface de séparation de deux milieux doués de la réfraction simple.*

C. R., t. VII, p. 953 (3 décembre 1838).

Dans le premier des Mémoires que j'ai présentés depuis peu de temps à l'Académie, j'ai donné les formules générales qui expriment les conditions relatives à la surface de séparation de deux milieux dans lesquels vibrent les molécules de l'éther. En appliquant ces formules générales à la réflexion et à la réfraction de la lumière, produites par deux milieux que sépare une surface plane, et dont chacun est doué de la réfraction simple, on obtient les formules particulières contenues dans le nouveau Mémoire joint à la présente Note. Je me propose, dans la prochaine séance, de donner un aperçu général des résultats qu'elles indiquent, et je me bornerai pour l'instant à une observation qui me paraît digne de l'attention des physiciens.

Lorsque les deux milieux donnés sont transparents, les formules relatives à la réflexion et à la réfraction renferment une constante réelle que l'on nomme l'*indice de réfraction,* et qui n'est autre chose que le rapport constant du sinus de l'angle d'incidence au sinus de l'angle de réfraction. Mais, lorsque le second milieu devient opaque, cet indice n'existe plus, ou, du moins, il se trouve remplacé par une constante imaginaire qui dépend de deux quantités réelles. Donc, alors, il n'y a plus lieu de rechercher ce qu'on nomme l'*indice de réfraction du corps opaque,* et l'on doit à la recherche de cet indice substituer la recherche des deux quantités réelles dont je viens de parler. Mon Mémoire offrira plusieurs exemples de la détermination de ces deux quantités. Au reste, les formules que j'ai obtenues s'accordent d'une manière remarquable, ainsi que je l'expliquerai dans la prochaine séance, avec les expériences des physiciens.

23.

Optique mathématique. — *Mémoire sur la réflexion et la réfraction de la lumière.*

C. R., t. VII, p. 985 (10 décembre 1838).

Première partie. — *Considérations générales.*

Pour faire bien comprendre l'explication des phénomènes que produisent la réflexion et la réfraction de la lumière, il ne sera pas inutile de présenter d'abord quelques considérations générales sur les mouvements vibratoires et périodiques d'un système de points matériels.

Considérons un système de molécules ou points matériels très peu écartés de leurs positions d'équilibre stable, et sollicités par des forces qui tendent sans cesse à les y ramener, telles que les poids de ces molécules, ou bien encore les actions attractives ou répulsives des unes sur les autres. Chaque molécule oscillera autour de la position qu'elle occupait dans l'état d'équilibre du système, et les lois du mouvement seront d'autant plus faciles à reconnaître que les déplacements des molécules seront plus petits. Concevons, en effet, que les différents points du système soient rapportés à trois axes coordonnés rectangulaires entre eux. Les équations du mouvement d'une molécule seront trois équations différentielles, ou, plus généralement, trois équations aux différences mêlées, qui devront servir à déterminer, au bout d'un temps quelconque, les trois déplacements de la molécule mesurés parallèlement aux axes, en fonction des quatre variables indépendantes, c'est-à-dire en fonction des coordonnées et du temps. Or, en considérant les trois déplacements dont il s'agit, ainsi que leurs différences finies et leurs différentielles ou dérivées, comme des quantités infiniment petites du premier ordre, et négligeant les infiniment petits du second ordre, on devra, dans les trois équations du mouvement, conserver seulement les premières puissances de ces déplacements et de ces différences finies ou dérivées. On verra ainsi les trois équations du mouvement se réduire à trois équations plus simples qui seront du genre de celles qu'on nomme *linéaires*, et qui seront vérifiées d'autant plus exactement que les déplacements des molécules seront plus petits. C'est ce que nous exprimerons en disant que les trois nouvelles équations représentent les *mouvements infiniment petits* du système de points matériels donné.

Puisque les équations des mouvements infiniment petits d'un système de points matériels sont linéaires, lorsqu'on connaît plusieurs intégrales particulières de ces mêmes équations, il suffira de combiner par voie d'addition les intégrales connues pour en obtenir d'autres. Donc, étant donnés plusieurs mouvements infiniment petits que pourrait prendre un système de points matériels soumis à l'action de certaines forces, si dans chacun de ces mouvements on mesure le déplacement des molécules parallèlement aux axes coordonnés, un nouveau mouvement, dans lequel chaque déplacement aurait pour valeur la somme de ses valeurs relatives aux mouvements donnés, sera encore un des mouvements infiniment petits que le système de points matériels est susceptible d'acquérir. On dit alors que le nouveau mouvement résulte de la *superposition* de tous les autres. On a des exemples de cette superposition dans la théorie des ondes liquides et dans la théorie du son. Ainsi, en particulier, lorsque la surface d'une eau tranquille a été déprimée en plusieurs lieux par l'immersion simultanée de corps très petits, le liquide s'élève en chaque point au-dessus de son niveau naturel à une hauteur représentée par la somme des hauteurs des ondes que produiraient les immersions des divers corps considérés isolément; et, lorsque plusieurs sons se font entendre à la fois, le déplacement de chaque molécule d'air, mesuré parallèlement à un axe fixe, est la somme des déplacements que pourraient produire les divers sons, pris chacun à part.

Ce n'est pas tout. Puisque les trois équations des mouvements infiniment petits d'un système de points matériels sont linéaires, les valeurs qu'elles fournissent, pour les déplacements d'une molécule mesurés parallèlement aux trois axes coordonnés, sont les parties réelles de trois variables imaginaires qui vérifient trois autres équations de même forme. Si d'ailleurs les trois premières équations sont indépendantes de la position de l'origine des coordonnées, en sorte qu'elles ne se trouvent pas altérées quand on transporte cette origine d'un point à un autre, la manière la plus simple de vérifier les trois nouvelles équations sera de supposer les trois variables imaginaires respectivement égales aux produits de trois constantes imaginaires par une même exponentielle dont l'exposant imaginaire et variable se réduise à une fonction linéaire des coordonnées et du temps. Nous appellerons *mouvement simple* ou *élémentaire* le mouvement infiniment petit qu'on obtient dans une semblable hypothèse. Cela posé, comme une fonction quelconque de plusieurs variables peut être représentée par la somme d'un nombre fini ou infini de termes respectivement proportionnels à des exponentielles dont les exposants soient des fonctions linéaires, réelles ou imaginaires, de ces mêmes variables, il est clair qu'un mouvement infiniment petit d'un système de points matériels donné sera toujours un mouvement simple, ou du moins un mouvement résultant de la superposition d'un nombre fini ou infini de mouvements simples.

Dans toute expression imaginaire, la partie réelle et le coefficient de $\sqrt{-1}$ sont, comme on le sait, les produits respectifs d'une quantité réelle et positive qu'on nomme le *module* par le sinus et le cosinus d'un certain arc ou angle que nous appellerons l'*argument*. D'autre part, l'exponentielle à laquelle restent proportionnelles les trois variables imaginaires, dont les déplacements d'une molécule dans un mouvement simple sont les parties réelles, peut être regardée comme ayant pour base la base même des logarithmes népériens, et pour exposant une fonction linéaire du temps et des trois coordonnées sans terme constant, par conséquent, un polynôme composé de quatre termes respectivement proportionnels à ces quatre variables indépendantes. Ce polynôme, dont les coefficients resteront en général imaginaires, sera pour cette raison décomposable en deux parties, l'une réelle, l'autre équivalente au produit de $\sqrt{-1}$ par un facteur réel. Or ce facteur, qui sera lui-même une fonction linéaire des variables indépendantes, sans terme constant, est précisément l'arc ou l'angle qui servent d'argument à l'exponentielle imaginaire dont nous avons parlé. Cet argument et le module de cette exponentielle, c'est-à-dire la quantité positive en laquelle elle se transforme quand on réduit l'exposant imaginaire à sa partie réelle, sont ce que nous appellerons l'*argument* et le *module* du mouvement simple. Si l'on multiplie le module par le cosinus de l'argument, l'expression ainsi obtenue sera la partie réelle de l'exponentielle imaginaire ; et, pour déduire de cette expression le déplacement d'une molécule, mesuré parallèlement à un axe fixe, par exemple à l'un des axes coordonnés, il suffira d'y substituer au module du mouvement simple le produit de ce module par un *coefficient* constant relatif à cet axe, puis à l'argument du mouvement simple la somme faite de cet argument et d'un angle constant que nous nommerons *paramètre angulaire*. D'ailleurs le coefficient du module et le paramètre angulaire ajouté à l'argument ne seront pas nécessairement les mêmes dans les trois déplacements d'une molécule mesurés parallèlement aux trois axes coordonnés, et pourront en général changer de valeur quand on passera d'un axe à l'autre.

Les principaux caractères d'un mouvement simple se déduisent aisément de la considération de l'exponentielle imaginaire ci-dessus mentionnée, par conséquent de la considération de son argument et de son module, c'est-à-dire de l'argument et du module du mouvement simple; et d'abord si l'on élimine l'argument et le module dont il s'agit entre les trois équations finies qui déterminent les déplacements d'une molécule, mesurés parallèlement aux axes coordonnés, on obtiendra entre ces déplacements une équation du premier degré dont les coefficients seront indépendants de la position de la molécule. Donc la courbe décrite par chaque molécule sera une courbe plane, dont le plan restera constamment parallèle à un *plan invariable* que l'on pourra faire passer par l'origine des coordonnées. D'autre part, l'argument du mouvement simple étant une fonction linéaire des quatre variables indépendantes, acquerra constamment la même valeur en tous les points d'un plan quelconque parallèle à un *second plan invariable* dont on formera l'équation en égalant cet argument à zéro, pour une valeur nulle du temps, c'est-à-dire à l'origine du mouvement. Enfin, l'exposant réel de l'exponentielle qui représente le module du mouvement simple, étant lui-même une fonction linéaire des variables indépendantes, acquerra la même valeur en tous les points d'un plan quelconque parallèle à un *troisième plan invariable* dont on formera l'équation en égalant cet exposant à zéro pour une valeur nulle du temps. Donc, dans un mouvement simple, l'argument et le module, par conséquent les déplacements moléculaires qui en dépendent et les vitesses de vibration seront les mêmes, à chaque instant, pour toutes les molécules situées sur la droite d'intersection de deux plans parallèles, l'un au second plan invariable, l'autre au troisième, ou, ce qui revient au même, pour toutes les molécules situées sur une droite parallèle à la ligne d'intersection du second plan invariable et du troisième.

Il est important d'observer que, dans l'argument d'un mouvement simple, ou dans l'exposant de l'exponentielle qui représente son module, la somme des trois termes respectivement proportionnels aux trois coordonnées sera toujours le produit de la distance d'une molécule au second plan invariable ou au troisième par un coefficient égal, au signe près, à la racine carrée de la somme des carrés des coefficients des coordonnées dans ces mêmes termes. Donc cet argument et cet exposant pourront être en définitive considérés comme deux binômes composés chacun de deux parties proportionnelles, l'une au temps, l'autre à la distance qui sépare une molécule du second plan invariable ou du troisième. D'ailleurs, l'angle dont le cosinus entre comme facteur dans l'expression de l'un quelconque des trois déplacements moléculaires n'étant autre chose que l'argument même augmenté d'un paramètre constant, les valeurs de l'argument pour lesquelles ce cosinus, et par suite le déplacement, s'évanouiront, seront des valeurs équidistantes qui formeront une progression géométrique dont la raison sera la demi-circonférence ou le nombre π. Enfin, pour obtenir ces valeurs équidistantes, il suffira évidemment de faire varier successivement de quantités égales entre elles, soit le temps, soit la distance qui sépare une molécule du plan invariable. Donc les déplacements moléculaires, mesurés parallèlement à l'un des axes coordonnés, s'évanouiront pour une même molécule, après des intervalles de temps égaux, chaque intervalle étant le rapport du nombre π à la constante qui représente le coefficient du temps dans l'argument, et s'évanouiront, à un même instant, pour toutes les molécules situées dans des plans parallèles équidistants, l'intervalle compris entre deux plans consécutifs étant le rapport du nombre π à la constante qui, dans l'argument, représente le coefficient de la distance d'une molécule au second plan invariable. Observons d'ailleurs que ces intervalles de temps, ou ces intervalles compris entre les plans parallèles, seront de deux espèces, chaque intervalle pouvant répondre à une valeur positive ou négative du cosinus que l'on considère, par conséquent à un déplacement moléculaire effectué dans le sens des coordonnées positives ou négatives. La somme faite de deux intervalles contigus, de première et de seconde espèce, composera un intervalle double après lequel le cosinus reprendra successivement toutes les valeurs qu'il avait d'abord acquises. Cet intervalle double aura pour mesure le rapport d'une circonférence entière ou du nombre 2π à la constante qui, dans l'argument, représente le coefficient du temps ou de la distance d'une molécule au second plan invariable; et il exprimera, dans le premier cas, la *durée* invariable des vibrations ou oscillations moléculaires mesurées parallèlement à un axe fixe, dans le second cas, la double épaisseur des tranches qu'on formera dans le système de molécules donné en coupant ce système à un instant donné par des plans parallèles qui renferment les molécules dont le déplacement, mesuré parallèlement à un axe fixe, s'évanouit. La réunion de deux tranches contiguës, par conséquent de deux tranches qui renfermeront des molécules déplacées en sens inverses, formera ce que nous appellerons une *onde plane*, et la double épaisseur d'une tranche sera précisément ce que nous nommerons l'*épaisseur d'une onde*, ou la *longueur d'une ondulation*. Cette épaisseur restera la même, ainsi que la durée des vibrations, quel que soit l'axe fixe parallèlement auquel se mesurent les vibrations des molécules. D'ailleurs, le temps venant à croître, chaque onde se déplacera dans l'espace avec les plans parallèles qui la terminent, et sa vitesse de propagation ou de déplacement sera évidemment le rapport entre les deux constantes qui représentent, dans l'argument, les coefficients du temps et de la distance d'une molécule au second plan invariable; ou, ce qui revient au même, cette vitesse de propagation sera le rapport entre l'épaisseur d'une onde plane et la durée d'une vibration mesurée parallèlement à un axe fixe.

Considérons maintenant l'exponentielle qui représente le module d'un mouvement simple. Il peut arriver que, dans cette exponentielle, ou plutôt dans son exposant, le coefficient du temps, ou bien encore le coefficient de la distance d'une molécule au troisième plan invariable, s'évanouisse. Dans le premier cas, le module ne dépendant plus du temps, les trois déplacements d'une molécule, mesurés parallèlement aux axes coordonnés, reprendront périodiquement les mêmes valeurs après des intervalles de temps égaux entre eux et à la durée d'une vibration moléculaire. Pour cette raison, le mouvement simple pourra être alors désigné sous le nom de *mouvement périodique durable* ou *persistant*. Alors aussi la courbe décrite par chaque molécule sera une courbe fermée et rentrante sur elle-même. Dans le second cas, le module deviendra indépendant de la position d'une molécule dans le système de points matériels donné; par conséquent, la courbe décrite par chaque molécule dépendra uniquement de sa distance au second plan invariable, et n'éprouvera aucune altération quand on fera croître ou diminuer cette distance de l'épaisseur d'une onde plane ou d'un multiple de cette épaisseur. Si, dans l'exposant du module, le coefficient du temps ne se réduit pas à zéro, alors, le temps venant à croître, les déplacements d'une molécule, mesurés parallèlement à des axes fixes, ne pourront demeurer très petits qu'autant que ce même coefficient sera négatif, et, dans cette hypothèse, le mouvement simple, loin d'être un mouvement durable et persistant, sera au contraire un mouvement qui tendra sans cesse à s'éteindre, et dans lequel chaque molécule s'approchera indéfiniment de la position qu'elle occupait dans l'état d'équilibre du système, en décrivant une spirale autour d'elle. Enfin, si, dans l'exposant du module, le coefficient de la distance d'une molécule au troisième plan invariable ne se réduit pas à zéro, alors, tandis qu'on s'éloignera de ce troisième plan dans un certain sens, on verra décroître indéfiniment, et au delà de toute limite, les déplacements des molécules, d'où il résulte qu'à une distance considérable du troisième plan, le système sera sensiblement au repos.

Lorsque, dans l'exposant du module, le coefficient du temps et le coefficient de la distance d'une molécule au troisième plan invariable s'évanouissent à la fois, le module se réduit à l'unité. Alors la courbe décrite par chaque molécule est généralement une ellipse, et, dans cette ellipse, le rayon vecteur mené du centre à la molécule trace des aires proportionnelles au temps. De plus, les ellipses correspondantes aux diverses molécules sont toutes parallèles les unes aux autres, et décrites par ces molécules en des temps égaux dont chacun est la durée d'une vibration moléculaire. Enfin le rayon vecteur, mené du centre d'une ellipse à la molécule qui la décrit, reste parallèle à lui-même et dirigé dans le même sens, quand on fait varier la distance de la molécule au second plan invariable, ou de l'épaisseur d'une onde plane, ou d'un multiple de cette épaisseur.

Chaque molécule décrivant une ellipse dans le cas où le module se réduit à l'unité, nous désignerons alors le mouvement simple sous le nom de *mouvement elliptique*. Au reste, il peut arriver que l'ellipse décrite se réduise à un cercle ou à une ligne droite. Alors le mouvement deviendra *circulaire* ou *rectiligne*. Ajoutons que chaque molécule décrira toujours une droite, et qu'en conséquence le mouvement deviendra rectiligne, quelle que soit d'ailleurs la valeur constante ou variable du module, si, dans les expressions des déplacements mesurés parallèlement aux axes, les trois paramètres angulaires deviennent égaux entre eux.

Il peut arriver que, dans une question de Physique mathématique, les trois variables principales qui expriment les trois déplacements d'une molécule mesurés parallèlement aux axes se trouvent séparées, c'est-à-dire que chacune de ces variables se trouve déterminée par une seule des équations aux différences mêlées qui représentent un mouvement infiniment petit. Alors les coefficients du module et les paramètres angulaires que renferment les expressions des trois déplacements relatifs à un mouvement simple deviennent indépendants les uns des autres, et chaque mouvement simple peut être considéré comme résultant de la superposition de trois mouvements rectilignes simples dans chacun desquels les vibrations des molécules s'effectueraient parallèlement à l'un des axes coordonnés. Il est d'ailleurs évident que, pour réduire ces mouvements rectilignes à deux et faire disparaître le troisième, il suffira de prendre pour l'un des axes coordonnés une droite perpendiculaire au premier plan invariable, par conséquent aux plans des diverses courbes décrites par les molécules.

24.

C. R., t. VII, p. 1044 (17 décembre 1838). — Suite.

Considérons maintenant deux systèmes de molécules contigus, séparés l'un de l'autre par une surface plane, et supposons que, pour chacun d'eux, les équations du mouvement soient indépendantes de la position de l'origine des coordonnées. Chacun de ces systèmes sera capable de propager des mouvements simples. De plus, un mouvement simple propagé dans le premier système, avec une vitesse de propagation en vertu de laquelle les ondes planes se rapprocheront de la surface de séparation, entraînera toujours la coexistence : 1° d'un autre mouvement simple propagé dans le premier système avec une vitesse de propagation en vertu de laquelle les ondes planes s'éloigneront de la surface de séparation ; 2° d'un mouvement simple propagé dans le second système avec une vitesse de propagation en vertu de laquelle les ondes planes s'éloigneront encore de la surface dont il s'agit. En effet, il serait impossible de satisfaire aux conditions particulières qui se rapportent à la surface de séparation, si, à la considération du mouvement simple donné dans le premier système, on ne joignait celle des deux autres mouvements dont nous venons de parler. Cela posé, les ondes planes qui caractériseront le mouvement donné, ces ondes qui, par hypothèse, s'approcheront de la surface de séparation, et viendront en quelque sorte tomber sur cette surface, seront appelées *ondes incidentes*. Au contraire, les ondes planes qui distingueront les deux autres mouvements propagés, l'un dans le premier système de molécules, l'autre dans le second système, seront les *ondes réfléchies* et les *ondes réfractées*. Ces deux derniers mouvements pourront être désignés eux-mêmes sous les noms de *mouvements réfléchi* et *réfracté*, et la surface de séparation sous le nom de *surface réfléchissante* ou *réfringente*. D'ailleurs les conditions relatives à cette surface se réduiront généralement à des relations qui devront subsister, pour tous ses points, entre les variables qui exprimeront les déplacements moléculaires dans les ondes incidentes réfléchies et réfractées, ou entre les dérivées de ces mêmes variables. Donc ces conditions se trouveront exprimées par des équations dans lesquelles les seules quantités variables seront les arguments et les modules des trois mouvements simples ci-dessus mentionnés. Il y a plus : puisqu'il est ici question de mouvements infiniment petits, les équations de condition pourront être supposées linéaires, aussi bien que les équations du mouvement de chaque système, et remplacées par d'autres équations linéaires de même forme entre les variables imaginaires dont les déplacements des molécules seront les parties réelles. Alors, dans chaque équation de condition, les trois espèces de termes, relatifs aux trois mouvements simples, se trouveront combinés par voie d'addition, et seront réductibles aux produits de trois constantes imaginaires par trois exponentielles qui offriront pour base la base même des logarithmes népériens, et pour exposants imaginaires trois fonctions linéaires du temps et des coordonnées sans terme constant.

Concevons maintenant que l'on fasse coïncider l'un des plans coordonnés avec la surface réfléchissante. Pour tous les points de cette surface, les trois exposants imaginaires, dont on vient de parler, se réduiront à trois fonctions linéaires des deux coordonnées mesurées sur cette surface, et du temps, par conséquent à trois fonctions linéaires de trois variables indépendantes. D'ailleurs, chaque équation de condition devra subsister, quelles que soient les valeurs attribuées à ces trois variables indépendantes; et, en supposant nulles deux d'entre elles, on rendra les trois exposants imaginaires proportionnels à la troisième. Enfin, la somme de trois ou de plusieurs exponentielles dont les exposants sont proportionnels à une seule et même variable, ou bien encore, la somme des produits de ces exponentielles par des facteurs constants, ne peut devenir indépendante de la variable dont il s'agit, à moins que les coefficients de cette variable dans les diverses exponentielles ne soient tous égaux entre eux. Donc, chacune des trois variables indépendantes, relatives aux mouvements des molécules que renferme la surface réfléchissante, devra, dans les trois fonctions linéaires ci-dessus mentionnées, se trouver multipliée par le même coefficient, et, pour tous les points de cette surface, les trois fonctions linéaires deviendront égales entre elles, ou, en d'autres termes, les trois exposants imaginaires des exponentielles relatives aux trois mouvements simples deviendront égaux. Or, les coefficients de $\sqrt{-1}$ dans ces exposants, et leurs parties réelles, seront précisément les arguments des trois mouvements simples et les exposants de leurs modules. Donc, en vertu des équations de condition relatives à la surface réfléchissante, les trois mouvements simples devront, pour tous les points de cette surface, et quelles que soient les valeurs attribuées aux trois variables qui resteront indépendantes, offrir des arguments égaux et des modules égaux. Il nous reste à examiner quelles seront les conséquences de cette double égalité.

D'abord, le temps étant l'une des trois variables indépendantes, son coefficient devra rester le même dans les arguments des trois mouvements simples. Donc, le rapport du nombre 2π à ce coefficient, ou la durée des vibrations moléculaires, mesurée parallèlement à un axe fixe, restera la même dans les ondes incidentes, réfléchies et réfractées. De plus, puisqu'on obtient, pour chaque mouvement simple, l'équation du second plan invariable, en égalant à zéro la somme des termes proportionnels aux coordonnées dans l'argument, et que cette somme devra, en chaque point de la surface réfléchissante, conserver encore la même valeur pour les trois mouvements dont il s'agit, il est clair que, pour tous les trois, les points communs à la surface réfléchissante et au second plan invariable seront les mêmes. En d'autres termes, la trace du second plan invariable sur la surface réfléchissante demeurera fixe, lorsqu'on passera du mouvement donné au mouvement réfléchi ou réfracté, et coïncidera toujours avec une droite unique parallèle aux plans de toutes les ondes, c'est-à-dire aux plans qui termineront toutes les ondes incidentes, réfléchies et réfractées. Si par un point de cette droite on élève des perpendiculaires aux plans des trois espèces d'ondes, ces perpendiculaires formeront avec la normale à la surface réfléchissante des angles égaux à ceux que forment les plans des ondes avec la surface elle-même, et se trouveront d'ailleurs comprises dans un seul plan normal à la surface. Les *angles d'incidence,* de *réflexion* et de *réfraction* seront les angles aigus formés par les perpendiculaires dont il s'agit avec la normale à la surface réfléchissante, ou, en d'autres termes, par les plans des trois espèces d'ondes avec la surface elle-même. Le plan unique qui renfermera les trois perpendiculaires et les angles formés par elles avec la normale à la surface réfléchissante pourra être nommé à volonté le *plan d'incidence,* ou *de réflexion* ou *de réfraction.*

Si, dans les remarques précédentes, on substitue aux arguments des trois mouvements simples les exposants de leurs modules, on reconnaîtra immédiatement : 1° que le coefficient du temps, dans l'exposant du module, reste le même quand on passe du mouvement donné au mouvement réfléchi ou réfracté; 2° que, dans ce passage, les points communs à la surface réfléchissante et au troisième plan invariable restent les mêmes. Au surplus, il arrive souvent, dans les questions de Physique mathématique, que le troisième plan invariable se confond avec la surface réfléchissante.

Le coefficient du temps dans l'exposant de l'exponentielle imaginaire qui caractérise un mouvement simple se trouve généralement lié par une certaine équation aux coefficients des trois coordonnées dans ce même exposant. Lorsque le système donné est du nombre de ceux dans lesquels la propagation du mouvement s'effectue en tous sens suivant les mêmes lois, l'équation dont il s'agit ne renferme que le coefficient du temps et la somme des carrés des coefficients des trois coordonnées. C'est du moins ce qu'il est facile de démontrer dans le cas où le système donné admet des mouvements simples pour lesquels les parties réelles des quatre coefficients s'évanouissent. Alors, en effet, la somme des carrés des coefficients des trois coordonnées, prise en signe contaire, a précisément pour racine carrée le rapport du nombre 2π à l'épaisseur d'une onde plane, et pour que le mouvement se propage de la même manière en tous sens, il est nécessaire que cette épaisseur dépende uniquement de la durée des vibrations, ou, ce qui revient au même, du coefficient du temps.

Revenons aux deux systèmes de molécules que nous considérions tout à l'heure. Si, en prenant pour un des plans coordonnés la surface réfléchissante, on prend pour un des axes coordonnés la droite d'intersection de cette surface et du second plan invariable, la coordonnée mesurée sur cette droite disparaîtra de chaque argument, et les deux autres coordonnées, mesurées sur deux perpendiculaires à cette droite, dont l'une sera la normale à la surface réfléchissante, l'autre étant la trace du plan d'incidence sur cette surface, auront pour coefficients deux quantités proportionnelles aux cosinus et sinus de l'angle d'incidence, ou de réflexion, ou de réfraction, le rapport du cosinus au coefficient de l'une ou du sinus au coefficient de l'autre étant égal, au signe près, à la racine carrée de la somme des carrés des deux coefficients. Donc le premier et le second coefficient seront les produits du cosinus et du sinus par cette racine carrée, qui représente, dans l'argument, le coefficient de la distance d'une molécule au second plan invariable, et a pour mesure le rapport du nombre 2π à l'épaisseur d'une onde plane. Le premier et le second coefficient seront donc les produits du nombre 2π par les rapports du cosinus et du sinus à l'épaisseur d'une onde plane. D'ailleurs, le second coefficient qui appartient, dans l'argument, à une coordonnée mesurée dans le plan de la surface réfléchissante, devra conserver la même valeur, quand on passera du mouvement simple donné au mouvement réfléchi, ou au mouvement réfracté. Donc le rapport entre le sinus d'incidence, c'est-à-dire le sinus de l'angle d'incidence, et l'épaisseur d'une onde incidente, sera le même que le rapport entre le sinus de réflexion et l'épaisseur d'une onde réflchie, le même aussi que le rapport entre le sinus de réfraction et l'épaisseur d'une onde réfractée.

Supposons maintenant que le premier système de molécules soit du nombre de ceux où la propagation du mouvement s'effectue en tous sens suivant les mêmes lois, et pour lesquels les coefficients des coordonnées, dans l'exposant de l'exponentielle imaginaire qui caractérise un mouvement simple, fournissent des carrés dont la somme dépend uniquement du coefficient du temps. Si la partie réelle de ce coefficient s'évanouit, la somme dont il s'agit dépendra uniquement de la durée des vibrations moléculaires. Si, cette durée restant la même, on passe d'un mouvement simple à un autre dans lequel deux coordonnées conservent les mêmes coefficients, alors, pour que les carrés des coefficients des trois coordonnées offrent une somme invariable, il faudra que le coefficient de la troisième coordonnée reste le même, au signe près. Or, c'est précisément ce qui arrive lorsque le mouvement simple donné se trouve réfléchi par la surface plane qui sépare le premier système du second, et que l'on suppose la troisième coordonnée mesurée sur la normale à la surface réfléchissante. Donc, si le premier système est du nombre de ceux dans lesquels la propagation du mouvement s'effectue en tous sens suivant les mêmes lois, non seulement *l'épaisseur des ondes réfléchies sera la même que celle des ondes incidentes,* mais de plus, *l'angle de réflexion sera égal à l'angle d'incidence.* Quant aux ondes réfractées, qui se propagent à partir de la surface réfléchissante dans le second système de molécules, elles n'offriront pas, en général, la même épaisseur que les ondes incidentes. Mais, d'après ce qu'on a dit, *le rapport entre l'épaisseur des ondes incidentes et l'épaisseur des ondes réfractées sera toujours égal au rapport entre le sinus d'incidence et le sinus de réfraction.* D'ailleurs, ce rapport deviendra *constant,* c'est-à-dire indépendant de l'angle d'incidence, si le second système de molécules est, comme le premier, du nombre de ceux dans lesquels la propagation du mouvement s'effectue de la même manière en tous sens, et si, d'ailleurs, chacun des mouvements simples qui répondent aux ondes incidentes, réfléchies, réfractées, offre l'unité pour module. Ces lois générales de la réflexion et de la réfraction des ondes planes, dans les mouvements simples, sont, comme on le voit, indépendantes des formes particulières que peuvent prendre les équations de condition qui se rapportent à la surface réfléchissante. La démonstration précédente de ces lois générales repose sur une analyse entièrement conforme à la nature des faits, et montre pourquoi elles subsistent dans un grand nombre de questions diverses où les démonstrations qu'on en donnait doivent maintenant paraître peu rigoureuses. Ainsi, par exemple, si les premières de ces lois fournissent immédiatement l'explication des phénomènes que présente la réflexion des ondes sonores ou liquides, élémentaires ou composées, par les murs ou les parois d'une salle ou d'un bassin rectangulaire, ce n'est point une raison d'admettre, comme on le faisait en théorie, que ces murs ou ces parois sont des corps dénués de toute élasticité, en sorte que les molécules situées à leurs surfaces ne cèdent nullement à l'action des molécules contiguës de l'air ou de l'eau. On doit supposer, au contraire, que chaque mouvement simple, propagé dans l'air ou dans l'eau, donne naissance, d'une part, à un mouvement réfléchi qui reste sensible pour l'observateur; d'autre part, à un mouvement réfracté qui se propage dans les murs de la salle ou les parois du bassin rectangulaire, mais qui est assez faible pour échapper à nos sens, et décroît très rapidement en pénétrant dans la profondeur de ces murs ou de ces parois, de manière à s'éteindre presque entièrement à une profondeur finie.

Nous terminerons cette première Partie de notre Mémoire par une remarque importante. Lorsqu'un mouvement vibratoire est produit en un point donné d'un système de molécules, ce mouvement se propage autour de ce point avec une vitesse de propagation qui peut être ou n'être pas la même dans les diverses directions; et de cette propagation résultent des ondes terminées, ou par des surfaces sphériques, ou plus généralement par des surfaces courbes dont la forme dépend de celle des équations du mouvement. Mais, à une grande distance du point donné, ou du centre des vibrations, une semblable surface, considérée dans une petite étendue, se confond sensiblement avec le plan tangent. Il y a plus : pour obtenir une des surfaces dont il s'agit, il suffit de concevoir qu'une onde plane ou élémentaire, qui renferme au premier instant le point d'abord choisi pour centre de vibration, se propage dans le système que l'on considère; puis de chercher quelles sont les diverses positions que pourra prendre, au bout d'un temps donné, le plan qui terminera cette onde élémentaire, eu égard aux diverses positions qu'il pouvait avoir à l'origine du mouvement et lorsqu'il passait par le centre de vibrations. La surface demandée sera la surface enveloppée par le plan dont il s'agit, c'est-à-dire la surface qu'il touche dans ses diverses positions. C'est ainsi que l'on peut, en général, déduire, des lois relatives aux ondes planes, la forme et l'équation de la *surface des ondes*. Lorsque, dans un système de molécules, la propagation du mouvement s'effectue en tous sens suivant les mêmes lois, la surface des ondes est sphérique, et le rayon mené du centre à un point de la surface se confond avec la perpendiculaire au plan de l'onde élémentaire qui passe par ce point. Il n'en serait plus de même si la propagation du mouvement cessait d'être la même en tous sens. Alors il ne faudrait pas confondre la droite menée par un point donné, perpendiculairement au plan qui termine une onde élémentaire, avec le rayon mené du centre des vibrations à ce point considéré comme faisant partie de la surface des ondes.

A la suite de cette première Partie de son Mémoire, M. Augustin Cauchy a indiqué rapidement quelques-uns des résultats qui feront l'objet de la seconde Partie, spécialement relative à la Théorie de la lumière. Parmi ces résultats on peut citer :

1° Des formules générales qui expliquent et représentent les phénomènes de la polarisation elliptique, produite par la réflexion de la lumière à la surface des métaux, et qui s'accordent avec les expériences des physiciens;

2° Une nouvelle loi de réfraction qui doit être substituée à la loi connue de Descartes, lorsque le corps réfringent absorbe plus ou moins complètement la lumière;

3° La diminution d'intensité dans la lumière des anneaux colorés, et le déplacement de ces anneaux produit par la substitution d'un miroir métallique à un miroir de verre.

25.

DEUXIÈME PARTIE. — *Application des principes exposés dans la première Partie à la théorie de la lumière.*

C. R., t. VIII, p. 7 (7 janvier 1839). — Suite.

Les principes que nous avons exposés dans la première Partie de notre Mémoire peuvent être facilement appliqués à la théorie de la lumière. En effet, dans le système des ondulations, les phénomènes lumineux résultent de la propagation des mouvements vibratoires produits à un instant donné en un ou plusieurs points d'un fluide lumineux ou éther, dont les molécules, répandues dans le vide et dans les corps eux-mêmes, agissent les unes sur les autres à de très petites distances. La distribution de ces molécules dans un milieu donné peut varier d'ailleurs avec la nature de ce milieu. Cette distribution, autour d'un point donné, est, dans un milieu homogène, supposée indépendante de la position du point que l'on considère; mais elle peut n'être pas la même dans les différentes directions : ainsi, en particulier, la condensation ou dilatation linéaire du fluide éthéré peut varier, même dans un milieu homogène, lorsqu'on passe d'une direction à une autre. Cela posé, considérons un système de molécules d'éther renfermées dans un milieu homogène. Les vibrations excitées à un instant donné en un point de ce système se propageront autour de ce point, et donneront naissance à des ondes terminées par des surfaces qui seront sphériques si la propagation du mouvement s'effectue en tous sens suivant les mêmes lois. A des distances considérables du centre de vibration, chacune des surfaces dont il s'agit, prise dans une étendue finie, se confondra sensiblement avec son plan tangent, et les vibrations des diverses molécules qu'elle renfermera seront sensiblement les mêmes au même instant. D'ailleurs il est naturel de penser que, dans le mouvement vibratoire, l'œil appréciera surtout la direction de la surface des ondes, c'est-à-dire de son plan tangent, ou, ce qui revient au même, la direction de la normale à cette surface, et que nous serons portés à regarder le centre des vibrations comme situé sur cette normale. Toutefois on ne doit pas confondre cette normale avec ce qu'on est convenu d'appeler le rayon lumineux, dans le système des ondulations. En effet, suivant la définition adoptée par Huygens et Fresnel, la *direction du rayon lumineux*, en chaque point de la surface des ondes, n'est autre chose que la direction du rayon vecteur mené du centre des vibrations au point dont il s'agit. Or ce rayon vecteur ne sera généralement normal à la surface des ondes que dans le cas où cette surface deviendra sphérique; ce qui arrivera nécessairement si, dans le milieu donné, la lumière se propage en tous sens suivant les mêmes lois.

Il est bon d'observer que, parmi les lois des phénomènes lumineux, les plus importantes sont les lois générales qui subsistent, quelque faible que soit l'intensité de la lumière. Pour obtenir ces lois, il suffit de considérer dans l'éther des vibrations dont les amplitudes soient infiniment petites, et par conséquent des mouvements infiniment petits. Les ondes que ces mouvements produiront seront d'ailleurs terminées par des surfaces qui, à de grandes distances des centres de vibration, pourront, ainsi qu'on l'a dit, être, sans erreur sensible, considérées comme des surfaces planes.

Parmi les mouvements infiniment petits qui produisent des ondes terminées par des surfaces planes, on doit surtout distinguer ceux qui ont été désignés, dans la première Partie de ce Mémoire, sous le nom de *mouvements simples* ou *élémentaires*, et qui, superposés les uns aux autres en nombre fini ou infini, peuvent donner naissance à toutes sortes de mouvements infiniment petits. Dans chaque mouvement simple, les déplacements d'une molécule d'éther, mesurés parallèlement à trois axes coordonnés rectangulaires, ou même parallèlement à un axe fixe quelconque, seront les parties réelles d'expressions imaginaires toutes proportionnelles à une exponentielle qui aura pour base la base des logarithmes népériens, et pour exposant une fonction linéaire du temps et des coordonnées sans terme constant. Le coefficient de $\sqrt{-1}$ dans cet exposant sera l'*argument* du mouvement simple; et, en remplaçant ce même exposant par sa partie réelle, on réduira l'exponentielle dont il s'agit à ce que nous appelons le *module* du mouvement simple. Cela posé, le déplacement d'une molécule, mesuré parallèlement à un axe fixe, sera le produit du module multiplié par un coefficient constant et du cosinus de l'angle qu'on obtient en ajoutant à l'argument un paramètre constant, désigné sous le nom de *paramètre angulaire*. Dans la théorie de la lumière, le module d'un mouvement simple est indépendant du temps; d'où il résulte que les courbes décrites par les diverses molécules sont des courbes fermées, rentrantes sur elles-mêmes, et comprises dans des plans parallèles à un *plan invariable* mené par l'origine des coordonnées. Le temps qu'emploie une molécule à parcourir la courbe qu'elle décrit est la *durée* d'une vibration moléculaire, et cette durée, de laquelle dépend la nature de la couleur, a pour mesure le rapport du nombre 2π au coefficient du temps dans l'argument. De plus, le déplacement moléculaire, mesuré parallèlement à un axe fixe, s'évanouit à un instant donné pour toutes les molécules renfermées dans des plans équidistants, tous parallèles à un *second plan invariable;* et ces plans équidistants divisent le système des molécules éthérées en tranches qui, prises consécutivement et deux à deux, composent ce qu'on appelle des *ondes lumineuses planes,* la double épaisseur d'une tranche étant l'*épaisseur d'une onde,* ou la *longueur d'une ondulation lumineuse*. Ces ondes se propagent dans le système des molécules éthérées avec une *vitesse de propagation* équivalente au rapport entre la longueur d'une ondulation et la durée d'une vibration lumineuse. Enfin, le module du mouvement simple peut être dépendant ou indépendant des coordonnées. Dans le premier cas, il se réduit à l'unité, et le milieu dans lequel vibre l'éther est un milieu *transparent* qui n'absorbe pas la lumière. Alors aussi le mouvement simple devient un mouvement *elliptique*, dans lequel toutes les molécules d'éther décrivent des ellipses pareilles les unes aux autres, et l'*amplitude* d'une vibration moléculaire est le grand axe de l'ellipse décrite par chaque molécule. Dans certains cas cette ellipse se réduit à un cercle ou à une droite, et par suite, le mouvement elliptique se transforme en un mouvement *circulaire* ou *rectiligne*, l'amplitude des vibrations étant le diamètre du cercle qu'une molécule décrit, ou la portion de droite qu'elle parcourt. Lorsque le module du mouvement simple, au lieu de se réduire à l'unité, restera variable avec les coordonnées, les courbes décrites par les diverses molécules cesseront, en général, d'être des ellipses, et sans aucun doute, les dimensions de ces courbes décroîtront indéfiniment, tandis que l'on s'éloignera dans un certain sens d'un *troisième plan invariable*. Alors le milieu qui renfermera les molécules d'éther sera *opaque*, ou du moins il *absorbera* plus ou moins complètement la lumière. Le troisième plan invariable pourra n'être autre chose que la surface même de ce milieu, ou de ce corps opaque, supposée plane; et, comme l'exposant du module sera proportionnel à la distance d'une molécule à cette surface, il est clair que les déplacements *maxima* des molécules décroîtront en progression géométrique, tandis que les distances à la surface croîtront en progression arithmétique.

Concevons maintenant que le milieu qui renferme les molécules éthérées soit du nombre de ceux dans lesquels la lumière se propage en tous sens suivant les mêmes lois. Si d'ailleurs ce milieu est transparent et n'absorbe pas la lumière, alors, non seulement la vitesse de propagation des ondes planes sera indépendante de la direction des plans qui les termineront, ou, ce qui revient au même, de la direction du second plan invariable, et par suite, la surface des ondes étant une surface sphérique, la direction du rayon lumineux sera normale à cette surface; mais, de plus, le premier plan invariable se confondra toujours avec le second, et, par conséquent, les vibrations des molécules éthérées resteront comprises dans des plans parallèles à ceux qui terminent les ondes planes, ou, ce qui revient au même, dans des plans perpendiculaires aux directions des rayons lumineux.

Nous dirons qu'un rayon lumineux est un *rayon simple* lorsque les vibrations des molécules éthérées seront celles que présente un mouvement simple. Ce qui constitue le mode de *polarisation* d'un rayon simple c'est la nature de la courbe décrite par chaque molécule. Dans un milieu parfaitement transparent et qui, par conséquent, n'absorbe pas la lumière, cette courbe sera toujours une ellipse, un cercle ou une droite, et la polarisation du rayon simple sera *elliptique* dans le premier cas, *circulaire* dans le second, *rectiligne* dans le troisième. Au reste, ces trois modes de polarisation peuvent aussi se présenter dans un milieu qui absorbe la lumière, lorsque la ligne décrite par chaque molécule est renfermée dans un plan parallèle au troisième plan invariable, c'est-à-dire, en d'autres termes, lorsque le troisième plan invariable se confond avec le premier. Dans le cas particulier où la polarisation d'un rayon lumineux est rectiligne, le *plan de ce rayon* et *son plan de polarisation* sont deux plans rectangulaires entre eux qui passent par la direction du rayon, et dont le premier contient en outre les directions des vibrations moléculaires. Alors aussi, on dit que le rayon est *renfermé* dans le premier plan et *polarisé* dans le second. Cela posé, on reconnaîtra sans peine que, dans un milieu parfaitement transparent, et où la propagation de la lumière s'effectue en tous sens suivant les mêmes lois, tout rayon simple polarisé, soit elliptiquement, soit circulairement, peut être considéré comme résultant de la superposition de deux rayons simples polarisés en ligne droite et renfermés dans deux plans perpendiculaires l'un à l'autre.

Pour plus de précision, nous distinguerons dans un rayon lumineux : 1° sa direction, c'est-à-dire la droite sur laquelle se trouvaient primitivement situées les molécules dont il se compose; 2° sa forme qui, d'abord rectiligne, varie avec le temps, et n'est autre que la forme de la courbe tracée à chaque instant dans l'espace par le système de ces molécules. Dans un rayon simple, polarisé circulairement ou elliptiquement, la courbe dont il s'agit sera une espèce d'*hélice* ou de spirale à double courbure. Mais cette hélice ou spirale se changera en une *courbe plane* si le rayon est polarisé en ligne droite, et pour cette raison nous dirons alors que le rayon donné est un *rayon plan*. Dans un semblable rayon, considéré à une époque quelconque du mouvement, quelques molécules conserveront leurs positions primitives, c'est-à-dire les positions qu'elles occupaient dans l'état d'équilibre; les autres s'en écarteront à droite et à gauche; et le rayon, semblable à une corde vibrante, prendra la forme d'une ligne sinueuse, composée d'arcs alternativement situés de part et d'autre de sa direction primitive. Les *nœuds du rayon*, comme ceux d'une corde vibrante, seront, à chaque instant, les points où les molécules conserveront ou reprendront leurs positions initiales. Seulement ces nœuds, qui sont fixes dans une corde vibrante, se déplaceront d'un instant à l'autre dans le rayon lumineux. Ces nœuds seront d'ailleurs de deux espèces, chaque nœud étant de première ou de seconde espèce suivant que les molécules desquelles il s'approchera, en se déplaçant dans l'espace, se trouveront situés d'un côté ou de l'autre par rapport à la direction primitive du rayon. Si le milieu donné est du nombre de ceux dans lesquels la propagation de la lumière se fait en tous sens suivant les mêmes lois, et si d'ailleurs ce milieu est parfaitement transparent, l'épaisseur d'une onde plane, ou la longueur d'une ondulation lumineuse, ne sera autre chose que la distance entre deux nœuds de même espèce, et la vitesse de propagation avec laquelle chaque nœud se déplacera, en passant d'une molécule à une autre, sera ce qu'on nomme la *vitesse de propagation de la lumière*. Si le milieu donné ne remplit pas les conditions énoncées, l'épaisseur d'une onde plane ne sera plus la distance entre deux nœuds de même espèce du rayon lumineux, mais la projection de cette distance sur une droite perpendiculaire aux plans des ondes; alors aussi la vitesse de propagation des ondes planes restera distincte de la vitesse avec laquelle se déplacera chaque nœud du rayon, et sera la projection de cette dernière vitesse sur la droite dont il s'agit.

Puisque, dans les corps parfaitement transparents, le module d'un mouvement simple se réduit à l'unité, il est clair que, dans ces corps, le déplacement d'une molécule éthérée, produit par un mouvement simple, et mesuré parallèlement à un axe fixe, a pour expression l'amplitude des vibrations parallèles à cet axe multipliée par le cosinus de l'angle variable que l'on obtient en ajoutant à l'argument du mouvement simple un paramètre constant. Ce paramètre, que nous avons nommé *paramètre angulaire,* peut changer ou non de valeur avec la direction de l'axe fixe, suivant que le rayon donné est ou n'est pas polarisé en ligne droite. Si l'on considère un rayon simple quelconque, dont la polarisation soit elliptique, ou circulaire, ou rectiligne, comme résultant de la superposition de deux autres rayons simples polarisés en ligne droite dans deux plans rectangulaires entre eux, l'amplitude des vibrations, ainsi que le paramètre angulaire, changera généralement de valeur quand on passera d'un rayon simple à l'autre; et ce paramètre, pour chacun des deux rayons composants, sera le complément d'un angle mesuré par le produit de deux facteurs, dont l'un représentera la distance de l'un des nœuds du rayon au second plan invariable, tandis que l'autre facteur représentera, dans l'argument du mouvement simple, le coefficient de la distance d'une molécule au même plan. Les deux paramètres angulaires, relatifs aux deux rayons composants, devront être égaux ou offrir pour différence un multiple du nombre π, si le rayon résultant est polarisé en ligne droite. Alors les deux rayons composants offriront les mêmes nœuds, les nœuds de première espèce de l'un pouvant coïncider avec les nœuds de première ou de seconde espèce de l'autre. Si d'ailleurs on suppose que, dans le milieu donné, la propagation de la lumière s'effectue en tous sens suivant les mêmes lois, le plan de polarisation du rayon résultant formera, avec les plans de polarisation des rayons composants, des angles dont les tangentes trigonométriques seront les rapports direct et inverse de l'amplitude des vibrations de l'un à l'amplitude des vibrations de l'autre. Le rayon résultant sera polarisé circulairement si les amplitudes des vibrations moléculaires sont les mêmes dans les deux rayons composants, et si de plus les paramètres angulaires diffèrent, dans ces deux rayons, ou d'un angle droit représenté par $\frac{1}{2}\pi$, ou d'un multiple de cet angle, en sorte que la distance entre deux nœuds consécutifs, appartenant à l'un et à l'autre rayon, soit précisément le quart de la longueur d'une ondulation lumineuse.

Concevons à présent que des rayons simples, en nombre quelconque fini ou infini, soient superposés les uns aux autres. Cette superposition donnera naissance à un rayon résultant qui cessera généralement d'offrir, même dans un milieu parfaitement transparent, la polarisation elliptique, ou circulaire, ou rectiligne. On doit toutefois excepter certains cas particuliers où le mode de polarisation du rayon résultant sera facile à prévoir. Ainsi, par exemple, si les rayons composants sont tous polarisés en ligne droite et renfermés dans un même plan, les vibrations des molécules éthérées, dans le rayon résultant, seront constamment dirigées suivant des droites que renfermera encore le plan dont il s'agit, et par suite le rayon résultant, sans être un rayon simple, pourra encore être désigné sous le nom de *rayon plan,* ou polarisé en ligne droite.

26.

C. R., t. VIII, p. 39 (14 janvier 1839). — Suite.

Considérons maintenant deux milieux séparés l'un de l'autre par une surface plane. Si l'on fait tomber sur cette surface un système d'ondes planes, correspondantes à un mouvement simple de l'éther, ou, en d'autres termes, un rayon simple, alors, pour que les conditions relatives à la surface puissent être remplies, on sera obligé d'admettre la coexistence de trois systèmes d'ondes en supposant propagées dans le premier milieu, outre les *ondes incidentes,* d'autres ondes que l'on nomme *réfléchies,* et dans le second milieu des ondes que l'on nomme *réfractées*. Ainsi un rayon simple venant à tomber sur la surface *réfléchissante* ou *réfringente,* c'est-à-dire sur la surface de séparation des deux milieux, la *réflexion* et la *réfraction* produiront deux nouveaux rayons, l'un réfléchi, l'autre réfracté, dont chacun sera simple ainsi que le rayon incident. Ces deux nouveaux rayons pourront d'ailleurs être censés partir du point où le rayon incident rencontre la surface réfléchissante. Les *angles d'incidence,* de *réflexion* et de *réfraction* ne seront autre chose que les angles aigus formés par les plans des ondes incidentes, réfléchies et réfractées avec la surface réfléchissante, ou bien encore les angles aigus formés par les perpendiculaires à ces plans avec la normale à la surface. D'après ce qui a été dit dans la première Partie du Mémoire, la durée des vibrations moléculaires, par conséquent la couleur, sera la même dans les trois rayons, et les plans qui termineront les trois espèces d'ondes seront parallèles à une droite unique tracée sur la surface réfléchissante. Le plan mené perpendiculairement à cette droite, par le point où les trois rayons rencontrent la surface, sera celui qu'on nomme à volonté le *plan d'incidence*, ou *de réflexion*, ou *de réfraction*. Enfin, les sinus des trois angles d'incidence, de réflexion et de réfraction, ou ce qu'on appelle, pour abréger, le *sinus d'incidence*, le *sinus de réflexion* et le *sinus de réfraction*, seront proportionnels aux épaisseurs des ondes incidentes, réfléchies et réfractées. Par suite, si l'on nomme *indice de réflexion* et *indice de réfraction* les rapports qu'on obtient en divisant l'épaisseur des ondes incidentes par les épaisseurs des ondes réfléchies et réfractées, *le rapport du sinus d'incidence au sinus de réflexion sera toujours équivalent à l'indice de réflexion*, et pareillement *le rapport du sinus d'incidence au sinus de réfraction sera toujours équivalent à l'indice de réfraction.*

Pour simplifier l'énoncé des propositions diverses, nous désignerons désormais sous le nom de *milieu isophane* un milieu dans lequel la propagation de la lumière s'effectue en tous sens suivant les mêmes lois, quel que soit d'ailleurs le degré de transparence de ce milieu qui pourrait absorber plus ou moins complètement la lumière et se transformer, sans cesser d'être isophane, en ce qu'on appelle un *corps opaque*. Lorsqu'un milieu sera isophane et parfaitement transparent, la surface des ondes y deviendra sphérique, conformément à la remarque faite dans la première Partie de ce Mémoire, et l'épaisseur des ondes planes propagées dans ce milieu dépendra uniquement de la durée des vibrations moléculaires, ou, ce qui revient au même, de la nature de la couleur. Cela posé, étant donnés deux milieux que sépare une surface réfléchissante, et un rayon simple qui, dans le premier milieu, tombe sur cette surface, si ce premier milieu est isophane et parfaitement transparent, l'épaisseur des ondes réfléchies sera la même que celle des ondes incidentes. Donc alors, l'indice de réflexion se réduisant à l'unité, et le sinus de réflexion au sinus d'incidence, l'*angle de réflexion sera égal à l'angle d'incidence*. Si le second milieu est lui-même, comme le premier, isophane et parfaitement transparent, l'épaisseur des ondes réfractées sera constante, comme celle des ondes incidentes, c'est-à-dire indépendante de l'angle d'incidence, du moins pour toutes les incidences propres à fournir un rayon réfracté qui se propage dans le second milieu sans s'affaiblir. Donc alors l'*indice de réfraction sera constant, ainsi que le rapport entre le sinus de réfraction et le sinus d'incidence;* en sorte que la loi de réfraction, donnée par Descartes, se trouvera vérifiée. Mais l'angle de réflexion cessera d'être égal à l'angle d'incidence si le premier milieu est du nombre de ceux dans lesquels la lumière ne se propage pas en tous sens suivant les mêmes lois; et, si l'un des milieux donnés est de ce nombre, ou si l'un d'eux absorbe plus ou moins complètement la lumière, la loi de Descartes cessera de subsister.

Lorsqu'un milieu transparent n'est point isophane, non seulement l'épaisseur des ondes propagées dans ce milieu dépend de la direction des plans qui les terminent, ou, ce qui revient au même, de la direction du second plan invariable; mais, en outre, à une direction donnée de ce dernier plan correspondent toujours deux systèmes d'ondes planes qui offrent des épaisseurs différentes, et par suite des vitesses de propagation différentes. Si l'on donne, non plus la direction du second plan invariable, mais sa trace sur un plan fixe, avec le rapport entre le sinus de son inclinaison sur le plan fixe et l'épaisseur d'une onde plane, à cette trace et à ce rapport correspondront quatre systèmes d'ondes planes et quatre positions du second plan invariable qui sera, pour deux de ces systèmes, incliné diversement sur le plan fixe, mais dans un même sens, et pour les deux autres en sens contraire. Nous dirons que les quatre systèmes d'ondes dont il s'agit sont *conjugués* entre eux, ainsi que les quatre rayons lumineux correspondant à ces quatre systèmes. Si, le plan fixe étant une surface réfléchissante, on considère l'un des quatre rayons comme rayon incident, alors, des trois autres rayons conjugués, deux correspondront à des ondes inclinées sur la surface dans un autre sens que les ondes incidentes et rempliront la condition à laquelle doit satisfaire le rayon réfléchi, savoir, que l'on obtienne le même rapport en divisant le sinus d'incidence par l'épaisseur des ondes incidentes, ou le sinus de réflexion par l'épaisseur des ondes réfléchies. Concevons pareillement que, le plan fixe étant considéré comme une surface réfringente qui sépare le milieu donné d'un autre, on fasse dans cet autre milieu tomber un rayon sur cette surface. Si l'on cherche à déterminer le rayon réfracté par la condition que le rapport entre le sinus de réfraction et l'épaisseur des ondes réfractées devienne équivalent au rapport entre le sinus d'incidence et l'épaisseur des ondes incidentes, on trouvera que cette condition peut être remplie, dans le milieu donné, par deux rayons conjugués l'un à l'autre et inclinés dans le même sens sur la surface réfringente. De ces considérations il résulte que, si une surface réfléchissante et réfringente sépare l'un de l'autre deux milieux transparents qui ne soient point isophanes, on obtiendra en général pour chaque rayon incident deux rayons réfléchis et deux rayons réfractés. C'est ce que confirme l'expérience et l'on donne, pour cette raison, aux milieux qui ne sont point isophanes, le nom de *milieux doublement réfringents*. Lorsque deux milieux doublement réfringents sont séparés l'un de l'autre par une surface plane, on peut imaginer quatre systèmes d'ondes planes propagées dans le premier milieu et quatre systèmes d'ondes planes propagées dans le second milieu, de telle sorte que le sinus de l'inclinaison d'une onde plane sur la surface de séparation soit toujours à l'épaisseur de cette onde dans un rapport donné. A ces huit systèmes d'ondes planes correspondent huit rayons conjugués quatre à quatre. Or, d'après ce qu'on vient de dire, il est clair que, si l'on prend un de ces huit rayons pour rayon incident, deux autres de ces rayons représenteront les deux rayons réfléchis, et deux autres les deux rayons réfractés; les deux premiers étant propagés dans le même milieu que le rayon incident, et les deux derniers étant les seuls qui, dans l'autre milieu, répondent à des ondes dont les plans soient inclinés sur la surface de séparation dans le même sens que les ondes incidentes. Si l'un des milieux donnés devient isophane, les quatre rayons conjugués, relatifs à ce milieu, se réduiront à deux rayons qui formeront, avec la normale à la surface de séparation, des angles égaux; et l'on déduira immédiatement de la proposition que nous venons d'énoncer les règles établies par Malus et par M. Biot pour la détermination des rayons réfléchis par la seconde surface des cristaux à un et à deux axes optiques. La même proposition montre comment ces règles doivent être modifiées dans le cas où les milieux donnés sont doués l'un et l'autre de la double réfraction.

Nous avons ici recherché le nombre et les directions des rayons réfléchis et réfractés par la surface de séparation de deux milieux, isophanes ou non isophanes, mais que l'on suppose parfaitement transparents. A la rigueur, il n'existe point de milieux dont la transparence soit parfaite, et dont une couche suffisamment épaisse n'absorbe la lumière avec une énergie plus ou moins grande. Il importe d'apprécier l'influence que cette absorption peut avoir sur les phénomènes de la réflexion ou de la réfraction, et en particulier sur la direction des rayons réfléchis ou réfractés. C'est ce dont nous allons maintenant nous occuper, en supposant d'abord que les milieux donnés sont isophanes, mais que l'un au moins cesse d'être parfaitement transparent.

Ce qui caractérise surtout un mouvement simple, propagé dans un milieu homogène, c'est l'exponentielle imaginaire à laquelle sont proportionnelles les trois variables imaginaires dont les déplacements moléculaires, mesurés parallèlement aux axes coordonnés, offrent les parties réelles. Cette exponentielle a pour exposant une fonction linéaire des coordonnées et du temps, et, conformément à une remarque faite dans la première Partie de ce Mémoire, les carrés des coefficients des coordonnées, dans l'exposant dont il s'agit, fournissent une somme qui dépend uniquement du coefficient du temps, par conséquent de la durée des vibrations moléculaires, dans le cas où la propagation du mouvement s'effectue en tous sens suivant les mêmes lois. C'est du moins ce qu'il est facile de démontrer lorsque les parties réelles des quatre coefficients s'évanouissent. Alors, les coefficients des trois coordonnées offrent des carrés dont la somme, prise en signe contraire, a pour racine carrée le nombre 2π à l'épaisseur d'une onde plane. Pour plus de commodité nous donnerons généralement un nom à cette racine carrée, et ce que nous appellerons la *caractéristique d'un mouvement simple* sera une quantité positive, ou une expression imaginaire dont la partie réelle sera positive, et dont le carré, pris en signe contraire, sera équivalent à la somme des carrés des coefficients des trois coordonnées dans l'exposant de l'exponentielle imaginaire qui caractérise le mouvement simple. Nous appellerons encore *caractéristique d'un rayon simple* celle d'un mouvement simple propagé dans l'éther que renferme un milieu homogène. Dans un milieu isophane, et que l'on suppose parfaitement transparent, la caractéristique d'un rayon simple, liée par une certaine équation à la durée des vibrations moléculaires, restera indépendante de la direction du plan de l'onde, et nous admettrons qu'il en est toujours ainsi dans un milieu isophane, quand même ce milieu absorberait la lumière plus ou moins rapidement. Cela posé, concevons qu'une surface réfléchissante et réfringente sépare l'un de l'autre deux milieux isophanes dont le premier soit parfaitement transparent, et qu'un rayon simple tombe sur cette surface dans le premier milieu. Prenons ailleurs pour origine des coordonnées le point de la surface par lequel passent les trois rayons incident, réfléchi, réfracté, et pour axes coordonnés trois droites rectangulaires dont la première coïncide avec la normale à la surface, et la seconde avec la trace du plan d'incidence sur cette surface même. Enfin, supposons que le module du mouvement simple qui produit le rayon incident se réduise à l'unité. L'argument de ce mouvement simple renfermera seulement les deux coordonnées qui se mesurent dans le plan d'incidence ou parallèlement à ce plan, et les coefficients de ces deux coordonnées dans le même argument seront respectivement égaux aux produits de la caractéristique du rayon incident par le cosinus et le sinus de l'angle d'incidence. Si du rayon incident on passe au rayon réfracté, le second des coefficients dont il s'agit ne variera pas, mais le premier devra être remplacé par la partie réelle d'une constante imaginaire, dont le carré, ajouté au carré du second coefficient, donnera pour somme le carré de la caractéristique du rayon réfracté. Le coefficient de $\sqrt{-1}$ dans la même constante sera, au signe près, le coefficient de la coordonnée mesurée sur la normale à la surface réfléchissante dans l'exposant du module du mouvement réfracté. Quant à l'indice de réfraction, il ne sera autre chose que la racine carrée positive de la somme des carrés des coefficients des deux coordonnées comprises dans l'argument du mouvement réfracté. Ces principes une fois établis, on reconnaîtra sans peine que l'indice de réfraction sera sensiblement constant, c'est-à-dire sensiblement indépendant de l'angle d'incidence, si le module du mouvement réfracté conserve un exposant très petit, et reste en conséquence peu différent de l'unité lorsqu'on s'éloigne de la surface réfringente à une distance comparable à l'épaisseur d'une onde plane, c'est-à-dire, en d'autres termes, si la lumière n'est pas sensiblement absorbée par une tranche du second milieu qui offre une épaisseur de même ordre que la longueur d'une ondulation lumineuse. Donc alors la loi de réfraction, donnée par Descartes, ne sera pas assez altérée pour que l'altération puisse être indiquée par une expérience directe ayant pour objet de constater la direction du rayon réfracté. Toutefois l'indice de réfraction, devenu variable, pourra se déduire par le calcul des expériences qui seraient relatives à l'absorption de la lumière. Le même indice se déduirait au contraire, comme nous le verrons plus tard, des expériences faites sur le rayon réfléchi, si la lumière, en pénétrant dans le second milieu, était sensiblement absorbée par une tranche d'une épaisseur comparable à l'épaisseur d'une onde plane. Alors aussi la loi de réfraction de Descartes se trouverait sensiblement modifiée, comme le prouve le calcul, et comme on peut aisément le prévoir à l'aide des remarques suivantes.

Il arrive souvent que le second milieu joue le rôle tantôt d'un corps transparent et tantôt d'un corps opaque, suivant la valeur plus ou moins considérable de l'angle d'incidence. Supposons en effet qu'un rayon incident, qui forme avec la normale à la surface réfléchissante un angle très petit, s'éloigne de cette normale en se réfractant, et se propage dans le second milieu sans s'affaiblir sensiblement à une distance finie de la surface. L'angle d'incidence sera inférieur à l'angle de réfraction, et l'indice de réfraction, inférieur lui-même à l'unité, aura pour mesure le rapport entre la caractéristique du rayon réfracté et la caractéristique du rayon incident. Or, ces deux caractéristiques, ne dépendant que des durées des vibrations moléculaires dans les deux milieux supposés isophanes, seront entre elles dans un rapport constant, quelle que soit l'incidence; et si l'angle d'incidence vient à varier, l'indice de réfraction restera invariable tant qu'il aura ce rapport pour mesure, ou, ce qui revient au même, tant que le second milieu jouera le rôle d'un corps transparent. Mais, l'angle d'incidence croissant de plus en plus, l'angle de réfraction, qui le surpassera toujours, atteindra sa limite, ou l'angle droit, avant que l'angle d'incidence ait atteint la sienne, et lorsque ce dernier angle se transformera en ce qu'on appelle l'*angle de réflexion totale*. Si l'angle d'incidence devient supérieur à l'angle de réflexion totale, le second milieu jouera le rôle d'un corps opaque, ce qui n'empêchera pas les ondes planes de se propager dans ce second milieu; seulement elles se réfracteront de manière que le mouvement soit insensible à une distance finie de la surface réfléchissante, et il est clair que la direction du rayon réfracté ne pourra plus être déterminée par la règle de Descartes, qui donnerait alors un sinus de réfraction supérieur à l'unité. Il suit d'ailleurs des principes ci-dessus établis que, dans ce cas particulier, le sinus de réfraction restera équivalent à l'unité, et l'angle de réfraction à un angle droit, pour toutes les incidences. Donc, lorsque l'angle d'incidence surpassera l'angle de réflexion totale, les plans des ondes réfractées resteront toujours perpendiculaires à la surface réfléchissante, et l'indice de réfraction, égal au sinus de l'angle d'incidence, sera variable avec cet angle.

Nous venons d'examiner quelle influence l'absorption de la lumière peut avoir, dans les corps isophanes, sur la direction du rayon réfracté. Quant à la direction du rayon réfléchi, ou plutôt des ondes réfléchies, elle reste, dans les corps isophanes, indépendante de leur pouvoir absorbant. Car, le rayon réfléchi offrant alors la même caractéristique que le rayon incident, il est aisé d'en conclure que l'angle de réflexion équivaut toujours à l'angle d'incidence.

Quant aux milieux qui absorbent la lumière sans être isophanes, ils possèdent généralement, aussi bien que les corps transparents mais non isophanes, la propriété de doubler les rayons lumineux par la réflexion intérieure ou par la réfraction, et peuvent en conséquence être encore désignés sous le nom de milieux *doublement réfringents*. Quelquefois, des deux rayons réfléchis ou réfractés, l'un est absorbé beaucoûp plus promptement que l'autre et s'éteint à une petite distance de la surface réfléchissante ou réfringente.

27.

C. R., t. VIII, p. 114 (28 janvier 1839). — Suite.

D'après ce qui a été dit précédemment, la caractéristique d'un rayon simple dans un milieu diaphane ne dépendra point de la direction de ce rayon, mais seulement de la nature de la couleur, et, si le rayon se propage sans s'affaiblir d'une manière sensible, sa caractéristique ne sera autre chose que le rapport du nombre 2π à l'épaisseur d'une onde plane. Supposons que, pour une épaisseur donnée, on ait mesuré cette caractéristique dans le vide. Si l'on substitue au vide un milieu isophane quelconque, elle variera dans un certain rapport qui sera réel ou imaginaire, suivant que le milieu isophane sera ou ne sera pas transparent. Cela posé, le coefficient réel ou imaginaire par lequel on devra multiplier la caractéristique mesurée dans le vide, pour obtenir la caractéristique mesurée dans le milieu isophane donné, sera ce que nous appellerons le *coefficient caractéristique* relatif à ce milieu. Si le milieu isophane est transparent, le coefficient caractéristique ne différera pas de l'indice de réfraction du rayon que l'on ferait passer du vide dans ce milieu sous une incidence quelconque. Mais, si le milieu isophane donné absorbe de la lumière, le coefficient caractéristique deviendra imaginaire et sa partie réelle représentera l'indice de réfraction d'un rayon passant du vide dans ce milieu sous l'incidence perpendiculaire, tandis que sa partie imaginaire sera le produit de $\sqrt{-1}$ par le demi-diamètre d'une circonférence représentée, au signe près, par le logarithme népérien du rapport suivant lequel diminue l'amplitude des vibrations moléculaires quand on s'enfonce dans le milieu isophane en parcourant, dans la direction de ce rayon, une distance équivalente à la longueur d'une ondulation mesurée dans le vide.

Au reste, en généralisant la définition du *coefficient caractéristique*, on peut désigner sous ce nom le coefficient par lequel il faudra multiplier la caractéristique d'un rayon, mesurée dans un milieu isophane donné, pour obtenir la caractéristique d'un rayon de la même couleur dans un autre milieu. Il est d'ailleurs naturel d'appliquer à l'argument et au module du coefficient caractéristique ainsi défini les noms d'*argument caractéristique* et de *module caractéristique*.

Revenons à la considération des rayons réfléchis et réfractés par la surface de séparation de deux milieux. Nous avons déjà recherché le nombre, la direction de ces rayons et l'influence que peut exercer sur cette direction le pouvoir absorbant des milieux dont il s'agit. Recherchons maintenant comment la réflexion et la réfraction modifient, d'une part l'amplitude des vibrations lumineuses, d'autre part le mode de polarisation d'un rayon simple, particulièrement dans le cas où les milieux donnés sont isophanes, et où le premier de ces milieux est transparent.

Le rayon incident étant, par hypothèse, un rayon simple qui se propage dans un milieu isophane et transparent, pourra être censé résulter de la superposition de deux autres rayons qui seraient polarisés en ligne droite, le premier perpendiculairement au plan d'incidence, le second suivant ce même plan. Si l'on prend la normale à la surface réfléchissante pour l'un des axes coordonnés, et le plan d'incidence pour l'un des plans coordonnés, le premier des rayons composants se trouvera complètement caractérisé par les déplacements des molécules mesurés dans le plan d'incidence et parallèlement aux axes coordonnés que renfermera ce plan, tandis que le second des rayons composants se trouvera caractérisé par les déplacements des molécules mesurés perpendiculairement au plan d'incidence, ou, ce qui revient au même, parallèlement au troisième axe. Or, si le second milieu est isophane, comme le premier, les deux espèces de déplacements dont il s'agit, c'est-à-dire les déplacements mesurés, les uns dans le plan d'incidence, les autres perpendiculairement à ce plan, se trouveront séparés dans les équations générales des mouvements infiniment petits auxquels se réduiront les vibrations lumineuses de chacun des milieux donnés, et il est naturel de penser, comme le calcul d'ailleurs nous l'indique, qu'alors aussi les déplacements des deux espèces se trouveront encore séparés dans les équations de condition relatives à la surface réfléchissante ou réfringente. Donc alors les deux rayons simples qui pourront être censés produire par leur superposition le rayon incident, et qui seront polarisés, le premier perpendiculairement au plan d'incidence, le second suivant ce même plan, se trouveront réfléchis et réfractés indépendamment l'un de l'autre. Il est d'ailleurs important d'observer que le rayon polarisé perpendiculairement au plan d'incidence, et par suite renfermé dans ce plan, peut être indifféremment caractérisé, avant ou après la réflexion, ou même après la réfraction, si le second milieu est transparent, soit par les déplacements des molécules mesurés parallèlement aux deux axes coordonnés que renferme le plan d'incidence, soit par les déplacements absolus des molécules mesurés dans ce même plan sur des droites perpendiculaires à la direction du rayon lumineux.

De ce qu'on vient de dire il résulte que, pour découvrir les lois générales suivant lesquelles un rayon simple peut être réfléchi ou réfracté par la surface de séparation de deux milieux isophanes, dont le premier est transparent, il suffira de rechercher les lois particulières de la réflexion et de la réfraction d'un rayon simple polarisé, ou perpendiculairement au plan d'incidence, ou suivant ce même plan. Alors aussi, dans le rayon réfléchi, et même dans le rayon réfracté, lorsque le second milieu sera transparent, nous pourrons nous borner à considérer les déplacements absolus des molécules qui seront mesurés, pour chaque rayon, dans le plan d'incidence ou perpendiculairement à ce plan, mais toujours sur des droites perpendiculaires à la direction du rayon. Enfin, pour rendre le langage plus précis, lorsque les rayons incident, réfléchi et réfracté seront polarisés perpendiculairement au plan d'incidence, ou, ce qui revient au même, renfermés dans ce plan, nous appellerons, pour chaque rayon, nœuds de première espèce, ceux qui précéderont des molécules déplacées dans un sens tel qu'en vertu de leur déplacement elles se trouvent plus rapprochées du second milieu, ou transportées plus avant dans son intérieur. Lorsqu'au contraire les rayons incident, réfléchi et réfracté seront polarisés suivant le plan d'incidence, c'est-à-dire, en d'autres termes, lorsque les vibrations des molécules seront perpendiculaires à ce plan, nous appellerons, pour chaque rayon, nœuds de première espèce ceux qui précéderont des molécules déplacées par rapport au plan d'incidence d'un côté déterminé, par exemple, du côté où se comptent positivement les coordonnées perpendiculaires au plan dont il s'agit. Quand nous disons ici qu'un nœud précède certaines molécules, cela veut dire qu'il est situé sur la direction primitive du rayon lumineux, de manière à s'éloigner de ces molécules en vertu de son mouvement de translation dû à la vitesse de propagation de la lumière

Observons encore que, dans l'hypothèse admise, le déplacement absolu d'une molécule située sur le rayon incident, ou réfléchi, ou réfracté par un milieu transparent, aura pour expression le produit d'un facteur variable par une constante réelle, le facteur variable étant le cosinus de l'angle qu'on obtient en ajoutant un certain paramètre angulaire à ce qu'on peut nommer l'*argument* du rayon que l'on considère, c'est-à-dire, à l'argument du mouvement simple qui répond à ce rayon. Or la constante et le paramètre angulaire, dont il est ici question, changent de valeurs dans le passage du rayon incident au rayon réfléchi ou réfracté; et, pour établir les lois suivant lesquelles ce changement de valeurs s'effectue, ce qu'il y a de plus commode, c'est de recourir de nouveau à la considération des variables imaginaires dont les déplacements des molécules représentent les parties réelles.

En Analyse, on appelle *expression symbolique*, ou symbole, toute combinaison de signes algébriques qui ne signifie rien par elle-même, ou à laquelle on attribue une valeur différente de celle qu'elle doit naturellement avoir. On nomme de même *équations symboliques* toutes celles qui, prises à la lettre et interprétées d'après les conventions généralement établies, sont inexactes ou n'ont pas de sens, mais desquelles on peut déduire des résultats exacts, en modifiant ou altérant, selon des règles fixes, ou ces équations elles-mêmes, ou les quantités qu'elles renferment. L'emploi des équations symboliques est souvent un moyen de simplifier les calculs et d'écrire sous une forme abrégée des résultats assez compliqués en apparence. D'ailleurs c'est évidemment parmi les expressions ou équations symboliques que doivent être rangées les expressions ou équations imaginaires et, comme nous en avons fait ailleurs la remarque (voyez l'*Analyse algébrique*, Chap. VII), toute équation imaginaire n'est que la représentation symbolique de deux équations entre quantités réelles. Cela posé, lorsque, dans les équations linéaires qui représentent les mouvements infiniment petits d'un système de points matériels, on remplacera les déplacements des molécules, mesurés parallèlement aux axes coordonnés, par des variables imaginaires dont ces déplacements seront les parties réelles, les nouvelles équations que l'on obtiendra devront être naturellement appelées les *équations symboliques* des mouvements infiniment petits du système, et les variables imaginaires dont il s'agit pourront elles-mêmes être appelées les expressions symboliques des déplacements moléculaires ou, pour plus de brièveté, les *déplacements symboliques* des molécules. Pareillement, les *équations symboliques de condition*, relatives à la surface de séparation de deux systèmes de molécules, seront ce que deviennent les équations de condition relatives à cette surface, quand on y remplace les déplacements effectifs des molécules par leurs déplacements symboliques. Enfin on devra interpréter dans le même sens le mot *symbolique* appliqué comme épithète, soit aux déplacements des molécules d'éther dans un rayon simple de lumière, soit aux équations différentielles ou finies d'un semblable rayon.

Ces définitions étant admises, considérons en particulier un rayon simple, polarisé rectilignement et propagé dans un milieu isophane. Nommons d'ailleurs *déviation* le déplacement absolu de la molécule éthérée qui correspond à un point donné du rayon, ce déplacement étant mesuré à partir de la position initiale de la molécule, et pris avec le signe + ou avec le signe − suivant que la molécule déplacée se trouve située d'un côté ou de l'autre par rapport à la direction primitive de ce rayon. Les déviations de toutes les molécules seront mesurées sur des droites parallèles entre elles et toujours perpendiculaires, si le milieu isophane est transparent, à la direction du rayon lumineux. De plus, la *déviation symbolique* d'une molécule d'éther dans le rayon donné, c'est-à-dire la variable imaginaire dont la déviation de cette molécule représentera la partie réelle, se trouvera exprimée par une exponentielle imaginaire qui aura pour base la base même des logarithmes népériens, et pour exposant une fonction linéaire des coordonnées et du temps. Enfin, la partie de cet exposant qui renfermera les coordonnées sera proportionnelle, si le milieu isophane est transparent, à la distance qui sépare la molécule du second plan invariable, c'est-à-dire du plan fixe mené par l'origine des coordonnées parallèlement aux plans des ondes, et se réduira, au signe près, au produit de cette distance par $\sqrt{-1}$ et par la caractéristique du rayon lumineux. Cela posé, dans tout milieu isophane et transparent, la déviation symbolique d'une molécule d'éther, comprise dans un rayon plan, sera tellement liée avec la position initiale de la molécule que, si l'on mesure sur la direction de ce rayon, et dans le sens de la vitesse de propagation des ondes planes, une longueur déterminée, le rapport entre les déviations symboliques des molécules primitivement situées à l'extrémité de cette longueur, et à son origine, aura pour logarithme népérien, ou le produit de la longueur elle-même par $\sqrt{-1}$ et par la caractéristique du rayon lumineux, ou ce produit pris en signe contraire. Donc, pour obtenir la seconde de ces déviations symboliques, il suffira de multiplier la première par un coefficient imaginaire qui ait pour base la base même des logarithmes népériens et pour exposant le produit dont il s'agit pris avec son signe ou avec le signe opposé. D'ailleurs, on n'aura point à changer le signe de ce produit si l'on suppose, comme on peut toujours le faire, que, dans l'exposant de l'exponentielle imaginaire qui représente la déviation symbolique d'une molécule, le terme proportionnel au temps offre pour coefficient le produit de $\sqrt{-1}$ par une quantité négative. Nous adopterons cette supposition et, en conséquence, le coefficient symbolique par lequel on devra multiplier la déviation symbolique d'une molécule, en un point donné d'un rayon plan, pour obtenir la déviation symbolique en un autre point, sera une exponentielle qui aura pour base la base même des logarithmes népériens, l'exposant étant le produit de $\sqrt{-1}$ par la caractéristique du rayon plan et par la distance du premier point au second, prise avec le signe $+$ ou le signe $-$, suivant que l'on devra, pour passer de l'un à l'autre, marcher dans le sens suivant lequel est dirigée la vitesse de propagation des ondes planes, ou dans le sens opposé.

Au reste, toutes les fois qu'un rayon simple se propagera dans un milieu isophane et transparent, si l'on mesure les déplacements des molécules parallèlement aux axes coordonnés, ou même parallèlement à un axe fixe quelconque, les déplacements symboliques correspondants seront, d'après ce qu'on a dit au commencement de cette seconde Partie, respectivement égaux aux produits de constantes imaginaires par l'exponentielle qui aura pour base la base même des logarithmes népériens, et pour exposant le produit de $\sqrt{-1}$ par l'argument du rayon simple. Ajoutons que la constante imaginaire correspondante à un axe fixe donné sera elle-même le produit de la demi-amplitude d'une vibration mesurée parallèlement à cet axe par une autre exponentielle qu'on obtient en substituant dans la première à l'argument du rayon simple un paramètre angulaire constant. Lorsque le rayon simple est polarisé rectilignement, et que l'axe fixe donné est parallèle aux droites suivant lesquelles s'effectuent les vibrations absolues des molécules, le déplacement symbolique d'une molécule se réduit à ce que nous avons appelé la *déviation symbolique*.

Il nous reste maintenant à montrer comment les déplacements symboliques et les déviations symboliques se modifient lorsqu'un rayon plan tombe sur la surface réfléchissante ou réfringente qui sépare un premier milieu isophane et transparent d'un autre milieu supposé isophane, et quelle simplicité la considération des déplacements et déviations symboliques apporte généralement dans les calculs qui servent à établir les lois des phénomènes de polarisation produits par la réflexion ou la réfraction de la lumière.

28.

C. R., t. VIII, p. 146 (4 février 1839). — Suite.

Comme nous l'avons déjà remarqué, les équations de condition relatives à la surface réfléchissante ou réfringente doivent se réduire, pour des mouvements infiniment petits du fluide éthéré, à des équations linéaires, en sorte que chaque membre de ces équations soit une fonction linéaire des déplacements moléculaires calculés pour le premier ou pour le second milieu, et de leurs dérivées prises par rapport à une ou plusieurs des variables indépendantes. D'ailleurs, dans ces mêmes équations, le déplacement d'une molécule, calculé comme si cette molécule était intérieure au premier milieu, et mesuré parallèlement à l'un des axes coordonnés, sera la somme des déplacements mesurés parallèlement au même axe dans les rayons incident et réfléchi; mais le déplacement d'une molécule, calculé comme si cette molécule était intérieure au second milieu, sera simplement celui que le calcul donne pour le rayon réfracté. Cela posé, il est clair : 1° que, dans la théorie de la lumière, les équations symboliques de condition, relatives à la surface réfléchissante ou réfringente, seront linéaires par rapport aux déplacements symboliques des molécules et à leurs dérivées; 2° que ces déplacements symboliques se réduiront d'une part à la somme des déplacements symboliques des molécules, déterminés successivement pour le rayon incident et le rayon réfléchi, d'autre part au déplacement symbolique des molécules dans le rayon réfracté.

Observons maintenant que, si le rayon incident est un rayon simple, les déplacements symboliques des molécules, mesurés parallèlement aux trois axes coordonnés, dans le rayon incident ou réfléchi ou réfracté, seront les produits de trois constantes imaginaires par une seule exponentielle imaginaire dont l'exposant sera une fonction linéaire des variables indépendantes sans terme constant. Donc alors, pour obtenir la dérivée de l'un de ces déplacements symboliques, différentié une ou plusieurs fois par rapport à une ou plusieurs des variables indépendantes, il suffira de le multiplier une ou plusieurs fois par le coefficient ou les coefficients de ces variables dans l'exposant dont il s'agit. Par suite, si le rayon incident est un rayon simple, chaque membre des équations symboliques de condition, relatives à la surface réfléchissante ou réfringente, pourra être réduit à une fonction linéaire des déplacements symboliques des molécules dans les rayons incident, réfléchi et réfracté, chaque terme de la fonction linéaire étant proportionnel à l'un des déplacements symboliques qui pourra s'y trouver multiplié une ou plusieurs fois par un ou plusieurs des coefficients des variables indépendantes dans l'exposant de l'exponentielle imaginaire que renferme ce même déplacement. D'ailleurs, comme on l'a vu, cette exponentielle conserve la même valeur en un point quelconque de la surface réfléchissante, quand on passe du rayon incident au rayon réfléchi ou réfracté; elle représente donc un facteur commun à tous les termes compris dans les équations de condition symboliques, et celles-ci pourront être réduites, par la suppression de ce facteur commun, à des équations linéaires entre les constantes imaginaires par lesquelles la même exponentielle se trouvait multipliée dans les déplacements symboliques des molécules. Ces nouvelles équations linéaires sont précisément celles qui devront servir à déterminer les valeurs des constantes imaginaires dont nous venons de parler pour le rayon réfléchi et pour le rayon réfracté, quand elles seront connues pour le rayon incident. Ces constantes imaginaires étant ainsi déterminées pour le rayon réfléchi ou réfracté, si on les multiplie par la valeur générale de l'exponentielle imaginaire qui répond à ce rayon, on obtiendra immédiatement pour le même rayon les déplacements symboliques et, par suite, les déplacements effectifs des molécules mesurés parallèlement aux trois axes coordonnés.

De ce qu'on vient de dire il semble résulter, au premier abord, qu'on aurait besoin de six équations symboliques de condition pour déterminer les six constantes imaginaires correspondantes d'une part aux deux rayons réfléchi et réfracté, d'autre part aux trois déplacements moléculaires mesurés dans chacun de ces rayons parallèlement aux trois axes coordonnés. Mais on doit observer que, pour chaque rayon simple propagé dans un milieu isophane et transparent, il existe toujours entre ces trois déplacements une équation linéaire. Cette équation est celle qui exprime que les vibrations des molécules s'effectuent dans des plans perpendiculaires à la direction du rayon, et par conséquent celle que l'on forme en égalant à zéro la somme des trois déplacements respectivement multipliés par les coefficients des coordonnées dans l'argument du rayon simple. On pourra d'ailleurs, dans cette équation, remplacer les trois déplacements effectifs d'une molécule, mesurés parallèlement aux axes coordonnés, par ses déplacements symboliques, ou même par les trois constantes imaginaires qui entrent comme facteurs dans les déplacements symboliques avec l'exponentielle imaginaire qui caractérise le rayon simple. Ajoutons que l'équation symbolique ainsi obtenue pourra être étendue au cas même où le milieu isophane cesserait d'être transparent, si dans cette équation on substitue généralement aux coefficients réels des coordonnées, pris dans l'argument du rayon simple, les coefficients imaginaires des coordonnées pris dans l'exposant de l'exponentielle imaginaire qui caractérise ce rayon. Cela posé, comme des trois constantes imaginaires relatives au rayon réfléchi ou au rayon réfracté, l'une pourra toujours être exprimée en fonction linéaire des deux autres, on n'aura plus à déterminer pour ces deux rayons que quatre constantes imaginaires, et pour y parvenir, il suffira des quatre équations symboliques de condition relatives à la surface réfléchissante.

Si les milieux donnés cessaient d'être isophanes, on obtiendrait, au lieu d'un rayon réfléchi et d'un rayon réfracté, deux rayons réfléchis et deux rayons réfractés, correspondants à douze constantes imaginaires. Mais alors aussi les trois constantes imaginaires relatives à chaque rayon seraient proportionnelles l'une à l'autre, et leurs rapports se déduiraient immédiatement de la direction même du rayon, supposée connue, ou plutôt de la direction des plans des ondes, comme il arrive pour les milieux transparents, mais non isophanes, et par conséquent doués de la double réfraction, puisqu'en effet, dans ces milieux, le mode de polarisation d'un rayon dépend uniquement de la direction des plans des ondes. Donc encore, dans le cas dont il s'agit, sur les douze constantes imaginaires correspondantes aux quatre rayons réfléchis et réfractés, il en restera seulement quatre à déterminer à l'aide des équations de condition symboliques relatives à la surface réfléchissante. Donc, dans tous les cas, le nombre de ces dernières équations, de celles du moins qui seront nécessaires à la détermination des constantes imaginaires, sera de quatre seulement.

Revenons au cas spécial où les milieux donnés sont isophanes, le rayon incident étant d'ailleurs un rayon simple. Si l'on considère ce rayon simple comme résultant de la superposition de deux autres rayons polarisés en ligne droite, l'un perpendiculairement au plan d'incidence, l'autre suivant ce même plan, les deux rayons composants se trouveront, ainsi qu'on l'a dit plus haut, réfléchi et réfracté indépendamment l'un de l'autre. Concevons d'ailleurs que l'on prenne pour un des axes coordonnés la normale à la surface réfléchissante, et pour un des plans coordonnés le plan d'incidence; des quatre équations de condition deux se rapporteront à la réflexion et à la réfraction du rayon polarisé perpendiculairement au plan d'incidence, les deux autres à la réflexion et à la réfraction du rayon polarisé suivant ce même plan. Ces deux dernières renfermeront trois constantes imaginaires relatives à trois rayons incident, réfléchi, réfracté, tous trois polarisés suivant le plan d'incidence, et détermineront les rapports de ces trois constantes. Au contraire, les deux premières équations symboliques de condition contiendront six constantes imaginaires correspondantes aux rayons incident, réfléchi, réfracté qui seront polarisés perpendiculairement au plan d'incidence, ou, en d'autres termes, renfermés dans ce plan. Mais alors les deux constantes imaginaires, correspondantes à chaque rayon, seront liées entre elles par une équation linéaire qu'on obtiendra en égalant à zéro la somme de ces deux constantes respectivement multipliées par les coefficients des coordonnées, mesurées suivant le plan d'incidence, dans l'exposant de l'exponentielle imaginaire à laquelle les déplacements symboliques des molécules sont proportionnels. Donc, entre les six constantes imaginaires dont il s'agit, on aura en tout cinq équations qui suffiront encore pour déterminer les rapports de ces constantes. Dans l'un et l'autre calcul, le rapport suivant lequel varie la constante imaginaire correspondante à l'un des axes coordonnés, quand on passe du rayon incident au rayon réfléchi ou réfracté, est aussi le rapport suivant lequel varie, dans ce passage, le déplacement symbolique relatif à cet axe, en un point quelconque de la surface réfléchissante

Il est bon d'observer que, dans chacun des rayons polarisés suivant le plan d'incidence, les déplacements des molécules, mesurés perpendiculairement au même plan, représentent, au signe près, les déplacements absolus de ces molécules, et peuvent être censés se confondre avec leurs déviations. Donc, par suite, dans ces rayons, les déviations symboliques ne différeront pas des déplacements symboliques. Quant aux rayons polarisés perpendiculairement au plan d'incidence, et par conséquent renfermés dans ce plan, chacun d'eux se composera de molécules dont les déplacements absolus ne seront généralement dirigés suivant aucun des axes coordonnés compris dans le plan d'incidence. Mais, si le milieu dans lequel un semblable rayon se propage est transparent, le déplacement absolu d'une molécule et par suite sa déviation se réduiront, au signe près, au quotient qu'on obtient quand on divise le déplacement mesuré suivant une normale à la surface réfléchissante par le sinus de l'angle aigu compris entre la normale et le rayon. Il y a plus; la déviation sera précisément égale au quotient dont il s'agit, si le déplacement mesuré sur une normale à la surface réfléchissante et la déviation elle-même se comptent positivement pour toute molécule qui, en s'éloignant de sa position initiale, se rapproche du second milieu, ou pénètre plus avant dans son intérieur. Cette convention étant admise, la déviation symbolique, pour un rayon incident, ou réfléchi, ou réfracté, polarisé perpendiculairement au plan d'incidence, mais propagé dans un milieu transparent, sera le quotient qu'on obtient quand on divise par le sinus d'incidence, ou par le sinus de réflexion, ou par le sinus de réfraction le déplacement symbolique dont la partie réelle est le déplacement mesuré suivant une normale à la surface réfléchissante. Donc, lorsqu'en un point quelconque de cette surface on passera, d'un rayon incident et renfermé dans le plan d'incidence, au rayon réfléchi ou réfracté, en supposant que ce dernier est propagé dans un milieu transparent, alors, non seulement le déplacement symbolique dont il s'agit variera en chaque point de la surface réfléchissante, dans un rapport déterminé par les équations de condition ci-dessus mentionnées, mais de plus la déviation symbolique variera dans un second rapport qui sera le produit du premier par l'indice de réflexion ou de réfraction.

En résumé, les équations symboliques de condition, relatives à la surface réfléchissante, fourniront le moyen de déterminer le rapport suivant lequel la réflexion ou la réfraction fera varier la déviation symbolique des molécules dans un rayon polarisé perpendiculairement au plan d'incidence ou suivant ce même plan, c'est-à-dire, en d'autres termes, le coefficient imaginaire par lequel on devra, en chaque point de la surface réfléchissante, multiplier la déviation symbolique d'une molécule considérée comme comprise dans le rayon incident, pour obtenir la déviation symbolique de la même molécule considérée comme comprise dans le rayon réfléchi ou réfracté, en supposant d'ailleurs que ce dernier rayon se propage dans un milieu transparent. Le coefficient imaginaire dont il s'agit ici est ce que nous appellerons désormais le *coefficient de réflexion* ou le *coefficient de réfraction*, et, d'après ce qui a été dit ci-dessus, il dépendra uniquement des coefficients des variables indépendantes dans les exposants des exponentielles imaginaires auxquelles les déplacements symboliques des molécules sont proportionnels. Il n'y a point d'exception à faire à cet égard pour les rayons renfermés dans le plan d'incidence, attendu que l'indice de réflexion ou de réfraction est précisément le rapport suivant lequel varie le coefficient de l'une des coordonnées quand on passe du rayon incident au rayon réfléchi ou réfracté, en supposant que celui-ci se propage comme le premier dans un milieu transparent. Ajoutons qu'en vertu de l'hypothèse admise sur la disposition des axes et des plans coordonnés, les coefficients des coordonnées dans les exponentielles imaginaires pourront être facilement exprimés en fonctions de l'angle d'incidence et des caractéristiques des rayons incident et réfracté. En effet, l'un des axes étant perpendiculaire au plan d'incidence, la coordonnée mesurée suivant cet axe disparaîtra des exponentielles imaginaires où son exposant sera réduit à zéro, et par suite les coefficients des deux autres coordonnées, dans l'exponentielle imaginaire correspondante au rayon incident, ou réfléchi, ou réfracté, fourniront des carrés dont la somme, prise en signe contraire, offrira pour racine carrée la caractéristique de ce même rayon. Il sera donc facile de calculer un de ces deux coefficients quand on connaîtra l'autre et la caractéristique. D'ailleurs le coefficient de la coordonnée mesurée sur la droite d'intersection du plan d'incidence et de la surface réfléchissante restera le même pour les trois rayons, et sera équivalent au produit qu'on obtient quand on multiplie le sinus d'incidence par la caractéristique du rayon incident et par $\sqrt{-1}$. Enfin, le premier milieu étant par hypothèse isophane et transparent, les rayons incident et réfléchi offriront la même caractéristique. Quant au coefficient du temps, il conservera la même valeur dans les exposants des trois expenentielles imaginaires, relatives aux trois rayons incident, réfléchi, réfracté; et il sera équivalent, au signe près, au produit de $\sqrt{-1}$ par le rapport du nombre 2π à la durée d'une vibration moléculaire.

Observons encore qu'en vertu de l'égalité supposée des caractéristiques des rayons incident et réfléchi, les coefficients de la coordonnée perpendiculaire à la surface réfléchissante, dans les exponentielles imaginaires relatives à ces deux rayons, seront, au signe près, égaux entre eux, le premier étant le produit de la caractéristique du rayon incident par le cosinus de l'angle d'incidence et par $\sqrt{-1}$. Donc, en définitive, les coefficients des coordonnées, dans les exposants des exponentielles imaginaires correspondantes aux rayons incident, réfléchi et réfracté pourront être réduits à trois, savoir : au coefficient unique de la coordonnée mesurée sur la droite d'intersection du plan d'incidence et de la surface réfléchissante, au coefficient de la coordonnée perpendiculaire à cette surface dans le rayon incident, et au coefficient de la même coordonnée dans le rayon réfracté. Ce dernier coefficient, qui dépendra des caractéristiques des rayons incident et réfracté, offrira généralement une partie réelle si la caractéristique du rayon réfracté devient imaginaire, ou si, cette caractéristique étant réelle, mais inférieure à celle du rayon incident, le sinus d'incidence surpasse le rapport de l'une à l'autre. Alors le second milieu sera opaque, ou du moins il jouera le rôle d'un corps opaque, et le mouvement réfracté, en pénétrant dans l'intérieur du second milieu, s'affaiblira par degrés, de manière à devenir insensible à une distance plus ou moins considérable de la surface réfringente.

Les caractéristiques des rayons incident et réfléchi dépendent de la nature des milieux isophanes dans lesquels on suppose que ces deux rayons se propagent. Cette nature étant donnée, avec la durée des vibrations moléculaires, ou, ce qui revient au même, avec la couleur des rayons, les coefficients de réflexion et de réfraction, pour un rayon polarisé ou perpendiculairement au plan d'incidence, ou suivant ce même plan, varieront avec l'angle d'incidence. Mais ils resteront indépendants de l'amplitude des vibrations moléculaires dans le rayon incident et de la position de ses nœuds. Voyons, d'après ce principe, comment cette amplitude et cette position varient quand on passe du rayon incident au rayon réfléchi ou réfracté.

De même qu'on appelle *logarithmes népériens* les logarithmes pris dans le système dont la base est le nombre $e = 2,7182818, \ldots$, de même il est naturel d'appeler *exponentielles népériennes* celles qui ont pour base ce même nombre. Or, parmi ces exponentielles, on doit surtout distinguer celles dans lesquelles la partie réelle de l'exposant s'évanouit. En effet, dans une semblable exponentielle, considérée comme expression imaginaire, le module se réduit à l'unité, tandis que la partie réelle et le coefficient de $\sqrt{-1}$ se réduisent à deux lignes trigonométriques, savoir : au cosinus et au sinus de l'argument. Pour cette raison, nous désignerons les exponentielles népériennes dans lesquelles la partie réelle de l'exposant s'évanouira, sous le nom d'*exponentielles trigonométriques*. Cela posé, étant donnés le *module* et l'*argument* d'un mouvement simple ou d'un rayon simple, l'exponentielle imaginaire qui caractérisera ce mouvement ou ce rayon, et qui offrira pour exposant une fonction linéaire mais imaginaire des variables indépendantes sans terme constant, se réduira toujours au produit du module par l'exponentielle trigonométrique dont l'argument sera celui du mouvement simple ou du rayon simple. La dernière exponentielle exprimera donc la valeur de la première si le module se réduit à l'unité, ce qui arrivera, par exemple, lorsqu'un rayon simple se propagera dans un milieu transparent. Alors aussi la constante imaginaire par laquelle on devra multiplier l'exponentielle dont il s'agit, pour obtenir le déplacement d'une molécule, mesuré parallèlement à un axe fixe, ne sera autre chose que le produit de la demi-amplitude des vibrations parallèles à cet axe par l'exponentielle trigonométrique qui offrira pour argument le paramètre angulaire. Enfin, si, en considérant un rayon simple, réfléchi ou réfracté par la surface de séparation de deux milieux isophanes, et en supposant ce rayon polarisé, ou perpendiculairement au plan d'incidence, ou suivant ce plan, on nomme *modules* et *arguments de réflexion* et *de réfraction* les modules et les arguments du coefficient de réflexion et du coefficient de réfraction, chacun de ces derniers coefficients ne sera autre chose que le produit du module de réflexion ou de réfraction par l'exponentielle trigonométrique correspondante à l'argument de réflexion ou de réfraction. Or, pour multiplier une expression imaginaire par une autre, il suffit de multiplier le module de la première par le module de la seconde et d'ajouter à l'argument de la première l'argument de la seconde. Donc, puisque, dans le passage du rayon incident au rayon réfléchi ou réfracté, la déviation symbolique d'une molécule, et par suite la constante imaginaire qui entrera comme facteur dans cette déviation, varieront dans un rapport égal au coefficient de réflexion ou de réfraction, il est clair que, dans ce passage, la demi-amplitude des vibrations moléculaires variera dans un rapport représenté par le module de réflexion ou de réfraction, tandis que le paramètre angulaire se trouvera augmenté de l'argument de réflexion ou de réfraction. D'ailleurs, dans un rayon simple polarisé en ligne droite et propagé dans un milieu transparent, l'angle, dont le paramètre angulaire représente le complément, a pour mesure le produit de la caractéristique par la distance qui au premier instant sépare du second plan invariable un des nœuds de ce rayon; et si, à un instant donné, le paramètre angulaire se trouve tout à coup augmenté ou diminué d'une quantité donnée, chaque nœud se trouvera immédiatement déplacé et transporté, en arrière ou en avant de la position qu'il occupait, à une distance représentée par le rapport entre l'augmentation ou la diminution du paramètre angulaire et la caractéristique. Donc, lorsqu'on fait tomber sur la surface de séparation de deux milieux isophanes un rayon polarisé, ou perpendiculairement au plan d'incidence, ou suivant ce plan, et que le rayon réfléchi ou réfracté se propage sans s'affaiblir, la réflexion ou la réfraction du rayon incident produit en général les deux effets que nous allons énoncer : 1° *tandis que le rayon incident se transforme en rayon réfléchi ou en rayon réfracté, les demi-amplitudes,* et par suite *les amplitudes des vibrations moléculaires, varient dans un rapport égal au module de réflexion ou de réfraction;* 2° *chaque nœud, à l'instant même où, en vertu de son mouvement de propagation, il atteint la surface réfléchissante, se trouve déplacé et transporté, sur le rayon réfléchi ou réfracté, en arrière ou en avant de la position qu'il occupait, à une distance représentée, au signe près, par le rapport entre l'argument de réflexion et la caractéristique du rayon réfléchi, ou entre l'argument de réfraction et la caractéristique du rayon réfracté; savoir : en arrière, si l'argument dont il s'agit est positif, et en avant, si cet argument devient négatif.* D'ailleurs, ces deux effets, pour une couleur donnée, et pour des milieux isophanes donnés, dépendront uniquement de l'angle d'incidence, et resteront, ainsi que les coefficients, les arguments et les modules de réflexion ou de réfraction, indépendants de l'amplitude des vibrations moléculaires dans le rayon incident et de la position des nœuds dans ce même rayon.

Il importe d'observer que l'argument de toute expression imaginaire peut être réduit à une quantité négative dont la valeur numérique ne surpasse pas la circonférence, par conséquent à un angle renfermé entre les limites -2π et zéro. Or, si l'on suppose, comme on peut toujours le faire, l'argument de réflexion ou de réfraction compris entre ces limites, le rapport de cet argument à la caractéristique du rayon réfléchi ou réfracté ne sera autre chose que la distance comprise entre un nœud qui, dans le rayon incident, atteint à un instant donné la surface réfléchissante, et le nœud de même espèce qui, au même instant, se trouve situé en avant du premier, le plus près possible de la surface, sur la direction du rayon réfléchi ou réfracté.

Si le rayon incident était polarisé elliptiquement, ou circulairement, ou rectilignement, mais suivant un plan quelconque, on pourrait le regarder comme résultant de la superposition de deux rayons polarisés l'un perpendiculairement au plan d'incidence, l'autre suivant ce même plan; et alors *la réflexion ou la réfraction aurait pour effet :* 1° *de faire varier le rapport entre les amplitudes des vibrations moléculaires, dans les deux rayons composants, proportionnellement au rapport entre les modules de réflexion ou de réfraction correspondants à ces deux rayons;* 2° *d'éloigner ou de rapprocher les nœuds de première espèce de l'un, des nœuds de première espèce de l'autre, le déplacement relatif des nœuds de même espèce dans les deux rayons étant, au signe près, le rapport entre la différence de leurs arguments et la caractéristique des rayons réfléchis ou réfractés.* Si, avant ou après la réflexion ou la réfraction, les nœuds de première espèce de l'un des rayons composants coïncident avec les nœuds de première ou de seconde espèce de l'autre, le rayon résultant sera polarisé en ligne droite, *et l'inclinaison du plan de polarisation sur le plan d'incidence*, c'est-à-dire, l'angle aigu compris entre les deux plans, *aura pour tangente trigonométrique le rapport entre les amplitudes des vibrations moléculaires dans les deux rayons polarisés, l'un perpendiculairement au plan d'incidence, l'autre suivant ce plan.* D'ailleurs *le plan de polarisation du rayon résultant sera situé d'un côté ou de l'autre du plan d'incidence, suivant que la superposition des rayons composants fera coïncider, avec les nœuds de première espèce de l'un, les nœuds de première ou de seconde espèce de l'autre.* Si l'un des rayons composants offre des nœuds séparés de ceux de l'autre, le rayon résultant sera polarisé circulairement ou elliptiquement; *il sera polarisé circulairement, si les vibrations moléculaires présentent les mêmes amplitudes dans les deux rayons composants, et si d'ailleurs les nœuds de l'un se trouvent séparés de ceux de l'autre par des distances égales au quart de la longueur d'une ondulation.* Mais, si la séparation des nœuds existe, sans que les deux conditions ici énoncées se trouvent remplies, le rayon résultant sera doué de la *polarisation elliptique.* Au reste, dans ce dernier cas, *il pourra toujours être considéré comme résultant de la superposition de deux rayons simples, polarisés en ligne droite suivant deux plans rectangulaires entre eux, et tellement choisis que les nœuds des deux nouveaux rayons se trouvent encore séparés par des distances égales au quart de la longueur d'une ondulation.* Seulement ces nouveaux rayons, dont aucun pour l'ordinaire ne sera polarisé suivant le plan d'incidence, offriront des vibrations moléculaires dont les amplitudes seront inégales.

29.

C. R., t. VIII, p. 189 (11 février 1839). — Suite.

Suivant le langage adopté par les auteurs qui, dans la théorie de la lumière, admettent le système des ondulations, la *phase* d'un rayon simple, polarisé en ligne droite et propagé dans un milieu transparent, n'est autre chose que l'angle variable dont le cosinus représente le rapport entre la déviation d'une molécule éthérée et l'amplitude des vibrations moléculaires (¹). Quelquefois la même expression est employée dans un sens plus général et, lorsque, dans un rayon simple doué de la polarisation rectiligne, ou circulaire, ou elliptique, les déplacements moléculaires sont mesurés parallèlement à un axe fixe donné, on appelle encore *phase* l'angle variable dont le cosinus entre comme facteur dans le déplacement d'une molécule et représente le rapport de ce déplacement à la demi-amplitude des vibrations mesurée parallèlement à l'axe fixe. Si le rayon simple cessait de se propager dans un milieu transparent, alors, pour obtenir la phase, c'est-à-dire l'angle variable dont le cosinus est renfermé dans l'expression d'un déplacement moléculaire, ou plutôt ce cosinus même, il faudrait diviser le déplacement, non plus seulement par la demi-amplitude des vibrations moléculaires, mais par cette demi-amplitude et par le module du rayon simple. Cela posé, il est clair que, pour un rayon simple donné, la partie variable de la phase, représentée par une fonction linéaire du temps et des coordonnées sans terme constant, sera ce que nous avons

(¹) D'après cette définition, pour obtenir à un instant donné la phase du rayon simple en un point donné, par conséquent la phase correspondante à une molécule donnée, il suffira de construire une circonférence de cercle qui ait pour diamètre l'amplitude des vibrations exécutées par cette molécule, et de chercher l'angle que forme la moitié de ce diamètre, située du côté où l'on mesure les déviations positives, avec le rayon dont l'extrémité se projette sur le même diamètre dans le point où se trouve la molécule à l'instant que l'on considère; en d'autres termes, il suffira de chercher la *distance angulaire* de la molécule donnée à un point matériel qui se mouvrait sur la circonférence dont il s'agit avec une vitesse constante, et dont la projection sur le diamètre coïnciderait avec la molécule elle-même.

appelé l'*argument* du rayon simple, par conséquent une quantité indépendante de la direction de l'axe fixe que l'on considère. Mais la phase elle-même, équivalente à la somme qu'on obtient quand à l'argument du rayon simple on ajoute le paramètre angulaire, dépendra généralement, ainsi que ce paramètre, de la direction de l'axe fixe, et n'en deviendra indépendante que dans le cas où ce rayon serait polarisé rectilignement. Comme le cosinus d'un angle ne se trouve point altéré quand on fait croître ou diminuer cet angle d'une quantité équivalente à un multiple du nombre 2π, un paramètre angulaire, aussi bien qu'une phase, pourra toujours être sans inconvénient augmenté ou diminué d'un semblable multiple, et pourra se réduire en conséquence à un angle renfermé entre les limites $-\pi$, $+\pi$. Si un rayon simple quelconque, propagé dans un milieu isophane et transparent, est considéré comme résultant de la superposition de deux autres rayons polarisés, l'un suivant un plan fixe, l'autre perpendiculairement à ce plan, les deux rayons composants offriront en général deux phases distinctes. La différence de ces deux phases a été désignée elle-même par quelques auteurs sous le nom de *phase;* mais, pour éviter toute équivoque, nous l'appellerons l'*anomalie* du rayon résultant. Cette anomalie, comme chacune des phases, peut être sans inconvénient augmentée ou diminuée d'un multiple du nombre 2π, et par suite elle peut être réduite à zéro ou au nombre π, lorsque le rayon résultant est polarisé rectilignement; à $\frac{1}{2}\pi$, ou à $-\frac{1}{2}\pi$, c'est-à-dire à un angle droit, abstraction faite du signe, lorsque ce rayon est doué de la polarisation circulaire; mais, lorsqu'il est polarisé elliptiquement, elle varie avec la direction du plan fixe que l'on considère. Concevons d'ailleurs que, dans chacun des deux rayons composants, on nomme nœuds de première espèce ceux qui précèdent des molécules dont les déplacements sont représentés par des quantités positives. Alors le rapport de l'anomalie à la caractéristique représentera, au signe près, la distance entre un nœud de l'un des rayons composants et un nœud de même espèce de l'autre; et, faire croître ou diminuer l'anomalie d'un multiple de 2π, ce sera faire croître ou diminuer cette distance d'une ou de plusieurs épaisseurs d'ondes; ce qui revient à remplacer, pour l'un des deux rayons composants, un nœud d'espèce donnée par un autre nœud de même espèce. Alors aussi, quand le rayon résultant sera polarisé en ligne droite, l'anomalie pourra être réduite à zéro ou au nombre π, suivant qu'un nœud donné de l'un des rayons composants viendra se placer sur un nœud de même espèce, ou sur un nœud d'espèce différente, appartenant à l'autre.

On appelle souvent *azimut* l'angle formé par un plan variable avec un plan fixe, par exemple, en Astronomie, l'angle formé avec le méridien d'un lieu par le plan d'un cercle vertical; et l'on se sert de la même expression dans la théorie de la lumière quand on se propose d'indiquer, pour un rayon incident, réfléchi ou réfracté, la position du plan de polarisation à l'égard du plan d'incidence. Nous conformant encore sur ce point à l'usage établi, lorsqu'un rayon simple, propagé dans un milieu isophane et transparent, sera polarisé en ligne droite, nous appellerons *azimut de ce rayon* l'angle aigu formé par le plan qui le renferme avec un plan fixe, par exemple avec le plan d'incidence, de réflexion ou de réfraction, s'il s'agit d'un rayon incident, réfléchi ou réfracté; et pareillement nous appellerons *azimut du plan de polarisation* l'angle aigu formé par ce dernier plan avec le plan fixe (1). Si d'ailleurs le plan fixe passe, comme nous le supposerons généralement, par la direction du rayon simple, et si ce rayon est considéré comme résultant de la superposition de deux autres polarisés, l'un suivant le plan fixe, l'autre perpendiculairement à ce plan, l'azimut du rayon résultant et l'azimut de son plan de polarisation seront simplement les deux angles complémentaires l'un de l'autre qui auront pour tangentes trigonométriques les rapports direct et inverse des amplitudes des vibrations moléculaires dans les deux rayons composants. Si le rayon simple donné cessait d'être polarisé rectilignement, rien n'empêcherait d'ap-

(1) L'*azimut*, en Astronomie, est un angle tantôt aigu, tantôt obtus. Mais, dans la théorie de la lumière, il paraît utile, pour éviter tout embarras, de réduire l'azimut d'un rayon simple et de son plan de polarisation à des angles aigus et positifs, tels que sont les angles d'incidence, de réflexion et de réfraction.

peler encore *azimut de ce rayon* l'azimut qu'on obtiendrait dans le cas où, après l'avoir décomposé en deux rayons partiels polarisés l'un suivant le plan fixe, l'autre perpendiculairement à ce plan, on parviendrait, comme on peut le faire à l'aide de certains procédés que nous indiquerons plus tard, à replacer les nœuds de l'un des rayons composants sur les nœuds de l'autre, sans changer les amplitudes. Ainsi défini, l'azimut d'un rayon simple sera toujours l'angle qui a pour tangente trigonométrique le rapport entre les amplitudes des vibrations moléculaires du rayon composant, polarisé suivant le plan fixe, et du rayon polarisé perpendiculairement à ce plan. Cela posé, lorsque le rayon résultant sera doué de la polarisation circulaire, son azimut sera de 45°, quelle que soit d'ailleurs la direction du plan fixe auquel il se rapporte. Mais, si le rayon résultant est doué de la polarisation elliptique, l'azimut dépendra de la position du plan fixe et changera de valeur avec cette position en même temps que l'anomalie.

Les conventions que nous venons d'admettre fournissent le moyen de simplifier les énoncés de plusieurs propositions ci-dessus établies. Ainsi, en particulier, si un rayon simple, réfléchi ou réfracté par la surface de séparation de deux milieux isophanes, se propage sans s'affaiblir, les effets de la réflexion ou de la réfraction pourront s'énoncer comme il suit : 1° *la tangente et la cotangente de l'azimut relatif au plan d'incidence varieront proportionnellement aux rapports direct et inverse entre les modules de réflexion ou de réfraction des rayons composants qui seraient polarisés, l'un suivant le plan d'incidence, l'autre perpendiculairement à ce plan;* 2° *l'anomalie sera augmentée d'un angle égal, au signe près, à la différence entre leurs arguments de réflexion ou de réfraction.*

Parmi les diverses valeurs que peuvent acquérir l'anomalie et l'azimut d'un rayon réfléchi ou réfracté sous une incidence donnée, on doit surtout distinguer ce que nous appellerons spécialement l'*anomalie* et l'*azimut de réflexion et de réfraction,* savoir l'anomalie et l'azimut qu'on obtient, pour le rayon réfléchi ou réfracté, quand le rayon incident est un rayon plan, polarisé à 45° du plan d'incidence, de telle sorte que son azimut soit la moitié d'un angle droit. Comme dans ce cas particulier l'anomalie du rayon incident peut être censée se réduire à zéro, et la tangente de son azimut à l'unité, on conclura immédiatement de la proposition ci-dessus exprimée : 1° que *l'azimut de réflexion ou de réfraction a pour tangente et cotangente le rapport direct et le rapport inverse des modules de réflexion ou de réfraction correspondants à deux rayons incidents qui seraient polarisés, l'un suivant le plan d'incidence, l'autre perpendiculairement à ce plan;* 2° que *l'anomalie de réflexion ou de réfraction est égale, au signe près, à la différence entre les arguments de réflexion ou de réfraction relatifs à ces mêmes rayons.*

De cette dernière proposition, jointe à la précédente, on déduit immédiatement celle que nous allons énoncer.

Lorsqu'un rayon polarisé elliptiquement, ou circulairement, ou rectilignement, après avoir été réfléchi ou réfracté par la surface de séparation de deux milieux isophanes, se propage sans s'affaiblir, 1° *l'azimut du rayon réfléchi ou réfracté est le produit qu'on obtient quand on multiplie la tangente de l'azimut du rayon incident par la tangente de l'azimut de réflexion ou de réfraction;* 2° *l'anomalie du rayon réfléchi ou réfracté est la somme qu'on obtient quand on ajoute à l'anomalie du rayon incident l'anomalie de réflexion ou de réfraction.*

Il est maintenant facile de prévoir ce qui arrivera si un rayon simple, après avoir été réfléchi ou réfracté plusieurs fois de suite par des surfaces dont chacune sépare l'un de l'autre deux milieux isophanes, se propage sans s'affaiblir. En effet, concevons d'abord que les divers plans de réflexion ou de réfraction coïncident avec le premier plan d'incidence. Dans ce cas, les deux rayons partiels, dont la superposition pourra être censée produire le rayon incident, et qui seront polarisés, l'un suivant le premier plan d'incidence, l'autre perpendiculairement à ce plan, se trouveront toujours réfléchis et réfractés indépendamment l'un de l'autre. Or, à chaque réflexion ou réfraction nouvelle, la tangente de l'azimut du rayon déjà obtenu variera proportionnellement à la tangente de l'azimut de réflexion ou de réfraction, tandis que l'anomalie de réflexion ou de réfraction viendra s'ajouter à l'anomalie de ce même rayon. Donc, en définitive, *l'azimut du dernier rayon réfléchi ou réfracté aura pour tangente trigonométrique le produit qu'on obtient en multipliant la tangente de l'azimut du rayon incident par les tangentes de tous les azimuts de réflexion ou de réfraction; et d'autre part l'anomalie du dernier rayon réfléchi ou réfracté sera la somme qu'on obtient en ajoutant à l'anomalie du rayon incident toutes les anomalies de réflexion ou de réfraction.* Si le rayon simple donné est plusieurs fois réfléchi ou réfracté sous la même incidence, il y aura égalité entre les divers azimuts de réflexion ou de réfraction, par conséquent entre leurs tangentes trigonométriques, aussi bien qu'entre les diverses anomalies de réflexion ou de réfraction. Donc alors *les valeurs successivement acquises par la tangente de l'azimut du rayon simple formeront une progression géométrique, tandis que les valeurs successivement acquises par son anomalie formeront une progression arithmétique.* Enfin, si le rayon incident est un rayon plan et polarisé à 45° du plan d'incidence, la progression arithmétique aura zéro pour premier terme, tandis que la progression géométrique aura pour premier terme l'unité; de sorte que les anomalies des divers rayons seront proportionnelles aux logarithmes des tangentes des azimuts correspondants, et pourront même leur devenir égales, si l'on choisit convenablement la base du système de logarithmes.

Lorsque la somme des anomalies de réflexion ou de réfraction sera, au signe près, un multiple de la demi-circonférence, c'est-à-dire du nombre π, le rayon incident et le dernier rayon réfléchi ou réfracté pourront être censés offrir ou la même anomalie, ou deux anomalies dont la différence sera le nombre π, suivant que le multiple en question sera le produit de la demi-circonférence par un nombre pair ou par un nombre impair. Dans les deux cas, si le rayon incident est polarisé en ligne droite, on pourra en dire autant du dernier rayon réfléchi ou réfracté. Seulement les deux plans de polarisation seront situés, par rapport au plan d'incidence, de deux côtés opposés dans le premier cas, et du même côté dans le second. Tel sera en particulier l'effet de plusieurs réflexions ou de plusieurs réfractions effectuées sous la même incidence, si cette incidence est telle que le rapport entre l'anomalie principale correspondante et la demi-circonférence se trouve représenté, au signe près, par une fraction rationnelle, et si d'ailleurs le nombre des réflexions ou réfractions successives se réduit au dénominateur n de cette fraction ou à un multiple de n. Alors le plan de polarisation du dernier rayon réfléchi ou réfracté se trouvera situé, par rapport au plan d'incidence, du même côté que le plan de polarisation du rayon incident, ou du côté opposé, suivant que le nombre des réflexions sera équivalent à l'un des nombres

$$2n,\ 4n,\ 6n,\ \ldots,$$

ou à l'un des nombres

$$n,\ 3n,\ 5n,\ \ldots.$$

Lorsque, le rayon incident étant polarisé rectilignement et réfléchi ou réfracté plusieurs fois de suite, la somme des anomalies de réflexion ou de réfraction surpasse d'un angle droit un multiple du nombre π, l'anomalie du dernier rayon réfléchi ou réfracté peut être réduite à $-\frac{1}{2}\pi$, ou à $+\frac{1}{2}\pi$, par conséquent à celle d'un rayon polarisé circulairement. Mais alors, pour que le dernier rayon réfléchi ou réfracté offre effectivement la polarisation circulaire, il est nécessaire que son azimut soit équivalent à la moitié d'un angle droit, et la tangente de cet azimut à l'unité. C'est ce qui arrivera si, en faisant tourner le rayon incident sur lui-même, on amène son plan de polarisation dans une position telle que *la cotangente de l'azimut d'incidence soit équivalente au produit des tangentes de tous les azimuts de réflexion ou de réfraction*. D'après cette règle, le rayon incident devra être polarisé à 45° du plan d'incidence si chaque azimut de réflexion ou de réfraction se réduit à 45°, ce qui a lieu, par exemple, dans toute réflexion opérée par une surface intérieure d'un prisme ou d'une plaque de verre sous une incidence plus grande que l'angle de réflexion totale. Ajoutons que la somme des anomalies de réflexion ou de réfraction surpassera d'un angle droit, conformément à l'hypothèse admise, un multiple du nombre π, si plusieurs réflexions ou réfractions successives s'effectuent sous une même incidence tellement choisie que le rapport entre l'anomalie de réflexion ou de réfraction et la demi-circonférence se trouve représenté, au signe près, par une fraction rationnelle de dénominateur pair, et si d'ailleurs le nombre des réflexions ou réfractions se réduit à la moitié n du dénominateur $2n$ de cette fraction, ou à un multiple impair de n. Si, les autres données restant les mêmes, le nombre des réflexions ou réfractions successives devenait un multiple impair de n, le dernier rayon réfléchi ou réfracté aurait pour anomalie non plus $-\frac{1}{2}\pi$ ou $+\frac{1}{2}\pi$, mais zéro ou π, et serait en conséquence un rayon polarisé rectilignement.

Observons encore que *toute série de réflexions ou de réfractions propre à transformer un rayon plan en un rayon polarisé circulairement, ou du moins en un rayon dont l'anomalie puisse être réduite à* $-\frac{1}{2}\pi$ *ou à* $+\frac{1}{2}\pi$, *transformera au contraire un rayon incident, dont l'anomalie serait* $-\frac{1}{2}\pi$ *ou* $+\frac{1}{2}\pi$, *en un rayon plan*. Pareillement, *toute série de réflexions ou de réfractions propre à transformer un rayon plan en un rayon dont l'anomalie serait un angle donné, transformera au contraire un rayon incident dont l'anomalie serait, ou cet angle pris en signe contraire, ou le supplément de cet angle, en un rayon doué de la polarisation rectiligne*. D'ailleurs, l'azimut de ce dernier rayon sera le même que celui du rayon incident, si chaque azimut de réflexion ou de réfraction est de 45°, comme il arrive quand chaque réflexion est opérée par une surface intérieure d'un prisme ou d'une plaque de verre sous une incidence plus grande que l'angle de réflexion totale. Donc alors le dernier rayon réfléchi ou réfracté sera précisément ce que deviendrait le rayon incident si, après l'avoir décomposé en deux rayons partiels, polarisés, l'un suivant le plan d'incidence, l'autre perpendiculairement à ce plan, on parvenait à replacer tout à coup les nœuds de l'un des rayons composants sur les nœuds de l'autre, sans changer les amplitudes des vibrations moléculaires.

Lorsque chaque azimut de réflexion ou de réfraction est, non pas égal, mais supérieur à l'unité, alors, si le nombre des réflexions ou des réfractions devient de plus en plus considérable, les azimuts des rayons successivement obtenus croîtront sans cesse et indéfiniment, de sorte que, *après un grand nombre de réflexions ou de réfractions, le dernier rayon réfléchi ou réfracté sera sensiblement polarisé dans le plan d'incidence.*

Afin d'établir, dans le langage, une distinction entre les points situés de part et d'autre d'un plan d'incidence, nous concevrons qu'un spectateur, ayant les pieds posés sur la surface réfléchissante ou réfringente et s'appuyant dans le premier milieu contre la normale à cette surface, regarde le rayon réfléchi. Les points situés à la droite ou à la gauche de ce spectateur sont précisément ceux que nous dirons situés *à droite* ou *à gauche du plan d'incidence.* Nous dirons encore que l'azimut d'un rayon polarisé en ligne droite se compte, à droite ou à gauche de ce plan, suivant que le plan du rayon passera, dans le premier milieu, à la droite ou à la gauche du plan d'incidence. Enfin nous prendrons zéro pour l'anomalie d'un rayon doué de la polarisation rectiligne, et dont l'azimut se compterait à droite du plan d'incidence; d'où il résulte que l'anomalie d'un rayon doué de la polarisation rectiligne, mais dont l'azimut se compterait à gauche du plan d'incidence, sera réductible au nombre π. Quant à l'azimut d'un rayon dont la polarisation ne serait pas rectiligne, mais circulaire ou elliptique, rien ne détermine le sens dans lequel il devra se compter à partir du plan d'incidence. Car, après avoir décomposé ce rayon en deux autres polarisés, l'un suivant le plan d'incidence, l'autre perpendiculairement à ce plan, on peut concevoir qu'un nœud de l'un des rayons composants soit replacé sur un nœud de même espèce de l'autre, ou sur un nœud d'espèce différente, sans que les amplitudes soient altérées, et, dans les deux cas, le nouveau rayon résultant, qui sera doué de la polarisation rectiligne, offrira le même azimut, compté tantôt à droite, tantôt à gauche du plan d'incidence (¹).

(¹) Un extrait qui, d'après l'ordre chronologique, devrait être inséré à cette place, sous le n° 30, est reporté au n° 31, afin de ne pas interrompre le cours du présent Mémoire. Des transpositions analogues seront faites chaque fois que l'ordre des matières l'exigera.

(*Note des Éditeurs.*)

30.

C. R., t. VIII, p. 272 (25 février 1839). — Suite.

Jusqu'à présent nous avons supposé que les divers plans de réflexion et de réfraction se confondaient avec le plan d'incidence. Pour être en état de calculer ce qui arrive dans la supposition contraire, il suffit de rechercher quelles variations subissent l'anomalie et l'azimut d'un rayon simple quand le plan à partir duquel se comptait l'azimut vient à tourner. On y parvient aisément à l'aide des considérations suivantes :

Observons d'abord que *si, dans un rayon plan, les déplacements sont mesurés parallèlement à un axe fixe, l'amplitude des vibrations parallèles à cet axe sera évidemment la projection sur le même axe de l'amplitude du rayon*, c'est-à-dire de l'amplitude *maximum*, mesurée sur la droite que décrit une molécule.

Si, au lieu d'un rayon plan, on considère, dans un milieu isophane et transparent, un rayon doué de la polarisation circulaire, l'amplitude mesurée parallèlement à un diamètre du cercle que décrit une molécule sera ce diamètre même; et, si l'on décompose le rayon donné en deux autres polarisés, l'un suivant un plan fixe, l'autre perpendiculairement à ce plan, les phases des rayons composants seront deux angles dont la différence, équivalente à l'anomalie, pourra être réduite, abstraction faite du signe, à un angle droit. Si l'on choisit le sens suivant lequel se compteront dans le plan fixe les déplacements positifs, de manière que la différence dont il s'agit soit négative, les cosinus des deux phases se réduiront au sinus et au cosinus de la seconde. D'ailleurs les cosinus des deux phases, ayant pour expressions les rapports qu'on obtient quand on divise, par le déplacement absolu d'une molécule, ses déplacements mesurés perpendiculairement et parallèlement au plan fixe, se réduiront encore au sinus et au cosinus de l'angle que forme avec le plan fixe le rayon vecteur mené à la molécule ou, ce qui revient au même, le rayon du cercle qu'elle décrit. Donc ce dernier angle pourra être censé se confondre avec la seconde phase. On pourrait le supposer équivalent à la même phase prise en signe contraire, si l'on n'avait pas choisi convenablement le sens suivant lequel se comptent, dans le plan fixe, les déplacements positifs. En résumé, *lorsqu'un rayon doué de la polarisation circulaire sera décomposé en deux autres, polarisés rectilignement suivant deux plans rectangulaires entre eux, chacun des rayons composants aura pour phase un angle que l'on pourra supposer équivalent, au signe près, à l'angle compris entre le plan qui renferme ce rayon et le rayon du cercle décrit par une molécule*. D'ailleurs, la phase d'un rayon plan, étant une fonction linéaire du temps, varie de quantités égales en temps égaux. On pourra donc en dire autant de l'angle formé avec un plan fixe par le rayon du cercle que décrit une molécule dans le phénomène de la polarisation circulaire. Donc, *dans un rayon polarisé circulairement, chaque molécule se meut, sur le cercle qu'elle parcourt, avec une vitesse constante, de sorte que l'angle et l'aire décrits par le rayon vecteur mené du centre du cercle à la molécule sont proportionnels au temps que le rayon vecteur emploie à les décrire*.

Observons encore qu'à un rayon plan donné on peut toujours en superposer un autre qui offre la même amplitude de vibrations, avec une phase équivalente à la phase du premier augmentée ou diminuée d'un angle droit, et obtenir ainsi un rayon résultant doué de la polarisation circulaire. Donc, en vertu de ce qui précède, *la phase d'un rayon plan peut être censée se confondre avec l'angle compris entre le plan du rayon et la direction du déplacement absolu d'une molécule dans un rayon doué de la polarisation circulaire résultant de la superposition de deux rayons polarisés en ligne droite dont les plans de polarisation seraient perpendiculaires entre eux et dont l'un serait précisément le rayon donné*.

Considérons maintenant, dans un milieu isophane et transparent, un rayon doué de la polarisation elliptique, et concevons qu'on le décompose encore en deux autres, polarisés en ligne droite, l'un suivant un plan fixe, l'autre perpendiculairement à ce plan. Si le plan fixe renferme l'un des axes de l'ellipse décrite par une molécule, l'anomalie ou la différence entre les phases des rayons composants pourra être censée se réduire, au signe près, à un angle droit. En effet, les déplacements d'une molécule étant mesurés parallèlement aux deux axes de l'ellipse décrite, l'un de ces déplacements s'évanouira, et l'autre atteindra sa plus grande valeur numérique au moment où la molécule passera par un sommet de l'un des axes. Donc, en ce moment, les cosinus des deux phases auront pour valeurs numériques zéro et 1, et les phases elles-mêmes pourront être réduites, l'une à zéro ou à π, l'autre à $\pm \frac{\pi}{2}$. Donc alors la différence des phases, ou l'anomalie, sera égale, au signe près, à $\frac{\pi}{2}$.

Ainsi, *dans un rayon doué de la polarisation elliptique, il suffit de faire passer le plan fixe, à partir duquel se compte l'azimut, par un des axes de l'ellipse que décrit une molécule, pour que l'anomalie se réduise, au signe près, à* $\frac{\pi}{2}$, c'est-à-dire *à un angle droit.*

Lorsqu'un rayon doué de la polarisation elliptique est décomposé en deux autres polarisés suivant deux plans rectangulaires entre eux, et que ces deux plans renferment les axes de l'ellipse décrite par une molécule, les deux derniers rayons deviennent ce que nous appellerons les *rayons composants principaux*, leurs plans, leurs phases et leurs amplitudes étant les *plans principaux*, les *phases principales* et les *amplitudes principales*. L'azimut relatif à l'un des deux plans dont il s'agit sera encore désigné sous le nom d'*azimut principal*. Cela posé, il est clair : 1° *que la différence des phases principales sera égale, au signe près, à un angle droit;* 2° *que les amplitudes principales se réduiront aux deux axes de l'ellipse décrite par une molécule;* 3° *que les azimuts principaux auront pour tangentes trigonométriques les rapports direct et inverse des amplitudes principales.*

Lorsque les plans des rayons composants ne renferment point les axes de l'ellipse décrite, ils offrent du moins pour traces, sur le plan de cette ellipse, deux diamètres perpendiculaires l'un à l'autre; dans tous les cas, les amplitudes des rayons composants se réduisent aux deux côtés du rectangle circonscrit à l'ellipse, et que chacun des deux diamètres divise en parties symétriques. D'ailleurs il est facile de s'assurer : 1° que les côtés de tout rectangle circonscrit à une ellipse ont pour limite supérieure le grand axe et pour limite inférieure le petit axe de l'ellipse; 2° que la somme des carrés de ces côtés, ou le carré de la diagonale, est constante et égale à la somme des carrés des deux axes. Donc, dans un rayon doué de la polarisation elliptique, les amplitudes maximum et minimum sont celles qui se mesurent parallèlement au grand axe et au petit axe de l'ellipse que décrit une molécule, c'est-à-dire les amplitudes principales; de plus, lorsqu'un semblable rayon est décomposé en deux autres polarisés suivant deux plans rectangulaires entre eux, les amplitudes des rayons composants fournissent des carrés dont la somme est constamment la même que celle des carrés des amplitudes principales. La racine carrée de cette somme est ce que nous nommerons l'*amplitude quadratique* du rayon résultant : cette amplitude quadratique se confond évidemment avec l'amplitude maximum du rayon plan dans lequel se transformerait le rayon résultant si l'on parvenait, sans altérer les amplitudes des rayons composants, à replacer les nœuds de l'un sur les nœuds de l'autre.

Considérons de nouveau, dans un rayon doué de la polarisation elliptique, les rayons composants principaux, dont les plans renferment les axes de l'ellipse décrite par chaque molécule, et dont les phases peuvent être censées différer entre elles d'un angle droit. Si l'on fait varier les amplitudes de ces rayons principaux, ou seulement de l'un d'entre eux, en faisant croître, par exemple, l'amplitude principale minimum, c'est-à-dire le petit axe de l'ellipse, sans altérer les phases, la polarisation deviendra circulaire au moment où l'amplitude minimum atteindra l'amplitude maximum. Réciproquement, pour revenir de la polarisation circulaire à la polarisation elliptique, il suffira de considérer un rayon polarisé circulairement comme résultant de la superposition de deux rayons principaux dont les plans se couperaient à angle droit, et dont les amplitudes seraient égales entre elles, puis de faire décroître dans un rapport donné une seule des amplitudes principales, sans altérer les phases. Alors le cercle décrit par une molécule se transformera en une ellipse dont le grand axe sera un diamètre du cercle, et dont les ordonnées, mesurées sur des perpendiculaires à ce diamètre, seront aux ordonnées correspondantes du cercle dans le rapport donné. Il y a plus, les sommets des ordonnées correspondantes seront des points que la molécule atteindra au même instant, soit qu'elle décrive le cercle ou l'ellipse; et par suite les rayons vecteurs menés à la molécule, 1° dans l'ellipse, 2° dans le cercle, seront deux droites dont les ordonnées seront encore entre elles dans le rapport donné. On pourra même en dire autant de deux cordes correspondantes qui représenteraient dans l'ellipse, comme dans le cercle, la distance entre les positions occupées par la molécule à deux instants déterminés. D'ailleurs, lorsque les ordonnées de lignes droites ou courbes, qui servent de limites à une surface plane, décroissent dans un certain rapport, la surface elle-même décroît dans le rapport dont il s'agit. Donc le rapport du petit axe de l'ellipse au grand axe sera aussi le rapport des aires décrites par le rayon vecteur mené à une molécule dans l'ellipse et dans le cercle; et l'*aire décrite dans l'ellipse*, aussi bien que l'aire décrite dans le cercle, *sera proportionnelle au temps que le rayon vecteur emploie à décrire cette aire*. Ainsi, en particulier, la durée d'une vibration moléculaire, ou le temps que le rayon vecteur emploie pour décrire l'aire totale de l'ellipse, sera le quadruple du temps qu'il emploie à décrire le quart de cette aire, par conséquent le quadruple du temps que la molécule emploie à parcourir l'arc compris entre une extrémité du grand axe et une extrémité du petit axe. Ce n'est pas tout; lorsque la polarisation est circulaire, l'arc de cercle que parcourt une molécule dans un intervalle de temps donné et l'angle au centre correspondant sont évidemment représentés par les produits qu'on obtient quand on multiplie, d'une part la circonférence du cercle décrit, d'autre part le nombre 2π, par le rapport de cet intervalle à la durée d'une vibration moléculaire; et le triangle isocèle qui, ayant la corde de cet arc pour base, a pour sommet le centre du cercle, offre une surface dont le double a pour mesure le produit du carré du rayon par le sinus de l'angle au centre. Enfin, quand on multiplie le carré du rayon du cercle par le rapport du petit axe de l'ellipse au grand axe, qui est aussi le diamètre du cercle, on obtient pour résultat le produit des deux demi-axes. Donc, *lorsque la polarisation sera elliptique, le triangle qui aura pour sommets le centre de l'ellipse décrite par une molécule et les positions occupées par cette molécule à deux instants déterminés, offrira une surface dont le double aura pour mesure le produit des deux demi-axes par le sinus d'un angle proportionnel à l'intervalle compris entre ces deux instants.* Donc si, cet intervalle restant le même, les deux instants varient, la surface du triangle ne changera pas de valeur. Si, pour fixer les idées, on suppose l'intervalle entre les deux instants égal au quart de la durée d'une vibration moléculaire, l'arc de cercle ci-dessus mentionné se réduira au quart de la circonférence, et l'angle au centre correspondant offrira l'unité pour sinus; par conséquent, *dans un rayon doué de la polarisation elliptique, le triangle qui aura pour sommets le centre de l'ellipse décrite par une molécule, et les positions occupées par cette molécule à deux instants que sépare un intervalle égal au quart de la durée d'une vibration, offrira une surface équivalente à la moitié du rectangle construit sur les deux demi-axes de l'ellipse.*

Pour établir les propositions précédentes, nous avons remplacé un rayon doué de la polarisation elliptique par le système des rayons composants principaux. Voyons ce qui arriverait si à ce système on substituait celui de deux rayons polarisés suivant deux plans rectangulaires entre eux et dont l'un renfermerait un diamètre donné de l'ellipse décrite. Dans chacun de ces deux nouveaux rayons, comme dans tout rayon plan, le déplacement d'une molécule, mesuré sur la droite qu'elle décrit, sera le produit de deux facteurs, l'un constant, l'autre variable, dont le premier représentera la demi-amplitude des vibrations moléculaires, tandis que le second représentera le cosinus de la phase. Or le cosinus d'un angle se transforme en son sinus, au signe près, lorsque cet angle est augmenté ou diminué d'un quart de circonférence, et l'on sait que les carrés du sinus et du cosinus d'un même angle donnent pour somme l'unité. D'autre part, pour que la phase d'un rayon plan se trouve augmentée ou diminuée d'un quart de circonférence, il suffit de considérer la même molécule à deux instants séparés l'un de l'autre par un intervalle équivalent au quart de la durée d'une vibration moléculaire. Donc, *dans chaque rayon plan, les déplacements absolus d'une molécule mesurés, 1° à un instant donné, 2° à un second instant séparé du premier par le quart de la durée d'une vibration moléculaire, fourniront des carrés dont la somme sera le carré de la demi-amplitude.*

Observons maintenant que, dans la polarisation elliptique, deux instants séparés par un intervalle égal au quart de la durée d'une vibration seront ceux où une même molécule parviendra successivement à une extrémité du grand axe, puis à une extrémité du petit axe de l'ellipse qu'elle décrit. Donc celui des rayons composants dont le plan renfermera un diamètre donné de l'ellipse offrira une demi-amplitude dont le carré sera équivalent à la somme des carrés des déplacements mesurés sur ce diamètre dans ces deux instants, par conséquent à la somme des carrés des projections des deux demi-axes sur ce même diamètre. Or ces deux projections auront pour valeurs numériques les produits qu'on obtient en multipliant chaque demi-axe par le cosinus de l'angle aigu qu'il forme avec le diamètre donné; et dans ce qu'on vient de dire on peut évidemment remplacer la demi-amplitude et les demi-axes par l'amplitude et les axes mêmes. On pourra donc énoncer la proposition suivante :

Lorsqu'un rayon doué de la polarisation elliptique est décomposé en deux autres polarisés suivant deux plans rectangulaires entre eux, le carré de l'amplitude de chaque rayon composant équivaut à la somme des deux produits qu'on obtient en multipliant le carré de chaque axe de l'ellipse que décrit une molécule par le carré du cosinus de l'angle aigu que forme cet axe avec le plan de ce même rayon.

Les angles aigus formés par le diamètre donné avec les deux axes de l'ellipse étant compléments l'un de l'autre, et le carré du sinus ou du cosinus d'un angle étant la moitié de la somme et de la différence qu'on obtient lorsque l'unité est augmentée ou diminuée du cosinus de l'angle double, la proposition qui précède entraîne encore la suivante :

Lorsqu'un rayon doué de la polarisation elliptique est décomposé en deux autres polarisés suivant deux plans rectangulaires entre eux, alors, pour obtenir le carré de l'amplitude de chaque rayon composant, il suffit de former les carrés des deux axes de l'ellipse que décrit une molécule, puis d'ajouter à la demi-somme de ces carrés leur demi-différence multipliée par le cosinus du double de l'angle aigu compris entre le grand axe de l'ellipse et le plan du rayon que l'on considère.

Si l'on passe d'un rayon composant à l'autre, l'angle aigu formé par le plan du rayon avec le grand axe de l'ellipse se transformera en son complément, et le cosinus de l'angle double changera seulement de signe. Cela posé, on déduira immédiatement de la dernière proposition celle que nous allons énoncer.

Lorsqu'un rayon doué de la polarisation elliptique est décomposé en deux autres polarisés perpendiculairement à un plan fixe et suivant ce même plan, les carrés des amplitudes des rayons composants offrent pour somme la somme des carrés des axes de l'ellipse que décrit une molécule, et pour différence la différence entre les carrés du grand axe et du petit axe multipliée par le cosinus du double de l'angle aigu compris entre le grand axe et le plan fixe.

La première partie de cette proposition se confond évidemment avec un théorème déjà établi ci-dessus; et l'on peut ajouter que, le carré du déplacement absolu d'une molécule étant la somme des carrés des déplacements mesurés suivant les deux axes de l'ellipse décrite, les carrés des déplacements mesurés à deux instants divers que sépare un intervalle égal au quart de la durée d'une vibration fourniront, en vertu de ce qui a été dit plus haut, une somme constante, représentée par la somme des carrés des amplitudes principales, ou, ce qui revient au même, par le carré de l'amplitude quadratique. Cette somme ne différera donc pas de la somme des carrés des amplitudes de deux rayons composants dont les plans se coupent à angle droit.

Nous avons encore une remarque importante à faire relativement aux amplitudes mesurées parallèlement à divers axes dans un rayon doué de la polarisation elliptique. Un semblable rayon étant considéré comme résultant de la superposition de deux rayons partiels polarisés, l'un suivant un plan fixe, l'autre perpendiculairement à ce plan, à l'instant même où la phase du rayon polarisé perpendiculairement au plan fixe s'évanouira, la phase du rayon polarisé suivant le plan fixe se trouvera représentée par l'anomalie. A un second instant séparé du premier par un intervalle égal au quart de la durée d'une vibration moléculaire, les deux phases dont il s'agit se trouveront augmentées ou diminuées d'un angle droit, en sorte que le cosinus de la première se trouvera réduit à zéro, et le cosinus de la seconde au sinus de l'anomalie ou à ce sinus pris en signe contraire. Donc, à ce second instant, le déplacement absolu de la molécule se mesurera sur une perpendiculaire au plan fixe, et sera égal, abstraction faite du signe, au produit de la demi-amplitude du rayon polarisé suivant le plan fixe par le sinus de l'anomalie. Or, si l'on prend ce déplacement pour base du triangle qui a pour sommets le centre de l'ellipse décrite par une molécule et les positions occupées par cette molécule aux deux instants, la hauteur de ce triangle sera, non pas le déplacement absolu de la molécule au premier instant, mais la projection de ce déplacement sur le plan fixe, ou, en d'autres termes, la demi-amplitude du rayon renfermé dans le plan fixe, puisqu'au premier instant la phase de ce rayon se réduit à zéro et offre l'unité pour cosinus. Donc la surface de ce triangle, équivalente à la moitié du rectangle construit sur les demi-axes de l'ellipse, aura pour mesure, au signe près, la moitié du produit des demi-amplitudes des rayons composants par le sinus de l'anomalie. Donc ce dernier produit conservera constamment la même valeur numérique si la direction du plan fixe vient à changer. On peut même affirmer que dans ce cas le produit en question conservera toujours le même signe, puisque ses trois facteurs varieront par degrés insensibles avec la direction du plan fixe. Cela posé, si l'on nomme *anomalie principale* celle qui est relative au système des rayons composants principaux, et qui peut toujours se réduire, au signe près, à un angle droit, on déduira immédiatement de la remarque qu'on vient de faire la proposition suivante :

Lorsqu'un rayon doué de la polarisation elliptique est décomposé en deux autres, polarisés perpendiculairement à un plan fixe et suivant ce même plan, le produit des amplitudes des rayons composants par le sinus de l'anomalie est égal au produit des amplitudes principales par le sinus de l'anomalie principale.

Si l'on divise les amplitudes des rayons polarisés perpendiculairement au plan fixe et suivant ce plan par la racine carrée de la somme des carrés de ces deux amplitudes, ou, en d'autres termes, par l'amplitude quadratique du rayon résultant, on obtiendra évidemment pour quotients le cosinus et le sinus de l'azimut relatif au plan fixe. En conséquence, on pourra, dans les théorèmes qui précèdent, remplacer le produit des deux amplitudes par le produit de ce sinus et de ce cosinus, ou, ce qui revient au même, par la moitié du sinus du double de l'azimut, et la différence entre les carrés des deux amplitudes par la différence entre les carrés du cosinus et du sinus de l'azimut, ou, ce qui revient au même, par le cosinus de l'azimut doublé. Car opérer ainsi, revient à prendre simplement l'amplitude quadratique pour unité de longueur. Cela posé, on déduira immédiatement des théorèmes dont il s'agit la proposition suivante :

Dans un rayon doué de la polarisation elliptique, le double de l'azimut relatif à un plan fixe quelconque offre un cosinus proportionnel au cosinus du double de l'angle que forme avec le plan fixe un des axes de l'ellipse décrite par une molécule, et un sinus réciproquement proportionnel au sinus de l'anomalie.

Si l'on compare en particulier le double de l'azimut relatif à un plan fixe quelconque au double de l'azimut principal qui correspond au cas où le plan fixe passe par un des axes de l'ellipse, on obtiendra le théorème suivant :

Dans un rayon doué de la polarisation elliptique, le double de l'azimut relatif à un plan fixe, et le double d'un azimut principal, c'est-à-dire de l'azimut relatif à l'un des plans principaux, offrent des cosinus dont le rapport est le cosinus du double de l'angle aigu formé par le plan fixe avec le plan principal que l'on considère, et des sinus dont le rapport inverse est le sinus de l'anomalie relative au plan fixe, ou ce sinus pris en signe contraire, suivant que l'anomalie principale est réductible à $+\frac{\pi}{2}$ *ou à* $-\frac{\pi}{2}$.

On conclut encore aisément de ce théorème que *la cotangente de l'anomalie relative à un plan fixe est proportionnelle au sinus du double de l'angle aigu formé par le plan fixe avec l'un des plans principaux, et se réduit, au signe près, au produit de ce sinus par la cotangente du double de l'azimut principal relatif au dernier de ces plans.*

Lorsque la polarisation elliptique se transforme en polarisation circulaire, le double de chaque azimut principal est un angle droit dont le sinus se réduit à l'unité, le cosinus à zéro, et dont la cotangente devient infinie. Donc alors, en vertu des théorèmes précédents, le double de l'azimut relatif à un plan quelconque et la valeur numérique de l'anomalie doivent constamment se réduire à un angle droit; ce qui est effectivement exact. Alors aussi tout système de plans rectangulaires entre eux, et passant par la direction du rayon donné, est un système de plans principaux.

Lorsque la polarisation elliptique se transforme en polarisation rectiligne, l'amplitude minimum s'évanouit, et par suite les azimuts principaux se réduisent à zéro et à π, les plans principaux n'étant alors autre chose que le plan du rayon et son plan de polarisation. Or, dans ce cas, il résulte des théorèmes énoncés : 1° que l'azimut relatif à un plan quelconque se réduit, comme on devait s'y attendre, à l'angle compris entre ce plan et le plan du rayon; 2° que l'anomalie est constamment nulle; à moins qu'elle ne devienne indéterminée, en vertu de la disparition de l'un des rayons composants, ce qui arrive quand on fait coïncider le plan fixe à partir duquel se compte l'azimut avec l'un des plans principaux.

Au reste, les diverses propositions que nous venons d'établir ne sont pas seulement applicables à un rayon de lumière propagé dans un milieu isophane et transparent. Elles peuvent être étendues à un rayon propagé dans un milieu doublement réfringent ou dans un milieu qui absorberait la lumière. Pour s'en convaincre, il suffit de faire attention aux remarques suivantes.

Dans tout mouvement simple dont le module ne renferme pas le temps, la courbe décrite par une molécule est non seulement une courbe plane, mais de plus, comme nous l'avons déjà dit, une courbe fermée et rentrante sur elle-même. Si, dans le plan de cette courbe, on trace un axe quelconque, le déplacement de la molécule, mesuré parallèlement à l'axe dont il s'agit, sera le produit de deux facteurs dont l'un (1) se réduira sensiblement à la demi-amplitude des vibrations parallèles à cet axe, tandis que l'autre facteur sera le cosinus de l'angle dont la partie variable est l'argument du mouvement simple, la partie constante étant ce que nous appelons le *paramètre angulaire*. Cet angle étant désigné sous le nom de *phase*, si dans le plan de la courbe décrite on trace d'abord un axe fixe, puis un second axe perpendiculaire au premier, les déplacements relatifs à ces deux axes offriront généralement deux phases et deux amplitudes distinctes. La différence de la seconde phase à la première est ce que nous appellerons l'*anomalie* du mouvement simple, et l'angle aigu qui aura pour tangente le rapport de la seconde amplitude à la première sera l'*azimut* relatif à l'axe fixe. Ces définitions étant admises, les relations entre les phases, les amplitudes, l'anomalie et l'azimut, resteront évidemment les mêmes, soit que le module du mouvement simple se réduise à l'unité, soit qu'il varie avec les coordonnées. Dans l'un et l'autre cas, la courbe décrite par chaque molécule sera une ellipse qui pourra quelquefois se réduire à un cercle ou à une droite. En effet, dans l'un et l'autre cas, le sinus et le cosinus de l'argument du mouvement simple pourront être exprimés par deux fonctions linéaires des déplacements mesurés, dans le plan de la courbe, suivant deux axes rectangulaires entre eux, et en égalant à l'unité la somme des carrés de ces deux fonctions, on obtiendra pour l'équation de la courbe décrite une équa-

(1) Le premier facteur dont il est ici question sera le produit d'une constante réelle par le module du mouvement simple, et, comme ce module, il ne variera pas d'une manière sensible quad on passera d'un point de la courbe décrite par une molécule à un autre. Par suite, cette courbe, quoiqu'à la rigueur différente de l'ellipse, en différera très peu, et en parlant de mouvements infiniment petits, on pourra la supposer réduite à l'ellipse, comme nous le faisons ici.

tion du second degré, en vertu de laquelle les déplacements devront toujours conserver des valeurs finies. La seule différence entre le premier cas et le second, c'est que l'amplitude des vibrations parallèles à un axe quelconque restera invariable dans le premier cas, et variera dans le second, quand on passera d'une molécule à une autre. Il sera d'ailleurs naturel de désigner, sous le nom de *phases principales*, d'*amplitudes principales*, d'*anomalies principales* et d'*azimuts principaux*, les phases, les amplitudes, les anomalies et les azimuts qui correspondront aux axes mêmes de l'ellipse décrite par une molécule.

Comme, dans la théorie de la lumière, l'argument d'un mouvement simple est toujours indépendant du temps, il suit de ce que l'on vient de dire que la polarisation d'un rayon simple, propagé dans un milieu homogène, est toujours elliptique, circulaire ou rectiligne, lors même que ce milieu cesse d'être isophane ou transparent, et que les relations ci-dessus établies entre les phases, les amplitudes, les azimuts et les anomalies sont applicables à un rayon quelconque, pourvu que, dans les énoncés des théorèmes, on substitue généralement au système de deux plans rectangulaires, menés par la direction du rayon, le système de deux axes rectangulaires tracés dans le plan de l'ellipse décrite par une molécule, et au système des plans principaux le système des deux axes de cette ellipse.

Il est facile d'appliquer les divers théorèmes ci-dessus établis à la recherche des modifications qu'éprouve un rayon simple, quand on lui fait subir plusieurs réflexions ou réfractions successives, opérées chacune par la surface de séparation de deux milieux isophanes, dont le premier au moins est transparent. En effet, à l'aide de ces théorèmes, en supposant connus, pour chaque rayon incident, l'azimut relatif au plan d'incidence, et l'anomalie correspondante, on pourra déterminer les azimuts principaux, ainsi que les directions des plans principaux; et réciproquement, en supposant connus, pour chaque rayon réfléchi ou réfracté, les azimuts principaux, ainsi que les directions des plans principaux, on pourra déterminer, pour le même rayon, l'anomalie et l'azimut qui correspondront à un nouveau plan d'incidence. D'ailleurs, pour chaque réflexion ou réfraction, l'on saura comment l'anomalie et l'azimut, relatifs au plan d'incidence, varient dans le passage du rayon incident au rayon réfléchi ou réfracté, quand on connaîtra l'anomalie et l'azimut de réflexion ou de réfraction. Ainsi, en particulier, d'après ce qui a été dit plus haut, la variation de l'anomalie, dans le passage du rayon incident au rayon réfléchi ou réfracté, ne sera autre chose que l'anomalie de réflexion ou de réfraction.

Lorsque le rayon incident est doué de la polarisation rectiligne, alors, pour que l'un des plans principaux du rayon réfléchi coïncide avec le plan d'incidence et de réflexion, il est nécessaire que l'anomalie de réflexion puisse être censée se réduire, au signe près, à un angle droit; en d'autres termes, il est nécessaire que les coefficients de réflexion des rayons composants, polarisés, l'un suivant le plan d'incidence, l'autre perpendiculairement à ce plan, offrent un rapport dont la partie réelle s'évanouisse. Cette condition étant supposée remplie, l'azimut de réflexion est ce que devient l'azimut principal du rayon réfléchi quand on prend pour azimut du rayon incident 45°, et ce que nous nommerons en conséquence l'*azimut principal de réflexion*. L'incidence qui fournira l'azimut principal de réflexion sera nommée elle-même *incidence principale*. Si l'azimut principal de réflexion devient un angle droit, alors, quelle que soit la direction du plan de polarisation du rayon incident, l'incidence principale fournira un rayon réfléchi, *polarisé dans le plan d'incidence*. C'est ce qui arrive quand la réflexion a lieu à la surface du verre ou d'autres corps transparents, capables, comme on le dit, de polariser complètement la lumière. Alors, l'incidence principale ne diffère pas de ce qu'on a nommé l'*angle de polarisation*. Mais, si l'azimut principal, n'étant pas nul, diffère d'un angle droit, le rayon réfléchi cessera d'être un rayon plan, et, *pour obtenir la polarisation circulaire après une seule réflexion, il suffira, en faisant tourner le rayon incident sur lui-même, d'amener son plan de polarisation dans une position telle que l'azimut du rayon incident soit le complément de l'azimut de réflexion principal*. En suivant cette règle, on pourra transformer un rayon plan en un rayon doué de la polarisation circulaire, à l'aide d'une seule réflexion effectuée, sous l'incidence principale, par la surface extérieure d'un métal ou d'un corps transparent qui, comme le diamant, polarise incomplètement la lumière. Si la réflexion était opérée par la surface intérieure d'un corps transparent, il pourrait y avoir, dans certains cas, deux incidences principales, l'une inférieure, l'autre supérieure à l'angle de réflexion totale, ainsi qu'on l'expliquera plus tard. Lorsque la réflexion est opérée par la surface extérieure d'un corps opaque, et en particulier d'un métal, l'incidence principale coïncide avec ce que M. Brewster a nommé *the maximum polarising angle*, et ne doit pas être confondue avec un autre angle qui, à la vérité, en diffère souvent très peu, savoir, l'angle d'incidence pour lequel la quantité de lumière polarisée dans le plan d'incidence est la plus grande possible, et pour lequel aussi l'azimut de réflexion devient un *maximum*.

31

OPTIQUE MATHÉMATIQUE. — *Note sur les propositions établies dans le* Compte rendu *de la séance du* 11 *février* 1839.

C. R., t. VIII, p. 229 (18 février 1839).

La dernière de ces propositions, étant généralisée, peut s'énoncer comme il suit :

Lorsque chaque azimut de réflexion ou de réfraction est, non pas égal, mais supérieur ou inférieur à l'unité, alors, si le nombre des réflexions ou des réfractions devient de plus en plus considérable, les azimuts des rayons successivement obtenus croîtront ou décroîtront sans cesse et indéfiniment, de sorte que, *après un grand nombre de réflexions ou de réfractions, le dernier rayon réfléchi ou réfracté sera sensiblement polarisé dans le plan d'incidence ou perpendiculairement à ce plan.*

Au reste, cette proposition, ainsi que les précédentes, s'accorde avec les expériences des physiciens, particulièrement avec les formules et les expériences de Fresnel, relatives à la réflexion et à la réfraction opérées par la surface de séparation de deux milieux isophanes et transparents. Pour montrer une application des mêmes propositions à la réflexion opérée par des corps opaques, nous rappellerons ici quelques résultats obtenus par M. Brewster. Cet illustre physicien ayant fait réfléchir deux fois de suite, par un métal, un rayon polarisé à 45° du plan d'incidence, a mesuré l'azimut après la première et la seconde réflexion, dans le cas où elles ont lieu sous des incidences égales et tellement choisies que la seconde réflexion produise un nouveau rayon doué, comme le rayon incident, de la polarisation rectiligne. Or il résulte des propositions énoncées que, dans ce cas, la tangente de l'azimut doit acquérir, après la première et après la seconde réflexion, deux valeurs dont l'une soit la racine carrée de l'autre. D'ailleurs, en faisant successivement usage des métaux dont les noms suivent, M. Brewster a trouvé que l'azimut était :

	Après la première réflexion.	Après la seconde réflexion.
	° ′	° ′
Pour l'argent.................	42. 0	39.48
Pour le cuivre................	36.30	29. 0
Pour le mercure..............	35. 0	26. 0
Pour le métal des miroirs......	32. 0	21. 0

et les tangentes des quatre azimuts mesurés après la seconde réflexion ont pour racines carrées les tangentes des quatre angles

$$42°23', \quad 36°40', \quad 34°56', \quad 31°47',$$

qui diffèrent très peu, comme on le voit, des quatre azimuts fournis, après la première réflexion, par des expériences directes, les différences étant respectivement

$$-23', \quad -10', \quad 4', \quad 13'.$$

On doit même observer que, pour déterminer l'azimut relatif à l'argent, après la première réflexion, M. Brewster a eu recours à deux expériences distinctes, dans l'une desquelles le rayon réfléchi traversait une plaque cristallisée, propre à faire évanouir l'anomalie, sans altérer l'azimut, tandis que, dans l'autre expérience, le rayon réfléchi par le métal subissait deux nouvelles réflexions sur le verre, sous l'incidence de $54^\circ\frac{1}{2}$, par conséquent, deux réflexions capables de faire acquérir la polarisation circulaire au rayon incident, c'est-à-dire à un rayon plan et polarisé à 45° du plan d'incidence. Or, il est remarquable que les azimuts fournis par ces deux expériences se réduisent aux angles 42° et $42^\circ\frac{1}{2}$, entre lesquels se trouve compris l'angle 42°23′, déduit par le calcul de l'azimut du rayon ramené à la polarisation rectiligne par deux réflexions effectuées sous la même incidence, à la surface de l'argent.

Lorsque M. Brewster a fait usage de platine, d'acier et de plomb, il a obtenu, pour les azimuts relatifs à la première et à la seconde réflexion, des nombres qui ne s'accordent plus entre eux d'une manière aussi parfaite. En effet, il a trouvé que l'azimut d'un rayon primitivement polarisé à 45° du plan d'incidence, puis ramené, par deux réflexions effectuées sous le même angle, à la polarisation rectiligne, était :

	Après la première réflexion.	Après la seconde réflexion.
	° ′	°
Pour le platine................	34. 0	22
Pour l'acier...................	30.30	21
Pour le plomb..................	26. 0	11

Or, les tangentes des trois azimuts relatifs à la seconde réflexion ont pour racines carrées les tangentes des angles

32°26′, 28°56′, 23°48′,

et les différences de ces angles aux azimuts mesurés après la première réflexion sont respectivement

1°34′, 1°34′, 2°12′.

Quoique ces différences surpassent notablement celles qui étaient relatives aux quatre autres métaux, néanmoins elles ne sont pas assez considérables pour ne pouvoir être attribuées aux erreurs d'observation et à cette circonstance particulière que la lumière employée par M. Brewster n'était pas une lumière homogène, comme nos formules le supposent, mais une lumière blanche, composée de rayons de diverses couleurs. Nous ne saurions dire si c'est à cette dernière circonstance qu'il convient d'attribuer la différence encore plus considérable qui se rapporte à la galène, et s'élève à 6°55′, ou si cette différence tient à ce qu'il ne serait pas permis de considérer la galène comme un corps isophane. C'est une question sur laquelle il nous paraît utile d'appeler l'attention des physiciens.

32.

Physique mathématique. — *Note sur l'égalité des réfractions de deux rayons lumineux qui émanent de deux étoiles situées dans deux portions opposées de l'écliptique.*

C. R., t. VIII, p. 327 (4 mars 1839).

Il résulte d'expériences faites par M. Arago que les rayons lumineux, émanant de deux étoiles situées dans l'écliptique, l'une en avant de l'observateur et vers laquelle la Terre marche, l'autre en arrière et dont la Terre s'éloigne, subissent dans un prisme de verre la même réfraction. M. Arago a observé que, pour expliquer ce résultat dans le système de l'émission, il suffisait de supposer la vision produite dans les deux cas par des portions différentes de la radiation, pour lesquelles la vitesse de propagation serait la même, et M. Biot a paru adopter cette idée dans l'intéressant Mémoire que renferme le dernier *Compte rendu*. En réfléchissant sur ce sujet, j'ai été amené à croire qu'on pouvait hasarder une autre explication du même fait, sur laquelle il me paraît utile d'appeler l'attention des physiciens.

Par *vitesse* de la lumière on peut entendre, dans le système des ondulations, ou la *vitesse absolue* avec laquelle une onde lumineuse se déplace dans l'espace, ou la *vitesse relative* avec laquelle cette onde change de position dans la masse de fluide éthéré qu'elle traverse. Or, la seconde de ces deux vitesses sera évidemment celle qui déterminera les réfractions d'un rayon passant de l'air dans le verre, si l'on admet, comme il est naturel de le supposer, que la Terre emporte avec elle dans l'espace, non seulement son atmosphère aérienne, mais encore une masse considérable de fluide éthéré. Dans cette hypothèse, tous les phénomènes de réflexion et de réfraction observés à la surface de la Terre seront les mêmes que si la Terre perdait son mouvement de rotation diurne et son mouvement annuel de translation autour du Soleil. Ces mouvements ne pourront faire varier que la direction des plans des ondes, par conséquent la direction du rayon lumineux, en produisant, comme l'on sait, le phénomène de l'aberration.

Au reste, l'atmosphère éthérée qui entourerait la Terre dans l'hypothèse proposée, et les atmosphères semblables qui entoureraient à une grande distance le Soleil, la Lune et les autres astres, venant à se mouvoir avec ces astres mêmes, il pourrait se produire des phénomènes lumineux vers les limites de ces atmosphères, et à ces limites l'éther pourrait être mis en vibration par des mouvements semblables à ceux qu'on observe quand une trombe traverse l'air, ou quand un vaisseau vogue sur une mer tranquille. Peut-être ne serait-il pas déraisonnable d'attribuer à une semblable cause certains phénomènes lumineux, par exemple, la lumière zodiacale, les aurores boréales ou australes, la lumière des nébuleuses planétaires, ou même celle des comètes, en supposant que la lumière zodiacale dépend de la rotation du Soleil sur lui-même, et que le phénomène des aurores boréales se lie au mouvement diurne de la Terre. On concevrait alors pourquoi la lumière zodiacale paraît, à une grande distance du Soleil, s'étendre dans le plan de l'équateur solaire; et le fluide éthéré, suivant la remarque de M. Ampère, pouvant n'être autre chose que le double fluide électrique, on concevrait encore que le phénomène des aurores boréales fût intimement lié avec des phénomènes électriques et magnétiques. De plus, l'éclat des comètes devrait, conformément à l'observation, s'accroître dans le voisinage du Soleil, si le fluide éthéré devenait plus dense près de cet astre, et si l'intensité des vibrations lumineuses augmentait avec le mouvement relatif de deux masses d'éther contiguës.

Observons enfin que, si la densité de l'éther était plus considérable dans le voisinage des corps célestes, la vitesse de la lumière pourrait n'être pas la même à une grande distance de deux étoiles, et près de l'une d'entre elles.

Post-scriptum. — Une lettre adressée à M. Arago, et insérée dans les *Annales de Physique et de Chimie*, m'apprend que l'hypothèse ci-dessus proposée s'était présentée à l'esprit de Fresnel. De plus, après avoir entendu la lecture de la présente Note, M. Savary m'a dit avoir songé à déduire de la même hypothèse une grande partie des conséquences que j'ai indiquées. Mais les difficultés que l'on rencontre, quand on veut en tirer l'aberration par des calculs précis, avaient détourné l'un et l'autre de l'hypothèse dont il s'agit. Toutefois ces difficultés ne paraîtront peut-être pas suffisantes pour qu'on doive l'abandonner, surtout si l'on observe combien elle est conforme à toutes les analogies. En effet, nous voyons sans cesse les corps qui agissent les uns sur les autres se mouvoir de concert. Notre Soleil, s'il se meut dans l'espace, entraîne avec lui tout le système planétaire. Les mouvements de translation et de rotation de la Terre sont partagés par les corps qu'elle porte, par la mer qui la recouvre, comme par la masse d'air qui pèse sur elle; et il serait singulier que le fluide éthéré, sur lequel les corps solides et fluides ont une action évidente, comme le prouvent les phénomènes de la réflexion et de la réfraction, fît seul exception à cet égard.

33.

PHYSIQUE MATHÉMATIQUE. — *Méthode générale propre à fournir les équations de condition relatives aux limites des corps dans les problèmes de Physique mathématique.*

C. R., t. VIII, p. 374 (18 mars 1839).

La question que je vais traiter ici est, comme l'on sait, de la plus haute importance, puisque la solution des problèmes de Physique mathématique dépend surtout des équations relatives aux limites des corps considérés comme des systèmes de molécules. Toutefois, malgré les nombreux travaux des géomètres sur la Physique et la Mécanique, il n'existe point de méthode générale propre à conduire au but dont il s'agit. Il y a plus, dans les divers cas particuliers qui ont été traités jusqu'à ce jour, on se bornait ordinairement à faire des hypothèses plus ou moins vraisemblables sur la forme des équations aux limites, sans chercher à déduire ces mêmes équations de méthodes rigoureuses. C'est ainsi que, dans la théorie des liquides, des corps élastiques, etc., on supposait, sans le démontrer, les pressions intérieure et extérieure égales entre elles à de petites distances des surfaces qui terminaient ces corps ou ces liquides; et il ne me conviendrait nullement d'en faire un reproche aux savants géomètres qui ont traité ces matières, puisque j'en ai agi de même dans plusieurs des articles que renferment mes Exercices de Mathématiques. Toutefois on doit avouer que de semblables hypothèses n'offrent rien de satisfaisant à l'esprit; et c'est ce qui m'avait engagé, dans un Mémoire, lithographié en 1836, sur la théorie de la lumière, à proposer quelques théorèmes qui pussent servir à trouver, dans certains cas, les équations aux limites. Mais, quoique ces théorèmes m'aient effectivement fourni les conditions relatives à la surface de séparation de deux milieux isophanes, il n'était pas toujours facile de les appliquer, et ils laissaient à désirer une méthode générale et régulière qui pût embrasser les divers problèmes de la Physique moléculaire. Ayant réfléchi longtemps sur cet objet, j'ai été assez heureux pour obtenir enfin cette méthode générale, dont je vais poser les bases. Le principe fondamental, sur lequel je m'appuie, a l'avantage d'être à la fois très fécond et très facile à comprendre; il repose sur les considérations suivantes.

Considérons un système d'équations différentielles entre plusieurs variables principales et une seule variable indépendante qui sera, si l'on veut, une coordonnée mesurée perpendiculairement à un plan fixe; et supposons que ces équations, conservant toujours la même forme d'un côté donné du plan fixe et à une distance finie, changent très rapidement de forme dans le voisinage de ce même plan. Supposons d'ailleurs qu'on les intègre d'abord, sans tenir compte du changement de forme. Si l'on nomme n le nombre des variables principales que ces équations renferment, quand elles sont toutes réduites au premier ordre, leurs intégrales générales pourront être représentées par un système de n équations finies, dont les premiers membres renfermeront seulement la variable indépendante et les variables principales, tandis que les constantes arbitraires qui pourront être censées représenter des valeurs particulières des variables principales, savoir, les valeurs correspondantes au plan fixe, seront reléguées dans les seconds membres. Nous appellerons les intégrales de cette forme *intégrales principales*, et leurs premiers membres *fonctions principales*. Cela posé, si, dans la dérivée totale de chaque fonction principale, on substitue à la dérivée de chaque variable principale sa valeur tirée des équations différentielles données, sans avoir égard au changement de forme de ces équations dans le voisinage du plan fixe, on obtiendra une fonction de toutes les variables, qui restera identiquement égale à zéro, quelles que soient les valeurs de ces variables. Donc, si l'on a égard au changement de forme des équations différentielles, le résultat de la substitution sera lui-même sensiblement égal à zéro, à une distance finie du plan fixe, pourvu toutefois que, dans la différentielle totale de la fonction principale, les différentielles des diverses variables principales ne se trouvent pas multipliées par des coefficients qui croissent très rapidement avec la distance au plan fixe. Ce dernier cas excepté, la différence finie de la fonction principale, c'est-à-dire la différence entre sa valeur correspondante à un point quelconque et sa valeur correspondante au plan fixe, sera une intégrale définie du genre de celles que j'ai nommées *intégrales définies singulières,* par conséquent une intégrale définie prise entre deux limites très voisines, savoir, entre une valeur nulle et une valeur très petite de la coordonnée que l'on considère. Si le produit de cette valeur très petite par le module *maximum* de la fonction sous le signe $\int$ est très peu considérable, l'intégrale singulière pourra être négligée sans erreur sensible; et, par suite, les intégrales principales qu'on avait obtenues, en faisant abstraction du changement de forme des équations différentielles, ou du moins celles des intégrales principales pour lesquelles la condition énoncée sera remplie, continueront de subsister quand on aura égard au changement de forme des équations dont il s'agit.

Au reste, il n'est nullement nécessaire que la variable indépendante dont nous avons parlé soit une coordonnée rectiligne; elle pourrait être une coordonnée polaire, ou plus généralement une coordonnée de nature quelconque, par exemple, un paramètre variable d'une surface courbe dont l'une des formes serait celle de la surface extérieure qui termine un corps donné ou un système de molécules.

Nous exposerons, dans plusieurs articles successifs, les innombrables conséquences qui se déduisent du principe ci-dessus énoncé. Nous ferons voir comment ce principe, établi pour un système d'équations différentielles, peut être étendu à un système d'équations aux différences partielles ou aux différences mêlées. Nous considérerons en particulier le cas où les équations données sont linéaires. Dès lors il deviendra facile d'appliquer le principe dont il s'agit à la théorie des mouvements vibratoires, infiniment petits, d'un corps ou d'un système de molécules, par conséquent à la théorie de la lumière, des surfaces vibrantes, des corps élastiques, etc. Enfin nous verrons comment il arrive que certains mouvements simples sont ou ne sont pas propres à passer d'un corps dans un autre corps, suivant que les équations aux limites peuvent être vérifiées simultanément ou ne peuvent l'être; et nous obtiendrons ainsi de nouvelles conditions relatives à la possibilité de la transmission d'un mouvement vibratoire passant d'un milieu donné dans un autre milieu.

§ I. — *Démonstration du principe fondamental.*

Considérons un système d'équations différentielles réduites au premier ordre et à la forme

$$(1) \qquad \frac{d\xi}{dx} = \mathrm{X}, \quad \frac{d\eta}{dx} = \mathrm{Y}, \quad \frac{d\zeta}{dx} = \mathrm{Z}, \quad \ldots,$$

x désignant une variable indépendante qui sera, si l'on veut, une coordonnée comptée à partir d'un plan fixe, ξ, η, ζ, ... étant les variables principales, et X, Y, Z, ... des fonctions données de toutes les variables

$$x, \ \xi, \ \eta, \ \zeta, \ \ldots.$$

Soient

$$\xi_0, \ \eta_0, \ \zeta_0, \ \ldots$$

les valeurs de

$$\xi, \ \eta, \ \zeta, \ \ldots$$

correspondantes au plan fixe, pour lequel on a $x = 0$; enfin soit

$$(2) \qquad \mathrm{S} = \mathrm{S}_0$$

une intégrale principale du système des équations (1), S désignant une certaine fonction des seules quantités x, ξ, η, ζ, ..., et S_0 ce que devient S quand on y remplace respectivement x, ξ, η, ζ, ... par 0, ξ_0, η_0, ζ_0, ... De l'équation (2), différentiée et combinée avec les formules (1), on tirera la suivante

$$(3) \qquad \frac{\partial \mathrm{S}}{\partial x} + \frac{\partial \mathrm{S}}{\partial \xi}\mathrm{X} + \frac{\partial \mathrm{S}}{\partial \eta}\mathrm{Y} + \frac{\partial \mathrm{S}}{\partial \zeta}\mathrm{Z} + \ldots = 0,$$

dont le premier membre, considéré comme une fonction de x, ξ, η, ζ, ..., devra être identiquement égal à zéro, ainsi qu'il est facile de le prouver (voir le *Mémoire sur l'intégration des équations différentielles*, lithographié en 1835).

Supposons maintenant que, dans le voisinage du plan fixe, les équations (1) changent de forme et deviennent

$$(4)\qquad \frac{d\xi}{dx} = \mathrm{X} + \mathfrak{X}, \qquad \frac{d\eta}{dx} = \mathrm{Y} + \mathfrak{Y}, \qquad \frac{d\zeta}{dx} = \mathrm{Z} + \mathfrak{Z}, \qquad \ldots,$$

$\mathfrak{X}, \mathfrak{Y}, \mathfrak{Z}, \ldots$ désignant des fonctions de $x, \xi, \eta, \zeta, \ldots$ qui s'évanouissent sensiblement à une distance finie du plan fixe. Les valeurs de $\xi, \eta, \zeta, \ldots$, déterminées par le système des formules (4), continueront de vérifier l'équation (3), puisque celle-ci est identique, et fourniront pour $d\mathrm{S}$ la valeur suivante

$$d\mathrm{S} = \left[\frac{\partial \mathrm{S}}{\partial x} + \frac{\partial \mathrm{S}}{\partial \xi}(\mathrm{X} + \mathfrak{X}) + \frac{\partial \mathrm{S}}{\partial \eta}(\mathrm{Y} + \mathfrak{Y}) + \frac{\partial \mathrm{S}}{\partial \zeta}(\mathrm{Z} + \mathfrak{Z}) + \ldots\right] dx,$$

laquelle, en vertu de l'équation (3), se réduira simplement à

$$d\mathrm{S} = \left(\frac{\partial \mathrm{S}}{\partial \xi}\mathfrak{X} + \frac{\partial \mathrm{S}}{\partial \eta}\mathfrak{Y} + \frac{\partial \mathrm{S}}{\partial \zeta}\mathfrak{Z} + \ldots\right) dx;$$

de sorte que, en posant pour abréger

$$(5)\qquad \mathfrak{s} = \frac{\partial \mathrm{S}}{\partial \xi}\mathfrak{X} + \frac{\partial \mathrm{S}}{\partial \eta}\mathfrak{Y} + \frac{\partial \mathrm{S}}{\partial \zeta}\mathfrak{Z} + \ldots,$$

on aura

$$(6)\qquad d\mathrm{S} = \mathfrak{s}\, dx,$$

et, par suite,

$$(7)\qquad \mathrm{S} - \mathrm{S}_0 = \int_0^x \mathfrak{s}\, dx.$$

Or $\mathfrak{s}$, aussi bien que $\mathfrak{X}, \mathfrak{Y}, \mathfrak{Z}, \ldots$, s'évanouira sensiblement à une distance finie du plan fixe, si les coefficients de $d\xi, d\eta, d\zeta, \ldots$ dans la différentielle totale de S, c'est-à-dire les coefficients différentiels

$$(8)\qquad \frac{\partial \mathrm{S}}{\partial \xi}, \quad \frac{\partial \mathrm{S}}{\partial \eta}, \quad \frac{\partial \mathrm{S}}{\partial \zeta}, \quad \ldots,$$

ne croissent pas très rapidement avec la coordonnée x ou la distance au plan fixe. Ce cas excepté, si l'on admet que $\mathfrak{x}$, $\mathfrak{y}$, $\mathfrak{z}$, ... n'acquièrent de valeurs sensibles, du côté des x positives, qu'entre les limites

$$x = 0, \quad x = \varepsilon,$$

s lui-même n'aura de valeur sensible qu'entre ces limites, et le second membre de l'équation (7) pourra être réduit à l'intégrale définie singulière

$$(9) \qquad \int_0^\varepsilon s\, dx.$$

Au reste, pour que cette réduction ait lieu, il n'est pas absolument nécessaire que les coefficients (8) acquièrent des valeurs finies à une distance finie du plan fixe; mais il suffira, par exemple, qu'à une semblable distance les produits respectifs de ces coefficients par $\mathfrak{x}$, $\mathfrak{y}$, $\mathfrak{z}$, ... et par une puissance de x dont l'exposant est surpassé de très peu par l'unité conservent des valeurs finies. D'ailleurs, dans tous les cas où la réduction énoncée pourra s'effectuer, la formule (7) donnera sensiblement

$$(10) \qquad S = S_0 + \int_0^\varepsilon s\, dx.$$

Enfin, si la multiplication de ε par la plus grande des valeurs que S peut acquérir entre les limites $x = 0$, $x = \varepsilon$, fournit un produit sensiblement nul, ou, en d'autres termes, si la valeur *maximum* du produit

$$(11) \qquad \varepsilon s$$

est très petite relativement à la valeur de S_0, la formule (10) pourra, sans erreur sensible, être réduite à

$$(12) \qquad S = S_0.$$

Donc, *parmi les intégrales générales et principales des équations* (1), *toutes celles pour lesquelles les deux espèces de conditions ci-dessus énoncées seront remplies continueront de subsister, quand on passera des équations* (1) *aux équations* (3), c'est-à-dire quand les équations différentielles qui détermineront les variables principales ξ, η, ζ, ... pourront être présentées sous la forme (1) à une distance finie du plan fixe, et changeront rapidement de forme dans le voisinage de ce plan.

34.

C. R., t. VIII, p. 432 (25 mars 1839). — Suite.

§ II. — *Application du principe fondamental à un système d'équations différentielles linéaires.*

La variable indépendante x étant toujours censée représenter une coordonnée perpendiculaire à un plan fixe, supposons que les variables principales

$$\xi,\ \eta,\ \zeta,\ \ldots$$

soient déterminées en fonction de x par un système d'équations différentielles linéaires, et admettons d'abord que ces équations différentielles, étant toutes réduites au premier ordre, se présentent, quel que soit x, sous la forme

$$\frac{d\xi}{dx} = \mathrm{X},\quad \frac{d\eta}{dx} = \mathrm{Y},\quad \frac{d\zeta}{dx} = \mathrm{Z},\ \ldots, \tag{1}$$

X, Y, Z, ... désignant des fonctions linéaires de ξ, η, ζ, ... dont chacune se trouve exprimée par une somme de termes respectivement proportionnels à ξ, η, ζ, ... Si, dans les sommes ou polynômes X, Y, Z, ..., les coefficients de ξ, η, ζ, ... sont constants, un moyen fort simple d'obtenir un système d'intégrales particulières des équations (1) sera de supposer

$$\xi = \mathrm{A}e^{\varkappa x},\qquad \eta = \mathrm{B}e^{\varkappa x},\qquad \zeta = \mathrm{C}e^{\varkappa x},\qquad \ldots, \tag{2}$$

A, B, C, ..., $\varkappa$ étant des constantes propres à vérifier les formules

$$\varkappa\mathrm{A} = \mathcal{A},\qquad \varkappa\mathrm{B} = \mathcal{B},\qquad \varkappa\mathrm{C} = \mathcal{C},\qquad \ldots, \tag{3}$$

dans lesquelles $\mathcal{A}$, $\mathcal{B}$, $\mathcal{C}$, ... désignent ce que deviennent les fonctions linéaires X, Y, Z, ... quand on y remplace les variables principales ξ, η, ζ, ... par ces mêmes constantes A, B, C, ... Si l'on nomme n le nombre des équations (1), n sera encore le nombre des formules (3), et il suffira d'éliminer entre ces dernières les constantes A, B, C, ... pour obtenir une équation en $\varkappa$, qui sera généralement du degré n. Soit

$$\mathcal{K} = 0 \tag{4}$$

cette dernière équation. A chacune de ses racines correspondra généralement un seul système de valeurs des rapports

$$\frac{B}{A}, \quad \frac{C}{A}, \quad \ldots,$$

déterminés par les formules (3). Mais l'une des constantes

$$A, B, C, \ldots,$$

la première, par exemple, restera indéterminée. Un système d'intégrales des équations (1) fourni, comme on vient de l'expliquer, par les équations (2) jointes aux formules (3) et (4), sera ce que nous nommerons un système d'*intégrales simples*. Un semblable système se trouvera particulièrement caractérisé par la valeur attribuée au coefficient $\varkappa$ de x dans l'exponentielle népérienne $e^{\varkappa x}$, à laquelle les valeurs des variables principales seront toutes proportionnelles; et, pour cette raison, lorsqu'un système d'intégrales simples sera déduit d'une des valeurs de $\varkappa$ déterminées par l'équation (4), cette valeur de $\varkappa$ sera nommée la *caractéristique* du système.

Il est bon d'observer que, si l'on met de côté la première des formules (3), le système des suivantes pourra être remplacé par une équation multiple de la forme

$$\frac{A}{a} = \frac{B}{b} = \frac{C}{c} = \ldots, \tag{5}$$

a, b, c, ... désignant des fonctions entières de $\varkappa$, dont la première sera du degré $n-1$, et les autres du degré $n-2$. D'ailleurs, on vérifiera la formule (5) en prenant

$$(6)\qquad A = aK, \quad B = bK, \quad C = cK, \quad \ldots,$$

quelle que soit la valeur attribuée à la constante K. Cela posé, les équations (2) donneront généralement

$$(7)\qquad \xi = Kae^{\varkappa x}, \quad \eta = Kbe^{\varkappa x}, \quad \zeta = Kce^{\varkappa x}, \quad \ldots,$$

$a, b, c, \ldots, \varkappa$, K désignant des constantes qui seront toutes déterminées à l'exception de la *constante arbitraire* K. Ajoutons que, pour obtenir l'équation (4), il suffira de remplacer dans la première des équations (3) les coefficients

$$A,\; B,\; C,\; \ldots$$

par

$$a,\; b,\; c,\; \ldots$$

Soient maintenant

$$\varkappa_1,\; \varkappa_2,\; \ldots,\; \varkappa_n$$

les diverses valeurs de la caractéristique $\varkappa$ fournies par l'équation (4), et

$$a_1, b_1, c_1, \;\ldots,\; a_2, b_2, c_2, \;\ldots,\; a_n, b_n, c_n, \;\ldots$$

les valeurs correspondantes de $a, b, c, \ldots$. Aux n valeurs de $\varkappa$ répondront les systèmes d'intégrales simples

$$(8)\qquad \xi = K_1 a_1 e^{\varkappa_1 x}, \quad \eta = K_1 b_1 e^{\varkappa_1 x}, \quad \zeta = K_1 c_1 e^{\varkappa_1 x}, \quad \ldots,$$

$$(9)\qquad \xi = K_2 a_2 e^{\varkappa_2 x}, \quad \eta = K_2 b_2 e^{\varkappa_2 x}, \quad \zeta = K_2 c_2 e^{\varkappa_2 x}, \quad \ldots,$$

$$\ldots\ldots\ldots, \quad \ldots\ldots\ldots, \quad \ldots\ldots\ldots, \quad \ldots,$$

$$(10)\qquad \xi = K_n a_n e^{\varkappa_n x}, \quad \eta = K_n b_n e^{\varkappa_n x}, \quad \zeta = K_n c_n e^{\varkappa_n x}, \quad \ldots.$$

dont le nombre sera encore égal à n, et dans lesquels les n coefficients

$$K_1,\; K_2,\; \ldots,\; K_n$$

resteront arbitraires. Cela posé, on vérifiera généralement les équations (1) en prenant

$$(11)\quad \begin{cases} \xi = K_1 a_1 e^{\varkappa_1 x} + K_2 a_2 e^{\varkappa_2 x} + \ldots + K_n a_n e^{\varkappa_n x}, \\ \eta = K_1 b_1 e^{\varkappa_1 x} + K_2 b_2 e^{\varkappa_2 x} + \ldots + K_n b_n e^{\varkappa_n x}, \\ \zeta = K_1 c_1 e^{\varkappa_1 x} + K_2 c_2 e^{\varkappa_2 x} + \ldots + K_n c_n e^{\varkappa_n x}, \\ \ldots\ldots\ldots\ldots\ldots\ldots\ldots\ldots\ldots\ldots \end{cases}$$

Ces dernières formules, qui renfermeront n constantes arbitraires

$$K_1, \quad K_2, \quad \ldots, \quad K_n,$$

seront propres à représenter les intégrales générales des équations (1); et, pour les transformer en intégrales principales, il suffira d'en tirer les valeurs de ces mêmes constantes exprimées en fonction de toutes les variables

$$x, \quad \xi, \quad \eta, \quad \zeta, \quad \ldots.$$

On y parviendra sans peine en combinant entre elles par voie d'addition les formules (11) respectivement multipliées par des facteurs auxiliaires

$$\lambda, \quad \mu, \quad \nu, \quad \ldots,$$

tellement choisis que toutes les constantes arbitraires se trouvent éliminées à l'exception d'une seule. En effet, si l'on prend pour $\varkappa$ l'une des caractéristiques

$$\varkappa_1, \quad \varkappa_2, \quad \ldots, \quad \varkappa_n,$$

et si l'on choisit λ, μ, ν, ... de manière à vérifier les équations de condition

$$(12)\quad \begin{cases} \lambda a_1 + \mu b_1 + \nu c_1 + \ldots = 0, \\ \lambda a_2 + \mu b_2 + \nu c_2 + \ldots = 0, \\ \ldots\ldots\ldots\ldots\ldots\ldots\ldots, \\ \lambda a_n + \mu b_n + \nu c_n + \ldots = 0, \end{cases}$$

à l'exception, toutefois, de celle qui correspond à la caractéristique donnée $\varkappa$, on tirera des formules (11)

$$(13)\quad \lambda\xi + \mu\eta + \nu\zeta + \ldots = K(\lambda a + \mu b + \nu c + \ldots) e^{\varkappa x},$$

par conséquent,

$$(14)\quad (\lambda\xi + \mu\eta + \nu\zeta + \ldots) e^{-\varkappa x} = K(\lambda a + \mu b + \nu c + \ldots).$$

Si, d'ailleurs, on nomme

$$\xi_0, \quad \eta_0, \quad \zeta_0, \quad \ldots$$

les valeurs de

$$\xi, \quad \eta, \quad \zeta, \quad \ldots$$

correspondantes à $x = 0$, l'équation (14) entraînera la suivante

$$(15) \qquad (\lambda\xi + \mu\eta + \nu\zeta + \ldots)e^{-\varkappa x} = \lambda\xi_0 + \mu\eta_0 + \nu\zeta_0 + \ldots,$$

qu'on peut encore écrire ainsi

$$(16) \qquad \left(\xi + \frac{\mu}{\lambda}\eta + \frac{\nu}{\lambda}\xi + \ldots\right)e^{-\varkappa x} = \xi_0 + \frac{\mu}{\lambda}\eta_0 + \frac{\nu}{\lambda}\zeta_0 + \ldots,$$

et dans laquelle les rapports

$$\frac{\mu}{\lambda}, \quad \frac{\nu}{\lambda}, \quad \ldots$$

se trouveront, en général, complètement déterminés pour chaque valeur déterminée de la caractéristique $\varkappa$. Enfin, en attribuant sucessivement à $\varkappa$ les diverses valeurs

$$\varkappa_1, \quad \varkappa_2, \quad \ldots, \quad \varkappa_n,$$

on déduira successivement de la formule (15) ou (16) n intégrales principales des équations (1).

Au reste, pour arriver directement à la formule (15), il suffit de combiner entre elles par voie d'addition les équations (1) respectivement multipliées par des facteurs constants

$$\lambda, \quad \mu, \quad \nu, \quad \ldots,$$

choisis de manière que la fonction linéaire de ξ, η, ζ. ... représentée par le polynôme

$$\lambda X + \mu Y + \nu Z + \ldots$$

devienne proportionnelle à la somme

$$\lambda\xi + \mu\eta + \nu\zeta + \ldots,$$

et par conséquent de manière que l'on ait

$$(17) \qquad \frac{\lambda X + \mu Y + \nu Z + \ldots}{\lambda\xi + \mu\eta + \nu\zeta + \ldots} = \varkappa,$$

$\varkappa$ désignant un rapport constant. Alors, en effet, on tirera des équations (1)

$$(18)\qquad \frac{d(\lambda\xi + \mu\eta + \nu\zeta + \ldots)}{dx} - \varkappa(\lambda\xi + \mu\eta + \nu\zeta + \ldots) = 0,$$

puis, en multipliant chaque terme par $e^{-\varkappa x}$, et posant pour abréger

$$(19)\qquad S = (\lambda\xi + \mu\eta + \nu\zeta + \ldots)e^{-\varkappa x},$$

on réduira la formule (18) à

$$(20)\qquad \frac{dS}{dx} = 0.$$

Or, en nommant S_0 ce que devient S pour $x = 0$, de sorte qu'on ait

$$(21)\qquad S_0 = \lambda\xi_0 + \mu\eta_0 + \nu\zeta_0 + \ldots,$$

et intégrant l'équation (20), on obtiendra la formule

$$(22)\qquad S = S_0,$$

qui coïncide avec l'équation (15).

Les deux méthodes que nous venons d'appliquer à la recherche des intégrales principales d'un système d'équations linéaires sont connues depuis longtemps. Mais il était nécessaire de les rappeler en peu de mots pour faciliter l'intelligence de plusieurs propositions remarquables que nous allons établir.

Supposons maintenant que, du côté des x positives et dans le voisinage du plan fixe donné, les équations différentielles auxquelles doivent satisfaire les variables principales

$$\xi,\quad \eta,\quad \zeta,\quad \ldots$$

changent de forme et deviennent

$$(23)\qquad \frac{d\xi}{dx} = X + \mathfrak{X},\quad \frac{d\eta}{dx} = Y + \mathfrak{Y},\quad \frac{d\zeta}{dx} = Z + \mathfrak{Z},\quad \ldots,$$

$\mathfrak{X}, \mathfrak{Y}, \mathfrak{Z}, \ldots$ désignant des fonctions linéaires de $\xi, \eta, \zeta, \ldots$ dont chacune se compose de termes respectivement égaux aux produits de ξ, η, ζ, ... par des facteurs qui ne soient plus constants, mais qui varient avec x, et s'évanouissent sensiblement à une distance finie du plan fixe, par exemple, quand x surpasse la distance très petite ε. En supposant les facteurs auxiliaires

$$\lambda, \quad \mu, \quad \nu, \quad \ldots$$

choisis comme il a été dit ci-dessus, et faisant pour abréger

(24) $$\mathfrak{s} = (\lambda\mathfrak{X} + \mu\mathfrak{Y} + \nu\mathfrak{Z} + \ldots)e^{-\varkappa x},$$

on déduira des équations (23), non plus la formule (20), mais la suivante

(25) $$\frac{dS}{dx} = \mathfrak{s}.$$

Par suite, pour que l'intégrale principale (16) ou (22) continue de subsister quand on aura égard au changement de forme des équations différentielles auxquelles doivent satisfaire les valeurs réelles de ξ, η, ζ, ..., il sera nécessaire, conformément au principe fondamental exposé dans le § I : 1° que l'intégrale

(26) $$\int_0^x \mathfrak{s}\,dx = \int_0^x (\lambda\mathfrak{X} + \mu\mathfrak{Y} + \nu\mathfrak{Z} + \ldots)e^{-\varkappa x}\,dx$$

puisse être réduite sans erreur sensible à l'intégrale définie singulière

(27) $$\int_0^\varepsilon \mathfrak{s}\,dx;$$

2° que le produit

(28) $$\varepsilon\mathfrak{s}$$

soit très petit par rapport à S_0. D'autre part, si l'on substitue les valeurs générales de $\mathfrak{X}$, $\mathfrak{Y}$, $\mathfrak{Z}$, ... dans la somme

$$\lambda\mathfrak{X} + \mu\mathfrak{Y} + \nu\mathfrak{Z} + \ldots,$$

on verra cette somme se réduire, aussi bien que $\mathfrak{X}$, $\mathfrak{Y}$, $\mathfrak{Z}$, ..., à des fonctions linéaires de ξ, η, ζ, ... On aura donc

(29) $$\lambda\mathfrak{X} + \mu\mathfrak{Y} + \nu\mathfrak{Z} + \ldots = L\xi + M\eta + N\zeta + \ldots,$$

L, M, N, ... étant des fonctions de la seule variable x, qui renfermeront d'ailleurs les facteurs auxiliaires λ, μ, ν, ... et qui s'évanouiront sensiblement à une distance finie du plan fixe. Donc les intégrales (26) et (27) seront de la forme

$$\int_0^x (L\xi + M\eta + N\zeta + \ldots) e^{-\varkappa x}\, dx, \tag{30}$$

$$\int_0^\varepsilon (L\xi + M\eta + N\zeta + \ldots) e^{-\varkappa x}\, dx. \tag{31}$$

Les deux conditions ci-dessus énoncées pourront être ou n'être pas remplies, du côté des x positives, pour une ou plusieurs des n valeurs de la caractéristique $\varkappa$, suivant que les variables principales, mesurées de ce côté à une distance finie du plan fixe, renfermeront dans leur expression un plus ou moins grand nombre de valeurs de $\varkappa$, c'est-à-dire suivant que les valeurs attribuées aux variables principales, pour une valeur finie et positive de x, contiendront plus ou moins de termes du genre de ceux que présentent les seconds membres des formules (11), quand aucune des constantes arbitraires K_1, K_2, ..., K_n ne s'évanouit. Supposons, pour fixer les idées, que les valeurs attribuées aux variables principales, à une distance finie du plan fixe et du côté des x positives, soient celles que fournit un système d'intégrales simples, par exemple, le système des équations (8). Quand on voudra savoir si, pour une valeur donnée de α, la première condition est ou n'est pas remplie, c'est-à-dire, si l'intégrale (30) est sensiblement réductible ou non à l'intégrale (31), on devra porter son attention sur la valeur qu'acquiert le produit

$$(L\xi + M\eta + N\zeta + \ldots) e^{-\varkappa x}, \tag{32}$$

dans le cas où x devient supérieur à ε. Or, dans ce cas, les valeurs de ξ, η, ζ, ... étant très peu différentes, en vertu de l'hypothèse admise, de celles que fournit le système des formules (8), le produit (32) se réduira sensiblement à

$$(A_1 L + B_1 M + C_1 N + \ldots) e^{(\varkappa_1 - \varkappa)x}; \tag{33}$$

et, puisque les fonctions de x représentées par

$$\mathrm{L},\quad \mathrm{M},\quad \mathrm{N},\quad \ldots$$

s'évanouissent sensiblement pour des valeurs finies de x, il est aisé de voir que la première condition sera remplie, du côté des x positives, si le coefficient de x dans l'exponentielle

$$e^{(\varkappa_1-\varkappa).x}$$

offre une partie réelle négative, ou, ce qui revient au même, si la partie réelle de la caractéristique $\varkappa$ est supérieure à la partie réelle de la caractéristique $\varkappa_1$. Il y a plus : si ces deux parties réelles sont égales, la première condition sera généralement remplie, pourvu, du moins, que les intégrales

$$\int_0^x \mathrm{L}\,dx,\quad \int_0^x \mathrm{M}\,dx,\quad \int_0^x \mathrm{N}\,dx,\quad \ldots$$

conservent de très petites valeurs quand x vient à croître; ce qui aura lieu, par exemple, si des valeurs finies ou très considérables de x réduisent sensiblement à zéro, non seulement les fonctions

$$\mathrm{L},\quad \mathrm{M},\quad \mathrm{N},\quad \ldots,$$

mais encore les produits de ces fonctions par une puissance de x dont l'exposant surpasse de très peu l'unité. Ainsi, en résumé, la première condition se trouvera ordinairement remplie pour toutes les valeurs de la caractéristique $\varkappa$ qui offriront une partie réelle supérieure à la partie réelle de $\varkappa_1$. Quant à la seconde condition, il est facile de s'assurer qu'elle sera remplie si les valeurs des intégrales

$$\int_0^\varepsilon \mathrm{L}\,dx,\quad \int_0^\varepsilon \mathrm{M}\,dx,\quad \int_0^\varepsilon \mathrm{N}\,dx,\quad \ldots$$

sont très petites relativement aux valeurs des facteurs auxiliaires

$$\lambda,\quad \mu,\quad \nu,\quad \ldots.$$

D'ailleurs chacune des expressions

$$\mathrm{L},\quad \mathrm{M},\quad \mathrm{N},\quad \ldots$$

représente la somme des produits des facteurs auxiliaires par les coefficients successifs de l'une des variables principales dans les fonctions linéaires désignées par

$$\mathfrak{X}, \quad \mathfrak{Y}, \quad \mathfrak{Z}, \quad \ldots.$$

Donc, pour que la seconde condition soit remplie, il suffira généralement que les produits de ces derniers coefficients par ε restent très petits.

De ce qu'on vient de dire il résulte que, pour toutes les valeurs de la caractéristique $\varkappa$ qui satisferont à la première condition, la seconde condition se vérifiera généralement si elle se vérifie pour une seule de ces valeurs. Supposons qu'il en soit ainsi, et nommons m le nombre des valeurs de $\varkappa$ qui offrent une partie réelle égale ou supérieure à la partie réelle de $\varkappa_1$; m représentera le nombre des intégrales principales, c'est-à-dire des intégrales de la forme (14), qui continueront de subsister quand on aura égard au changement de forme des équations différentielles dans le voisinage du plan fixe. D'ailleurs, comme, pour une valeur finie et positive de x, les valeurs de ξ, η, ζ, ... que fournissent les équations (8) doivent vérifier chacune des intégrales comprises dans la formule (14), sans réduire à zéro la somme

$$\lambda a + \mu b + \nu c + \ldots,$$

ce qui ne peut avoir lieu à moins que l'on n'ait

$$\text{(34)} \qquad \mathrm{K} = 0$$

ou

$$\text{(35)} \qquad \varkappa = \varkappa_1,$$

il est clair que, si $\varkappa_1$ est une racine simple de l'équation (4), les intégrales principales comprises dans la formule (14), étant jointes aux formules (8), entraîneront les conditions

$$\text{(36)} \qquad \mathrm{K}_2 = 0, \quad \mathrm{K}_3 = 0, \quad \ldots, \quad \mathrm{K}_n = 0.$$

Réciproquement ces dernières conditions, jointes aux intégrales principales que comprend la formule (14), ou bien encore, au système des formules (11) qui peut remplacer, si l'on veut, le système de ces intégrales principales, entraîneront immédiatement les équations (8). Soient maintenant

$$\xi_\varepsilon, \quad \eta_\varepsilon, \quad \zeta_\varepsilon, \quad \ldots$$

les valeurs de

$$\xi, \quad \eta, \quad \zeta, \quad \ldots$$

déterminées par les formules (8), quand on a égard au changement de forme des équations différentielles données dans le voisinage du plan fixe, et entre les limites $x = 0$, $x = \varepsilon$. L'intégrale principale que représente la formule (14), quand on y pose $\varkappa = \varkappa_1$, $K = K_1$, continuera de subsister lorsqu'on y remplacera

$$\xi, \quad \eta, \quad \zeta, \quad \ldots$$

par

$$\xi_\varepsilon, \quad \eta_\varepsilon, \quad \zeta_\varepsilon, \quad \ldots,$$

et l'on pourra en dire autant de chacune des intégrales principales que représentera la formule (14), jointe à la formule (34), quand on prendra pour $\varkappa$, non plus l'une quelconque des caractéristiques

$$\varkappa_1, \quad \varkappa_2, \quad \ldots, \quad \varkappa_n,$$

mais seulement l'une de celles dont les parties réelles sont égales ou supérieures à la partie réelle de $\varkappa_1$. Nommons

$$\varkappa_1, \quad \varkappa_2, \quad \varkappa_3, \quad \ldots, \quad \varkappa_m$$

ces dernières caractéristiques dont le nombre sera m. Les intégrales principales, qui continueront de subsister, formeront un système équivalent à celui des équations produites par l'élimination des constantes arbitraires

$$K_{m+1}, \quad K_{m+2}, \quad \ldots, \quad K_n$$

entre les formules (11) jointes, non plus aux formules (36), mais seulement aux suivantes

$$(37) \qquad K_2 = 0, \quad K_3 = 0, \quad \ldots, \quad K_m = 0.$$

Donc, pour obtenir les relations établies entre les variables

$$\xi_\varepsilon, \quad \eta_\varepsilon, \quad \zeta_\varepsilon, \quad \ldots$$

par celles des intégrales principales qui continueront de subsister, il suffira d'éliminer les constantes arbitraires

$$K_{m+1}, \quad K_{m+2}, \quad \ldots, \quad K_n$$

entre les formules

$$(38) \quad \left\{ \begin{array}{l} \xi_\varepsilon = K_1 a_1 e^{x_1 x} + K_{m+1} a_{m+1} e^{x_{m+1} x} + \ldots + K_n a_n e^{x_n x}, \\ \eta_\varepsilon = K_1 b_1 e^{x_1 x} + K_{m+1} b_{m+1} e^{x_{m+1} x} + \ldots + K_n b_n e^{x_n x}, \\ \zeta_\varepsilon = K_1 c_1 e^{x_1 x} + K_{m+1} c_{m+1} e^{x_{m+1} x} + \ldots + K_n c_n e^{x_n x}, \\ \ldots\ldots\ldots\ldots\ldots\ldots\ldots\ldots\ldots\ldots \end{array} \right.$$

D'ailleurs de ces dernières, jointes aux équations (8), on tirera

$$(39) \quad \left\{ \begin{array}{l} \xi_\varepsilon = \xi + K_{m+1} a_{m+1} e^{x_{m+1} x} + \ldots + K_n a_n e^{x_n x}, \\ \eta_\varepsilon = \eta + K_{m+1} b_{m+1} e^{x_{m+1} x} + \ldots + K_n b_n e^{x_n x}, \\ \zeta_\varepsilon = \zeta + K_{m+1} c_{m+1} e^{x_{m+1} x} + \ldots + K_n c_n e^{x_n x}, \\ \ldots\ldots\ldots\ldots\ldots\ldots\ldots\ldots\ldots\ldots \end{array} \right.$$

L'élimination des constantes arbitraires $K_{m+1}, \ldots, K_n$ *entre les formules* (39) *fournira un système de m équations qui pourra remplacer le système des m intégrales principales auxquelles devront satisfaire les valeurs des variables*

$$\xi_\varepsilon, \quad \eta_\varepsilon, \quad \zeta_\varepsilon, \quad \ldots$$

déterminées par le système des équations différentielles

$$(40) \quad \frac{d\xi_\varepsilon}{dx} = X + \mathfrak{X}, \qquad \frac{d\eta_\varepsilon}{dx} = Y + \mathfrak{Y}, \qquad \frac{d\zeta_\varepsilon}{dx} = Z + \mathfrak{Z}, \qquad \ldots,$$

pour des valeurs finies et positives de x comprises entre les limites $x = 0$, $x = \varepsilon$. On ne devra pas oublier que, dans les formules (39),

$$\xi, \quad \eta, \quad \zeta, \quad \ldots$$

sont des fonctions déterminées de x dont les valeurs sont données par les équations (8). Au reste, l'élimination des constantes arbitraires

$$K_{m+1}, \quad \ldots, \quad K_n$$

entre les formules (39) revient à l'élimination des exponentielles

$$e^{\varkappa_{m+1}x},\quad \ldots,\quad e^{\varkappa_n x}$$

entre ces formules, ou, ce qui revient au même, entre les suivantes

$$(41)\quad \begin{cases} \xi_\varepsilon = \xi + \mathrm{A}_{m+1}\, e^{\varkappa_{m+1}x} + \ldots + \mathrm{A}_n e^{\varkappa_n x}, \\ \eta_\varepsilon = \eta + \mathrm{B}_{m+1}\, e^{\varkappa_{m+1}x} + \ldots + \mathrm{B}_n e^{\varkappa_n x}, \\ \zeta_\varepsilon = \zeta + \mathrm{C}_{m+1}\, e^{\varkappa_{m+1}x} + \ldots + \mathrm{C}_n e^{\varkappa_n x}, \\ \ldots\ldots\ldots\ldots\ldots\ldots\ldots\ldots\ldots, \end{cases}$$

$$\mathrm{A}_1, \mathrm{B}_1, \mathrm{C}_1,\quad \mathrm{A}_2, \mathrm{B}_2, \mathrm{C}_2,\quad \ldots,\quad \mathrm{A}_n, \mathrm{B}_n, \mathrm{C}_n$$

étant les valeurs de A, B, C, ... qui correspondent aux valeurs

$$\varkappa_1,\quad \varkappa_2,\quad \ldots,\quad \varkappa_n$$

de la caractéristique $\varkappa$.

Observons encore que si l'on nomme

$$\xi_0,\quad \eta_0,\quad \zeta_0,\quad \ldots$$

les valeurs de

$$\xi_\varepsilon,\quad \eta_\varepsilon,\quad \zeta_\varepsilon,\quad \ldots$$

correspondantes à $x = 0$, ces valeurs de ξ_ε, η_ε, ζ_ε, ... et les valeurs correspondantes de ξ, η, ζ, ... seront liées entre elles par m équations que l'on pourra déduire immédiatement des formules

$$(42)\quad \begin{cases} \xi_0 = \xi + a_{m+1}\mathrm{K}_{m+1} + \ldots + a_n \mathrm{K}_n, \\ \eta_0 = \eta + b_{m+1}\mathrm{K}_{m+1} + \ldots + b_n \mathrm{K}_n, \\ \zeta_0 = \zeta + c_{m+1}\mathrm{K}_{m+1} + \ldots + c_n \mathrm{K}_n, \\ \ldots\ldots\ldots\ldots\ldots\ldots\ldots\ldots\ldots \end{cases}$$

par l'élimination des constantes arbitraires K_{m+1}, ..., K_n.

Dans ce qui précède, nous avons implicitement supposé que les racines

$$\varkappa_1,\quad \varkappa_2,\quad \ldots,\quad \varkappa_n$$

de l'équation (4) étaient distinctes les unes des autres. Pour trouver les modifications que doivent subir les diverses formules, dans les cas où plusieurs de ces racines deviennent égales entre elles, un moyen fort simple est d'attribuer à quelques-uns des coefficients renfermés dans les équations différentielles données des accroissements très petits que l'on réduit ensuite à zéro; ou, ce qui revient au même, à déduire des formules correspondantes au cas des racines égales, des formules correspondantes au cas où certaines racines diffèrent très peu les unes des autres. En opérant de cette manière, on reconnaîtra, par exemple, que si l'on suppose, dans la formule (19), les facteurs auxiliaires λ, μ, ν, ... exprimés en fonction de $\varkappa$, et si d'ailleurs on prend pour $\varkappa$ une racine double, triple, quadruple de la formule (4), on devra, pour cette valeur de $\varkappa$, joindre à l'équation (22) la dérivée du premier ordre, ou les dérivées du premier et du second ordre, ou les dérivées du premier, du second et du troisième ordre, ... de cette même équation différentiée une ou plusieurs fois de suite par rapport à $\varkappa$.

Pour montrer une application des formules qui précèdent, supposons d'abord que le nombre m des valeurs de $\varkappa$, dont les parties réelles sont égales ou supérieures à la partie réelle de $\varkappa_1$, devienne précisément égal à n, en sorte que la première condition se trouve remplie pour toutes les racines de l'équation (4). Alors les seconds membres des formules (39) ou (41) se réduiront à zéro, et ces formules donneront simplement

$$(43) \qquad \xi_\varepsilon - \xi = 0, \qquad \eta_\varepsilon - \eta = 0, \qquad \zeta_\varepsilon - \zeta = 0, \qquad \ldots.$$

Supposons, en second lieu, qu'une seule des valeurs de $\varkappa$, savoir $\varkappa_n$, offre une partie réelle inférieure à la partie réelle de $\varkappa_1$. Alors les formules (41) donneront

$$(44) \quad \xi_\varepsilon - \xi = A_n e^{\varkappa_n x}, \qquad \eta_\varepsilon - \eta = B_n e^{\varkappa_n x}, \qquad \zeta_\varepsilon - \zeta = C_n e^{\varkappa_n x}, \quad \ldots,$$

et, par suite,

$$(45) \qquad \frac{\xi_\varepsilon - \xi}{A_n} = \frac{\eta_\varepsilon - \eta}{B_n} = \frac{\zeta_\varepsilon - \zeta}{C_n} = \ldots,$$

ou, ce qui revient au même, eu égard à la formule (5),

$$(46) \qquad \frac{\xi_\varepsilon - \xi}{a_n} = \frac{\eta_\varepsilon - \eta}{b_n} = \frac{\zeta_\varepsilon - \zeta}{c_n} = \ldots.$$

On pourrait aussi déduire immédiatement cette dernière équation des formules (39).

Si maintenant l'on attribue à la variable indépendante x une valeur nulle, les valeurs correspondantes de ξ, η, ζ, ..., en vertu des formules (44), (45), etc., vérifieront : 1°, quand on aura $m=n$, les n équations de condition

$$(47)\qquad \xi-\xi_0=0,\qquad \eta-\eta_0=0,\qquad \zeta-\zeta_0=0,\quad \ldots,$$

ou

$$(48)\qquad \xi=\xi_0,\qquad \eta=\eta_0,\qquad \zeta=\zeta_0,\quad \ldots;$$

2°, quand on aura $m=n-1$, les $n-1$ équations de condition comprises dans la formule

$$(49)\qquad \frac{\xi-\xi_0}{A_n}=\frac{\eta-\eta_0}{B_n}=\frac{\zeta-\zeta_0}{C_n}=\ldots,$$

que l'on pourra réduire à

$$(50)\qquad \frac{\xi-\xi_0}{a_n}=\frac{\eta-\eta_0}{b_n}=\frac{\zeta-\zeta_0}{c_n}=\ldots;$$

et ainsi de suite. On voit donc ici comment la méthode exposée fournit généralement les équations de condition relatives au plan fixe que l'on considère et qui répond par hypothèse à une valeur nulle de la coordonnée x. Dans d'autres articles nous indiquerons quelques procédés à l'aide desquels on peut souvent simplifier la recherche de ces équations de condition, surtout dans le cas où, les équations différentielles données étant d'un ordre supérieur au premier, on veut se dispenser de les réduire au premier ordre; et nous montrerons aussi avec quelle facilité on déduit des formules précédentes les lois de divers phénomènes, particulièrement les lois de la réflexion et de la réfraction de la lumière à la surface des corps transparents ou opaques, isophanes ou non isophanes.

35.

C. R., t. VIII, p. 459 (1er avril 1839). — Suite.

§ III. — *Application du principe fondamental à un système d'équations différentielles linéaires du second ordre ou d'un ordre plus élevé.*

La variable indépendante x étant toujours censée représenter une coordonnée perpendiculaire à un plan fixe, supposons que les variables principales

$$\xi,\quad \eta,\quad \zeta,\quad \ldots$$

soient déterminées en fonction de x par un système d'équations différentielles linéaires du second ordre ou d'un ordre plus élevé, chacun des termes que renferment ces équations étant le produit d'un coefficient constant par l'une des variables principales ou par l'une de leurs dérivées. Un moyen fort simple de satisfaire simultanément à toutes les équations données sera de supposer les variables principales

$$\xi,\quad \eta,\quad \zeta,\quad \ldots$$

toutes proportionnelles à une même exponentielle népérienne, dont l'exposant serait le produit de la coordonnée x par un facteur constant $\varkappa$, et de prendre en conséquence

$$(1)\qquad \xi = \mathrm{A}e^{\varkappa x},\qquad \eta = \mathrm{B}e^{\varkappa x},\qquad \zeta = \mathrm{C}e^{\varkappa x},\qquad \ldots,$$

$\varkappa$, A, B, C, ... étant des constantes propres à vérifier le système des formules

$$(2)\qquad \mathcal{A} = 0,\qquad \mathcal{B} = 0,\qquad \mathcal{C} = 0,\qquad \ldots$$

qu'on obtiendra en substituant, dans les équations différentielles données, aux variables principales

$$\xi,\quad \eta,\quad \zeta,\quad \ldots,$$

les facteurs

$$\mathrm{A},\quad \mathrm{B},\quad \mathrm{C},\quad \ldots,$$

et aux diverses dérivées de ces variables, c'est-à-dire aux expressions

$$\frac{d\xi}{dx}, \quad \frac{d^2\xi}{dx^2}, \quad \ldots, \quad \frac{d\eta}{dx}, \quad \frac{d^2\eta}{dx^2}, \quad \ldots, \quad \frac{d\zeta}{dx}, \quad \frac{d^2\zeta}{dx^2}, \quad \ldots,$$

les divers produits

$$\varkappa A, \quad \varkappa^2 A, \quad \ldots, \quad \varkappa B, \quad \varkappa^2 B, \quad \ldots, \quad \varkappa C, \quad \varkappa^2 C, \quad \ldots$$

résultants de la multiplication des facteurs A, B, C, ... par les puissances de $\varkappa$ dont les degrés sont égaux au nombre des différentiations effectuées. Les équations (2) étant évidemment linéaires par rapport aux facteurs A, B, C, ..., si l'on met de côté la première de ces équations, les suivantes pourront être, en général, remplacées par une seule de la forme

$$\frac{A}{a} = \frac{B}{b} = \frac{C}{c} = \ldots, \tag{3}$$

a, b, c, ... désignant des fonctions entières de $\varkappa$; et, en éliminant A, B, C, ... de la première des équations (2) à l'aide de la formule (3), on obtiendra une équation nouvelle

$$\mathcal{K} = 0, \tag{4}$$

dont le degré relatif à $\varkappa$ sera généralement égal au nombre entier n qui représentera la somme des ordres des dérivées les plus élevées de ξ, η, ζ, ... comprises dans les équations différentielles données. Si l'on nomme

$$\varkappa_1, \quad \varkappa_2, \quad \ldots, \quad \varkappa_n$$

les n racines de l'équation (4) résolue par rapport à $\varkappa$, et

$$A_1, \quad B_1, \quad C_1, \quad \ldots, \quad A_2, \quad B_2, \quad C_2, \quad \ldots, \quad A_n, \quad B_n, \quad C_n, \quad \ldots$$

les valeurs correspondantes de A, B, C, ..., les équations différentielles données admettront les systèmes d'intégrales simples

$$\xi = A_1 e^{\varkappa_1 x}, \quad \eta = B_1 e^{\varkappa_1 x}, \quad \zeta = C_1 e^{\varkappa_1 x}, \quad \ldots, \tag{5}$$

$$\xi = A_2 e^{\varkappa_2 x}, \quad \eta = B_2 e^{\varkappa_2 x}, \quad \zeta = C_2 e^{\varkappa_2 x}, \quad \ldots, \tag{6}$$

$$\ldots\ldots\ldots, \quad \ldots\ldots\ldots, \quad \ldots\ldots\ldots, \quad \ldots,$$

$$\xi = A_n e^{\varkappa_n x}, \quad \eta = B_n e^{\varkappa_n x}, \quad \zeta = C_n e^{\varkappa_n x}, \quad \ldots, \tag{7}$$

et les intégrales générales de ces équations différentielles pourront être présentées sous la forme

$$(8)\qquad \begin{cases} \xi = A_1 e^{\varkappa_1 x} + A_2 e^{\varkappa_2 x} + \ldots + A_n e^{\varkappa_n x}, \\ \eta = B_1 e^{\varkappa_1 x} + B_2 e^{\varkappa_2 x} + \ldots + B_n e^{\varkappa_n x}, \\ \zeta = C_1 e^{\varkappa_1 x} + C_2 e^{\varkappa_2 x} + \ldots + C_n e^{\varkappa_n x}, \\ \ldots\ldots\ldots\ldots\ldots\ldots\ldots\ldots \end{cases}$$

Seulement, pour retrouver toutes les intégrales qu'on aurait obtenues, si l'on avait commencé par réduire au premier ordre les équations différentielles données en représentant par de nouvelles lettres une ou plusieurs dérivées de chaque variable principale, on devra joindre aux formules (5), (6), ..., (7) ou (8) leurs dérivées de divers ordres. Ainsi, par exemple, si les équations différentielles données sont du second ordre par rapport à chacune des variables principales ξ, η, ζ, ..., c'est-à-dire, si elles renferment avec ces variables, non plus seulement leurs dérivées du premier ordre,

$$\frac{d\xi}{dx}, \quad \frac{d\eta}{dx}, \quad \frac{d\zeta}{dx}, \quad \ldots,$$

mais encore leurs dérivées du second ordre

$$\frac{d^2\xi}{dx^2}, \quad \frac{d^2\eta}{dx^2}, \quad \frac{d^2\zeta}{dx^2}, \quad \ldots,$$

alors, en posant

$$(9)\qquad \frac{d\xi}{dx} = \varphi, \qquad \frac{d\eta}{dx} = \chi, \qquad \frac{d\zeta}{dx} = \psi, \qquad \ldots,$$

on devra, aux intégrales particulières représentées par les équations (5), joindre les formules

$$(10)\qquad \varphi = A_1 \varkappa_1 e^{\varkappa_1 x}, \qquad \chi = B_1 \varkappa_1 e^{\varkappa_1 x}, \qquad \psi = C_1 \varkappa_1 e^{\varkappa_1 x}, \qquad \ldots,$$

et, aux intégrales générales représentées par les équations (8), joindre les formules

$$(11)\qquad \begin{cases} \varphi = A_1 \varkappa_1 e^{\varkappa_1 x} + A_2 \varkappa_2 e^{\varkappa_2 x} + \ldots + A_n \varkappa_n e^{\varkappa_n x}, \\ \chi = B_1 \varkappa_1 e^{\varkappa_1 x} + B_2 \varkappa_2 e^{\varkappa_2 x} + \ldots + B_n \varkappa_n e^{\varkappa_n x}, \\ \psi = C_1 \varkappa_1 e^{\varkappa_1 x} + C_2 \varkappa_2 e^{\varkappa_2 x} + \ldots + C_n \varkappa_n e^{\varkappa_n x}, \\ \ldots\ldots\ldots\ldots\ldots\ldots\ldots\ldots \end{cases}$$

Ainsi, encore, si les équations différentielles données renferment les dérivées du troisième, du quatrième, ... ordre de la variable principale

$$\xi, \quad \text{ou} \quad \eta, \quad \text{ou} \quad \zeta, \quad \ldots,$$

il faudra joindre à la première, ou à la seconde, ou à la troisième des formules (5) ou (8), celles qu'on en déduit par deux, trois, ... différentiations successives.

Supposons maintenant que, du côté des x positives, et dans le voisinage du plan fixe donné, les équations différentielles auxquelles doivent satisfaire les variables principales ξ, η, ζ, ... changent de forme, en sorte que les coefficients de ξ, η, ζ, ... et de leurs dérivées y varient très rapidement avec x entre les limites très rapprochées

$$x = 0, \qquad x = \varepsilon.$$

Supposons d'ailleurs que les produits de ces coefficients par ε restent très petits, et nommons

$$\xi_\varepsilon, \quad \eta_\varepsilon, \quad \zeta_\varepsilon, \quad \ldots, \quad \varphi_\varepsilon, \quad \chi_\varepsilon, \quad \psi_\varepsilon, \quad \ldots$$

ce que deviennent, entre les limites dont il s'agit, non pas les valeurs générales des variables

$$\xi, \quad \eta, \quad \zeta, \quad \ldots, \quad \varphi, \quad \chi, \quad \psi, \quad \ldots,$$

mais des valeurs particulières de ces variables, je veux dire des valeurs fournies par un système d'intégrales particulières, par exemple, celles qui se déduisent des équations (5), et que fournissent les formules (5), (10), ... Enfin, admettons que les n racines de l'équation (4) soient inégales, et nommons

$$\varkappa_1, \quad \varkappa_2, \quad \ldots, \quad \varkappa_n$$

celles de ces racines qui offrent des parties réelles égales ou supérieures à la partie réelle de $\varkappa_1$. D'après ce qui a été dit dans le paragraphe précédent, les différences

$$\xi_\varepsilon - \xi, \quad \eta_\varepsilon - \eta, \quad \zeta_\varepsilon - \zeta, \quad \ldots, \quad \varphi_\varepsilon - \varphi, \quad \chi_\varepsilon - \chi, \quad \psi_\varepsilon - \psi, \quad \ldots$$

devront vérifier toutes les équations produites par l'élimination des exponentielles

$$e^{\varkappa_{m+1}x}, \quad \ldots, \quad e^{\varkappa_n x}$$

entre les formules

$$(12)\quad \left\{\begin{array}{l} \xi_\varepsilon - \xi = A_{m+1} e^{\varkappa_{m+1}x} + \ldots + A_n e^{\varkappa_n x}, \\ \eta_\varepsilon - \eta = B_{m+1} e^{\varkappa_{m+1}x} + \ldots + B_n e^{\varkappa_n x}, \\ \zeta_\varepsilon - \zeta = C_{m+1} e^{\varkappa_{m+1}x} + \ldots + C_n e^{\varkappa_n x}, \\ \ldots\ldots\ldots\ldots\ldots\ldots\ldots\ldots \end{array}\right.$$

$$(13)\quad \left\{\begin{array}{l} \varphi_\varepsilon - \varphi = A_{m+1} \varkappa_{m+1} e^{\varkappa_{m+1}x} + \ldots + A_n \varkappa_n e^{\varkappa_n x}, \\ \chi_\varepsilon - \chi = B_{m+1} \varkappa_{m+1} e^{\varkappa_{m+1}x} + \ldots + B_n \varkappa_n e^{\varkappa_n x}, \\ \psi_\varepsilon - \psi = C_{m+1} \varkappa_{m+1} e^{\varkappa_{m+1}x} + \ldots + C_n \varkappa_n e^{\varkappa_n x}, \\ \ldots\ldots\ldots\ldots\ldots\ldots\ldots\ldots \end{array}\right.$$

Si aucune des racines de l'équation (4) n'offre une partie réelle inférieure à la partie réelle de $\varkappa_1$, les formules (12), (13), ..., dont les seconds membres se réduiront à zéro, donneront

$$(14)\quad \xi_\varepsilon = \xi, \quad \eta_\varepsilon = \eta, \quad \zeta_\varepsilon = \zeta, \quad \ldots, \quad \varphi_\varepsilon = \varphi, \quad \chi_\varepsilon = \chi, \quad \psi_\varepsilon = \psi, \quad \ldots.$$

Si une seule des racines de l'équation (4), savoir $\varkappa_n$, offre une partie réelle inférieure à la partie réelle de $\varkappa_1$, on tirera des formules (12), (13), ...

$$(15)\quad \frac{\xi_\varepsilon - \xi}{A_n} = \frac{\eta_\varepsilon - \eta}{B_n} = \frac{\zeta_\varepsilon - \zeta}{C_n} = \ldots = \frac{\varphi_\varepsilon - \varphi}{\varkappa_n A_n} = \frac{\chi_\varepsilon - \chi}{\varkappa_n B_n} = \frac{\psi_\varepsilon - \psi}{\varkappa_n C_n} = \ldots.$$

Soient d'ailleurs

$$\xi_0, \quad \eta_0, \quad \zeta_0, \quad \ldots, \quad \varphi_0, \quad \chi_0, \quad \psi_0, \quad \ldots$$

ce que deviennent

$$\xi_\varepsilon, \quad \eta_\varepsilon, \quad \zeta_\varepsilon, \quad \ldots, \quad \varphi_\varepsilon, \quad \chi_\varepsilon, \quad \psi_\varepsilon, \quad \ldots$$

sur le plan fixe donné, c'est-à-dire lorsqu'on pose $x = 0$. En vertu des formules (14), (15), ..., les valeurs de

$$\xi, \quad \eta, \quad \zeta, \quad \ldots, \quad \varphi, \quad \chi, \quad \psi, \quad \ldots,$$

fournies par les équations (5), par conséquent les valeurs de ξ, η, ζ, ..., φ, χ, ψ, ... calculées comme si, dans le voisinage du plan fixe, les équations différentielles ne changeaient pas de forme, devront, pour $x = 0$, satisfaire, si l'on a $m = n$, aux conditions

$$(16)\quad \xi = \xi_0, \quad \eta = \eta_0, \quad \zeta = \zeta_0, \quad \ldots, \quad \varphi = \varphi_0, \quad \chi = \chi_0, \quad \psi = \psi_0, \quad \ldots,$$

si l'on a $m = n - 1$, aux conditions

$$(17)\quad \frac{\xi - \xi_0}{A_n} = \frac{\eta - \eta_0}{B_n} = \frac{\zeta - \zeta_0}{C_n} = \ldots = \frac{\varphi - \varphi_0}{\varkappa_n A_n} = \frac{\chi - \chi_0}{\varkappa_n B_n} = \frac{\psi - \psi_0}{\varkappa_n C_n} = \ldots.$$

Si les valeurs des variables principales ξ, η, ζ, ..., mesurées du côté des x positives, et à une distance finie du plan fixe, n'étaient plus celles que déterminent les formules (5), mais les sommes de celles que déterminent plusieurs des formules (5), (6), (7), ..., et renfermaient en conséquence dans leur expression plusieurs des exponentielles

$$e^{\varkappa_1 x}, \quad e^{\varkappa_2 x}, \quad \ldots, \quad e^{\varkappa_n x},$$

par exemple, $e^{\varkappa_h x}$, $e^{\varkappa_l x}$, ..., alors, en nommant toujours

$$\xi_\varepsilon, \quad \eta_\varepsilon, \quad \zeta_\varepsilon, \quad \ldots, \quad \varphi_\varepsilon, \quad \chi_\varepsilon, \quad \psi_\varepsilon, \quad \ldots$$

ce que deviendraient les valeurs de

$$\xi, \quad \eta, \quad \zeta, \quad \ldots, \quad \varphi, \quad \chi, \quad \psi, \quad \ldots$$

entre les limites $x = 0$, $x = \varepsilon$, eu égard au changement de forme des équations différentielles, et raisonnant d'ailleurs comme ci-dessus, on obtiendrait encore entre les différences

$$\xi_\varepsilon - \xi, \quad \eta_\varepsilon - \eta, \quad \zeta_\varepsilon - \zeta, \quad \ldots, \quad \varphi_\varepsilon - \varphi, \quad \chi_\varepsilon - \chi, \quad \psi_\varepsilon - \psi, \quad \ldots$$

les équations de condition produites par l'élimination des exponentielles

$$e^{\varkappa_{m+1} x}, \quad \ldots, \quad e^{\varkappa_n x},$$

entre les formules (12), (13), ..., pourvu que l'on désignât par

$$\varkappa_{m+1}, \quad \ldots, \quad \varkappa_n$$

celles des racines de l'équation (4) dont la partie réelle serait inférieure à la partie réelle de chacune des racines $\varkappa_h$, $\varkappa_l$, ... Alors aussi, parmi les termes de la suite

$$\varkappa_{m+1}, \quad \ldots, \quad \varkappa_n,$$

on devrait ordinairement comprendre la plupart des racines $\varkappa_h$, $\varkappa_l$, ..., en excluant seulement celle dont la partie réelle serait la plus petite, ou du moins celles dont les parties réelles, égales entre elles, offriraient la moindre valeur.

Nous avons ici supposé que l'équation (4) offrait n racines distinctes. On passera aisément de cette hypothèse au cas où plusieurs racines deviendraient égales entre elles, en commençant par admettre que les mêmes racines diffèrent très peu les unes des autres.

§ IV. — *Application du principe fondamental à un système d'équations linéaires aux différences partielles.*

Considérons un système d'équations linéaires aux différences partielles entre plusieurs variables indépendantes

$$x, \quad y, \quad z, \quad \ldots$$

et plusieurs variables principales

$$\xi, \quad \eta, \quad \zeta, \quad \ldots,$$

chacun des termes que renferment ces équations étant le produit d'un coefficient constant par l'une des variables principales ou par l'une de leurs dérivées. Un moyen fort simple de satisfaire à la fois à toutes les équations données sera de supposer les variables principales ξ, η, ζ, ... toutes proportionnelles à une même exponentielle népérienne dont l'exposant soit une fonction linéaire des variables indépendantes, et de prendre en conséquence

$$(1) \quad \xi = \mathrm{A}e^{ux+vy+wz+\ldots}, \quad \eta = \mathrm{B}e^{ux+vy+wz+\ldots}, \quad \zeta = \mathrm{C}e^{ux+vy+wz+\ldots}, \quad \ldots,$$

u, v, w, ..., A, B, C, ... étant des constantes propres à vérifier le système des formules

$$(2) \qquad \mathcal{A} = 0, \quad \mathcal{B} = 0, \quad \mathcal{C} = 0, \quad \ldots$$

qu'on obtiendra en substituant, dans les équations données, aux variables principales $\xi, \eta, \zeta, \ldots$, les facteurs A, B, C, ..., et aux dérivées de chaque variable principale ξ, ou η, ou $\zeta, \ldots$, différentiée une ou plusieurs fois de suite, par rapport à $x, y, z, \ldots$, les produits du facteur correspondant A, ou B, ou C, ... par des puissances entières de $u, v, w, \ldots$ dont les degrés soient respectivement, pour la puissance de u, le nombre des différentiations effectuées par rapport à x, pour la puissance de v, le nombre des différentiations effectuées par rapport à y, et ainsi de suite. Les équations (2) devant être évidemment linéaires par rapport aux facteurs A, B, C, ..., si l'on met de côté la première de ces équations, les suivantes pourront être en général remplacées par une seule de la forme

$$\frac{A}{a} = \frac{B}{b} = \frac{C}{c} = \ldots, \tag{3}$$

$a, b, c, \ldots$ désignant des fonctions entières de $u, v, w, \ldots$, et, en éliminant A, B, C, ... de la première des équations (2), à l'aide de la formule (3), on obtiendra entre les seuls coefficients $u, v, w, \ldots$ une équation

$$\mathcal{K} = 0, \tag{4}$$

dont le degré, relatif à u, sera généralement égal à la somme n des nombres qui représenteront chacun, dans les équations différentielles données, l'ordre de la dérivée la plus élevée de l'une des variables principales

$$\xi, \quad \eta, \quad \zeta, \quad \ldots$$

différentiée une ou plusieurs fois de suite par rapport à x.

Observons à présent que l'on tire des équations (1)

$$\begin{array}{llllll}
\frac{\partial\xi}{\partial y} = v\xi, & \frac{\partial\xi}{\partial z} = w\xi, & \ldots, & \frac{\partial^2\xi}{\partial y^2} = v^2\xi, & \frac{\partial^2\xi}{\partial y\,\partial z} = vw\xi, \quad \ldots, & \frac{\partial^2\xi}{\partial z^2} = w^2\xi, \quad \ldots, \\
\frac{\partial\eta}{\partial y} = v\eta, & \frac{\partial\eta}{\partial z} = w\eta, & \ldots, & \frac{\partial^2\eta}{\partial y^2} = v^2\eta, & \frac{\partial^2\eta}{\partial y\,\partial z} = vw\eta, \quad \ldots, & \frac{\partial^2\eta}{\partial z^2} = w^2\eta, \quad \ldots, \\
\frac{\partial\zeta}{\partial y} = v\zeta, & \frac{\partial\zeta}{\partial z} = w\zeta, & \ldots, & \frac{\partial^2\zeta}{\partial y^2} = v^2\zeta, & \frac{\partial^2\zeta}{\partial y\,\partial z} = vw\zeta, \quad \ldots, & \frac{\partial^2\zeta}{\partial z^2} = w^2\zeta, \quad \ldots, \\
\ldots\ldots, & \ldots\ldots\ldots, & \ldots, & \ldots\ldots\ldots, & \ldots\ldots\ldots\ldots, \quad \ldots, & \ldots\ldots\ldots\ldots, \quad \ldots
\end{array}$$

et, qu'en ayant égard à ces dernières formules, on pourra immédiatement réduire le système des équations linéaires données à un système d'équations différentielles qui ne renferment plus que les dérivées de ξ, η, ζ, ... relatives à la seule variable indépendante x. Cela posé, nommons

$$u_1, \quad u_2, \quad \ldots, \quad u_n$$

les n racines de l'équation (4), résolue par rapport à u, et

$$A_1, \quad B_1, \quad C_1, \quad \ldots, \quad A_2, \quad B_2, \quad C_2, \quad \ldots, \quad A_n, \quad B_n, \quad C_n, \quad \ldots$$

les valeurs correspondantes de A, B, C, ... Les équations linéaires données et les équations différentielles dont nous venons de parler admettront les systèmes d'intégrales simples

$$(5) \quad \xi = A_1 e^{u_1 x + vy + wz \ldots}, \quad \eta = B_1 e^{u_1 x + vy + wz \ldots}, \quad \zeta = C_1 e^{u_1 x + vy + wz \ldots}, \quad \ldots,$$

$$(6) \quad \xi = A_2 e^{u_2 x + vy + wz \ldots}, \quad \eta = B_2 e^{u_2 x + vy + wz \ldots}, \quad \zeta = C_2 e^{u_2 x + vy + wz \ldots}, \quad \ldots,$$

$$\ldots\ldots\ldots, \quad \ldots\ldots\ldots, \quad \ldots\ldots\ldots, \quad \ldots,$$

$$(7) \quad \xi = A_n e^{u_n x + vy + wz \ldots}, \quad \eta = B_n e^{u_n x + vy + wz \ldots}, \quad \zeta = C_n e^{u_n x + vy + wz \ldots}, \quad \ldots,$$

et les intégrales générales des équations différentielles pourront être présentées sous la forme

$$(8) \quad \begin{cases} \xi = A_1 e^{u_1 x + vy + wz \ldots} + A_2 e^{u_2 x + vy + wz \ldots} + \ldots + A_n e^{u_n x + vy + wz \ldots}, \\ \eta = B_1 e^{u_1 x + vy + wz \ldots} + B_2 e^{u_2 x + vy + wz \ldots} + \ldots + B_n e^{u_n x + vy + wz \ldots}, \\ \zeta = C_1 e^{u_1 x + vy + wz \ldots} + C_2 e^{u_2 x + vy + wz \ldots} + \ldots + C_n e^{u_n x + vy + wz \ldots}, \\ \ldots\ldots\ldots\ldots\ldots\ldots \end{cases}$$

D'ailleurs, pour retrouver toutes les intégrales qu'on aurait obtenues si l'on avait commencé par réduire au premier ordre les équations différentielles, en représentant par de nouvelles lettres une ou plusieurs dérivées de chaque variable principale différentiée une ou plusieurs fois par rapport à x, il suffira de joindre aux formules (5), (6), ..., (7) ou (8) leurs dérivées de divers ordres. Ainsi, par exemple, si les équations différentielles sont du second ordre relativement à chacune des variables principales

$$\xi, \quad \eta, \quad \zeta, \quad \ldots$$

différentiée par rapport à x, et renferment en conséquence avec ces variables, non seulement les dérivées du premier ordre

$$\frac{\partial\xi}{\partial x},\quad \frac{\partial\eta}{\partial x},\quad \frac{\partial\zeta}{\partial x},\quad \ldots,$$

mais encore les dérivées du second ordre

$$\frac{\partial^2\xi}{\partial x^2},\quad \frac{\partial^2\eta}{\partial x^2},\quad \frac{\partial^2\zeta}{\partial x^2},\quad \ldots,$$

alors, en posant

$$(9)\qquad \frac{\partial\xi}{\partial x}=\varphi,\qquad \frac{\partial\eta}{\partial x}=\chi,\qquad \frac{\partial\zeta}{\partial x}=\psi,\qquad \ldots,$$

on devra, aux intégrales particulières représentées par les équations (5), joindre les formules

$$(10)\quad \varphi=A_1 u_1 e^{u_1 x+vy+wz\ldots},\quad \chi=B_1 u_1 e^{u_1 x+vy+wz\ldots},\quad \psi=C_1 u_1 e^{u_1 x+vy+wz\ldots},\quad \ldots,$$

et, aux intégrales générales représentées par les équations (8), joindre les formules

$$(11)\quad \left\{\begin{array}{l} \varphi=A_1 u_1 e^{u_1 x+vy+wz\ldots}+A_2 u_2 e^{u_2 x+vy+wz\ldots}+A_n u_n e^{u_n x+vy+wz\ldots}, \\ \chi=B_1 u_1 e^{u_1 x+vy+wz\ldots}+B_2 u_2 e^{u_2 x+vy+wz\ldots}+B_n u_n e^{u_n x+vy+wz\ldots}, \\ \psi=C_1 u_1 e^{u_1 x+vy+wz\ldots}+C_2 u_2 e^{u_2 x+vy+wz\ldots}+C_n u_n e^{u_n x+vy+wz\ldots}, \\ \ldots\ldots\ldots\ldots\ldots\ldots\ldots\ldots\ldots\ldots \end{array}\right.$$

Ainsi encore, si les équations différentielles trouvées renferment les dérivées du troisième, du quatrième, ... ordre de la variable principale ξ, ou η, ou ζ, ... différentiée plusieurs fois par rapport à x, il faudra joindre à la première, à la seconde, à la troisième, ... des formules (5) ou (8) celles qu'on en déduit par deux, trois, ... différentiations successives et relatives à la variable indépendante x.

Supposons maintenant que la variable indépendante x représente une coordonnée perpendiculaire à un plan fixe et que, du côté des x positives, mais dans le voisinage du plan fixe, les équations linéaires, et aux différences partielles, auxquelles doivent satisfaire les variables principales ξ, η, ζ, ..., changent de forme, de telle sorte que les coefficients de ces variables et de leurs dérivées, devenus fonctions de la coordonnée x, varient très rapidement avec elle, entre les limites très rapprochées

$$x = 0, \qquad x = \varepsilon.$$

Supposons, d'ailleurs, que les produits de ces mêmes coefficients par ε restent très petits, et nommons

$$\xi_\varepsilon, \quad \eta_\varepsilon, \quad \zeta_\varepsilon, \quad \ldots, \quad \varphi_\varepsilon, \quad \chi_\varepsilon, \quad \psi_\varepsilon, \quad \ldots$$

ce que deviennent, entre les limites dont il s'agit, non pas les valeurs générales des variables

$$\xi, \quad \eta, \quad \zeta, \quad \ldots, \quad \varphi, \quad \chi, \quad \psi, \quad \ldots,$$

mais des valeurs particulières de ces variables, je veux dire des valeurs fournies par un système d'intégrales particulières, par exemple, celles que fournissent les équations (5), et qui se déduisent des formules (5), (10), ... Puisque, par hypothèse, les coefficients des variables principales ξ, η, ζ, ..., et de leurs dérivées, dans les équations linéaires données, dépendent d'une seule des variables x, y, z, ..., savoir, de la coordonnée x, on vérifiera ces équations en supposant que

$$\xi, \quad \eta, \quad \zeta, \quad \ldots,$$

considérés comme fonction de y, z, ..., sont tous proportionnels à une même exponentielle de la forme

$$e^{vy+wz+\ldots};$$

et comme, en admettant cette supposition, on pourra réduire les équations linéaires données aux équations différentielles dont nous avons parlé, nous devons conclure que ces équations différentielles pourront être étendues au cas où les coefficients varient avec x, et fourniront alors les valeurs de

$$\xi_\varepsilon, \quad \eta_\varepsilon, \quad \zeta_\varepsilon, \quad \ldots.$$

Cela posé, concevons que les n racines de l'équation (4) soient inégales, et nommons

$$u_1, \quad u_2, \quad \ldots, \quad u_m$$

celles des racines de cette équation qui offrent une partie réelle égale ou supérieure à la partie réelle de u_1. D'après ce qui a été dit dans le troisième paragraphe, les différences

$$\xi_\varepsilon-\xi,\quad \eta_\varepsilon-\eta,\quad \zeta_\varepsilon-\zeta,\quad \ldots,\quad \varphi_\varepsilon-\varphi,\quad \chi_\varepsilon-\chi,\quad \psi_\varepsilon-\psi,\quad \ldots$$

devront vérifier toutes les équations produites par l'élimination des exponentielles

$$e^{u_{m+1}x+vy+wz\ldots},\quad \ldots,\quad e^{u_n x+vy+wz\ldots}$$

entre les formules

$$(12)\quad \begin{cases} \xi_\varepsilon-\xi=A_{m+1}e^{u_{m+1}x+vy+wz\ldots}+\ldots+A_n e^{u_n x+vy+wz\ldots},\\ \eta_\varepsilon-\eta=B_{m+1}e^{u_{m+1}x+vy+wz\ldots}+\ldots+B_n e^{u_n x+vy+wz\ldots},\\ \zeta_\varepsilon-\zeta=C_{m+1}e^{u_{m+1}x+vy+wz\ldots}+\ldots+C_n e^{u_n x+vy+wz\ldots},\\ \ldots\ldots\ldots\ldots\ldots\ldots\ldots\ldots\ldots\ldots\ldots; \end{cases}$$

$$(13)\quad \begin{cases} \varphi_\varepsilon-\varphi=A_{m+1}u_{m+1}e^{u_{m+1}x+vy+wz\ldots}+\ldots+A_n u_n e^{u_n x+vy+wz\ldots},\\ \chi_\varepsilon-\chi=B_{m+1}u_{m+1}e^{u_{m+1}x+vy+wz\ldots}+\ldots+B_n u_n e^{u_n x+vy+wz\ldots},\\ \psi_\varepsilon-\psi=C_{m+1}u_{m+1}e^{u_{m+1}x+vy+wz\ldots}+\ldots+C_n u_n e^{u_n x+vy+wz\ldots},\\ \ldots\ldots\ldots\ldots\ldots\ldots\ldots\ldots\ldots\ldots\ldots; \end{cases}$$

$$\ldots\ldots\ldots\ldots\ldots\ldots\ldots\ldots\ldots\ldots\ldots\ldots$$

Si aucune des racines de l'équation (4), résolue par rapport à u, n'offre une partie réelle inférieure à la partie réelle de u_1, on aura $m=n$, et alors les formules (12), (13), ..., dont les seconds membres se réduiront à zéro, donneront

$$(14)\quad \xi_\varepsilon=\xi,\quad \eta_\varepsilon=\eta,\quad \zeta_\varepsilon=\zeta,\quad \ldots,\quad \varphi_\varepsilon=\varphi,\quad \chi_\varepsilon=\chi,\quad \psi_\varepsilon=\psi,\quad \ldots$$

Si une seule des racines de l'équation (4), savoir u_n, offre une partie réelle inférieure à celle de u_1, on tirera des formules (12), (13), ...

$$(15)\quad \frac{\xi_\varepsilon-\xi}{A_n}=\frac{\eta_\varepsilon-\eta}{B_n}=\frac{\zeta_\varepsilon-\zeta}{C_n}=\ldots=\frac{\varphi_\varepsilon-\varphi}{u_n A_n}=\frac{\chi_\varepsilon-\chi}{u_n B_n}=\frac{\psi_\varepsilon-\psi}{u_n C_n}=\ldots.$$

Soient d'ailleurs

$$\xi_0,\quad \eta_0,\quad \zeta_0,\quad \ldots,\quad \varphi_0,\quad \chi_0,\quad \psi_0,\quad \ldots$$

ce que deviennent

$$\xi_\varepsilon,\quad \eta_\varepsilon,\quad \zeta_\varepsilon,\quad \ldots,\quad \varphi_\varepsilon,\quad \chi_\varepsilon,\quad \psi_\varepsilon,\quad \ldots$$

sur le plan fixe donné, c'est-à-dire lorsqu'on pose $x=0$. En vertu des formules (14), (15), ..., les valeurs des variables

$$\xi,\quad \eta,\quad \zeta,\quad \ldots,\quad \varphi,\quad \chi,\quad \psi,\quad \ldots$$

que déterminent les formules (5), (10), ..., c'est-à-dire leurs valeurs calculées comme si, dans le voisinage du plan fixe, les équations linéaires données ne changeaient pas de forme, devront, pour $x=0$, satisfaire, si l'on a $m=n$, aux conditions

$$(16)\quad \xi=\xi_0,\quad \eta=\eta_0,\quad \zeta=\zeta_0,\quad \ldots,\quad \varphi=\varphi_0,\quad \chi=\chi_0;\quad \psi=\psi_0,\quad \ldots,$$

si l'on a $m=n-1$, aux conditions

$$(17)\quad \frac{\xi-\xi_0}{A_n}=\frac{\eta-\eta_0}{B_n}=\frac{\zeta-\zeta_0}{C_n}=\ldots=\frac{\varphi-\varphi_0}{u_n A_n}=\frac{\chi-\chi_0}{u_n B_n}=\frac{\psi-\psi_0}{u_n C_n}=\ldots.$$

Si les valeurs des variables principales ξ, η, ζ, ..., mesurées du côté des x positives et à une distance finie du plan fixe, n'étaient plus celles que déterminent les formules (5), mais les sommes de celles que déterminent plusieurs formules (5), (6), ..., (7), et renfermaient en conséquence dans leur expression plusieurs des exponentielles

$$e^{u_1 x+vy+wz\ldots},\quad e^{u_2 x+vy+wz\ldots},\quad \ldots,\quad e^{u_n x+vy+wz\ldots},$$

par exemple

$$e^{u_h x+vy+wz\ldots},\quad e^{u_l x+vy+wz\ldots},\quad \ldots,$$

alors, en nommant toujours

$$\xi_\varepsilon,\quad \eta_\varepsilon,\quad \zeta_\varepsilon,\quad \ldots,\quad \varphi_\varepsilon,\quad \chi_\varepsilon,\quad \psi_\varepsilon,\quad \ldots$$

ce que deviendraient les valeurs de

$$\xi,\quad \eta,\quad \zeta,\quad \ldots,\quad \varphi,\quad \chi,\quad \psi,\quad \ldots$$

entre les limites $x=0$, $x=\varepsilon$, eu égard au changement de forme des équations différentielles, et raisonnant d'ailleurs comme ci-dessus, on obtiendrait encore, entre les différences

$$\xi_\varepsilon-\xi,\quad \eta_\varepsilon-\eta,\quad \zeta_\varepsilon-\zeta,\quad \ldots,\quad \varphi_\varepsilon-\varphi,\quad \chi_\varepsilon-\chi,\quad \psi_\varepsilon-\psi,\quad \ldots,$$

les équations de condition produites par l'élimination des exponentielles

$$e^{u_{m+1} x+vy+wz\ldots},\quad \ldots,\quad e^{u_n x+vy+wz\ldots}$$

entre les formules (12), (13), ..., pourvu que l'on désignât par

$$u_{m+1},\quad \ldots,\quad u_n$$

celles des racines de l'équation (4) dont la partie réelle serait inférieure à la partie réelle de chacune des racines

$$u_h,\quad u_l,\quad \ldots.$$

Alors aussi, parmi les termes de la suite

$$u_{m+1},\quad \ldots,\quad u_n,$$

on devrait ordinairement comprendre la plupart des racines u_h, u_l, ..., en excluant seulement celle dont la partie réelle serait la plus petite, ou du moins celles dont les parties réelles, égales entre elles, offriraient la moindre valeur.

Nous avons ici supposé que l'équation (4) offrait n racines distinctes. On passera aisément de cette hypothèse au cas où plusieurs racines deviendraient égales, en commençant par admettre que ces mêmes racines diffèrent très peu les unes des autres.

La méthode et les formules que nous venons d'exposer peuvent être appliquées, par exemple, aux équations linéaires que j'ai données dans le Mémoire sur la dispersion de la lumière et qui représentent les mouvements infiniment petits d'un système de molécules sollicitées par des forces d'attraction ou de répulsion mutuelle. Cette application n'offre aucune difficulté dans le cas où les coefficients que renferment ces équations, ramenées par le développement des différences finies, en vertu du théorème de Taylor, à la forme d'équations linéaires aux différences partielles, demeurent constants à une distance finie du plan fixe qui limite le système donné. Alors on obtient, pour les molécules situées dans le voisinage du plan fixe, des équations de condition que nous développerons dans un autre Mémoire et qui comprennent, comme cas particulier, les formules de Fresnel relatives à la réflexion et à la réfraction de la lumière.

36.

Note sur un théorème d'Analyse, et sur son application aux questions de Physique mathématique.

C. R., t. VIII, p. 471 (1er avril 1839).

Il est assez facile d'intégrer les équations linéaires qui représentent les mouvements infiniment petits d'un système de molécules sollicitées par des forces d'attraction ou de répulsion mutuelle, et d'en déduire, par la méthode qui fait l'objet du précédent Mémoire, les équations relatives à un plan fixe qui limite le système donné, dans le cas où les coefficients que renferment les premières équations, ramenées à la forme d'équations aux différences partielles, demeurent constants à une distance finie du plan fixe. Mais cette dernière condition, qui peut être supposée remplie quand il s'agit des molécules d'un corps homogène, ou bien encore des molécules du fluide éthéré pris isolément et placé dans le vide, doit cesser assurément d'être vérifiée quand les molécules données sont celles d'une portion de fluide éthéré contenue dans un corps transparent ou opaque. En effet, admettons, comme tout semble l'indiquer, que les molécules d'un corps, ou plutôt les atomes dont elles se composent, exercent une attraction sur les molécules éthérées. Ces dernières se rassembleront en plus grand nombre dans le voisinage d'un atome du corps, et par suite la densité de l'éther pourra varier sensiblement d'un point de l'espace à un autre dans un très petit intervalle. On peut donc s'étonner au premier abord de l'accord remarquable qui existe, comme nous le montrerons dans un autre article, entre les résultats des expériences relatives à la réflexion ou à la réfraction de la lumière et les phénomènes que le calcul indique pour le cas où la densité de l'éther demeurerait invariable dans toute l'étendue d'un même corps. Il restait évidemment ici une difficulté qu'il m'a paru important de vaincre. J'y suis parvenu à l'aide d'un théorème d'Analyse que je vais exposer en peu de mots. Ce théorème, appliqué à l'intégration d'une équation différentielle, peut s'énoncer comme il suit :

THÉORÈME. — *Soit donnée une équation différentielle linéaire d'un ordre quelconque entre une variable principale* ξ *et une variable indépendante* x *qui représentera, si l'on veut, une coordonnée mesurée perpendiculairement à un plan fixe. Si, dans tous les termes de cette équation, supposés proportionnels à la variable principale, ou à ses dérivées, les coefficients sont des fonctions de la coordonnée* x *qui reprennent périodiquement les mêmes valeurs quand on fait croître ou décroître cette coordonnée en progression arithmétique, il suffira en général que la valeur numérique attribuée à* x *devienne très considérable relativement à la raison de la progression dont il s'agit, pour que la valeur de la variable principale se confonde sensiblement avec celle qu'on obtiendrait si, dans l'équation donnée, on remplaçait chaque coefficient par sa valeur moyenne.*

Démonstration. — Pour constater l'exactitude de ce théorème, commençons par considérer le cas où l'équation donnée peut s'intégrer en termes finis; et supposons, par exemple, que la variable principale ξ se trouve liée à la variable indépendante x par la formule

$$\frac{d\xi}{dx} = \mathrm{R}\xi, \tag{1}$$

le coefficient R étant une fonction de x qui reprenne périodiquement la même valeur quand on fait croître ou décroître x d'un multiple de la quantité positive a. Si l'on nomme ξ_0 la valeur de ξ correspondante à $x=0$, l'intégrale de l'équation (1) sera de la forme

$$\xi = \xi_0 e^{\int_0^x \mathrm{R}\,dx}. \tag{2}$$

Soit d'ailleurs

$$\mathrm{A} = \int_0^a \mathrm{R}\,dx. \tag{3}$$

Le rapport $\frac{\mathrm{A}}{a}$ sera ce qu'on appelle la *valeur moyenne* du coefficient R, et représentera en effet la moyenne arithmétique entre les valeurs de R qui correspondent à des valeurs de x équidistantes, infiniment rapprochées les unes des autres, et comprises entre les limites $x = 0$, $x = a$. Cela posé, si l'on attribue à la variable x une valeur numérique qui soit très considérable par rapport à a, si, par exemple, en supposant x positif, on prend

$$x = na + \alpha, \tag{4}$$

n étant un nombre entier fort grand et α une quantité comprise entre les limites 0, a, on trouvera

$$\int_0^x \mathrm{R}\,dx = \int_0^{na} \mathrm{R}\,dx + \int_{na}^{na+\alpha} \mathrm{R}\,dx; \tag{5}$$

et, comme on aura, en raison de la périodicité des valeurs du coefficient R,

$$\int_0^{na} \mathrm{R}\,dx = n\int_0^a \mathrm{R}\,dx = n\mathrm{A}, \tag{6}$$

la formule (5) donnera

$$\int_0^x \mathrm{R}\,dx = n\mathrm{A} + \int_{na}^{na+\alpha} \mathrm{R}\,dx. \tag{7}$$

D'ailleurs l'intégrale

$$\int_{na}^{na+\alpha} \mathrm{R}\,dx,$$

équivalente au produit de α par une certaine valeur de R, sera une quantité du même ordre que l'intégrale A et pourra, en général, être négligée vis-à-vis du produit $n\mathrm{A}$ lorsque le nombre n deviendra considérable. On doit cependant excepter le cas où, la fonction R venant à passer par zéro entre les limites $x = 0$, $x = a$, on aurait rigoureusement

$$\int_0^a \mathrm{R}\,dx = 0 \quad \text{ou} \quad \mathrm{A} = 0.$$

Dans tout autre cas, la formule (7) donnera sensiblement, pour de grandes valeurs de n,

$$\int_0^x \mathrm{R}\,dx = n\mathrm{A} = \frac{\mathrm{A}}{a}(x-\alpha),$$

et, par suite,

$$(8)\qquad \int_0^x \mathrm{R}\,dx = \frac{\mathrm{A}}{a}x,$$

puisque α sera très petit par rapport à x. On peut même observer que, dans tous les cas, la formule (8) sera rigoureusement exacte dès que l'on prendra pour x un multiple de a. Or, si l'on substitue dans la formule (2) la valeur de $\int_0^x \mathrm{R}\,dx$, tirée de l'équation (8), on trouvera

$$(9)\qquad \xi = \xi_0 e^{\frac{\mathrm{A}}{a}x};$$

et, conformément au théorème énoncé, la valeur précédente de ξ est précisément celle que fournirait la formule

$$(10)\qquad \frac{d\xi}{dx} = \frac{\mathrm{A}}{a}\xi,$$

à laquelle on parvient en remplaçant, dans l'équation (1), le coefficient R par sa valeur moyenne $\frac{\mathrm{A}}{a}$.

On arriverait aux mêmes conclusions si, au lieu d'intégrer l'équation (1) sous forme finie, on appliquait à cette équation la méthode d'intégration par séries. En effet, en intégrant, à partir de $x=0$, les deux membres de l'équation (1) multipliés par dx, on trouvera

$$(11)\qquad \xi - \xi_0 = \int_0^x \mathrm{R}\xi\,dx;$$

puis, en substituant plusieurs fois de suite la valeur de ξ tirée de l'équation (11) dans cette équation même, on en tirera

$$\begin{aligned}\xi &= \xi_0 + \int_0^x \mathrm{R}\xi\,dx \\ &= \xi_0 + \xi_0\int_0^x \mathrm{R}\,dx + \int_0^x \mathrm{R}\int_0^x \mathrm{R}\xi\,dx\,dx \\ &= \ldots\ldots\ldots\ldots\ldots\ldots\ldots\ldots;\end{aligned}$$

par conséquent

$$(12) \qquad \xi = \xi_0\left(1 + \int_0^x \mathrm{R}\,dx + \int_0^x \mathrm{R}\int_0^x \mathrm{R}\,dx\,dx + \ldots\right).$$

D'ailleurs, en vertu de la formule (8), on aura sensiblement, pour de grandes valeurs de x ou pour de petites valeurs de a,

$$(13) \qquad \begin{cases} \int_0^x \mathrm{R}\,dx = \frac{\mathrm{A}}{a}\,x, \\ \int_0^x \mathrm{R}\int_0^x \mathrm{R}\,dx\,dx = \frac{\mathrm{A}}{a}\int_0^x \mathrm{R}x\,dx, \\ \ldots\ldots\ldots\ldots\ldots\ldots\ldots\ldots\ldots\ldots; \end{cases}$$

et comme, en intégrant par parties, on trouvera

$$\int_0^x \mathrm{R}x\,dx = x\int_0^x \mathrm{R}\,dx - \int_0^x\int_0^x \mathrm{R}\,dx\,dx,$$

puis, en ayant égard à la formule (8),

$$\int_0^x \mathrm{R}x\,dx = \frac{\mathrm{A}}{a}\,x^2 - \frac{\mathrm{A}}{a}\int_0^x x\,dx = \frac{\mathrm{A}}{a}\,\frac{x^2}{2},$$

la seconde des formules (13) pourra, sans erreur sensible, être remplacée par la suivante :

$$(14) \qquad \int_0^x \mathrm{R}\int_0^x \mathrm{R}\,dx\,dx = \left(\frac{\mathrm{A}}{a}\right)^2 \frac{x^2}{2}.$$

En continuant ainsi, on reconnaîtra que, dans l'hypothèse admise, l'équation (12) peut être réduite à

$$(15) \qquad \xi = \xi_0\left[1 + \frac{\mathrm{A}}{a}\,x + \left(\frac{\mathrm{A}}{a}\right)^2 \frac{x^2}{1.2} + \ldots\right],$$

par conséquent à la formule (9).

Concevons à présent qu'au lieu de l'équation (1) l'on considère la suivante

$$(16) \qquad \frac{d^2\xi}{dx^2} = \mathrm{R}\,\xi,$$

le coefficient de R étant toujours une fonction de x qui reprenne périodiquement les mêmes valeurs quand on fait croître ou décroître x d'un multiple de la quantité positive a. La première des démonstrations que nous avons données de notre théorème, en prenant pour exemple l'équation (1), cessera d'être applicable, puisque l'équation (16) n'est pas du nombre de celles que l'on intègre facilement sous forme finie. Mais la seconde de ces démonstrations continuera de subsister. En effet, posons

$$\frac{d\xi}{dx} = \varphi$$

et nommons ξ_0, φ_0 les valeurs des variables ξ, φ correspondantes à une valeur nulle de x. L'équation (16) pourra être remplacée par le système des équations simultanées

$$(17) \qquad \frac{d\xi}{dx} = \varphi, \qquad \frac{d\varphi}{dx} = \mathrm{R}\xi,$$

et, en intégrant, à partir de $x = 0$, les deux membres de chacune de ces dernières, multipliés par dx, on en tirera

$$(18) \qquad \xi = \xi_0 + \int_0^x \varphi\, dx, \qquad \varphi = \varphi_0 + \int_0^x \mathrm{R}\,\xi\, dx,$$

par conséquent

$$(19) \qquad \xi = \xi_0 + \varphi_0 x + \int_0^x \int_0^x \mathrm{R}\xi\, dx\, dx;$$

puis, en substituant plusieurs fois la valeur de ξ, donnée par l'équation (19), dans cette équation même, on trouvera

$$(20) \qquad \left\{ \begin{aligned} \xi = {} & \xi_0\left(1 + \int_0^x \int_0^x \mathrm{R}\, dx\, dx + \ldots\right) \\ & + \varphi_0\left(x + \int_0^x \int_0^x \mathrm{R}x\, dx\, dx + \ldots\right). \end{aligned} \right.$$

Enfin, par des raisonnements semblables à ceux dont nous avons fait usage dans le premier exemple, on prouvera que la formule (20) peut être sensiblement réduite à

$$(21) \qquad \xi = \xi_0\left(1 + \frac{A}{a}\frac{x^2}{2} + \ldots\right) + \varphi_0\left(x + \frac{A}{a}\frac{x^3}{2.3} + \ldots\right)$$

ou, ce qui revient au même, à

$$(22) \qquad \xi = \frac{1}{2}\xi_0(e^{ux} + e^{-ux}) + \frac{1}{2u}\varphi_0(e^{ux} - e^{-ux}),$$

la valeur de u étant déterminée par l'équation

$$(23) \qquad u^2 = \frac{A}{a}.$$

Or la valeur de ξ, donnée par la formule (22), est précisément celle que l'on déduirait de l'équation différentielle

$$(24) \qquad \frac{d^2\xi}{dx^2} = \frac{A}{a}\xi,$$

à laquelle on parvient en remplaçant, dans l'équation (16), le coefficient R par sa valeur moyenne $\frac{A}{a}$.

Le théorème énoncé pourra ainsi être démontré généralement, à l'aide de l'intégration par séries, quels que soient l'ordre de l'équation linéaire donnée et le nombre de ses termes. Il y a plus : le même théorème se démontrera encore de la même manière, si on l'étend à un système d'équations différentielles ou aux différences partielles, en l'énonçant comme il suit :

Théorème. — *Considérons un système d'équations linéaires, différentielles ou aux différences partielles, entre plusieurs variables principales qui seront, si l'on veut, des déplacements moléculaires, et plusieurs variables indépendantes qui pourront être trois coordonnées x, y, z et le temps t. Si, dans les différents termes supposés proportionnels aux variables principales et à leurs dérivées, les coefficients sont des fonctions de x, y, z qui reprennent périodiquement les mêmes valeurs quand on fait croître ou décroître chacune des coordonnées en progression arithmétique, par exemple,* *quand on fait varier x d'un multiple de a, y d'un multiple de b, z d'un multiple de c : il suffira en général que les rapports a, b, c des progressions arithmétiques soient très petits relativement aux valeurs numériques attribuées à x, y, z, pour que les valeurs correspondantes des variables principales se confondent sensiblement avec celles qu'on obtiendrait en remplaçant dans les équations linéaires données chaque coefficient par sa valeur moyenne.*

Nota. — Il est bon d'observer que, dans le théorème énoncé, la valeur moyenne de chaque coefficient doit être calculée de la même manière que les ordonnées moyennes des courbes et des surfaces, les coordonnées du centre des moyennes distances, et la densité moyenne d'un corps. En conséquence, si l'on nomme R l'un quelconque des coefficients, sa valeur moyenne ne sera autre chose que le rapport de l'intégrale triple

$$\int_0^a \int_0^b \int_0^c \mathrm{R}\, dx\, dy\, dz$$

au produit abc.

Remarquons encore que, remplacer, dans les équations linéaires données, chaque coefficient par sa valeur numérique, revient à intégrer, par rapport à x, y, z et entre les limites

$$(x = 0, x = a), \qquad (y = 0, y = b), \qquad (z = 0, z = c),$$

chaque membre de ces équations multiplié par les différentielles dx, dy, dz, en opérant comme si les variables principales et leurs dérivées représentaient des quantités constantes. En effet, en agissant de la sorte, on tirera, par exemple, de l'équation (1)

$$\frac{d\xi}{dx}\int_0^a dx = \xi \int_0^a \mathrm{R}\, dx \qquad \text{ou} \qquad a\frac{d\xi}{dx} = \mathrm{A}\xi,$$

de l'équation (16)

$$\frac{d^2\xi}{dx^2}\int_0^a dx = \xi \int_0^a \mathrm{R}\, dx \qquad \text{ou} \qquad a\frac{d^2\xi}{dx^2} = \mathrm{A}\xi,$$

. . . . , de sorte que l'équation (1) ou (16) se trouvera remplacée par une autre qui coïncidera évidemment avec la formule (10) ou (24).

En vertu de la proposition énoncée, pour rendre applicables à la théorie de la lumière les équations aux différences mêlées que j'ai données dans le Mémoire sur la dispersion, et qui représentent les mouvements infiniment petits d'un système de molécules sollicitées par des forces d'attraction ou de répulsion mutuelle, il suffira de développer par la formule de Taylor les différences finies que ces équations renferment, puis de remplacer, dans les équations linéaires et aux différences partielles qu'on obtiendra de cette manière, chaque coefficient par sa valeur moyenne. Comme un tel remplacement n'altérera point la forme des équations linéaires dont il s'agit, on doit comprendre maintenant comment il arrive que les lois déduites de ces équations sont précisément celles qui régissent les divers phénomènes lumineux. Ainsi, en particulier, les lois de la polarisation de la lumière, établies par un calcul dans lequel on supposait que l'éther offrait partout la même densité, ne devront pas être restreintes au cas où les molécules éthérées sont placées dans le vide, et subsisteront lorsque ces molécules seront renfermées dans un milieu homogène, par exemple, dans un corps diaphane cristallisé, quoique dans ce dernier cas la densité de l'éther puisse subir des variations périodiques sensibles. Dans l'un et l'autre cas, la polarisation pourra être elliptique, ou circulaire, ou rectiligne, et les mouvements vibratoires des molécules seront précisément ceux qui caractérisent ces trois modes de polarisation.

37.

Physique mathématique. — *Mémoire sur les mouvements infiniment petits des systèmes de molécules sollicitées par des forces d'attraction ou de répulsion mutuelle.*

C. R., t. VIII, p. 505 (8 avril 1839).

Afin de rendre plus évidente l'utilité des méthodes exposées dans les précédents Mémoires, nous allons appliquer ces méthodes aux équations qui expriment les mouvements infiniment petits des systèmes de molécules sollicitées par des forces d'attraction ou de répulsion mutuelle ; et, pour que l'on puisse plus facilement saisir la suite des raisonnements, nous commencerons par reproduire en peu de mots les équations dont il s'agit et celles de leurs intégrales particulières qui se présentent sous les formes les plus simples.

§ I. — *Équations d'équilibre et de mouvement d'un système de molécules sollicitées par des forces d'attraction ou de répulsion mutuelle.*

Considérons un système de molécules distribuées dans une portion de l'espace et sollicitées au mouvement par des forces d'attraction ou de répulsion mutuelle. Soient $\mathfrak{m}$ la masse d'une de ces molécules, m, m', m'', ... celles des autres, et supposons que, dans un état d'équilibre du système,

x, y, z représentent les coordonnées de la molécule $\mathfrak{m}$ rapportées à trois axes rectangulaires,
$x+X$, $y+Y$, $z+Z$ les coordonnées d'une autre molécule m,
r la distance des molécules $\mathfrak{m}$ et m,
α, β, γ les angles formés par le rayon vecteur r avec les demi-axes des coordonnées positives.

On aura

(1) $$\cos\alpha = \frac{X}{r}, \qquad \cos 6 = \frac{Y}{r}, \qquad \cos\gamma = \frac{Z}{r},$$

(2) $$r^2 = X^2 + Y^2 + Z^2.$$

Supposons d'ailleurs que l'attraction ou la répulsion mutuelle des deux masses $\mathfrak{m}$, m, étant proportionnelle à ces masses et à une fonction de la distance r, soit représentée, au signe près, par

$$\mathfrak{m} m\, \mathrm{f}(r),$$

$\mathrm{f}(r)$ désignant une quantité positive lorsque les masses $\mathfrak{m}$, m s'attirent, et négative lorsqu'elles se repoussent. Les équations d'équilibre de la molécule $\mathfrak{m}$ seront

(3) $$\mathrm{S}[m\cos\alpha\, \mathrm{f}(r)] = 0, \qquad \mathrm{S}[m\cos 6\, \mathrm{f}(r)] = 0, \qquad \mathrm{S}[m\cos\gamma\, \mathrm{f}(r)] = 0,$$

la lettre S indiquant une somme de termes semblables entre eux, et relatifs aux diverses molécules m, m', ...

Concevons maintenant que les molécules $\mathfrak{m}$, m, m', ... viennent à se mouvoir. Soient alors, au bout du temps t,

$$\xi, \quad \eta, \quad \zeta$$

les déplacements de la molécule $\mathfrak{m}$, mesurés parallèlement aux axes coordonnés, et

$$r(1 + \varepsilon)$$

la distance des deux molécules

$$\mathfrak{m}, \quad m.$$

On aura

$$r^2(1 + \varepsilon)^2 = (X + \Delta\xi)^2 + (Y + \Delta\eta)^2 + (Z + \Delta\zeta)^2$$

ou, ce qui revient au même,

(4) $$r^2(1 + \varepsilon)^2 = (r\cos\alpha + \Delta\xi)^2 + (r\cos 6 + \Delta\eta)^2 + (r\cos\gamma + \Delta\zeta)^2,$$

les accroissements des quantités

$$X, \quad Y, \quad Z$$

étant respectivement

$$\Delta\xi, \quad \Delta\eta, \quad \Delta\zeta.$$

Par suite, si l'on suppose les déplacements

$$\xi, \quad \eta, \quad \zeta$$

exprimés en fonction des coordonnées initiales et du temps t, les équations du mouvement de la molécule $\mathfrak{m}$ seront

$$(5)\quad \begin{cases} \dfrac{d^2\xi}{dt^2} = S\left\{ m\left(\cos\alpha + \dfrac{\Delta\xi}{r}\right) \dfrac{f[r(1+\varepsilon)]}{1+\varepsilon} \right\}, \\ \dfrac{d^2\eta}{dt^2} = S\left\{ m\left(\cos\beta + \dfrac{\Delta\eta}{r}\right) \dfrac{f[r(1+\varepsilon)]}{1+\varepsilon} \right\}, \\ \dfrac{d^2\zeta}{dt^2} = S\left\{ m\left(\cos\gamma + \dfrac{\Delta\zeta}{r}\right) \dfrac{f[r(1+\varepsilon)]}{1+\varepsilon} \right\}. \end{cases}$$

§ II. — *Équations des mouvements infiniment petits d'un système de molécules.*

Considérons, dans un système de molécules donné, un mouvement vibratoire, en vertu duquel chaque molécule s'écarte très peu de sa position initiale. Si l'on cherche les lois du mouvement, celles du moins qui subsistent, quelque petite que soit l'étendue des vibrations moléculaires, alors, en regardant les déplacements

$$\xi, \quad \eta, \quad \zeta$$

et leurs différences

$$\Delta\xi, \quad \Delta\eta, \quad \Delta\zeta$$

comme des quantités infiniment petites du premier ordre, on pourra négliger les carrés et les puissances supérieures de ces différences et de ε dans les développements des expressions que renferment les formules (4), (5) du premier paragraphe; et l'on pourra encore supposer indifféremment que, des quatre variables indépendantes

$$x, \quad y, \quad z, \quad t,$$

les trois premières représentent, ou les coordonnées initiales de la molécule, ou ses coordonnées courantes, qui, en vertu de l'hypothèse admise, différeront très peu des premières. Cela posé, si l'on fait, pour abréger,

$$f(r) = r\mathrm{f}'(r) - \mathrm{f}(r), \tag{1}$$

on verra les formules (4) et (5) du premier paragraphe se réduire à celles que renferme la page 5 du Mémoire sur la dispersion de la lumière, c'est-à-dire à

$$\varepsilon = \frac{1}{r}(\Delta\xi\cos\alpha + \Delta\eta\cos\beta + \Delta\zeta\cos\gamma), \tag{2}$$

$$\left\{\begin{aligned}
\frac{d^2\xi}{dt^2} &= \mathrm{S}\left[m\frac{\mathrm{f}(r)}{r}\Delta\xi\right] + \mathrm{S}[m\varepsilon f(r)\cos\alpha],\\
\frac{d^2\eta}{dt^2} &= \mathrm{S}\left[m\frac{\mathrm{f}(r)}{r}\Delta\eta\right] + \mathrm{S}[m\varepsilon f(r)\cos\beta],\\
\frac{d^2\zeta}{dt^2} &= \mathrm{S}\left[m\frac{\mathrm{f}(r)}{r}\Delta\zeta\right] + \mathrm{S}[m\varepsilon f(r)\cos\gamma].
\end{aligned}\right. \tag{3}$$

Les trois dernières formules seront donc les équations des mouvements infiniment petits d'un système de molécules sollicitées par des forces d'attraction ou de répulsion mutuelle. Pour que ces mêmes équations soient transformées en équations aux différences partielles entre les variables principales

$$\xi,\quad \eta,\quad \zeta$$

et les variables indépendantes

$$x,\quad y,\quad z,\quad t,$$

il suffira d'y substituer pour ε sa valeur donnée par la formule (2), et de développer ensuite, à l'aide du théorème de Taylor, les différences finies

$$\Delta\xi,\quad \Delta\eta,\quad \Delta\zeta$$

suivant les puissances ascendantes des quantités

$$\mathrm{X} = r\cos\alpha,\qquad \mathrm{Y} = r\cos\beta,\qquad \mathrm{Z} = r\cos\gamma.$$

Les coefficients des dérivées des variables principales

$$\xi,\quad \eta,\quad \zeta,$$

dans les équations aux différences partielles qu'on aura ainsi obtenues, seront des sommes de l'une des formes

$$(4) \qquad S[mr^{n+n'+n''-1}\cos^n\alpha\cos^{n'}6\cos^{n''}\gamma\, f(r)],$$

$$(5) \qquad S[mr^{n+n'+n''-3}\cos^n\alpha\cos^{n'}6\cos^{n''}\gamma\, f(r)],$$

n, n', n'' désignant des nombres entiers; et l'on pourra regarder la constitution du système comme étant partout la même, si les sommes dont il s'agit se réduisent à des quantités constantes. C'est ce qui aura lieu, par exemple, quand les molécules données seront celles du fluide éthéré, pris isolément et placé dans le vide. Si les sommes (4) et (5) reprennent périodiquement les mêmes valeurs, quand on y fait croître ou décroître chacune des coordonnées en progression arithmétique, et si, d'ailleurs, les rapports des trois progressions géométriques, correspondantes aux trois coordonnées, sont très petits, alors, en vertu d'un théorème que nous avons établi, on pourra substituer à ces mêmes sommes leurs valeurs moyennes, sans qu'il en résulte d'erreur sensible dans le calcul des vibrations du système et des déplacements moléculaires. Les nouvelles équations que l'on obtiendra de cette manière paraissent spécialement applicables au mouvement du fluide lumineux renfermé dans un corps homogène, isophane ou non isophane, opaque ou transparent.

§ III. — *Mouvements simples*

Lorsque la constitution du système de molécules est partout la même, ou, en d'autres termes, lorsque les sommes (4), (5) du paragraphe précédent demeurent constantes, un moyen fort simple de satisfaire aux équations des mouvements infiniment petits est de supposer les variables principales

$$\xi, \quad \eta, \quad \zeta$$

toutes proportionnelles à une même exponentielle népérienne, dont l'exposant soit une fonction linéaire des variables indépendantes

$$x, \quad y, \quad z, \quad t,$$

et de prendre en conséquence

$$(1)\quad \xi = A e^{ux+vy+wz-st}, \qquad \eta = B e^{ux+vy+wz-st}, \qquad \zeta = C e^{ux+vy+wz-st},$$

u, v, w, s, A, B, C désignant des constantes réelles ou imaginaires convenablement choisies. En effet, si l'on substitue les valeurs précédentes de ξ, η, ζ dans les équations (3) du second paragraphe, tous les termes seront divisibles par l'exponentielle

$$e^{ux+vy+wz-st},$$

et, après la division effectuée, ces équations seront réduites à trois autres de la forme

$$(2)\quad \begin{cases} (\mathcal{L} - s^2)A + \mathcal{R}B + \mathcal{Q}C = 0, \\ \mathcal{R}A + (\mathcal{M} - s^2)B + \mathcal{P}C = 0, \\ \mathcal{Q}A + \mathcal{P}B + (\mathcal{N} - s^2)C = 0, \end{cases}$$

les valeurs de

$$\mathcal{L},\quad \mathcal{M},\quad \mathcal{N},\quad \mathcal{P},\quad \mathcal{Q},\quad \mathcal{R}$$

étant déterminées par les formules

$$(3)\quad \mathcal{L} = S\left[m\frac{\mathrm{f}(r) + f(r)\cos^2\alpha}{r}\left(e^{r(u\cos\alpha+v\cos\beta+w\cos\gamma)} - 1\right)\right], \quad \mathcal{M} = \ldots, \quad \mathcal{N} = \ldots,$$

$$(4)\quad \mathcal{P} = S\left[m\frac{f(r)\cos\beta\cos\gamma}{r}\left(e^{r(u\cos\alpha+v\cos\beta+w\cos\gamma)} - 1\right)\right], \quad \mathcal{Q} = \ldots, \quad \mathcal{R} = \ldots.$$

Or, lorsque les sommes (4), (5) du second paragraphe demeurent constantes, on peut en dire autant des valeurs de

$$\mathcal{L},\quad \mathcal{M},\quad \mathcal{N},\quad \mathcal{P},\quad \mathcal{Q},\quad \mathcal{R}$$

que fournissent les équations (3), (4), et qui sont développables, avec l'exponentielle

$$e^{r(u\cos\alpha+v\cos\beta+w\cos\gamma)},$$

en séries ordonnées suivant les puissances ascendantes de u, v, w. Donc alors on peut satisfaire aux équations (2) par des valeurs constantes des facteurs

A, B, C.

Il est bon d'observer que si l'on pose, pour abréger,

(5) $$k^2 = u^2 + v^2 + w^2,$$

(6) $$k \cos\delta = u \cos\alpha + v \cos\beta + w \cos\gamma,$$

(7) $$\mathcal{G} = \mathrm{S}\left[m \frac{\mathrm{f}(r)}{r} (e^{kr\cos\delta} - 1)\right],$$

(8) $$\mathfrak{H} = \mathrm{S}\left[m \frac{f(r)}{r^3}\left(e^{kr\cos\delta} - 1 - kr\cos\delta - \frac{k^2 r^2 \cos^2\delta}{2}\right)\right],$$

les valeurs de $\mathcal{L}$, $\mathcal{M}$, $\mathcal{N}$, $\mathcal{P}$, $\mathcal{Q}$, $\mathcal{R}$ pourront s'écrire comme il suit :

(9) $$\mathcal{L} = \mathcal{G} + \frac{\partial^2 \mathfrak{H}}{\partial u^2}, \qquad \mathcal{M} = \mathcal{G} + \frac{\partial^2 \mathfrak{H}}{\partial v^2}, \qquad \mathcal{N} = \mathcal{G} + \frac{\partial^2 \mathfrak{H}}{\partial w^2},$$

(10) $$\mathcal{P} = \frac{\partial^2 \mathfrak{H}}{\partial v\, \partial w}, \qquad \mathcal{Q} = \frac{\partial^2 \mathfrak{H}}{\partial w\, \partial u}, \qquad \mathcal{R} = \frac{\partial^2 \mathfrak{H}}{\partial u\, \partial v}.$$

Parmi les formules (2), les deux dernières donnent

(11) $$\frac{\mathrm{A}}{(\mathcal{M} - s^2)(\mathcal{N} - s^2) - \mathcal{P}^2} = \frac{\mathrm{B}}{\mathcal{P}\mathcal{Q} - \mathcal{R}(\mathcal{N} - s^2)} = \frac{\mathrm{C}}{\mathcal{R}\mathcal{P} - \mathcal{Q}(\mathcal{M} - s^2)},$$

et par suite on tire de la première

(12) $$\mathrm{F}(u, v, w, s) = 0,$$

en posant, pour abréger,

(13) $$\left\{\begin{aligned} \mathrm{F}(u, v, w, s) = (\mathcal{L} - s^2)(\mathcal{M} - s^2)(\mathcal{N} - s^2) - \mathcal{P}^2(\mathcal{L} - s^2) \\ - \mathcal{Q}^2(\mathcal{M} - s^2) - \mathcal{R}^2(\mathcal{N} - s^2) + 2\mathcal{P}\mathcal{Q}\mathcal{R}. \end{aligned}\right.$$

On arriverait encore à des résultats équivalents en écrivant les équations (2) comme il suit :

(14) $$\left\{\begin{aligned} &\left(s^2 - \mathcal{L} + \frac{\mathcal{Q}\mathcal{R}}{\mathcal{P}}\right)\mathrm{A} = \mathcal{Q}\mathcal{R}\left(\frac{\mathrm{A}}{\mathcal{P}} + \frac{\mathrm{B}}{\mathcal{Q}} + \frac{\mathrm{C}}{\mathcal{R}}\right), \\ &\left(s^2 - \mathcal{M} + \frac{\mathcal{R}\mathcal{P}}{\mathcal{Q}}\right)\mathrm{B} = \mathcal{R}\mathcal{P}\left(\frac{\mathrm{A}}{\mathcal{P}} + \frac{\mathrm{B}}{\mathcal{Q}} + \frac{\mathrm{C}}{\mathcal{R}}\right), \\ &\left(s^2 - \mathcal{N} + \frac{\mathcal{P}\mathcal{Q}}{\mathcal{R}}\right)\mathrm{C} = \mathcal{P}\mathcal{Q}\left(\frac{\mathrm{A}}{\mathcal{P}} + \frac{\mathrm{B}}{\mathcal{Q}} + \frac{\mathrm{C}}{\mathcal{R}}\right), \end{aligned}\right.$$

et l'on tirerait des formules (14)

$$(15)\qquad \frac{\frac{\mathrm{A}}{\mathfrak{Q}\mathfrak{R}}}{s^2-\mathfrak{L}+\frac{\mathfrak{Q}\mathfrak{R}}{\mathfrak{P}}}=\frac{\frac{\mathrm{B}}{\mathfrak{R}\mathfrak{P}}}{s^2-\mathfrak{M}+\frac{\mathfrak{R}\mathfrak{P}}{\mathfrak{Q}}}=\frac{\frac{\mathrm{C}}{\mathfrak{P}\mathfrak{Q}}}{s^2-\mathfrak{N}+\frac{\mathfrak{P}\mathfrak{Q}}{\mathfrak{R}}}=\frac{\mathrm{A}}{\mathfrak{P}}+\frac{\mathrm{B}}{\mathfrak{Q}}+\frac{\mathrm{C}}{\mathfrak{R}},$$

$$(16)\qquad \frac{\left(\frac{1}{\mathfrak{P}}\right)^2}{s^2-\mathfrak{L}+\frac{\mathfrak{Q}\mathfrak{R}}{\mathfrak{P}}}+\frac{\left(\frac{1}{\mathfrak{Q}}\right)^2}{s^2-\mathfrak{M}+\frac{\mathfrak{R}\mathfrak{P}}{\mathfrak{Q}}}+\frac{\left(\frac{1}{\mathfrak{R}}\right)^2}{s^2-\mathfrak{N}+\frac{\mathfrak{P}\mathfrak{Q}}{\mathfrak{R}}}=\frac{1}{\mathfrak{P}\mathfrak{Q}\mathfrak{R}}.$$

Or il est facile de s'assurer qu'effectivement la formule (15) s'accorde avec la formule (11), et l'équation (16) avec l'équation (12).

En résumé, pour que les valeurs de

$$\xi,\quad \eta,\quad \zeta$$

données par les formules (1) satisfassent aux équations des mouvements infiniment petits du système que l'on considère, il suffira généralement : 1° que les coefficients

$$u,\quad v,\quad w,\quad s$$

des variables indépendantes, dans l'exponentielle à laquelle ξ, η, ζ sont proportionnels, vérifient la formule (12) ou (16); 2° que les facteurs

$$\mathrm{A},\quad \mathrm{B},\quad \mathrm{C}$$

soient entre eux dans les rapports que détermine la formule (11) ou (15).

D'ailleurs, les coefficients

$$u,\quad v,\quad w,\quad s$$

et les facteurs

$$\mathrm{A},\quad \mathrm{B},\quad \mathrm{C}$$

pourront être réels ou imaginaires. Dans le premier cas, les valeurs de

$$\xi,\quad \eta,\quad \zeta,$$

données par les formules (1), seront réelles, et pourront être censées représenter le déplacement d'une molécule $\mathfrak{m}$ dans un mouvement infiniment petit compatible avec la constitution du système donné. Dans le second cas, les valeurs de

$$\xi, \eta, \zeta$$

deviendront imaginaires. Mais comme leurs parties réelles vérifieront encore les équations des mouvements infiniment petits, réduites à la forme d'équations aux différences partielles, ce seront évidemment ces parties réelles qui pourront être censées représenter les déplacements des molécules dans un mouvement compatible avec les conditions du système. Dans l'un et l'autre cas, le mouvement infiniment petit, qui correspondra aux valeurs de ξ, η, ζ fournies par les équations (1), sera un *mouvement simple*, dans lequel ces valeurs représenteront, ou les déplacements effectifs d'une molécule, mesurés parallèlement aux axes coordonnés, ou ses *déplacements symboliques*, c'est-à-dire des variables imaginaires dont les déplacements effectifs seront les parties réelles. Les équations (1) elles-mêmes seront les *équations finies*, et dans le second cas les équations finies *symboliques* du mouvement simple dont il s'agit.

Comme, dans toute équation imaginaire dont le second membre est nul, la partie réelle du premier membre doit se réduire séparément à zéro, il est clair que toute équation linéaire à coefficients réels qui offrira seulement des termes proportionnels aux déplacements symboliques ξ, η, ζ, ou à leurs dérivées de divers ordres, continuera de subsister, quand on y remplacera les déplacements symboliques par leurs parties réelles, c'est-à-dire par les déplacements effectifs. D'ailleurs on tirera généralement des équations (1)

$$(17) \qquad \frac{\xi}{A} = \frac{\eta}{B} = \frac{\zeta}{C}$$

ou, ce qui revient au même,

$$(18) \qquad \eta = \frac{B}{A}\xi, \qquad \zeta = \frac{C}{A}\xi.$$

Donc, si les rapports

$$\frac{B}{A}, \frac{C}{A}$$

sont réels, on pourra supposer à volonté que, dans les formules (17) et (18), ξ, η, ζ représentent, ou les déplacements symboliques, ou les déplacements effectifs; et en conséquence la ligne décrite par chaque molécule sera une ligne droite parallèle à celle qui, passant par l'origine des coordonnées, est représentée par l'équation

$$\frac{x}{A} = \frac{y}{B} = \frac{z}{C}. \tag{19}$$

Si au contraire les rapports

$$\frac{B}{A}, \quad \frac{C}{A}$$

sont imaginaires, il sera facile de trouver trois constantes réelles,

$$f, \quad g, \quad h$$

propres à vérifier la formule

$$fA + gB + hC = 0. \tag{20}$$

Car, si, pour fixer les idées, on pose

$$A = \mathrm{a}e^{\lambda\sqrt{-1}}, \qquad B = \mathrm{b}e^{\mu\sqrt{-1}}, \qquad C = \mathrm{c}e^{\nu\sqrt{-1}}, \tag{21}$$

a, b, c désignant les *modules* des facteurs A, B, C et λ, μ, ν leurs *arguments,* il suffira d'assujettir les constantes réelles f, g, h à vérifier les deux formules

$$\left\{\begin{aligned} &f\mathrm{a}e^{\lambda\sqrt{-1}} + g\mathrm{b}e^{\mu\sqrt{-1}} + h\mathrm{c}e^{\nu\sqrt{-1}} = 0, \\ &f\mathrm{a}e^{-\lambda\sqrt{-1}} + g\mathrm{b}e^{-\mu\sqrt{-1}} + h\mathrm{c}e^{-\nu\sqrt{-1}} = 0, \end{aligned}\right. \tag{22}$$

desquelles on tirera

$$\frac{f\mathrm{a}}{\sin(\mu - \nu)} = \frac{g\mathrm{b}}{\sin(\nu - \lambda)} = \frac{h\mathrm{c}}{\sin(\lambda - \mu)}, \tag{23}$$

en sorte qu'on pourra prendre

$$f = \frac{\sin(\mu - \nu)}{\mathrm{a}}, \qquad g = \frac{\sin(\nu - \lambda)}{\mathrm{b}}, \qquad h = \frac{\sin(\lambda - \mu)}{\mathrm{c}}. \tag{24}$$

En adoptant les valeurs précédentes de f, g, h, on tirera des équations (1) et (20) la suivante

$$f\xi + g\eta + h\zeta = 0, \tag{25}$$

à laquelle devront satisfaire les déplacements effectifs aussi bien que les déplacements symboliques. Donc lorsque, dans un mouvement simple, la ligne décrite par une molécule ne sera pas une droite parallèle à celle que représente la formule (19), elle sera du moins une courbe plane, dont le plan sera parallèle au *plan invariable* que représente l'équation

$$fx + gy + hz = 0. \tag{26}$$

En vertu des formules (1), chacun des déplacements symboliques, et par suite chacun des déplacements effectifs, conserve la même valeur quand on fait varier les coordonnées x, y, z de manière que le trinôme

$$ux + vy + wz$$

demeure constant, par exemple, de manière à vérifier la formule

$$ux + vy + wz = 0. \tag{27}$$

Dans le cas général où les coefficients u, v, w sont imaginaires, l'équation (27) se décompose en deux équations réelles. Si, pour fixer les idées, on suppose

$$u = \mathrm{U} + \mathrm{u}\sqrt{-1}, \qquad v = \mathrm{V} + \mathrm{v}\sqrt{-1}, \qquad w = \mathrm{W} + \mathrm{w}\sqrt{-1}, \tag{28}$$

u, v, w, U, V, W désignant des quantités réelles, l'équation (27) donnera

$$\mathrm{u}x + \mathrm{v}y + \mathrm{w}z = 0, \tag{29}$$

$$\mathrm{U}x + \mathrm{V}y + \mathrm{W}z = 0. \tag{30}$$

Les équations (29) et (30) sont celles d'un *second* et d'un *troisième plan invariable* passant par l'origine des coordonnées. Ces deux plans se couperont suivant une droite; et, dans le mouvement simple représenté par les équations (1), toutes les molécules situées sur une parallèle à cette droite se trouveront, au même instant, déplacées de la même manière.

Soient maintenant

$$(31)\qquad \mathrm{u}^2 + \mathrm{v}^2 + \mathrm{w}^2 = \mathrm{k}^2, \qquad \mathrm{U}^2 + \mathrm{V}^2 + \mathrm{W}^2 = \mathrm{K}^2,$$

et

$$(32)\qquad \mathrm{u}x + \mathrm{v}y + \mathrm{w}z = \mathrm{k}\iota, \qquad \mathrm{U}x + \mathrm{V}y + \mathrm{W}z = \mathrm{K}\mathfrak{R},$$

ι, $\mathfrak{R}$ désignant les distances du point (x, y, z) au second et au troisième plan invariable. Si d'ailleurs on pose

$$(33)\qquad s = \mathrm{S} + \mathrm{s}\sqrt{-1},$$

les valeurs des déplacements symboliques ξ, η, ζ données par les formules (1) deviendront

$$(34)\qquad \begin{cases} \xi = \mathrm{a}e^{\mathrm{K}\mathfrak{R}-\mathrm{S}t}e^{(\mathrm{k}\iota-\mathrm{s}t+\lambda)\sqrt{-1}}, \\ \eta = \mathrm{b}e^{\mathrm{K}\mathfrak{R}-\mathrm{S}t}e^{(\mathrm{k}\iota-\mathrm{s}t+\mu)\sqrt{-1}}, \\ \zeta = \mathrm{c}e^{\mathrm{K}\mathfrak{R}-\mathrm{S}t}e^{(\mathrm{k}\iota-\mathrm{s}t+\nu)\sqrt{-1}}. \end{cases}$$

Donc, si l'on représente par

$$\xi, \quad \eta, \quad \zeta,$$

non plus les déplacements symboliques, mais leurs parties réelles ou les déplacements effectifs, on aura

$$(35)\qquad \begin{cases} \xi = \mathrm{a}e^{\mathrm{K}\mathfrak{R}-\mathrm{S}t}\cos(\mathrm{k}\iota - \mathrm{s}t + \lambda), \\ \eta = \mathrm{b}e^{\mathrm{K}\mathfrak{R}-\mathrm{S}t}\cos(\mathrm{k}\iota - \mathrm{s}t + \mu), \\ \zeta = \mathrm{c}e^{\mathrm{K}\mathfrak{R}-\mathrm{S}t}\cos(\mathrm{k}\iota - \mathrm{s}t + \nu). \end{cases}$$

Dans ces dernières équations, l'exponentielle népérienne

$$e^{\mathrm{K}\mathfrak{R}-\mathrm{S}t}$$

est ce que nous appelons le *module* du mouvement simple; l'arc

$$\mathrm{k}\iota - \mathrm{s}t$$

en est l'*argument*. Les trois facteurs positifs

$$\mathrm{a}e^{\mathrm{K}\mathfrak{R}-\mathrm{s}t},\quad \mathrm{b}e^{\mathrm{K}\mathfrak{R}-\mathrm{s}t},\quad \mathrm{c}e^{\mathrm{K}\mathfrak{R}-\mathrm{s}t}$$

sont les *demi-amplitudes* des déplacements mesurés parallèlement aux axes coordonnés; les trois arcs

$$\mathrm{k}\iota - \mathrm{s}t + \lambda,\quad \mathrm{k}\iota - \mathrm{s}t + \mu,\quad \mathrm{k}\iota - \mathrm{s}t + \nu$$

sont les *phases* du mouvement projeté sur ces mêmes axes, et

$$\lambda,\quad \mu,\quad \nu$$

les *paramètres angulaires* qu'il faut ajouter au module pour obtenir les phases. Si d'ailleurs on nomme ς le déplacement d'une molécule, mesuré parallèlement à un axe fixe quelconque, et pris avec le signe + ou le signe —, suivant que la molécule se déplace dans un sens ou dans un autre, on tirera des formules (35)

$$\varsigma = \varkappa e^{\mathrm{K}\mathfrak{R}-\mathrm{s}t}\cos(\mathrm{k}\iota - \mathrm{s}t + \varpi), \tag{36}$$

pourvu que l'on désigne par

$$\varkappa\cos\varpi,\quad \varkappa\sin\varpi$$

les projections algébriques sur cet axe de deux longueurs qui offriraient elles-mêmes pour projections algébriques sur les axes coordonnés, la première, les trois produits

$$\mathrm{a}\cos\lambda,\quad \mathrm{b}\cos\mu,\quad \mathrm{c}\cos\nu,$$

et la seconde, les trois produits

$$\mathrm{a}\sin\lambda,\quad \mathrm{b}\sin\mu,\quad \mathrm{c}\sin\nu.$$

Cela posé, le produit

$$\varkappa e^{\mathrm{K}\mathfrak{R}-\mathrm{s}t}$$

représentera la *demi-amplitude* des vibrations mesurées parallèlement à l'axe fixe que l'on considère, tandis que l'arc

$$\mathrm{k}\iota - \mathrm{s}t + \varpi$$

représentera la *phase* du mouvement simple projeté sur cet axe, et

$$\varpi,$$

le *paramètre angulaire* relatif à ce même axe.

La valeur du déplacement ρ, déterminée par la formule (36), s'évanouit lorsqu'on a

$$(37)\qquad \cos(k\imath - st + \varpi) = 0;$$

par conséquent elle s'évanouit, lorsque t demeure constant, pour des valeurs équidistantes de $\imath$ qui forment une progression arithmétique dont la raison est

$$\frac{\pi}{k},$$

et, lorsque $\imath$ demeure constant, pour des valeurs équidistantes de t qui forment une progression arithmétique dont la raison est

$$\frac{\pi}{s}.$$

D'ailleurs, le cosinus de la phase

$$k\imath - st + \varpi$$

reprendra la même valeur numérique avec le même signe, ou avec un signe contraire, suivant que l'on fera varier la distance $\imath$ d'un multiple pair ou impair de $\frac{\pi}{k}$, ou bien encore le temps t d'un multiple pair ou impair de $\frac{\pi}{s}$. Cela posé, si l'on prend

$$(38)\qquad l = \frac{2\pi}{k},$$

$$(39)\qquad T = \frac{2\pi}{s},$$

on conclura de la formule (36) ou (37) que, dans un mouvement simple, le déplacement d'une molécule, mesuré parallèlement à un axe fixe, s'évanouit : 1° à un instant donné, pour toutes les molécules situées dans des plans parallèles les uns aux autres, et au second plan invariable, qui divisent le système en tranches dont l'épaisseur est $\frac{1}{2}l$; 2° pour une molécule donnée, à des instants séparés les uns des autres par des intervalles égaux à $\frac{1}{2}$T. Ces tranches et ces intervalles seront de *première espèce*, ou de *seconde espèce*, suivant qu'ils répondront à des valeurs positives ou négatives de $\cos(k\iota - st + \varpi)$, et du déplacement ς. Enfin deux tranches consécutives composeront une *onde plane* dont l'épaisseur l sera ce qu'on nomme la *longueur d'une ondulation;* et deux intervalles de temps consécutifs, pendant lesquels l'extrémité de l'arc $k\iota - st + \varpi$ parcourra la circonférence entière, composeront la *durée* T *d'une vibration moléculaire.* Quant aux plans qui termineront les différentes tranches et ondes, ils répondront évidemment, pour une valeur donnée du temps t, aux diverses valeurs de ι qui vérifieront la formule (37).

Si l'on fait croître, dans la formule (37), t de Δt et ι de $\Delta\iota$, cette formule continuera d'être vérifiée, pourvu que l'on suppose

$$\mathrm{K}\,\Delta\iota - \mathrm{s}\,\Delta t = 0, \tag{40}$$

par conséquent

$$\frac{\Delta\iota}{\Delta t} = \Omega, \tag{41}$$

la valeur de Ω étant

$$\Omega = \frac{\mathrm{s}}{\mathrm{K}}. \tag{42}$$

Il suit de cette observation que, le temps venant à croître, les ondes planes, comme les plans qui les terminent, se déplaceront, dans le système de molécules donné, avec une vitesse de propagation dont la valeur Ω sera celle que fournit la formule (42).

Considérons maintenant en particulier le module du mouvement simple, ou l'exponentielle

$$e^{\mathrm{K}\mathfrak{R} - \mathrm{S}t},$$

qui entre comme facteur dans l'amplitude relative à chaque axe. On ne pourra supposer que le logarithme népérien de ce module, c'est-à-dire l'exposant

$$K\mathfrak{R} - St,$$

croît indéfiniment avec le temps, puisqu'il s'agit de mouvements infiniment petits; et par conséquent le coefficient S dans cet exposant devra être ou nul, ou positif. Dans le premier cas, l'amplitude des vibrations de chaque molécule demeurera constante, et le mouvement simple sera *durable* ou *persistant*. Dans le second cas, au contraire, cette amplitude décroîtra indéfiniment, et, pour des valeurs croissantes de t, le mouvement *s'éteindra* de plus en plus.

Quant au coefficient K, par lequel se trouve multipliée, dans le logarithme népérien du module, la distance $\mathfrak{R}$ d'une molécule au troisième plan invariable, il pourra lui-même se réduire à zéro, et, s'il n'est pas nul, on pourra le supposer négatif, pourvu que l'on choisisse convenablement le sens suivant lequel se compteront les valeurs positives de $\mathfrak{R}$. Alors, pour des valeurs positives et croissantes de $\mathfrak{R}$, on verra encore le module du mouvement simple décroître indéfiniment; ce qui montre que, pour un instant donné, le mouvement deviendra de plus en plus insensible, à mesure que l'on s'éloignera davantage, dans un certain sens, du troisième plan invariable.

Dans le cas particulier où l'on aurait à la fois

$$K = 0, \qquad S = 0, \tag{43}$$

les formules (35), (36) se réduiraient à

$$\left\{ \begin{aligned} \xi &= a\cos(k\iota - st + \lambda), \\ \eta &= b\cos(k\iota - st + \mu), \\ \zeta &= c\cos(k\iota - st + \nu), \end{aligned} \right. \tag{44}$$

$$\varsigma = \varkappa \cos(k\iota - st + \varpi). \tag{45}$$

Alors toutes les molécules décriraient évidemment des courbes pareilles les unes aux autres.

Des deux dernières formules (35), on tire

$$(46)\quad \begin{cases} \dfrac{\eta}{\mathrm{b}}\cos\nu - \dfrac{\zeta}{\mathrm{c}}\cos\mu = e^{\mathrm{K}\mathfrak{R}-\mathrm{S}t}\sin(\nu-\mu)\sin(\mathrm{k}\iota - \mathrm{s}t), \\ \dfrac{\eta}{\mathrm{b}}\sin\nu - \dfrac{\zeta}{\mathrm{c}}\sin\mu = e^{\mathrm{K}\mathfrak{R}-\mathrm{S}t}\sin(\nu-\mu)\cos(\mathrm{k}\iota - \mathrm{s})t, \end{cases}$$

et

$$(47)\quad \eta\frac{d\zeta}{dt} - \zeta\frac{d\eta}{dt} = \mathrm{bc}\,e^{2\mathrm{K}\mathfrak{R}-2\mathrm{S}t}\sin(\nu-\mu).$$

Si l'on combine par voie d'addition les formules (46), après avoir élevé au carré chacun de leurs membres, on trouvera

$$(48)\quad \left(\frac{\eta}{\mathrm{b}}\right)^2 - 2\frac{\eta}{\mathrm{b}}\frac{\zeta}{\mathrm{c}}\cos(\nu-\mu) + \left(\frac{\zeta}{\mathrm{c}}\right)^2 = e^{2\mathrm{K}\mathfrak{R}-2\mathrm{S}t}\sin^2(\nu-\mu),$$

et l'on conclura de cette dernière équation, jointe à la formule (25), que, dans un mouvement simple, la courbe décrite par chaque molécule est généralement une ellipse, les trois projections de cette ellipse sur les trois plans coordonnés étant représentées par trois formules semblables à l'équation (48). Quant à l'équation (47), elle a pour premier membre le double de la dérivée qu'on obtient en différentiant par rapport au temps l'aire décrite, sur le plan des y, z, par la projection du rayon vecteur mené du point (x, y, z) à la molécule $\mathfrak{m}$. Donc cette aire et celle que décrit le rayon vecteur même, supposées nulles à l'instant où l'on compte $t = 0$, croîtront avec le temps t proportionnellement à l'intégrale

$$(49)\quad \int_0^t e^{-2\mathrm{S}t}\,dt = \frac{1-e^{-2\mathrm{S}t}}{2\mathrm{S}},$$

qui se réduit simplement à t, dans le cas particulier où l'on a

$$\mathrm{S} = 0.$$

La valeur générale de l'aire décrite par le rayon vecteur, ayant pour carré la somme des carrés des projections orthogonales de cette aire, sera évidemment

$$(50)\quad \frac{1}{4\mathrm{S}}e^{2\mathrm{K}\mathfrak{R}}(1-e^{-2\mathrm{S}t})\sqrt{\mathrm{b}^2\mathrm{c}^2\sin^2(\nu-\mu)+\mathrm{c}^2\mathrm{a}^2\sin^2(\lambda-\nu)+\mathrm{a}^2\mathrm{b}^2\sin^2(\mu-\lambda)}.$$

Ajoutons que, dans le cas où les conditions (43) sont remplies, l'équation (48) se réduit à la formule connue

$$(51)\qquad \left(\frac{\eta}{\mathrm{b}}\right)^2 - 2\frac{\eta}{\mathrm{b}}\frac{\zeta}{\mathrm{c}}\cos(\nu-\mu) + \left(\frac{\zeta}{\mathrm{c}}\right)^2 = \sin^2(\nu-\mu).$$

(*Voir* le *Traité de la lumière* de Herschel, t. I, p. 392.)

§ IV. — *Sur le passage des formules particulières qui concernent un mouvement simple aux équations générales des mouvements infiniment petits d'un système de molécules.*

Lorsqu'en développant par le théorème de Taylor les différences

$$\Delta\xi,\quad \Delta\eta,\quad \Delta\zeta$$

on aura transformé en équations aux différences partielles les équations (3) du § II, qui représentent les mouvements infiniment petits d'un système de molécules, on en déduira sans peine les formules (2) du § III, c'est-à-dire les relations qui existent, dans un mouvement simple représenté par les formules (1) du même paragraphe, entre les constantes

$$u,\quad v,\quad w,\quad s,\quad \mathrm{A},\quad \mathrm{B},\quad \mathrm{C}.$$

Pour y parvenir, il suffira de remplacer, dans les équations aux différences partielles dont il s'agit, les variables principales

$$\xi,\quad \eta,\quad \zeta$$

et leurs dérivées partielles des divers ordres par les facteurs

$$\mathrm{A},\quad \mathrm{B},\quad \mathrm{C}$$

et par les produits qu'on obtient, quand on multiplie ces facteurs par des puissances de u, de v, de w, de $-s$, dont les degrés soient respectivement égaux au nombre des différentiations effectuées par rapport à x, par rapport à y, par rapport à z, par rapport à t; donc si, en adoptant une notation dont nous nous sommes servi plus d'une fois, on emploie, dans les équations aux différences partielles, les caractéristiques

$$D_x,\ D_x^2,\ D_x^3,\ \ldots,\ D_y,\ D_y^2,\ D_y^3,\ \ldots,\ D_z,\ D_z^2,\ D_z^3,\ \ldots,\ D_t,\ D_t^2,\ \ldots$$

pour indiquer les dérivées des divers ordres d'une fonction de x, y, z, t différentiée une ou plusieurs fois de suite par rapport à x, à y, à z ou à t, il suffira de remplacer ces caractéristiques par les puissances

$$u,\ u^2,\ u^3,\ \ldots,\ v,\ v^2,\ v^3,\ \ldots,\ w,\ w^2,\ w^3,\ \ldots,\ -s,\ s^2,\ \ldots,$$

et de remplacer en même temps les variables principales

$$\xi,\ \eta,\ \zeta$$

par les facteurs

$$A,\ B,\ C.$$

Réciproquement, pour revenir des formules (2) du § III aux équations générales des mouvements infiniment petits du système de molécules que l'on considère, il suffira de remplacer, dans ces formules, les facteurs

$$A,\ B,\ C$$

par les variables principales

$$\xi,\ \eta,\ \zeta,$$

et les puissances

$$u,\ u^2,\ u^3,\ \ldots,\ v,\ v^2,\ v^3,\ \ldots,\ w,\ w^2,\ w^3,\ \ldots,\ -s,\ s^2,\ \ldots$$

par les caractéristiques

$$D_x,\ D_x^2,\ D_x^3,\ \ldots,\ D_y,\ D_y^2,\ D_y^3,\ \ldots,\ D_z,\ D_z^2,\ D_z^3,\ \ldots,\ D_t,\ D_t^2,\ \ldots$$

que l'on devra supposer appliquées aux variables principales

$$\xi,\ \eta,\ \zeta.$$

Il y a plus : comme, en supposant la forme de la fonction $F(u, v, w, s)$ déterminée par l'équation (13) du § II, il suffira d'éliminer deux des trois facteurs A, B, C entre les formules (2) du même paragraphe, pour obtenir les suivantes

$$(1)\qquad F(u, v, w, s)A = 0, \qquad F(u, v, w, s)B = 0, \qquad F(u, v, w, s)C = 0;$$

les équations que l'on tirera de ces dernières, en opérant comme on vient de le dire, subsisteront encore dans le cas où les sommes (4), (5) du § II offriraient des valeurs constantes; et ces équations, qui pourront s'écrire comme il suit :

$$(2)\quad F(D_x, D_y, D_z, D_t)\xi = 0, \quad F(D_x, D_y, D_z, D_t)\eta = 0, \quad F(D_x, D_y, D_z, D_t)\zeta = 0,$$

attendu que l'on a $F(u, v, w, s) = F(u, v, w, -s)$, seront celles que l'on obtiendrait alors en éliminant deux des trois variables principales entre les formules (3) du § II.

Nota. — Lorsque, après avoir développé, dans les formules du troisième paragraphe, les quantités

$$\mathfrak{L},\ \mathfrak{M},\ \mathfrak{N},\ \mathfrak{P},\ \mathfrak{Q},\ \mathfrak{R}$$

suivant les puissances ascendantes de u, v, w, on néglige dans les développements obtenus les termes d'un degré supérieur au second, on peut, de ces mêmes formules, à l'aide de la méthode exposée dans un précédent Mémoire, déduire aisément les équations de condition relatives à la surface de séparation de deux systèmes de molécules. Si l'on suppose que ces deux systèmes soient deux portions du fluide éthéré que renferment deux corps différents, les équations de condition dont nous venons de parler fourniront les lois de la réflexion et de la réfraction de la lumière, exprimées par quatre formules qui montreront comment l'anomalie et l'azimut varient, quand on passe du rayon incident au rayon réfléchi ou réfracté. Enfin, si le corps que termine la surface réfléchissante est transparent, trois des quatre formules coïncideront avec trois formules de Fresnel, et la quatrième se réduira elle-même à la quatrième formule de Fresnel, si le corps transparent est du nombre de ceux qui polarisent complètement la lumière. Alors une certaine constante comprise dans les formules aura pour valeur l'unité.

Les mêmes principes, appliqués aux corps opaques, fournissent des résultats très différents de ceux qui sont relatifs aux corps transparents. Ainsi, en particulier, tandis que la lumière réfléchie sous l'incidence perpendiculaire est généralement très faible, pour un corps transparent, elle devient souvent considérable pour un corps opaque. Si l'on néglige les termes relatifs à la dispersion, si d'ailleurs l'on réduit à l'unité la constante qui a effectivement cette valeur, dans un corps transparent et qui polarise complètement la lumière, les formules que l'on obtiendra pour les corps opaques seront précisément celles que j'ai présentées à l'Académie dans la séance du 4 février dernier. Suivant ces formules, la lumière réfléchie sous l'incidence perpendiculaire par certains métaux pourrait égaler ou même surpasser la moitié de la lumière incidente. Elle en serait plus de la moitié pour l'acier parfaitement poli et plus des huit dixièmes pour l'argent. Elle varierait ensuite assez lentement à partir de l'incidence perpendiculaire; et sur l'argent, la variation de la lumière réfléchie ne serait pas de $\frac{1}{100}$, quand on passerait de l'incidence perpendiculaire à l'incidence principale, mesurée par un angle de 73°. Au reste, je reviendrai dans un autre article sur les formules dont il s'agit. Les physiciens seront curieux sans doute d'en comparer les résultats avec les expériences annoncées par M. Arago.

38.

C. R., t. VIII, p. 589 (22 avril 1839). — Suite.

Si maintenant l'on pose, pour abréger,

$$8 = A\xi + B\eta + C\zeta, \tag{3}$$

A, B, C désignant trois constantes réelles ou imaginaires, on tirera des formules (2)

$$F(D_x, D_y, D_z, D_t)8 = 0. \tag{4}$$

Si les constantes A, B, C sont réelles et représentent les cosinus des angles formés par un axe fixe avec les demi-axes des coordonnées positives, 8 représentera le déplacement d'une molécule mesuré parallèlement à l'axe fixe. Donc un semblable déplacement sera la variable principale d'une équation aux différences partielles qui conservera la même forme quel que soit l'axe fixe que l'on considère.

Au reste, si, pour revenir des formules (2) du § III aux équations générales des mouvements infiniment petits d'un système de molécules, on remplace dans les formules dont il s'agit

$$u \text{ par } D_x, \quad v \text{ par } D_y, \quad w \text{ par } D_z;$$

alors, en désignant par

$$\nabla_{x,x}, \quad \nabla_{y,y}, \quad \nabla_{z,z}, \quad \nabla_{y,z} = \nabla_{z,y}, \quad \nabla_{z,x} = \nabla_{x,z}, \quad \nabla_{x,y} = \nabla_{y,x}$$

des fonctions de

$$D_x,\quad D_y,\quad D_z$$

déterminées par les formules

$$(5)\quad \nabla_{x,x} = S\left[m\,\frac{\mathrm{f}(r) + f(r)\cos^2\alpha}{r}\,\left(e^{r(\cos\alpha\,D_x + \cos\beta\,D_y + \cos\gamma\,D_z)} - 1\right)\right],\quad \nabla_{y,y} = \ldots,\quad \nabla_{z,z} = \ldots$$

$$(6)\quad \nabla_{y,z} = S\left[m\,\frac{f(r)\cos\beta\cos\gamma}{r}\,\left(e^{r(\cos\alpha\,D_x + \cos\beta\,D_y + \cos\gamma\,D_z)} - 1\right)\right],\quad \nabla_{z,x} = \ldots,\quad \nabla_{x,y} = \ldots$$

on verra ces équations générales se réduire à

$$(7)\quad \begin{cases} D_t^2\xi = \nabla_{x,x}\xi + \nabla_{x,y}\eta + \nabla_{x,z}\zeta, \\ D_t^2\eta = \nabla_{y,x}\xi + \nabla_{y,y}\eta + \nabla_{y,z}\zeta, \\ D_t^2\zeta = \nabla_{z,x}\xi + \nabla_{z,y}\eta + \nabla_{z,z}\zeta. \end{cases}$$

Chacune des équations (7) étant du second ordre par rapport à t, pour déduire de ces mêmes équations les valeurs générales des variables principales

$$\xi,\quad \eta,\quad \zeta,$$

il sera nécessaire que l'on connaisse les valeurs initiales de ces variables et de leurs dérivées du premier ordre prises par rapport à t. Si l'on désigne par

$$\varphi(x,y,z),\quad \chi(x,y,z),\quad \psi(x,y,z),\quad \Phi(x,y,z),\quad \mathrm{X}(x,y,z),\quad \Psi(x,y,z)$$

ces valeurs initiales, le problème consistera généralement à intégrer les formules (7) de manière que l'on ait, pour $t = 0$,

$$(8)\quad \xi = \varphi(x,y,z),\qquad \eta = \chi(x,y,z),\qquad \zeta = \psi(x,y,z),$$

$$(9)\quad \frac{d\xi}{dt} = \Phi(x,y,z),\qquad \frac{d\eta}{dt} = \mathrm{X}(x,y,z),\qquad \frac{d\zeta}{dt} = \Psi(x,y,z).$$

§ V. — *Mouvements dont les équations renferment seulement deux variables indépendantes.*

Soient

$$a,\quad b,\quad c$$

les cosinus des angles que forme avec les demi-axes des x, y et z

positives un plan *invariable* passant par l'origine des coordonnées, et

$$(1) \qquad \iota = ax + by + cz$$

la distance d'un point quelconque x, y, z à ce même plan. Supposons d'ailleurs que, dans un système homogène de molécules mises en vibration, les déplacements et les vitesses ne dépendent, au premier instant, que de la distance ι au plan invariable. Les conditions (8), (9) du paragraphe précédent se réduiront à des équations de la forme

$$(2) \qquad \xi = \varphi(\iota), \qquad \eta = \chi(\iota), \qquad \zeta = \psi(\iota),$$

$$(3) \qquad \frac{d\xi}{dt} = \Phi(\iota), \qquad \frac{d\eta}{dt} = \mathrm{X}(\iota), \qquad \frac{d\zeta}{dt} = \Psi(\iota),$$

qui devront être vérifiées pour $t = 0$, et les valeurs générales des variables principales

$$\xi, \quad \eta, \quad \zeta$$

dépendront uniquement de ι et de t. Car, en supposant ξ, η, ζ fonctions des seules variables indépendantes ι et t, on aura, en vertu de l'équation (1),

$$(4) \qquad \mathrm{D}_x = a\mathrm{D}_\iota, \qquad \mathrm{D}_y = b\mathrm{D}_\iota, \qquad \mathrm{D}_z = c\mathrm{D}_\iota;$$

par conséquent les formules (5), (6) du paragraphe précédent se réduiront à

$$(5) \qquad \nabla_{x,x} = \mathrm{S}\left[m\,\frac{\mathfrak{f}(r) + f(r)\cos^2\alpha}{r}\,(e^{r\cos\delta\,\mathrm{D}_\iota} - 1)\right], \quad \nabla_{y,y} = \ldots, \quad \nabla_{z,z} = \ldots,$$

$$(6) \qquad \nabla_{y,z} = \mathrm{S}\left[m\,\frac{f(r)\cos\beta\cos\gamma}{r}\,(e^{r\cos\delta\,\mathrm{D}_\iota} - 1)\right], \quad \nabla_{z,x} = \ldots, \quad \nabla_{x,y} = \ldots,$$

la valeur de $\cos\delta$ étant

$$(7) \qquad \cos\delta = a\cos\alpha + b\cos\beta + c\cos\gamma.$$

Or, comme en vertu des formules (5), (6), les équations (7) du § IV, c'est-à-dire les équations qui représentent les mouvements infiniment petits du système, renfermeront seulement, avec les variables principales ξ, η, ζ, les deux variables indépendantes ι et t, on pourra les intégrer de manière que les conditions (2), (3) se trouvent vérifiées pour $t = 0$, et ainsi l'on obtiendra les valeurs générales de ξ, η, ζ qui dépendront seulement de ι et de t.

Ce n'est pas tout. Si les valeurs initiales de ξ, η, ζ et de leurs dérivées sont proportionnelles à une seule exponentielle népérienne de la forme

$$e^{k\iota},$$

de sorte qu'on doive avoir, pour $t = 0$,

$$(8) \qquad \xi = \mathcal{A} e^{k\iota}, \qquad \eta = \mathcal{B} e^{k\iota}, \qquad \zeta = \mathcal{C} e^{k\iota},$$

$$(9) \qquad \frac{d\xi}{dt} = \mathcal{D} e^{k\iota}, \qquad \frac{d\eta}{dt} = \mathcal{E} e^{k\iota}, \qquad \frac{d\zeta}{dt} = \mathcal{F} e^{k\iota},$$

le coefficient k pouvant être réel ou imaginaire, les valeurs générales de

$$\xi, \quad \eta, \quad \zeta,$$

considérées comme fonctions de ι, devront elles-mêmes être supposées proportionnelles à l'exponentielle dont il s'agit. Car on aura, dans cette supposition,

$$(10) \qquad D_\iota \xi = k\xi, \qquad D_\iota \eta = k\eta, \qquad D_\iota \zeta = k\zeta,$$

ce qui réduira les expressions symboliques

$$\nabla_{x,x}, \quad \nabla_{y,y}, \quad \nabla_{z,z}, \quad \nabla_{y,z}, \quad \nabla_{z,x}, \quad \nabla_{x,y},$$

déterminées par les formules (5), (6), aux coefficients

$$\mathcal{L}, \quad \mathcal{M}, \quad \mathcal{N}, \quad \mathcal{P}, \quad \mathcal{Q}, \quad \mathcal{R},$$

déterminés par les équations

$$(11) \qquad \mathcal{L} = S\left[m \frac{\mathfrak{f}(r) + f(r)\cos^2\alpha}{r}(e^{kr\cos\delta} - 1)\right], \qquad \mathcal{M} = \ldots, \qquad \mathcal{N} = \ldots,$$

$$(12) \qquad \mathcal{P} = S\left[m \frac{f(r)\cos\beta\cos\gamma}{r}(e^{kr\cos\delta} - 1)\right], \qquad \mathcal{Q} = \ldots, \qquad \mathcal{R} = \ldots,$$

et, par suite, les équations (7) du § IV deviendront

$$(13)\qquad \begin{cases} D_t^2\xi = \mathcal{L}\xi + \mathcal{R}\eta + \mathcal{Q}\zeta, \\ D_t^2\eta = \mathcal{R}\xi + \mathcal{M}\eta + \mathcal{P}\zeta, \\ D_t^2\zeta = \mathcal{Q}\xi + \mathcal{P}\eta + \mathcal{N}\zeta. \end{cases}$$

Or, si, en supposant constants les coefficients $\mathcal{L}$, $\mathcal{M}$, $\mathcal{N}$, $\mathcal{P}$, $\mathcal{Q}$, $\mathcal{R}$, on intègre les équations (13) de manière à remplir les conditions (8), (9), on obtiendra évidemment des valeurs générales de ξ, η, ζ qui, considérées comme fonctions de t, seront proportionnelles à l'exponentielle

$$e^{kt}.$$

Si l'on pose, pour abréger,

$$(14)\qquad 8 = A\xi + B\eta + C\zeta,$$

A, B, C désignant trois coefficients réels ou imaginaires, et si d'ailleurs on choisit ces coefficients et la constante s de manière à vérifier les équations (2) du § III, savoir :

$$(15)\qquad \begin{cases} (\mathcal{L} - s^2)A + \mathcal{R}B + \mathcal{Q}C = 0, \\ \mathcal{R}A + (\mathcal{M} - s^2)B + \mathcal{P}C = 0, \\ \mathcal{Q}A + \mathcal{P}B + (\mathcal{N} - s^2)C = 0, \end{cases}$$

on tirera des formules (13)

$$(16)\qquad D_t^2 8 = s^2 8.$$

Soient maintenant

$$\varpi(t),\quad \Pi(t)$$

les valeurs initiales de

$$8,\quad \frac{d8}{dt},$$

dans le cas où les valeurs initiales de ξ, η, ζ et de leurs dérivées sont déterminées par les formules (8), (9). On aura

$$(17)\qquad \varpi(t) = (A\mathcal{A} + B\mathcal{B} + C\mathcal{C})e^{kt}, \qquad \Pi(t) = (A\mathcal{D} + B\mathcal{E} + C\mathcal{F})e^{kt},$$

ou, ce qui revient au même,

$$(18)\qquad \varpi(t) = \mathcal{U}e^{kt}, \qquad \Pi(t) = \mathcal{V}e^{kt},$$

les valeurs de $\mathcal{U}$, $\mathcal{V}$ étant

(19) $$\mathcal{U} = \mathrm{A}\mathcal{A} + \mathrm{B}\mathcal{B} + \mathrm{C}\mathcal{C}, \qquad \mathcal{V} = \mathrm{A}\mathcal{D} + \mathrm{B}\mathcal{E} + \mathrm{C}\mathcal{F},$$

et l'on tirera de l'équation (16)

(20) $$\text{ȣ} = \mathcal{U}\,\frac{e^{k\iota+st}+e^{k\iota-st}}{2} + \int_0^t \mathcal{V}\,\frac{e^{k\iota+st}+e^{k\iota-st}}{2}\,dt,$$

par conséquent

(21) $$\text{ȣ} = \mathcal{U}\,\frac{e^{k\iota+st}+e^{k\iota-st}}{2} + \int_0^t \mathcal{V}\,\frac{e^{k\iota+st}-e^{k\iota-st}}{2s}.$$

D'ailleurs la formule (21) pourra encore s'écrire comme il suit

(22) $$\left\{\begin{aligned} \mathrm{A}\xi + \mathrm{B}\eta + \mathrm{C}\zeta = {} & (\mathrm{A}\mathcal{A} + \mathrm{B}\mathcal{B} + \mathrm{C}\mathcal{C})\,\frac{e^{k\iota+st}+e^{k\iota-st}}{2} \\ & + (\mathrm{A}\mathcal{D} + \mathrm{B}\mathcal{E} + \mathrm{C}\mathcal{F})\,\frac{e^{k\iota+st}-e^{k\iota-st}}{2s}. \end{aligned}\right.$$

Il est bon d'observer que les formules (15) détermineront généralement s^2 et les rapports

$$\frac{\mathrm{B}}{\mathrm{A}},\quad \frac{\mathrm{C}}{\mathrm{A}}$$

en fonction de k, la valeur de s^2 étant fournie par une équation du troisième degré

(23) $$\mathrm{F}(k, s) = 0,$$

dans laquelle on aura

(24) $$\left\{\begin{aligned} \mathrm{F}(k, s) = {} & (\mathcal{L} - s^2)(\mathcal{M} - s^2)(\mathcal{N} - s^2) - \mathcal{P}^2(\mathcal{L} - s^2) \\ & - \mathcal{Q}^2(\mathcal{M} - s^2) - \mathcal{R}^2(\mathcal{N} - s^2) + 2\mathcal{P}\mathcal{Q}\mathcal{R}. \end{aligned}\right.$$

Or de l'équation (23), jointe à deux des équations (15), ou, ce qui revient au même, aux formules (11) ou (15) du § II, on déduira en général trois systèmes de valeurs de

$$s^2,\quad \frac{\mathrm{B}}{\mathrm{A}},\quad \frac{\mathrm{C}}{\mathrm{A}};$$

et comme, pour chacun de ces trois systèmes, la formule (22) établira une relation linéaire entre les variables principales

$$\xi,\quad \eta,\quad \zeta,$$

on obtiendra en tout, entre ces mêmes variables, trois équations du premier degré qui suffiront pour les déterminer complètement. Les valeurs de

$$\xi,\quad \eta,\quad \zeta$$

ainsi déterminées renfermeront six espèces de termes qui seront respectivement proportionnels à six exponentielles de la forme

$$e^{k\iota+s't},\quad e^{k\iota-s't},\quad e^{k\iota+s''t},\quad e^{k\iota-s''t},\quad e^{k\iota+s'''t},\quad e^{k\iota-s'''t},$$

si l'on désigne par

$$s'^2,\quad s''^2,\quad s'''^2$$

les trois valeurs de s^2 propres à vérifier l'équation (23); et elles représenteront en conséquence les sommes des six valeurs que peuvent acquérir les déplacements symboliques des molécules, correspondants aux trois axes coordonnés, dans six mouvements simples superposés l'un à l'autre (*voir* le § III). Les plans des ondes propagées dans ces mouvements simples seront tous parallèles au plan invariable représenté par l'équation

$$\iota = 0 \tag{25}$$

ou

$$ax + by + cz = 0; \tag{26}$$

et, parmi les six mouvements simples dont il s'agit, ceux qui correspondront à une même valeur de s^2, par conséquent à deux valeurs de s égales entre elles au signe près, offriront des ondes planes qui se propageront en sens contraires, mais avec la même vitesse, cette vitesse étant le rapport numérique entre les coefficients de $\sqrt{-1}$ dans la valeur de s et dans la valeur de k.

Si, à l'aide de la formule (21) ou (22), on voulait calculer, non plus les valeurs totales des variables principales

$$\xi,\quad \eta,\quad \zeta,$$

mais seulement les parties de ces valeurs qui répondent à l'une des trois valeurs de s^2, il faudrait évidemment supposer l'expression

$$8 = A\xi + B\eta + C\zeta$$

déterminée par l'équation (21) ou (22) pour cette même valeur de s^2, et réduite à zéro pour les deux autres.

Remarquons encore que si l'on pose

$$(27)\qquad \frac{s}{k} = \omega,$$

l'équation (21) pourra, en vertu des formules (18), être réduite à

$$(28)\qquad 8 = \frac{\varpi(\iota + \omega t) + \varpi(\iota - \omega t)}{2} + \int_0^t \frac{\Pi(\iota + \omega t) + \Pi(\iota - \omega t)}{2}\,dt.$$

On arrive à la même conclusion en observant que, dans le cas où les variables

$$\xi,\quad \eta,\quad \zeta,\quad 8,$$

considérées comme fonctions de ι, sont proportionnelles à l'exponentielle

$$e^{k\iota},$$

on a identiquement

$$(29)\qquad D_\iota^2 8 = k^2 8,$$

de sorte qu'alors on peut écrire l'équation (16) sous la forme

$$(30)\qquad D_t^2 8 = \omega^2 D_\iota^2 8$$

ou

$$(31)\qquad \frac{\partial^2 8}{\partial t^2} = \omega^2 \frac{\partial^2 8}{\partial \iota^2}.$$

Or l'intégrale générale de l'équation (31) est précisément la formule (28).

Quand les mouvements simples, propagés dans le système de molécules que l'on considère, sont du nombre de ceux qui se propagent sans s'affaiblir, les valeurs de k et de s n'offrent pas de parties réelles. Alors la valeur de ω que fournira l'équation (27), et qui sera positive si l'on choisit convenablement le signe de s, viendra se confondre avec la vitesse de propagation Ω des ondes planes, en sorte que la formule (28) donnera

$$(32) \qquad 8 = \frac{\varpi(\imath + \Omega t) + \varpi(\imath - \Omega t)}{2} + \int_0^t \frac{\Pi(\imath + \Omega t) + \Pi(\imath - \Omega t)}{2} dt.$$

Si d'ailleurs, pour chaque valeur de s^2, les valeurs des rapports

$$\frac{B}{A}, \quad \frac{C}{A},$$

tirées des formules (15), sont réelles, on pourra prendre, pour

$$A, \quad B, \quad C,$$

des quantités réelles assujetties à vérifier la condition

$$(33) \qquad A^2 + B^2 + C^2 = 1,$$

et les trois valeurs de 8, relatives aux trois valeurs de s^2, représenteront trois déplacements symboliques d'une même molécule, les trois déplacements effectifs correspondants étant mesurés parallèlement à trois axes fixes qui se couperont à angles droits. (*Voir* le Mémoire *Sur la dispersion de la lumière*.)

Lorsque les valeurs initiales des variables principales

$$\xi, \quad \eta, \quad \zeta$$

et de leurs dérivées sont fonctions de $\imath$ sans être proportionnelles à une seule exponentielle de la forme

$$e^{k\imath},$$

on peut du moins considérer chacune de ces valeurs initiales comme formée par l'addition d'une infinité de termes proportionnels à de semblables exponentielles. Ainsi, par exemple, si la valeur initiale de ξ est donnée par la première des équations (2), elle pourra, en vertu d'un théorème connu (*voir* les *Exercices de Mathématiques*), être présentée sous la forme

$$(34) \qquad \frac{1}{2\pi}\int_{-\infty}^{\infty}\int_{-\infty}^{\infty} e^{\upsilon(\imath-\rho)\sqrt{-1}}\,\varphi(\rho)\,d\rho\,d\upsilon.$$

Si, au premier instant, il n'y avait de déplacements et de mouvements produits qu'entre les limites

$$(35) \qquad \imath = \imath_0, \qquad \imath = \imath_1,$$

les fonctions $\varphi(\imath)$, $\chi(\imath)$, ... devraient être supposées nulles hors de ces limites, ce qui permettrait de réduire l'intégrale (34) à la suivante

$$(36) \qquad \frac{1}{2\pi}\int_{-\infty}^{\infty}\int_{\imath_0}^{\imath_1} e^{(\imath-\rho)\sqrt{-1}}\,\varphi(\rho)\,d\upsilon\,d\rho.$$

Des remarques précédentes, jointes à ce qui a été dit plus haut, il résulte que, dans le cas où les valeurs initiales des variables principales et de leurs dérivées sont fonctions d'une seule coordonnée, propre à représenter la distance $\imath$ d'un point quelconque (x, y, z) à un plan invariable, les vibrations des molécules, au bout d'un temps quelconque t, peuvent être censées résulter de la superposition d'une infinité d'ondes planes renfermées dans des plans parallèles au plan invariable dont il s'agit.

Il nous reste à déduire des formules qui précèdent le mode de propagation de ces ondes, pour le cas où on les suppose primitivement renfermées dans une tranche très mince ou dans une très petite portion de l'espace. Tel sera l'objet des paragraphes suivants.

39.

C. R., t. VIII, p. 659 (29 avril 1839). — Suite.

Soient maintenant

$$A', B', C'; \quad A'', B'', C''; \quad A''', B''', C'''$$

trois systèmes de valeurs de

$$A, B, C,$$

qui correspondent aux trois valeurs de s^2 représentées par

$$s'^2, \quad s''^2, \quad s'''^2;$$

et nommons

$$ȣ', \quad ȣ'', \quad ȣ'''$$

les valeurs correspondantes de $ȣ$. On aura

$$(34) \qquad \begin{cases} ȣ' = A'\xi + B'\eta + C'\zeta, \\ ȣ'' = A''\xi + B''\eta + C''\zeta, \\ ȣ''' = A'''\xi + B'''\eta + C'''\zeta. \end{cases}$$

Supposons d'ailleurs que, ces dernières équations étant résolues par rapport à ξ, η, ζ, on en tire

$$(35) \qquad \begin{cases} \xi = a'ȣ' + a''ȣ'' + a'''ȣ''', \\ \eta = b'ȣ' + b''ȣ'' + b'''ȣ''', \\ \zeta = c'ȣ' + c''ȣ'' + c'''ȣ'''. \end{cases}$$

Comme on devra obtenir des équations identiques, en substituant dans les formules (34) les valeurs de ξ, η, ζ fournies par les équations (35), ou, dans les formules (35), les valeurs de $ȣ'$, $ȣ''$, $ȣ'''$ fournies par les équations (34), on aura non seulement

$$(36) \quad \begin{cases} a'A' + b'B' + c'C' = 1, & a''A' + b''B' + c''C' = 0, & a'''A' + b'''B' + c'''C' = 0, \\ a'A'' + b'B'' + c'C'' = 0, & a''A'' + b''B'' + c''C'' = 1, & a'''A'' + b'''B'' + c'''C'' = 0, \\ a'A''' + b'B''' + c'C''' = 0, & a''A''' + b''B''' + c''C''' = 0, & a'''A''' + b'''B''' + c'''C''' = 1, \end{cases}$$

mais encore

$$(37)\quad \begin{cases} a'A' + a''A'' + a'''A''' = 1, & b'A' + b''A'' + b'''A''' = 0, & c'A' + c''A'' + c'''A''' = 0, \\ a'B' + a''B'' + a'''B''' = 0, & b'B' + b''B'' + b'''B''' = 1, & c'B' + c''B'' + c'''B''' = 0, \\ a'C' + a''C'' + a'''C''' = 0, & b'C' + b''C'' + b'''C''' = 0, & c'C' + c''C'' + c'''C''' = 1, \end{cases}$$

et, en vertu des formules (36), on pourra regarder

$$a',\ b',\ c';\quad a'',\ b'',\ c'';\quad a''',\ b''',\ c'''$$

comme trois systèmes de valeurs des constantes

$$a,\ b,\ c$$

assujetties à vérifier l'équation

$$(38)\qquad aA + bB + cC = 1$$

avec deux des formules

$$(39)\quad \begin{cases} aA' + bB' + cC' = 0, \\ aA'' + bB'' + cC'' = 0, \\ aA''' + bB''' + cC''' = 0, \end{cases}$$

savoir, avec celles de ces formules qui ne contredisent pas l'équation (38).

Ainsi, en particulier,

$$a',\ b',\ c'$$

seront les valeurs de

$$a,\ b,\ c$$

propres à vérifier l'équation (38) avec les deux dernières des formules (39), desquelles on tirera

$$(40)\qquad \frac{a}{B''C''' - B'''C''} = \frac{b}{C''A''' - C'''A''} = \frac{c}{A''B''' - A'''B''};$$

de plus, comme en vertu des équations (15) ou, ce qui revient au même, en vertu de la formule (15) du § III, les différences

$$B''C''' - B'''C'',\quad C''A''' - C'''A'',\quad A''B''' - A'''B''$$

seront en général, et lorsque s''^2 différera de s'^2, respectivement proportionnelles aux produits des différences

$$\left(\mathcal{M}-\frac{\mathcal{R}\mathcal{P}}{\mathcal{Q}}\right)-\left(\mathcal{N}-\frac{\mathcal{P}\mathcal{Q}}{\mathcal{R}}\right),$$

$$\left(\mathcal{N}-\frac{\mathcal{P}\mathcal{Q}}{\mathcal{R}}\right)-\left(\mathcal{L}-\frac{\mathcal{Q}\mathcal{R}}{\mathcal{P}}\right),$$

$$\left(\mathcal{L}-\frac{\mathcal{Q}\mathcal{R}}{\mathcal{P}}\right)-\left(\mathcal{M}-\frac{\mathcal{R}\mathcal{P}}{\mathcal{Q}}\right)$$

par les coefficients

$$\mathcal{P},\quad \mathcal{Q},\quad \mathcal{R}$$

et par les expressions

$$\left(s''^2-\mathcal{L}+\frac{\mathcal{Q}\mathcal{R}}{\mathcal{P}}\right)\left(s'''^2-\mathcal{L}+\frac{\mathcal{Q}\mathcal{R}}{\mathcal{P}}\right),$$

$$\left(s''^2-\mathcal{M}+\frac{\mathcal{R}\mathcal{P}}{\mathcal{Q}}\right)\left(s'''^2-\mathcal{M}+\frac{\mathcal{R}\mathcal{P}}{\mathcal{Q}}\right),$$

$$\left(s''^2-\mathcal{N}+\frac{\mathcal{P}\mathcal{Q}}{\mathcal{R}}\right)\left(s'''^2-\mathcal{N}+\frac{\mathcal{P}\mathcal{Q}}{\mathcal{R}}\right),$$

il est clair que, si l'on pose, pour abréger,

$$(41)\quad\begin{cases}\mathfrak{P}=\mathcal{P}\left(s'^2-\mathcal{L}+\dfrac{\mathcal{Q}\mathcal{R}}{\mathcal{P}}\right)\left(s''^2-\mathcal{L}+\dfrac{\mathcal{Q}\mathcal{R}}{\mathcal{P}}\right)\left(s'''^2-\mathcal{L}+\dfrac{\mathcal{Q}\mathcal{R}}{\mathcal{P}}\right),\\[2ex] \mathfrak{Q}=\mathcal{Q}\left(s'^2-\mathcal{M}+\dfrac{\mathcal{R}\mathcal{P}}{\mathcal{Q}}\right)\left(s''^2-\mathcal{M}+\dfrac{\mathcal{R}\mathcal{P}}{\mathcal{Q}}\right)\left(s'''^2-\mathcal{M}+\dfrac{\mathcal{R}\mathcal{P}}{\mathcal{Q}}\right),\\[2ex] \mathfrak{R}=\mathcal{R}\left(s'^2-\mathcal{N}+\dfrac{\mathcal{P}\mathcal{Q}}{\mathcal{R}}\right)\left(s''^2-\mathcal{N}+\dfrac{\mathcal{P}\mathcal{Q}}{\mathcal{R}}\right)\left(s'''^2-\mathcal{N}+\dfrac{\mathcal{P}\mathcal{Q}}{\mathcal{R}}\right),\end{cases}$$

on tirera généralement de la formule (40), jointe à l'équation (38),

$$(42)\quad\begin{cases}\dfrac{\mathrm{a}}{\mathfrak{P}\dfrac{\left(\mathcal{M}-\frac{\mathcal{R}\mathcal{P}}{\mathcal{Q}}\right)-\left(\mathcal{N}-\frac{\mathcal{P}\mathcal{Q}}{\mathcal{R}}\right)}{s^2-\mathcal{L}+\frac{\mathcal{Q}\mathcal{R}}{\mathcal{P}}}}=\dfrac{\mathrm{b}}{\mathfrak{Q}\dfrac{\left(\mathcal{N}-\frac{\mathcal{P}\mathcal{Q}}{\mathcal{R}}\right)-\left(\mathcal{L}-\frac{\mathcal{Q}\mathcal{R}}{\mathcal{P}}\right)}{s^2-\mathcal{M}+\frac{\mathcal{R}\mathcal{P}}{\mathcal{Q}}}}=\dfrac{\mathrm{c}}{\mathfrak{R}\dfrac{\left(\mathcal{L}-\frac{\mathcal{Q}\mathcal{R}}{\mathcal{P}}\right)-\left(\mathcal{M}-\frac{\mathcal{R}\mathcal{P}}{\mathcal{Q}}\right)}{s^2-\mathcal{N}+\frac{\mathcal{P}\mathcal{Q}}{\mathcal{R}}}}\\[4ex] =\dfrac{1}{A\mathfrak{P}\dfrac{\left(\mathcal{M}-\frac{\mathcal{R}\mathcal{P}}{\mathcal{Q}}\right)-\left(\mathcal{N}-\frac{\mathcal{P}\mathcal{Q}}{\mathcal{R}}\right)}{s^2-\mathcal{L}+\frac{\mathcal{Q}\mathcal{R}}{\mathcal{P}}}+B\mathfrak{Q}\dfrac{\left(\mathcal{N}-\frac{\mathcal{P}\mathcal{Q}}{\mathcal{R}}\right)-\left(\mathcal{L}-\frac{\mathcal{Q}\mathcal{R}}{\mathcal{P}}\right)}{s^2-\mathcal{M}+\frac{\mathcal{R}\mathcal{P}}{\mathcal{Q}}}+C\mathfrak{R}\dfrac{\left(\mathcal{L}-\frac{\mathcal{Q}\mathcal{R}}{\mathcal{P}}\right)-\left(\mathcal{M}-\frac{\mathcal{R}\mathcal{P}}{\mathcal{Q}}\right)}{s^2-\mathcal{N}+\frac{\mathcal{P}\mathcal{Q}}{\mathcal{R}}}}.\end{cases}$$

Enfin, comme en vertu des formules (41), $\mathfrak{P}$, $\mathfrak{Q}$, $\mathfrak{R}$ seront des fonctions entières et symétriques des racines

$$s'^2, \quad s''^2, \quad s'''^2$$

de l'équation (23), par conséquent, des fonctions rationnelles des coefficients

$$\mathcal{L}, \quad \mathcal{M}, \quad \mathcal{N}, \quad \mathcal{P}, \quad \mathcal{Q}, \quad \mathcal{R},$$

les valeurs des produits

$$\mathrm{aA}, \quad \mathrm{aB}, \quad \mathrm{aC}; \quad \mathrm{bA}, \quad \mathrm{bB}, \quad \mathrm{bC}; \quad \mathrm{cA}, \quad \mathrm{cB}, \quad \mathrm{cC},$$

et par suite les valeurs de

$$\mathrm{a}\mathcal{U}, \quad \mathrm{a}\mathcal{V}; \quad \mathrm{b}\mathcal{U}, \quad \mathrm{b}\mathcal{V}; \quad \mathrm{c}\mathcal{U}, \quad \mathrm{c}\mathcal{V},$$

déduites de la formule (42), seront évidemment des fonctions rationnelles de s^2 et des coefficients

$$\mathcal{L}, \quad \mathcal{M}, \quad \mathcal{N}, \quad \mathcal{P}, \quad \mathcal{Q}, \quad \mathcal{R}$$

qui dépendent uniquement de la constante k.

Concevons à présent que, dans les formules (35), on substitue les valeurs de

$$\mathfrak{s}', \quad \mathfrak{s}'', \quad \mathfrak{s}''',$$

que fournit l'équation (20), quand on pose successivement

$$s^2 = s'^2, \qquad s^2 = s''^2, \qquad s^2 = s'''^2;$$

alors, en désignant par

$$\xi_s, \quad \eta_s, \quad \zeta_s$$

les parties de

$$\xi, \quad \eta, \quad \zeta$$

qui renferment l'exponentielle

$$e^{\mathrm{k}\mathrm{r} - st},$$

dans laquelle s représente l'une quelconque des six constantes

$$s', \quad -s', \quad s'', \quad -s'', \quad s''', \quad -s''',$$

on trouvera généralement

$$(43)\quad \begin{cases} \xi = \xi_{s'} + \xi_{-s'} + \xi_{s''} + \xi_{-s''} + \xi_{s'''} + \xi_{-s'''}, \\ \eta = \eta_{s'} + \eta_{-s'} + \eta_{s''} + \eta_{-s''} + \eta_{s'''} + \eta_{-s'''}, \\ \zeta = \zeta_{s'} + \zeta_{-s'} + \zeta_{s''} + \zeta_{-s''} + \zeta_{s'''} + \zeta_{-s'''}, \end{cases}$$

les valeurs de

$$\xi_s, \quad \eta_s, \quad \zeta_s$$

étant, pour chaque valeur de s, déterminées par la formule

$$(44)\quad \frac{\xi_s}{\mathrm{a}} = \frac{\eta_s}{\mathrm{b}} = \frac{\zeta_s}{\mathrm{c}} = \tfrac{1}{2}\mho e^{\mathrm{k}\iota - st} + \tfrac{1}{2}\int_0^t \Psi e^{\mathrm{k}\iota - st}\, dt,$$

de laquelle on tire

$$(45)\quad \begin{cases} \xi_s = \tfrac{1}{2}\mathrm{a}\left(\mho e^{\mathrm{k}\iota - st} + \int_0^t \Psi e^{\mathrm{k}\iota - st}\, dt\right), \\ \eta_s = \tfrac{1}{2}\mathrm{b}\left(\mho e^{\mathrm{k}\iota - st} + \int_0^t \Psi e^{\mathrm{k}\iota - st}\, dt\right), \\ \zeta_s = \tfrac{1}{2}\mathrm{c}\left(\mho e^{\mathrm{k}\iota - st} + \int_0^t \Psi e^{\mathrm{k}\iota - st}\, dt\right), \end{cases}$$

et par suite

$$(46)\quad \begin{cases} \xi_s + \xi_{-s} = \mathrm{a}\left(\mho \dfrac{e^{\mathrm{k}\iota + st} + e^{\mathrm{k}\iota - st}}{2} + \displaystyle\int_0^t \Psi \dfrac{e^{\mathrm{k}\iota + st} + e^{\mathrm{k}\iota - st}}{2}\, dt\right), \\ \eta_s + \eta_{-s} = \mathrm{b}\left(\mho \dfrac{e^{\mathrm{k}\iota + st} + e^{\mathrm{k}\iota - st}}{2} + \displaystyle\int_0^t \Psi \dfrac{e^{\mathrm{k}\iota + st} + e^{\mathrm{k}\iota - st}}{2}\, dt\right), \\ \zeta_s + \zeta_{-s} = \mathrm{c}\left(\mho \dfrac{e^{\mathrm{k}\iota + st} + e^{\mathrm{k}\iota - st}}{2} + \displaystyle\int_0^t \Psi \dfrac{e^{\mathrm{k}\iota + st} + e^{\mathrm{k}\iota - st}}{2}\, dt\right), \end{cases}$$

ou, ce qui revient au même,

$$(47)\quad \begin{cases} \xi_s + \xi_{-s} = \mathrm{a}\left(\mho \dfrac{e^{\mathrm{k}\iota + st} + e^{\mathrm{k}\iota - st}}{2} + \Psi \dfrac{e^{\mathrm{k}\iota + st} - e^{\mathrm{k}\iota - st}}{2s}\right), \\ \eta_s + \eta_{-s} = \mathrm{b}\left(\mho \dfrac{e^{\mathrm{k}\iota + st} + e^{\mathrm{k}\iota - st}}{2} + \Psi \dfrac{e^{\mathrm{k}\iota + st} - e^{\mathrm{k}\iota - st}}{2s}\right), \\ \zeta_s + \zeta_{-s} = \mathrm{c}\left(\mho \dfrac{e^{\mathrm{k}\iota + st} + e^{\mathrm{k}\iota - st}}{2} + \Psi \dfrac{e^{\mathrm{k}\iota + st} - e^{\mathrm{k}\iota - st}}{2s}\right). \end{cases}$$

§ VI. — *Sur le mode de propagation des ondes planes.*

Parmi les mouvements infiniment petits que peut offrir un système homogène de molécules, on doit surtout distinguer ceux dans lesquels les valeurs initiales des déplacements symboliques

$$\xi,\quad \eta,\quad \zeta$$

dépendent uniquement de la distance r à un plan invariable et doivent satisfaire aux conditions (8) et (9) du paragraphe précédent. Lorsque ces mêmes conditions doivent être remplies pour $t=0$, quel que soit r, alors les valeurs générales de ξ, η, ζ se trouvent déterminées par les formules (43), (45) et (46) du § V; et par suite, comme on l'a déjà remarqué, le mouvement du système, au bout du temps t, résulte de la superposition de six mouvements simples dont chacun peut s'éteindre pour des valeurs croissantes de t ou de r, ou bien encore se propager sans s'affaiblir. Ce dernier cas se présente lorsque les valeurs des constantes

$$k \text{ et } s$$

n'offrent pas de parties réelles; en sorte qu'on ait, par exemple,

$$(1)\qquad k = \mathrm{k}\sqrt{-1},\qquad s = \omega\mathrm{k}\sqrt{-1},$$

k et ω désignant des constantes réelles. Alors, les conditions (8), (9) du § V, qui doivent être remplacées, quel que soit r, pour $t=0$, se réduisent à

$$(2)\qquad \begin{cases} \xi = \mathcal{A}e^{\mathrm{kr}\sqrt{-1}}, & \eta = \mathcal{B}e^{\mathrm{kr}\sqrt{-1}}, & \zeta = \mathcal{C}e^{\mathrm{kr}\sqrt{-1}}, \\ \dfrac{d\xi}{dt} = \mathcal{D}e^{\mathrm{kr}\sqrt{-1}}, & \dfrac{d\eta}{dt} = \mathcal{E}e^{\mathrm{kr}\sqrt{-1}}, & \dfrac{d\zeta}{dt} = \mathcal{F}e^{\mathrm{kr}\sqrt{-1}}, \end{cases}$$

et les formules (4) du même paragraphe qui fournissent, non pas les valeurs totales de

$$\xi,\quad \eta,\quad \zeta,$$

mais seulement les parties de ces valeurs qui correspondent à l'une des six valeurs de s, par conséquent à l'une des six valeurs de la quantité

(3) $$\omega = \frac{s}{k}$$

deviennent

(4) $$\left\{\begin{aligned} \xi_s &= \tfrac{1}{2}\mathrm{a}\left[\mho e^{\mathrm{k}(\iota-\omega t)\sqrt{-1}} + \int_0^t \wp e^{\mathrm{k}(\iota-\omega\tau)\sqrt{-1}}\,d\tau\right],\\ \eta_s &= \tfrac{1}{2}\mathrm{b}\left[\mho e^{\mathrm{k}(\iota-\omega t)\sqrt{-1}} + \int_0^t \wp e^{\mathrm{k}(\iota-\omega\tau)\sqrt{-1}}\,d\tau\right],\\ \zeta_s &= \tfrac{1}{2}\mathrm{c}\left[\mho e^{\mathrm{k}(\iota-\omega t)\sqrt{-1}} + \int_0^t \wp e^{\mathrm{k}(\iota-\omega\tau)\sqrt{-1}}\,d\tau\right], \end{aligned}\right.$$

τ désignant une variable auxiliaire à l'égard de laquelle les intégrations s'effectuent entre les limites

$$\tau = 0, \qquad \tau = t.$$

Ajoutons qu'en vertu de l'équation (3) la formule

(5) $$\mathrm{F}(k, s) = 0,$$

qui fournit la relation entre k et s pourra s'écrire comme il suit

(6) $$\mathrm{F}(k, \omega k) = 0,$$

et se réduira, si la fonction $\mathrm{F}(k, s)$ est homogène, à

(7) $$\mathrm{F}(1, \omega) = 0.$$

Donc alors la valeur de ω deviendra indépendante de la valeur attribuée à k. Enfin, si les trois équations des mouvements infiniment petits du système que l'on considère se réduisent à des équations homogènes, les produits

$$\mathrm{aA},\quad \mathrm{aB},\quad \mathrm{aC},\quad \mathrm{bA},\quad \mathrm{bB},\quad \mathrm{bC},\quad \mathrm{cA},\quad \mathrm{cB},\quad \mathrm{cC},$$

et par suite les produits

$$\mathrm{a}\mho,\quad \mathrm{a}\wp,\quad \mathrm{b}\mho,\quad \mathrm{b}\wp,\quad \mathrm{c}\mho,\quad \mathrm{c}\wp,$$

seront eux-mêmes indépendants de la valeur attribuée à k, en vertu de la formule (42) du § V.

Si l'on désigne par

$$\varphi(\imath),\quad \chi(\imath),\quad \psi(\imath),\quad \Phi(\imath),\quad \mathrm{X}(\imath),\quad \Psi(\imath)$$

les seconds membres des équations (2), c'est-à-dire les valeurs initiales de

$$\xi,\quad \eta,\quad \zeta,\quad \frac{d\xi}{dt},\quad \frac{d\eta}{dt},\quad \frac{d\zeta}{dt}$$

que fournissent ces mêmes équations, on tirera des formules (4), jointes aux équations (19) du § V,

$$(8)\quad \begin{cases} \xi_s = \frac{1}{2}a[A\varphi(\imath-\omega t)+B\chi(\imath-\omega t)+C\psi(\imath-\omega t)] \\ \quad + \int_0^t \frac{1}{2}a[A\Phi(\imath-\omega\tau)+B\mathrm{X}(\imath-\omega\tau)+C\Psi(\imath-\omega\tau)]\,d\tau, \\ \eta_s = \frac{1}{2}b[A\varphi(\imath-\omega t)+B\chi(\imath-\omega t)+C\psi(\imath-\omega t)] \\ \quad + \int_0^t \frac{1}{2}b[A\Phi(\imath-\omega\tau)+B\mathrm{X}(\imath-\omega\tau)+C\Psi(\imath-\omega\tau)]\,d\tau, \\ \zeta_s = \frac{1}{2}c[A\varphi(\imath-\omega t)+B\chi(\imath-\omega t)+C\psi(\imath-\omega t)] \\ \quad + \int_0^t \frac{1}{2}c[A\Phi(\imath-\omega\tau)+B\mathrm{X}(\imath-\omega\tau)+C\Psi(\imath-\omega\tau)]\,d\tau. \end{cases}$$

Supposons maintenant que les conditions (2) doivent se vérifier pour $t=0$, non plus quel que soit $\imath$, mais seulement entre les limites

$$(9)\qquad \imath=\imath_0,\qquad \imath=\imath_1.$$

Pour tenir compte de cette dernière circonstance, il suffira de remplacer, dans les formules (2), l'exponentielle

$$e^{k\imath\sqrt{-1}}$$

par l'intégrale définie

$$(10)\qquad \frac{1}{2\pi}\int_{-\infty}^{\infty}\int_{\imath_0}^{\imath_1} e^{\upsilon(\imath-\rho)\sqrt{-1}}\,e^{k\rho\sqrt{-1}}\,d\upsilon\,d\rho,$$

qui possède la double propriété de se réduire à cette exponentielle, quand $\imath$ reste comprise entre les limites dont il s'agit, et de s'évanouir quand $\imath$ est située hors de ces limites. Or cela reviendra évidemment à remplacer l'exponentielle

$$e^{k\imath\sqrt{-1}}$$

par une somme composée d'un nombre infini de termes proportionnels à d'autres exponentielles de la forme

$$e^{\upsilon\imath\sqrt{-1}},$$

le coefficient de chacune de ces dernières étant lui-même une expression de la forme

$$\frac{1}{2\pi}\Delta\upsilon\int_{\imath_0}^{\imath_1} e^{(k-\upsilon)\rho\sqrt{-1}}\,d\rho,$$

et $\Delta\upsilon$ désignant un accroissement infiniment petit attribué à la variable auxiliaire υ. Donc alors, si l'on représente toujours par

$$\xi_s, \quad \eta_s, \quad \zeta_s$$

les parties de

$$\xi, \quad \eta, \quad \zeta$$

qui correspondent à une racine s de l'équation (5), on devra, aux formules (4), substituer les équations

$$(11)\quad \left\{\begin{aligned}
\xi_s &= \frac{1}{2\pi}\int_{-\infty}^{\infty}\int_{\imath_0}^{\imath_1} \tfrac{1}{2}a\mho e^{\upsilon(\imath-\omega t-\rho)\sqrt{-1}} e^{k\rho\sqrt{-1}}\,d\upsilon\,d\rho \\
&+ \frac{1}{2\pi}\int_0^t\int_{-\infty}^{\infty}\int_{\imath_0}^{\imath_1} \tfrac{1}{2}a\nabla e^{\upsilon(\imath-\omega\tau-\rho)\sqrt{-1}} e^{k\rho\sqrt{-1}}\,d\tau\,d\upsilon\,d\rho, \\
\eta_s &= \frac{1}{2\pi}\int_{-\infty}^{\infty}\int_{\imath_0}^{\imath_1} \tfrac{1}{2}b\mho e^{\upsilon(\imath-\omega t-\rho)\sqrt{-1}} e^{k\rho\sqrt{-1}}\,d\upsilon\,d\rho \\
&+ \frac{1}{2\pi}\int_0^t\int_{-\infty}^{\infty}\int_{\imath_0}^{\imath_1} \tfrac{1}{2}b\nabla e^{\upsilon(\imath-\omega\tau-\rho)\sqrt{-1}} e^{k\rho\sqrt{-1}}\,d\tau\,d\upsilon\,d\rho, \\
\zeta_s &= \frac{1}{2\pi}\int_{-\infty}^{\infty}\int_{\imath_0}^{\imath_1} \tfrac{1}{2}c\mho e^{\upsilon(\imath-\omega t-\rho)\sqrt{-1}} e^{k\rho\sqrt{-1}}\,d\upsilon\,d\rho \\
&+ \frac{1}{2\pi}\int_0^t\int_{-\infty}^{\infty}\int_{\imath_0}^{\imath_1} \tfrac{1}{2}c\nabla e^{\upsilon(\imath-\omega\tau-\rho)\sqrt{-1}} e^{k\rho\sqrt{-1}}\,d\tau\,d\upsilon\,d\rho,
\end{aligned}\right.$$

en considérant toujours a, b, c, A, B, C, par conséquent $\mho$ et ∇, comme fonctions des coefficients k et s, et supposant ces coefficients déterminés, non plus par les formules (1), mais par les suivantes

$$(12) \qquad k = \upsilon\sqrt{-1}, \qquad s = \omega\upsilon\sqrt{-1}.$$

Lorsque les trois équations des mouvements infiniment petits se réduiront à des équations homogènes, alors la valeur de ω et celles des produits

$$\mathrm{a}\mho, \quad \mathrm{a}\nabla; \quad \mathrm{b}\mho, \quad \mathrm{b}\nabla; \quad \mathrm{c}\mho, \quad \mathrm{c}\nabla$$

seront, dans les formules (11), indépendantes de υ; et par suite les intégrales doubles relatives aux variables auxiliaires ρ et υ, dans ces formules, seront proportionnelles à l'une des expressions

$$\frac{1}{2\pi}\int_{-\infty}^{\infty}\int_{\imath_0}^{\imath_1} e^{\upsilon(\imath-\omega t-\rho)\sqrt{-1}}\, e^{\mathrm{k}\rho\sqrt{-1}}\, d\omega\, d\rho,$$

$$\frac{1}{2\pi}\int_{-\infty}^{\infty}\int_{\imath_0}^{\imath_1} e^{\upsilon(\imath-\omega\tau-\rho)\sqrt{-1}}\, e^{\mathrm{k}\rho\sqrt{-1}}\, d\upsilon\, d\rho$$

qui, pour des valeurs réelles de ω, se réduisent à zéro ou aux deux exponentielles

$$e^{\mathrm{k}(\imath-\omega t)\sqrt{-1}}, \quad e^{\mathrm{k}(\imath-\omega\tau)\sqrt{-1}},$$

suivant que les différences

$$\imath - \omega t, \quad \imath - \omega\tau$$

se trouvent situées ou non hors des limites $\imath_0$, $\imath_1$. Donc alors les valeurs de

$$\xi_s, \quad \eta_s, \quad \zeta_s$$

se réduiront à celles que fournissent les équations (4) quand on convient de remplacer par zéro chacune des exponentielles

$$e^{\mathrm{k}(\imath-\omega t)\sqrt{-1}}, \quad e^{\mathrm{k}(\imath-\omega\tau)\sqrt{-1}},$$

toutes les fois que le coefficient de $\sqrt{-1}$ dans l'exposant est situé hors des limites $\imath_0$, $\imath_1$. En conséquence, si, les équations des mouvements infiniment petits étant homogènes, les valeurs de ω fournies par l'équation (7) sont réelles, les formules (11) donneront: 1° pour $r > r_1 + \omega t$,

$$\text{(13)} \qquad \xi_s = 0, \qquad \eta_s = 0, \qquad \zeta_s = 0;$$

2° pour $r < r_0 + \omega t$,

$$\text{(14)} \quad \xi_s = \frac{\mathrm{a}\varphi}{2\omega}\int_{r_0}^{r} e^{\mathrm{k}\rho\sqrt{-1}}\,d\rho, \quad \eta_s = \frac{\mathrm{b}\varphi}{2\omega}\int_{r_0}^{r} e^{\mathrm{k}\rho\sqrt{-1}}\,d\rho, \quad \zeta_s = \frac{\mathrm{c}\varphi}{2\omega}\int_{r_0}^{r} e^{\mathrm{k}\rho\sqrt{-1}}\,d\rho;$$

tandis que, pour des valeurs de r comprises entre les limites

$$\text{(15)} \qquad r = r_0 + \omega t, \qquad r = r_1 + \omega t,$$

les mêmes formules, jointes à la seconde des équations (1), donneront

$$\text{(16)} \quad \begin{cases} \xi_s = \frac{1}{2}\mathrm{a}\mho e^{\mathrm{k}(r-\omega t)\sqrt{-1}} + \frac{1}{2}\mathrm{a}\varphi\,\dfrac{e^{\mathrm{k}r\sqrt{-1}} - e^{\mathrm{k}(r-\omega t)\sqrt{-1}}}{s}, \\ \eta_s = \frac{1}{2}\mathrm{b}\mho e^{\mathrm{k}(r-\omega t)\sqrt{-1}} + \frac{1}{2}\mathrm{b}\varphi\,\dfrac{e^{\mathrm{k}r\sqrt{-1}} - e^{\mathrm{k}(r-\omega t)\sqrt{-1}}}{s}, \\ \zeta_s = \frac{1}{2}\mathrm{c}\mho e^{\mathrm{k}(r-\omega t)\sqrt{-1}} + \frac{1}{2}\mathrm{c}\varphi\,\dfrac{e^{\mathrm{k}r\sqrt{-1}} - e^{\mathrm{k}(r-\omega t)\sqrt{-1}}}{s}, \end{cases}$$

et, par suite,

$$\text{(17)} \quad \begin{cases} \xi_s + \xi_{-s} = \frac{1}{2}\mathrm{a}\left(\mho + \dfrac{\varphi}{2s}\right) e^{\mathrm{k}(r+\omega t)\sqrt{-1}} + \frac{1}{2}\mathrm{a}\left(\mho - \dfrac{\varphi}{2s}\right) e^{\mathrm{k}(r-\omega t)\sqrt{-1}}, \\ \eta_s + \eta_{-s} = \frac{1}{2}\mathrm{b}\left(\mho + \dfrac{\varphi}{2s}\right) e^{\mathrm{k}(r+\omega t)\sqrt{-1}} + \frac{1}{2}\mathrm{b}\left(\mho - \dfrac{\varphi}{2s}\right) e^{\mathrm{k}(r-\omega t)\sqrt{-1}}, \\ \zeta_s + \zeta_{-s} = \frac{1}{2}\mathrm{c}\left(\mho + \dfrac{\varphi}{2s}\right) e^{\mathrm{k}(r+\omega t)\sqrt{-1}} + \frac{1}{2}\mathrm{c}\left(\mho - \dfrac{\varphi}{2s}\right) e^{\mathrm{k}(r-\omega t)\sqrt{-1}}. \end{cases}$$

Or, en vertu des formules (13), (14), (16) et (17), jointes aux formules (9) du § V, il est clair que, dans l'hypothèse admise, le mouvement imprimé au premier instant au système de molécules donné pourra être considéré comme résultant de la superposition de six mouvements simples, dont chacun, répondant à l'une des six valeurs de s ou de ω, se propagera dans l'espace avec une vitesse équivalente à la valeur numérique de ω, et se trouvera renfermé, au bout du temps t, dans l'épaisseur de la tranche mobile comprise entre les plans parallèles représentés par les équations (15), de manière à offrir un système d'ondes planes qui ne s'étendront point au delà de la tranche dont il s'agit. Si au premier instant les molécules comprises entre les plans que représentent les équations (9) se trouvent déplacées, en sorte que leurs vitesses initiales se réduisent à zéro, alors φ étant nul, ainsi que $\mathfrak{D}$, $\mathfrak{E}$, $\mathfrak{F}$, les formules (14) coïncideront avec les formules (13), et par suite les déplacements des molécules relatifs à l'un des six mouvements simples s'évanouiront, au bout d'un temps quelconque t, en deçà comme au delà de la tranche mobile correspondante. Si au contraire les vitesses initiales des molécules diffèrent de zéro, les valeurs de

$$\xi_s, \quad \eta_s, \quad \zeta_s,$$

déterminées par les formules (14), cesseront généralement de s'évanouir; mais du moins elles resteront indépendantes du temps, et par suite, au bout d'un temps quelconque t, les mouvements vibratoires qui, étant relatifs à l'un des mouvements simples, n'existeront point encore dans la portion du système située au delà de la tranche mobile correspondante, n'existeront plus dans la portion située en deçà de cette même tranche; de sorte que, dans cette dernière portion, le déplacement d'une molécule située à la distance ι du plan invariable, ou plutôt la partie de ce déplacement qui se rapporte à l'un des mouvements simples, conservera constamment la valeur qu'elle acquiert à l'instant où l'on a $\iota = \iota_0 + \omega t$, et par conséquent

$$t = \frac{\iota - \iota_0}{\omega}. \tag{18}$$

Concevons à présent que les valeurs initiales de

$$\xi, \quad \eta, \quad \zeta, \quad \frac{d\xi}{dt}, \quad \frac{d\eta}{dt}, \quad \frac{d\zeta}{dt},$$

étant nulles hors des limites

$$\iota = \iota_0, \quad \iota = \iota_1,$$

diffèrent de zéro entre ces mêmes limites et se trouvent représentées, pour une valeur quelconque de ι, par les fonctions discontinues

$$\varphi(\iota),\quad \chi(\iota),\quad \psi(\iota),\quad \Phi(\iota),\quad X(\iota),\quad \Psi(\iota).$$

Chacune de ces fonctions, la première par exemple, pourra être considérée comme une somme de termes proportionnels à des exponentielles imaginaires de la forme

$$e^{k\iota\sqrt{-1}},$$

puisque l'intégrale définie

$$(19)\qquad \frac{1}{2\pi}\int_{-\infty}^{\infty}\int_{\iota_0}^{\iota_1} e^{\upsilon(\iota-\rho)\sqrt{-1}}\,\varphi(\rho)\,d\upsilon\,d\rho,$$

qui en réalité représente une somme de termes proportionnels à des exponentielles de la forme

$$e^{\upsilon\iota\sqrt{-1}},$$

possédera la double propriété de se réduire à $\varphi(\iota)$ entre les limites

$$\iota=\iota_0,\quad \iota=\iota_1,$$

et de s'évanouir pour des valeurs de ι situées hors de ces limites. Cela posé, les raisonnements à l'aide desquels nous avons établi les formules (4) conduiront, dans le cas présent, aux équations

$$(20)\quad\left\{\begin{aligned}
\xi_s={}&\frac{1}{2\pi}\int_{-\infty}^{\infty}\int_{\iota_0}^{\iota_1}\tfrac{1}{2}a[A\varphi(\rho)+B\chi(\rho)+C\psi(\rho)]e^{\upsilon(\iota-\omega t-\rho)\sqrt{-1}}\,d\upsilon\,d\rho\\
&+\frac{1}{2\pi}\int_0^t\int_{-\infty}^{\infty}\int_{\iota_0}^{\iota_1}\tfrac{1}{2}a[A\Phi(\rho)+BX(\rho)+C\Psi(\rho)]e^{\upsilon(\iota-\omega\tau-\rho)\sqrt{-1}}\,d\tau\,d\upsilon\,d\rho,\\
\eta_s={}&\frac{1}{2\pi}\int_{-\infty}^{\infty}\int_{\iota_0}^{\iota_1}\tfrac{1}{2}b[A\varphi(\rho)+B\chi(\rho)+C\psi(\rho)]e^{\upsilon(\iota-\omega t-\rho)\sqrt{-1}}\,d\upsilon\,d\rho\\
&+\frac{1}{2\pi}\int_0^t\int_{-\infty}^{\infty}\int_{\iota_0}^{\iota_1}\tfrac{1}{2}b[A\Phi(\rho)+BX(\rho)+C\Psi(\rho)]e^{\upsilon(\iota-\omega\tau-\rho)\sqrt{-1}}\,d\tau\,d\upsilon\,d\rho,\\
\zeta_s={}&\frac{1}{2\pi}\int_{-\infty}^{\infty}\int_{\iota_0}^{\iota_1}\tfrac{1}{2}c[A\varphi(\rho)+B\chi(\rho)+C\psi(\rho)]e^{\upsilon(\iota-\omega t-\rho)\sqrt{-1}}\,d\upsilon\,d\rho\\
&+\frac{1}{2\pi}\int_0^t\int_{-\infty}^{\infty}\int_{\iota_0}^{\iota_1}\tfrac{1}{2}c[A\Phi(\rho)+BX(\rho)+C\Psi(\rho)]e^{\upsilon(\iota-\omega\tau-\rho)\sqrt{-1}}\,d\tau\,d\upsilon\,d\rho;
\end{aligned}\right.$$

les valeurs de k et de s, que renfermeront les produits

$$\mathrm{aA},\quad \mathrm{aB},\quad \mathrm{aC},\quad \mathrm{bA},\quad \mathrm{bB},\quad \mathrm{bC},\quad \mathrm{cA},\quad \mathrm{cB},\quad \mathrm{cC},$$

étant déterminées par les formules (12). Si d'ailleurs, les équations des mouvements infiniment petits étant homogènes, les valeurs de ω fournies par l'équation (7) sont réelles, les formules (19) se réduiront aux équations (8), dans lesquelles les fonctions

$$\varphi(\imath-\omega t),\quad \chi(\imath-\omega t),\quad \psi(\imath-\omega t),$$

ou

$$\Phi(\imath-\omega\tau),\quad \mathrm{X}(\imath-\omega\tau),\quad \Psi(\imath-\omega\tau),$$

s'évanouiront pour des valeurs de la différence

$$\imath-\omega t \quad \text{ou} \quad \imath-\omega\tau$$

situées hors des limites

$$\imath_0,\quad \imath_1.$$

Or les formules (20) donneront : 1° pour $\imath > \imath_1 + \omega t$, les équations (13), 2° pour $\imath < \imath_0 + \omega t$,

$$(21)\quad \begin{cases} \xi_s = \displaystyle\int_0^t \tfrac{1}{2}\mathrm{a}[\mathrm{A}\Phi(\imath-\omega\tau)+\mathrm{B}\mathrm{X}(\imath-\omega\tau)+\mathrm{C}\Psi(\imath-\omega\tau)]\,d\tau, \\ \eta_s = \ldots\ldots\ldots\ldots\ldots\ldots\ldots\ldots\ldots\ldots\ldots\ldots, \\ \zeta_s = \ldots\ldots\ldots\ldots\ldots\ldots\ldots\ldots\ldots\ldots\ldots\ldots, \end{cases}$$

ou, ce qui revient au même, puisque les fonctions discontinues

$$\Phi(\imath-\omega\tau),\quad \mathrm{X}(\ -\omega\tau),\quad \Psi(\imath-\omega\tau)$$

s'évanouissent dès que

$$\imath-\omega\tau$$

devient inférieur à $\imath_0$,

$$(22)\quad \begin{cases} \xi_s = \displaystyle\int_0^{\frac{\imath-\imath_0}{\omega}} \tfrac{1}{2}\mathrm{a}[\mathrm{A}\Phi(\imath-\omega\tau)+\mathrm{B}\mathrm{X}(\imath-\omega\tau)+\mathrm{C}\Psi(\imath-\omega\tau)]\,d\tau, \\ \eta_s = \ldots\ldots\ldots\ldots\ldots\ldots\ldots\ldots\ldots\ldots\ldots\ldots, \\ \zeta_s = \ldots\ldots\ldots\ldots\ldots\ldots\ldots\ldots\ldots\ldots\ldots\ldots, \end{cases}$$

puis, en supposant que l'on écrive ρ au lieu de $\iota - \omega\tau$,

$$(23)\quad \left\{\begin{aligned} \xi_s &= \frac{1}{\omega}\int_{\iota_0}^{\iota} \tfrac{1}{2}\mathrm{a}[\mathrm{A}\,\Phi(\rho)+\mathrm{B}\,\mathrm{X}(\rho)+\mathrm{C}\,\Psi(\rho)]\,d\rho,\\ \eta_s &= \frac{1}{\omega}\int_{\iota_0}^{\iota} \tfrac{1}{2}\mathrm{b}[\mathrm{A}\,\Phi(\rho)+\mathrm{B}\,\mathrm{X}(\rho)+\mathrm{C}\,\Psi(\rho)]\,d\rho,\\ \zeta_s &= \frac{1}{\omega}\int_{\iota_0}^{\iota} \tfrac{1}{2}\mathrm{c}[\mathrm{A}\,\Phi(\rho)+\mathrm{B}\,\mathrm{X}(\rho)+\mathrm{C}\,\Psi(\rho)]\,d\rho. \end{aligned}\right.$$

Les formules (20) et (23) comprennent, comme cas particuliers, les formules (11) et (14) desquelles on les déduit, en considérant un mouvement infiniment petit dont les équations renferment les seules variables ι et t, comme résultant de la superposition d'une infinité de mouvements simples correspondants à des ondes planes, dont les plans sont parallèles à celui que représente l'équation

$$(24)\qquad \iota = 0.$$

On conclut d'ailleurs des formules (8), (13) et (23) que, dans l'hypothèse admise, les seules portions du système moléculaire qui offriront, au bout du temps t, des molécules douées de mouvements vibratoires seront les six tranches comprises entre les systèmes de plans parallèles que peuvent représenter les formules (15), quand on attribue à ω l'une des six valeurs propres à vérifier l'équation (7). Les parties des déplacements moléculaires qui seront relatives à une seule valeur de ω, ou, ce qui revient au même, à un seul mouvement simple, et qui, en vertu des formules (13), seront nulles au delà de la tranche correspondante, se réduiront en deçà de la même tranche, soit à zéro, soit à des quantités constantes et indépendantes du temps, suivant que les vitesses initiales des molécules primitivement déplacées seront nulles ou différentes de zéro.

Si les équations des mouvements infiniment petits ne sont pas homogènes, les valeurs de

$$\xi_s,\quad \eta_s,\quad \zeta_s,$$

fournies par les équations (20), ne deviendront plus, en général, indépendantes du temps pour des valeurs de ι situées hors des limites

$$\iota_0 + \omega t, \quad \iota_1 + \omega t;$$

et par suite les mouvements vibratoires des molécules, ceux même qui correspondent à une valeur donnée de k, ne seront plus renfermés, au bout du temps t, dans les six tranches terminées par les systèmes de plans parallèles que peuvent représenter les formules (15). Toutefois les mouvements vibratoires des molécules placées en dehors de ces tranches pourront être, dans une première approximation, négligés pour des ondes planes correspondantes à des valeurs données de k et de ω, si la valeur de ω est réelle, et si d'ailleurs les équations des mouvements infiniment petits se déduisent d'équations homogènes par l'addition de termes dont les coefficients soient très petits, comme il arrive quand la lumière se propage à travers un corps diaphane. Mais alors même l'épaisseur de la tranche, hors de laquelle les vibrations seront peu sensibles, ne pourra être censée constante et indépendante du temps que pour une seule espèce d'ondes planes correspondantes à une valeur déterminée de ω, par exemple, dans la théorie de la lumière, pour un rayon de couleur donnée; et lorsque des ondes planes correspondantes à une infinité de valeurs diverses de ω se propageront simultanément, l'épaisseur de la tranche hors de laquelle les vibrations seront peu sensibles, loin d'être constante, croîtra sans cesse avec le temps. Ajoutons que, dans le cas où les équations des mouvements infiniment petits cessent d'être homogènes, les mouvements vibratoires se progagent, en général, instantanément jusqu'à une distance infinie, ou plutôt jusqu'aux extrémités du système de molécules donné; de sorte que, le temps venant à croître à partir de $t = 0$, les molécules placées à de grandes distances de la tranche primitivement ébranlée se déplacent immédiatement et acquièrent des vitesses qui, quoique fort petites, ne sont pourtant pas rigoureusement nulles.

40.

C. R., t. VIII, p. 719 (13 mai 1839). — Suite.

Addition aux §§ V *et* VI. — *Réduction des formules établies dans ces paragraphes.*

Les formules établies dans les paragraphes précédents peuvent encore être simplifiées comme on va le voir.

Puisque l'équation (23) du § V, résolue par rapport à s^2, donne pour racines

$$s'^2,\quad s''^2,\quad s'''^2,$$

il est clair que le produit

$$(s'^2 - s^2)(s''^2 - s^2)(s'''^2 - s^2),$$

dont le développement renferme le terme $-s^6$, sera équivalent au second membre de l'équation (24) du même paragraphe, ou, ce qui revient au même, à la différence entre le premier et le second membre de l'équation (16) du § III, multipliée par le produit des quatre dénominateurs

$$s^2 - \mathcal{L} + \frac{\mathcal{Q}\mathcal{R}}{\mathcal{P}},\quad s^2 - \mathcal{M} + \frac{\mathcal{R}\mathcal{P}}{\mathcal{Q}},\quad s^2 - \mathcal{N} + \frac{\mathcal{P}\mathcal{Q}}{\mathcal{R}},\quad \mathcal{P}\mathcal{Q}\mathcal{R}.$$

On aura donc identiquement

$$(1)\qquad \left\{\begin{aligned} &(s'^2 - s^2)(s''^2 - s^2)(s'''^2 - s^2) \\ &= \left(s^2 - \mathcal{L} + \frac{\mathcal{Q}\mathcal{R}}{\mathcal{P}}\right)\left(s^2 - \mathcal{M} + \frac{\mathcal{R}\mathcal{P}}{\mathcal{Q}}\right)\left(s^2 - \mathcal{N} + \frac{\mathcal{P}\mathcal{Q}}{\mathcal{R}}\right)\mathcal{S}, \end{aligned}\right.$$

la valeur de $\mathcal{S}$ étant

$$(2)\qquad \mathcal{S} = \frac{\dfrac{\mathcal{Q}\mathcal{R}}{\mathcal{P}}}{s^2 - \mathcal{L} + \dfrac{\mathcal{Q}\mathcal{R}}{\mathcal{P}}} + \frac{\dfrac{\mathcal{R}\mathcal{P}}{\mathcal{Q}}}{s^2 - \mathcal{M} + \dfrac{\mathcal{R}\mathcal{P}}{\mathcal{Q}}} + \frac{\dfrac{\mathcal{P}\mathcal{Q}}{\mathcal{R}}}{s^2 - \mathcal{N} + \dfrac{\mathcal{P}\mathcal{Q}}{\mathcal{R}}} - 1.$$

Si l'on fait, pour abréger,

$$(3) \qquad \mathcal{L} - \frac{\mathfrak{Q}\mathfrak{R}}{\mathfrak{P}} = \boldsymbol{\mathfrak{L}}, \qquad \mathcal{M} - \frac{\mathfrak{R}\mathfrak{P}}{\mathfrak{Q}} = \boldsymbol{\mathfrak{M}}, \qquad \mathcal{N} - \frac{\mathfrak{P}\mathfrak{Q}}{\mathfrak{R}} = \boldsymbol{\mathfrak{N}},$$

les formules (1) et (2) deviendront

$$(4) \qquad (s'^2 - s^2)(s''^2 - s^2)(s'''^2 - s^2) = (s^2 - \boldsymbol{\mathfrak{L}})(s^2 - \boldsymbol{\mathfrak{M}})(s^2 - \boldsymbol{\mathfrak{N}})\mathfrak{S},$$

$$(5) \qquad \mathfrak{S} = \frac{\frac{\mathfrak{Q}\mathfrak{R}}{\mathfrak{P}}}{s^2 - \boldsymbol{\mathfrak{L}}} + \frac{\frac{\mathfrak{R}\mathfrak{P}}{\mathfrak{Q}}}{s^2 - \boldsymbol{\mathfrak{M}}} + \frac{\frac{\mathfrak{P}\mathfrak{Q}}{\mathfrak{R}}}{s^2 - \boldsymbol{\mathfrak{N}}} - 1;$$

puis, en remplaçant successivement s^2 par chacune des lettres

$$\boldsymbol{\mathfrak{L}}, \quad \boldsymbol{\mathfrak{M}}, \quad \boldsymbol{\mathfrak{N}},$$

on tirera des formules (4) et (5), après avoir fait disparaître dans la formule (5) les dénominateurs,

$$(6) \qquad \begin{cases} (s'^2 - \boldsymbol{\mathfrak{L}})(s''^2 - \boldsymbol{\mathfrak{L}})(s'''^2 - \boldsymbol{\mathfrak{L}}) = \frac{\mathfrak{Q}\mathfrak{R}}{\mathfrak{P}}(\boldsymbol{\mathfrak{L}} - \boldsymbol{\mathfrak{M}})(\boldsymbol{\mathfrak{L}} - \boldsymbol{\mathfrak{N}}), \\ (s'^2 - \boldsymbol{\mathfrak{M}})(s''^2 - \boldsymbol{\mathfrak{M}})(s'''^2 - \boldsymbol{\mathfrak{M}}) = \frac{\mathfrak{R}\mathfrak{P}}{\mathfrak{Q}}(\boldsymbol{\mathfrak{M}} - \boldsymbol{\mathfrak{N}})(\boldsymbol{\mathfrak{M}} - \boldsymbol{\mathfrak{L}}), \\ (s'^2 - \boldsymbol{\mathfrak{N}})(s''^2 - \boldsymbol{\mathfrak{N}})(s'''^2 - \boldsymbol{\mathfrak{N}}) = \frac{\mathfrak{P}\mathfrak{Q}}{\mathfrak{R}}(\boldsymbol{\mathfrak{N}} - \boldsymbol{\mathfrak{L}})(\boldsymbol{\mathfrak{N}} - \boldsymbol{\mathfrak{M}}). \end{cases}$$

Cela posé, les formules (41) du § V deviendront

$$(7) \qquad \begin{cases} \boldsymbol{\mathfrak{P}} = -\mathfrak{Q}\mathfrak{R}(\boldsymbol{\mathfrak{L}} - \boldsymbol{\mathfrak{M}})(\boldsymbol{\mathfrak{N}} - \boldsymbol{\mathfrak{L}}), \\ \boldsymbol{\mathfrak{Q}} = -\mathfrak{R}\mathfrak{P}(\boldsymbol{\mathfrak{M}} - \boldsymbol{\mathfrak{N}})(\boldsymbol{\mathfrak{L}} - \boldsymbol{\mathfrak{M}}), \\ \boldsymbol{\mathfrak{R}} = -\mathfrak{P}\mathfrak{Q}(\boldsymbol{\mathfrak{N}} - \boldsymbol{\mathfrak{L}})(\boldsymbol{\mathfrak{M}} - \boldsymbol{\mathfrak{N}}), \end{cases}$$

et, par suite, la formule (42) du même paragraphe, jointe aux équations (15), ou, ce qui revient au même, à la formule (15) du § III, donnera

$$(8) \qquad \frac{\mathrm{a}}{\mathrm{A}} = \frac{\mathrm{b}}{\mathrm{B}} = \frac{\mathrm{c}}{\mathrm{C}} = \frac{1}{\mathrm{A}^2 + \mathrm{B}^2 + \mathrm{C}^2}.$$

Donc si l'on choisit

$$\mathrm{A}, \quad \mathrm{B}, \quad \mathrm{C}$$

de manière à vérifier, non seulement la formule

$$(9)\qquad \frac{A}{\left(\dfrac{\mathfrak{Q}\mathfrak{R}}{s^2-\mathfrak{L}+\dfrac{\mathfrak{Q}\mathfrak{R}}{\mathfrak{P}}}\right)}=\frac{B}{\left(\dfrac{\mathfrak{R}\mathfrak{P}}{s^2-\mathfrak{M}+\dfrac{\mathfrak{R}\mathfrak{P}}{\mathfrak{Q}}}\right)}=\frac{C}{\left(\dfrac{\mathfrak{P}\mathfrak{Q}}{s^2-\mathfrak{N}+\dfrac{\mathfrak{P}\mathfrak{Q}}{\mathfrak{R}}}\right)},$$

mais encore la suivante

$$(10)\qquad A^2+B^2+C^2=1,$$

on aura simplement

$$(11)\qquad \mathfrak{a}=A,\qquad \mathfrak{b}=B,\qquad \mathfrak{c}=C.$$

En conséquence, les équations (45) du § V pourront s'écrire comme il suit

$$(12)\qquad \begin{cases} \xi_s=\dfrac{1}{2}A\left(\mathfrak{V}e^{k\iota-st}+\displaystyle\int_0^t \mathfrak{P}e^{k\iota-s\tau}\,d\tau\right),\\ \eta_s=\dfrac{1}{2}B\left(\mathfrak{V}e^{k\iota-st}+\displaystyle\int_0^t \mathfrak{P}e^{k\iota-s\tau}\,d\tau\right),\\ \zeta_s=\dfrac{1}{2}C\left(\mathfrak{V}e^{k\iota-st}+\displaystyle\int_0^t \mathfrak{P}e^{k\iota-s\tau}\,d\tau\right),\end{cases}$$

τ désignant une variable auxiliaire à l'égard de laquelle les intégrations s'effectuent entre les limites

$$\tau=0,\qquad \tau=t.$$

Au reste, on peut arriver directement aux équations (12) de la manière suivante.

Soient

$$A',\ B',\ C';\qquad A'',\ B'',\ C'';\qquad A''',\ B''',\ C'''$$

trois systèmes de valeurs de

$$A,\ B,\ C,$$

correspondants aux trois valeurs de s^2 représentées par

$$s'^2,\quad s''^2,\quad s'''^2,$$

et choisis de manière à vérifier, non seulement la formule (9), mais encore l'équation (10). Si l'on nomme

$$\mathfrak{s}', \quad \mathfrak{s}'', \quad \mathfrak{s}'''$$

les valeurs correspondantes de $\mathfrak{s}$, on aura

$$(13) \qquad \left\{ \begin{aligned} \mathfrak{s}' &= A'\xi + B'\eta + C'\zeta, \\ \mathfrak{s}'' &= A''\xi + B''\eta + C''\zeta, \\ \mathfrak{s}''' &= A'''\xi + B'''\eta + C'''\zeta. \end{aligned} \right.$$

D'autre part, si l'on combine entre elles par voie d'addition les formules (15) du § V, respectivement multipliées par

$$A', \quad B', \quad C',$$

on en tirera

$$(14) \qquad \left\{ \begin{aligned} &\mathcal{L}AA' + \mathcal{M}BB' + \mathcal{N}CC' + \mathcal{P}(BC' + B'C) + \mathcal{Q}(CA' + C'A) + \mathcal{R}(AB' + A'B) \\ &\quad = s^2(AA' + BB' + CC'). \end{aligned} \right.$$

Or, s^2 étant censé représenter, dans la formule (14), l'une quelconque des trois racines

$$s'^2, \quad s''^2, \quad s'''^2,$$

le premier membre de cette formule ne sera point altéré quand on changera s^2 en s'^2 et réciproquement. Donc le second membre devra remplir la même condition, et l'on aura

$$s^2(AA' + BB' + CC') = s'^2(AA' + BB' + CC')$$

ou, ce qui revient au même,

$$(15) \qquad (s^2 - s'^2)(AA' + BB' + CC') = 0.$$

Si, dans la formule (15), on pose $s = s'$, on obtiendra une équation identique; mais, si l'on prend

$$s = s'' \quad \text{ou} \quad s = s''',$$

et si d'ailleurs s''^2, s'''^2 diffèrent de s'^2, la formule (15) donnera successivement

$$A'A'' + B'B'' + C'C'' = 0,$$
$$A'A''' + B'B''' + C'C''' = 0.$$

On trouvera de même

$$A''A''' + B''B''' + C''C''' = 0;$$

et, en joignant les trois formules qui précèdent à celles que comprend l'équation (10), on aura définitivement

$$(16)\quad \begin{cases} A'^2 + B'^2 + C'^2 = 1, & A''A''' + B''B''' + C''C''' = 0, \\ A''^2 + B''^2 + C''^2 = 1, & A'''A' + B'''B' + C'''C' = 0, \\ A'''^2 + B'''^2 + C'''^2 = 1, & A'A'' + B'B'' + C'C'' = 0. \end{cases}$$

Or, il résulte de ces dernières qu'on vérifiera les formules (13) en posant

$$(17)\quad \begin{cases} \xi = A'\mathfrak{r}' + A''\mathfrak{r}'' + A'''\mathfrak{r}''', \\ \eta = B'\mathfrak{r}' + B''\mathfrak{r}'' + C'''\mathfrak{r}''', \\ \zeta = C'\mathfrak{r}' + C''\mathfrak{r}'' + C'''\mathfrak{r}'''; \end{cases}$$

car, si l'on substitue les valeurs précédentes de ξ, η, ζ dans les seconds membres des formules (13), ils se réduiront identiquement à

$$\mathfrak{r}', \quad \mathfrak{r}'', \quad \mathfrak{r}''',$$

en vertu des équations (16). Donc les formules (13) entraînent les formules (17) et réciproquement. Donc, les formules (17) devant être vérifiées par les valeurs de $\mathfrak{r}'$, $\mathfrak{r}''$, $\mathfrak{r}'''$ tirées des formules (13), on aura encore

$$(18)\quad \begin{cases} A'^2 + A''^2 + A'''^2 = 1, & B'C' + B''C'' + B'''C''' = 0, \\ B'^2 + B''^2 + B'''^2 = 1, & C'A' + C''A'' + C'''A''' = 0, \\ C'^2 + C''^2 + C'''^2 = 1, & A'B' + A''B'' + A'''B''' = 0; \end{cases}$$

et les formules (16) entraîneront toujours les formules (18). Pour arriver directement à cette conclusion, dans le cas où les systèmes de valeurs de A, B, C propres à vérifier les formules (9) et (10) restent réels, il suffit d'observer qu'alors, en vertu des formules (16),

$$A', \ B', \ C'; \quad A'', \ B'', \ C''; \quad A''', \ B''', \ C'''$$

représentent les cosinus des angles formés par un premier, un second et un troisième axe, perpendiculaires l'un à l'autre, avec les axes rectangulaires des x, y, z, et qu'en conséquence

$$A', \quad A'', \quad A'''; \qquad B', \quad B'', \quad B'''; \qquad C', \quad C'', \quad C'''$$

représentent les cosinus des angles formés : 1° par l'axe des x; 2° par l'axe des y; 3° par l'axe des z, avec trois axes rectangulaires entre eux.

Pour retrouver maintenant les équations (12), il ne restera plus qu'à substituer dans les formules (17) les valeurs de 8

$$8', \quad 8'', \quad 8''',$$

que fournit l'équation (20) du § V, quand on pose successivement

$$s^2 = s'^2, \qquad s^2 = s''^2, \qquad s^2 = s'''^2.$$

Alors, en désignant toujours par

$$\xi_s, \quad \eta_s, \quad \zeta_s$$

les parties de

$$\xi, \quad \eta, \quad \zeta$$

qui renferment l'exponentielle

$$e^{k\iota - st},$$

dans laquelle s représente l'une quelconque des six constantes

$$s', \quad -s', \quad s'', \quad -s'', \quad s''', \quad -s''',$$

on tirera évidemment des formules (17)

$$(19) \qquad \begin{cases} \xi = \xi_{s'} + \xi_{-s'} + \xi_{s''} + \xi_{-s''} + \xi_{s'''} + \xi_{-s'''}, \\ \eta = \eta_{s'} + \eta_{-s'} + \eta_{s''} + \eta_{-s''} + \eta_{s'''} + \eta_{-s'''}, \\ \zeta = \zeta_{s'} + \zeta_{-s'} + \zeta_{s''} + \zeta_{-s''} + \zeta_{s'''} + \zeta_{-s'''}, \end{cases}$$

les valeurs de

$$\xi_s, \quad \eta_s, \quad \zeta_s$$

étant, pour chaque valeur de s, déterminées par la formule

$$(20) \qquad \frac{\xi_s}{A} = \frac{\eta_s}{B} = \frac{\zeta_s}{C} = \tfrac{1}{2}\mho e^{k\iota - st} + \tfrac{1}{2}\int_0^t \varphi e^{k\iota - s\tau}\, d\tau,$$

ou, ce qui revient au même, par les équations (12). Si d'ailleurs on a égard aux formules (19) du § V, on reconnaîtra que les équations (12) peuvent s'écrire comme il suit :

$$(21)\quad\left\{\begin{aligned}
\xi_s &= \tfrac{1}{2}\mathrm{A}(\mathrm{A}\mathcal{A}+\mathrm{B}\mathcal{B}+\mathrm{C}\mathcal{C})e^{k\iota-st}+\int_0^t \tfrac{1}{2}\mathrm{A}(\mathrm{A}\mathcal{D}+\mathrm{B}\mathcal{E}+\mathrm{C}\mathcal{F})e^{k\iota-s\tau}\,d\tau,\\
\eta_s &= \tfrac{1}{2}\mathrm{B}(\mathrm{A}\mathcal{A}+\mathrm{B}\mathcal{B}+\mathrm{C}\mathcal{C})e^{k\iota-st}+\int_0^t \tfrac{1}{2}\mathrm{B}(\mathrm{A}\mathcal{D}+\mathrm{B}\mathcal{E}+\mathrm{C}\mathcal{F})e^{k\iota-s\tau}\,d\tau,\\
\zeta_s &= \tfrac{1}{2}\mathrm{C}(\mathrm{A}\mathcal{A}+\mathrm{B}\mathcal{B}+\mathrm{C}\mathcal{C})e^{k\iota-st}+\int_0^t \tfrac{1}{2}\mathrm{C}(\mathrm{A}\mathcal{D}+\mathrm{B}\mathcal{E}+\mathrm{C}\mathcal{F})e^{k\iota-s\tau}\,d\tau.
\end{aligned}\right.$$

Les équations (12) ou (21) supposent que les valeurs de A, B, C sont assujetties à vérifier simultanément les formules (9) et (10). Si elles étaient seulement assujetties à vérifier la formule (9), alors, dans les équations (45) du § V, on devrait attribuer aux constantes

$$\mathrm{a},\quad \mathrm{b},\quad \mathrm{c}$$

les valeurs que déterminent, non plus les formules (11), mais la formule (8), c'est-à-dire que l'on devrait dans les équations (12) et (21) substituer aux constantes

$$\mathrm{A},\quad \mathrm{B},\quad \mathrm{C}$$

les rapports

$$\frac{\mathrm{A}}{\mathrm{A}^2+\mathrm{B}^2+\mathrm{C}^2},\quad \frac{\mathrm{B}}{\mathrm{A}^2+\mathrm{B}^2+\mathrm{C}^2},\quad \frac{\mathrm{C}}{\mathrm{A}^2+\mathrm{B}^2+\mathrm{C}^2}.$$

On aurait donc alors

$$(22)\quad\left\{\begin{aligned}
\xi_s &= \tfrac{1}{2}\mathrm{A}\,\frac{\mathrm{A}\mathcal{A}+\mathrm{B}\mathcal{B}+\mathrm{C}\mathcal{C}}{\mathrm{A}^2+\mathrm{B}^2+\mathrm{C}^2}\,e^{k\iota-st}+\int_0^t \tfrac{1}{2}\mathrm{A}\,\frac{\mathrm{A}\mathcal{D}+\mathrm{B}\mathcal{E}+\mathrm{C}\mathcal{F}}{\mathrm{A}^2+\mathrm{B}^2+\mathrm{C}^2}\,e^{k\iota-s\tau}\,d\tau,\\
\eta_s &= \tfrac{1}{2}\mathrm{B}\,\frac{\mathrm{A}\mathcal{A}+\mathrm{B}\mathcal{B}+\mathrm{C}\mathcal{C}}{\mathrm{A}^2+\mathrm{B}^2+\mathrm{C}^2}\,e^{k\iota-st}+\int_0^t \tfrac{1}{2}\mathrm{B}\,\frac{\mathrm{A}\mathcal{D}+\mathrm{B}\mathcal{E}+\mathrm{C}\mathcal{F}}{\mathrm{A}^2+\mathrm{B}^2+\mathrm{C}^2}\,e^{k\iota-s\tau}\,d\tau,\\
\zeta_s &= \tfrac{1}{2}\mathrm{C}\,\frac{\mathrm{A}\mathcal{A}+\mathrm{B}\mathcal{B}+\mathrm{C}\mathcal{C}}{\mathrm{A}^2+\mathrm{B}^2+\mathrm{C}^2}\,e^{k\iota-st}+\int_0^t \tfrac{1}{2}\mathrm{C}\,\frac{\mathrm{A}\mathcal{D}+\mathrm{B}\mathcal{E}+\mathrm{C}\mathcal{F}}{\mathrm{A}^2+\mathrm{B}^2+\mathrm{C}^2}\,e^{k\iota-s\tau}\,d\tau.
\end{aligned}\right.$$

Enfin, si l'on suppose, comme ci-dessus,

$$\mathrm{A},\quad \mathrm{B},\quad \mathrm{C}$$

déterminés par le système des formules (9) et (10), on pourra, dans les diverses équations que renferme le § VI, remplacer les coefficients

$$\mathrm{a}, \quad \mathrm{b}, \quad \mathrm{c}$$

par les coefficients

$$\mathrm{A}, \quad \mathrm{B}, \quad \mathrm{C},$$

qui sont égaux aux trois premiers, en vertu des formules (11). Ainsi, par exemple, les équations (4) du § VI donneront

$$(23) \quad \begin{cases} \xi_s = \frac{1}{2}\mathrm{A}\left[\mho e^{\mathrm{k}(\iota-\omega t)\sqrt{-1}} + \int_0^t \varphi e^{\mathrm{k}(\iota-\omega\tau)\sqrt{-1}}\, d\tau\right], \\ \eta_s = \frac{1}{2}\mathrm{B}\left[\mho e^{\mathrm{k}(\iota-\omega t)\sqrt{-1}} + \int_0^t \varphi e^{\mathrm{k}(\iota-\omega\tau)\sqrt{-1}}\, d\tau\right], \\ \zeta_s = \frac{1}{2}\mathrm{C}\left[\mho e^{\mathrm{k}(\iota-\omega t)\sqrt{-1}} + \int_0^t \varphi e^{\mathrm{k}(\iota-\omega\tau)\sqrt{-1}}\, d\tau\right], \end{cases}$$

ou, ce qui revient au même,

$$(24) \quad \begin{cases} \xi_s = \frac{1}{2}\mathrm{A}(\mathrm{A}\mathcal{A} + \mathrm{B}\mathcal{B} + \mathrm{C}\mathcal{C})e^{\mathrm{k}(\iota-\omega t)\sqrt{-1}} + \int_0^t \frac{1}{2}\mathrm{A}(\mathrm{A}\mathcal{D} + \mathrm{B}\mathcal{E} + \mathrm{C}\mathcal{F})e^{\mathrm{k}(\iota-\omega\tau)\sqrt{-1}}\, d\tau, \\ \eta_s = \frac{1}{2}\mathrm{B}(\mathrm{A}\mathcal{A} + \mathrm{B}\mathcal{B} + \mathrm{C}\mathcal{C})e^{\mathrm{k}(\iota-\omega t)\sqrt{-1}} + \int_0^t \frac{1}{2}\mathrm{B}(\mathrm{A}\mathcal{D} + \mathrm{B}\mathcal{E} + \mathrm{C}\mathcal{F})e^{\mathrm{k}(\iota-\omega\tau)\sqrt{-1}}\, d\tau, \\ \zeta_s = \frac{1}{2}\mathrm{C}(\mathrm{A}\mathcal{A} + \mathrm{B}\mathcal{B} + \mathrm{C}\mathcal{C})e^{\mathrm{k}(\iota-\omega t)\sqrt{-1}} + \int_0^t \frac{1}{2}\mathrm{C}(\mathrm{A}\mathcal{D} + \mathrm{B}\mathcal{E} + \mathrm{C}\mathcal{F})e^{\mathrm{k}(\iota-\omega\tau)\sqrt{-1}}\, d\tau. \end{cases}$$

§ VII. — *Intégrales générales des équations qui représentent les mouvements infiniment petits d'un système homogène de molécules sollicitées par des forces d'attraction ou de répulsion mutuelle.*

Les formules (21), (22), (23) ou (24) des pages 289 et 290 représentent seulement des intégrales particulières des équations (7) du § IV, dans le cas où les sommes (4), (5) du § II offrent des valeurs constantes. Mais la méthode par laquelle nous sommes parvenus à ces intégrales particulières fournira encore les intégrales générales des mêmes équations dans le cas dont il s'agit, par conséquent, les intégrales générales d'un système homogène de molécules sollicitées par des forces d'attraction ou de répulsion mutuelle, si l'on commence par transformer les valeurs initiales de

$$\xi,\quad \eta,\quad \zeta,\quad \frac{d\xi}{dt},\quad \frac{d\eta}{dt},\quad \frac{d\zeta}{dt},$$

c'est-à-dire les fonctions

$$(1)\quad \varphi(x,y,z),\quad \chi(x,y,z),\quad \psi(x,y,z),\quad \Phi(x,y,z),\quad \mathrm{X}(x,y,z),\quad \Psi(x,y,z),$$

en sommes de termes proportionnels à des exponentielles imaginaires. Or, cette transformation peut toujours s'opérer. Car, en vertu des formules connues, on aura par exemple

$$(2)\quad \varphi(x,y,z)=\int_{-\infty}^{\infty}\int_{-\infty}^{\infty}\int_{-\infty}^{\infty}\int_{-\infty}^{\infty}\int_{-\infty}^{\infty}\int_{-\infty}^{\infty} e^{[\mathrm{u}(x-\lambda)+\mathrm{v}(y-\mu)+\mathrm{w}(z-\nu)]\sqrt{-1}}\,\varphi(\lambda,\mu,\nu)\,\frac{d\lambda\,d\mathrm{u}}{2\pi}\,\frac{d\mu\,d\mathrm{v}}{2\pi}\,\frac{d\nu\,d\mathrm{w}}{2\pi},$$

et comme, en posant, pour abréger,

$$(3)\quad \mathrm{u}\sqrt{-1}=u,\quad \mathrm{v}\sqrt{-1}=v,\quad \mathrm{w}\sqrt{-1}=w,$$

on réduit la formule (2) à

$$(4)\quad \varphi(x,y,z)=\int_{-\infty}^{\infty}\int_{-\infty}^{\infty}\int_{-\infty}^{\infty} e^{ux+vy+wz}\int_{-\infty}^{\infty}\int_{-\infty}^{\infty}\int_{-\infty}^{\infty} e^{-u\lambda-v\mu-w\nu}\,\varphi(\lambda,\mu,\nu)\,d\mathrm{u}\,d\mathrm{v}\,d\mathrm{w}\,\frac{d\lambda\,d\mu\,d\nu}{(2\pi)^3},$$

il est clair que la fonction arbitraire

$$\varphi(x,y,z)$$

pourra être considérée comme résultant de l'addition d'une infinité de termes proportionnels à des exponentielles de la forme

$$e^{ux+vy+wz}.$$

Il y a plus : comme, en vertu des formules (3), on aura

$$ux+vy+wz=(\mathrm{u}x+\mathrm{v}y+\mathrm{w}z)\sqrt{-1},$$

si l'on pose, pour abréger,

$$(5)\quad \mathrm{k}=\sqrt{\mathrm{u}^2+\mathrm{v}^2+\mathrm{w}^2}$$

et

$$(6)\quad \mathrm{u}x+\mathrm{v}y+\mathrm{w}z=\mathrm{k}\mathrm{t},$$

la valeur numérique de ι exprimera la distance du point (x, y, z) au plan que représente l'équation

$$(7) \qquad \mathrm{u}x + \mathrm{v}y + \mathrm{w}z = 0$$

quand on regarde

$$\mathrm{u}, \quad \mathrm{v}, \quad \mathrm{w}$$

comme constantes, et l'on trouvera

$$(8) \qquad e^{ux+vy+wz} = e^{\mathrm{k}\iota\sqrt{-1}},$$

$$(9) \qquad \varphi(x,y,z) = \int_{-\infty}^{\infty}\int_{-\infty}^{\infty}\int_{-\infty}^{\infty} e^{\mathrm{k}\iota\sqrt{-1}} \int_{-\infty}^{\infty}\int_{-\infty}^{\infty}\int_{-\infty}^{\infty} e^{-u\lambda-v\mu-w\nu}\varphi(\lambda,\mu,\nu)\, d\mathrm{u}\, d\mathrm{v}\, d\mathrm{w}\, \frac{d\lambda\, d\mu\, d\nu}{(2\pi)^3}.$$

Concevons d'ailleurs qu'en prenant pour

$$\mathfrak{L}, \quad \mathfrak{M}, \quad \mathfrak{N}, \quad \mathfrak{P}, \quad \mathfrak{Q}, \quad \mathfrak{R}$$

des fonctions de u, v, w déterminées par les formules (3), (4) du § III, on prenne pour s une racine de l'équation (12) du même paragraphe, c'est-à-dire de

$$(10) \qquad \mathrm{F}(u, v, w, s) = 0,$$

et que l'on détermine

$$\mathrm{A}, \quad \mathrm{B}, \quad \mathrm{C}$$

en fonction de

$$u, \quad v, \quad w, \quad s,$$

par les formules (9), (10) de la page 285. Enfin supposons, comme dans le § VI,

$$(11) \qquad k = \mathrm{k}\sqrt{-1},$$

$$(12) \qquad \omega = \frac{s}{k}.$$

Dans le cas où l'on supposera constantes les sommes (4) et (5) du § II, la valeur générale de chacun des déplacements moléculaires

$$\xi, \quad \eta, \quad \zeta$$

se composera évidemment de six parties correspondantes aux six valeurs de s qui, vérifiant l'équation (10), peuvent être représentées par

$$s', \quad -s', \quad s'', \quad -s'', \quad s''', \quad -s''';$$

et comme, en vertu de la formule (9), les fonctions (1), c'est-à-dire les seconds membres des formules (8), (9) du § IV, sont des sommes de termes semblables aux seconds membres des formules (2) du § VI, il suffira, pour obtenir les intégrales générales cherchées : 1° de remplacer dans les seconds membres des équations (24) de la page 290, les constantes arbitraires

$$(13) \qquad \mathcal{A}, \quad \mathcal{B}, \quad \mathcal{C}, \quad \mathcal{D}, \quad \mathcal{E}, \quad \mathcal{F}$$

par six intégrales définies relatives aux variables auxiliaires λ, μ, ν et semblables à celles que contient la formule (9), c'est-à-dire par l'intégrale

$$(14) \qquad \int_{-\infty}^{\infty}\int_{-\infty}^{\infty}\int_{-\infty}^{\infty} e^{-u\lambda - v\mu - w\nu}\,\varphi(\lambda, \mu, \nu)\,\frac{d\lambda\, d\mu\, d\nu}{(2\pi)^3},$$

et par celles qu'on en déduit en substituant l'une des lettres caractéristiques χ, ψ, Φ, X, Ψ à la lettre φ; 2° d'intégrer par rapport aux variables auxiliaires

$$\mathrm{u}, \quad \mathrm{v}, \quad \mathrm{w}$$

et entre les limites

$$-\infty, \quad \infty$$

de ces variables, les seconds membres des équations obtenues, après les avoir multipliés par le produit

$$d\mathrm{u}\, d\mathrm{v}\, d\mathrm{w};$$

3° de calculer, à l'aide des équations nouvelles ainsi formées, les valeurs de

$$\xi_s, \quad \eta_s, \quad \zeta_s$$

qui correspondront aux six valeurs de s, et de les substituer dans les formules (19) de la page 288. En opérant comme on vient de le dire, et posant, pour abréger,

$$(15) \qquad \begin{cases} \mathrm{U} = \mathrm{A}\ \varphi(\lambda, \mu, \nu) + \mathrm{B}\ \chi(\lambda, \mu, \nu) + \mathrm{C}\ \psi(\lambda, \mu, \nu), \\ \mathrm{V} = \mathrm{A}\ \Phi(\lambda, \mu, \nu) + \mathrm{B}\ \mathrm{X}(\lambda, \mu, \nu) + \mathrm{C}\ \Psi(\lambda, \mu, \nu), \end{cases}$$

on trouvera

$$(16)\quad \left\{\begin{aligned} \xi_s = & \int_{-\infty}^{\infty}\int_{-\infty}^{\infty}\int_{-\infty}^{\infty}\int_{-\infty}^{\infty}\int_{-\infty}^{\infty}\int_{-\infty}^{\infty} \tfrac{1}{2}\mathrm{A}\mathrm{U}e^{\mathrm{k}(\iota-\omega t)\sqrt{-1}}\frac{d\lambda\, d\mu\, d\nu\, d\mathrm{u}\, d\mathrm{v}\, d\mathrm{w}}{(2\pi)^3} \\ & + \int_{-\infty}^{\infty}\int_{-\infty}^{\infty}\int_{-\infty}^{\infty}\int_{-\infty}^{\infty}\int_{-\infty}^{\infty}\int_{-\infty}^{\infty}\int_{0}^{t} \tfrac{1}{2}\mathrm{A}\mathrm{V}e^{\mathrm{k}(\iota-\omega\tau)\sqrt{-1}}\frac{d\lambda\, d\mu\, d\nu\, d\mathrm{u}\, d\mathrm{v}\, d\mathrm{w}}{(2\pi)^3}d\tau, \end{aligned}\right.$$

ou, ce qui revient au même,

$$(17)\quad \left\{\begin{aligned} \xi_s = & \int_{-\infty}^{\infty}\int_{-\infty}^{\infty}\int_{-\infty}^{\infty}\int_{-\infty}^{\infty}\int_{-\infty}^{\infty}\int_{-\infty}^{\infty} \tfrac{1}{2}\mathrm{A}\mathrm{U}e^{[\mathrm{u}(x-\lambda)+\mathrm{v}(y-\mu)+\mathrm{w}(z-\nu)-\mathrm{k}\omega t]\sqrt{-1}}\frac{d\lambda\, d\mu\, d\nu\, d\mathrm{u}\, d\mathrm{v}\, d\mathrm{w}}{(2\pi)^3} \\ & + \int_{-\infty}^{\infty}\int_{-\infty}^{\infty}\int_{-\infty}^{\infty}\int_{-\infty}^{\infty}\int_{-\infty}^{\infty}\int_{-\infty}^{\infty}\int_{0}^{t} \tfrac{1}{2}\mathrm{A}\mathrm{V}e^{[\mathrm{u}(x-\lambda)+\mathrm{v}(y-\mu)+\mathrm{w}(z-\nu)-\mathrm{k}\omega\tau]\sqrt{-1}}\frac{d\lambda\, d\mu\, d\nu\, d\mathrm{u}\, d\mathrm{v}\, d\mathrm{w}}{(2\pi)^3}d\tau, \end{aligned}\right.$$

les intégrations relatives aux variables auxiliaires

$$\lambda,\quad \mu,\quad \nu,\quad \mathrm{u},\quad \mathrm{v},\quad \mathrm{w}$$

étant toutes effectuées entre les limites $-\infty$, $+\infty$; et, pour déduire de la formule (16) ou (17) la valeur de η_s ou de ζ_s, il suffira de remplacer dans le second membre le facteur A par le facteur B ou C. Si, dans les formules (16), (17), etc., on attribue successivement à s les six valeurs

$$s',\quad -s',\quad s'',\quad -s'',\quad s''',\quad -s''',$$

les formules (19) de la page 288, savoir

$$(18)\quad \left\{\begin{aligned} \xi &= \xi_{s'} + \xi_{-s'} + \xi_{s''} + \xi_{-s''} + \xi_{s'''} + \xi_{-s'''}, \\ \eta &= \eta_{s'} + \eta_{-s'} + \eta_{s''} + \eta_{-s''} + \eta_{s'''} + \eta_{-s'''}, \\ \zeta &= \zeta_{s'} + \zeta_{-s'} + \zeta_{s''} + \zeta_{-s''} + \zeta_{s'''} + \zeta_{-s'''}, \end{aligned}\right.$$

représenteront précisément les intégrales générales des équations (7) du § IV, pourvu que le système de molécules données soit homogène, et qu'en conséquence les sommes (4), (5) du § II demeurent constantes, c'est-à-dire indépendantes des coordonnées x, y, z. Dans le cas où les facteurs

$$\mathrm{A},\quad \mathrm{B},\quad \mathrm{C},$$

déterminés par les formules (9) et (10) de la page 285, restent réels, ces intégrales générales ne different pas de celles que nous avons données dans le Mémoire sur la dispersion de la lumière, publié en 1830.

Les formules (16), (17), etc., supposent que les facteurs

$$A, \quad B, \quad C$$

sont déterminés par le système des formules (9), (10) de la page 285. Si l'on assujettissait les mêmes facteurs à vérifier seulement la formule (9) (p. 285), on déduirait de raisonnements semblables à ceux que nous avons employés dans le paragraphe précédent, non plus la formule (16) ou (17), mais les suivantes :

$$(19)\quad \left\{\begin{aligned} \xi_s = {} & \int_{-\infty}^{\infty}\int_{-\infty}^{\infty}\int_{-\infty}^{\infty}\int_{-\infty}^{\infty}\int_{-\infty}^{\infty}\int_{-\infty}^{\infty} \frac{\frac{1}{2}AU}{A^2+B^2+C^2}\, e^{k(\iota-\omega t)\sqrt{-1}}\, \frac{d\lambda\, d\mu\, d\nu\, du\, dv\, dw}{(2\pi)^3} \\ & + \int_{-\infty}^{\infty}\int_{-\infty}^{\infty}\int_{-\infty}^{\infty}\int_{-\infty}^{\infty}\int_{-\infty}^{\infty}\int_{-\infty}^{\infty}\int_{0}^{t} \frac{\frac{1}{2}AV}{A^2+B^2+C^2}\, e^{k(\iota-\omega\tau)\sqrt{-1}}\, \frac{d\lambda\, d\mu\, d\nu\, du\, dv\, dw}{(2\pi)^3}\, d\tau, \end{aligned}\right.$$

$$(20)\quad \left\{\begin{aligned} \xi_s = {} & \int_{-\infty}^{\infty}\int_{-\infty}^{\infty}\int_{-\infty}^{\infty}\int_{-\infty}^{\infty}\int_{-\infty}^{\infty}\int_{-\infty}^{\infty} \frac{\frac{1}{2}AU}{A^2+B^2+C^2}\, e^{[u(x-\lambda)+v(y-\mu)+w(z-\nu)-k\omega t]\sqrt{-1}}\, \frac{d\lambda\, d\mu\, d\nu\, du\, dv\, dw}{(2\pi)^3} \\ & + \int_{-\infty}^{\infty}\int_{-\infty}^{\infty}\int_{-\infty}^{\infty}\int_{-\infty}^{\infty}\int_{-\infty}^{\infty}\int_{-\infty}^{\infty}\int_{0}^{t} \frac{\frac{1}{2}AV}{A^2+B^2+C^2}\, e^{[u(x-\lambda)+v(y-\mu)+w(z-\nu)-k\omega\tau]\sqrt{-1}}\, \frac{d\lambda\, d\mu\, d\nu\, du\, dv\, dw}{(2\pi)^3}\, d\tau. \end{aligned}\right.$$

Dans les formules (19), (20), comme dans les formules (16), (17) et (2), les intégrations relatives aux variables auxiliaires

$$\lambda, \quad \mu, \quad \nu, \quad u, \quad v, \quad w$$

doivent généralement être effectuées entre les limites $-\infty$, $+\infty$. Toutefois, si les valeurs initiales de

$$\xi, \quad \eta, \quad \zeta, \quad \frac{d\xi}{dt}, \quad \frac{d\eta}{dt}, \quad \frac{d\zeta}{dt},$$

savoir

$$\varphi(x,y,z), \quad \chi(x,y,z), \quad \psi(x,y,z), \quad \Phi(x,y,z), \quad X(x,y,z), \quad \Psi(x,y,z),$$

ne différaient de zéro que pour des valeurs de

$$x, \quad y, \quad z$$

correspondantes aux points situés dans un certain espace, par exemple, aux points renfermés entre deux surfaces courbes, deux surfaces cylindriques et deux surfaces planes, représentées par des équations de la forme

$$z = F_0(x, y), \qquad z = F_1(x, y), \tag{21}$$

$$y = f_0(x), \qquad y = f_1(x), \tag{22}$$

$$x = x_0, \qquad x = x_1, \tag{23}$$

on pourrait, dans les formules dont il s'agit, en continuant de prendre $-\infty$, $+\infty$ pour limites des variables auxiliaires u, v, w, supposer les intégrations effectuées par rapport aux variables auxiliaires λ, μ, ν, entre les limites

$$\nu = F_0(\lambda, \mu), \qquad \nu = F_1(\lambda, \mu), \tag{24}$$

$$\mu = f_0(\lambda), \qquad \mu = f_1(\lambda), \tag{25}$$

$$\lambda = x_0, \qquad \lambda = x_1. \tag{26}$$

On pourrait s'assurer directement que les valeurs de

$$\xi, \quad \eta, \quad \zeta,$$

fournies par le système des équations (18) et les formules (16)... ou (17)..., remplissent toutes les conditions requises. En effet, pour y parvenir, il suffira d'observer : 1° qu'en vertu des formules (15) du § V, on satisfera, dans l'hypothèse admise, aux équations (17) du § IV, en y substituant à

$$\xi, \quad \eta, \quad \zeta$$

les produits des facteurs

$$\mathrm{A}, \quad \mathrm{B}, \quad \mathrm{C}$$

par l'exponentielle imaginaire

$$e^{[\mathrm{u}(x-\lambda)+\mathrm{v}(y-\mu)+\mathrm{w}(z-\nu)-\mathrm{k}\omega t]\sqrt{-1}},$$

ou par l'intégrale

$$\int_0^t e^{[\mathrm{u}(x-\lambda)+\mathrm{v}(y-\mu)+\mathrm{w}(z-\nu)-\mathrm{k}\omega\tau]\sqrt{-1}}\, d\tau;$$

2° qu'en vertu des formules (18) de la page 287, les équations (16) et (18) donneront, pour $t = 0$,

$$\xi = \int_{-\infty}^{\infty}\int_{-\infty}^{\infty}\int_{-\infty}^{\infty}\int_{-\infty}^{\infty}\int_{-\infty}^{\infty}\int_{-\infty}^{\infty} \varphi(\lambda, \mu, \nu)\, e^{[\mathrm{u}(x-\lambda)+\mathrm{v}(y-\mu)+\mathrm{w}(z-\nu)-\mathrm{k}\omega t]\sqrt{-1}}\, \frac{d\lambda\, d\mu\, d\nu\, d\mathrm{u}\, d\mathrm{v}\, d\mathrm{w}}{(2\pi)^3},$$

$$\frac{d\xi}{dt} = \int_{-\infty}^{\infty}\int_{-\infty}^{\infty}\int_{-\infty}^{\infty}\int_{-\infty}^{\infty}\int_{-\infty}^{\infty}\int_{-\infty}^{\infty} \Phi(\lambda, \mu, \nu)\, e^{[\mathrm{u}(x-\lambda)+\mathrm{v}(y-\mu)+\mathrm{w}(z-\nu)-\mathrm{k}\omega\tau]\sqrt{-1}}\, \frac{d\lambda\, d\mu\, d\nu\, d\mathrm{u}\, d\mathrm{v}\, d\mathrm{w}}{(2\pi)^3},$$

ou, ce qui revient au même,

$$\xi = \varphi(x, y, z), \qquad \frac{d\xi}{dt} = \Phi(x, y, z).$$

D'ailleurs les équations (16)..., (17)..., relatives au cas où les facteurs

$$A, \quad B, \quad C$$

vérifient la formule

$$A^2 + B^2 + C^2 = 1,$$

entraîneront évidemment les équations (19)..., (20)..., relatives au cas où la même formule cesse d'être vérifiée, attendu que la formule (9) de la page 285 détermine seulement les rapports géométriques des trois facteurs

$$A, \quad B, \quad C,$$

et que l'on aura toujours identiquement

$$\frac{A^2}{A^2+B^2+C^2} + \frac{B^2}{A^2+B^2+C^2} + \frac{C^2}{A^2+B^2+C^2} = 1;$$

d'où il résulte qu'on ramènera le second cas au premier en divisant dans le second cas les facteurs

$$A, \quad B, \quad C$$

par la racine carrée de la somme

$$A^2 + B^2 + C^2,$$

et les carrés ou produits

$$A^2, \quad B^2, \quad C^2, \quad BC, \quad CA, \quad AB,$$

par conséquent aussi les produits

$$AU, \quad AV, \quad BU, \quad BV, \quad CU, \quad CV,$$

par cette même somme.

Observons encore que les intégrales générales fournies par le système des équations (18), et des formules (16)....ou (17)..., coïncident avec les valeurs de

$$\xi, \quad \eta, \quad \zeta$$

que l'on obtiendrait en appliquant aux équations (2) du § IV la méthode exposée dans le XIXe Cahier du *Journal de l'École Polytechnique.*

41.

C. R., t. VIII, p. 767 (20 mai 1839). — Suite.

§ VIII. *Transformation et réduction des intégrales générales.*

Si, en désignant par

$$x, \quad y, \quad z$$

les coordonnées initiales d'une molécule $\mathfrak{m}$ choisie arbitrairement dans le système donné, on nomme

$$x+X, \quad y+Y, \quad z+Z$$

les coordonnées initiales d'une autre molécule m,

$$r$$

la distance primitive des deux molécules $\mathfrak{m}$, m, et

$$\mathfrak{m} m \, f(r)$$

leur action mutuelle, les équations (1), (2) du § Ier, et (3) du § III, donneront

$$(1) \qquad \begin{gathered} r\cos\alpha = X, \qquad r\cos\beta = Y, \qquad r\cos\gamma = Z, \\ r^2 = X^2 + Y^2 + Z^2, \end{gathered}$$

et

$$\mathfrak{L} = S\left\{\frac{m}{r}\left[f(r) + X^2\frac{d\frac{f(r)}{r}}{dr}\right](e^{uX+vY+wZ}-1)\right\},\qquad \mathfrak{M}=\ldots,\qquad \mathfrak{N}=\ldots,$$

$$\mathfrak{P} = S\left[\frac{m}{r}YZ\frac{d\frac{f(r)}{r}}{dr}(e^{uX+vY+wZ}-1)\right],\qquad \mathfrak{Q}=\ldots,\qquad \mathfrak{R}=\ldots;$$

ou, ce qui revient au même,

$$(2)\qquad \begin{cases} \mathfrak{L} = \mathcal{G} + \dfrac{\partial^2 \mathfrak{H}}{\partial u^2}, & \mathfrak{M} = \mathcal{G} + \dfrac{\partial^2 \mathfrak{H}}{\partial v^2}, \quad \mathfrak{N} = \mathcal{G} + \dfrac{\partial^2 \mathfrak{H}}{\partial w^2}, \\ \mathfrak{P} = \dfrac{\partial^2 \mathfrak{H}}{\partial v\,\partial w}, & \mathfrak{Q} = \dfrac{\partial^2 \mathfrak{H}}{\partial w\,\partial u}, \quad \mathfrak{R} = \dfrac{\partial^2 \mathfrak{H}}{\partial u\,\partial v}, \end{cases}$$

les valeurs de $\mathcal{G}$, $\mathfrak{H}$ étant

$$(3)\qquad \begin{cases} \mathcal{G} = S\left[m\dfrac{f(r)}{r}(e^{uX+vY+wZ}-1)\right], \\ \mathfrak{H} = S\left[\dfrac{m}{r}\dfrac{d\frac{f(r)}{r}}{dr}(e^{uX+vY+wZ}-1) - (uX+vY+wZ) - \dfrac{(uX+vY+wZ)^2}{2}\right] \end{cases}$$

Soit d'ailleurs s une racine de l'équation (12) du § III, c'est-à-dire une racine de

$$(4)\qquad F(u,\ v,\ w,\ s) = 0,$$

la forme de la fonction $F(u, v, w, s)$ étant déterminée par l'équation

$$(5)\qquad \begin{cases} F(u, v, w, s) = (\mathfrak{L} - s^2)(\mathfrak{M} - s^2)(\mathfrak{N} - s^2) \\ \qquad - \mathfrak{P}^2(\mathfrak{L} - s^2) - \mathfrak{Q}^2(\mathfrak{M} - s^2) - \mathfrak{R}^2(\mathfrak{N} - s^2) + 2\mathfrak{P}\mathfrak{Q}\mathfrak{R}, \end{cases}$$

si l'on suppose

$$s,\ \mathfrak{L},\ \mathfrak{M},\ \mathfrak{N},\ \mathfrak{P},\ \mathfrak{Q},\ \mathfrak{R}$$

et les rapports

$$\frac{B}{A},\ \frac{C}{A}$$

déterminés en fonction de

$$u,\ v,\ w$$

par les formules (2), (3), (4) jointes aux équations

$$(6)\quad \begin{cases} (\mathfrak{L} - s^2)A + \mathfrak{R}B + \mathfrak{Q}C = 0, \\ \mathfrak{R}A + (\mathfrak{M} - s^2)B + \mathfrak{P}C = 0, \\ \mathfrak{Q}A + \mathfrak{P}B + (\mathfrak{N} - s^2)C = 0, \end{cases}$$

ou, ce qui revient au même, à la formule

$$(7)\quad \frac{\dfrac{A}{\mathfrak{Q}\mathfrak{R}}}{s^2 - \mathfrak{L} + \dfrac{\mathfrak{Q}\mathfrak{R}}{\mathfrak{P}}} = \frac{\dfrac{B}{\mathfrak{R}\mathfrak{P}}}{s^2 - \mathfrak{M} + \dfrac{\mathfrak{R}\mathfrak{P}}{\mathfrak{Q}}} = \frac{\dfrac{C}{\mathfrak{P}\mathfrak{Q}}}{s^2 - \mathfrak{N} + \dfrac{\mathfrak{P}\mathfrak{Q}}{\mathfrak{R}}};$$

si d'ailleurs on pose, comme dans le § VII,

$$(8)\quad u = \mathrm{u}\sqrt{-1}, \qquad v = \mathrm{v}\sqrt{-1}, \qquad w = \mathrm{w}\sqrt{-1},$$

u, v, w étant des quantités réelles, alors, en considérant ces quantités réelles comme des variables auxiliaires, on reconnaîtra que, dans un système homogène, les déplacements moléculaires assujettis à vérifier, pour $t = 0$, les conditions

$$(9)\quad \begin{cases} \xi = \varphi(x, y, z), & \eta = \chi(x, y, z), & \zeta = \psi(x, y, z), \\ \dfrac{d\xi}{dt} = \Phi(x, y, z), & \dfrac{d\eta}{dt} = \mathrm{X}(x, y, z), & \dfrac{d\zeta}{dt} = \Psi(x, y, z) \end{cases}$$

pourront être représentées par le système des équations (18), (20) du § VII, jointes aux formules (5), (11), (12) et (15) du même paragraphe.

Soient maintenant

$$a, \quad b, \quad c$$

les cosinus des angles que forme un axe fixe prolongé dans un sens déterminé avec les demi-axes des

$$x, \quad y, \quad z$$

positives. Si l'on nomme 8 le déplacement d'une molécule mesuré parallèlement à l'axe fixe, et

$$8_s$$

la partie de ce déplacement qui correspond à l'une des valeurs de s représentées par

$$s', \quad -s', \quad s'', \quad -s'', \quad s''', \quad -s''',$$

on aura évidemment

$$(10) \qquad \begin{cases} 8 = a\xi + b\eta + c\zeta, \\ 8_s = a\xi_s + b\eta_s + c\zeta_s, \end{cases}$$

et par conséquent les équations (18), (20), ... du § VII, jointes aux formules (3), (5), (11) et (12) du même paragraphe, donneront

$$(11) \qquad 8 = 8_{s'} + 8_{-s'} + 8_{s''} + 8_{-s''} + 8_{s'''} + 8_{-s'''},$$

$$(12) \quad \begin{cases} 8_s = \displaystyle\int_{-\infty}^{\infty}\int_{-\infty}^{\infty}\int_{-\infty}^{\infty}\int_{-\infty}^{\infty}\int_{-\infty}^{\infty}\int_{-\infty}^{\infty} \tfrac{1}{2}\mathrm{U}\,\frac{a\mathrm{A}+b\mathrm{B}+c\mathrm{C}}{\mathrm{A}^2+\mathrm{B}^2+\mathrm{C}^2}\, e^{u(x-\lambda)+v(y-\mu)+w(z-\nu)-st}\,\frac{d\lambda\,d\mu\,d\nu\,du\,dv\,dw}{(2\pi)^3} \\ \quad + \displaystyle\int_{-\infty}^{\infty}\int_{-\infty}^{\infty}\int_{-\infty}^{\infty}\int_{-\infty}^{\infty}\int_{-\infty}^{\infty}\int_{-\infty}^{\infty}\int_{0}^{t} \tfrac{1}{2}\mathrm{V}\,\frac{a\mathrm{A}+b\mathrm{B}+c\mathrm{C}}{\mathrm{A}^2+\mathrm{B}^2+\mathrm{C}^2}\, e^{u(x-\lambda)+v(y-\mu)+w(z-\nu)-st}\,\frac{d\lambda\,d\mu\,d\nu\,du\,dv\,dw}{(2\pi)^3}\,dt, \end{cases}$$

les valeurs de U, V étant toujours déterminées par le système des formules

$$(13) \qquad \begin{cases} \mathrm{U} = \mathrm{A}\varphi(\lambda,\mu,\nu) + \mathrm{B}\chi(\lambda,\mu,\nu) + \mathrm{C}\psi(\lambda,\mu,\nu), \\ \mathrm{V} = \mathrm{A}\Phi(\lambda,\mu,\nu) + \mathrm{B}\mathrm{X}(\lambda,\mu,\nu) + \mathrm{C}\Psi(\lambda,\mu,\nu). \end{cases}$$

D'ailleurs les formules (18), (20), ... du § VII se trouvent évidemment toutes comprises dans les formules (11) et (12), desquelles on les déduit en posant

$$a = 1, \qquad b = 0, \qquad c = 0,$$

ou bien

$$a = 0, \qquad b = 1, \qquad c = 0,$$

ou bien encore

$$a = 0, \qquad b = 0, \qquad c = 1,$$

suivant que l'on se propose de calculer le déplacement moléculaire ξ, ou η, ou ζ, mesuré parallèlement à l'axe des x, ou des y, ou des z.

Il est bon d'observer qu'en vertu des formules (13) les produits

$$(14) \quad \begin{cases} \mathrm{U}\,\dfrac{a\mathrm{A}+b\mathrm{B}+c\mathrm{C}}{\mathrm{A}^2+\mathrm{B}^2+\mathrm{C}^2} = \dfrac{(a\mathrm{A}+b\mathrm{B}+c\mathrm{C})[\mathrm{A}\varphi(\lambda,\mu,\nu)+\mathrm{B}\chi(\lambda,\mu,\nu)+\mathrm{C}\psi(\lambda,\mu,\nu)]}{\mathrm{A}^2+\mathrm{B}^2+\mathrm{C}^2}, \\ \mathrm{V}\,\dfrac{a\mathrm{A}+b\mathrm{B}+c\mathrm{C}}{\mathrm{A}^2+\mathrm{B}^2+\mathrm{C}^2} = \dfrac{(a\mathrm{A}+b\mathrm{B}+c\mathrm{C})[\mathrm{A}\Phi(\lambda,\mu,\nu)+\mathrm{B}\mathrm{X}(\lambda,\mu,\nu)+\mathrm{C}\Psi(\lambda,\mu,\nu)]}{\mathrm{A}^2+\mathrm{B}^2+\mathrm{C}^2}, \end{cases}$$

considérés comme fonctions de A, B, C, dépendent uniquement des rapports

$$\frac{B}{A}, \quad \frac{C}{A}.$$

En conséquence, on pourra prendre pour A, B, C, dans les équations (12) et (13), un quelconque des systèmes de valeurs propres à vérifier la formule (6) ou (7), et supposer, par exemple,

$$(15) \qquad A = \frac{\mathcal{Q}\mathcal{R}}{s^2 - \mathcal{L} + \frac{\mathcal{Q}\mathcal{R}}{\mathcal{P}}}, \qquad B = \frac{\mathcal{R}\mathcal{P}}{s^2 - \mathcal{M} + \frac{\mathcal{R}\mathcal{P}}{\mathcal{Q}}}, \qquad C = \frac{\mathcal{P}\mathcal{Q}}{s^2 - \mathcal{N} + \frac{\mathcal{P}\mathcal{Q}}{\mathcal{R}}}.$$

Dans ce cas particulier l'équation (4) se réduirait à

$$(16) \qquad \frac{A}{\mathcal{P}} + \frac{B}{\mathcal{Q}} + \frac{C}{\mathcal{R}} = 1.$$

On pourrait supposer aussi

$$(17) \qquad \begin{cases} A = \dfrac{1}{\mathcal{P}(s^2 - \mathcal{L}) + \mathcal{Q}\mathcal{R}}, \\ B = \dfrac{1}{\mathcal{Q}(s^2 - \mathcal{M}) + \mathcal{R}\mathcal{P}}, \\ C = \dfrac{1}{\mathcal{R}(s^2 - \mathcal{N}) + \mathcal{P}\mathcal{Q}}, \end{cases}$$

ou bien encore, en faisant disparaître les dénominateurs,

$$(18) \qquad \begin{cases} A = [\mathcal{Q}(s^2 - \mathcal{M}) + \mathcal{R}\mathcal{P}][\mathcal{R}(s^2 - \mathcal{N}) + \mathcal{P}\mathcal{Q}], \\ B = [\mathcal{R}(s^2 - \mathcal{N}) + \mathcal{P}\mathcal{Q}][\mathcal{P}(s^2 - \mathcal{L}) + \mathcal{Q}\mathcal{R}], \\ C = [\mathcal{P}(s^2 - \mathcal{L}) + \mathcal{Q}\mathcal{R}][\mathcal{Q}(s^2 - \mathcal{M}) + \mathcal{R}\mathcal{P}]. \end{cases}$$

Enfin, comme la formule (7) doit s'accorder avec la formule (11) du § III, on pourrait prendre

$$(19) \qquad \begin{cases} A = (s^2 - \mathcal{M})(s^2 - \mathcal{N}) - \mathcal{P}^2, \\ B = \mathcal{R}(s^2 - \mathcal{N}) + \mathcal{P}\mathcal{Q}, \\ C = \mathcal{Q}(s^2 - \mathcal{M}) + \mathcal{R}\mathcal{P}. \end{cases}$$

Il y a plus. Comme, en multipliant par A les trois membres de la formule (11) du § III, et par B ou C les trois membres de deux formules semblables tirées par la même méthode des équations (6), on trouverait

$$\frac{A^2}{(s^2-\mathfrak{M})(s^2-\mathfrak{N})-\mathfrak{P}^2}=\frac{AB}{\mathfrak{R}(s^2-\mathfrak{N})+\mathfrak{P}\mathfrak{Q}}=\frac{AC}{\mathfrak{Q}(s^2-\mathfrak{M})+\mathfrak{R}\mathfrak{P}},$$

$$\frac{AB}{\mathfrak{R}(s^2-\mathfrak{N})+\mathfrak{P}\mathfrak{Q}}=\frac{B^2}{(s^2-\mathfrak{N})(s^2-\mathfrak{L})-\mathfrak{Q}^2}=\frac{AB}{\mathfrak{P}(s^2-\mathfrak{L})+\mathfrak{Q}\mathfrak{R}},$$

$$\frac{AC}{\mathfrak{Q}(s^2-\mathfrak{M})+\mathfrak{R}\mathfrak{P}}=\frac{BC}{\mathfrak{P}(s^2-\mathfrak{L})+\mathfrak{Q}\mathfrak{R}}=\frac{C^2}{(s^2-\mathfrak{L})(s^2-\mathfrak{M})-\mathfrak{R}^2},$$

il est clair que l'une quelconque des six équations

$$(20)\quad \begin{cases} A^2=(s^2-\mathfrak{M})(s^2-\mathfrak{N})-\mathfrak{P}^2, & BC=\mathfrak{P}(s^2-\mathfrak{L})+\mathfrak{Q}\mathfrak{R},\\ B^2=(s^2-\mathfrak{N})(s^2-\mathfrak{L})-\mathfrak{Q}^2, & CA=\mathfrak{Q}(s^2-\mathfrak{M})+\mathfrak{R}\mathfrak{P},\\ C^2=(s^2-\mathfrak{L})(s^2-\mathfrak{M})-\mathfrak{R}^2, & AB=\mathfrak{R}(s^2-\mathfrak{N})+\mathfrak{P}\mathfrak{Q} \end{cases}$$

entraînera les cinq autres, et qu'en conséquence on pourra, dans les développements des expressions (14), remplacer les carrés ou produits

$$A^2,\quad B^2,\quad C^2,\quad BC,\quad CA,\quad AB$$

par les seconds membres des équations (20). Alors, en posant pour abréger

$$(21)\quad \begin{cases} \mathfrak{I}=(s^2-\mathfrak{M})(s^2-\mathfrak{N})+(s^2-\mathfrak{N})(s^2-\mathfrak{L})\\ \quad +(s^2-\mathfrak{L})(s^2-\mathfrak{M})-\mathfrak{P}^2-\mathfrak{Q}^2-\mathfrak{R}^2, \end{cases}$$

on trouvera simplement

$$(22)\qquad A^2+B^2+C^2=\mathfrak{I},$$

et $\mathfrak{I}$ ne sera évidemment autre chose que la dérivée qu'on obtiendrait en différentiant par rapport à s^2 la fonction $F(u, v, w, s)$ prise en signe contraire.

Comme les valeurs de

$$\mathfrak{G},\quad \mathfrak{H},\quad \mathfrak{L},\quad \mathfrak{M},\quad \mathfrak{N},\quad \mathfrak{P},\quad \mathfrak{Q},\quad \mathfrak{R},$$

données par les formules (2), (3), sont développables avec l'exponentielle

$$e^{uX+vY+wZ}$$

en séries ordonnées suivant les puissances ascendantes et entières de

$$u, \quad v, \quad w,$$

il est clair que, si l'on égale les facteurs

$$\mathrm{A}, \quad \mathrm{B}, \quad \mathrm{C}$$

à des fonctions entières de

$$s, \quad \mathcal{L}, \quad \mathcal{M}, \quad \mathcal{N}, \quad \mathcal{P}, \quad \mathcal{Q},$$

en supposant, par exemple, ces facteurs déterminés par les équations (18) ou (19), on pourra considérer

$$\mathrm{A}, \quad \mathrm{B}, \quad \mathrm{C}$$

comme des fonctions entières de s et de u, v, w, composées d'un nombre fini ou infini de termes. Nommons, dans cette supposition,

$$\Box_x, \quad \Box_y, \quad \Box_z$$

ce que deviennent

$$\mathrm{A}, \quad \mathrm{B}, \quad \mathrm{C}$$

quand on y remplace

$$u, \quad v, \quad w, \quad s$$

par les caractéristiques

$$\mathrm{D}_x, \quad \mathrm{D}_y, \quad \mathrm{D}_z, \quad \mathrm{D}_s.$$

Alors, en appelant

$$\varphi_s, \quad \chi_s, \quad \psi_s, \quad \Phi_s, \quad \mathrm{X}_s, \quad \Phi_s$$

des fonctions de x, y, z, t déterminées par la formule

$$(23) \qquad \varphi_s = \frac{1}{2}\int_{-\infty}^{\infty}\int_{-\infty}^{\infty}\int_{-\infty}^{\infty}\int_{-\infty}^{\infty}\int_{-\infty}^{\infty}\int_{-\infty}^{\infty} \frac{\varphi(\lambda, \mu, \nu)}{\mathrm{A}^2+\mathrm{B}^2+\mathrm{C}^2}\, e^{u(x-\lambda)+v(y-\mu)+w(z-\nu)-st}\, \frac{d\lambda\, d\mu\, d\nu\, du\, dv\, dw}{(2\pi)^3}$$

et par celles qu'on en déduit quand on substitue, dans les deux membres, à la lettre φ l'une des lettres χ, ψ, Φ, X, Ψ, on tirera évidemment des équations (12) et (13)

$$(24) \qquad \left\{ \begin{aligned} \vartheta_s = {} & (a\Box_x + b\Box_y + c\Box_z)(\Box_x\varphi_s + \Box_y\chi_s + \Box_z\psi_s) \\ & + (a\Box_x + b\Box_y + c\Box_z)\int_0^t (\Box_x\Phi_s + \Box_y\mathrm{X}_s + \Box_z\Psi_s)\, dt. \end{aligned} \right.$$

Si, dans la formule (22), on réduit l'un des cosinus a, b, c à l'unité, et les deux autres à zéro, on en conclura immédiatement

$$(25) \quad \begin{cases} \xi_s = \square_x(\square_x\varphi_s + \square_y\chi_s + \square_z\psi_s) + \square_x \int_0^t (\square_x\Phi_s + \square_y X_s + \square_z\Psi_s)\,dt, \\ \eta_s = \square_y(\square_x\varphi_s + \square_y\chi_s + \square_z\psi_s) + \square_y \int_0^t (\square_x\Phi_s + \square_y X_s + \square_z\Psi_s)\,dt, \\ \zeta_s = \square_z(\square_x\varphi_s + \square_y\chi_s + \square_z\psi_s) + \square_z \int_0^t (\square_x\Phi_s + \square_y X_s + \square_z\Psi_s)\,dt. \end{cases}$$

On simplifiera encore les formules que nous venons d'obtenir, si l'on suppose réduites à des fonctions entières de

$$s, \quad \mathcal{L}, \quad \mathfrak{M}, \quad \mathfrak{N},$$

non plus les valeurs de

$$A, \quad B, \quad C,$$

mais seulement les valeurs de

$$A^2, \quad B^2, \quad C^2, \quad BC, \quad CA, \quad AB,$$

en déterminant ces dernières valeurs par le moyen des équations (20). Alors les formules (23) ... donneront

$$(26) \quad \varphi_s = \frac{1}{2}\int_{-\infty}^{\infty}\int_{-\infty}^{\infty}\int_{-\infty}^{\infty}\int_{-\infty}^{\infty}\int_{-\infty}^{\infty}\int_{-\infty}^{\infty} \frac{\varphi(\lambda,\mu,\nu)}{\mathcal{F}} e^{u(x-\lambda)+v(y-\mu)+w(z-\nu)-st} \frac{d\lambda\,d\mu\,d\nu\,du\,dv\,dw}{(2\pi)^3};$$

et en désignant par

$$\square_{x,x}, \quad \square_{y,y}, \quad \square_{z,z}, \quad \square_{y,z} = \square_{z,y}, \quad \square_{z,x} = \square_{x,z}, \quad \square_{x,y} = \square_{y,x}$$

ce que deviennent les seconds membres des formules (20) quand on y remplace

$$u, \quad v, \quad w, \quad s$$

par les caractéristiques

$$D_x, \quad D_y, \quad D_z, \quad D_t,$$

on obtiendra, au lieu des équations (24) et (25), celles qui suivent

$$(27)\quad \left\{\begin{aligned} 8_s = {}& (a\,\square_{x,x} + b\,\square_{x,y} + c\,\square_{x,z})\left(\varphi_s + \int_0^t \Phi_s\,dt\right) \\ & + (a\,\square_{y,x} + b\,\square_{y,y} + c\,\square_{y,z})\left(\chi_s + \int_0^t \mathrm{X}_s\,dt\right) \\ & + (a\,\square_{z,x} + b\,\square_{z,y} + c\,\square_{z,z})\left(\psi_s + \int_0^t \Psi_s\,dt\right), \end{aligned}\right.$$

$$(28)\quad \left\{\begin{aligned} \xi &= \square_{x,x}\varphi_s + \square_{x,y}\chi_s + \square_{x,z}\psi_s + \int_0^t (\square_{x,x}\Phi_s + \square_{x,y}\mathrm{X}_s + \square_{x,z}\Psi_s)\,dt, \\ \eta &= \square_{y,x}\varphi_s + \square_{y,y}\chi_s + \square_{y,z}\psi_s + \int_0^t (\square_{y,x}\Phi_s + \square_{y,y}\mathrm{X}_s + \square_{y,z}\Psi_s)\,dt, \\ \zeta &= \square_{z,x}\varphi_s + \square_{z,y}\chi_s + \square_{z,z}\psi_s + \int_0^t (\square_{z,x}\Phi_s + \square_{z,y}\mathrm{X}_s + \square_{z,z}\Psi_s)\,dt. \end{aligned}\right.$$

Ainsi, en définitive, les valeurs de

$$\xi_s, \quad \eta_s, \quad \zeta_s,$$

que renferment les intégrales générales des équations des mouvements infiniment petits, pour un système homogène de molécules, étant considérées comme fonctions de

$$x, \quad y, \quad z, \quad t,$$

dépendent uniquement de l'intégrale sextuple qui constitue le second membre de l'équation (26) et de celles qu'on en déduit en remplaçant la première des six fonctions

$$\varphi(\lambda, \mu, \nu), \quad \chi(\lambda, \mu, \nu), \quad \psi(\lambda, \mu, \nu), \quad \Phi(\lambda, \mu, \nu), \quad \mathrm{X}(\lambda, \mu, \nu), \quad \Psi(\lambda, \mu, \nu)$$

par l'une des cinq autres.

On ne doit pas oublier que, dans les formules (23) et (26), u, v, w ont des valeurs imaginaires égales aux produits des variables auxiliaires

$$\mathrm{u}, \quad \mathrm{v}, \quad \mathrm{w}$$

par $\sqrt{-1}$. Si d'ailleurs on pose, pour plus de commodité,

$$(29)\qquad s = \mathrm{s}\sqrt{-1},$$

la valeur de s pouvant être réelle ou imaginaire, l'équation (26) donnera

$$(30)\quad \varphi_s = \frac{1}{2}\int_{-\infty}^{\infty}\int_{-\infty}\int_{-\infty}^{\infty}\int_{-\infty}^{\infty}\int_{-\infty}^{\infty}\int_{-\infty}^{\infty} \frac{\varphi'(\lambda,\mu,\nu)}{\mathfrak{F}} e^{[\mathrm{u}(x-\lambda)+\mathrm{v}(y-\mu)+\mathrm{w}(z-\nu)-st]\sqrt{-1}} \frac{d\lambda\, d\mu\, d\nu\, d\mathrm{u}\, d\mathrm{v}\, d\mathrm{w}}{(2\pi)^3}.$$

Si l'on désigne par ϖ l'une quelconque des lettres

$$\varphi,\quad \chi,\quad \psi,\quad \Phi,\quad \mathrm{X},\quad \Psi,$$

on pourra généralement à la formule (30) substituer la suivante

$$(31)\quad \varpi_s = \frac{1}{2}\int_{-\infty}^{\infty}\int_{-\infty}^{\infty}\int_{-\infty}^{\infty}\int_{-\infty}^{\infty}\int_{-\infty}^{\infty}\int_{-\infty}^{\infty} \frac{\varpi(\lambda,\mu,\nu)}{\mathfrak{F}} e^{[\mathrm{u}(x-\lambda)+\mathrm{v}(y-\mu)+\mathrm{w}(z-\nu)-st]\sqrt{-1}} \frac{d\lambda\, d\mu\, d\nu\, d\mathrm{u}\, d\mathrm{v}\, d\mathrm{w}}{(2\pi)^3}.$$

Si d'ailleurs on nomme

$$\mathrm{S}$$

le second membre de l'une quelconque des formules (20), et si l'on représente par

$$\square$$

ce que devient ce second membre, quand on y remplace les lettres

$$u,\quad v,\quad w,\quad s$$

par les caractéristiques

$$\mathrm{D}_x,\quad \mathrm{D}_y,\quad \mathrm{D}_z,\quad \mathrm{D}_t;$$

alors, en posant, pour abréger,

$$(32)\qquad \frac{\mathrm{S}}{\mathfrak{F}} = \Theta,$$

on trouvera

$$(33)\quad \square\varpi_s = \frac{1}{2}\int_{-\infty}^{\infty}\int_{-\infty}^{\infty}\int_{-\infty}^{\infty}\int_{-\infty}^{\infty}\int_{-\infty}^{\infty}\int_{-\infty}^{\infty} \Theta\varpi(\lambda,\mu,\nu)\, e^{[\mathrm{u}(x-\lambda)+\mathrm{v}(y-\mu)+\mathrm{w}(z-\nu)-st]\sqrt{-1}} \frac{d\lambda\, d\mu\, d\nu\, d\mathrm{u}\, d\mathrm{v}\, d\mathrm{w}}{(2\pi)^3}.$$

Cette dernière équation, dans laquelle ϖ représente l'une quelconque des lettres

$$\varphi,\quad \chi,\quad \psi,\quad \Phi,\quad \mathrm{X},\quad \Psi,$$

et $\square$ l'une quelconque des caractéristiques

$$\square_{x,x},\quad \square_{y,y},\quad \square_{z,z},\quad \square_{y,z},\quad \square_{z,x},\quad \square_{x,y},$$

fournira les valeurs des expressions

$$\square_{x,x}\varphi_s, \quad \square_{x,y}\varphi_s, \quad \ldots, \quad \square_{x,y}\chi_s, \quad \ldots, \quad \square_{x,x}\Phi_s, \quad \ldots, \quad \square_{x,y}X_s, \quad \ldots$$

comprises dans les valeurs générales de

$$\xi_s, \quad \eta_s, \quad \zeta_s.$$

Posons maintenant

$$(34) \qquad k = \sqrt{u^2 + v^2 + w^2}, \qquad \rho = \sqrt{(x-\lambda)^2 + (y-\mu)^2 + (z-\nu)^2}$$

et

$$(35) \qquad s = k\omega.$$

Si l'on considère les trois variables auxiliaires

$$u, \quad v, \quad w$$

comme représentant des coordonnées rectangulaires, on pourra les transformer en trois coordonnées polaires dont la première serait le rayon vecteur k, à l'aide d'équations de la forme

$$(36) \qquad u = k\cos p, \qquad v = k\sin p\cos q, \quad w = k\sin p\sin q.$$

Pareillement, si l'on considère les trois variables auxiliaires

$$\lambda, \quad \mu, \quad \nu,$$

ou plutôt les trois différences

$$x-\lambda, \qquad y-\mu, \qquad z-\nu,$$

comme représentant des coordonnées rectangulaires, on pourra les transformer en trois coordonnées polaires dont la première soit le rayon vecteur ρ, à l'aide d'équations de la forme

$$(37) \quad x-\lambda = \rho\cos\theta, \qquad y-\mu = \rho\sin\theta\cos\tau, \qquad z-\nu = \rho\sin\theta\sin\tau.$$

Faisons d'ailleurs

$$\cos\delta = \frac{u(x-\lambda) + v(y-\mu) + w(z-\nu)}{k\rho}$$

ou, ce qui revient au même,

$$(38)\qquad \cos\delta = \cos p \cos\theta + \sin p \cos q \sin\theta \cos\tau + \sin p \sin q \sin\theta \sin\tau.$$

Comme, en désignant par

$$f(x, y, z)$$

une fonction des trois variables x, y, z, on aura généralement, eu égard aux formules (34),

$$(39)\qquad \left\{\begin{aligned} &\int_{-\infty}^{\infty}\int_{-\infty}^{\infty}\int_{-\infty}^{\infty} f(\mathrm{u}, \mathrm{v}, \mathrm{w})\, d\mathrm{u}\, d\mathrm{v}\, d\mathrm{w} \\ &= \int_0^{\infty}\int_0^{2\pi}\int_0^{\pi} f(\mathrm{u}, \mathrm{v}, \mathrm{w})\, \mathrm{k}^2 \sin p\, d\mathrm{k}\, dq\, dp \\ &= \frac{1}{2}\int_{-\infty}^{\infty}\int_0^{2\pi}\int_0^{\pi} f(\mathrm{u}, \mathrm{v}, \mathrm{w})\, \mathrm{k}^2 \sin p\, d\mathrm{k}\, dq\, dp \end{aligned}\right.$$

et, eu égard aux formules (35),

$$(40)\qquad \left\{\begin{aligned} &\int_{-\infty}^{\infty}\int_{-\infty}^{\infty}\int_{-\infty}^{\infty} f(x-\lambda, y-\mu, z-\nu)\, d\lambda\, d\mu\, d\nu \\ &= -\int_0^{\infty}\int_0^{2\pi}\int_0^{\pi} f(x-\lambda, y-\mu, z-\nu)\rho^2 \sin\theta\, d\rho\, d\tau\, d\theta \\ &= -\frac{1}{2}\int_{-\infty}^{\infty}\int_0^{2\pi}\int_0^{\pi} f(x-\lambda, y-\mu, z-\nu)\rho^2 \sin\theta\, d\rho\, d\tau\, d\theta, \end{aligned}\right.$$

la formule (31) donnera

$$(41)\qquad \varpi_s = -\int_{-\infty}^{\infty}\int_0^{2\pi}\int_0^{\pi}\int_{-\infty}^{\infty}\int_0^{2\pi}\int_0^{\pi} \frac{\varpi(\lambda, \mu, \nu)}{\mathrm{F}} e^{\mathrm{k}(\rho\cos\delta - \omega t)\sqrt{-1}}\, \mathrm{k}^2 \rho^2 \sin p \sin\theta \frac{d\mathrm{k}\, dq\, dp\, d\rho\, d\tau\, d\theta}{(4\pi)^3},$$

les intégrations étant effectuées par rapport aux variables k et ρ entre les limites $-\infty$, ∞; par rapport aux variables p et θ entre les limites 0, π et par rapport aux variables q et τ entre les limites 0, 2π. Enfin, comme on aura identiquement

$$\mathrm{k}^2 e^{-\mathrm{k}\omega t\sqrt{-1}} = -\frac{1}{\omega^2} \mathrm{D}_t^2 e^{-\mathrm{k}\omega t\sqrt{-1}},$$

on tirera de la formule (41)

$$(42)\quad \varpi_s = D_t^2 \int_{-\infty}^{\infty}\int_0^{2\pi}\int_0^{\pi}\int_{-\infty}^{\infty}\int_0^{2\pi}\int_0^{\pi} \frac{\varpi(\lambda,\mu,\nu)}{\omega^2 F} e^{k(\rho\cos\delta-\omega t)\sqrt{-1}} \rho^2 \sin p \sin\theta \frac{dk\,dq\,dp\,d\rho\,d\tau\,d\theta}{(4\pi)^3},$$

et comme, pour passer de la formule (31) à la formule (33), il suffit de remplacer dans le second membre $\frac{1}{F}$ par Θ, on aura encore

$$(43)\quad \square\varpi_s = D_t^2 \int_{-\infty}^{\infty}\int_0^{2\pi}\int_0^{\pi}\int_{-\infty}^{\infty}\int_0^{2\pi}\int_0^{\pi} \frac{\Theta}{\omega^2}\varpi(\lambda,\mu,\nu) e^{k(\rho\cos\delta-\omega t)\sqrt{-1}} \rho^2 \sin p \sin\theta \frac{dk\,dq\,dp\,d\rho\,d\tau\,d\theta}{(4\pi)^3}.$$

Ce n'est pas tout. Si, dans les formules (40) et (41), on remplace

$$k \quad \text{par} \quad \frac{k}{\cos\delta},$$

on devra en même temps, pour que les limites de l'intégration relative à k ne soient pas interverties, remplacer

$$dk \quad \text{par} \quad \frac{dk}{\sqrt{\cos^2\delta}},$$

et par suite les formules (41), (43) donneront

$$(44)\quad \varpi_s = \frac{D_t^2}{(4\pi)^3} \int_{-\infty}^{\infty}\int_0^{2\pi}\int_0^{\pi}\int_{-\infty}^{\infty}\int_0^{2\pi}\int_0^{\pi} \frac{\varpi(\lambda,\mu,\nu)}{\omega^2 F} e^{k\left(\rho-\frac{\omega t}{\cos\delta}\right)\sqrt{-1}} \rho^2 \sin p \sin\theta \frac{dk\,dq\,dp\,d\rho\,d\tau\,d\theta}{\sqrt{\cos^2\delta}},$$

$$(45)\quad \square\varpi_s = \frac{D_t^2}{(4\pi)^3} \int_{-\infty}^{\infty}\int_0^{2\pi}\int_0^{\pi}\int_{-\infty}^{\infty}\int_0^{2\pi}\int_0^{\pi} \frac{\Theta}{\omega^2}\varpi(\lambda,\mu,\nu) e^{k\left(\rho-\frac{\omega t}{\cos\delta}\right)\sqrt{-1}} \rho^2 \sin p \sin\theta \frac{dk\,dq\,dp\,d\rho\,d\tau\,d\theta}{\sqrt{\cos^2\delta}}.$$

Les formules (41) ou (42) et (43) peuvent être simplifiées dans quelques cas dignes de remarque.

Supposons, pour fixer les idées, que

$$\mathfrak{L},\quad \mathfrak{M},\quad \mathfrak{N},\quad \mathfrak{R},\quad \mathfrak{Q},\quad \mathfrak{P}$$

soient des fonctions homogènes et du second degré de u, v, w. La fonction

$$F(u, v, w, s)$$

sera elle-même une fonction homogène de u, v, w, s. Donc alors, eu égard aux formules (8), (29), (35) et (36), l'équation (4) pourra être réduite à

$$(46)\qquad \mathrm{F}(\mathrm{u}, \mathrm{v}, \mathrm{w}, \mathrm{s}) = 0,$$

ou même à

$$(47)\qquad \mathrm{F}(\cos p,\ \sin p \cos q,\ \sin p \sin q,\ \omega) = 0.$$

Alors aussi, Θ étant une fonction de u, v, w, s, homogène et d'un degré nul, dépendra uniquement de

$$p,\quad q,\quad \omega,$$

par conséquent de p, q; et comme, en supposant ω réel, on aura généralement

$$(48)\qquad \int_{-\infty}^{\infty}\int_{-\infty}^{\infty} f(\rho)\, e^{\pm\mathrm{k}\left(\rho - \frac{\omega t}{\cos\delta}\right)\sqrt{-1}}\, d\mathrm{k}\, d\rho = 2\pi f\left(\frac{\omega t}{\cos\delta}\right),$$

la formule (45) pourra, dans cette supposition, être réduite à

$$(49)\qquad \square\varpi_s = \frac{\mathrm{D}_t^2}{2^5\pi^2}\int_0^{2\pi}\int_0^{\pi}\int_0^{2\pi}\int_0^{\pi} \Theta\, t^2 \varpi(\lambda, \mu, \nu) \sin p \sin\theta\, \frac{dq\, dp\, d\tau\, d\theta}{\cos^2\delta\sqrt{\cos^2\delta}},$$

les valeurs de λ, μ, ν étant déterminées par les équations

$$(50)\qquad x - \lambda = \frac{\omega t}{\cos\delta}\cos\theta,\quad y - \mu = \frac{\omega t}{\cos\delta}\sin\theta\cos\tau,\quad z - \nu = \frac{\omega t}{\cos\delta}\sin\theta\sin\tau.$$

En vertu de l'équation (49), chacune des intégrales générales des mouvements infiniment petits prendra la forme que j'ai indiquée dans le *Bulletin des Sciences* d'avril 1830, et la discussion de ces intégrales conduira immédiatement aux résultats énoncés dans ce Bulletin, et dans le n° 17 des *Comptes rendus des séances de l'Académie des Sciences*, 1er semestre 1839.

Au reste, je reviendrai dans un autre Mémoire sur les conséquences importantes qui se déduisent de la formule (49), et de plusieurs autres formules comprises dans l'équation (42). On doit surtout remarquer le cas où la fonction

$$\mathrm{F}(u, v, w, s) = \mathrm{F}(\mathrm{u}\sqrt{-1}, \mathrm{v}\sqrt{-1}, \mathrm{w}\sqrt{-1}, \mathrm{s}\sqrt{-1})$$

se réduit à une fonction de s et de $u^2 + v^2 + w^2 = k^2$, ou plus généralement à une fonction de s et de W, la lettre W représentant une fonction homogène et du second degré de u, v, w.

Alors, en vertu d'un théorème que j'ai donné dans la 49e livraison des *Exercices de Mathématiques*, l'intégrale quadruple renfermée dans le second membre de l'équation (49) peut se réduire à une intégrale double, comme je l'ai montré dans un Mémoire présenté à l'Académie le 17 mai 1830. (*Voir* aussi le Mémoire qui termine le XXe Cahier du *Journal de l'École Polytechnique*.)

42.

Physique mathématique. — *Note sur la quantité de lumière réfléchie sous les diverses incidences par les surfaces des corps opaques et spécialement des métaux.*

C. R., t. VIII, p. 553 (15 avril 1839).

Les méthodes que j'ai présentées dans les derniers *Comptes rendus*, et dont j'offrirai les développements à l'Académie dans les prochaines séances, fournissent, comme j'en ai déjà fait la remarque, les moyens de déterminer par le calcul, non seulement la direction et les plans de polarisation des rayons réfléchis ou réfractés par la surface d'un corps transparent ou opaque, mais encore le rapport entre la quantité de lumière réfléchie ou réfractée et la lumière incidente. On sait combien la détermination de ce rapport est délicate, combien les expériences de photométrie exigent de précautions pour que l'on puisse ajouter quelque confiance aux résultats qu'elles donnent; et, pour ce motif, les vrais amis de la Science désirent vivement voir bientôt publiées les importantes observations faites par M. Arago sur la quantité de lumière que réfléchissent les surfaces métalliques. Peut-être, avant cette publication, et dans un sujet si difficile, paraîtrai-je bien téméraire d'oser offrir à l'Académie les résultats numériques de mes formules. Mais j'espère que l'on me saura gré de cette témérité même. Cela prouvera du moins, de manière à dissiper tous les doutes qui pourraient subsister encore dans quelques esprits, que mes formules ne ressemblent en rien à des formules d'interpolation; et, dans le fait, pour calculer l'intensité de la lumière réfléchie par divers métaux sous diverses incidences, et telle que je la donnerai tout à l'heure, je ne me suis servi ni n'ai voulu me servir d'aucune expérience d'intensité. On me demandera peut-être quelles sont donc les données dont j'ai fait usage : je vais entrer à ce sujet dans quelques détails.

Lorsque la lumière passe de l'air dans un corps homogène, il existe un certain rapport entre l'épaisseur des ondes incidentes et l'épaisseur des ondes réfractées, ou, ce qui revient au même, entre le sinus d'incidence et le sinus de réfraction. Ce rapport a été nommé l'*indice* de réfraction. Lorsque le corps est transparent et isophane, l'indice de réfraction demeure constant pour toutes les incidences. Alors, si l'on néglige dans mes formules les termes relatifs à la dispersion, si d'ailleurs on réduit à l'unité une certaine constante que plusieurs phénomènes, et particulièrement celui de la polarisation complète ou presque complète, sous une certaine incidence, indiquent comme devant avoir à très peu près cette valeur, on pourra déduire du seul indice de réfraction les lois de la polarisation produite par la réflexion ou la réfraction de la lumière, et les formules obtenues seront précisément celles que Fresnel a données. J'ajouterai qu'en vertu d'un théorème découvert par M. Brewster, et qui s'accorde avec ces formules, l'indice de réfraction, étant la tangente trigonométrique de l'angle de polarisation, sera immédiatement fourni par l'observation de cet angle.

Concevons maintenant que le corps donné, restant isophane, cesse d'être transparent et devienne ce qu'on nomme un *corps opaque;* alors les ondes incidentes donneront encore naissance à des ondes réfléchies et à des ondes réfractées. Seulement ces dernières, en se propageant dans le corps opaque, s'affaibliront rapidement, de manière à devenir insensibles à une distance comparable à la longueur d'une ondulation lumineuse, par exemple, à la distance d'un demi-millième de millimètre. Mais il existera toujours un indice de réfraction qui sera encore le rapport entre les sinus des angles d'incidence et de réfraction, formés par la normale à la surface réfléchissante avec les perpendiculaires aux plans des ondes incidentes et réfractées. Toutefois, en supposant même qu'on néglige la dispersion et que l'on réduise à l'unité la constante ci-dessus mentionnée, on ne pourra plus déduire les lois des phénomènes du seul indice de réfraction. On aura besoin d'une seconde donnée, qui pourra être le coefficient d'extinction, c'est-à-dire la constante qui indique la rapidité plus ou moins grande avec laquelle le mouvement s'éteint en pénétrant dans le corps opaque. Ainsi, en résumé, des formules qui représentent, avec une approximation suffisante dans la plupart des cas, les lois de la réflexion et de la réfraction de la lumière, peuvent se déduire, pour les corps transparents, d'une seule donnée, savoir, l'indice de réfraction, et pour les corps opaques, de deux données, savoir, l'indice de réfraction et le coefficient d'extinction. On sent parfaitement que nos méthodes nous conduisent ici à une conclusion entièrement conforme à la nature des faits. Il est effectivement très naturel, dans la théorie de la lumière, d'établir une distinction fondamentale entre les corps transparents et les corps opaques. Si, pour ces derniers, la théorie exige deux données au lieu d'une, cela tient à ce qu'effectivement ils ont la double propriété de réfracter plus ou moins la lumière et de l'éteindre plus ou moins rapidement. Il n'est pas plus permis de faire abstraction de la seconde propriété que de faire abstraction de la première; et, après cette explication, personne ne s'étonnera de ce que, dans les séances précédentes, j'ai dit que, pour établir les lois de la réflexion à la surface des corps opaques, j'avais besoin d'emprunter deux données à l'expérience.

Mais on sera surpris davantage de ce qui va suivre. En voyant que, pour établir les lois des phénomènes et calculer l'intensité de la lumière réfléchie par un corps opaque, je réclamais deux observations, quelques personnes ont pu s'imaginer que ces deux observations devaient nécessairement fournir l'intensité de la lumière sous deux incidences distinctes. Cependant il n'en est rien, et les nombres que j'ai présentés dans la dernière séance, ceux même que renfermait le Mémoire du 4 février dernier, ont été obtenus par une tout autre voie. Pour déterminer l'intensité de la lumière réfléchie par la surface d'un corps opaque, mes formules supposent uniquement que l'on emprunte à l'observation l'incidence principale et l'azimut principal de réflexion, ou, en d'autres termes, l'angle d'incidence appelé par quelques auteurs *angle de polarisation maximum,* et l'azimut de polarisation du rayon réfléchi sous cette incidence, dans le cas où l'azimut du rayon incident est de 45°. On pourrait aussi remplacer l'azimut de réflexion principal par l'azimut du rayon restauré, après deux réflexions sous l'incidence principale, les tangentes de ces deux azimuts étant, comme je l'ai dit, tellement liées l'une à l'autre, que la seconde soit le carré de la première. Voilà les seules données que j'emprunte à l'expérience; mais elles sont l'une et l'autre indispensables. L'une sans l'autre ne suffirait pas; et j'ajouterai que, pour éviter toute équivoque, lorsqu'on voudra comparer mes formules à l'expérience, on devra toujours avoir déduit préalablement ces données d'observations faites sur le corps même auquel les expériences seront relatives.

Après avoir établi les formules générales que j'ai l'honneur d'offrir à l'Académie, je les ai appliquées à quatre métaux, savoir : à l'argent, au mercure, au métal des miroirs et à l'acier. J'ai supposé, d'après les observations de M. Brewster, que les incidences principales relatives à ces quatre métaux étaient respectivement

$$73°, \quad 78°27', \quad 76°, \quad 75°.$$

Des expériences du même physicien, les unes directes, les autres indirectes, et relatives au rayon restauré par deux réflexions sous l'incidence principale, m'ont fourni les azimuts de réflexion principaux. Ces azimuts sont, d'après les expériences directes,

$$42°, \quad 35°, \quad 32°, \quad 30°30',$$

et, d'après les expériences indirectes,

$$42°23', \quad 34°56', \quad 31°47', \quad 28°56'.$$

Cela posé, l'intensité de la lumière incidente étant prise pour unité, mes formules donnent, pour l'intensité de lumière réfléchie par les quatre métaux : 1° sous l'incidence perpendiculaire, si l'on fait usage des expériences directes,

0,87, 0,75, 0,63, 0,58,

et si l'on fait usage des expériences indirectes,

0,89, 0,75, 0,63, 0,55;

2° sous l'incidence principale, si l'on fait usage des expériences directes,

0,87, 0,70, 0,62, 0,59,

et si l'on fait usage des expériences indirectes,

0,89, 0,70, 0,62, 0,56.

On voit ici que, à deux ou trois centièmes près, les expériences directes et indirectes fournissent toujours les mêmes nombres pour l'intensité de la lumière réfléchie. D'ailleurs, il suit de ce qui précède : 1° que la quantité de lumière réfléchie par les métaux sous l'incidence perpendiculaire est considérable; 2° que dans le passage de l'incidence perpendiculaire à l'incidence de 73° et au delà, la variation de cette intensité est presque insensible. Ces conclusions, et même les chiffres ci-dessus présentés, s'accordent, aussi bien qu'on pouvait le désirer, avec le petit nombre des expériences de photométrie déjà connues. Ainsi, en particulier, une expérience de Bouguer donne précisément 0,75 pour l'intensité de la lumière réfléchie par le mercure sous l'angle de 11°,5; et M. Potter, ayant mesuré la lumière réfléchie sous diverses incidences par l'acier et par le métal des miroirs, a obtenu des nombres fort peu différents les uns des autres, dont la moyenne est 0,66 pour le métal des miroirs, et 0,56 ou 0,57 pour l'acier. Enfin M. Biot, en rapportant les expériences de Bouguer, dit expressément :

« Pour les corps dont la force réfléchissante est énergique, la quantité de lumière réfléchie sous diverses incidences n'éprouve que des variations très faibles. » C'est aussi ce qu'indiquent mes formules.

Ainsi, la lumière réfléchie sur la surface de l'acier, sous les incidences de

0°, 10°, 30°, 50°, 73°, 75°,

est, d'après ces formules et les expériences indirectes,

0,55, 0,55, 0,55, 0,54, 0,55, 0,56.

A la rigueur, en partant de l'incidence perpendiculaire, cette intensité commence par recevoir un léger accroissement à peine sensible, puis elle diminue d'environ $\frac{1}{100}$ jusqu'à 73° d'incidence.

Au reste, les résultats seront très différents si, au lieu de lumière ordinaire, on emploie de la lumière polarisée. Je trouve en effet qu'alors l'intensité de la lumière réfléchie croît toujours, à partir de l'incidence perpendiculaire, ou commence par décroître sensiblement pour croître ensuite, après avoir atteint une valeur *minimum*, selon que le rayon incident est polarisé suivant le plan d'incidence, ou perpendiculairement à ce plan. Pour l'acier, en particulier, l'intensité de la lumière réfléchie sous l'incidence principale est, d'après les expériences directes,

0,87 dans le premier cas, 0,30 dans le second,

et d'après les expériences indirectes,

0,86 dans le premier cas, 0,26 dans le second,

Enfin, mes formules me permettent de calculer pour les corps opaques les coefficients d'extinction. Ces coefficients, qui se trouvent ici donnés pour la première fois, sont, pour les quatre métaux ci-dessus mentionnés,

2,96, 4,41, 3,39, 3,04.

J'obtiens aussi les indices de réfraction de ces métaux. Ce qui étonnera peut-être les physiciens, et ce qui, je l'avoue, m'a d'abord causé à moi-même quelque surprise, c'est que les indices dont il s'agit sont beaucoup plus faibles qu'on ne le suppose communément. Ce que l'on donnait ordinairement pour l'indice de réfraction d'un métal se rapproche bien davantage de la racine carrée de la somme des carrés de deux nombres, dont l'un représente cet indice, et l'autre le coefficient d'extinction. Ainsi, par exemple, on se disputait pour savoir si l'indice de réfraction du mercure était

$$4,9 \quad \text{ou} \quad 5,8.$$

Cet indice est en réalité

$$1,7$$

environ, par conséquent trois fois plus petit qu'on ne l'avait supposé.

Nota. — Relativement aux expériences de Bouguer, voici ce que dit M. Biot (dans son *Traité de Physique*, t. IV, p. 776) : « Je me bornerai à rapporter ici quelques déterminations d'intensités obtenues par Bouguer. Quoique les procédés dont il a fait usage paraissent comporter quelques incertitudes, étant uniquement fondés sur la réduction des diverses lumières à l'égalité par la diminution des ouvertures qui les admettent, ou par l'augmentation de leur distance, il paraît qu'en général ses résultats sont conformes à la vérité; ce qui n'est pas surprenant, quand l'adresse de l'observateur supplée à l'imperfection des instruments. »

De plus, dans son *Précis* (p. 621), M. Biot ajoute : « M. Arago a bien voulu m'assurer que les résultats de Bouguer rapportés plus haut lui avaient paru exacts. » Au reste, en attendant les expériences que M. Arago a promises, et que j'appelle de tous mes vœux, je n'avais d'autre ressource que de comparer mes formules aux résultats obtenus par Bouguer et Potter, et il me suffisait que mes nombres ne fussent pas en contradiction avec ceux que l'expérience leur a donnés.

Formules pour la détermination de l'intensité de la lumière réfléchie par la surface d'un corps opaque, et spécialement d'un métal.

Concevons que l'on fasse tomber un rayon lumineux sur la surface d'un corps opaque, mais isophane, par exemple d'un métal. Soient

τ l'angle d'incidence formé par le rayon lumineux avec la normale à la surface réfléchissante;

l la longueur des ondulations du rayon incident que nous supposons propagé dans l'air ou dans un milieu isophane;

$k = \frac{2\pi}{l}$ la caractéristique de ce même rayon;

k' la caractéristique imaginaire du rayon réfracté, dans le cas où l'on a $\tau = 0$;

$\frac{k'}{k}$ le coefficient caractéristique du corps opaque, pour $\tau = 0$.

Enfin Θ le module et ε l'argument du coefficient caractéristique $\frac{k'}{k}$, en sorte qu'on ait

$$\frac{k'}{k} = \Theta e^{\varepsilon\sqrt{-1}} = \Theta \cos\varepsilon + \sqrt{-1}\,\Theta \sin\varepsilon.$$

Le produit $\Theta \cos\varepsilon$ représentera, pour l'incidence perpendiculaire, le rapport entre les épaisseurs des ondes incidentes et réfractées, ou, ce qui revient au même, le rapport entre le sinus d'incidence et le sinus de réfraction; il sera donc ce qu'on nomme l'*indice de réfraction*. Quant à la constante $\Theta \sin\varepsilon$, dont le produit par k sera le coefficient de la distance à la surface réfléchissante, dans le logarithme népérien de l'amplitude du rayon réfracté, elle pourra être censée représenter le coefficient d'extinction. Cela posé, imaginons que la lumière incidente, mesurée par le carré de l'amplitude du rayon incident, étant prise pour unité, on nomme

$$I^2 \text{ ou } J^2$$

l'intensité de la lumière réfléchie, selon que le rayon incident est polarisé perpendiculairement au plan d'incidence ou suivant ce même plan. On aura, sous l'incidence perpendiculaire,

$$(1) \qquad I^2 = J^2 = \operatorname{tang}\left(\psi - \frac{\pi}{4}\right),$$

la valeur de l'angle ψ étant donnée par la formule

$$(2) \qquad \cot\psi = \cos\varepsilon \sin(2 \operatorname{arc} \operatorname{tang}\Theta).$$

Si, l'angle τ cessant d'être nul, l'incidence devient oblique, la constante imaginaire

$$\Theta e^{\varepsilon\sqrt{-1}}$$

se trouvera remplacée par une autre

$$Ue^{\upsilon\sqrt{-1}},$$

dont le module U et l'argument υ seront déterminés par les deux formules

$$(3)\qquad \cot(2\upsilon - \varepsilon) = \cot\varepsilon \cos\left(2 \operatorname{arc\,tang} \frac{\sin\tau}{\Theta}\right), \qquad U = \left(\frac{\sin 2\varepsilon}{\sin 2\upsilon}\right)^{\frac{1}{2}} \Theta.$$

Les valeurs des constantes réelles U et υ étant ainsi déterminées, on calculera les intensités I^2 et J^2 à l'aide des équations

$$(4)\qquad I^2 = \operatorname{tang}\left(\varphi - \frac{\pi}{4}\right), \qquad J^2 = \operatorname{tang}\left(\chi - \frac{\pi}{4}\right),$$

dans lesquelles on aura

$$(5)\qquad \begin{cases} \cot\varphi = \cos(2\varepsilon - \upsilon) \sin\left(2 \operatorname{arc\,tang} \dfrac{U}{\Theta^2 \cos\tau}\right), \\ \cot\chi = \cos\upsilon \sin\left(2 \operatorname{arc\,tang} \dfrac{\cos\tau}{U}\right). \end{cases}$$

Les formules qui précèdent supposent connues les valeurs de Θ et de ε relatives à chaque métal. Pour déduire ces valeurs de l'incidence principale et de l'azimut principal de réflexion, il suffit d'observer que, dans le cas particulier où l'angle τ représente l'incidence principale, on a

$$(6)\qquad \upsilon = 2\Pi, \qquad U = \sin\tau \operatorname{tang}\tau,$$

Π désignant l'azimut principal de réflexion, et de plus

$$(7)\qquad \operatorname{tang}(2\varepsilon - \upsilon) = \operatorname{tang}\upsilon \cos(\pi - 2\tau), \qquad \Theta = \left(\frac{\sin 2\upsilon}{\sin 2\varepsilon}\right)^{\frac{1}{2}} U.$$

Enfin, pour obtenir l'intensité d'un rayon de lumière ordinaire, modifié par la réflexion, j'ai admis avec tous les physiciens qu'il suffisait de calculer la demi-somme $\frac{I^2 + J^2}{2}$ des intensités de deux rayons primitivement égaux mais polarisés, l'un suivant le plan d'incidence, l'autre perpendiculairement à ce plan.

C'est à l'aide des formules précédentes que j'ai obtenu les nombres donnés ci-dessus. Comme, pour les divers métaux, le rapport

$$\frac{1}{\Theta}$$

est peu considérable, il en résulte que, dans la réflexion sur un métal, les formules (3) donnent sensiblement

$$(8)\qquad \upsilon = \varepsilon, \qquad U = \Theta.$$

Alors aussi le coefficient d'extinction et l'indice de réfraction n'éprouvent que des variations peu sensibles quand le rayon incident s'écarte de la normale à la surface réfléchissante, et les formules (5) peuvent être, dans une première approximation, remplacées par les suivantes :

$$(9)\qquad \left\{\begin{aligned} \cot\varphi &= \cos\varepsilon \sin\left(2 \operatorname{arc\,tang} \frac{1}{\Theta\cos\tau}\right),\\ \cot\chi &= \cos\varepsilon \sin\left(2 \operatorname{arc\,tang} \frac{\cos\tau}{\Theta}\right).\end{aligned}\right.$$

Les formules (9), appliquées à l'acier depuis $\tau = 0$ jusqu'à $\tau = 75^{\circ}$, m'ont donné, à moins de $\frac{1}{100}$ près, les mêmes résultats que les formules (5). D'ailleurs, en vertu des formules (9), si l'angle τ vient à croître en partant de zéro, l'angle χ et par suite la valeur de J^2 croîtront constamment, tandis que l'angle φ et par suite la valeur de I^2 commenceront par décroître, pour croître ensuite, après avoir atteint une valeur *minimum* correspondante à la valeur de τ que détermine la formule

$$(10)\qquad \cos\tau = \frac{1}{\Theta}.$$

La valeur *minimum* de I^2, calculée approximativement à l'aide des formules (4) et (9), sera

$$(11)\qquad I^2 = \operatorname{tang}^2 \frac{\varepsilon}{2}.$$

A la suite de cette lecture, il s'élève une discussion entre M. Poisson et M. Cauchy ([1]).

43.

Physique mathématique. — *Note sur la nature des ondes lumineuses et généralement de celles qui se propagent dans les systèmes de molécules.*

C. R., t. VIII, p. 582 (22 avril 1839).

Après avoir entendu la lecture de la Note insérée dans le dernier *Compte rendu*, M. Poisson a témoigné le désir que je donnasse quelques éclaircissements sur la nature de ce que j'appelle les vibrations et les ondes lumineuses. J'ai répondu que l'on pouvait considérer ces vibrations sous deux points de vue différents et à deux époques distinctes, sa-

([1]) *Note relative au* Compte rendu *de la dernière séance; par* M. Poisson.

C. R., t. VIII, p. 581 (22 avril 1839).

Dans cette séance, j'ai prié M. Cauchy de dire si le mouvement, dont il s'occupe maintenant à déterminer les lois, comprend à la fois la masse entière du fluide, ou bien s'il est renfermé à chaque instant dans une étendue d'une petite largeur, de telle sorte qu'au delà et en deçà le fluide soit rigoureusement en repos, ce qui constitue la condition essentielle qui doit être remplie, avant tout, dans la théorie des ondes lumineuses. Peut-être parce que je ne me serai pas assez clairement expliqué, notre confrère n'a pas répondu, d'une manière précise, à cette question, d'ailleurs très simple et très naturelle dans nos discussions.

En parlant incidemment des expériences de Bouguer sur la proportion de la lumière réfléchie au passage d'un milieu à un autre, j'ai dit qu'elles ne s'accordaient pas toujours assez bien avec le résultat du calcul, pour servir de confirmation à la théorie, si toutefois on les regarde comme exactes. Ainsi la formule à laquelle je suis parvenu, il y a déjà longtemps, pour exprimer cette proportion sous l'incidence perpendiculaire, et dont celle de M. Cauchy ne doit pas différer dans ce cas particulier, donne, par exemple ([a]), 0,020 pour la lumière réfléchie au passage de l'air dans l'eau, et Bouguer a trouvé 0,018, ce qui s'en écarte, il est vrai, assez peu; mais, pour la lumière réfléchie en passant de l'air dans le verre, cette formule donne 0,046, tandis que Bouguer ne trouve qu'à peu près moitié de cette fraction, c'est-à-dire 0,025 de la lumière incidente.

Je n'ai point encore étudié l'analyse de M. Cauchy, qui se rapporte à la réflexion sur les surfaces des corps opaques, et, dans ce que j'ai dit, je n'ai voulu y faire aucune allusion.

([a]) *Mémoires de l'Académie*, t. II, p. 380 et 381.

voir : 1° en recherchant de quelle manière un mouvement, d'abord imprimé à l'éther, en un point de l'espace, donne naissance à des ondes terminées par des surfaces courbes, mais qui s'étendent bientôt de manière à pouvoir être, sans erreur sensible, confondues avec leurs plans tangents; 2° en considérant les ondes déjà propagées et parvenues à une grande distance du centre d'ébranlement, par conséquent, des ondes planes, simples ou composées; et cherchant immédiatement la nature de celles qui se propagent dans un milieu isophane ou non isophane. J'ai ajouté que j'avais successivement considéré la question sous ces deux points de vue. Je l'ai traitée en effet sous ce double rapport, non seulement dans les Leçons que j'ai données en 1830 au Collège de France, mais aussi dans les divers Mémoires que j'ai publiés ou présentés à l'Académie. Je vais entrer à ce sujet dans quelques détails.

Dans un système de molécules sollicitées par des forces d'attraction ou de répulsion mutuelle, le déplacement d'une molécule, mesuré parallèlement à un axe fixe quelconque, est déterminé par une équation linéaire aux différences partielles qui renferme, avec le déplacement pris pour variable principale, les trois coordonnées x, y, z et le temps t. Ainsi le calcul de ce déplacement dépend de l'intégration d'une équation linéaire à quatre variables indépendantes. D'ailleurs, en appliquant à une semblable équation la méthode d'intégration que j'ai donnée dans le XIXe Cahier du *Journal de l'École Polytechnique*, on obtient, pour représenter le déplacement d'une molécule, une intégrale définie sextuple, renfermant sous le signe $\int$ une exponentielle népérienne dont l'exposant est une fonction linéaire des variables indépendantes; le coefficient du temps dans cet exposant étant lié aux coefficients des coordonnées par une certaine équation dont il doit être une racine. Cette dernière équation, ou plutôt celle qu'on en déduit en remplaçant les coefficients des variables indépendantes par ces variables mêmes, est ce que je nommerai l'*équation caractéristique*. J'appellerai son premier membre *fonction caractéristique*, et la surface que la même équation représente au bout du temps t, *surface caractéristique*.

Lorsque la fonction caractéristique est homogène, l'intégrale sextuple se réduit à une intégrale quadruple, comme je l'ai montré dans un Mémoire présenté à l'Académie le 17 mai 1830 et inséré par extrait dans le *Bulletin des Sciences* du mois d'avril de cette même année. Si l'on considère en particulier le cas où, dans le premier instant, la variable principale, ayant toutes ses dérivées nulles, n'offre elle-même de valeur sensible que dans le voisinage de l'origine des coordonnées, cette variable principale n'aura plus de valeur sensible, au bout du temps t, dans tout l'espace que terminera une certaine surface courbe dont j'ai appris à former l'équation dans le *Bulletin* déjà cité. Donc alors la propagation du mouvement dans l'espace donnera naissance à une onde sonore, lumineuse, ... terminée par la surface dont il s'agit. Cette surface est ce qu'on appelle la *surface des ondes*. Si au premier instant les dérivées de la variable principale cessaient d'être nulles, comme cette variable même, dans les points voisins de l'origine des coordonnées, alors, dans l'intérieur de la surface des ondes, la variable principale ne serait pas nulle, mais acquerrait une valeur constante qui pourrait différer de zéro.

Si l'équation caractéristique, considérée comme propre à déterminer le temps t en fonction des coordonnées x, y, z, se décompose en équations du second degré, elle représentera le système de plusieurs ellipsoïdes, et la variable principale sera la somme de plusieurs parties dont chacune, vérifiant une équation aux différences partielles du second ordre, pourra être représentée par une intégrale double. Alors aussi la surface de l'un des ellipsoïdes étant prise pour surface caractéristique, la surface des ondes curvilignes correspondante sera celle d'un second ellipsoïde tellement constitué que les rayons vecteurs des deux ellipsoïdes, multipliés par le cosinus de l'angle compris, fourniront un produit égal au carré du temps. Alors enfin, le mouvement, supposé d'abord circonscrit dans un très petit espace autour de l'origine des coordonnées, ne sera sensible au bout du temps t que dans le voisinage de la surface des ondes et dans une zone terminée par deux autres surfaces que l'on pourra considérer, pour ainsi dire, comme parallèles à la première. Ces deux nouvelles surfaces sont les deux enveloppes, intérieure et extérieure, qu'engendrerait la surface des ondes si, en rendant cette dernière mobile avec son centre, on faisait successivement coïncider ce même centre avec chacune des molécules primitivement déplacées ou mises en mouvement. Au bout du temps t, le système donné sera en repos, tant en avant qu'en arrière de la zone dont il s'agit. Les molécules situées en avant de la zone ne seront pas encore déplacées; et les molécules situées en arrière, c'est-à-dire entre la zone et l'origine des coordonnées, conserveront les déplacements qu'elles acquièrent au moment où la surface intérieure de la zone les atteint en vertu de son mouvement progressif.

Nous avons ici supposé que la fonction caractéristique était homogène. C'est dans cette hypothèse seulement que la zone ci-dessus mentionnée conserve une épaisseur constante. Dans la supposition contraire, l'épaisseur de cette zone croît avec le temps, et quelquefois même se propage instantanément jusqu'aux dernières limites du système de molécules donné. C'est ce que l'on peut reconnaître à l'aide des considérations suivantes.

Un déplacement moléculaire, étant la variable principale d'une équation linéaire aux différences partielles, sera généralement représenté par une intégrale définie sextuple, renfermant sous le signe $\int$ une exponentielle népérienne dont l'exposant sera une fonction linéaire des variables indépendantes. Il sera donc la somme des valeurs que cette variable principale, considérée comme propre à représenter un déplacement symbolique, pourrait acquérir dans une infinité de mouvements simples superposés les uns aux autres. Donc les lois de mouvements infiniment petits quelconques des systèmes de molécules peuvent se déduire de la considération des seuls mouvements simples, et les ondes curvilignes peuvent être censées formées par la superposition d'une infinité d'ondes planes du genre de celles dont nous nous sommes occupés dans les précédents Mémoires.

Ce n'est pas tout. Si, au premier instant, le mouvement et les déplacements moléculaires se trouvent circonscrits dans un espace dont une ou plusieurs dimensions soient très petites, l'état initial du système de molécules pourra être également représenté par un système d'ondes planes initiales, superposées en nombre infini les unes aux autres, soit que l'on considère les ondes de chaque espèce comme s'étendant jusqu'aux dernières limites du système de molécules, soit que l'on réduise chaque onde à la portion de cette onde que renferme l'espace dont il s'agit. En attribuant aux ondes initiales une étendue indéfinie, on ne changerait rien aux données du problème, attendu qu'elles se neutraliseront partout les unes les autres, excepté dans l'espace dont nous avons parlé. Mais on arrivera plus facilement à reconnaître les lois de la propagation des mouvements infiniment petits si chaque onde initiale est censée ne pas s'étendre au delà de ce même espace. On parviendra ainsi aux résultats que nous allons indiquer.

Supposons, pour fixer les idées, que le mouvement se trouve d'abord circonscrit dans un espace dont une seule dimension soit très petite, savoir, dans une tranche très mince, comprise entre deux plans parallèles situés à égales distances d'un plan invariable passant par l'origine des coordonnées. Supposons d'ailleurs que, dans cette tranche, les déplacements et les vitesses initiales des molécules restent les mêmes pour tous les points situés à la même distance ι du plan invariable. L'état initial du système des molécules, dans la tranche dont il s'agit, pourra être considéré comme résultant de la superposition d'une infinité d'ondes planes, correspondantes à des longueurs d'ondulation diverses, mais dont les plans seront tous parallèles au même plan invariable; et, comme l'exposant de chaque exponentielle imaginaire pourra être réduit à une fonction linéaire de deux variables indépendantes, savoir de la distance ι et du temps t, l'équation à laquelle devaient satisfaire les coefficients des variables indépendantes pourra être regardée comme établissant une relation entre le coefficient k de ι et le coefficient s de t. Ces coefficients n'offriront pas de parties réelles si le mouvement se propage sans s'affaiblir, et alors ils seront réciproquement proportionnels, le premier à la longueur d'ondulation, le second à la durée des vibrations moléculaires, tandis que leur rapport Ω exprimera la vitesse de propagation d'une onde plane. De plus, suivant que l'équation dont il s'agit, résolue par rapport à s, fournira une ou plusieurs valeurs de s^2, considéré comme fonction de k, on verra correspondre à chaque longueur d'ondulation une ou plusieurs vitesses de propagation différentes. Enfin, tandis que les longueurs d'ondulation des diverses ondes superposées pourront varier de zéro à l'infini, leurs vitesses de propagation pourront, ou demeurer toutes égales entre elles, ou varier entre des limites finies, ou avoir pour limite inférieure une vitesse finie ou nulle, et pour limite une limite supérieure infinie. Dans le premier cas, la portion du système, primitivement ébranlée et représentée par une tranche très mince, se trouvera remplacée, au bout du temps t, par deux tranches semblables et de même épaisseur, situées de deux côtés opposés du plan invariable et à distances égales de l'origine des coordonnées. Ces deux tranches se mouvront en sens contraire avec la vitesse de propagation Ω commune à toutes les ondes planes, et renfermeront, au bout du temps t, les seules molécules qui ne soient pas en repos. Alors, en effet, il n'y aura pas encore de déplacements ni de mouvements produits dans tout l'espace situé en avant de chaque tranche, et il n'y en aura plus dans l'espace qui le suit. C'est ce qui arrive en particulier lorsque le son se propage dans l'air, et lorsque la lumière se propage dans le vide.

Dans le second cas, c'est-à-dire lorsque les vitesses de propagation des ondes primitivement superposées, sans être toutes égales entre elles, sont renfermées entre des limites finies, la portion du système ébranlée au premier instant et représentée par une tranche très mince se trouve remplacée au bout du temps t par deux tranches au moins, situées des deux côtés opposés du plan invariable, et qui n'offrent plus l'épaisseur de la première tranche, mais une épaisseur variable dont l'accroissement, proportionnel au temps, est plus ou moins considérable suivant que les limites extrêmes des vitesses de propagation comprennent entre elles un intervalle plus ou moins grand. C'est ce qui paraît arriver dans la théorie de la lumière lorsqu'on ne suppose pas les rayons lumineux propagés dans le vide, et alors c'est la différence entre les vitesses de propagation des divers rayons simples qui donne naissance au phénomène de la dispersion.

Enfin, dans le troisième cas, c'est-à-dire lorsque les vitesses de propagation des ondes primitivement superposées, ayant pour limite inférieure une vitesse finie ou nulle, ont pour limite supérieure une vitesse infinie, le mouvement initial imprimé aux molécules, à l'instant où l'on compte $t = 0$, se propage, aussitôt que le temps vient à croître, jusqu'à une distance infinie, ou plutôt jusqu'aux extrémités du système de molécules donné. Or c'est là précisément ce qui arrive dans la propagation des ondes liquides. En effet, si l'on soulève ou si l'on déprime une tranche très mince de la surface d'un liquide, le mouvement se transmettra instantanément jusqu'aux limites de cette surface; et, comme alors les vitesses de propagation varieront depuis l'infini jusqu'à zéro, on pourra voir succéder les unes aux autres une infinité d'ondes liquides, mais dont les dernières, propagées avec des vitesses de plus en plus petites, deviendront de plus en plus sensibles ([1]).

Si les molécules étaient primitivement déplacées ou mises en mouvement, non plus dans toute l'étendue de la tranche très mince dont nous avons parlé, mais seulement dans une portion de cette tranche; et si d'ailleurs, dans cette portion, le déplacement et la vitesse initiale d'une molécule dépendaient uniquement de la distance au plan invariable qui divise la tranche en parties égales, le mouvement initial de la portion dont il s'agit pourrait toujours être censé résulter de la superposition d'une infinité d'ondes planes; mais chacune de ces ondes planes, prise dans l'état initial, ou considérée comme déjà propagée au bout d'un temps quelconque t, ne subsisterait plus qu'en partie. Enfin, si au premier instant les molécules étaient déplacées ou mises en mouvement d'une manière quelconque dans une portion du système dont les trois dimensions seraient très petites, et qui s'étendrait en tous sens à de très petites distances autour de l'origine des coordonnées, l'état initial de cette portion du système pourrait être censé résulter

([1]) On peut consulter à ce sujet le Mémoire de M. Poisson sur la théorie des ondes à la surface d'un liquide, et celui que j'ai publié sur le même sujet (*OEuvres de C.* — S. I, t. I).

de la superposition d'une infinité d'ondes planes, renfermées dans des plans divers, et offrant des longueurs d'ondulation diverses; et la propagation simultanée de ces ondes planes, avec des vitesses égales ou inégales, donnerait naissance à une zone mobile d'épaisseur constante ou variable, terminée par des surfaces sphériques, elliptiques, etc., comme je l'expliquerai dans un autre Mémoire.

D'après ce qu'on vient de dire, on voit comment s'opère généralement la séparation des ondes planes qui, renfermées dans des plans divers et offrant des longueurs d'ondulation diverses, doivent être censées superposées les unes aux autres, si l'on veut que leur système représente l'état initial d'une très faible portion d'un système de molécules, circonscrit dans un espace dont les trois dimensions soient très petites.

Celles de ces ondes planes qui se trouvent contenues dans des plans divers, ou plutôt les parties de ces mêmes ondes que renferme primitivement l'espace dont il s'agit, se transportent dans diverses directions indiquées par divers rayons vecteurs de la surface des ondes, et se séparent ainsi, de telle sorte qu'au bout du temps t les seules dont la superposition subsiste soient des ondes planes contenues dans des plans très peu inclinés les uns sur les autres, et passant par un même point de la surface des ondes. Ces plans venant à se déplacer ultérieurement, leur point de rencontre se déplacera lui-même suivant une certaine droite, avec une vitesse de propagation distincte de celle des ondes planes. La série des positions que prend ce point de rencontre, tandis que les ondes se déplacent, constitue, dans la théorie de la lumière, ce qu'on nomme un *rayon lumineux*, et l'on se trouve ainsi ramené, pour la définition d'un rayon, aux considérations mêmes dont je m'étais déjà servi dans les *Mémoires de l'Académie des Sciences* et dans la 51e livraison des *Exercices de Mathématiques* (p. 71). A ce que j'avais dit alors on doit ajouter seulement que, pour obtenir des ondes renfermées dans des plans très peu inclinés les uns sur les autres, il suffit, dans le cas général, de considérer le mouvement infiniment petit d'un système de molécules, non à partir du premier instant où ce mouvement est imprimé à une portion du système, mais à partir de l'un des instants qui suivent le premier.

Quant à la séparation des ondes qui offrent des longueurs d'ondulation diverses, elle ne peut s'effectuer que dans le cas où une différence entre les longueurs d'ondulation entraîne une différence correspondante entre les vitesses de propagation; comme il arrive effectivement quand la lumière se propage, non dans le vide, mais dans les corps diaphanes.

Observons encore que, l'état initial d'un système de molécules, ou plutôt d'une portion de ce système, étant arbitraire, le système d'ondes planes qui représente cet état initial, et qui s'en déduit par une formule connue, peut varier à l'infini, comme cet état même. Il en résulte que, parmi les ondes planes correspondantes aux diverses longueurs d'ondulation, les unes doivent être très sensibles, tandis que d'autres peuvent l'être beaucoup moins et disparaître presque entièrement. On ne devra donc pas être surpris de voir, dans la théorie de la lumière, les rayons doués de réfrangibilités diverses, lorsqu'on les disperse par le moyen du prisme, offrir des intensités variables, non seulement avec les longueurs d'ondulation correspondantes, mais encore avec la nature des corps dont ils émanent; et l'on devrait s'étonner au contraire s'il en était autrement. Ainsi doivent être évidemment expliquées les raies brillantes ou obscures découvertes dans le spectre solaire, et dans ceux que fournissent les autres corps lumineux. C'est pour le même motif que la forme et la vitesse des ondes propagées à la surface d'un liquide varient avec la forme de la portion de cette surface, primitivement soulevée ou déprimée. J'ajouterai que M. d'Ettingshausen m'a dit, il y a plusieurs années, être parvenu lui-même à l'explication des raies du spectre dans la théorie des ondulations. Mais j'ignore si cette explication coïncide précisément avec celle que je viens d'exposer.

Je m'estimerais heureux si les éclaircissements que je viens de donner paraissaient, aux yeux de notre illustre confrère, lever complètement les difficultés que pouvait lui offrir la lecture de mes précédents Mémoires, et je le prie d'agréer ici mes remerciements de ce que, par la question qu'il a bien voulu m'adresser, il m'a donné l'occasion d'approfondir ce sujet important, et d'arriver ainsi à des résultats dont la généralité et la simplicité m'ont surpris moi-même et surprendront peut-être, au premier abord, les personnes adonnées à la culture de la Physique mathématique.

Je joins ici les formules qui comprennent les propositions ci-dessus énoncées. Elles composent les cinquième et sixième paragraphes du Mémoire inséré dans le *Compte rendu* de la séance du 8 avril (1).

44.

Physique mathématique. — *Sur l'intensité de la lumière polarisée et réfléchie par des surfaces métalliques.*

C. R., t. VIII, p. 658 (29 avril 1839).

Dans la Note que renferme le *Compte rendu* de la séance du 8 avril, j'ai donné la quantité de lumière réfléchie sous l'incidence perpendiculaire et sous l'incidence principale par quatre métaux divers, et j'ai ajouté que les nombres obtenus ne seraient plus les mêmes si l'on substituait à la lumière ordinaire de la lumière polarisée. Effectivement, si, en prenant pour unité l'intensité de la lumière incidente, on représente l'intensité de la lumière réfléchie par I^2 ou par J^2, selon que les rayons sont polarisés perpendiculairement au plan d'incidence ou suivant ce même plan, et si l'on fait réfléchir les rayons sous l'incidence principale, on tirera des formules que j'ai données dans la séance du 8 avril :

(1). *Œuvres de C.* — S. I, t. IV, p. 237 et suiv.

1° En adoptant pour l'azimut principal de réflexion la valeur déduite des observations directes,

	Pour			
	l'argent.	le mercure.	le métal des miroirs.	l'acier.
J^2	0,962	0,945	0,897	0,870
I^2	0,780	0,463	0,350	0,302
$\frac{I^2+J^2}{2}$	0,871	0,704	0,623	0,586

2° En adoptant pour l'azimut principal de réflexion la valeur tirée des observations indirectes,

	Pour			
	l'argent.	le mercure.	le métal des miroirs.	l'acier.
J^2	0,967	0,944	0,895	0,859
I^2	0,805	0,461	0,344	0,263
$\frac{I^2+J^2}{2}$	0,886	0,702	0,620	0,561

Donc, en s'arrêtant aux valeurs moyennes entre celles que l'on déduit de l'observation directe et de l'observation indirecte de l'azimut principal, on aura :

	Pour			
	l'argent.	le mercure.	le métal des miroirs.	l'acier.
J^2	0,96	0,94	0,90	0,86
I^2	0,79	0,46	0,35	0,28
$\frac{I^2+J^2}{2}$	0,88	0,70	0,62	0,57

En calculant pour l'acier les valeurs de I^2 et de J^2 relatives à diverses incidences, et adoptant, pour l'azimut principal de réflexion, la valeur déduite de l'observation indirecte, on trouve, pour les incidences de

	0°,	10°,	30°,	50°,	73°,	75°.
J^2	0,548	0,553	0,596	0,683	0,814	0,859
I^2	0,548	0,543	0,499	0,402	0,261	0,263
$\frac{I^2+J^2}{2}$	0,548	0,548	0,547	0,542	0,548	0,561

45.

OPTIQUE MATHÉMATIQUE. — *Observations de* M. A. CAUCHY, *sur la Lettre de* M. Mac-Cullagh (¹).

C. R., t. VIII, p. 965 (17 juin 1839).

D'après la Lettre précédente, on pourrait croire que mes travaux sur la lumière réfléchie par un corps opaque datent seulement de l'année 1839. Si telle est encore aujourd'hui la croyance de M. Mac-Cullagh, cela tient évidemment à ce qu'il n'a pas connu, ou, du moins, à ce qu'il n'a pas suffisamment approfondi les divers articles ou Mémoires que j'ai publiés sur la théorie de la lumière. Pour que les personnes

(¹) *Réclamation de priorité relativement à certaines formules pour calculer l'intensité de la lumière.* — Traduction d'une Lettre de M. MAC-CULLAGH à M. Arago.

C. R., T. VIII, p. 961 (17 juin 1839).

Je prends la liberté de vous adresser quelques remarques relatives au sujet dont s'occupe en ce moment M. Cauchy; j'espère qu'elles pourront vous paraître dignes d'être lues à l'Académie des Sciences.

Dans le dernier numéro des *Comptes rendus* (séance du 15 avril 1839), M. Cauchy a donné certaines formules pour calculer l'intensité de la lumière réfléchie par les métaux à différents degrés d'incidence. Ces formules sont exactement les mêmes que celles que j'ai communiquées en 1836, à l'Académie royale d'Irlande, et qui ont été successivement publiées dans les *Proceedings* de cette Académie (24 octobre 1836), dans le *London and Edinburgh philosophical Magazine* pour mai 1837 (Xᵉ vol., p. 382) et dans le journal appelé *l'Institut* (t. V, p. 223, juillet 1837). Rien n'est plus aisé que de convertir l'un des deux systèmes de formules dans l'autre. En effet, puisque les constantes Θ et ε dans la notation de M. Cauchy sont représentées par $M\left(\text{ou } \frac{1}{m}\right)$ et χ dans la mienne, on trouvera, en comparant nos équations de condition, que $\upsilon = \chi + \chi'$, et $\frac{U}{\Theta} = m' \cos i$; d'où il résulte qu'on aura identiquement $I = a'$ et $J = a$. Outre les valeurs de l'intensité, j'ai publié, dans le même article, les expressions des changements de phase (δ et δ') produits par la réflexion métallique. Ces expressions n'ont pas encore été données par M. Cauchy. Elles servent à établir la polarisation elliptique de la lumière réfléchie quand la lumière incidente est polarisée dans un plan.

On doit observer que la méthode dont j'ai fait usage pour déterminer la valeur des constantes M et χ relatives à un métal quelconque, à l'aide des expériences de M. Brewster, est la même que celle de M. Cauchy. L'approximation que j'ai indiquée, et qui consiste à négliger la petite quantité χ', est aussi la même que la sienne, puisqu'elle suppose $\upsilon = \varepsilon$,

qu'intéresse cette théorie et M. Mac-Cullagh lui-même puissent se former à cet égard une opinion définitive, je citerai d'abord ici quelques faits qu'il leur sera facile de vérifier.

Parmi les divers articles que j'ai publiés en 1836 sur la réflexion et la réfraction de la lumière, et qui se trouvent insérés dans les *Comptes rendus* de cette année, quelques-uns se rapportent en totalité ou en partie à l'objet dont il est ici question. Ainsi, par exemple, une Lettre adressée de Prague à M. Ampère, et insérée dans le *Compte rendu* de la séance du 11 avril 1836, commence par ces mots :

« Les formules générales auxquelles je suis parvenu dans mes nouvelles recherches sur la théorie de la lumière ne fournissent pas seu-

$U = \Theta$. Enfin, la marche générale des phénomènes, telle qu'elle est décrite par M. Cauchy, peut être vérifiée par l'inspection de la petite Table que j'ai donnée pour l'acier.

Dans l'article ci-dessus mentionné, j'ai expliqué très simplement de quelle manière j'ai obtenu mes formules, en assignant à la vitesse de propagation une valeur imaginaire, dont l'argument est l'angle χ que j'ai appelé la *caractéristique*, et dont l'inverse est précisément la quantité imaginaire que M. Cauchy a nommée le *coefficient caractéristique*.

Or, quand cette valeur imaginaire est introduite dans l'expression de l'arc, dont le sinus ou le cosinus est ordinairement employé pour représenter un déplacement, elle donne naissance à une exponentielle réelle multipliée par le sinus ou le cosinus d'un arc réel; l'exposant de cette exponentielle étant réciproquement proportionnel à la longueur d'une ondulation, nous sommes ainsi naturellement conduits à conjecturer que la caractéristique χ dépend de l'absorption produite par une épaisseur égale à cette longueur. Si l'on suppose cette conjecture bien fondée, il s'ensuivra que l'amplitude d'une vibration, quand on traverse une épaisseur égale à la longueur d'une ondulation dans le métal, est diminuée dans la proportion inverse de l'unité au nombre dont le logarithme hyperbolique est $2\pi \tang\chi$, ou $2\pi \tang\varepsilon$, π désignant le rapport de la circonférence au diamètre. Cette interprétation de l'expression imaginaire se présenta à moi en 1836, presque aussitôt que je songeai à employer l'expression elle-même, et elle fut depuis fortifiée par la considération que cela servirait à expliquer (mathématiquement du moins, sinon physiquement) le changement de phase produit par la réflexion et la réfraction à la surface d'un métal. Car si l'on suppose que l'une quelconque des équations de condition qui doivent subsister à la surface soit une équation différentielle, contenant les dérivées des déplacements prises par rapport aux coordonnées, et si en outre l'amplitude des vibrations dans un métal est supposée diminuer en raison de l'exponentielle qui représente l'absorption, alors on trouvera qu'il est impossible de satisfaire à ces équations, sans admettre ce qu'on appelle précisément un changement de phase, c'est-à-dire sans admettre que, si la vibration incidente est représentée par un sinus, les vibrations réfléchies et réfractées contiendront chacune un terme dépendant du cosinus. Telles étaient les premières vues qui me furent suggérées par la considération des équations imaginaires, et pendant quelque temps elles me parurent entièrement satisfaisantes; mais des doutes s'élevèrent dans mon esprit, quand j'arrivai à un calcul effectif, et ma principale difficulté était occasionnée par les propriétés du diamant. M. Airy a trouvé que, lorsque la lumière polarisée perpendiculairement au plan d'incidence est réfléchie par le diamant, elle ne s'éva-

lement les lois de la propagation de la lumière dans le vide et dans les divers milieux transparents, comme je vous le disais dans mes Lettres du 12 et du 19 février, ou les lois de la réflexion et de la réfraction à la surface des corps transparents, telles qu'elles se trouvent énoncées dans les deux Lettres que j'ai adressées à M. Libri le 19 et le 28 mars 1836, elles s'appliquent aussi à la propagation de la lumière dans la partie d'un corps opaque voisine de la surface, et à la réflexion de la lumière par un corps de cette espèce. »

Une autre Lettre adressée à M. Libri vers le milieu du mois d'avril,

nouit pas complètement sous l'angle de polarisation, mais que néanmoins la vibration change de signe, attendu qu'il se produit subitement un changement de phase presque égal à 180°. Je pouvais expliquer ce fait remarquable, en supposant le diamant soumis aux lois de la réflexion métallique, et sa caractéristique χ très petite, d'où je tirais cette conclusion que le diamant forme une sorte de liaison entre les métaux et les milieux qui, comme le verre et l'eau, polarisent complètement la lumière. Cette conclusion semblait très naturelle et probable en elle-même; mais elle était accompagnée d'une difficulté que je ne pus surmonter. Quelque petite que je supposasse la caractéristique, quand même elle était tellement petite que la lumière réfléchie sous l'angle de polarisation se réduisait à la millionième partie de la lumière incidente, toujours l'absorption calculée était assez grande pour rendre le diamant parfaitement opaque à une épaisseur égale à la centième partie d'un pouce. Ce résultat, il est vrai, peut être regardé comme montrant seulement que la réflexion particulière opérée par le diamant doit être expliquée de quelque autre manière; mais elle était entièrement suffisante pour m'empêcher en 1836 de publier aucune conjecture sur la signification de la caractéristique, ou sur l'interprétation physique des formes imaginaires sous lesquelles j'ai présenté la vitesse de propagation. La conjecture que j'ai alors supprimée a été mise en avant dernièrement par M. Cauchy, et j'ai été conduit par ce motif à exposer les observations précédentes sur ce sujet.

Comme mes formules étaient déduites d'une analogie mathématique et non pas d'une théorie physique, j'ai eu soin de les publier simplement comme empiriques. Si la théorie de M. Cauchy est vraie, ces formules sont exactes. Je dois avouer, cependant, qu'elles m'ont toujours paru trop compliquées; et c'est pour cette raison que, dans les *Transactions de l'Académie d'Irlande* (XVIIIe vol., Ire Partie, p. 71), j'ai donné d'autres formules peu différentes, lesquelles semblent plus probablement être les véritables, et qui représentent aussi tous les phénomènes connus. Cependant, sans de nouvelles expériences, il serait prématuré de se prononcer sur ce point d'une manière positive.

Il me reste à mentionner une des conclusions de M. Cauchy, qui est certainement très extraordinaire. C'est une conséquence de sa théorie que l'indice de réfraction d'un métal est égal à $\mathrm{M}\cos\chi$ ou $\Theta\cos\varepsilon$. Or, pour l'argent pur, nous avons $\Theta = 3$, $\varepsilon = 85°$, d'après les expériences de M. Brewster; en conséquence, l'indice de réfraction pour celui de tous les métaux qui réfléchit le mieux la lumière est seulement d'un quart : suivant mon opinion, il est égal à $\frac{\mathrm{M}}{\cos\chi}$, et, dans ce cas, il croîtra toujours avec le pouvoir réfléchissant. Dans l'argent pur qui réfléchit la presque totalité de la lumière incidente, l'indice de réfraction sera environ 35; et pour le mercure qui réfléchit environ les trois quarts de la lumière incidente, cet indice sera environ 15 au lieu de 1,7, comme le trouve M. Cauchy.

et insérée dans le *Compte rendu* de la séance du 2 mai 1836, contient ce qui suit :

« Dans ma dernière Lettre, j'ai indiqué les résultats que fournissent les formules générales auxquelles je suis parvenu, quand on les applique au phénomène connu sous le nom de *réflexion totale*, c'est-à-dire au cas où le second milieu, quoique transparent, remplit la fonction d'un corps opaque. Je vais aujourd'hui vous entretenir un instant de ce qui arrive lorsque le second milieu est constamment opaque sous toutes les incidences, et en particulier lorsque la lumière se trouve réfléchie par un métal. Si l'on fait tomber sur la surface d'un métal un rayon simple doué de la polarisation rectiligne, ou circulaire, ou même elliptique, ce rayon pourra toujours être décomposé en deux autres polarisés en ligne droite, l'un perpendiculairement au plan d'incidence, l'autre parallèlement à ce plan. Or je trouve que, dans chaque rayon composant, la réflexion fait varier l'intensité de la lumière suivant un rapport qui dépend de l'angle d'incidence, et qui généralement n'est pas le même pour les deux rayons. De plus, la réflexion transporte les ondulations lumineuses en avant ou en arrière à une certaine distance qui dépend encore de l'angle d'incidence. » Si l'on représente cette distance, pour le premier rayon composant, par $\frac{\mu}{k}$, pour le second par $\frac{\nu}{k}$, $l = \frac{2\pi}{k}$ étant l'épaisseur d'une onde, la différence de marche entre les deux rayons composants après une première réflexion sera représentée par

$$\frac{\mu - \nu}{k}.$$

Après n réflexions opérées sous le même angle, elle deviendra

$$n\frac{\mu - \nu}{k}.$$

Je trouve d'ailleurs qu'après une seule réflexion sous l'angle d'incidence τ, la différence de marche est d'une demi-ondulation si $\tau = 0$, et d'une ondulation entière si $\tau = \frac{\pi}{2}$. Donc, en ne tenant pas compte des multiples de la circonférence dans la valeur de l'angle $\mu - \nu$, on peut considérer la valeur numérique de cet angle comme variant entre les limites π et zéro. Lorsque $\mu - \nu$ atteint la moyenne entre ces deux limites ou $\frac{\pi}{2}$, on obtient ce que M. Brewster appelle la *polarisation elliptique*, et

$$2, \; 4, \; 6, \; 8, \; \ldots, \; 2n$$

réflexions semblables ramènent le rayon polarisé à son état primitif. Alors, si le rayon incident était polarisé en ligne droite, le dernier rayon réfléchi sera lui-même polarisé rectilignement. Mais son plan de polarisation formera avec le plan de réflexion un angle δ dont la tangente sera égale, au signe près, à la puissance $2n$ du quotient qu'on obtient en divisant l'un par l'autre les rapports suivant lesquels la première réflexion fait varier, dans chaque rayon composant, les plus grandes vitesses des molécules. Donc, tandis que le nombre des réflexions croîtra en progression arithmétique, les valeurs de $\tang\delta$ varieront en progression géométrique; et comme, pour les divers métaux, on trouve généralement $\delta < \frac{\pi}{4}$ ou $45°$, la lumière, pour de grandes valeurs de n, finira par être complètement polarisée dans le plan d'incidence. On déduit encore de mes formules générales un grand nombre de conséquences qui s'accordent aussi bien que les précédentes avec les résultats obtenus par M. Brewster.

A la vérité, dans la Lettre que je viens de rappeler, je n'ai point donné l'interprétation physique de la forme imaginaire sous laquelle peuvent se présenter les coefficients des coordonnées dans les expressions des déplacements moléculaires. Mais M. Mac-Cullagh aurait tort de croire que cette interprétation, développée avec détail dans mes nouveaux Mémoires, est de ma part une interprétation nouvelle. Pour se convaincre qu'elle est déjà fort ancienne, et antérieure aux publications par lui mentionnées, il suffira de jeter les yeux sur les paragraphes III et VII de mon Mémoire relatif à la théorie de la lumière, lithographié sous la date d'août 1836. Il y trouvera des déplacements moléculaires représentés par des produits de la forme

$$A e^{k\iota} \cos(\varpi - st), \quad A e^{-h\iota} \cos(g\iota - st + \lambda),$$

ι désignant la distance à un plan fixe, t le temps, et A, k; h, ϖ, s des quantités constantes. Il y verra énoncées (p. 44 et 84) les conséquences auxquelles on est conduit, dans la théorie des corps opaques et dans celle des verres colorés, à la seule inspection de ces produits, dans lesquels une exponentielle réelle se trouve multipliée par le sinus ou le cosinus d'un arc réel, et en particulier les conclusions que je vais transcrire.

« Les déplacements ξ, η, ζ, déterminés par les formules

$$\xi = A e^{k\iota} \cos(\varpi - st), \quad \ldots,$$

s'évanouissent pour $\iota = -\infty$, et si l'on attribue à ι des valeurs négatives qui forment une progression arithmétique..., les valeurs correspondantes de l'exponentielle $e^{k\iota}$, ... formeront une progression géométrique.... On pourra en dire autant des déplacements ξ, η, ζ, ... et de la force vive... dont la valeur maximum sert à mesurer l'intensité de la lumière. C'est ainsi qu'en pénétrant dans l'intérieur d'un corps opaque, la lumière devient insensible à une petite distance de la surface, et que son intensité décroît en progression géométrique, tandis que la distance croît en progression arithmétique. » (*Voir* le *Mémoire lithographié*, p. 44 et 45.)

Plus loin, page 84, les mêmes idées étaient reproduites et appliquées à des déplacements de la forme

$$\xi = A e^{-h\iota} \cos(g\iota - st + \lambda).$$

J'observais « qu'en vertu de ces dernières formules les déplacements deviendraient insensibles pour de très grandes valeurs positives du produit $h\iota$, par conséquent, pour des valeurs de ι affectées du même signe que h, et qui pourront être d'autant plus grandes (abstraction faite des signes) que h lui-même sera plus petit. Ainsi, disais-je, dans un verre coloré, l'épaisseur nécessaire pour produire l'extinction d'un rayon lumineux varie avec la nature de la couleur. D'ailleurs, en raisonnant comme à la page 84, on conclura des formules précédentes que, pour chaque couleur, l'intensité de la lumière décroît en progression géométrique, tandis que l'épaisseur du verre croît en progression arithmétique. Ces divers résultats sont conformes à l'expérience. »

Reste à examiner la question de savoir si les formules de M. Mac-Cullagh et les miennes sont exactement les mêmes. A la seule lecture de la remarque qui termine la Lettre de M. Mac-Cullagh, on peut déjà présumer qu'il n'y a point ici un accord parfait, sinon quant à la forme des équations obtenues, du moins relativement à la détermination de quelques-unes des quantités dont elles peuvent servir à calculer les valeurs. Si M. Mac-Cullagh a trouvé, pour les indices de réfraction déduits de ses formules et de mon analyse, des nombres aussi différents entre eux que le sont 35 et $\frac{1}{4}$, ou 15 et 1,7, cela tient, comme il le dit lui-même, à ce que ces indices sont représentés, suivant ses conjectures, par le rapport des quantités Θ, $\cos\varepsilon$, et, suivant mes calculs, par leur produit, sous l'incidence perpendiculaire. Or, ce que j'appelle l'*indice de réfraction*, c'est, suivant l'usage reçu, le rapport entre les épaisseurs des ondes incidentes et réfléchies, ou, ce qui revient au même, le rapport entre les sinus d'incidence et de réfraction; et si M. Mac-Cullagh admet pareillement cette définition, il me sera facile de lui démontrer : 1° que l'indice de réfraction d'un métal est effectivement représenté par $\Theta\cos\varepsilon$ sous l'incidence perpendiculaire; 2° que cet indice est, non pas constant, mais variable avec l'incidence. Toutefois, pour y parvenir, il serait nécessaire de compléter le tableau des formules que j'ai déjà données, et, pressé par le temps, je me vois forcé de renvoyer cette démonstration à un autre article, ainsi que l'explication des propriétés du diamant. Ce qui a pu induire M. Mac-Cullagh en erreur à l'égard des indices de réfraction, et ce qui distingue principalement de mes recherches la méthode dont il a fait usage dans l'article imprimé sous la date du 24 octobre 1836, c'est qu'il s'est proposé simplement d'étendre les formules données par Fresnel, et relatives à un corps transparent, au cas où la lettre qui, dans ces formules, représente l'indice de réfraction, se transforme en une constante imaginaire, en suivant d'ailleurs, pour déterminer la nature du rayon réfléchi, le mode d'interprétation adopté par Fresnel dans le cas de la réflexion totale, mais sans chercher en même temps à calculer la marche de la lumière dans le corps opaque, et à représenter par des formules précises les vibrations des molécules d'éther dans le rayon réfracté. Au contraire, la méthode que j'avais suivie pour obtenir les lois de la réflexion à la surface des corps opaques consistait à chercher d'abord les équations de condition auxquelles doivent satisfaire, dans le voisinage de la surface de séparation de deux milieux, les déplacements moléculaires ξ, η, ζ relatifs soit au premier milieu, soit au second. Ces équations une fois trouvées, le calcul n'offrait plus de difficultés sérieuses, et donnait séparément les valeurs de ξ, η, ζ relatives à chacun des rayons réfléchi et réfracté, quelle que fût d'ailleurs la nature de la surface réfléchissante. Dès lors tous les phénomènes produits par la réflexion ou la réfraction étaient connus, et il ne pouvait rester aucun doute sur la nature des diverses constantes renfermées dans les équations finales. Dans la méthode employée par M. Mac-Cullagh, et fondée, comme il le dit lui-même, non sur une théorie physique, mais sur une induction mathématique, l'interprétation des symboles imaginaires pouvait embarrasser quelque temps le physicien ou le géomètre, et réclamer de profondes méditations ; mais, dans l'autre méthode, la seule difficulté véritable est la formation des équations de condition desquelles on tire les valeurs de ξ, η, ζ, en opérant à peu près comme on l'avait déjà fait dans plusieurs questions de Physique, par exemple, comme je l'ai fait moi-même dans le *Bulletin des Sciences* de M. de Férussac pour l'année 1830, et dans mes *Nouveaux Exercices de Mathématiques* (1835-1836). Aussi, quoique les formules dont il est question dans les *Comptes rendus* de 1836 ne se trouvent pas explicitement insérées dans ma Lettre du 2 mai, où j'ai seulement rapporté plusieurs des conséquences que j'en avais déduites, M. Mac-Cullagh, qui doit être curieux de connaître ces formules, afin de pouvoir les comparer aux siennes, n'aura point de peine à les retrouver dès qu'il saura qu'elles étaient pour moi à cette époque les équations de condition relatives à la surface réfléchissante. Or, suivant mon opinion, pour obtenir les équations dont il s'agit, il suffisait d'exprimer que, dans le voisinage de la surface de séparation de deux milieux, les déplacements ξ, η, ζ des molécules d'éther, relatifs soit au premier milieu, soit au second, fournissaient les mêmes valeurs de 8, quand l'on prenait pour 8 soit une fonction des coordonnées x, y, z, t représentée par l'une des trois différences

$$(1)\qquad \frac{\partial \eta}{\partial z} - \frac{\partial \zeta}{\partial y}, \quad \frac{\partial \zeta}{\partial x} - \frac{\partial \xi}{\partial z}, \quad \frac{\partial \xi}{\partial y} - \frac{\partial \eta}{\partial x},$$

soit la dilatation linéaire de l'éther mesurée suivant la normale à la surface réfléchissante et déterminée par la formule

$$(2)\qquad 8 = a^2 \frac{\partial \xi}{\partial x} + b^2 \frac{\partial \eta}{\partial y} + c^2 \frac{\partial \zeta}{\partial z} + bc\left(\frac{\partial \eta}{\partial z} + \frac{\partial \zeta}{\partial y}\right) + ca\left(\frac{\partial \zeta}{\partial x} + \frac{\partial \xi}{\partial z}\right) + ab\left(\frac{\partial \xi}{\partial y} + \frac{\partial \eta}{\partial x}\right),$$

a, b, c désignant les cosinus des angles formés par cette normale avec les demi-axes des coordonnées positives.

Pour s'assurer par lui-même que ma mémoire ne me trompe pas à cet égard, M. Mac-Cullagh n'aura besoin que de jeter les yeux sur les dernières livraisons des *Nouveaux Exercices de Mathématiques*, imprimées antérieurement au Mémoire d'août 1836, et mentionnées dans l'observation qui termine ce Mémoire. Il y trouvera (p. 203 et 204) les formules (1), (2) et ce que je vais transcrire.

« Lorsque, les deux milieux étant séparés l'un de l'autre par le plan des y, z, on suppose l'axe des z parallèle au plan des ondes lumineuses et par conséquent perpendiculaire au plan d'incidence, on a dans la formule (2)

$$a = \pm 1, \qquad b = 0, \qquad c = 0,$$

et de plus ξ, η, ζ deviennent indépendants de z. Donc alors, en changeant, ce qui est permis, le signe de la première des différences (1), on trouve que les fonctions (1) et (2) peuvent être réduites à

$$(3)\qquad \frac{\partial \zeta}{\partial y}, \quad \frac{\partial \zeta}{\partial x}, \quad \frac{\partial \xi}{\partial y} - \frac{\partial \eta}{\partial x}, \quad \frac{\partial \xi}{\partial x}.$$

Donc, si l'on nomme ξ', η', ζ' ce que deviennent les déplacements ξ, η, ζ, tandis que l'on passe du premier milieu au second, on aura, pour les points situés sur la surface de séparation, c'est-à-dire pour $x = 0$,

$$(4) \qquad \frac{\partial\xi}{\partial x} = \frac{\partial\xi'}{\partial x}, \qquad \frac{\partial\xi}{\partial y} - \frac{\partial\eta}{\partial x} = \frac{\partial\xi'}{\partial y} - \frac{\partial\eta'}{\partial x},$$

et

$$(5) \qquad \frac{\partial\zeta}{\partial x} = \frac{\partial\zeta'}{\partial x}, \qquad \frac{\partial\zeta}{\partial y} = \frac{\partial\zeta'}{\partial y}.$$

Lorsque dans les équations (4) et (5) on substitue à ξ, η, ζ les seconds membres des formules (1) du § V, et à ξ', η', ζ' les seconds membres des formules (2) du même paragraphe, on obtient les lois de la réflexion et de la réfraction, à la surface des corps transparents, avec les diverses formules que contiennent les deux Lettres adressées à M. Libri les 19 et 27 mars et imprimées dans le n° **14** des *Comptes rendus des séances de l'Académie des Sciences* pour l'année 1836. On déduit aussi, des conditions (4) et (5), les lois de la réflexion opérée par la surface extérieure d'un corps opaque, et par la surface intérieure d'un corps transparent, dans le cas où la réflexion devient totale (*voir* à ce sujet les deux Lettres adressées à M. Ampère, les 1er et 26 avril 1836). Comme je l'ai montré dans ces différentes Lettres, les formules auxquelles conduisent les conditions (4) et (5), non seulement déterminent l'intensité de la lumière polarisée rectilignement par réflexion ou par réfraction, et les plans de polarisation des rayons réfléchis ou réfractés, mais encore elles font connaître les diverses circonstances de la polarisation circulaire ou elliptique, produite par la réflexion opérée à la surface d'un corps opaque, et en particulier d'un métal. »

En opérant comme je viens de le dire, M. Mac-Cullagh aura bientôt reconnu : 1° que les formules insérées par lui dans les *Proceedings de la Société royale d'Irlande* sont comprises parmi celles qui se déduisent des équations (4), (5), et qu'en conséquence elles ne diffèrent pas au fond de plusieurs des formules dont il est question dans ma Lettre du 2 mai 1836; 2° que, pour arriver à ces formules, la méthode la plus claire et la plus sûre consiste à établir d'abord les équations (4), (5), puis à tirer de ces équations les valeurs des déplacements moléculaires dans chacun des rayons réfléchi et réfracté; 3° que cette méthode a l'avantage d'indiquer la marche de la lumière, non seulement dans le premier milieu, mais encore dans le second, en fournissant, avec l'explication des phénomènes sensibles observés dans le milieu transparent, les lois de ceux qui échappent à nos yeux et qui se rapportent au rayon réfracté; 4° que l'angle de réfraction et la vitesse de propagation de la lumière dans le second milieu ont des valeurs réelles, par conséquent des valeurs distinctes des expressions imaginaires désignées sous ces deux noms dans le Mémoire de M. Mac-Cullagh, et que l'indice de réfraction a effectivement la valeur que je lui ai assignée.

Du reste, M. Mac-Cullagh ayant composé son Mémoire avant que mes travaux sur le même objet fussent suffisamment connus, et n'ayant pas eu sous les yeux des formules comprises seulement d'une manière implicite dans celles que j'avais publiées, il est clair que ce Mémoire offrait tout le mérite d'une difficulté vaincue, et devait être sous ce rapport favorablement accueilli des savants.

46.

Mécanique analytique. — *Sur les mouvements de deux systèmes de molécules qui se pénètrent mutuellement.*

C. R., t. VIII, p. 597 (28 avril 1839).

Lorsque l'on considère les mouvements de deux systèmes de molécules qui se pénètrent mutuellement, on obtient six équations du genre de celles que j'ai données dans mon Mémoire sur la dispersion, et qui renferment six variables principales avec les actions exercées: 1° par les molécules du premier système sur d'autres molécules du premier système; 2° par les molécules du second système sur d'autres molécules du second système; 3° par les molécules d'un système sur celles de l'autre. Les six variables principales sont les déplacements d'une molécule du premier système et les déplacements d'une molécule du second système, mesurés parallèlement aux axes coordonnés. Lorsque les deux systèmes sont homogènes et que les mouvements sont infiniment petits, alors, par la raison que j'ai donnée dans un autre Mémoire, on peut réduire les six équations obtenues à six équations linéaires aux différences partielles et à coefficients constants; et si l'on élimine entre elles cinq des variables principales, l'équation résultante sera encore une équation linéaire aux différences partielles et à coefficients constants. Donc, ce que j'ai dit d'un système de molécules s'applique encore à deux systèmes qui se pénètrent, dans le cas même où l'on tient compte des actions exercées par les molécules d'un système sur celles de l'autre.

Lorsque les molécules de l'un des systèmes sont trop écartées les unes des autres pour exercer des actions mutuelles, les formules se simplifient et paraissent spécialement applicables à la propagation du son dans les gaz. Alors les phénomènes dépendent surtout de l'attraction exercée par les molécules d'air sur celles du fluide éthéré, par conséquent d'une force qui croît avec la pression et pourrait la représenter.

Dans le cas général, les formules paraissent s'appliquer plus spécialement à la propagation de la lumière dans les corps solides.

Au reste, je reviendrai sur ces divers résultats dans les prochaines séances.

47.

Physique mathématique. — *Mémoire sur les mouvements infiniment petits de deux systèmes de molécules qui se pénètrent mutuellement.*

C. R., t. VIII, p. 779 (20 mai 1839).

§ I. — *Équations d'équilibre et de mouvement de ces deux systèmes.*

Considérons deux systèmes de molécules qui coexistent dans une portion donnée de l'espace.

Soient, au premier instant, et dans l'état d'équilibre,

x, y, z les coordonnées d'une molécule $\mathfrak{m}$ du premier système ou d'une molécule $\mathfrak{m}_{,}$ du second système;
$x+\mathrm{x}, y+\mathrm{y}, z+\mathrm{z}$ les coordonnées d'une autre molécule m du premier système, ou d'une autre molécule $m_{,}$ du deuxième système;
r le rayon vecteur mené de la molécule $\mathfrak{m}$ ou $\mathfrak{m}_{,}$, à la molécule m ou $m_{,}$;

on aura

$$(1) \qquad r^2 = \mathrm{x}^2 + \mathrm{y}^2 + \mathrm{z}^2,$$

et les cosinus des angles formés par le rayon vecteur r avec les demi-axes des coordonnées positives seront respectivement

$$\frac{\mathrm{x}}{r}, \quad \frac{\mathrm{y}}{r}, \quad \frac{\mathrm{z}}{r}.$$

Supposons d'ailleurs que l'attraction ou la répulsion mutuelle des deux masses $\mathfrak{m}$ et m ou $\mathfrak{m}_{,}$ et $m_{,}$, étant proportionnelle à ces masses et à une fonction de la distance r, soit représentée, au signe près, par

$$\mathfrak{m} m \, \mathrm{f}(r)$$

pour les molécules $\mathfrak{m}$ et m, et par

$$\mathfrak{m} m_{,} \, \mathrm{f}_{,}(r)$$

pour les molécules $\mathfrak{m}$ et $m_{,}$, chacune des fonctions

$$\mathrm{f}(r), \quad \mathrm{f}_{,}(r)$$

désignant une quantité positive, lorsque les molécules s'attirent, et négative lorsqu'elles se repoussent. Les projections algébriques de la force

$$\mathfrak{m} m \, \mathrm{f}(r) \quad \text{ou} \quad \mathfrak{m} m_{,} \, \mathrm{f}_{,}(r)$$

sur les axes coordonnés seront les produits de cette force par les cosinus des angles que forme le rayon vecteur r avec ces axes, et, en conséquence, si l'on fait pour abréger

$$(2) \qquad \frac{\mathrm{f}(r)}{r} = f(r), \qquad \frac{\mathrm{f}_{,}(r)}{r} = f_{,}(r),$$

elles se réduiront, pour la force $\mathfrak{m}m\,\mathrm{f}(r)$, à

$$\mathfrak{m}m\mathrm{x}f(r),\quad \mathfrak{m}m\mathrm{y}f(r),\quad \mathfrak{m}m\mathrm{z}f(r)$$

et, pour la force $\mathfrak{m}m_{,}\,\mathrm{f}_{,}(r)$, à

$$\mathfrak{m}m_{,}\mathrm{x}f_{,}(r),\quad \mathfrak{m}m_{,}\mathrm{y}f_{,}(r),\quad \mathfrak{m}m_{,}\mathrm{z}f_{,}(r).$$

Cela posé, les équations d'équilibre de la molécule $\mathfrak{m}$ seront évidemment

$$(3)\quad \left\{\begin{aligned} &o = \mathrm{S}[m\mathrm{x}f(r)] + \mathrm{S}[m_{,}\mathrm{x}f_{,}(r)],\\ &o = \mathrm{S}[m\mathrm{y}f(r)] + \mathrm{S}[m_{,}\mathrm{y}f_{,}(r)],\\ &o = \mathrm{S}[m\mathrm{z}f(r)] + \mathrm{S}[m_{,}\mathrm{z}f_{,}(r)],\end{aligned}\right.$$

la lettre caractéristique S indiquant une somme de termes semblables entre eux et relatifs aux diverses molécules m du premier système, ou aux diverses molécules $m_{,}$ du second système.

Concevons maintenant que les diverses molécules

$$\mathfrak{m},\quad m,\quad \ldots,\quad \mathfrak{m}_{,},\quad m_{,},\quad \ldots$$

viennent à se mouvoir. Soient alors, au bout du temps t,

$$\xi,\quad \eta,\quad \zeta$$

les déplacements de la molécule $\mathfrak{m}$, et

$$\zeta_{,},\quad \eta_{,},\quad \zeta_{,}$$

les déplacements de la molécule $\mathfrak{m}_{,}$, mesurés parallèlement aux axes coordonnés. Soient d'ailleurs

$$\xi + \Delta\xi,\quad \eta + \Delta\eta,\quad \zeta + \Delta\zeta$$

et

$$\xi_{,} + \Delta\xi_{,},\quad \eta_{,} + \Delta\eta_{,},\quad \zeta_{,} + \Delta\zeta_{,}$$

ce que deviennent ces déplacements, lorsqu'on passe de la molécule $\mathfrak{m}$ à la molécule m, ou de la molécule $\mathfrak{m}_{,}$ à la molécule $m_{,}$. Les coordonnées de la molécule $\mathfrak{m}$, au bout du temps t, seront

$$x + \xi,\quad y + \eta,\quad z + \zeta,$$

tandis que celles de la molécule m ou $m_{,}$ seront

$$x + \mathrm{x} + \xi + \Delta\xi,\quad y + \mathrm{y} + \eta + \Delta\eta,\quad z + \mathrm{z} + \zeta + \Delta\zeta$$

ou

$$x + \mathrm{x} + \xi_{,} + \Delta\xi_{,}, \quad y + \mathrm{y} + \eta_{,} + \Delta\eta_{,}, \quad z + \mathrm{z} + \zeta_{,} + \Delta\zeta_{,}.$$

Soient à cette même époque

$$r + \rho$$

la distance des molécules $\mathfrak{m}$, m, et

$$r + \rho_{,}$$

la distance des molécules $\mathfrak{m}$, $m_{,}$. La distance

$$r + \rho$$

offrira pour projections algébriques sur les axes des x, y, z les différences entre les coordonnées des molécules $\mathfrak{m}$, m, savoir

$$\mathrm{x} + \Delta\xi, \quad \mathrm{y} + \Delta\eta, \quad \mathrm{z} + \Delta\zeta,$$

tandis que la distance

$$r + \rho_{,}$$

offrira pour projections algébriques les différences entre les coordonnées des molécules $\mathfrak{m}$, $m_{,}$, savoir

$$\mathrm{x} + \xi_{,} - \xi + \Delta\xi_{,}, \quad \mathrm{y} + \eta_{,} - \eta + \Delta\eta_{,}, \quad \mathrm{z} + \zeta_{,} - \zeta + \Delta\zeta_{,}.$$

On aura en conséquence

$$(4) \quad \begin{cases} (r + \rho)^2 = (\mathrm{x} + \Delta\xi)^2 + (\mathrm{y} + \Delta\eta)^2 + (\mathrm{z} + \Delta\zeta)^2, \\ (r + \rho_{,})^2 = (\mathrm{x} + \xi_{,} - \xi + \Delta\xi_{,})^2 + (\mathrm{y} + \eta_{,} - \eta + \Delta\eta_{,})^2 + (\mathrm{z} + \zeta_{,} - \zeta + \Delta\zeta_{,})^2. \end{cases}$$

Cela posé, pour déduire les équations du mouvement de la molécule $\mathfrak{m}$ de ses équations d'équilibre, c'est-à-dire des formules (3), il suffira évidemment de remplacer, dans ces formules, les premiers membres par

$$\frac{d^2\xi}{dt^2}, \quad \frac{d^2\eta}{dt^2}, \quad \frac{d^2\zeta}{dt^2},$$

puis de substituer à la distance

$$r$$

et à ses projections algébriques

$$\mathrm{x}, \quad \mathrm{y}, \quad \mathrm{z},$$

1° dans les premiers termes des seconds membres, la distance

$$r + \rho$$

et ses projections algébriques

$$\mathrm{x} + \Delta\xi, \quad \mathrm{y} + \Delta\eta, \quad \mathrm{z} + \Delta\zeta;$$

2° dans les derniers termes des seconds membres, la distance

$$r + \rho_{\prime}$$

et ses projections algébriques

$$\mathrm{x} + \xi_{\prime} - \xi + \Delta\xi_{\prime}, \quad \mathrm{y} + \eta_{\prime} - \eta + \Delta\eta_{\prime}, \quad \mathrm{z} + \zeta_{\prime} - \zeta + \Delta\zeta_{\prime}.$$

En opérant ainsi, on trouve

$$(5) \quad \begin{cases} \dfrac{d^2\xi}{dt^2} = \mathrm{S}[m(\mathrm{x} + \Delta\xi)f(r+\rho)] + \mathrm{S}[m_{\prime}(\mathrm{x} + \xi_{\prime} - \xi + \Delta\xi_{\prime})f_{\prime}(r+\rho_{\prime})], \\ \dfrac{d^2\eta}{dt^2} = \mathrm{S}[m(\mathrm{y} + \Delta\eta)f(r+\rho)] + \mathrm{S}[m_{\prime}(\mathrm{y} + \eta_{\prime} - \eta + \Delta\eta_{\prime})f_{\prime}(r+\rho_{\prime})], \\ \dfrac{d^2\zeta}{dt^2} = \mathrm{S}[m(\mathrm{z} + \Delta\zeta)f(r+\rho)] + \mathrm{S}[m_{\prime}(\mathrm{z} + \zeta_{\prime} - \zeta + \Delta\zeta_{\prime})f_{\prime}(r+\rho_{\prime})]. \end{cases}$$

On établirait avec la même facilité les équations d'équilibre ou les équations de mouvement de la molécule $\mathfrak{m}_{\prime}$. En effet, supposons que l'attraction ou la répulsion mutuelle des deux masses $\mathfrak{m}_{\prime}$ et $m_{\prime}$, ou $\mathfrak{m}_{\prime}$ et m, étant proportionnelle à ces masses et à une fonction de la distance r, soit représentée, au signe près, par

$$\mathfrak{m}_{\prime} m_{\prime}\, \mathrm{f}_{\prime\prime}(r)$$

pour les molécules $\mathfrak{m}_{\prime}$ et $m_{\prime}$; elle devra être représentée par

$$\mathfrak{m}_{\prime} m\, \mathrm{f}_{\prime}(r)$$

pour les molécules $\mathfrak{m}_{\prime}$ et m, l'action mutuelle de $\mathfrak{m}_{\prime}$ et m étant de même nature que l'action mutuelle de $m_{\prime}$ et $\mathfrak{m}$. Donc, si l'on pose pour abréger

$$(6) \qquad f_{\prime\prime}(r) = \frac{\mathrm{f}_{\prime\prime}(r)}{r},$$

les équations d'équilibre de la molécule $\mathfrak{m}$ se réduiront, non plus aux formules (3), mais aux suivantes :

$$(7)\quad \begin{cases} 0 = S[m_{,} x f_{,,}(r)] + S[m x f_{,}(r)], \\ 0 = S[m_{,} y f_{,,}(r)] + S[m x f_{,}(r)], \\ 0 = S[m_{,} z f_{,,}(r)] + S[m x f_{,}(r)]. \end{cases}$$

Concevons d'ailleurs qu'au bout du temps t la distance des molécules $\mathfrak{m}_{,}$, $m_{,}$ soit représentée par

$$r + \rho_{,,}$$

et celles des molécules $\mathfrak{m}_{,}$, m par

$$r + {}_{,}\rho.$$

On aura

$$(8)\quad \begin{cases} (r + \rho_{,,})^2 = (x + \Delta\xi_{,})^2 + (y + \Delta\eta_{,})^2 + (z + \Delta\zeta_{,})^2, \\ (r + {}_{,}\rho)^2 = (x + \xi - \xi_{,} + \Delta\xi)^2 + (y + \eta - \eta_{,} + \Delta\eta)^2 + (z + \zeta - \zeta_{,} + \Delta\zeta)^2, \end{cases}$$

et les équations du mouvement de la molécule $\mathfrak{m}_{,}$ seront

$$(9)\quad \begin{cases} \dfrac{d^2\xi_{,}}{dt^2} = S[m_{,}(x + \Delta\xi_{,}) f_{,,}(r + \rho_{,,})] + S[m(x + \xi - \xi_{,} + \Delta\xi) f_{,}(r + {}_{,}\rho)], \\ \dfrac{d^2\eta_{,}}{dt^2} = S[m_{,}(y + \Delta\eta_{,}) f_{,,}(r + \rho_{,,})] + S[m(y + \eta - \eta_{,} + \Delta\eta) f_{,}(r + {}_{,}\rho)], \\ \dfrac{d^2\zeta_{,}}{dt^2} = S[m_{,}(z + \Delta\zeta_{,}) f_{,,}(r + \rho_{,,})] + S[m(z + \zeta - \zeta_{,} + \Delta\zeta) f_{,}(r + {}_{,}\rho)]. \end{cases}$$

Si dans chacune des formules (5) on réduit le dernier terme du second membre à zéro, on retrouvera précisément les équations du mouvement d'un seul système de molécules sollicitées par des forces d'attraction et de répulsion mutuelle, et pour ramener ces équations à la forme sous laquelle je les ai présentées dans le Mémoire sur la *Dispersion de la lumière*, il suffirait d'écrire εr au lieu de ρ, $\dfrac{\mathrm{f}(r)}{r}$ au lieu de $f(r)$ et $r\cos\alpha$, $r\cos6$, $r\cos\gamma$ au lieu de x, y, z.

Les équations qui précèdent et celles que nous en déduirons dans les paragraphes suivants doivent comprendre, comme cas particuliers, les formules dont M. Lloyd a fait mention dans un article fort intéressant, publié sous la date du 9 janvier 1837, où l'auteur, convaincu qu'on ne pouvait résoudre complètement le problème de la propagation des ondes, sans tenir compte des actions des molécules des corps, annonce qu'il est parvenu à la solution dans le cas le plus simple, savoir, lorsque les molécules de l'éther et des corps sont uniformément distribuées dans l'espace. (*Proceedings of the royal Irish Academy, for the year* 1836-37.)

48.

C. R., t. VIII, p. 811 (27 mai 1839).

§ II. — *Équations des mouvements infiniment petits de deux systèmes de molécules qui se pénètrent mutuellement.*

Considérons, dans les deux systèmes de molécules qui se pénètrent mutuellement, un mouvement vibratoire, en vertu duquel chaque molécule s'écarte très peu de sa position initiale. Si l'on cherche les lois du mouvement, celles du moins qui subsistent quelque petite que soit l'étendue des vibrations moléculaires, alors, en regardant les déplacements

$$\xi,\quad \eta,\quad \zeta,\quad \xi_{,},\quad \eta_{,},\quad \zeta_{,}$$

et leurs différences

$$\Delta\xi,\quad \Delta\eta,\quad \Delta\zeta,\quad \Delta\xi_{,},\quad \Delta\eta_{,},\quad \Delta\zeta_{,}$$

comme des quantités infiniment petites du premier ordre, on pourra négliger les carrés et les puissances supérieures, non seulement de ces déplacements et de leurs différences, mais aussi des quantités

$$\rho \text{ et } \rho_{,},\quad {}_{,}\rho \text{ et } \rho_{,,}$$

dans les développements des expressions que renferment les formules (4), (5), (8), (9) du premier paragraphe ; et l'on pourra encore supposer indifféremment que, des quatre variables indépendantes

$$x,\quad y,\quad z,\quad t,$$

les trois premières représentent, ou les coordonnées initiales de la molécule $\mathfrak{m}$ ou $\mathfrak{m}_,$, ou ses coordonnées courantes qui, en vertu de l'hypothèse admise, différeront très peu des premières. Cela posé, si l'on a égard aux formules (3) du § I, les formules (4) et (5) du même paragraphe donneront

$$(1)\quad \left\{\begin{aligned} \rho &= \frac{\mathrm{x}\,\Delta\xi + \mathrm{y}\,\Delta\eta + \mathrm{z}\,\Delta\zeta}{r},\\ \rho_, &= \frac{\mathrm{x}(\xi_, - \xi + \Delta\xi_,) + \mathrm{y}(\eta_, - \eta + \Delta\eta_,) + \mathrm{z}(\zeta_, - \zeta + \Delta\zeta_,)}{r}, \end{aligned}\right.$$

et

$$(2)\quad \left\{\begin{aligned} \frac{d^2\xi}{dt^2} &= \mathrm{S}[m\,f(r)\Delta\xi] + \mathrm{S}\left[m\,\frac{df(r)}{dr}\,\mathrm{x}\rho\right]\\ &\quad + \mathrm{S}[m_, f_,(r)\,(\xi_, - \xi + \Delta\xi_,)] + \mathrm{S}\left[m_,\,\frac{df_,(r)}{dr}\,\mathrm{x}\rho_,\right],\\ \frac{d^2\eta}{dt^2} &= \mathrm{S}[m\,f(r)\Delta\eta] + \mathrm{S}\left[m\,\frac{df(r)}{dr}\,\mathrm{y}\rho\right]\\ &\quad + \mathrm{S}[m_, f_,(r)\,(\eta_, - \eta + \Delta\eta_,)] + \mathrm{S}\left[m_,\,\frac{df_,(r)}{dr}\,\mathrm{y}\rho_,\right],\\ \frac{d^2\zeta}{dt^2} &= \mathrm{S}[m\,f(r)\,\Delta\zeta] + \mathrm{S}\left[m\,\frac{df(r)}{dr}\,\mathrm{z}\rho\right]\\ &\quad + \mathrm{S}[m_, f_,(r)(\zeta_, - \zeta + \Delta\zeta_,)] + \mathrm{S}\left[m_,\,\frac{df_,(r)}{dr}\,\mathrm{z}\rho_,\right] \end{aligned}\right.$$

ou, ce qui revient au même,

$$(3)\quad \left\{\begin{aligned} \frac{d^2\xi}{dt^2} &= \mathrm{L}\xi + \mathrm{R}\eta + \mathrm{Q}\zeta + \mathrm{L}_,\xi_, + \mathrm{R}_,\eta_, + \mathrm{Q}_,\zeta_,,\\ \frac{d^2\eta}{dt^2} &= \mathrm{R}\xi + \mathrm{M}\eta + \mathrm{P}\zeta + \mathrm{R}_,\xi_, + \mathrm{M}_,\eta_, + \mathrm{P}_,\zeta_,,\\ \frac{d^2\zeta}{dt^2} &= \mathrm{Q}\xi + \mathrm{P}\eta + \mathrm{N}\zeta + \mathrm{Q}_,\xi_, + \mathrm{P}_,\eta_, + \mathrm{N}_,\zeta_,, \end{aligned}\right.$$

pourvu que, 8 désignant une fonction quelconque des variables x, y, z et

$$\Delta 8$$

l'accroissement de 8 dans le cas où l'on fait croître

$$x \text{ de } \mathrm{x},\quad y \text{ de } \mathrm{y},\quad z \text{ de } \mathrm{z},$$

on représente, à l'aide des lettres

$$\text{L},\ \text{M},\ \text{N};\ \text{P},\ \text{Q},\ \text{R},$$
$$\text{L}_{,},\ \text{M}_{,},\ \text{N}_{,};\ \text{P}_{,},\ \text{Q}_{,},\ \text{R}_{,},$$

non pas des quantités, mais des caractéristiques déterminées par les formules

$$(\text{A})\quad \begin{cases} \text{L}\,8 = \text{S}\left\{m\left[f(r) + \dfrac{\text{x}^2}{r}\dfrac{df(r)}{dr}\right]\Delta 8\right\} - \text{S}\left\{m_{,}\left[f_{,}(r) + \dfrac{\text{x}^2}{r}\dfrac{df_{,}(r)}{dr}\right]8\right\}, & \text{M} = \ldots,\quad \text{N} = \ldots, \\ \text{P}\,8 = \text{S}\left\{m\dfrac{\text{yz}}{r}\dfrac{df(r)}{dr}\Delta 8\right\} - \text{S}\left\{m_{,}\dfrac{\text{yz}}{r}\dfrac{df_{,}(r)}{dr}8\right\}, & \text{Q} = \ldots,\quad \text{R} = \ldots; \\ \text{L}_{,}8 = \text{S}\left\{m_{,}\left[f_{,}(r) + \dfrac{\text{x}^2}{r}\dfrac{df_{,}(r)}{dr}\right](8 + \Delta 8)\right\}, & \text{M}_{,} = \ldots,\quad \text{N}_{,} = \ldots, \\ \text{P}_{,}8 = \text{S}\left\{m_{,}\dfrac{\text{yz}}{r}\dfrac{df_{,}(r)}{dr}(8 + \Delta 8)\right\}, & \text{Q}_{,} = \ldots,\quad \text{R}_{,} = \ldots. \end{cases}$$

Comme d'ailleurs ces diverses formules doivent servir à déterminer les caractéristiques

$$\text{L},\ \text{M},\ \text{N},\ \text{P},\ \text{Q},\ \text{R};\qquad \text{L}_{,},\ \text{M}_{,},\ \text{N}_{,},\ \text{P}_{,},\ \text{Q}_{,},\ \text{R}_{,},$$

quelle que soit la fonction de x, y, z désignée par 8, elles peuvent être, pour plus de simplicité, présentées sous la forme

$$(4)\quad \begin{cases} \text{L} = \text{S}\left\{m\left[f(r) + \dfrac{\text{x}^2}{r}\dfrac{df(r)}{dr}\right]\Delta\right\} - \text{S}\left\{m_{,}\left[f_{,}(r) + \dfrac{\text{x}^2}{r}\dfrac{df_{,}(r)}{dr}\right]\right\}, & \text{M} = \ldots,\quad \text{N} = \ldots, \\ \text{P} = \text{S}\left\{m\dfrac{\text{yz}}{r}\dfrac{df(r)}{dr}\Delta\right\} - \text{S}\left\{m_{,}\dfrac{\text{yz}}{r}\dfrac{df_{,}(r)}{dr}\right\}, & \text{Q} = \ldots,\quad \text{R} = \ldots, \end{cases}$$

$$(5)\quad \begin{cases} \text{L}_{,} = \text{S}\left\{m_{,}\left[f_{,}(r) + \dfrac{\text{x}^2}{r}\dfrac{df_{,}(r)}{dr}\right](1 + \Delta)\right\}, & \text{M}_{,} = \ldots,\quad \text{N}_{,} = \ldots, \\ \text{P}_{,} = \text{S}\left\{m_{,}\dfrac{\text{yz}}{r}\dfrac{df_{,}(r)}{dr}(1 + \Delta)\right\}, & \text{Q}_{,} = \ldots,\quad \text{R}_{,} = \ldots. \end{cases}$$

Enfin, si l'on désigne, à l'aide des caractéristiques

$$\text{D}_x,\quad \text{D}_y,\quad \text{D}_z,\quad \text{D}_t$$

et de leurs puissances entières, les dérivées qu'on obtient quand on différentie une ou plusieurs fois de suite une fonction des variables indépendantes

$$x,\ y,\ z,\ t,$$

par rapport à ces mêmes variables, les équations (3) pourront s'écrire comme il suit :

$$(6)\quad \left\{\begin{aligned} &(L - D_t^2)\xi + R\eta + Q\zeta + L_,\xi_, + R_,\eta_, + Q_,\zeta_, = 0,\\ &R\xi + (M - D_t^2)\eta + P\zeta + R_,\xi_, + M_,\eta_, + P_,\zeta_, = 0,\\ &Q\xi + P\eta + (N - D_t^2)\zeta + Q_,\xi_, + P_,\eta_, + N_,\zeta_, = 0.\end{aligned}\right.$$

De même, en supposant les caractéristiques

$$L_{,,},\quad M_{,,},\quad N_{,,},\quad P_{,,},\quad Q_{,,},\quad R_{,,},$$
$${}_,L,\quad {}_,M,\quad {}_,N,\quad {}_,P,\quad {}_,Q,\quad {}_,R$$

déterminées par les formules

$$(7)\quad \left\{\begin{aligned} &L_{,,} = S\left\{m_,\left[f_{,,}(r) + \frac{x^2}{r}\frac{df_{,,}(r)}{dr}\right]\Delta\right\} - S\left\{m\left[f_,(r) + \frac{x^2}{r}\frac{df_,(r)}{dr}\right]\right\}, \quad M_{,,} = \ldots, \quad N_{,,} = \ldots,\\ &P_{,,} = S\left\{m_,\frac{yz}{r}\frac{df_{,,}(r)}{dr}\Delta\right\} - S\left\{m\frac{yz}{r}\frac{df_,(r)}{dr}\right\}, \quad Q_{,,} = \ldots, \quad R_{,,} = \ldots,\end{aligned}\right.$$

$$(8)\quad \left\{\begin{aligned} &{}_,L = S\left\{m\left[f_,(r) + \frac{x^2}{r}\frac{df_,(r)}{dr}\right](1 + \Delta)\right\}, \quad {}_,M = \ldots, \quad {}_,N = \ldots,\\ &{}_,P = S\left\{m\frac{yz}{r}\frac{df_,(r)}{dr}(1 + \Delta)\right\}, \quad {}_,Q = \ldots, \quad {}_,R = \ldots,\end{aligned}\right.$$

on tirera des formules (9) du § I, pour le cas où le mouvement est infiniment petit,

$$(9)\quad \left\{\begin{aligned} &{}_,L\xi + {}_,R\eta + {}_,Q\zeta + (L_{,,} - D_t^2)\xi_, + R_{,,}\eta_, + Q_{,,}\zeta_, = 0,\\ &{}_,R\xi + {}_,M\eta + {}_,P\zeta + R_{,,}\xi_, + (M_{,,} - D_t^2)\eta_, + P_{,,}\zeta_, = 0,\\ &{}_,Q\xi + {}_,P\eta + {}_,N\zeta + Q_{,,}\xi_, + P_{,,}\eta_, + (N_{,,} - D_t^2)\zeta_, = 0.\end{aligned}\right.$$

On ne doit pas oublier que, dans les formules (4), (5), (7), (8), on a

$$(10)\qquad f(r) = \frac{\mathfrak{f}(r)}{r},\qquad f_,(r) = \frac{\mathfrak{f}_,(r)}{r},\qquad f_{,,}(r) = \frac{\mathfrak{f}_{,,}(r)}{r},$$

les fonctions

$$\mathfrak{f}(r),\quad \mathfrak{f}_,(r),\quad \mathfrak{f}_{,,}(r),$$

étant celles qui représentent le rapport entre l'action mutuelle de deux molécules, séparées par la distance r, et le produit de leurs masses : 1° dans le cas où les deux molécules font partie du premier des systèmes donnés ; 2° dans le cas où l'une appartient au premier système et l'autre au second ; 3° dans le cas où toutes deux font partie du second système.

Pour réduire les équations (6) et (9) à la forme d'équations linéaires aux différences partielles, il suffira de développer, dans les seconds membres de ces équations, les différences finies des variables principales

$$\xi, \quad \eta, \quad \zeta; \qquad \xi_{\prime}, \quad \eta_{\prime}, \quad \zeta_{\prime}$$

en séries ordonnées suivant leurs dérivées des divers ordres. On y parviendra aisément à l'aide de la formule de Taylor, en vertu de laquelle on aura

$$8 + \Delta 8 = e^{\mathrm{x} D_x + \mathrm{y} D_y + \mathrm{z} D_z} 8,$$

quelle que soit la fonction de

$$x, \quad y, \quad z$$

désignée par 8, et par conséquent

$$(11) \qquad 1 + \Delta = e^{\mathrm{x} D_x + \mathrm{y} D_y + \mathrm{z} D_z}, \qquad \Delta = e^{\mathrm{x} D_x + \mathrm{y} D_y + \mathrm{z} D_z} - 1.$$

Cela posé, dans les équations (6) et (9), ramenées à la forme d'équations aux différences partielles, les coefficients des dérivées des variables principales se réduiront toujours à des sommes dans chacune desquelles la masse m ou $m_{\prime}$ se trouvera multipliée sous le signe S par des puissances de x, y, z, et par une fonction de r. Ainsi, en particulier, les coefficients dont il s'agit se réduiront, dans les équations (6), à des sommes de l'une des formes

$$(12) \qquad \mathrm{S}[m\, \mathrm{x}^n \mathrm{y}^{n'} \mathrm{z}^{n''} f(r)], \qquad \mathrm{S}\left[m\, \mathrm{x}^n \mathrm{y}^{n'} \mathrm{z}^{n''} \frac{df(r)}{dr}\right],$$

$$(13) \qquad \mathrm{S}[m_{\prime} \mathrm{x}^n \mathrm{y}^{n'} \mathrm{z}^{n''} f_{\prime}(r)], \qquad \mathrm{S}\left[m_{\prime} \mathrm{x}^n \mathrm{y}^{n'} \mathrm{z}^{n''} \frac{df_{\prime}(r)}{dr}\right],$$

et, dans les équations (9), à des sommes de l'une des formes

$$(14) \qquad S[m_{\prime}x^{n}y^{n'}z^{n''}f_{\prime\prime}(r)], \qquad S\left[m_{\prime}x^{n}y^{n'}z^{n''}\frac{df_{\prime\prime}(r)}{dr}\right],$$

$$(15) \qquad S[mx^{n}y^{n'}z^{n''}f_{\prime}(r)], \qquad S\left[mx^{n}y^{n'}z^{n''}\frac{df_{\prime}(r)}{dr}\right],$$

n, n', n'' désignant des nombres entiers.

On pourra regarder la constitution du second système de molécules comme étant partout la même, si les sommes (13), (14) se réduisent à des quantités constantes, c'est-à-dire à des quantités indépendantes des coordonnées

$$x, \quad y, \quad z$$

de la molécule $\mathfrak{m}$ ou $\mathfrak{m}_{\prime}$. C'est ce qui aura lieu, par exemple, quand le second système sera un corps homogène, gazeux, ou liquide, ou cristallisé. Si d'ailleurs, les molécules étant, dans le premier système, beaucoup plus rapprochées les unes des autres que dans le second, les sommes (12) et (15) reprennent périodiquement les mêmes valeurs quand on fait croître ou décroître en progression arithmétique chacune des trois coordonnées x, y, z, et si les rapports des trois progressions arithmétiques, correspondantes aux trois coordonnées, sont très petits; alors, en vertu d'un théorème que nous avons établi, on pourra substituer à ces mêmes sommes leurs valeurs moyennes sans qu'il en résulte d'erreur sensible dans le calcul des vibrations du système et des déplacements moléculaires. Donc alors les équations des mouvements infiniment petits des deux systèmes, c'est-à-dire les équations (6) et (9) pourront être considérées comme des équations linéaires aux différences partielles et à coefficients constants entre les six variables principales

$$\xi, \quad \eta, \quad \zeta; \quad \xi_{\prime}, \quad \eta_{\prime}, \quad \zeta_{\prime}$$

et les quatre variables indépendantes

$$x, \quad y, \quad z, \quad t.$$

De semblables équations sont propres à représenter, par exemple, les mouvements infiniment petits du fluide lumineux renfermé dans un corps homogène, isophane ou non isophane, opaque ou transparent.

Comme nous venons de le dire, dans le cas où les sommes (12) et (15) reprennent périodiquement les mêmes valeurs, tandis que l'on fait croître ou décroître les coordonnées en progression arithmétique, une condition nécessaire pour que l'on puisse sans erreur sensible substituer à ces mêmes sommes leurs valeurs moyennes, c'est que les rapports des trois progressions arithmétiques correspondantes aux trois coordonnées soient très petits. Il y a plus, si l'on veut appliquer le théorème rappelé ci-dessus, et par lequel on établit cette proposition, à un mouvement simple caractérisé par une exponentielle népérienne dans l'exposant de laquelle les coefficients des coordonnées soient imaginaires, on reconnaîtra que, pour rendre légitime la substitution dont il s'agit, on doit supposer très petits, non seulement les rapports des trois progressions arithmétiques, mais encore les produits des sommes (12) ou (15) par l'un quelconque de ces rapports.

§ III. — *Mouvements simples.*

Les équations (6) et (9) du paragraphe précédent peuvent être traitées comme des équations linéaires à coefficients constants, non seulement dans le cas où, la constitution des deux systèmes de molécules étant partout la même, les sommes (12), (13), (14), (15) demeurent constantes, mais aussi dans le cas où, les sommes (13), (14) étant constantes, les sommes (12), (15) varient périodiquement quand on fait croître ou décroître les coordonnées en progression arithmétique, pourvu que dans ce dernier cas les produits des sommes (12) ou (15) par le rapport de l'une quelconque des trois progressions arithmétiques correspondantes aux trois coordonnées soient très petits. Seulement, on devra, dans le dernier cas, après avoir intégré les formules (6), (9), comme si toutes les sommes (12), (13), (14), (15) étaient constantes, remplacer dans les intégrales trouvées chacune de ces sommes par sa valeur moyenne. C'est ainsi que l'on obtiendra, par exemple, les vibrations de la lumière dans un corps diaphane, en supposant que le rayon de la sphère d'activité d'une molécule du corps, c'est-à-dire la distance au delà de laquelle cette action devient insensible et peut être négligée, soit peu considérable relativement à la longueur d'une ondulation lumineuse.

Comme la solution de plusieurs problèmes de Physique mathématique peut dépendre de l'intégration des équations (6) et (9) du paragraphe précédent, considérées comme équations linéaires à coefficients constants, nous allons rechercher ici les intégrales de ces équations, en nous bornant pour l'instant aux intégrales qui représentent des mouvements simples, c'est-à-dire en supposant les déplacements effectifs ou du moins les déplacements symboliques tous proportionnels à une même exponentielle népérienne, dont l'exposant soit une fonction linéaire des coordonnées et du temps.

Lorsque les sommes (12), (13), (14), (15) du § II demeurent constantes, alors, pour satisfaire aux équations (6) et (9) du même paragraphe, il suffit de supposer les variables principales

$$\xi, \quad \eta, \quad \zeta; \quad \xi_{,}, \quad \eta_{,}, \quad \zeta_{,}$$

toutes proportionnelles à une même exponentielle népérienne dont l'exposant soit une fonction linéaire des variables indépendantes

$$x, \quad y, \quad z, \quad t,$$

et de prendre en conséquence

$$(1) \quad \xi = \mathrm{A}\, e^{ux+vy+wz-st}, \quad \eta = \mathrm{B}\, e^{ux+vy+wz-st}, \quad \zeta = \mathrm{C}\, e^{ux+vy+wz-st},$$

$$(2) \quad \xi_{,} = \mathrm{A}_{,} e^{ux+vy+wz-st}, \quad \eta_{,} = \mathrm{B}_{,} e^{ux+vy+wz-st}, \quad \zeta_{,} = \mathrm{C}_{,} e^{ux+vy+wz-st},$$

$u, v, w, s, \mathrm{A}, \mathrm{B}, \mathrm{C}, \mathrm{A}_{,}, \mathrm{B}_{,}, \mathrm{C}_{,}$ désignant des constantes réelles ou imaginaires convenablement choisies. En effet, si l'on substitue les valeurs précédentes de

$$\xi, \quad \eta, \quad \zeta; \quad \xi_{,}, \quad \eta_{,}, \quad \zeta_{,}$$

dans les équations (6) et (9) du second paragraphe, tous les termes seront divisibles par l'exponentielle

$$e^{ux+vy+wz-st},$$

et après la division effectuée, ces équations seront réduites à d'autres de la forme

$$(3)\quad\left\{\begin{array}{l}(\mathcal{L}-s^2)\mathrm{A}\;+\mathcal{R}\mathrm{B}+\mathcal{Q}\mathrm{C}\;+\mathcal{L}_{,}\mathrm{A}_{,}+\mathcal{R}_{,}\mathrm{B}_{,}\;+\mathcal{Q}_{,}\mathrm{C}_{,}=0,\\ \mathcal{R}\mathrm{A}+(\mathcal{M}\;-s^2)\mathrm{B}+\mathcal{P}\mathrm{C}\;+\mathcal{R}_{,}\mathrm{A}_{,}+\mathcal{M}_{,}\mathrm{B}_{,}+\mathcal{P}_{,}\mathrm{C}_{,}=0,\\ \mathcal{Q}\mathrm{A}\;+\mathcal{P}\mathrm{B}\;\;+(\mathcal{N}-s^2)\mathrm{C}+\mathcal{Q}_{,}\mathrm{A}_{,}+\mathcal{P}_{,}\mathrm{B}_{,}\;+\mathcal{N}_{,}\mathrm{C}_{,}=0;\end{array}\right.$$

$$(4)\quad\left\{\begin{array}{l}{}_{,}\mathcal{L}\mathrm{A}+{}_{,}\mathcal{R}\mathrm{B}\;+{}_{,}\mathcal{Q}\mathrm{C}+(\mathcal{L}_{,,}\;-s^2)\mathrm{A}_{,}+\mathcal{R}_{,,}\mathrm{B}_{,}+\mathcal{Q}_{,,}\mathrm{C}_{,}=0,\\ {}_{,}\mathcal{R}\mathrm{A}+{}_{,}\mathcal{M}\mathrm{B}+{}_{,}\mathcal{P}\mathrm{C}+\mathcal{R}_{,,}\mathrm{A}_{,}+(\mathcal{M}_{,,}-s^2)\mathrm{B}_{,}+\mathcal{P}_{,,}\mathrm{C}_{,}=0,\\ {}_{,}\mathcal{Q}\mathrm{A}+{}_{,}\mathcal{P}\mathrm{B}\;+{}_{,}\mathcal{N}\mathrm{C}+\mathcal{Q}_{,,}\mathrm{A}_{,}+\mathcal{P}_{,,}\mathrm{B}_{,}+(\mathcal{N}_{,,}\;-s^2)\mathrm{C}_{,}=0,\end{array}\right.$$

les valeurs des coefficients

$$\mathcal{L},\;\mathcal{M},\;\mathcal{N},\;\mathcal{P},\;\mathcal{Q},\;\mathcal{R};\;\mathcal{L}_{,},\;\mathcal{M}_{,},\;\mathcal{N}_{,},\;\mathcal{P}_{,},\;\mathcal{Q}_{,},\;\mathcal{R}_{,};$$
$${}_{,}\mathcal{L},\;{}_{,}\mathcal{M},\;{}_{,}\mathcal{N},\;{}_{,}\mathcal{P},\;{}_{,}\mathcal{Q},\;{}_{,}\mathcal{R};\;\mathcal{L}_{,,},\;\mathcal{M}_{,,},\;\mathcal{N}_{,,},\;\mathcal{P}_{,,},\;\mathcal{Q}_{,,},\;\mathcal{R}_{,,}$$

étant déterminées par les formules

$$\mathcal{L}=\mathrm{S}\left\{m\left[f(r)+\frac{\mathrm{x}^2}{r}\frac{a\,f(r)}{dr}\right](e^{u\mathrm{x}+v\mathrm{y}+w\mathrm{z}}-1)\right\}-\mathrm{S}\left\{m_{,}\left[f_{,}(r)+\frac{\mathrm{x}^2}{r}\frac{d\,f_{,}(r)}{dr}\right]\right\}\qquad\mathcal{M}=\ldots,\;\;\mathcal{N}=\ldots,$$

$$\mathcal{P}=\mathrm{S}\left\{m\,\frac{\mathrm{yz}}{r}\frac{d\,f(r)}{dr}(e^{u\mathrm{x}+v\mathrm{y}+w\mathrm{z}}-1)\right\}-\mathrm{S}\left\{m_{,}\frac{\mathrm{yz}}{r}\frac{d\,f_{,}(r)}{dr}\right\}\qquad\mathcal{Q}=\ldots,\;\;\mathcal{R}=\ldots,$$

$$\mathcal{L}_{,}=\mathrm{S}\left\{m_{,}\left[f_{,}(r)+\frac{\mathrm{x}^2}{r}\frac{d\,f_{,}(r)}{dr}\right]e^{u\mathrm{x}+v\mathrm{y}+w\mathrm{z}}\right\},\qquad\mathcal{M}_{,}=\ldots,\;\;\mathcal{N}_{,}=\ldots,$$

$$\mathcal{P}_{,}=\mathrm{S}\left\{m_{,}\frac{\mathrm{yz}}{r}\frac{d\,f_{,}(r)}{dr}e^{u\mathrm{x}+v\mathrm{y}+w\mathrm{z}}\right\},\qquad\mathcal{Q}_{,}=\ldots,\;\;\mathcal{R}_{,}=\ldots,$$

$${}_{,}\mathcal{L}=\mathrm{S}\left\{m\left[f_{,}(r)+\frac{\mathrm{x}^2}{r}\frac{d\,f_{,}(r)}{dr}\right]e^{u\mathrm{x}+v\mathrm{y}+w\mathrm{z}}\right\},\qquad{}_{,}\mathcal{M}=\ldots,\;\;{}_{,}\mathcal{N}=\ldots,$$

$${}_{,}\mathcal{P}=\mathrm{S}\left\{m\,\frac{\mathrm{yz}}{r}\frac{d\,f_{,}(r)}{dr}e^{u\mathrm{x}+v\mathrm{y}+w\mathrm{z}}\right\},\qquad{}_{,}\mathcal{Q}=\ldots,\;\;{}_{,}\mathcal{R}=\ldots,$$

$$\mathcal{L}_{,,}=\mathrm{S}\left\{m_{,}\left[f_{,,}(r)+\frac{\mathrm{x}^2}{r}\frac{d\,f_{,,}(r)}{dr}\right](e^{u\mathrm{x}+v\mathrm{y}+w\mathrm{z}}-1)\right\}-\mathrm{S}\left\{m\left[f_{,}(r)+\frac{\mathrm{x}^2}{r}\frac{d\,f_{,}(r)}{dr}\right]\right\}.\qquad\mathcal{M}_{,,}=\ldots,\;\;\mathcal{N}_{,,}=\ldots,$$

$$\mathcal{P}_{,,}=\mathrm{S}\left\{m_{,}\frac{\mathrm{yz}}{r}\frac{d\,f_{,,}(r)}{dr}(e^{u\mathrm{x}+v\mathrm{y}+w\mathrm{z}}-1)\right\}-\mathrm{S}\left\{m\,\frac{\mathrm{yz}}{r}\frac{d\,f_{,}(r)}{dr}\right\},\qquad\mathcal{Q}_{,,}=\ldots,\;\;\mathcal{R}_{,,}=\ldots,$$

ou, ce qui revient au même, par les formules

$$(5)\quad \begin{cases} \mathcal{L} = \mathcal{G} + \dfrac{\partial^2 \mathcal{H}}{\partial u^2}, & \mathcal{M} = \mathcal{G} + \dfrac{\partial^2 \mathcal{H}}{\partial v^2}, & \mathcal{N} = \mathcal{G} + \dfrac{\partial^2 \mathcal{H}}{\partial w^2}, \\ \mathcal{P} = \dfrac{\partial^2 \mathcal{H}}{\partial v\, \partial w}, & \mathcal{Q} = \dfrac{\partial^2 \mathcal{H}}{\partial w\, \partial u}, & \mathcal{R} = \dfrac{\partial^2 \mathcal{H}}{\partial u\, \partial v}; \end{cases}$$

$$(6)\quad \begin{cases} \mathcal{L}_{,} = \mathcal{G}_{,} + \dfrac{\partial^2 \mathcal{H}_{,}}{\partial u^2}, & \mathcal{M}_{,} = \mathcal{G}_{,} + \dfrac{\partial^2 \mathcal{H}_{,}}{\partial v^2}, & \mathcal{N}_{,} = \mathcal{G}_{,} + \dfrac{\partial^2 \mathcal{H}_{,}}{\partial w^2}, \\ \mathcal{P}_{,} = \dfrac{\partial^2 \mathcal{H}_{,}}{\partial v\, \partial w}, & \mathcal{Q}_{,} = \dfrac{\partial^2 \mathcal{H}_{,}}{\partial w\, \partial u}, & \mathcal{R}_{,} = \dfrac{\partial^2 \mathcal{H}_{,}}{\partial u\, \partial v}; \end{cases}$$

$$(7)\quad \begin{cases} {}_{,}\mathcal{L} = {}_{,}\mathcal{G} + \dfrac{\partial^2 {}_{,}\mathcal{H}}{\partial u^2}, & {}_{,}\mathcal{M} = {}_{,}\mathcal{G} + \dfrac{\partial^2 {}_{,}\mathcal{H}}{\partial v^2}, & {}_{,}\mathcal{N} = {}_{,}\mathcal{G} + \dfrac{\partial^2 {}_{,}\mathcal{H}}{\partial w^2}, \\ {}_{,}\mathcal{P} = \dfrac{\partial^2 {}_{,}\mathcal{H}}{\partial v\, \partial w}, & {}_{,}\mathcal{Q} = \dfrac{\partial^2 {}_{,}\mathcal{H}}{\partial w\, \partial u}, & {}_{,}\mathcal{R} = \dfrac{\partial^2 {}_{,}\mathcal{H}}{\partial u\, \partial v}; \end{cases}$$

$$(8)\quad \begin{cases} \mathcal{L}_{,,} = \mathcal{G}_{,,} + \dfrac{\partial^2 \mathcal{H}_{,,}}{\partial u^2}, & \mathcal{M}_{,,} = \mathcal{G}_{,,} + \dfrac{\partial^2 \mathcal{H}_{,,}}{\partial v^2}, & \mathcal{N}_{,,} = \mathcal{G}_{,,} + \dfrac{\partial^2 \mathcal{H}_{,,}}{\partial w^2}, \\ \mathcal{P}_{,,} = \dfrac{\partial^2 \mathcal{H}_{,,}}{\partial v\, \partial w}, & \mathcal{Q}_{,,} = \dfrac{\partial^2 \mathcal{H}_{,,}}{\partial w\, \partial u}, & \mathcal{R}_{,,} = \dfrac{\partial^2 \mathcal{H}_{,,}}{\partial u\, \partial v}, \end{cases}$$

les valeurs de

$$\mathcal{G},\ \mathcal{H};\quad \mathcal{G}_{,},\ \mathcal{H}_{,};\quad {}_{,}\mathcal{G},\ {}_{,}\mathcal{H};\quad \mathcal{G}_{,,},\ \mathcal{H}_{,,}$$

étant respectivement

$$(9)\quad \begin{cases} \mathcal{G} = \mathrm{S}\left\{ m f(r) (e^{u\mathrm{x}+v\mathrm{y}+w\mathrm{z}} - 1) \right\} - \mathrm{S}\left\{ m_{,} f_{,}(r) \right\}, \\ \mathcal{H} = \mathrm{S}\left\{ \dfrac{m}{r} \dfrac{d\,f(r)}{dr} \left[e^{u\mathrm{x}+v\mathrm{y}+w\mathrm{z}} - (u\mathrm{x}+v\mathrm{y}+w\mathrm{z}) - \dfrac{(u\mathrm{x}+v\mathrm{y}+w\mathrm{z})^2}{2} \right] \right\} \\ \qquad - \mathrm{S}\left\{ \dfrac{m_{,}}{r} \dfrac{d\,f_{,}(r)}{dr} \dfrac{(u\mathrm{x}+v\mathrm{y}+w\mathrm{z})^2}{2} \right\}, \end{cases}$$

$$(10)\quad \begin{cases} \mathcal{G}_{,} = \mathrm{S}\left\{ m_{,} f_{,}(r) e^{u\mathrm{x}+v\mathrm{y}+w\mathrm{z}} \right\}, \\ \mathcal{H}_{,} = \mathrm{S}\left\{ \dfrac{m_{,}}{r} \dfrac{d\,f_{,}(r)}{dr} e^{u\mathrm{x}+v\mathrm{y}+w\mathrm{z}} \right\}; \end{cases}$$

$$(11)\quad \begin{cases} {}_{,}\mathcal{G} = \mathrm{S}\left\{ m\ f_{,}(r) e^{u\mathrm{x}+v\mathrm{y}+w\mathrm{z}} \right\}, \\ {}_{,}\mathcal{H} = \mathrm{S}\left\{ \dfrac{m}{r} \dfrac{d\,f_{,}(r)}{dr} e^{u\mathrm{x}+v\mathrm{y}+w\mathrm{z}} \right\}; \end{cases}$$

$$(12)\quad \begin{cases} \mathcal{G}_{\prime\prime} = \mathrm{S}\left\{ m_{\prime} f_{\prime\prime}(r)\left(e^{u\mathrm{x}+v\mathrm{y}+w\mathrm{z}} - 1\right)\right\} - \mathrm{S}\left\{ m f_{\prime}(r)\right\}, \\ \mathfrak{I}_{\prime\prime} = \mathrm{S}\left\{ \dfrac{m_{\prime}}{r}\dfrac{df_{\prime\prime}(r)}{dr}\left[e^{u\mathrm{x}+v\mathrm{y}+w\mathrm{z}} - (u\mathrm{x}+v\mathrm{y}+w\mathrm{z}) - \dfrac{(u\mathrm{x}+v\mathrm{y}+w\mathrm{z})^2}{2}\right]\right\} \\ \qquad - \mathrm{S}\left\{ \dfrac{m}{r}\dfrac{df_{\prime}(r)}{dr}\dfrac{(u\mathrm{x}+v\mathrm{y}+w\mathrm{z})^2}{2}\right\}. \end{cases}$$

Or, lorsque les sommes (12), (13), (14), (15) du § IV demeurent constantes, on peut en dire autant des valeurs de

$$\mathcal{L},\quad \mathcal{M},\quad \mathcal{N},\quad \mathcal{P},\quad \mathcal{Q},\quad \mathcal{R},\quad \mathcal{L}_{\prime},\quad \mathcal{M}_{\prime},\quad \ldots,$$

que fournissent les équations (5), (6), (7), (8), jointes aux formules (9), (10), (11), (12), et qui sont développables avec l'exponentielle

$$e^{u\mathrm{x}+v\mathrm{y}+w\mathrm{z}}$$

en séries ordonnées suivant les puissances ascendantes de u, v, w. Donc alors on peut satisfaire aux équations (3) et (4) par des valeurs constantes des facteurs

$$\mathrm{A},\quad \mathrm{B},\quad \mathrm{C};\quad \mathrm{A}_{\prime},\quad \mathrm{B}_{\prime},\quad \mathrm{C}_{\prime}.$$

Soit maintenant

$$(13)\qquad \mathfrak{S} = 0$$

l'équation du sixième degré en s^2 que produit l'élimination des facteurs

$$\mathrm{A},\quad \mathrm{B},\quad \mathrm{C};\quad \mathrm{A}_{\prime},\quad \mathrm{B}_{\prime},\quad \mathrm{C}_{\prime}$$

entre les équations (3) et (4), la valeur de $\mathfrak{S}$ étant

$$(14)\quad \mathfrak{S} = (\mathcal{L}-s^2)(\mathcal{M}-s^2)(\mathcal{N}-s^2)(\mathcal{L}_{\prime}-s^2)(\mathcal{M}_{\prime}-s^2)(\mathcal{N}_{\prime}-s^2) - \ldots.$$

Si l'on prend pour s une quelconque des racines de l'équation (13), et si d'ailleurs on désigne par

$$\alpha,\quad \beta,\quad \gamma;\quad \alpha_{\prime},\quad \beta_{\prime},\quad \gamma_{\prime}$$

des coefficients arbitraires, on pourra présenter les équations (3) et (4) sous la forme

$$(15)\quad \begin{cases} (\mathfrak{L} - s^2)A + \mathfrak{R}B + \mathfrak{Q}C + \mathfrak{L}_{,}A_{,} + \mathfrak{R}_{,}B_{,} + \mathfrak{Q}_{,}C_{,} = \alpha s, \\ \mathfrak{R}A + (\mathfrak{M} - s^2)B + \mathfrak{P}C + \mathfrak{R}_{,}A_{,} + \mathfrak{M}_{,}B_{,} + \mathfrak{P}_{,}C_{,} = \beta s, \\ \mathfrak{Q}A + \mathfrak{P}B + (\mathfrak{N} - s^2)C + \mathfrak{Q}_{,}A_{,} + \mathfrak{P}_{,}B_{,} + \mathfrak{N}_{,}C_{,} = \gamma s; \end{cases}$$

$$(16)\quad \begin{cases} {}_{,}\mathfrak{L}A + {}_{,}\mathfrak{R}B + {}_{,}\mathfrak{Q}C + (\mathfrak{L}_{,,} - s^2)A_{,} + \mathfrak{R}_{,,}B_{,} + \mathfrak{Q}_{,,}C_{,} = \alpha_{,}s, \\ {}_{,}\mathfrak{R}A + {}_{,}\mathfrak{M}B + {}_{,}\mathfrak{P}C + \mathfrak{R}_{,,}A_{,} + (\mathfrak{M}_{,,} - s^2)B_{,} + \mathfrak{P}_{,,}C_{,} = \beta_{,}s, \\ {}_{,}\mathfrak{Q}A + {}_{,}\mathfrak{P}B + {}_{,}\mathfrak{N}C + \mathfrak{Q}_{,,}A_{,} + \mathfrak{P}_{,,}B_{,} + (\mathfrak{N}_{,,} - s^2)C_{,} = \gamma_{,}s. \end{cases}$$

Or, en laissant à s une valeur indéterminée, on tirera de ces dernières équations, résolues par rapport aux facteurs A, B, C, $A_{,}$, $B_{,}$, $C_{,}$,

$$(17)\quad \begin{cases} A = \mathbf{L}\alpha + \mathbf{R}\beta + \mathbf{Q}\gamma + \mathbf{L}_{,}\alpha_{,} + \mathbf{R}_{,}\beta_{,} + \mathbf{Q}_{,}\gamma_{,}, \\ B = \mathbf{R}\alpha + \mathbf{M}\beta + \mathbf{P}\gamma + \mathbf{R}_{,}\alpha_{,} + \mathbf{M}_{,}\beta_{,} + \mathbf{P}_{,}\gamma_{,}, \\ C = \mathbf{Q}\alpha + \mathbf{P}\beta + \mathbf{N}\gamma + \mathbf{Q}_{,}\alpha_{,} + \mathbf{P}_{,}\beta_{,} + \mathbf{N}_{,}\gamma_{,}; \end{cases}$$

$$(18)\quad \begin{cases} A_{,} = {}_{,}\mathbf{L}\alpha + {}_{,}\mathbf{R}\beta + {}_{,}\mathbf{Q}\gamma + \mathbf{L}_{,,}\alpha_{,} + \mathbf{R}_{,,}\beta_{,} + \mathbf{Q}_{,,}\gamma_{,}, \\ B_{,} = {}_{,}\mathbf{R}\alpha + {}_{,}\mathbf{M}\beta + {}_{,}\mathbf{P}\gamma + \mathbf{R}_{,,}\alpha_{,} + \mathbf{M}_{,,}\beta_{,} + \mathbf{P}_{,,}\gamma_{,}, \\ C_{,} = {}_{,}\mathbf{Q}\alpha + {}_{,}\mathbf{P}\beta + {}_{,}\mathbf{N}\gamma + \mathbf{Q}_{,,}\alpha_{,} + \mathbf{P}_{,,}\beta_{,} + \mathbf{N}_{,,}\gamma_{,}; \end{cases}$$

et par suite

$$(19)\quad \begin{cases} \dfrac{A}{\mathbf{L}\alpha + \mathbf{R}\beta + \mathbf{Q}\gamma + \mathbf{L}_{,}\alpha_{,} + \mathbf{R}_{,}\beta_{,} + \mathbf{Q}_{,}\gamma_{,}} \\ = \dfrac{B}{\mathbf{R}\alpha + \mathbf{M}\beta + \mathbf{P}\gamma + \mathbf{R}_{,}\alpha_{,} + \mathbf{M}_{,}\beta_{,} + \mathbf{P}_{,}\gamma_{,}} \\ = \dfrac{C}{\mathbf{Q}\alpha + \mathbf{P}\beta + \mathbf{N}\gamma + \mathbf{Q}_{,}\alpha_{,} + \mathbf{P}_{,}\beta_{,} + \mathbf{N}_{,}\gamma_{,}} \\ = \dfrac{A_{,}}{{}_{,}\mathbf{L}\alpha + {}_{,}\mathbf{R}\beta + {}_{,}\mathbf{Q}\gamma + \mathbf{L}_{,,}\alpha_{,} + \mathbf{R}_{,,}\beta_{,} + \mathbf{Q}_{,,}\gamma_{,}} \\ = \dfrac{B_{,}}{{}_{,}\mathbf{R}\alpha + {}_{,}\mathbf{M}\beta + {}_{,}\mathbf{P}\gamma + \mathbf{R}_{,,}\alpha_{,} + \mathbf{M}_{,,}\beta_{,} + \mathbf{P}_{,,}\gamma_{,}} \\ = \dfrac{C_{,}}{{}_{,}\mathbf{Q}\alpha + {}_{,}\mathbf{P}\beta + {}_{,}\mathbf{N}\gamma + \mathbf{Q}_{,,}\alpha_{,} + \mathbf{P}_{,,}\beta_{,} + \mathbf{N}_{,,}\gamma_{,}}, \end{cases}$$

les nouveaux facteurs

$$\mathbf{L},\quad \mathbf{M},\quad \mathbf{N},\quad \mathbf{P},\quad \mathbf{Q},\quad \mathbf{R},\quad \mathbf{L}_{,},\quad \mathbf{M}_{,},\quad \ldots$$

étant des fonctions entières de s, toutes du huitième degré, à l'exception des seuls facteurs

$$\mathfrak{L},\quad \mathfrak{M},\quad \mathfrak{N},\qquad \mathfrak{L}_{\prime\prime},\quad \mathfrak{M}_{\prime\prime},\quad \mathfrak{N}_{\prime\prime},$$

qui seront du cinquième degré par rapport à s^2, et du dixième par rapport à s. Donc les valeurs des facteurs

$$\mathrm{A},\quad \mathrm{B},\quad \mathrm{C},\qquad \mathrm{A}_{\prime},\quad \mathrm{B}_{\prime},\quad \mathrm{C}_{\prime},$$

déterminées par les formules (17), (18), vérifieront généralement les formules (15) et (16). Donc, lorsqu'on prendra pour s une racine de l'équation (13), elles vérifieront les formules (3) et (4), quelles que soient d'ailleurs les valeurs attribuées aux constantes

$$\alpha,\quad 6,\quad \gamma,\qquad \alpha_{\prime},\quad 6_{\prime},\quad \gamma_{\prime},$$

et, celles-ci demeurant arbitraires, les valeurs des rapports

$$\frac{\mathrm{B}}{\mathrm{A}},\quad \frac{\mathrm{C}}{\mathrm{A}},\quad \frac{\mathrm{A}_{\prime}}{\mathrm{A}},\quad \frac{\mathrm{B}_{\prime}}{\mathrm{A}},\quad \frac{\mathrm{C}_{\prime}}{\mathrm{A}},$$

propres à vérifier les formules (3) et (4), seront précisément celles que fournit la formule (19). Si l'on suppose en particulier les constantes

$$\alpha,\quad 6,\quad \gamma,\qquad \alpha_{\prime},\quad 6_{\prime},\quad \gamma_{\prime},$$

toutes réduites à zéro, à l'exception d'une seule, la formule (19) donnera successivement

$$(20)\qquad \begin{cases} \dfrac{\mathrm{A}}{\mathfrak{L}} = \dfrac{\mathrm{B}}{\mathfrak{R}} = \dfrac{\mathrm{C}}{\mathfrak{Q}} = \dfrac{\mathrm{A}_{\prime}}{\mathfrak{L}_{\prime}} = \dfrac{\mathrm{B}_{\prime}}{\mathfrak{R}_{\prime}} = \dfrac{\mathrm{C}_{\prime}}{\mathfrak{Q}_{\prime}}, \\[2ex] \dfrac{\mathrm{A}}{\mathfrak{R}} = \dfrac{\mathrm{B}}{\mathfrak{M}} = \dfrac{\mathrm{C}}{\mathfrak{P}} = \dfrac{\mathrm{A}_{\prime}}{\mathfrak{R}_{\prime}} = \dfrac{\mathrm{B}_{\prime}}{\mathfrak{M}_{\prime}} = \dfrac{\mathrm{C}_{\prime}}{\mathfrak{P}_{\prime}}, \\[2ex] \dfrac{\mathrm{A}}{\mathfrak{Q}} = \dfrac{\mathrm{B}}{\mathfrak{P}} = \dfrac{\mathrm{C}}{\mathfrak{N}} = \dfrac{\mathrm{A}_{\prime}}{\mathfrak{Q}_{\prime}} = \dfrac{\mathrm{B}_{\prime}}{\mathfrak{P}_{\prime}} = \dfrac{\mathrm{C}_{\prime}}{\mathfrak{N}_{\prime}}; \end{cases}$$

$$(21)\qquad \begin{cases} \dfrac{\mathrm{A}}{{}_{\prime}\mathfrak{L}} = \dfrac{\mathrm{B}}{{}_{\prime}\mathfrak{R}} = \dfrac{\mathrm{C}}{{}_{\prime}\mathfrak{Q}} = \dfrac{\mathrm{A}_{\prime}}{\mathfrak{L}_{\prime\prime}} = \dfrac{\mathrm{B}_{\prime}}{\mathfrak{R}_{\prime\prime}} = \dfrac{\mathrm{C}_{\prime}}{\mathfrak{Q}_{\prime\prime}}, \\[2ex] \dfrac{\mathrm{A}}{{}_{\prime}\mathfrak{R}} = \dfrac{\mathrm{B}}{{}_{\prime}\mathfrak{M}} = \dfrac{\mathrm{C}}{{}_{\prime}\mathfrak{P}} = \dfrac{\mathrm{A}_{\prime}}{\mathfrak{R}_{\prime\prime}} = \dfrac{\mathrm{B}_{\prime}}{\mathfrak{M}_{\prime\prime}} = \dfrac{\mathrm{C}_{\prime}}{\mathfrak{P}_{\prime\prime}}, \\[2ex] \dfrac{\mathrm{A}}{{}_{\prime}\mathfrak{Q}} = \dfrac{\mathrm{B}}{{}_{\prime}\mathfrak{P}} = \dfrac{\mathrm{C}}{{}_{\prime}\mathfrak{N}} = \dfrac{\mathrm{A}_{\prime}}{\mathfrak{Q}_{\prime\prime}} = \dfrac{\mathrm{B}_{\prime}}{\mathfrak{P}_{\prime\prime}} = \dfrac{\mathrm{C}_{\prime}}{\mathfrak{N}_{\prime\prime}}. \end{cases}$$

Les formules (1) et (2), lorsqu'on y suppose les constantes

$$s, \quad \frac{B}{A}, \quad \frac{C}{A}, \quad \frac{A_{\prime}}{A}, \quad \frac{B_{\prime}}{A}, \quad \frac{C_{\prime}}{A}$$

déterminées en fonctions de

$$u, \quad v, \quad w,$$

par l'équation (13) jointe à la formule (19), ou, ce qui revient au même, à l'une des six formules (20) et (21), représentent ce qu'on peut nommer un système d'*intégrales simples* des équations (6) et (9) du § II. Les coefficients

$$u, \quad v, \quad w,$$

dans ces intégrales simples, restent entièrement arbitraires, ainsi que la constante A. De plus, les valeurs des diverses constantes

$$u, \quad v, \quad w, \quad s, \qquad A, \quad B, \quad C, \qquad A_{\prime}, \quad B_{\prime}, \quad C_{\prime},$$

et, par suite, les valeurs des variables principales

$$\xi, \quad \eta, \quad \zeta, \qquad \xi_{\prime}, \quad \eta_{\prime}, \quad \zeta_{\prime},$$

tirées des formules (1), (2), peuvent être réelles ou imaginaires. Dans le premier cas, ces variables représenteront les déplacements infiniment petits des molécules dans un mouvement infiniment petit compatible avec la constitution des deux systèmes donnés. Dans le second cas, les parties réelles des variables principales vérifieront encore les équations des mouvements infiniment petits, et ce seront évidemment ces parties réelles qui pourront être censées représenter les déplacements infiniment petits des molécules dans un mouvement de vibration compatible avec la constitution des deux systèmes. Dans l'un et l'autre cas, le mouvement infiniment petit qui correspondra aux valeurs de

$$\xi, \quad \eta, \quad \zeta, \qquad \xi_{\prime}, \quad \eta_{\prime}, \quad \zeta_{\prime}$$

fournies par les équations (1) et (2) sera un *mouvement simple* dans lequel ces valeurs représenteront, ou les déplacements effectifs des molécules, mesurés parallèlement aux axes coordonnés, ou leurs *dépla-*

cements symboliques, c'est-à-dire des variables imaginaires dont les déplacements effectifs sont les parties réelles. Les équations (1), (2) elles-mêmes seront les équations finies, et, dans le second cas, les équations finies *symboliques* du mouvement simple dont il s'agit.

Si l'on pose

(22) $$u = \mathrm{U} + \mathrm{u}\sqrt{-1}, \qquad v = \mathrm{V} + \mathrm{v}\sqrt{-1}, \qquad w = \mathrm{W} + \mathrm{w}\sqrt{-1},$$

(23) $$s = \mathrm{S} + \mathrm{s}\sqrt{-1},$$

(24) $$\mathrm{A} = \mathrm{a}\, e^{\lambda\sqrt{-1}}, \qquad \mathrm{B} = \mathrm{b}\, e^{\mu\sqrt{-1}}, \qquad \mathrm{C} = \mathrm{c}\, e^{\nu\sqrt{-1}},$$

(25) $$\mathrm{A}_{,} = \mathrm{a}_{,} e^{\lambda_{,}\sqrt{-1}}, \qquad \mathrm{B}_{,} = \mathrm{b}_{,} e^{\mu_{,}\sqrt{-1}}, \qquad \mathrm{C}_{,} = \mathrm{c}_{,} e^{\nu_{,}\sqrt{-1}},$$

u, v, w, U, V, W, s, S, a, b, c, λ, μ, ν, $\mathrm{a}_{,}$, $\mathrm{b}_{,}$, $\mathrm{c}_{,}$, $\lambda_{,}$, $\mu_{,}$, $\nu_{,}$ désignant des quantités réelles, et si d'ailleurs on fait pour abréger

(26) $$\mathrm{k} = \sqrt{\mathrm{u}^2 + \mathrm{v}^2 + \mathrm{w}^2}, \qquad \mathrm{K} = \sqrt{\mathrm{U}^2 + \mathrm{V}^2 + \mathrm{W}^2},$$

(27) $$\mathrm{k}\imath = \mathrm{u}x + \mathrm{v}y + \mathrm{w}z, \qquad \mathrm{K}\mathrm{R} = \mathrm{U}x + \mathrm{V}y + \mathrm{W}z,$$

les formules (1), (2) donneront

(28) $$\begin{cases} \xi = \mathrm{a}\, e^{\mathrm{KR} - \mathrm{S}t} \cos(\mathrm{k}\imath - \mathrm{s}t + \lambda), \\ \eta = \mathrm{b}\, e^{\mathrm{KR} - \mathrm{S}t} \cos(\mathrm{k}\imath - \mathrm{s}t + \mu), \\ \zeta = \mathrm{c}\, e^{\mathrm{KR} - \mathrm{S}t} \cos(\mathrm{k}\imath - \mathrm{s}t + \nu); \end{cases}$$

(29) $$\begin{cases} \xi_{,} = \mathrm{a}_{,} e^{\mathrm{KR} - \mathrm{S}t} \cos(\mathrm{k}\imath - \mathrm{s}t + \lambda_{,}), \\ \eta_{,} = \mathrm{b}_{,} e^{\mathrm{KR} - \mathrm{S}t} \cos(\mathrm{k}\imath - \mathrm{s}t + \mu_{,}), \\ \zeta_{,} = \mathrm{c}_{,} e^{\mathrm{KR} - \mathrm{S}t} \cos(\mathrm{k}\imath - \mathrm{s}t + \nu_{,}). \end{cases}$$

Comme la forme des équations (28) reste la même, quel que soit le second système de molécules, et dans le cas où ce second système disparaît, il en résulte qu'un mouvement simple, susceptible de se propager à travers deux systèmes moléculaires qui se pénètrent mutuellement, est, pour chacun de ces deux systèmes, de la même nature qu'un mouvement simple capable de se propager à travers un système unique, et se réduit toujours à un mouvement par ondes planes, dans lequel chaque molécule décrit une droite, un cercle ou une ellipse. C'est d'ailleurs ce que démontrent évidemment les formules suivantes.

On tire des équations (28) :

1° Lorsque λ, μ, ν sont égaux,

$$\frac{\xi}{a} = \frac{\eta}{b} = \frac{\zeta}{c}; \tag{30}$$

2° Lorsque λ, μ, ν ne sont pas égaux,

$$\left\{\begin{aligned} &\frac{\xi}{a}\sin(\mu-\nu) + \frac{\eta}{b}\sin(\nu-\lambda) + \frac{\zeta}{c}\sin(\lambda-\mu) = 0, \\ &\left(\frac{\eta}{b}\right)^2 - 2\frac{\eta}{b}\frac{\zeta}{c}\cos(\mu-\nu) + \left(\frac{\zeta}{c}\right)^2 = e^{2KR-2St}\sin^2(\nu-\mu). \end{aligned}\right. \tag{31}$$

Pareillement, on tire des équations (29) :

1° Lorsque $\lambda_,$, $\mu_,$, $\nu_,$ sont égaux,

$$\frac{\xi_,}{a_,} = \frac{\eta_,}{b_,} = \frac{\zeta_,}{c_,}; \tag{32}$$

2° Lorsque $\lambda_,$, $\mu_,$, $\nu_,$ ne sont pas égaux,

$$\left\{\begin{aligned} &\frac{\xi_,}{a_,}\sin(\mu_,-\nu_,) + \frac{\eta_,}{b_,}\sin(\nu_,-\lambda_,) + \frac{\zeta_,}{c_,}\sin(\lambda_,-\mu_,) = 0, \\ &\left(\frac{\eta_,}{b_,}\right)^2 - 2\frac{\eta_,}{b_,}\frac{\zeta_,}{c_,}\cos(\nu_,-\mu_,) + \left(\frac{\zeta_,}{c_,}\right)^2 = e^{2KR-2St}\sin^2(\nu_,-\mu_,). \end{aligned}\right. \tag{33}$$

Donc la ligne décrite par chaque molécule du premier ou du second système est toujours une droite représentée par la formule (30) ou (32), ou bien une ellipse représentée par les formules (31) ou (33), cette ellipse pouvant se réduire à une circonférence de cercle. Le plan invariable, auquel le plan de l'ellipse reste constamment parallèle, est d'ailleurs représenté, pour le premier système de molécules, par l'équation

$$\frac{x}{a}\sin(\mu-\nu) + \frac{y}{b}\sin(\nu-\lambda) + \frac{z}{c}\sin(\lambda-\mu) = 0, \tag{34}$$

et, pour le second système de molécules, par l'équation

$$(35)\qquad \frac{x}{a_{\prime}}\sin(\mu_{\prime}-\nu_{\prime})+\frac{y}{b_{\prime}}\sin(\nu_{\prime}-\lambda_{\prime})+\frac{z}{c_{\prime}}\sin(\lambda_{\prime}-\mu_{\prime})=0.$$

Ajoutons que l'aire décrite, au bout du temps t, par le rayon vecteur de l'ellipse est représentée, dans le premier système de molécules, par l'expression

$$(36)\qquad \frac{S}{4S}e^{2KR}(1-e^{-2St})\sqrt{b^2c^2\sin^2(\mu-\nu)+c^2a^2\sin^2(\nu-\lambda)+a^2b^2\sin^2(\lambda-\mu)}$$

et, dans le second système, par l'expression

$$(37)\qquad \frac{S}{4S}e^{2KR}(1-e^{-2St})\sqrt{b_1^2c_1^2\sin^2(\mu_{\prime}-\nu_{\prime})+c_1^2a_1^2\sin^2(\nu_{\prime}-\lambda_{\prime})+a_1^2b_1^2\sin^2(\lambda_{\prime}-\mu_{\prime})}.$$

Donc le rapport entre les aires décrites par les rayons vecteurs des ellipses, que parcourent deux molécules correspondantes des deux systèmes donnés, reste le même à tous les instants et dans tous les points de l'espace. Ajoutons que, dans le cas particulier où S s'évanouit, c'est-à-dire, où le mouvement simple est durable et persistant, chacune de ces aires croît proportionnellement au temps, puisqu'on a dans ce cas

$$\frac{1-e^{-2St}}{2S}=t.$$

Si, en nommant

$$a,\quad b,\quad c$$

les cosinus des angles formés par un axe fixe avec les demi-axes des coordonnées positives, on nomme

$$8 \quad \text{et} \quad 8'$$

les déplacements des molécules du premier et du second système, mesurés parallèlement à l'axe fixe, on aura

$$8=a\xi+b\eta+c\zeta,\qquad 8_{\prime}=a\xi_{\prime}+b\eta_{\prime}+c\zeta_{\prime};$$

et, en posant, pour abréger,

$$\begin{aligned}
&a\mathrm{a}\cos\lambda + b\mathrm{b}\cos\mu + c\mathrm{c}\cos\nu = \mathrm{h}\cos\varpi,\\
&a\mathrm{a}_{,}\cos\lambda_{,} + b\mathrm{b}_{,}\cos\mu_{,} + c\mathrm{c}_{,}\cos\nu_{,} = \mathrm{h}_{,}\cos\varpi_{,},\\
&a\mathrm{a}\sin\lambda + b\mathrm{b}\sin\mu + c\mathrm{c}\sin\nu = \mathrm{h}\sin\varpi,\\
&a\mathrm{a}_{,}\sin\lambda_{,} + b\mathrm{b}_{,}\sin\mu_{,} + c\mathrm{c}_{,}\sin\nu_{,} = \mathrm{h}_{,}\sin\varpi_{,},
\end{aligned}$$

on tirera des formules (28) et (29),

(39) $$8 = \mathrm{h}\, e^{\mathrm{KR} - \mathrm{S}t}\cos(\mathrm{k}\iota - \mathrm{s}t + \varpi),$$

(40) $$8' = \mathrm{h}_{,} e^{\mathrm{KR} - \mathrm{S}t}\cos(\mathrm{k}\iota - \mathrm{s}t + \varpi_{,}).$$

En vertu de ces dernières équations, le déplacement d'une molécule, mesuré parallèlement à un axe fixe quelconque, s'évanouit pour chaque système : 1° à un instant donné dans une suite de plans équidistants, parallèles au plan invariable que représente la formule $\iota = 0$ ou

(41) $$\mathrm{u}x + \mathrm{v}y + \mathrm{w}z = 0,$$

la distance entre deux plans consécutifs étant la moitié de la longueur

(42) $$l = \frac{2\pi}{\mathrm{k}};$$

2° pour une molécule donnée, à des instants séparés les uns des autres par la moitié de l'intervalle

(43) $$\mathrm{T} = \frac{2\pi}{\mathrm{s}}.$$

Ainsi cette distance et cet intervalle, qui représentent l'épaisseur d'une onde plane, ou la *longueur d'une ondulation* et la *durée d'une vibration moléculaire,* restent les mêmes pour les deux systèmes, comme le plan invariable auquel les plans de toutes les ondes sont parallèles. On peut en dire autant, non seulement de la quantité Ω déterminée par la formule

(44) $$\Omega = \frac{\mathrm{s}}{\mathrm{k}} = \frac{l}{\mathrm{T}},$$

c'est-à-dire de la vitesse de propagation des ondes planes, mais aussi de l'exponentielle

$$e^{\mathrm{KR}-\mathrm{S}t},$$

qui représente le *module* du mouvement simple, et du binôme

$$\mathrm{k}\iota - \mathrm{s}t$$

qui en représente l'*argument*.

Observons encore qu'en vertu des formules (39) et (40) l'*amplitude* des vibrations moléculaires, mesurée parallèlement à un axe fixe donné, sera représentée, pour le premier système, par le produit

$$2\mathrm{h}e^{\mathrm{KR}-\mathrm{S}t},$$

et, pour le second système, par le produit

$$2\mathrm{h}_{,}e^{\mathrm{KR}-\mathrm{S}t}.$$

Cette amplitude variera donc en général dans le passage d'un système à l'autre, avec le *paramètre angulaire* qui correspondra au même axe fixe, et qui sera représenté par ϖ pour le premier système, par $\varpi_{,}$ pour le second. Toutefois, le rapport des amplitudes calculées pour deux molécules correspondantes des deux systèmes, étant constamment égal au rapport $\frac{h_{,}}{h}$, restera le même partout et à tous les instants. Si K et R se réduisent tous deux à zéro, les formules (39), (40) se réduiront à

$$(45) \qquad 8 = h\cos(\mathrm{k}\iota - \mathrm{s}t + \varpi),$$

$$(46) \qquad 8_{,} = \mathrm{h}_{,}\cos(\mathrm{k}\iota - \mathrm{s}t + \varpi_{,}),$$

et les amplitudes des vibrations moléculaires représentées par

$$2\mathrm{h} \quad \text{et} \quad 2\mathrm{h}_{,}$$

deviendront constantes. Enfin le mouvement s'éteindra dans les deux systèmes pour des valeurs infinies de t, si la constante S diffère de zéro, et pour des valeurs infinies de R, si la constante K diffère de zéro. Ajoutons que, dans cette dernière hypothèse, les amplitudes des vibrations moléculaires décroîtront en progression géométrique avec le module

$$e^{\mathrm{KR}-\mathrm{S}t},$$

tandis que l'on fera croître en progression arithmétique les distances au plan invariable représenté par l'équation $R = 0$, ou

$$Ux + Vy + Wz = 0. \tag{47}$$

D'après ce qu'on vient de dire, dans un mouvement simple de deux systèmes de molécules qui se pénètrent mutuellement, il existe, pour chacun de ces deux systèmes, trois plans invariables et parallèles, le premier, aux plans des courbes décrites par les diverses molécules, le second, aux plans des ondes, le troisième, à tout plan dans lequel se trouvent renfermées des molécules qui exécutent des vibrations de même amplitude.

D'ailleurs, de ces trois plans, le second reste commun, ainsi que le troisième, aux deux systèmes de molécules, mais on ne saurait, du moins en général, en dire autant du premier.

Quant aux intégrales générales des équations (6), (9) du § II, on les déduirait aisément des formules trouvées ci-dessus, à l'aide des principes exposés dans le présent Mémoire. Mais on les obtient plus facilement encore à l'aide des méthodes qui feront l'objet du Mémoire suivant.

49.

Physique mathématique. — *Mémoire sur l'intégration des équations linéaires.*

C. R., t. VIII, p. 827 (27 mai 1839).

Considérations générales.

C'est de l'intégration des *équations linéaires,* et surtout des équations linéaires à *coefficients constants,* que dépend la solution d'un grand nombre de problèmes de Physique mathématique. Dans ces problèmes, les variables indépendantes que renferment des équations linéaires *différentielles* ou aux *différences partielles* sont ordinairement au nombre de quatre, savoir, les coordonnées et le temps; mais les inconnues ou *variables principales* peuvent être en nombre quelconque, et la question consiste à trouver les *valeurs générales* des variables principales quand on connaît leurs *valeurs initiales* correspondantes à un premier instant, et les valeurs initiales de leurs dérivées. Supposons, pour fixer les idées, ces valeurs initiales connues, quelles que soient les coordonnées. Alors la question pourrait à la rigueur se résoudre, pour un système d'équations différentielles linéaires et à coefficients constants, à l'aide des méthodes données par Lagrange, dans le cas même où ces équations offriraient pour seconds membres des fonctions de la variable indépendante. Car, après avoir réduit par l'élimination les variables principales à une seule, on pourrait, à l'aide de ces méthodes, exprimer la variable principale en fonction de la variable indépendante et de constantes arbitraires, puis assujettir la variable principale et ses dérivées à fournir les valeurs initiales données; ce qui permettrait de fixer les valeurs des constantes arbitraires, à l'aide d'équations simultanées du premier degré. On sait d'ailleurs qu'en suivant la méthode de Lagrange, on obtient pour valeur générale de la variable principale une fonction dans laquelle entrent, avec la variable principale, les racines d'une certaine équation que j'appellerai l'*équation caractéristique*, le degré de cette équation étant précisément l'ordre de l'équation différentielle qu'il s'agit d'intégrer. On peut donc dire, en un certain sens, que la méthode de Lagrange réduit l'intégration d'une équation différentielle linéaire à coefficients constants à la résolution de l'équation caractéristique. Toutefois, on doit observer : 1° que Lagrange est forcé lui-même de modifier sa méthode dans le cas où l'équation caractéristique offre des racines égales; 2° qu'il est bien dur pour un géomètre, qui veut suivre cette méthode, de se croire obligé à introduire dans le calcul des constantes arbitraires qui doivent être éliminées plus tard et remplacées par les valeurs initiales de la variable principale et de ses dérivées; 3° qu'il y a même quelque inconvénient, sous le rapport de la complication des calculs, à commencer par réduire un système d'équations différentielles données à une seule, qui renferme une seule variable principale, sauf à revenir par un calcul inverse de la valeur générale de cette variable principale aux valeurs de toutes les autres. Il m'a donc paru qu'un service important à rendre, non seulement aux géomètres, mais encore aux physiciens, serait de leur fournir les moyens d'exprimer immédiatement les valeurs générales des variables principales, qui doivent vérifier un système d'équations différentielles linéaires à coefficients constants, en fonction de la variable indépendante et des valeurs initiales des variables principales et de leurs dérivées, sans avoir à établir aucune distinction et à s'occuper séparément du cas où l'équation caractéristique offre deux, trois, quatre, ... racines égales; j'ai déjà fait voir, dans les *Exercices de Mathématiques*, avec quelle facilité on atteint ce but à l'aide du calcul des résidus, quand on considère une seule variable principale déterminée par une seule équation différentielle. Je vais montrer dans ce Mémoire qu'à l'aide du même calcul on peut encore arriver au même but pour un système quelconque d'équations linéaires à coefficients constants. La simplicité de la solution est telle, qu'elle ne peut manquer, ce me semble, d'être favorablement accueillie par tous ceux qui redoutent la longueur et la complication des calculs, et qui attachent quelque prix à l'élégance ainsi qu'à la généralité des formules. Il y a plus : la méthode que je propose ici peut être étendue et appliquée à l'intégration d'un système d'équations linéaires aux différences partielles et à coefficients constants. Pour opérer cette extension, il suffit de recourir aux principes que j'ai développés dans le XIXe Cahier du *Journal de l'École Polytechnique*, et dans mes Leçons au Collège de France. En conséquence, étant donné un système d'équations linéaires aux différences partielles et à coefficients constants entre les coordonnées, le temps et plusieurs variables principales, avec les fonctions qui représentent les valeurs initiales de ces variables principales et de leurs dérivées, on pourra immédiatement exprimer, au bout d'un temps quelconque, les variables principales en fonction des variables indépendantes, et des racines d'une certaine équation que je continuerai de nommer l'*équation caractéristique*. Ainsi, dans la Physique mathématique, on n'aura plus à s'occuper de rechercher séparément les intégrales qui représentent le mouvement du son, de la chaleur, les vibrations des corps élastiques, etc. La question devra être censée résolue dans tous les cas dès que l'on sera parvenu aux équations différentielles ou aux différences partielles. Seulement les intégrales obtenues seront, dans certains cas, réductibles à des formes plus simples que celles sous lesquelles elles se présentent d'abord. Mais, comme on le verra dans ce Mémoire, et comme je l'ai déjà expliqué en traitant de l'intégration d'une seule équation linéaire, on peut établir, pour cette réduction même, des règles générales. C'est ainsi, par exemple, que l'intégrale définie sextuple, à l'aide de laquelle s'exprime la valeur générale de la variable principale d'une seule équation aux différences partielles, se réduit à une intégrale définie quadruple, dans le cas où cette équation devient homogène, ou même à une intégrale double, quand le premier nombre de l'équation caractéristique est décomposable en facteurs du second degré. On peut déjà consulter à ce sujet, dans le *Bulletin des Sciences* d'avril 1830, l'Extrait d'un Mémoire que j'ai présenté sur ce sujet à l'Académie.

Parmi les conséquences dignes de remarque qui se déduisent de la méthode d'intégration exposée dans ce Mémoire, je citerai la suivante.

Étant donné un système d'équations linéaires aux différences partielles et à coefficients constants entre les coordonnées, le temps et plusieurs variables principales, avec les valeurs initiales de ces variables principales et de leurs dérivées, on peut réduire la recherche des valeurs générales des variables principales à l'évaluation d'une intégrale définie sextuple relative à six variables auxiliaires, la fonction sous le signe $\int$ étant proportionnelle à une exponentielle dont l'exposant est une fonction linéaire des variables indépendantes et réciproquement proportionnelle au premier membre de l'équation caractéristique.

En appliquant la méthode développée dans le présent Mémoire aux équations à différences partielles qui représentent le mouvement des ondes, du son, de la chaleur, des corps élastiques, ... et généralement les vibrations d'un système de molécules sollicitées par des forces d'attraction ou de répulsion mutuelle, on retrouve les intégrales connues, dont les unes ont été données par M. Poisson, et les autres par moi-même, soit dans mes anciens Mémoires, soit dans ceux que j'ai présentés récemment à l'Académie. J'ajouterai que la même méthode, appliquée aux équations différentielles contenues dans mes derniers Mémoires, fournira généralement les intégrales des mouvements infiniment petits de deux ou plusieurs systèmes de molécules qui se pénètrent mutuellement dans le cas où l'on regarde comme constants les coefficients renfermés dans ces équations différentielles.

50.

C. R., t. VIII, p. 845 (3 juin 1839). — Suite.

§ Ier. — *Intégration d'un système d'équations différentielles du premier ordre, linéaires et à coefficients constants.*

Considérons n équations différentielles du premier ordre linéaires et à coefficients constants, entre n variables principales

$$\xi, \quad \eta, \quad \zeta, \quad \ldots$$

considérées comme fonctions d'une seule variable indépendante t qui pourra désigner le temps. Supposons ces équations présentées sous une forme telle qu'elles fournissent respectivement les valeurs de

$$\frac{d\xi}{dt}, \quad \frac{d\eta}{dt}, \quad \frac{d\zeta}{dt}, \quad \ldots;$$

de sorte qu'en faisant passer tous les termes dans les premiers membres, on les réduise à

$$(1)\quad \left\{\begin{array}{l} \frac{d\xi}{dt} + \mathfrak{L}\xi + \mathfrak{M}\eta + \ldots = 0, \\ \frac{d\eta}{dt} + \mathfrak{P}\xi + \mathfrak{Q}\eta + \ldots = 0, \\ \ldots\ldots\ldots\ldots\ldots\ldots\ldots\ldots \end{array}\right.$$

ou, ce qui revient au même, à

$$(2)\quad \left\{\begin{array}{l} (D_t + \mathfrak{L})\xi + \mathfrak{M}\eta + \ldots = 0, \\ \mathfrak{P}\xi + (D_t + \mathfrak{Q})\eta + \ldots = 0, \\ \ldots\ldots\ldots\ldots\ldots\ldots\ldots\ldots, \end{array}\right.$$

$\mathfrak{L}$, $\mathfrak{M}$, ..., $\mathfrak{P}$, $\mathfrak{Q}$, ... étant des coefficients constants. On vérifiera évidemment les équations (1) ou (2) si l'on prend

$$(3)\quad \xi = \mathrm{A}e^{st}, \qquad \eta = \mathrm{B}e^{st}, \qquad \ldots,$$

s, A, B, ... désignant des constantes réelles ou imaginaires, choisies de manière à vérifier les formules

$$(4)\quad \left\{\begin{array}{l} (s + \mathfrak{L})\mathrm{A} + \mathfrak{M}\mathrm{B} + \ldots = 0, \\ \mathfrak{P}\mathrm{A} + (s + \mathfrak{Q})\mathrm{B} + \ldots = 0, \\ \ldots\ldots\ldots\ldots\ldots\ldots\ldots\ldots, \end{array}\right.$$

qu'on obtient en remplaçant, dans les équations (2), D_t par s, et

$$\xi, \quad \eta, \quad \ldots \text{ par } \mathrm{A}, \quad \mathrm{B}, \quad \ldots.$$

D'ailleurs, comme l'élimination des facteurs A, B, C, ... entre les formules (4) fournira une *équation caractéristique*

$$(5)\quad \mathcal{S} = 0$$

qui sera du degré n par rapport à s, la valeur de $\mathcal{S}$ étant

$$(6)\quad \mathcal{S} = (s + \mathfrak{L})(s + \mathfrak{Q})\ldots - \mathfrak{M}\mathfrak{P}\ldots + \ldots,$$

on pourra, dans les formules (3), prendre pour s une quelconque des n racines de l'équation (5). Il y a plus : comme, étant donnés, pour les variables principales, deux ou plusieurs systèmes de valeurs propres à vérifier les équations (1), on obtiendra de nouvelles intégrales de ces mêmes équations en ajoutant l'une à l'autre les diverses valeurs de chaque variable principale, il est clair qu'on vérifiera encore les équations (1) en posant

$$(7) \qquad \xi = \mathcal{E}\frac{\mathrm{A}e^{st}}{((\mathrm{s}))}, \qquad \eta = \mathcal{E}\frac{\mathrm{B}e^{st}}{((\mathrm{s}))}, \qquad \ldots,$$

pourvu que, le signe $\mathcal{E}$ du calcul des résidus étant relatif aux diverses racines de l'équation caractéristique, on prenne pour

$$\mathrm{A}, \quad \mathrm{B}, \quad \mathrm{C}, \quad \ldots$$

des fonctions entières de s, propres à vérifier les formules (4). Or on obtiendra de telles valeurs en substituant aux équations (4) les suivantes

$$(8) \qquad \begin{cases} (s+\mathfrak{L})\mathrm{A} + \mathfrak{M}\mathrm{B} + \ldots = \alpha \mathrm{s}, \\ \mathfrak{P}\mathrm{A} + (s+\mathfrak{Q})\mathrm{B} + \ldots = 6 \mathrm{s}, \\ \ldots\ldots\ldots\ldots\ldots\ldots\ldots\ldots \end{cases}$$

qui s'accordent avec elles, quand on prend pour s une racine de l'équation caractéristique, quelles que soient d'ailleurs les valeurs attribuées aux nouvelles constantes

$$\alpha, \quad 6, \quad \gamma, \quad \ldots .$$

Soient en conséquence

$$(9) \qquad \begin{cases} \mathrm{A} = \mathbf{L}\alpha + \mathbf{M}6 + \ldots, \\ \mathrm{B} = \mathbf{P}\alpha + \mathbf{Q}6 + \ldots, \\ \ldots\ldots\ldots\ldots\ldots\ldots \end{cases}$$

les valeurs de A, B, C, ... tirées des formules (8), ou, ce qui revient au même, les numérateurs des fractions qui représentent les valeurs de A, B, C, ... déterminées par les formules

$$(10) \qquad \begin{cases} (s+\mathfrak{L})\mathrm{A} + \mathfrak{M}\mathrm{B} + \ldots = \alpha, \\ \mathfrak{P}\mathrm{A} + (s+\mathfrak{Q})\mathrm{B} + \ldots = 6, \\ \ldots\ldots\ldots\ldots\ldots\ldots\ldots\ldots, \end{cases}$$

et qui offrent s pour commun dénominateur. On vérifiera les équations en prenant

$$(11)\quad \xi = \mathcal{E}\frac{(\mathfrak{L}\alpha + \mathfrak{M}\beta + \ldots)e^{st}}{((\mathrm{s}))}, \qquad \eta = \mathcal{E}\frac{(\mathfrak{P}\alpha + \mathfrak{Q}\beta + \ldots)e^{st}}{((\mathrm{s}))}, \qquad \ldots.$$

On remarquera maintenant que, dans les formules (9), les facteurs

$$\mathfrak{L}, \quad \mathfrak{M}, \quad \ldots, \quad \mathfrak{P}, \quad \mathfrak{Q}, \quad \ldots$$

considérés comme fonctions de s sont tous du degré $n-2$, à l'exception de ceux qui servent de coefficients, dans la valeur de A à α, dans la valeur de B à β, ..., c'est-à-dire à l'exception des coefficients

$$\mathfrak{L}, \quad \mathfrak{Q}, \quad \ldots$$

qui seront du degré $n-1$, et qui, étant développés suivant les puissances descendantes de s, donneront chacun pour premier terme

$$s^{n-1}.$$

D'ailleurs le développement de s offrira pour premier terme s^n; et l'on aura, en vertu des principes du calcul des résidus, 1° en prenant pour m un nombre entier inférieur à $n-1$,

$$(12)\qquad \mathcal{E}\frac{s^m}{((\mathrm{s}))} = 0;$$

2° en prenant $m = n-1$,

$$(13)\qquad \mathcal{E}\frac{s^{n-1}}{((\mathrm{s}))} = 1.$$

Cela posé, on aura évidemment

$$(14)\qquad \begin{cases} \mathcal{E}\dfrac{\mathfrak{L}}{((\mathrm{s}))} = 1, & \mathcal{E}\dfrac{\mathfrak{M}}{((\mathrm{s}))} = 0, \quad \ldots, \\ \mathcal{E}\dfrac{\mathfrak{P}}{((\mathrm{s}))} = 0, & \mathcal{E}\dfrac{\mathfrak{Q}}{((\mathrm{s}))} = 1, \quad \ldots. \end{cases}$$

Donc les formules (7) donneront, pour $t = 0$,

$$(15)\qquad \xi = \alpha, \qquad \eta = \beta, \qquad \ldots;$$

et réciproquement, si l'on veut que les variables principales

$$\xi, \quad \eta, \quad \zeta, \quad \ldots$$

soient assujetties à la double condition de vérifier, quel que soit t, les équations (1), et de vérifier, pour $t=0$, les formules (15), il suffira de prendre pour ces variables les valeurs que fournissent les formules (11).

Il est bon d'observer que si l'on désigne par

$$L,\quad M,\quad \ldots,\quad P,\quad Q,\quad \ldots$$

les fonctions de la caractéristique D_t, dans lesquelles se transforment les facteurs

$$\mathfrak{L},\quad \mathfrak{M},\quad \ldots,\quad \mathfrak{P},\quad \mathfrak{Q},\quad \ldots$$

quand on y remplace s par cette caractéristique, les formules (11) pourront s'écrire comme il suit

$$(16)\qquad \xi=(\alpha L+6M+\ldots)\mathcal{E}\frac{e^{st}}{((8))},\qquad \eta=(\alpha P+6Q+\ldots)\mathcal{E}\frac{e^{st}}{((8))},\quad \ldots$$

Donc si l'on pose, pour abréger,

$$(17)\qquad \Theta=\mathcal{E}\frac{e^{st}}{((8))},$$

on aura simplement

$$(18)\qquad \xi=(\alpha L+6M+\ldots)\Theta,\qquad \eta=(\alpha P+6Q+\ldots)\Theta,\quad \ldots.$$

Si l'on représente par

$$\nabla$$

ce que devient 8, quand on y remplace la lettre s par la caractéristique D_t, la fonction Θ déterminée par la formule (17) ne sera évidemment autre chose qu'une nouvelle variable principale assujettie : 1° à vérifier, quel que soit t, l'équation différentielle de l'ordre n,

$$(19)\qquad \nabla\Theta=0;$$

2° à vérifier, pour $t=0$, les conditions

$$(20)\qquad \Theta=0,\qquad \frac{d\Theta}{dt}=0,\qquad \ldots,\qquad \frac{d^{n-2}\Theta}{dt^{n-2}}=0,\qquad \frac{d^{n-1}\Theta}{dt^{n-1}}=1.$$

Cette fonction est ce que nous appellerons la *fonction principale*. Quant aux valeurs de

$$\xi,\quad \eta,\quad \zeta,\quad \ldots$$

déterminées par les formules (18), elles ne différeront pas de celles que l'on déduirait par élimination des équations différentielles

$$(21)\quad \begin{cases} (D_t + L)\xi + M\eta + \ldots = \alpha\nabla\Theta, \\ P\xi + (D_t + Q)\eta + \ldots = 6\nabla\Theta, \\ \ldots\ldots\ldots\ldots\ldots\ldots\ldots\ldots, \end{cases}$$

en opérant comme si D_t et ∇ étaient de véritables quantités. D'ailleurs, pour obtenir les formules (21), il suffira d'égaler le premier membre de chacune des équations différentielles données, non plus à zéro, mais au produit de $\Theta\nabla$ par ce que devient ce premier membre, quand on remplace les variables principales

$$\xi,\quad \eta,\quad \zeta,\quad \ldots$$

par zéro, et leurs dérivées par les valeurs initiales

$$\alpha,\quad 6,\quad \gamma,\quad \ldots$$

de ces variables principales; en d'autres termes, il suffira de remplacer, dans les équations différentielles données, les dérivées

$$D_t\xi,\quad D_t\eta,\quad \ldots$$

par les différences

$$D_t\xi - \alpha\nabla\Theta,\quad D_t\eta - 6\nabla\Theta,\quad \ldots.$$

Enfin, il est aisé de s'assurer que, pour passer des équations différentielles données à des équations intégrales qui fournissent immédiatement les valeurs générales de ξ, η, ζ, ..., on devra suivre encore la règle que nous venons d'indiquer, dans le cas même où les équations données, étant linéaires, du premier ordre et à coefficients constants, ne seraient pas ramenées primitivement à la forme sous laquelle se présentent les équations (1) ou (2). On peut donc énoncer la proposition suivante :

THÉORÈME. — *Supposons que les n variables principales*

$$\xi,\quad \eta,\quad \zeta,\quad \ldots$$

soient assujetties : 1° à vérifier n équations différentielles linéaires du pre-

mier ordre à coefficients constants, c'est-à-dire n équations dont les premiers membres soient des fonctions linéaires de ces variables principales et de leurs dérivées

$$\frac{d\xi}{dt}, \quad \frac{d\eta}{dt}, \quad \frac{d\zeta}{dt}, \quad \ldots$$

prises par rapport à la variable indépendante t, les seconds membres étant nuls; 2° à vérifier, pour une valeur nulle de t, les équations de condition

$$\xi = \alpha, \qquad \eta = \beta, \qquad \zeta = \gamma, \quad \ldots.$$

Pour obtenir les valeurs générales de

$$\xi, \quad \eta, \quad \zeta, \quad \ldots,$$

on écrira les dérivées

$$\frac{d\xi}{dt}, \quad \frac{d\eta}{dt}, \quad \frac{d\zeta}{dt}, \quad \ldots$$

sous les formes

$$D_t\xi, \quad D_t\eta, \quad D_t\zeta, \quad \ldots;$$

puis, on recherchera l'équation

$$\nabla = 0,$$

qui résulterait de l'élimination des variables principales ξ, η, ζ, ... *entre les équations différentielles données si l'on considérait* D_t *comme désignant une quantité véritable, et à cette équation* $\nabla = 0$, *dont le premier membre* ∇ *sera une fonction de* D_t, *du degré n, qui pourra être choisie de manière à offrir pour premier terme* D_t^n, *on substituera la formule*

$$\nabla\Theta = 0,$$

que l'on regardera comme une équation différentielle de l'ordre n entre la variable indépendante t et la fonction principale Θ. *Enfin on déterminera cette fonction principale de telle sorte que, pour* $t = 0$, *elle s'évanouisse avec ses dérivées d'un ordre inférieur à* $n - 1$, *la dérivée de l'ordre* $n - 1$ *se réduisant à l'unité; et l'on égalera le premier membre de chacune des équations différentielles données, non plus à zéro, mais au produit de* $\nabla\Theta$ *par ce que devient ce premier membre quand on y remplace les variables princi-*

pales ξ, η, ζ, ... *par zéro, et leurs dérivées*

$$\frac{d\xi}{dt},\quad \frac{d\eta}{dt},\quad \frac{d\zeta}{dt},\quad \ldots$$

par les valeurs initiales

$$\alpha,\quad \beta,\quad \gamma,\quad \ldots$$

de ces mêmes variables. Les nouvelles équations différentielles ainsi formées, étant résolues par rapport à

$$\xi,\quad \eta,\quad \zeta,\quad \ldots$$

comme si D_t *désignait une quantité véritable, fourniront immédiatement les valeurs générales de* ξ, η, ζ, ... *exprimées au moyen de la fonction principale et de ses dérivées relatives à* t.

Ce théorème, qui ramène simplement l'intégration d'un système d'équations différentielles linéaires, à coefficients constants et du premier ordre, à la recherche de la fonction principale, devient surtout utile dans l'intégration des équations aux différences partielles, comme nous le verrons plus tard. Il est d'ailleurs facile de l'établir directement et de s'assurer qu'il fournit, pour les variables principales ξ, η, ζ, ..., des valeurs qui satisfont à toutes les conditions requises. En effet, dire que les valeurs de

$$\xi,\quad \eta,\quad \zeta,\quad \ldots,$$

données par les formules (18), sont celles que l'on tire des équations (21), quand on opère comme si D_t était une quantité véritable, c'est dire que l'on a

$$\begin{array}{l}
(D_t + \mathfrak{L})(\alpha L + \beta M + \ldots) + \mathfrak{M}(\alpha P + \beta Q + \ldots) + \ldots = \alpha\nabla,\\
\mathfrak{P}(\alpha L + \beta M + \ldots) + (D_t + \mathfrak{Q})(\alpha P + \beta Q + \ldots) + \ldots = \beta\nabla,\\
\ldots\ldots\ldots\ldots\ldots\ldots\ldots\ldots\ldots\ldots\ldots\ldots\ldots\ldots,
\end{array}$$

quels que soient α, β, ...; en d'autres termes, c'est dire que l'on a identiquement

$$(22)\quad \left\{\begin{array}{lll}
(D_t + \mathfrak{L})L + \mathfrak{M}P + \ldots = \nabla, & (D_t + \mathfrak{L})M + \mathfrak{M}Q + \ldots = 0, & \ldots,\\
\mathfrak{P}L + (D_t + \mathfrak{Q})P + \ldots = 0, & \mathfrak{P}M + (D_t + \mathfrak{Q})Q + \ldots = \nabla, & \ldots,\\
\ldots\ldots\ldots\ldots\ldots\ldots, & \ldots\ldots\ldots\ldots\ldots\ldots, & \ldots
\end{array}\right.$$

Or il est clair qu'en vertu des formules (19) et (22) on vérifiera les équations (2), si l'on y substitue les valeurs de ξ, η, ζ, ... fournies par les équations (18). De plus, ∇ étant une fonction entière de D_t, choisie de manière que dans cette fonction la plus haute puissance de D_t, savoir D_t^n, offre pour coefficient l'unité, si l'on regarde D_t comme une quantité véritable, on aura, pour des valeurs infiniment grandes de cette quantité,

$$\frac{\nabla}{D_t^n} = 1,$$

et par suite, en vertu des formules (22) divisées par D_t^n,

$$\begin{array}{lll} \dfrac{L}{D_t^{n-1}} = 1, & \dfrac{M}{D_t^{n-1}} = 0, & \ldots, \\ \dfrac{P}{D_t^{n-1}} = 0, & \dfrac{Q}{D_t^{n-1}} = 1, & \ldots, \\ \ldots\ldots\ldots, & \ldots\ldots\ldots, & \ldots. \end{array}$$

Donc, parmi les fonctions entières de D_t désignées par

$$L, \quad M, \quad \ldots, \quad P, \quad Q, \quad \ldots,$$

les unes, savoir

$$L, \quad Q, \quad \ldots,$$

seront du degré $n-1$, et offriront D_t^{n-1} pour premier terme, tandis que les autres seront d'un degré inférieur à $n-1$. Donc, en vertu des formules (20), on aura, pour $t = 0$,

$$\begin{array}{lll} L\Theta = 1, & M\Theta = 0, & \ldots, \\ P\Theta = 0, & Q\Theta = 1, & \ldots, \\ \ldots\ldots, & \ldots\ldots, & \ldots, \end{array}$$

D_t étant considéré, non plus comme une quantité, mais comme une caractéristique, et les valeurs de

$$\xi, \quad \eta, \quad \zeta, \quad \ldots,$$

fournies par les équations (18), vérifieront les conditions (15).

§ II. — *Intégration d'un système d'équations différentielles du premier ordre, linéaires et à coefficients constants, dans le cas où les seconds membres, au lieu de se réduire à zéro, deviennent des fonctions de la variable indépendante.*

Supposons que, dans les équations (1) du § I, les seconds membres, d'abord nuls, se transforment en diverses fonctions

$$X, \quad Y, \quad Z, \quad \ldots$$

de la variable indépendante t, en sorte que ces équations deviennent respectivement

$$(1) \qquad \begin{cases} \dfrac{d\xi}{dt} + \mathfrak{L}\xi + \mathfrak{M}\eta + \ldots = X, \\ \dfrac{d\eta}{dt} + \mathfrak{P}\xi + \mathfrak{Q}\eta + \ldots = Y, \\ \ldots\ldots\ldots\ldots\ldots\ldots\ldots\ldots, \end{cases}$$

ou, ce qui revient au même,

$$(2) \qquad \begin{cases} (D_t + \mathfrak{L})\xi + \mathfrak{M}\eta + \ldots = X, \\ \mathfrak{P}\xi + (D_t + \mathfrak{Q})\eta + \ldots = Y, \\ \ldots\ldots\ldots\ldots\ldots\ldots\ldots\ldots \end{cases}$$

Si l'on veut obtenir des valeurs des variables principales qui aient la double propriété de vérifier ces nouvelles équations, et de s'évanouir pour $t = 0$, il suffira évidemment de remplacer, dans les formules (11) du paragraphe précédent, les constantes

$$\alpha, \quad \beta, \quad \ldots$$

par les intégrales

$$\int_0^t X e^{-st}\, dt, \quad \int_0^t Y e^{-st}\, dt, \quad \ldots.$$

En effet, en opérant ainsi et désignant par

$$\mathfrak{X}, \quad \mathfrak{Y}, \quad \ldots$$

ce que deviennent

$$X, \quad Y, \quad \ldots$$

quand on y remplace la variable indépendante t par une variable auxiliaire τ, on trouvera

$$(3)\quad \begin{cases} \xi = \mathcal{E}\dfrac{\int_0^t (\mathfrak{L}\mathfrak{X} + \mathfrak{M}\mathfrak{Y} + \ldots)\, e^{s(t-\tau)}\, d\tau}{((\mathcal{S}))}, \\ \eta = \mathcal{E}\dfrac{\int_0^t (\mathfrak{P}\mathfrak{X} + \mathfrak{Q}\mathfrak{Y} + \ldots)\, e^{s(t-\tau)}\, d\tau}{((\mathcal{S}))}, \\ \ldots\ldots\ldots\ldots\ldots\ldots \end{cases}$$

Or il est clair : 1° que les valeurs précédentes des variables principales s'évanouissent pour $t = 0$; 2° qu'elles vérifieront les équations (1), en vertu des formules (14) du § I, si l'on a identiquement

$$(4)\quad \begin{cases} (s + \mathcal{L})(\mathfrak{L}\mathfrak{X} + \mathfrak{M}\mathfrak{Y} + \ldots) + \mathcal{M}(\mathfrak{P}\mathfrak{X} + \mathfrak{Q}\mathfrak{Y} + \ldots) + \ldots = 0, \\ \mathcal{P}(\mathfrak{L}\mathfrak{X} + \mathfrak{M}\mathfrak{Y} + \ldots) + (s + \mathcal{Q})(\mathfrak{P}\mathfrak{X} + \mathfrak{Q}\mathfrak{Y} + \ldots) + \ldots = 0, \\ \ldots\ldots\ldots\ldots\ldots\ldots \end{cases}$$

D'ailleurs ces dernières équations seront effectivement identiques, attendu que les valeurs de A, B, C, ..., fournies par les équations (9) du § Ier, vérifient les formules (4) du même paragraphe, indépendamment des valeurs attribuées aux facteurs α, β, ... et par conséquent dans le cas même où l'on remplacerait

$$\alpha,\ \beta,\ \ldots,\ \text{par}\ \mathfrak{X},\ \mathfrak{Y},\ \ldots.$$

Si maintenant on veut obtenir pour les variables principales

$$\xi,\ \eta,\ \zeta,\ \ldots$$

des valeurs qui aient la double propriété de vérifier, quel que soit t, les équations (1), et de se réduire aux constantes

$$\alpha,\ \beta,\ \gamma,\ \ldots$$

pour $t = 0$, il suffira évidemment d'ajouter les valeurs de ξ, η, ... fournies par les équations (3) à celles que donnent les formules (11) du

§ I. On trouvera ainsi

$$(5)\quad \begin{cases} \xi = \mathcal{E}\dfrac{(\mathfrak{L}\alpha + \mathfrak{M}6 + \ldots)e^{st}}{((\mathfrak{s}))} + \mathcal{E}\dfrac{\int_0^t (\mathfrak{L}\mathfrak{X} + \mathfrak{M}\mathfrak{Y} + \ldots)e^{s(t-\tau)}\,d\tau}{((\mathfrak{s}))}, \\ \eta = \mathcal{E}\dfrac{(\mathfrak{P}\alpha + \mathfrak{Q}6 + \ldots)e^{st}}{((\mathfrak{s}))} + \mathcal{E}\dfrac{\int_0^t (\mathfrak{P}\mathfrak{X} + \mathfrak{Q}\mathfrak{Y} + \ldots)e^{s(t-\tau)}\,d\tau}{((\mathfrak{s}))}, \\ \ldots\ldots\ldots\ldots\ldots\ldots \end{cases}$$

Il y a plus : si l'on nomme Θ la fonction principale déterminée par la formule

$$(6)\quad \Theta = \mathcal{E}\frac{s^{st}}{((\mathfrak{s}))},$$

et ϖ ce que devient cette fonction, quand on y remplace la variable indépendante t par la différence $t - \tau$, en sorte qu'on ait

$$(7)\quad \varpi = \mathcal{E}\frac{e^{s(t-\tau)}}{((\mathfrak{s}))};$$

si d'ailleurs, comme dans le § I, on désigne par

$$\mathrm{L},\quad \mathrm{M},\quad \ldots,\quad \mathrm{P},\quad \mathrm{Q},\quad \ldots$$

les fonctions de D_t dans lesquelles se transforment les facteurs

$$\mathfrak{L},\quad \mathfrak{M},\quad \ldots,\quad \mathfrak{P},\quad \mathfrak{Q},\quad \ldots$$

quand on y remplace s par D_t, les formules (5) donneront simplement

$$(8)\quad \begin{cases} \xi = (\alpha\mathrm{L} + 6\mathrm{M} + \ldots)\Theta + \int_0^t (\mathfrak{X}\mathrm{L} + \mathfrak{Y}\mathrm{M} + \ldots)\varpi\,d\tau, \\ \eta = (\alpha\mathrm{P} + 6\mathrm{Q} + \ldots)\Theta + \int_0^t (\mathfrak{X}\mathrm{P} + \mathfrak{Y}\mathrm{Q} + \ldots)\varpi\,d\tau, \\ \ldots\ldots\ldots\ldots\ldots\ldots \end{cases}$$

D'autre part, si l'on fait pour abréger

$$(9)\quad \Xi = (\mathfrak{X}\mathrm{L} + \mathfrak{Y}\mathrm{M} + \ldots)\varpi,\qquad \mathrm{H} = (\mathfrak{X}\mathrm{P} + \mathfrak{Y}\mathrm{Q} + \ldots)\varpi,\qquad \ldots,$$

Ξ, H, ... représenteront de nouvelles variables assujetties : 1° à vérifier, quel que soit t, les formules

$$(10)\qquad \left\{\begin{array}{l}(\mathrm{D}_t+\mathcal{L})\Xi+\mathfrak{M}\mathrm{H}+\ldots=0,\\ \mathfrak{P}\Xi+(\mathrm{D}_t+\mathfrak{Q})\mathrm{H}+\ldots=0,\\ \ldots\ldots\ldots\ldots\ldots\ldots\ldots,\end{array}\right.$$

2° à vérifier, pour $t-\tau=0$, ou, ce qui revient au même, pour $\tau=t$, les conditions

$$(11)\qquad \Xi=\mathfrak{X}=\mathrm{X},\qquad \mathrm{H}=\mathfrak{Y}=\mathrm{Y},\qquad \ldots;$$

et les intégrales

$$\int_0^t \Xi\,d\tau,\quad \int_0^t \mathrm{H}\,d\tau,\quad \ldots$$

désigneront évidemment les valeurs de $\xi, \eta, \ldots$ correspondantes au cas particulier où l'on aurait

$$\alpha=0,\qquad 6=0,\qquad \ldots.$$

Cela posé, on déduira immédiatement des formules (8) la proposition suivante :

Théorème. — *Supposons que les n variables principales*

$$\xi,\quad \eta,\quad \ldots$$

soient assujetties : 1° à vérifier n équations différentielles dont les premiers membres se réduisent à des fonctions linéaires de ces variables et de l'une des dérivées

$$\frac{d\xi}{dt},\quad \frac{d\eta}{dt},\quad \ldots,$$

le coefficient de cette dérivée étant l'unité, et les seconds membres étant des fonctions

$$\mathrm{X},\quad \mathrm{Y},\quad \ldots$$

de la variable indépendante t; 2° à vérifier, pour $t=0$, les conditions

$$\xi=\alpha,\qquad \eta=6,\qquad \ldots.$$

Pour obtenir les valeurs générales de

$$\xi,\quad \eta,\quad \ldots,$$

il suffira d'ajouter à celles que l'on obtiendrait si

$$X, \quad Y, \quad \ldots$$

se réduisaient à zéro, les valeurs de ξ, η, ... *correspondantes au cas particulier où l'on aurait*

$$\alpha = 0, \qquad 6 = 0.$$

Ces dernières seront d'ailleurs de la forme

$$(12) \qquad \xi = \int_0^t \Xi \, d\tau, \qquad \eta = \int_0^t \mathrm{H} \, d\tau, \qquad \ldots,$$

Ξ, H, ... *étant ce que deviennent les valeurs de* ξ, η, ... *relatives à des valeurs nulles de* X, Y, ... *quand on y remplace*

$$t \text{ par } t - \tau,$$

et

$$\alpha, \quad 6, \quad \ldots$$

par les quantités

$$\mathfrak{X}, \quad \mathfrak{Y}, \quad \ldots$$

dans lesquelles se transforment

$$X, \quad Y, \quad \ldots$$

en vertu de la substitution de τ *à* t.

Au reste, pour établir directement ce nouveau théorème, il suffit de montrer que les valeurs de

$$\xi, \quad \eta, \quad \ldots$$

fournies par les équations (12), non seulement s'évanouissent, comme on le reconnaît à première vue, pour $t = 0$, mais encore vérifient les équations (1) ou (2). Or effectivement ces valeurs, substituées dans les équations (1) ou (2), les réduiront, en vertu des formules (11), aux suivantes :

$$X + \int_0^t [(\mathrm{D}_t + \mathfrak{L})\Xi + \mathfrak{M}\mathrm{H} + \ldots] \, d\tau = X,$$

$$Y + \int_0^t [\mathfrak{P}\Xi + (\mathrm{D}_t + \mathfrak{Q})\mathrm{H} + \ldots] \, d\tau = Y,$$

$$\ldots\ldots\ldots\ldots\ldots\ldots\ldots\ldots\ldots\ldots,$$

et ces dernières seront identiques, eu égard aux équations (10).

§ III. — *Intégration d'un système d'équations différentielles linéaires et à coefficients constants d'un ordre quelconque, le second membre de chaque équation pouvant être, ou zéro, ou une fonction de la variable indépendante.*

Supposons que les équations différentielles données, étant par rapport à une ou plusieurs des variables principales

$$\xi,\quad \eta,\quad \ldots$$

d'un ordre supérieur au premier, contiennent avec ces variables principales les dérivées de ξ, de η, ... relatives à t, et dont l'ordre ne surpasse pas n' pour la variable ξ, n'' pour la variable η, ... Supposons d'ailleurs que ces équations soient linéaires et à coefficients constants, les seconds membres pouvant être des fonctions de la variable indépendante t. Les premiers membres, dans le cas le plus général, seront des fonctions linéaires, à coefficients constants, des quantités

$$\begin{array}{lllll} \xi, & \xi' = \dfrac{d\xi}{dt}, & \xi'' = \dfrac{d^2\xi}{dt^2}, & \ldots, & \xi^{(n')} = \dfrac{d^{n'}\xi}{dt^{n'}}; \\ \eta, & \eta' = \dfrac{d\eta}{dt}, & \eta'' = \dfrac{d^2\eta}{dt^2}, & \ldots, & \eta^{(n'')} = \dfrac{d^{n''}\eta}{dt^{n''}}, \\ \ldots, & \ldots\ldots, & \ldots\ldots, & \ldots, & \ldots\ldots\ldots, \end{array}$$

et les variables principales

$$\xi,\quad \eta,\quad \ldots$$

pourront être complètement déterminées si on les assujettit : 1° à vérifier les équations différentielles données, quel que soit t; 2° à vérifier, pour $t = 0$, des conditions de la forme

$$(1)\qquad \left\{\begin{array}{llll} \xi = \alpha, & \xi' = \alpha', & \ldots, & \xi^{(n'-1)} = \alpha^{(n'-1)}, \\ \eta = 6, & \eta' = 6', & \ldots, & \eta^{(n''-1)} = 6^{(n''-1)}, \\ \ldots, & \ldots, & \ldots, & \ldots\ldots, \end{array}\right.$$

$\alpha, \alpha', \ldots, \alpha^{(n'-1)}$; $6, 6', \ldots 6^{(n''-1)}$, ... désignant des constantes arbitraires dont le nombre n sera

$$(2)\qquad n' + n'' + \ldots = n.$$

Cela posé, les équations différentielles données pourront être considérées comme établissant entre les variables

$$\xi,\ \xi',\ \ldots,\ \xi^{(n'-1)},\ \xi^{(n')};\quad \eta,\ \eta',\ \ldots,\ \eta^{(n''-1)},\ \eta^{(n'')};\quad \ldots$$

des relations en vertu desquelles les dérivées des ordres les plus élevés, savoir

$$\xi^{(n')},\ \eta^{(n'')},\ \ldots,$$

s'exprimeront à l'aide des dérivées d'ordres inférieurs

$$\xi,\ \xi',\ \ldots,\ \xi^{(n'-1)};\quad \eta,\ \eta',\ \ldots,\ \eta^{(n''-1)};\quad \ldots;$$

et, pour ramener le système des équations différentielles données à un système d'équations différentielles du premier ordre, il suffira de les remplacer par les suivantes

$$(3)\quad \left\{\begin{array}{llll} D_t\xi - \xi' = 0, & D_t\xi' - \xi'' = 0, & \ldots, & D_t\xi^{(n'-1)} - \xi^{(n')} = 0, \\ D_t\eta - \eta' = 0, & D_t\eta' - \eta'' = 0, & \ldots, & D_t\eta^{(n''-1)} - \eta^{(n'')} = 0, \\ \ldots\ldots\ldots\ldots, & \ldots\ldots\ldots\ldots, & \ldots, & \ldots\ldots\ldots\ldots\ldots\ldots, \end{array}\right.$$

en prenant pour inconnues ou variables principales les n dérivées d'ordre inférieur, savoir

$$\xi,\ \xi',\ \ldots,\ \xi^{(n'-1)};\quad \eta,\ \eta',\ \ldots,\ \eta^{(n''-1)};\quad \ldots,$$

et supposant, comme on vient de le dire, les dérivées d'ordres supérieurs, savoir

$$\xi^{(n')},\ \eta^{(n'')},\ \ldots,$$

exprimées en fonction des autres et de la variable t par le moyen des équations données. Or, si les seconds membres des équations données s'évanouissent, les valeurs qu'elles fourniront pour

$$\xi^{(n')},\ \eta^{(n'')},\ \ldots$$

se réduiront à des fonctions linéaires de

$$\xi,\ \xi',\ \ldots,\ \xi^{(n'-1)};\quad \eta,\ \eta',\ \ldots,\ \eta^{(n''-1)};\quad \ldots;$$

et si, après avoir substitué ces valeurs dans les équations (3), on veut intégrer ces dernières équations, on devra, suivant ce qu'on a vu dans le § I, opérer de la manière suivante.

1° On éliminera les variables

$$\xi,\ \xi',\ \ldots,\ \xi^{(n'-1)};\quad \eta,\ \eta'\ \ldots;\ \eta^{(n''-1)};\quad \ldots$$

entre les équations (3), ou, ce qui revient au même, on éliminera les seules variables

$$\xi, \quad \eta, \quad \ldots$$

entre les équations différentielles données, en opérant comme si D_t désignait une quantité véritable; et, après avoir ainsi trouvé une équation résultante

$$\nabla = o,$$

dont le premier membre ∇ sera une fonction entière de D_t du degré n, on assujettira la *fonction principale* Θ à la double condition de vérifier, quel que soit t, l'équation différentielle de l'ordre n,

$$(4) \qquad \nabla\Theta = o,$$

et de vérifier, pour $t = o$, les formules

$$(5) \qquad \Theta = o, \quad D_t\Theta = o, \quad D_t^2\Theta = o, \quad \ldots, \quad D_t^{n-1}\Theta = o, \quad D_t^n\Theta = 1.$$

Pour satisfaire à cette double condition, il suffira de prendre

$$(6) \qquad \Theta = \mathcal{E}\frac{e^{st}}{((8))},$$

s désignant la variable auxiliaire à laquelle le signe $\mathcal{E}$ se rapporte et 8 la fonction de s en laquelle ∇ se transforme, quand on y remplace D_t par s.

2° Après avoir substitué dans les équations (3) les valeurs de

$$\xi^{(n')}, \quad \eta^{(n'')}, \quad \ldots$$

exprimées en fonctions linéaires des inconnues ou variables principales

$$\begin{array}{llll} \xi, & \xi', & \ldots, & \xi^{(n'-1)}, \\ \eta, & \eta', & \ldots, & \eta^{(n''-1)}, \\ \ldots, & \ldots, & \ldots, & \ldots\ldots, \end{array}$$

on y remplacera les dérivées de ces variables, savoir

$$\begin{array}{llll} D_t\xi, & D_t\xi', & \ldots, & D_t\xi^{(n'-1)}, \\ D_t\eta, & D_t\eta', & \ldots, & D_t\eta^{(n''-1)}, \\ \ldots, & \ldots, & \ldots, & \ldots\ldots, \end{array}$$

par les différences

$$\begin{array}{llll} D_t\xi - \alpha\nabla\Theta, & D_t\xi' - \alpha'\nabla\Theta, & \ldots, & D_t\xi^{(n'-1)} - \alpha^{(n'-1)}\nabla\Theta, \\ D_t\eta - 6\nabla\Theta, & D_t\eta' - 6'\nabla\Theta, & \ldots, & D_t\eta^{(n''-1)} - 6^{(n''-1)}\nabla\Theta, \\ \ldots\ldots, & \ldots\ldots, & \ldots, & \ldots\ldots, \end{array}$$

puis on résoudra, par rapport à

$$\xi,\ \xi',\ \ldots,\ \xi^{(n'-1)};\ \eta,\ \eta',\ \ldots,\ \eta^{(n''-1)};\ \ldots$$

les nouvelles équations ainsi obtenues, en opérant comme si D_t était une quantité véritable. D'ailleurs, les remplacements dont il est ici question transformeront les équations (3) en celles qui suivent :

$$(7)\quad \left\{\begin{array}{llll} D_t\xi - \xi' = \alpha\nabla\Theta, & D_t\xi' - \xi'' = \alpha'\nabla\Theta, & \ldots & D_t\xi^{(n'-1)} - \xi^{(n')} = \alpha^{(n'-1)}\nabla\Theta, \\ D_t\eta - \eta' = 6\nabla\Theta, & D_t\eta' - \eta'' = 6''\nabla\Theta, & \ldots, & D_t\eta^{(n''-1)} - \eta^{(n'')} = 6^{(n''-1)}\nabla\Theta, \\ \ldots\ldots, & \ldots\ldots, & \ldots, & \ldots\ldots, \end{array}\right.$$

et l'on tire immédiatement des formules (7)

$$(8)\quad \left\{\begin{array}{l} \xi' = D_t\,\xi - \alpha\nabla\Theta, \\ \xi'' = D_t^2\,\xi - (\alpha' + \alpha D_t)\nabla\Theta, \\ \ldots\ldots, \\ \xi^{(n')} = D_t^{n'}\xi - (\alpha^{(n'-1)} + \ldots + \alpha' D_t^{n'-2} + \alpha D_t^{n'-1})\nabla\Theta; \\ \eta' = D_t\,\eta - 6\nabla\Theta, \\ \eta'' = D_t^2\,\eta - (6' + 6D_t)\nabla\Theta, \\ \ldots\ldots, \\ \eta^{(n'')} = D_t^{n''}\eta - (6^{(n''-1)} + \ldots + 6' D_t^{n''-2} + 6D_t^{n''-1})\nabla\Theta, \\ \ldots\ldots \end{array}\right.$$

Donc, *pour intégrer, dans l'hypothèse admise, les équations différentielles données, il suffira de les considérer comme établissant des relations entre les quantités*

$$\xi,\ \xi',\ \xi'',\ \ldots\ \xi^{(n')};\ \eta,\ \eta',\ \eta'',\ \ldots,\ \eta^{(n'')};\ \ldots;$$

puis d'y substituer les valeurs de

$$\xi',\ \xi'',\ \ldots,\ \xi^{(n')};\ \eta',\ \eta'',\ \ldots,\ \eta^{(n'')};\ \ldots,$$

fournies par les équations (8), *et de les résoudre ensuite par rapport aux variables principales*

$$\xi,\ \eta,\ \ldots$$

en opérant comme si D_t *était une quantité véritable*. Cette règle très simple fournira immédiatement les intégrales générales d'un système d'équations différentielles linéaires et à coefficients constants d'un ordre quelconque, lorsque les seconds membres de ces équations se réduiront à zéro.

Si les seconds membres des équations différentielles données étaient supposés, non plus égaux à zéro, mais fonctions de la variable indépendante t, il faudrait, aux valeurs de

$$\xi, \quad \eta, \quad \dots$$

obtenues comme on vient de le dire, ajouter des accroissements représentés par des intégrales définies de la forme

$$\int_0^t \Xi \, d\tau, \quad \int_0^t \mathrm{H} \, d\tau, \quad \dots.$$

Soient d'ailleurs, dans cette seconde hypothèse,

$$\mathrm{X}, \quad \mathrm{Y}, \quad \dots$$

les valeurs de

$$\xi^{(n')} = \frac{d^{n'}\xi}{dt^{n'}}, \quad \eta^{(n'')} = \frac{d^{n''}\eta}{dt^{n''}}, \quad \dots$$

que fournissent les équations données quand on y remplace

$$\xi, \quad \xi', \quad \dots, \quad \xi^{(n'-1)}; \qquad \eta, \quad \eta', \quad \dots \quad \eta^{(n''-1)}; \qquad \dots$$

ou, ce qui revient au même,

$$\xi, \quad \frac{d\xi}{dt}, \quad \dots, \quad \frac{d^{n'-1}\xi}{dt^{n'-1}}; \qquad \eta, \quad \frac{d\eta}{dt}, \quad \dots, \quad \frac{d^{n''-1}\eta}{dt^{n''-1}}; \qquad \dots,$$

par zéro ; et nommons

$$\mathcal{X}, \quad \mathcal{Y}, \quad \dots$$

les fonctions de τ, dans lesquelles se changent

$$\mathrm{X}, \quad \mathrm{Y}, \quad \dots,$$

quand on y remplace la variable indépendante t par la variable auxiliaire τ. Pour obtenir les valeurs de

$$\Xi, \quad \mathrm{H}, \quad \dots$$

il suffira, d'après ce qui a été dit dans le § II, de chercher ce que deviennent les valeurs générales de

$$\xi,\quad \eta,\quad \ldots$$

relatives à la première hypothèse, quand on y remplace

$$t \quad \text{par} \quad t-\tau,$$

et

$$\alpha,\ \alpha',\ \ldots,\ \alpha^{(n'-2)},\ \alpha^{(n'-1)};\qquad 6,\ 6',\ \ldots,\ 6^{(n''-2)},\ 6^{(n''-1)};\qquad \ldots$$

par

$$0,\ 0,\ \ldots,\ 0,\ \mathcal{X};\qquad 0,\ 0,\ \ldots,\ 0,\ \mathcal{Y};\qquad \ldots.$$

Applications. — Pour montrer une application des principes que nous venons d'établir, proposons-nous d'abord d'intégrer une seule équation différentielle de l'ordre n et de la forme

$$\frac{d^n\xi}{dt^n}+a\frac{d^{n-1}\xi}{dt^{n-1}}+b\frac{d^{n-2}\xi}{dt^{n-2}}+\ldots+h\frac{d\xi}{dt}+k\xi=\mathrm{X},$$

a, b, ..., h, k désignant des coefficients constants, et X une fonction quelconque de t. Si l'on suppose d'abord X réduit à zéro, l'équation donnée deviendra

$$\nabla\xi=0,$$

la valeur de ∇ étant

$$\nabla=\mathrm{D}_t^n+a\mathrm{D}_t^{n-1}+b\mathrm{D}_t^{n-2}+\ldots+h\mathrm{D}_t+k;$$

et par suite, si l'on pose

$$8=s^n+as^{n-1}+bs^{n-2}+\ldots+hs+k=\mathrm{F}(s),$$

la fonction principale Θ sera déterminée par la formule

$$\Theta=\mathcal{E}\frac{e^{st}}{((8))}=\mathcal{E}\frac{e^{st}}{((\mathrm{F}(s)))}.$$

D'ailleurs, lorsqu'on regardera la proposée comme établissant une relation entre les quantités

$$\xi,\quad \xi',\quad \ldots,\quad \xi^{(n-1)},\quad \xi^{(n)},$$

elle se présentera sous la forme

$$\xi^{(n)} + a\xi^{(n-1)} + b\xi^{(n-2)} + \ldots + h\xi' + k\xi = 0;$$

et, si l'on substitue dans cette dernière formule les valeurs de

$$\xi', \quad \xi'', \quad \ldots, \quad \xi^{(n)}$$

fournies par les équations (8), on en conclura

$$\nabla\xi = [(\alpha^{(n-1)} + \ldots + \alpha' \mathrm{D}_t^{n-2} + \alpha \mathrm{D}_t^{n-1}) + \ldots + h(\alpha' + \alpha \mathrm{D}_t) + k\alpha]\nabla\Theta;$$

puis, en opérant comme si D_t et ∇ étaient des quantités véritables,

$$\xi = [(\alpha^{(n-1)} + \ldots + \alpha' \mathrm{D}_t^{n-2} + \alpha \mathrm{D}_t^{n-1}) + \ldots + h(\alpha' + \alpha \mathrm{D}_t) + k\alpha]\Theta.$$

Telle sera effectivement la valeur générale de ξ, que l'on pourra présenter sous la forme

$$\xi = \frac{\mathrm{F}(\mathrm{D}_t) - \mathrm{F}(\alpha)}{\mathrm{D}_t - \alpha}\Theta,$$

pourvu que, dans le développement du rapport

$$\frac{\mathrm{F}(\mathrm{D}_t) - \mathrm{F}(\alpha)}{\mathrm{D}_t - \alpha},$$

on remplace les puissances entières de α, savoir

$$\alpha^0 = 1, \quad \alpha^1, \quad \alpha^2, \quad \ldots, \quad \alpha^{n-1},$$

par les constantes arbitraires

$$\alpha, \quad \alpha', \quad \alpha'', \quad \ldots, \quad \alpha^{(n-1)}.$$

Si, dans la dernière valeur de ξ, on substitue la valeur trouvée de Θ, on obtiendra la formule symbolique

$$\xi = \mathcal{E}\frac{\mathrm{F}(s) - \mathrm{F}(\alpha)}{s - \alpha}\frac{e^{st}}{((\mathrm{F}(s)))},$$

à laquelle nous sommes déjà parvenus dans les *Exercices de Mathématiques*.

Pour passer du cas où X s'évanouit au cas où X est fonction de t, il suffira d ajouter à la valeur précédente de ξ l'intégrale définie

$$\int_0^t \Xi\, d\tau,$$

Ξ désignant ce que devient la valeur précédente de ξ quand on y remplace

$$t \text{ par } t-\tau,$$

$\alpha, \alpha', \ldots, \alpha^{(n-2)}$ par zéro, et $\alpha^{(n-1)}$ par la fonction $\mathfrak{X}$ en laquelle se transforme X en vertu de la substitution de τ à t. Cela posé, soit

$$\mathfrak{T} = \mathcal{E}\frac{e^{s(t-\tau)}}{((F(s)))}.$$

L'équation en ξ trouvée plus haut, savoir

$$\xi = (\alpha^{(n-1)} + \ldots)\Theta,$$

entraînera la suivante :

$$\Xi = \mathfrak{X}\mathfrak{T} = \mathfrak{X}\,\mathcal{E}\frac{e^{s(t-\tau)}}{((F(s)))},$$

et, par suite, en intégrant l'équation

$$\frac{d^n\xi}{dt^n} + a\frac{d^{n-1}\xi}{dt^{n-1}} + b\frac{d^{n-2}\xi}{dt^{n-2}} + \ldots + h\frac{d\xi}{dt} + k\xi = X,$$

de manière à vérifier, pour $t=0$, les conditions

$$\xi = \alpha, \qquad \frac{d\xi}{dt} = \alpha', \qquad \ldots, \qquad \frac{d^{n-1}\xi}{dt^{n-1}} = \alpha^{(n-1)},$$

on trouvera

$$\xi = \frac{F(D_t) - F(\alpha)}{D_t - \alpha}\,\Theta + \int_0^t \mathfrak{X}\mathfrak{T}\,d\tau$$

ou, ce qui revient au même,

$$\xi = \mathcal{E}\frac{F(s) - F(\alpha)}{s-a}\,\frac{e^{st}}{((F(s)))} + \mathcal{E}\frac{\int_0^t \mathfrak{X}\, e^{s(t-\tau)}\,d\tau}{((F(s)))},$$

pourvu que, dans le développement du rapport qui renferme la lettre α, on remplace $\alpha^0, \alpha^1, \ldots, \alpha^{n-1}$ par $\alpha, \alpha', \ldots, \alpha^{(n-1)}$. On se trouve ainsi ramené aux résultats déjà obtenus dans les *Exercices de Mathématiques*.

Proposons-nous maintenant d'intégrer les équations simultanées

$$\frac{d^2\xi}{dt^2} = \mathfrak{L}\xi + \mathfrak{R}\eta + \mathfrak{Q}\zeta + X,$$

$$\frac{d^2\eta}{dt^2} = \mathfrak{R}\xi + \mathfrak{M}\eta + \mathfrak{P}\zeta + Y,$$

$$\frac{d^2\zeta}{dt^2} = \mathfrak{Q}\xi + \mathfrak{P}\eta + \mathfrak{N}\zeta + Z,$$

$\mathfrak{L}$, $\mathfrak{M}$, $\mathfrak{N}$, $\mathfrak{P}$, $\mathfrak{Q}$, $\mathfrak{R}$ désignant des coefficients constants, et

$$X, \quad Y, \quad Z$$

des fonctions de la variable indépendante t. Si l'on suppose d'abord ces fonctions nulles, les équations données se réduiront aux suivantes :

$$\begin{aligned}
(\mathfrak{L} - D_t^2)\xi + \mathfrak{R}\eta + \mathfrak{Q}\zeta &= 0,\\
\mathfrak{R}\xi + (\mathfrak{M} - D_t^2)\eta + \mathfrak{P}\zeta &= 0,\\
\mathfrak{Q}\xi + \mathfrak{P}\eta + (\mathfrak{N} - D_t^2)\zeta &= 0.
\end{aligned}$$

En éliminant ξ, η, ζ entre ces dernières et opérant comme si D_t était une quantité véritable, on obtiendra une équation résultante

$$\nabla = 0,$$

dont le premier membre ∇ pourra être censé déterminé par la formule

$$\begin{aligned}
\nabla = {} & (D_t^2 - \mathfrak{L})(D_t^2 - \mathfrak{M})(D_t^2 - \mathfrak{N})\\
& - \mathfrak{P}^2(D_t^2 - \mathfrak{L}) - \mathfrak{Q}^2(D_t^2 - \mathfrak{M}) - \mathfrak{R}^2(D_t^2 - \mathfrak{N}) - 2\mathfrak{P}\mathfrak{Q}\mathfrak{R}.
\end{aligned}$$

Soit $\mathcal{S}$ ce que devient la valeur précédente de ∇ quand on y remplace D_t par s, en sorte qu'on ait

$$\begin{aligned}
\mathcal{S} = {} & (s^2 - \mathfrak{L})(s^2 - \mathfrak{M})(s^2 - \mathfrak{N})\\
& - \mathfrak{P}^2(s^2 - \mathfrak{L}) - \mathfrak{Q}^2(s^2 - \mathfrak{M}) - \mathfrak{R}^2(s^2 - \mathfrak{N}) - 2\mathfrak{P}\mathfrak{Q}\mathfrak{R},
\end{aligned}$$

et posons

$$\Theta = \mathcal{E}\frac{e^{st}}{((\mathcal{S}))};$$

si l'on veut déterminer les variables principales

$$\xi,\quad \eta,\quad \zeta$$

de manière qu'elles vérifient, quel que soit t, les équations données, et pour $t = 0$ les conditions

$$\xi = \alpha, \qquad \eta = 6, \qquad \zeta = \gamma, \qquad \frac{d\xi}{dt} = \alpha', \qquad \frac{d\eta}{dt} = 6', \qquad \frac{d\zeta}{dt} = \gamma',$$

il suffira de remplacer, dans les équations données, les dérivées du second ordre

$$\xi'' = D_t^2\,\xi, \qquad \eta'' = D_t^2\,\eta, \qquad \zeta'' = D_t^2\,\zeta$$

par les différences

$$D_t^2\xi - (\alpha' + \alpha D_t)\nabla\Theta, \quad D_t^2\eta - (6' + 6D_t)\nabla\Theta, \quad D_t^2\zeta - (\gamma' + \gamma D_t)\nabla\Theta,$$

puis de résoudre par rapport à

$$\xi,\quad \eta,\quad \zeta,$$

et en opérant comme si D_t était une quantité véritable, les nouvelles équations formées comme on vient de le dire, savoir

$$\begin{aligned}
(D_t^2 - \mathcal{L})\xi - \mathcal{R}\eta - \mathcal{Q}\zeta \qquad &= (\alpha' + \alpha D_t)\nabla\Theta,\\
-\mathcal{R}\xi + (D_t^2 - \mathcal{M})\eta - \mathcal{P}\zeta &= (6' + 6D_t)\nabla\Theta,\\
-\mathcal{Q}\xi - \mathcal{P}\eta \quad + (D_t^2 \quad - \mathcal{N})\zeta &= (\gamma' + \gamma D_t)\nabla\Theta.
\end{aligned}$$

On trouvera de cette manière

$$\begin{aligned}
\xi = {} & [(D_t^2 - \mathcal{M})(D_t^2 - \mathcal{N}) - \mathcal{P}^2](\alpha' + \alpha D_t)\Theta\\
& + [\mathcal{R}(D_t^2 - \mathcal{N}) + \mathcal{P}\mathcal{Q}](6' + 6D_t)\Theta\\
& + [\mathcal{Q}(D_t^2 - \mathcal{M}) + \mathcal{R}\mathcal{P}](\gamma' + \gamma D_t)\Theta\\
& \ldots\ldots\ldots\ldots\ldots\ldots\ldots\ldots\ldots\ldots\ldots,
\end{aligned}$$

et, en posant, pour abréger,

$$\begin{aligned}
\mathfrak{L} &= (D_t^2 - \mathcal{M})(D_t^2 - \mathcal{N}) - \mathcal{P}^2, & \mathfrak{P} &= \mathcal{P}(D_t^2 - \mathcal{L}) + \mathcal{Q}\mathcal{R},\\
\mathfrak{M} &= (D_t^2 - \mathcal{N})(D_t^2 - \mathcal{L}) - \mathcal{Q}^2, & \mathfrak{Q} &= \mathcal{Q}(D_t^2 - \mathcal{M}) + \mathcal{R}\mathcal{P},\\
\mathfrak{N} &= (D_t^2 - \mathcal{L})(D_t^2 - \mathcal{M}) - \mathcal{R}^2, & \mathfrak{R} &= \mathcal{R}(D_t^2 - \mathcal{N}) + \mathcal{P}\mathcal{Q},
\end{aligned}$$

on aura simplement

$$\xi = [(\alpha' + \alpha D_t)\mathfrak{L} + (\beta' + \beta D_t)\mathfrak{R} + (\gamma' + \gamma D_t)\mathfrak{Q}]\Theta,$$

$$\eta = [(\alpha' + \alpha D_t)\mathfrak{R} + (\beta' + \beta D_t)\mathfrak{M} + (\gamma' + \gamma D_t)\mathfrak{P}]\Theta,$$

$$\zeta = [(\alpha' + \alpha D_t)\mathfrak{Q} + (\beta' + \beta D_t)\mathfrak{P} + (\gamma' + \gamma D_t)\mathfrak{N}]\Theta.$$

Si maintenant les fonctions de t désignées par

$$X, \quad Y, \quad Z$$

cessent d'être nulles, et si l'on nomme

$$\mathfrak{X}, \quad \mathfrak{Y}, \quad \mathfrak{Z}$$

ce que deviennent ces fonctions quand on y remplace la variable indépendante t par la variable auxiliaire τ, alors, pour obtenir les valeurs générales de

$$\xi, \quad \eta, \quad \zeta,$$

il suffira d'ajouter celles qu'on vient de trouver à celles que déterminent les formules

$$\xi = \int_0^t (\mathfrak{X}\mathfrak{L} + \mathfrak{Y}\mathfrak{R} + \mathfrak{Z}\mathfrak{Q})\,\mathfrak{T}\,d\tau,$$

$$\eta = \int_0^t (\mathfrak{X}\mathfrak{R} + \mathfrak{Y}\mathfrak{M} + \mathfrak{Z}\mathfrak{P})\,\mathfrak{T}\,d\tau,$$

$$\zeta = \int_0^t (\mathfrak{X}\mathfrak{Q} + \mathfrak{Y}\mathfrak{P} + \mathfrak{Z}\mathfrak{N})\,\mathfrak{T}\,d\tau,$$

la valeur de $\mathfrak{T}$ étant

$$\mathfrak{T} = \mathcal{E}\frac{e^{s(t-\tau)}}{((s))}.$$

51.

Comptes rendus, t. VIII, p. 889 (10 juin 1839). — Suite.

§ IV. — *Intégration d'un système d'équations linéaires, aux différences partielles, et à coefficients constants, d'un ordre quelconque, le second membre de chaque équation pouvant être, ou zéro, ou une fonction des variables indépendantes.*

Soit donné un système d'équations aux différences partielles entre plusieurs variables principales

$$\xi, \quad \eta, \quad \zeta, \quad \ldots$$

et plusieurs variables indépendantes

$$x, \quad y, \quad z, \quad \ldots, \quad t,$$

que, pour fixer les idées, nous réduirons à quatre, les trois premières x, y, z pouvant représenter trois coordonnées, et la quatrième t désignant le temps. Supposons d'ailleurs que les premiers membres de ces équations soient des fonctions linéaires, à coefficients constants, des variables principales et de leurs dérivées, l'ordre des dérivées relatives à t pouvant s'élever jusqu'au nombre n' pour la variable principale ξ, jusqu'au nombre n'' pour la variable principale η, jusqu'au nombre n''' pour la variable principale ζ, ... Faisons, pour abréger,

$$n = n' + n'' + n''' + \ldots. \tag{1}$$

Enfin nommons

$$\begin{array}{llll}
\varphi\,(x, y, z), & \chi\,(x, y, z), & \psi\,(x, y, z), & \ldots, \\
\varphi_1(x, y, z), & \chi_1(x, y, z), & \psi_1(x, y, z), & \ldots, \\
\ldots\ldots\ldots\ldots, & \ldots\ldots\ldots\ldots, & \ldots\ldots\ldots\ldots, & \ldots, \\
\varphi_{n'-1}(x, y, z), & \chi_{n''-1}(x, y, z), & \psi_{n'''-1}(x, y, z), & \ldots
\end{array}$$

les valeurs initiales des variables principales

$$\xi, \quad \eta, \quad \zeta, \quad \ldots$$

et de leurs dérivées d'ordres inférieurs à l'un des nombres

$$n',\quad n'',\quad n''',\quad \ldots;$$

en sorte que ces variables soient assujetties à vérifier, quel que soit t, les équations données aux différences partielles, et pour $t=0$, les conditions

$$(2)\quad \left\{\begin{array}{llll} \xi=\varphi\,(x,y,z), & \eta=\chi\,(x,y,z), & \zeta=\psi\,(x,y,z), & \ldots, \\ D_t\xi=\varphi_1(x,y,z), & D_t\eta=\chi_1(x,y,z), & D_t\zeta=\psi_1(x,y,z), & \ldots, \\ \ldots\ldots\ldots\ldots, & \ldots\ldots\ldots\ldots, & \ldots\ldots\ldots\ldots, & \ldots, \\ D_t^{n'-1}\xi=\varphi_{n'-1}(x,y,z), & D_t^{n''-1}\eta=\chi_{n''-1}(x,y,z), & D_t^{n'''-1}\zeta=\psi_{n'''-1}(x,y,z), & \ldots. \end{array}\right.$$

Pour ramener l'intégration des équations proposées à l'intégration d'un système d'équations linéaires et à coefficients constants, il suffira de recourir à la formule connue

$$(3)\qquad \varpi(x)=\int_{-\infty}^{\infty}\int_{-\infty}^{\infty}e^{u(x-\lambda)\sqrt{-1}}\,\varpi(\lambda)\,\frac{d\lambda\,du}{2\pi},$$

de laquelle on tire, en remplaçant successivement $\varpi(x)$ par $\varpi(x,y)$ et par $\varpi(x,y,z)$

$$\varpi(x,y)=\int_{-\infty}^{\infty}\int_{-\infty}^{\infty}\int_{-\infty}^{\infty}\int_{-\infty}^{\infty}e^{[u(x-\lambda)+v(y-\mu)]\sqrt{-1}}\,\varpi(\lambda,\mu)\,\frac{d\lambda\,du}{2\pi}\,\frac{d\mu\,dv}{2\pi},$$

$$(4)\quad \varpi(x,y,z)=\int_{-\infty}^{\infty}\int_{-\infty}^{\infty}\int_{-\infty}^{\infty}\int_{-\infty}^{\infty}\int_{-\infty}^{\infty}\int_{-\infty}^{\infty}e^{[u(x-\lambda)+v(y-\mu)+w(z-\nu)]\sqrt{-1}}\,\varpi(\lambda,\mu,\nu)\,\frac{d\lambda\,du}{2\pi}\,\frac{d\mu\,dv}{2\pi}\,\frac{d\nu\,dw}{2\pi},$$

puis, en écrivant $\varpi(x,y,z,t)$ au lieu de $\varpi(x,y,z)$,

$$(5)\quad \varpi(x,y,z,t)=\int_{-\infty}^{\infty}\int_{-\infty}^{\infty}\int_{-\infty}^{\infty}\int_{-\infty}^{\infty}\int_{-\infty}^{\infty}\int_{-\infty}^{\infty}e^{[u(x-\lambda)+v(y-\mu)+w(z-\nu)]\sqrt{-1}}\,\varpi(\lambda,\mu,\nu,t)\,\frac{d\lambda\,du}{2\pi}\,\frac{d\mu\,dv}{2\pi}\,\frac{d\nu\,dw}{2\pi}.$$

En effet, chacune des équations données sera de la forme

$$(6)\qquad R=\varpi(x,y,z,t),$$

R désignant une fonction linéaire, et à coefficients constants, des variables principales

$$\xi,\quad \eta,\quad \zeta,$$

et de leurs dérivées prises par rapport à une ou plusieurs des variables indépendantes. D'autre part, en désignant par

$$f,\quad g,\quad h$$

des nombres entiers quelconques, et posant, pour abréger,

$$(7)\qquad u = \mathrm{u}\sqrt{-1},\qquad v = \mathrm{v}\sqrt{-1},\qquad w = \mathrm{w}\sqrt{-1},$$

on tirera généralement de la formule (4)

$$(8)\quad \left\{ \begin{aligned} & \mathrm{D}_x^f \mathrm{D}_y^g \mathrm{D}_z^h \varpi(x, y, z) \\ & = \int_{-\infty}^{\infty}\int_{-\infty}^{\infty}\int_{-\infty}^{\infty}\int_{-\infty}^{\infty}\int_{-\infty}^{\infty}\int_{-\infty}^{\infty} e^{u(x-\lambda)+v(y-\mu)+w(z-\nu)}\, u^f v^g w^h \varpi(\lambda, \mu, \nu)\, \frac{d\lambda\, d\mathrm{u}}{2\pi}\, \frac{d\mu\, d\mathrm{v}}{2\pi}\, \frac{d\nu\, d\mathrm{w}}{2\pi}. \end{aligned} \right.$$

Cela posé, si l'on nomme

$$\overline{\xi},\quad \overline{\eta},\quad \overline{\zeta},\quad \ldots$$

ce que deviennent les variables principales

$$\xi,\quad \eta,\quad \zeta\quad \ldots,$$

considérées comme fonctions de x, y, z, t, quand on y remplace

$$x,\quad y,\quad z$$

par

$$\lambda,\quad \mu,\quad \nu;$$

si, de plus, après avoir exprimé R à l'aide des caractéristiques

$$\mathrm{D}_x,\quad \mathrm{D}_y,\quad \mathrm{D}_z,\quad \mathrm{D}_t,$$

on appelle $\mathfrak{R}$ ce que devient R, quand on remplace

$$\xi,\quad \eta,\quad \zeta,\quad \ldots\quad \text{par}\quad \overline{\xi},\quad \overline{\eta},\quad \overline{\zeta},\quad \ldots$$

et les puissances entières des caractéristiques

$$\mathrm{D}_x,\quad \mathrm{D}_y,\quad \mathrm{D}_z$$

par les puissances semblables des facteurs

$$u,\quad v,\quad w,$$

on aura évidemment

$$(9)\quad \mathrm{R} = \int_{-\infty}^{\infty}\int_{-\infty}^{\infty}\int_{-\infty}^{\infty}\int_{-\infty}^{\infty}\int_{-\infty}^{\infty}\int_{-\infty}^{\infty} e^{u(x-\lambda)+v(y-\mu)+w(z-\nu)}\, \mathfrak{R}\, \frac{d\lambda\, d\mathrm{u}}{2\pi}\, \frac{d\mu\, d\mathrm{v}}{2\pi}\, \frac{d\nu\, d\mathrm{w}}{2\pi};$$

et par suite l'équation (6) pourra être représentée sous la forme

$$(10)\quad \int_{-\infty}^{\infty}\int_{-\infty}^{\infty}\int_{-\infty}^{\infty}\int_{-\infty}^{\infty}\int_{-\infty}^{\infty}\int_{-\infty}^{\infty}[\mathfrak{R}-\varpi(\lambda,\mu,\nu,t)]e^{u(x-\lambda)+v(y-\mu)+w(z-\nu)}\frac{d\lambda\,du}{2\pi}\,\frac{d\mu\,dv}{2\pi}\,\frac{d\nu\,dw}{2\pi}=0.$$

Or, pour que la formule (10) soit vérifiée, il suffira que l'on ait $\mathfrak{R}-\varpi(\lambda,\mu,\nu,t)=0$ ou, ce qui revient au même,

$$(11)\qquad \mathfrak{R}=\varpi(\lambda,\mu,\nu,t),$$

et cette dernière formule n'est autre chose qu'une équation différentielle linéaire à coefficients constants entre les inconnues

$$\bar{\xi},\quad \bar{\eta},\quad \bar{\zeta},\quad \ldots,$$

considérées comme variables principales, et t considéré comme variable indépendante. Ce n'est pas tout. Pour que les conditions (2) soient vérifiées, il suffira, en vertu de la formule (4), que l'on ait pour $t=0$,

$$(12)\quad \begin{cases} \bar{\xi}=\varphi(\lambda,\mu,\nu), & \bar{\eta}=\chi(\lambda,\mu,\nu), & \bar{\zeta}=\psi(\lambda,\mu,\nu), & \ldots,\\ D_t\bar{\xi}=\varphi_1(\lambda,\mu,\nu), & D_t\bar{\eta}=\chi_1(\lambda,\mu,\nu), & D_t\bar{\zeta}=\psi_1(\lambda,\mu,\nu), & \ldots,\\ \ldots\ldots\ldots\ldots, & \ldots\ldots\ldots\ldots, & \ldots\ldots\ldots\ldots, & \ldots,\\ D_t^{n'-1}\bar{\xi}=\varphi_{n'-1}(\lambda,\mu,\nu), & D_t^{n''-1}\bar{\eta}=\chi_{n''-1}(\lambda,\mu,\nu), & D_t^{n'''-1}\bar{\zeta}=\psi_{n'''-1}(\lambda,\mu,\nu), & \ldots. \end{cases}$$

Donc, en définitive, pour que les variables principales

$$\xi,\quad \eta,\quad \zeta,\quad \ldots$$

possèdent la double propriété de vérifier, quel que soit t, les équations données, et, pour $t=0$, les conditions (2), il suffira que les variables principales auxiliaires

$$\bar{\xi},\quad \bar{\eta},\quad \bar{\zeta},\quad \ldots$$

possèdent la double propriété de vérifier, quel que soit t, un système d'équations différentielles semblables à la formule (11), et, pour $t=0$, les conditions (12). On pourra donc énoncer la proposition suivante :

Théorème I. — *Les variables principales*

$$\xi,\quad \eta,\quad \zeta,\quad \ldots$$

assujetties : 1° à vérifier, quel que soit t, un système d'équations linéaires, aux différences partielles, et à coefficients constants, ces équations pouvant offrir pour seconds membres, ou zéro, ou des fonctions connues des variables indépendantes

$$x,\ y,\ z,\ t;$$

2° à vérifier, pour $t=0$, les conditions (2), seront, dans tous les cas, immédiatement déterminées par les formules

$$(13)\quad \begin{cases} \xi = \int_{-\infty}^{\infty}\int_{-\infty}^{\infty}\int_{-\infty}^{\infty}\int_{-\infty}^{\infty}\int_{-\infty}^{\infty}\int_{-\infty}^{\infty} e^{[\mathrm{u}(x-\lambda)+\mathrm{v}(y-\mu)+\mathrm{w}(z-\nu)]\sqrt{-1}}\,\bar{\xi}\,\frac{d\lambda\,d\mathrm{u}}{2\pi}\,\frac{d\mu\,d\mathrm{v}}{2\pi}\,\frac{d\nu\,d\mathrm{w}}{2\pi}, \\ \eta = \int_{-\infty}^{\infty}\int_{-\infty}^{\infty}\int_{-\infty}^{\infty}\int_{-\infty}^{\infty}\int_{-\infty}^{\infty}\int_{-\infty}^{\infty} e^{[\mathrm{u}(x-\lambda)+\mathrm{v}(y-\mu)+\mathrm{w}(z-\nu)]\sqrt{-1}}\,\bar{\eta}\,\frac{d\lambda\,d\mathrm{u}}{2\pi}\,\frac{d\mu\,d\mathrm{v}}{2\pi}\,\frac{d\nu\,d\mathrm{w}}{2\pi}, \\ \zeta = \int_{-\infty}^{\infty}\int_{-\infty}^{\infty}\int_{-\infty}^{\infty}\int_{-\infty}^{\infty}\int_{-\infty}^{\infty}\int_{-\infty}^{\infty} e^{[\mathrm{u}(x-\lambda)+\mathrm{v}(y-\mu)+\mathrm{w}(z-\nu)]\sqrt{-1}}\,\bar{\zeta}\,\frac{d\lambda\,d\mathrm{u}}{2\pi}\,\frac{d\mu\,d\mathrm{v}}{2\pi}\,\frac{d\nu\,d\mathrm{w}}{2\pi}, \\ \ldots\ldots\ldots\ldots\ldots\ldots\ldots\ldots\ldots\ldots\ldots\ldots, \end{cases}$$

pourvu que l'on désigne par

$$\bar{\xi},\ \bar{\eta},\ \bar{\zeta},\ \ldots$$

de nouvelles variables principales assujetties : 1° à vérifier, quel que soit t, certaines équations différentielles, qui seront nommées les équations auxiliaires; *2° à vérifier, pour $t=0$, les conditions (12). D'ailleurs, pour obtenir les équations différentielles auxiliaires, il suffira d'exprimer les dérivées de $\xi, \eta, \zeta, \ldots$, que renferment les premiers membres des équations linéaires données, à l'aide des caractéristiques*

$$\mathrm{D}_x,\ \mathrm{D}_y,\ \mathrm{D}_z,\ \mathrm{D}_t;$$

puis de remplacer dans ces premiers membres

$$\xi,\ \eta,\ \zeta,\ \ldots \text{ par } \bar{\xi},\ \bar{\eta},\ \bar{\zeta},\ \ldots$$

et

$$\mathrm{D}_x,\ \mathrm{D}_y,\ \mathrm{D}_z$$

par

$$u,\ v,\ w;$$

ou, ce qui revient au même, par

$$\mathrm{u}\sqrt{-1},\quad \mathrm{v}\sqrt{-1},\quad \mathrm{w}\sqrt{-1},$$

enfin de remplacer dans les seconds membres

$$x,\quad y,\quad z \quad \text{par} \quad \lambda,\quad \mu,\quad \nu.$$

Considérons en particulier le cas où, dans les équations linéaires données, les dérivées de ξ, η, ζ, ... relatives à t se réduiraient aux dérivées du premier ordre

$$D_t\xi,\quad D_t\eta,\quad D_t\zeta,\quad \ldots$$

et se trouveraient simplement multipliées par des coefficients constants, indépendants de

$$D_x,\quad D_y,\quad D_z.$$

Alors les conditions (2), qui devront être vérifiées pour $t = 0$, se réduiront à

$$\xi = \varphi(x, y, z),\qquad \eta = \chi(x, y, z),\qquad \zeta = \psi(x, y, z),\qquad \ldots,$$

et les équations auxiliaires seront des équations différentielles du premier ordre, linéaires et à coefficients constants, auxquelles devront satisfaire les nouvelles variables principales

$$\overline{\xi},\quad \overline{\eta},\quad \overline{\zeta},\quad \ldots$$

assujetties en outre à vérifier, pour $t = 0$, les conditions

$$\overline{\xi} = \varphi(\lambda, \mu, \nu),\qquad \overline{\eta} = \chi(\lambda, \mu, \nu),\qquad \overline{\zeta} = \psi(\lambda, \mu, \nu),\qquad \ldots.$$

Or, si l'on suppose d'abord que les seconds membres des équations linéaires données s'évanouissent, on pourra en dire autant des seconds membres des équations auxiliaires; et, d'après ce qu'on a vu dans le § I, les valeurs générales de $\overline{\xi}$, $\overline{\eta}$, ... seront de la forme

$$(14)\qquad \left\{\begin{array}{l} \overline{\xi} = [\varphi(\lambda, \mu, \nu)\,\mathfrak{L} + \chi(\lambda, \mu, \nu)\,\mathfrak{M} + \ldots]\,\Theta, \\ \overline{\eta} = [\varphi(\lambda, \mu, \nu)\,\mathfrak{P} + \chi(\lambda, \mu, \nu)\,\mathfrak{Q} + \ldots]\,\Theta, \\ \ldots\ldots\ldots\ldots\ldots\ldots\ldots\ldots\ldots\ldots, \end{array}\right.$$

Θ désignant la fonction principale, et

$$\mathfrak{L},\quad \mathfrak{M},\quad \ldots,\quad \mathfrak{P},\quad \mathfrak{Q},\quad \ldots$$

des fonctions entières de la caractéristique D_t. D'ailleurs, pour obtenir la fonction principale Θ relative aux équations auxiliaires, on devra : 1° exprimer, dans les équations linéaires données, les diverses dérivées de ξ, η, ζ, ... à l'aide des caractéristiques D_x, D_y, D_z, D_t; 2° éliminer ξ, η, ζ, ... entre ces équations, comme si

$$D_x, \quad D_y, \quad D_z, \quad D_t$$

désignaient des quantités véritables; 3° remplacer, dans le premier membre ∇ de l'équation résultante

$$\nabla = 0, \tag{15}$$

les caractéristiques D_x, D_y, D_z par u, v, w, ce qui réduira ∇ à une fonction de la seule caractéristique D_t, puis choisir Θ de manière à vérifier, quel que soit t, l'équation différentielle

$$\nabla\Theta = 0,$$

et, pour $t = 0$, les conditions

$$\Theta = 0, \quad D_t\Theta = 0, \quad \ldots, \quad D_t^{n-2}\Theta = 0, \quad D_t^{n-1}\Theta = 1.$$

Si l'on nomme $\mathcal{S}$ ce que devient le premier membre ∇ de l'équation (15), quand on y remplace, non seulement

$$D_x, \quad D_y, \quad D_z \quad \text{par} \quad u, \quad v, \quad w,$$

mais encore D_t par s,

$$\mathcal{S} = 0 \tag{16}$$

sera ce que nous appelons l'*équation caractéristique ;* et la valeur de la fonction principale Θ sera

$$\Theta = \mathcal{E}\frac{e^{st}}{((\mathcal{S}))}, \tag{17}$$

si l'on a choisi la fonction ∇ de manière que le coefficient de D_t^n s'y réduise à l'unité. Cela posé, pour obtenir les valeurs générales de

$$\bar{\xi}, \quad \bar{\eta}, \quad \bar{\zeta}, \quad \ldots,$$

c'est-à-dire pour obtenir les formules (14), il suffira, en vertu des principes établis dans le § I, de remplacer dans les équations différentielles auxiliaires les variables

$$D_t\bar{\xi}, \quad D_t\bar{\eta}, \quad \ldots$$

par les différences

$$D_t\bar{\xi} - \varphi(\lambda, \mu, \nu)\,\nabla\Theta, \qquad D_t\bar{\eta} - \chi(\lambda, \mu, \nu)\nabla\Theta, \qquad \ldots,$$

∇ étant considéré comme une fonction de

$$u, \quad v, \quad w, \quad D_t,$$

puis de résoudre par rapport à

$$\bar{\xi}, \quad \bar{\eta}, \quad \ldots$$

les nouvelles équations ainsi formées en opérant comme si D_t était une quantité véritable.

Concevons maintenant que, dans les équations (13), présentées sous les formes

$$(18)\quad \begin{cases} \xi = \int_{-\infty}^{\infty}\int_{-\infty}^{\infty}\int_{-\infty}^{\infty}\int_{-\infty}^{\infty}\int_{-\infty}^{\infty}\int_{-\infty}^{\infty} e^{u(x-\lambda)+v(y-\mu)+w(z-\nu)}\bar{\xi}\,\dfrac{d\lambda\,du}{2\pi}\,\dfrac{d\mu\,dv}{2\pi}\,\dfrac{d\nu\,dw}{2\pi}, \\ \eta = \int_{-\infty}^{\infty}\int_{-\infty}^{\infty}\int_{-\infty}^{\infty}\int_{-\infty}^{\infty}\int_{-\infty}^{\infty}\int_{-\infty}^{\infty} e^{u(x-\lambda)+v(y-\mu)+w(z-\nu)}\bar{\eta}\,\dfrac{d\lambda\,du}{2\pi}\,\dfrac{d\mu\,dv}{2\pi}\,\dfrac{d\nu\,dw}{2\pi}, \\ \ldots\ldots\ldots\ldots\ldots\ldots\ldots\ldots\ldots\ldots\ldots\ldots \end{cases}$$

on substitue les valeurs de $\bar{\xi}$, $\bar{\eta}$, ... tirées des formules (14) et (17), savoir

$$(19)\quad \begin{cases} \bar{\xi} = \mathcal{E}\,[\varphi(\lambda, \mu, \nu)\,\mathfrak{L} + \chi(\lambda, \mu, \nu)\,\mathfrak{M} + \ldots]\,\dfrac{e^{st}}{((8))}, \\ \bar{\eta} = \mathcal{E}\,[\varphi(\lambda, \mu, \nu)\,\mathfrak{P} + \chi(\lambda, \mu, \nu)\,\mathfrak{Q} + \ldots]\,\dfrac{e^{st}}{((8))}, \\ \ldots\ldots\ldots\ldots\ldots\ldots\ldots\ldots\ldots\ldots \end{cases}$$

Supposons d'ailleurs qu'à chaque forme particulière d'une fonction

$$\varpi(x, y, z)$$

des trois coordonnées

$$x, \quad y, \quad z$$

on fasse correspondre une fonction de x, y, z, t, désignée par la seule lettre ϖ et déterminée par la formule

$$(20)\quad \varpi = \mathcal{L}\int_{-\infty}^{\infty}\int_{-\infty}^{\infty}\int_{-\infty}^{\infty}\int_{-\infty}^{\infty}\int_{-\infty}^{\infty}\int_{-\infty}^{\infty}\frac{e^{u(x-\lambda)+v(y-\mu)+w(z-\nu)+st}}{((\mathcal{S}))}\varpi(\lambda,\mu,\nu)\frac{d\lambda\, d\mathrm{u}}{2\pi}\frac{d\mu\, d\mathrm{v}}{2\pi}\frac{d\nu\, d\mathrm{w}}{2\pi}.$$

Enfin nommons

$$\varphi,\quad \chi,\quad \ldots$$

les fonctions de x, y, z, t, dans lesquelles ϖ se transforme, quand on y remplace $\varpi(\lambda,\mu,\nu)$ par

$$\varphi(\lambda,\mu,\nu),\quad \chi(\lambda,\mu,\nu),\quad \ldots,$$

de sorte qu'on ait

$$\varphi = \mathcal{L}\int_{-\infty}^{\infty}\int_{-\infty}^{\infty}\int_{-\infty}^{\infty}\int_{-\infty}^{\infty}\int_{-\infty}^{\infty}\int_{-\infty}^{\infty}\frac{e^{u(x-\lambda)+v(y-\mu)+w(z-\nu)+st}}{((\mathcal{S}))}\varphi(\lambda,\mu,\nu)\frac{d\lambda\, d\mathrm{u}}{2\pi}\frac{d\mu\, d\mathrm{v}}{2\pi}\frac{d\nu\, d\mathrm{w}}{2\pi}.$$

$$\chi = \mathcal{L}\int_{-\infty}^{\infty}\int_{-\infty}^{\infty}\int_{-\infty}^{\infty}\int_{-\infty}^{\infty}\int_{-\infty}^{\infty}\int_{-\infty}^{\infty}\frac{e^{u(x-\lambda)+v(y-\mu)+w(z-\nu)+st}}{((\mathcal{S}))}\chi(\lambda,\mu,\nu)\frac{d\lambda\, d\mathrm{u}}{2\pi}\frac{d\mu\, d\mathrm{v}}{2\pi}\frac{d\nu\, d\mathrm{w}}{2\pi},$$

. . . . ,

et désignons par

$$\mathrm{L},\quad \mathrm{M},\quad \ldots,\quad \mathrm{P},\quad \mathrm{Q},\quad \ldots$$

ce que deviennent

$$\mathfrak{L},\quad \mathfrak{M},\quad \ldots,\quad \mathfrak{P},\quad \mathfrak{Q},\quad \ldots$$

quand on y remplace

$$u,\quad v,\quad w$$

par les caractéristiques

$$\mathrm{D}_x,\quad \mathrm{D}_y,\quad \mathrm{D}_z.$$

Les valeurs de $\xi, \eta, \ldots$ fournies par les équations (18) et (19) pourront évidemment s'écrire comme il suit :

$$(21)\quad \begin{cases} \xi = \mathrm{L}\varphi + \mathrm{M}\chi + \ldots, \\ \eta = \mathrm{P}\varphi + \mathrm{Q}\chi + \ldots, \\ \ldots\ldots\ldots\ldots\ldots\ldots \end{cases}$$

En d'autres termes, on aura

$$(22)\quad \begin{cases} \xi = \mathfrak{L}\varphi + \mathfrak{M}\chi + \ldots, \\ \eta = \mathfrak{P}\varphi + \mathfrak{Q}\chi + \ldots, \\ \ldots\ldots\ldots\ldots\ldots\ldots, \end{cases}$$

pourvu que l'on transforme les fonctions de u, v, w, D_t, désignées par

$$\mathfrak{L},\ \mathfrak{M},\ \ldots,\ \mathfrak{P},\ \mathfrak{Q},\ \ldots$$

en fonctions des caractéristiques

$$D_x,\quad D_y,\quad D_z,\quad D_t,$$

en y remplaçant u, v, w par D_x, D_y, D_z. D'ailleurs, pour déduire les formules (22) des formules (14), il suffit de remplacer dans les formules (14) les variables auxiliaires

$$\bar{\xi},\ \bar{\eta},\ \ldots$$

par les variables principales

$$\xi,\ \eta,\ \ldots$$

et les produits

$$\Theta\varphi(\lambda,\mu,\nu),\quad \Theta\chi(\lambda,\mu,\nu),\ \ldots$$

par les fonctions

$$\varphi,\ \chi,\ \ldots.$$

Donc, puisqu'on arrive directement aux formules (14), quand on résout par rapport aux variables auxiliaires $\bar{\xi}$, $\bar{\eta}$, ..., non pas les équations différentielles auxiliaires, mais celles qu'on en déduit en remplaçant

$$D_t\bar{\xi},\quad D_t\bar{\eta},\ \ldots$$

par les différences

$$D_t\bar{\xi} - \nabla[\Theta\varphi(\lambda,\mu,\nu)],\quad D_t\bar{\eta} - \nabla[\Theta\chi(\lambda,\mu,\nu)],\ \ldots$$

et considérant ∇ comme une fonction de

$$u,\quad v,\quad w,\quad D_t,$$

on pourra encore arriver directement aux formules (21) ou (22), en résolvant par rapport aux variables principales

$$\xi,\quad \eta,\quad \ldots,$$

non pas les équations linéaires données, mais celles qu'on en déduit en remplaçant

$$D_t\xi,\quad D_t\eta,\ \ldots$$

par les différences ...

$$D_t\xi - \nabla\varphi, \quad D_t\eta - \nabla\chi, \quad \ldots$$

et considérant ∇ comme une fonction de

$$D_x, \quad D_y, \quad D_z, \quad D_t.$$

Dans l'un et l'autre cas, on devra opérer comme si les notations D_t et D_x, D_y, D_z étaient employées pour désigner de simples quantités, sauf à regarder, dans les équations définitives (14) ou (22), chacune de ces notations comme indiquant une différentiation relative à l'une des variables indépendantes t, x, y, z.

Si, comme nous l'avons supposé, la fonction de D_x, D_y, D_z, D_t, désignée par ∇, est tellement choisie que, dans cette fonction, le coefficient de D_t^n, c'est-à-dire de la plus haute puissance de D_t, se réduise à l'unité, alors la fonction de u, v, w, s, désignée par $\mathfrak{s}$, étant développée suivant les puissances descendantes de s, offrira pour premier terme s^n. On aura donc : 1° pour $m < n - 1$,

$$\mathcal{E}\frac{s^m}{((\mathfrak{s}))} = 0;$$

2° pour $m = n - 1$,

$$\mathcal{E}\frac{s^{n-1}}{((\mathfrak{s}))} = 1.$$

En conséquence la fonction de x, y, z, t, désignée par ϖ et déterminée par la formule (20), vérifiera, quel que soit t, l'équation aux différences partielles

$$\nabla\varpi = 0, \tag{23}$$

et, pour $t = 0$, les conditions

$$\varpi = 0, \quad D_t\varpi = 0, \quad D_t^2\varpi = 0, \quad \ldots, \quad D_t^{n-2}\varpi = 0, \quad D_t^{n-1}\varpi = \varpi(x, y, z). \tag{24}$$

Cela posé, il suffira de résumer ce qui a été dit ci-dessus pour établir la proposition suivante :

Théorème II. — *Soient données entre n variables principales*

$$\xi, \quad \eta, \quad \zeta, \quad \ldots$$

et les variables indépendantes

$$x,\quad y,\quad z,\quad t,$$

n équations linéaires aux différences partielles et à coefficients constants, c'est-à-dire n équations dont les premiers membres soient des fonctions linéaires des variables principales et de leurs dérivées, les seconds membres étant nuls. Supposons d'ailleurs que, parmi les dérivées relatives au temps, celles du premier ordre, savoir

$$D_t\xi,\quad D_t\eta,\quad \ldots$$

soient les seules qui entrent dans les premiers membres des équations données, et s'y trouvent multipliées par des facteurs constants, sans y être soumises à aucune différentiation nouvelle relative aux variables x, y, z. Nommons

$$\varphi(x,y,z),\quad \chi(x,y,z),\quad \ldots$$

les valeurs initiales des variables principales ξ, η, ..., ces variables étant assujetties à vérifier, pour une valeur nulle de t, les conditions

$$\xi=\varphi(x,y,z),\qquad \eta=\chi(x,y,z),\qquad \ldots.$$

Soient encore

$$\nabla=0$$

l'équation en D_x, D_y, D_z, D_t, résultant de l'élimination de ξ, η, ζ, ... entre les équations données, et

$$8=0$$

l'équation caractéristique en laquelle se transforme la précédente quand on y remplace

$$D_x,\quad D_y,\quad D_z,\quad D_t$$

par

$$u,\quad v,\quad w,\quad s,$$

la fonction ∇ qui sera du degré n par rapport à D_t, étant d'ailleurs choisie de manière que, dans cette fonction, le coefficient de D_t^n se réduise à l'unité. Enfin,

$$\varpi(x,\ y,\ z)$$

étant l'une quelconque des fonctions initiales

$$\varphi(x,y,z),\quad \chi(x,\ y,\ z),\quad \ldots,$$

désignons par ϖ *une fonction de* x, y, z, t *déterminée par la formule* (20), *par conséquent assujettie : 1° à vérifier, quel que soit* t, *l'équation aux différences partielles*

$$\nabla\varpi = 0;$$

2° à vérifier, pour une valeur nulle de t, *les conditions*

$$\varpi = 0, \quad D_t\varpi = 0, \quad D_t^2\varpi = 0, \quad \ldots, \quad D_t^{n-2}\varpi = 0, \quad D_t^{n-1}\varpi = \varpi(x, y, z),$$

et nommons

$$\varphi, \quad \chi, \quad \ldots$$

ce que devient ϖ, *quand on réduit* $\varpi(x, y, z)$ *à*

$$\varphi(x, y, z), \quad \chi(x, y, z), \quad \ldots.$$

Pour intégrer les équations linéaires données, de manière à remplir les conditions requises, il suffira d'y remplacer les dérivées

$$D_t\xi, \quad D_t\eta, \quad \ldots$$

par les différences

$$D_t\xi - \nabla\varphi, \quad D_t\eta - \nabla\chi, \quad \ldots,$$

puis de résoudre par rapport à $\xi, \eta, \ldots$ *les nouvelles équations ainsi obtenues, en opérant comme si* D_x, D_y, D_z, D_t *étaient de véritables quantités.*

En raisonnant toujours de la même manière et ayant égard aux principes établis dans le § III, on établira encore la proposition suivante :

Théorème III. — *Soient données, entre plusieurs variables principales*

$$\xi, \quad \eta, \quad \zeta, \quad \ldots$$

et les variables indépendantes

$$x, \quad y, \quad z, \quad t,$$

des équations linéaires aux différences partielles, et à coefficients constants, en nombre égal à celui des variables principales. Concevons d'ailleurs que l'ordre des dérivées de $\xi, \eta, \ldots$ *relatives à* t *puisse s'élever jusqu'à* n' *pour la variable principale* ξ, *jusqu'à* n'' *pour la variable principale* $\eta, \ldots,$ *les coefficients de*

$$D_t^{n'}\xi, \quad D_t^{n''}\eta, \quad \ldots$$

étant indépendants de D_x, D_y, D_z, *et se réduisant en conséquence à des quantités constantes. Faisons*

$$n = n' + n'' + \dots$$

et supposons les variables principales

$$\xi, \quad \eta, \quad \zeta, \quad \dots$$

assujetties, non seulement à vérifier, quel que soit t, les équations linéaires données, mais encore à vérifier, pour $t = 0$, *les conditions*

$$\begin{array}{llll} \xi = \varphi(x,y,z), & D_t\xi = \varphi_{,}(x,y,z), & \dots, & D_t^{n'-1}\xi = \varphi_{n'-1}(x,y,z); \\ \eta = \chi(x,y,z), & D_t\eta = \chi_{,}(x,y,z), & \dots, & D_t^{n''-1}\eta = \chi_{n''-1}(x,y,z); \\ \dots\dots\dots, & \dots\dots\dots, & \dots, & \dots\dots\dots \end{array}$$

Soient encore

$$\nabla = 0$$

l'équation en D_x, D_y, D_z, D_t *résultant de l'élimination de* ξ, η, ... *entre les équations données, et*

$$S = 0$$

l'équation caractéristique en laquelle se transforme la précédente quand on y remplace

$$D_x, \quad D_y, \quad D_z, \quad D_t$$

par

$$u, \quad v, \quad w, \quad s,$$

la fonction ∇, *qui est du degré n par rapport à* D_t, *étant choisie de manière que, dans cette fonction, le coefficient de* D_t^n *se réduise à l'unité. Enfin, supposons la fonction* ϖ *définie, comme dans le deuxième théorème, par conséquent déterminée par la formule* (20), *et nommons*

$$\begin{array}{llll} \varphi, & \varphi_{,}, & \dots, & \varphi_{n'-1}, \\ \chi, & \chi_{,}, & \dots, & \chi_{n''-1}, \\ \dots, & \dots, & \dots, & \dots\dots \end{array}$$

ce que devient ϖ *quand on réduit* $\varpi(x,y,z)$ *à l'une des fonctions initiales*

$$\begin{array}{llll} \varphi(x,y,z), & \varphi_{,}(x,y,z), & \dots, & \varphi_{n'-1}(x,y,z), \\ \chi(x,y,z), & \chi_{,}(x,y,z), & \dots, & \chi_{n''-1}(x,y,z), \\ \dots\dots\dots, & \dots\dots\dots, & \dots, & \dots\dots\dots \end{array}$$

Pour intégrer les équations linéaires données, de manière à remplir toutes les conditions requises, il suffira d'y remplacer les dérivées

$$\begin{array}{llll} D_t\xi, & D_t^2\xi, & \ldots, & D_t^{n'}\xi, \\ D_t\eta, & D_t^2\eta, & \ldots, & D_t^{n''}\eta, \\ \ldots, & \ldots, & \ldots, & \ldots, \end{array}$$

par les différences

$$\begin{array}{llll} D_t\xi - \nabla\varphi, & D_t^2\xi - \nabla(\varphi_{,} + D_t\varphi), & \ldots, & D_t^{n'}\xi - \nabla(\varphi_{n-1} + \ldots + D_t^{n'-2}\varphi_{,} + D_t^{n'-1}\varphi), \\ D_t\eta - \nabla\chi, & D_t^2\eta - \nabla(\chi_{,} + D_t\chi), & \ldots, & D_t^{n''}\eta - \nabla(\chi_{n-1} + \ldots + D_t^{n''-2}\chi_{,} + D_t^{n''-1}\chi), \\ \ldots\ldots, & \ldots\ldots, & \ldots, & \ldots\ldots, \end{array}$$

puis de résoudre par rapport à $\xi, \eta, \ldots$ *les nouvelles équations ainsi obtenues, en opérant comme si*

$$D_x, \quad D_y, \quad D_z, \quad D_t$$

étaient de véritables quantités.

Les deux théorèmes qui précèdent offrent cela de remarquable, qu'ils font dépendre l'intégration d'un système quelconque d'équations linéaires, aux différences partielles et à coefficients constants, de l'évaluation de la seule fonction ϖ. Lorsque les variables indépendantes

$$x, \quad y, \quad z, \quad t$$

sont au nombre de quatre, savoir trois coordonnées et le temps, la fonction ϖ, déterminée par l'équation (20), se trouve représentée en conséquence par une intégrale définie sextuple, et la valeur initiale de

$$D_t^{n-1}\varpi,$$

désignée par $\varpi(x, y, z)$, peut être une fonction quelconque des coordonnées x, y, z. Si au contraire les variables indépendantes se réduisaient à une seule t, la valeur initiale de $D_t^{n-1}\varpi$ se réduirait à une constante, et l'on pourrait faire dépendre l'intégration des équations différentielles données de l'évaluation de ϖ, en supposant même que dans cette évaluation l'on attribuât à la constante une valeur particulière, par exemple, la valeur 1, ce qui reviendrait à prendre pour ϖ la fonction principale Θ. Cela posé, en généralisant la définition que nous avons donnée de la *fonction principale*, on pourra désigner sous ce nom, pour un système d'équations linéaires aux différences partielles et à coefficients constants, la fonction ϖ déterminée par la formule (20). La fonction principale étant ainsi définie, on pourra dire que les théorèmes II et III ramènent l'intégration d'un système quelconque d'équations linéaires, et à coefficients constants, à l'évaluation de l'intégrale définie qui représente la fonction principale.

Au reste, il est bon d'observer, d'une part, que le théorème II peut être établi directement, comme la proposition analogue énoncée dans le § I et relative à un système d'équations différentielles; d'autre part, que le théorème III se déduit immédiatement du second, par des raisonnements semblables à ceux dont nous nous sommes servis dans le § III.

Les théorèmes II et III supposent que les seconds membres des équations linéaires données se réduisent à zéro. Si ces seconds membres devenaient fonctions des variables indépendantes x, y, z, t, on pourrait appliquer à la détermination des valeurs générales de ξ, η, ... ou le théorème I, ou la proposition suivante que l'on déduit de ce théorème combiné avec les principes établis dans le § III.

Théorème IV. — *Soient données entre plusieurs variables principales*

$$\xi, \quad \eta, \quad \ldots$$

et les variables indépendantes

$$x, \quad y, \quad z, \quad t$$

des équations linéaires aux différences partielles et à coefficients constants, en nombre égal à celui des variables principales. Supposons d'ailleurs que, dans les premiers membres de ces équations, les dérivées des ordres les plus élevés par rapport à t soient respectivement

$$D_t^{n'}\xi \quad \text{pour la variable principale} \quad \xi,$$
$$D_t^{n''}\eta \quad \text{pour la variable principale} \quad \eta, \quad \ldots$$

les coefficients de ces dérivées se réduisant à des quantités constantes, et les seconds membres des équations données pouvant être des fonctions quel-

conques des variables indépendantes. Enfin supposons que les valeurs initiales de

$$\begin{array}{llll} \xi, & D_t\xi, & \ldots, & D_t^{n'-1}\xi, \\ \eta, & D_t\eta, & \ldots, & D_t^{n''-1}\eta, \\ \ldots, & \ldots, & \ldots, & \ldots\ldots \end{array}$$

doivent se réduire, pour $t = 0$, à des fonctions connues de x, y, z. Pour intégrer sous cette condition les équations linéaires données, on déterminera d'abord, à l'aide du théorème II, les valeurs générales de ξ, η, ... correspondantes au cas où les seconds membres des équations données s'évanouiraient; puis à ces valeurs on ajoutera celles qui auraient la propriété de vérifier, quel que soit t, les équations données, et de vérifier pour $t = 0$ les conditions

$$\begin{array}{lll} \xi = 0, & D_t\xi = 0, & D_t^{n'-1}\xi = 0, \\ \eta = 0, & D_t\eta = 0, & D_t^{n''-1}\eta = 0, \\ \ldots\ldots, & \ldots\ldots\ldots, & \ldots\ldots\ldots\ldots \end{array}$$

Ces dernières valeurs de ξ, η, ... seront d'ailleurs de la forme

$$\xi = \int_0^t \Xi\, d\tau, \qquad \eta = \int_0^t \mathrm{H}\, d\tau, \qquad \ldots,$$

Ξ, H, ... étant des fonctions de

$$x, \quad y, \quad z, \quad t$$

et de la variable auxiliaire τ, déterminées par la règle suivante.

Soient

$$\mathbf{X}, \quad \mathbf{Y}, \quad \ldots$$

des fonctions de x, y, z, t propres à représenter les valeurs de

$$D_t^{n'}\xi, \quad D_t^{n''}\eta, \quad \ldots$$

qui vérifient les équations données quand on y remplace

$$\begin{array}{llll} \xi, & D_t\xi, & \ldots, & D_t^{n'-1}\xi, \\ \eta, & D_t\eta, & \ldots, & D_t^{n''-1}\eta, \\ \ldots, & \ldots, & \ldots, & \ldots\ldots\ldots \end{array}$$

par zéro. Soient encore

$$\mathcal{X},\quad \mathcal{Y},\quad \ldots$$

ce que deviennent

$$\mathrm{X},\quad \mathrm{Y},\quad \ldots$$

quand on y remplace la variable indépendante t par la variable auxiliaire τ. *Pour obtenir les valeurs générales de*

$$\Xi,\quad \mathrm{H},\quad \ldots,$$

il suffira de réduire à zéro les seconds membres des équations données, et de chercher ce que deviendront alors les valeurs de

$$\xi,\quad \eta,\quad \ldots$$

fournies par le théorème III, quand on y remplacera

$$t \text{ par } t-\tau,$$

et les valeurs initiales de

$$\xi,\ \mathrm{D}_t\xi,\ \ldots,\ \mathrm{D}_t^{n'-2}\xi,\ \mathrm{D}_t^{n'-1}\xi,\quad \eta,\ \mathrm{D}_t\eta,\ \ldots,\ \mathrm{D}_t^{n''-2}\eta,\ \mathrm{D}_t^{n''-1}\eta,\quad \ldots$$

par

$$0,\ 0,\ \ldots,\ 0,\ \mathcal{X},\quad 0,\ 0,\ \ldots,\ 0,\ \mathcal{Y},\quad \ldots.$$

Jusqu'à présent nous avons supposé que le premier membre ∇ de l'équation produite par l'élimination de ξ, η, ... entre les équations données, dans le cas où l'on remplace leurs seconds membres par zéro, était une fonction entière de D_x, D_y, D_z, D_t, dans laquelle on pouvait réduire le coefficient de D_t^n à l'unité. Cette réduction est en effet possible dans l'hypothèse que nous avions admise, savoir, lorsque, dans les équations données, les dérivées des ordres les plus élevés par rapport à t se trouvent multipliées par des quantités constantes, sans être soumises à des différentiations relatives aux variables x, y, z. Considérons maintenant le cas général où cette réduction ne pourrait s'effectuer sans que ∇ cessât d'être une fonction entière de D_x, D_y, D_z, et désignons par K la fonction de cette espèce qui représente généralement le coefficient de D_t^n, dans le développement de ∇. Si l'on nomme $\mathcal{K}$, s ce que deviennent K, ∇, quand on y remplace D_x, D_y, D_z, D_t par u, v, w, s; si d'ailleurs on continue de nommer *fonction principale* une fonction ϖ de x, y, z, t définie par l'équation (20), on trouvera dans le cas général : 1° pour $m < n - 1$,

$$\mathcal{L} \frac{s^m}{((\mathcal{S}))} = 0;$$

2° pour $m = n - 1$,

$$\mathcal{L} \frac{s^{n-1}}{((\mathcal{S}))} = \frac{1}{\mathcal{K}};$$

ou, ce qui revient au même,

$$\mathcal{L} \frac{\mathcal{K} s^{n-1}}{((\mathcal{S}))} = 1;$$

et par suite la fonction principale, qui vérifiera toujours, quel que soit t, l'équation (23), vérifiera, pour une valeur nulle de t, non plus les conditions (24), mais les suivantes :

$$(25) \quad \varpi = 0, \quad D_t \varpi = 0, \quad D_t^2 \varpi = 0, \quad \ldots, \quad D_t^{n-2} \varpi = 0, \quad K D_t^{n-1} \varpi = \varpi(x, y, z).$$

Or ces conditions, jointes à l'équation (23), ne suffiront pas pour déterminer complètement la fonction principale ϖ. Au reste, la seule considération de la formule (20) conduit à une conclusion du même genre. En effet, lorsque le coefficient de D_t^n dans ∇, savoir K, sera fonction de D_x, D_y, D_z, le coefficient de s^n dans $\mathcal{S}$, savoir

$$\mathcal{K},$$

sera fonction de u, v, w et l'intégrale sextuple, comprise dans le second membre de la formule (20), ne sera plus généralement une intégrale complètement déterminée, attendu, par exemple, que la fonction sous le signe $\int$ deviendra infinie pour les valeurs de u, v, w qui vérifieraient l'équation $\mathcal{K} = 0$. Mais on tirera de la formule (20)

$$(26) \quad K\varpi = \mathcal{L} \int_{-\infty}^{\infty} \int_{-\infty}^{\infty} \int_{-\infty}^{\infty} \int_{-\infty}^{\infty} \int_{-\infty}^{\infty} \int_{-\infty}^{\infty} e^{u(x-\lambda)+v(y-\mu)+w(z-\nu)+st} \varpi(\lambda, \mu, \nu) \frac{\mathcal{K}}{((\mathcal{S}))} \frac{d\lambda\, du}{2\pi} \frac{d\mu\, dv}{2\pi} \frac{d\nu\, dw}{2\pi};$$

et cette dernière sera propre à fournir une valeur complètement déterminée de la fonction $\bar{K}\varpi$. Si, après avoir calculé la fonction Π, à l'aide de l'équation

$$(27)\quad \Pi = \mathcal{E}\int_{-\infty}^{\infty}\int_{-\infty}^{\infty}\int_{-\infty}^{\infty}\int_{-\infty}^{\infty}\int_{-\infty}^{\infty}\int_{-\infty}^{\infty} e^{u(x-\lambda)+v(y-\mu)+w(z-\nu)+st}\,\varpi(\lambda,\mu,\nu)\,\frac{\mathcal{K}}{((\mathcal{S}))}\,\frac{d\lambda\,du}{2\pi}\,\frac{d\mu\,dv}{2\pi}\,\frac{d\nu\,dw}{2\pi},$$

on pose généralement

$$(28)\qquad K\varpi = \Pi,$$

on pourra prendre, pour valeur générale de la fonction principale ϖ, l'une quelconque de celles qui vérifieront la formule (28). A chacune d'elles correspondra un système de valeurs de

$$\xi,\quad \eta,\quad \ldots$$

que l'on pourra obtenir à l'aide des théorèmes II, III ou IV, et qui vérifiera toutes les conditions énoncées dans ces mêmes théorèmes.

Pour montrer une application des principes que nous venons d'exposer, concevons qu'il s'agisse d'intégrer les équations simultanées

$$\frac{\partial^2\xi}{\partial x\,\partial t} + \frac{\partial\eta}{\partial y} = 0, \qquad \frac{\partial^2\eta}{\partial y\,\partial t} - \frac{\partial\xi}{\partial x} = 0$$

ou, ce qui revient au même, les équations

$$D_x D_t \xi + D_y \eta = 0, \qquad D_y D_t \eta - D_x \xi = 0,$$

de manière que l'on ait, pour $t = 0$,

$$\xi = \varphi(x, y), \qquad \eta = \chi(x, y).$$

On trouvera, dans ce cas,

$$\nabla = D_x D_y (D_t^2 + 1), \qquad \mathcal{S} = uv(s^2 + 1),$$
$$\Pi = D_x D_y, \qquad \mathcal{K} = uv;$$

par suite, la fonction principale ϖ, assujettie : 1° à vérifier, quel que soit t, l'équation

$$D_x D_y (D_t^2 + 1)\varpi = 0,$$

2° à vérifier, pour $t = 0$, les conditions

$$\varpi = 0, \qquad D_x D_y D_t \varpi = \varpi(x, y),$$

sera définie par la formule

$$\varpi = \mathcal{E} \int_{-\infty}^{\infty}\int_{-\infty}^{\infty}\int_{-\infty}^{\infty}\int_{-\infty}^{\infty} \frac{e^{u(x-\lambda)+v(y-\mu)+st}}{uv((s^2+1))} \varpi(\lambda,\mu)\,\frac{d\lambda\,d\text{u}}{2\pi}\,\frac{d\mu\,d\text{v}}{2\pi}$$

$$= \sin t \int_{-\infty}^{\infty}\int_{-\infty}^{\infty}\int_{-\infty}^{\infty}\int_{-\infty}^{\infty} e^{[\text{u}(x-\lambda)+\text{v}(y-\mu)]\sqrt{-1}}\,\varpi(\lambda,\mu)\,\frac{d\lambda\,d\text{u}}{2\pi\text{U}}\,\frac{d\mu\,d\text{v}}{2\pi\text{V}},$$

qui n'en déterminera pas complètement la valeur et pourra être l'une quelconque de celles qui, s'évanouissant avec t, vérifient l'équation

$$\text{D}_x\text{D}_y\varpi = \cos t \int_{-\infty}^{\infty}\int_{-\infty}^{\infty}\int_{-\infty}^{\infty}\int_{-\infty}^{\infty} e^{[\text{u}(x-\lambda)+\text{v}(y-\mu)]\sqrt{-1}}\,\varpi(\lambda,\mu)\,\frac{d\lambda\,d\text{u}}{2\pi}\,\frac{d\mu\,d\text{v}}{2\pi}$$

$$= \sin t\,\varpi(x,y).$$

Soient pareillement φ, χ deux fonctions de x, y, t qui, s'évanouissant avec t, vérifient les équations

$$\text{D}_x\text{D}_y\varphi = \sin t\,\varphi(x,y), \qquad \text{D}_x\text{D}_y\chi = \sin t\,\chi(x,y).$$

Les valeurs générales de ξ, η, que l'on déduira des formules

$$\text{D}_x\text{D}_t\xi + \text{D}_y\eta = \text{D}_x\nabla\varphi, \qquad \text{D}_y\text{D}_t\eta - \text{D}_x\xi = \text{D}_y\nabla\chi,$$

en opérant comme si D_x, D_y, D_t, ∇ désignaient de véritables quantités, seront

$$\xi = \text{D}_y(\text{D}_x\text{D}_t\varphi - \text{D}_y\chi), \qquad \eta = \text{D}_x(\text{D}_y\text{D}_t\chi + \text{D}_x\varphi),$$

ou, ce qui revient au même,

$$\xi = \cos t\,\varphi(x,y) - \sin t\,\text{D}_y\int\chi(x,y)\,dx - \text{X}(y,t),$$

$$\eta = \cos t\,\chi(x,y) + \sin t\,\text{D}_x\int\varphi(x,y)\,dy + \Phi(x,t),$$

les intégrations relatives aux variables x, y étant effectuées à partir de valeurs déterminées de ces variables, par exemple, à partir de

$$x = 0, \qquad y = 0,$$

et $\Phi(x,t)$, $\text{X}(y,t)$ désignant deux fonctions arbitraires de x, t ou de y, t, assujetties à la seule condition de s'évanouir pour une valeur nulle de t. Il est d'ailleurs facile de s'assurer que les valeurs précédentes de ξ, η vérifient les deux équations données aux différences partielles, et se réduisent respectivement à

$$\varphi(x, y), \quad \chi(x, y),$$

quand on y pose $t = 0$.

52.

C. R., t. VIII, p. 931 (17 juin 1839). — Suite.

§ V. — *Application des principes exposés dans le paragraphe précédent à l'intégration des équations qui représentent les mouvements infiniment petits de divers points matériels.*

Lorsque l'on recherche les lois des mouvements infiniment petits de divers points matériels dont le nombre est limité ou illimité, les équations différentielles, ou aux différences partielles, que fournissent les principes de la Mécanique, ne contiennent généralement d'autres dérivées relatives au temps que des dérivées du second ordre, dont les coefficients se réduisent à l'unité. Il est donc utile d'appliquer en particulier les théorèmes III et IV du paragraphe précédent au cas où l'on aurait

$$n' = n'' = n''' = \ldots = 2.$$

Si dans ce cas on désigne par n, non plus la somme

$$n' + n'' + n''' + \ldots,$$

mais le nombre des variables principales

$$\xi, \quad \eta, \quad \zeta, \quad \ldots,$$

on obtiendra, au lieu du théorème III du § IV, la proposition suivante.

Théorème. — *Soient données entre n variables principales*

$$\xi, \quad \eta, \quad \zeta, \quad \ldots$$

et les variables indépendantes

$$x, \quad y, \quad z, \quad t,$$

n équations linéaires aux différences partielles et à coefficients constants, qui renferment, avec les variables principales et leurs dérivées de divers ordres obtenues par les différentiations relatives aux coordonnées x, y, z, *les dérivées du second ordre relatives au temps* t, *savoir*

$$D_t^2\xi, \quad D_t^2\eta, \quad D_t^2\zeta, \quad \ldots,$$

les coefficients de ces dernières dérivées étant égaux à l'unité. Supposons d'ailleurs les variables principales ξ, η, ζ, ... *assujetties, non seulement à vérifier, quel que soit* t, *les équations données, mais aussi à vérifier, pour* $t = 0$, *les conditions*

$$(1) \quad \begin{cases} \xi = \varphi(x, y, z), & \eta = \chi(x, y, z), & \zeta = \psi(x, y, z), & \ldots; \\ D_t\xi = \Phi(x, y, z), & D_t\eta = X(x, y, z), & D_t\zeta = \Psi(x, y, z), & \ldots. \end{cases}$$

Soient encore

$$(2) \qquad \nabla = 0$$

l'équation en D_x, D_y, D_z, D_t *résultant de l'élimination de* ξ, η, ζ, ... *entre les équations données, et*

$$(3) \qquad 8 = 0$$

l'équation caractéristique en laquelle se transforme la précédente, quand on y remplace les notations

$$D_x, \quad D_y, \quad D_z, \quad D_t$$

par

$$u = \text{u}\sqrt{-1}, \qquad v = \text{v}\sqrt{-1}, \qquad w = \text{w}\sqrt{-1}, \quad s,$$

la fonction ∇ *étant du degré* $2n$ *par rapport à* D_t, *et choisie de manière que le coefficient de* D_t^{2n} *se réduise à l'unité. Enfin soit*

$$\varpi(x, y, z)$$

l'une quelconque des fonctions

$$\varphi(x, y, z), \quad \chi(x, y, z), \quad \psi(x, y, z), \quad \ldots,$$
$$\Phi(x, y, z), \quad X(x, y, z), \quad \Psi(x, y, z), \quad \ldots.$$

Nommons ϖ *la fonction principale déterminée par la formule*

$$(4)\qquad \varpi = \mathcal{E}\int_{-\infty}^{\infty}\int_{-\infty}^{\infty}\int_{-\infty}^{\infty}\int_{-\infty}^{\infty}\int_{-\infty}^{\infty}\int_{-\infty}^{\infty}\frac{e^{ux+vy+wz+st}}{((S))}\,\varpi(\lambda,\mu,\nu)\,\frac{d\lambda\,du}{2\pi}\,\frac{d\mu\,dv}{2\pi}\,\frac{d\nu\,dw}{2\pi},$$

par conséquent une fonction assujettie : 1° *à vérifier, quel que soit* t, *l'équation au différences partielles*

$$(5)\qquad \nabla\varpi = 0;$$

2° *à vérifier, pour* $t = 0$, *les conditions*

$$(6)\quad \varpi = 0,\quad D_t\varpi = 0,\quad D_t^2\varpi = 0,\quad \ldots,\quad D_t^{2n-2}\varpi = 0,\quad D_t^{2n-1}\varpi = \varpi(x,y,z);$$

et désignons par

$$\varphi,\quad \chi,\quad \psi,\quad \ldots,\quad \Phi,\quad X,\quad \Psi,\quad \ldots$$

ce que devient ϖ *quand on réduit* $\varpi(x, y, z)$ *à l'une des fonctions*

$$\varphi(x,y,z),\quad \chi(x,y,z),\quad \psi(x,y,z),\quad \ldots;$$
$$\Phi(x,y,z),\quad X(x,y,z),\quad \Psi(x,y,z),\quad \ldots.$$

Pour intégrer les équations linéaires données, de manière à remplir toutes les conditions requises, il suffira d'y remplacer les dérivées du second ordre

$$D_t^2\xi,\quad D_t^2\eta,\quad D_t^2\zeta,\quad \ldots$$

par les différences

$$D_t^2\xi - \nabla(\Phi + D_t\varphi),\qquad D_t^2\eta - \nabla(X + D_t\chi),\qquad D_t^2\zeta - \nabla(\Psi + D_t\psi),\qquad \ldots,$$

puis de résoudre par rapport à

$$\xi,\quad \eta,\quad \zeta,\quad \ldots$$

les nouvelles équations ainsi obtenues, en opérant comme si les notations

$$D_x,\quad D_y,\quad D_z,\quad D_t$$

désignaient des quantités véritables.

Applications. — Les équations qui représentent les mouvements infiniment petits d'un système homogène de molécules sont de la forme

$$(\mathrm{L}-\mathrm{D}_t^2)\xi+\mathrm{R}\eta+\mathrm{Q}\zeta=0,$$
$$\mathrm{R}\xi+(\mathrm{M}-\mathrm{D}_t^2)\eta+\mathrm{P}\zeta=0,$$
$$\mathrm{Q}\xi+\mathrm{P}\eta+(\mathrm{N}-\mathrm{D}_t^2)\zeta=0,$$

ξ, η, ζ étant les déplacements d'une molécule mesurés parallèlement aux axes coordonnés, et les lettres

$$\mathrm{L},\quad \mathrm{M},\quad \mathrm{N},\quad \mathrm{P},\quad \mathrm{Q},\quad \mathrm{R}$$

désignant des fonctions entières des caractéristiques

$$\mathrm{D}_x,\quad \mathrm{D}_y,\quad \mathrm{D}_z.$$

Or concevons que l'on veuille intégrer ces équations de manière à vérifier, pour $t=0$, les six conditions

$$\xi=\varphi(x,y,z),\qquad \eta=\chi(x,y,z),\qquad \zeta=\psi(x,y,z),$$
$$\mathrm{D}_t\xi=\Phi(x,y,z),\qquad \mathrm{D}_t\eta=\mathrm{X}(x,y,z),\qquad \mathrm{D}_t\zeta=\Psi(x,y,z),$$

par conséquent, en supposant connues les valeurs initiales des déplacements et des vitesses de chaque molécule suivant des directions parallèles aux axes des x, y, z. En appliquant le théorème ci-dessus énoncé à la recherche des valeurs générales de ξ, η, ζ, et nommant

$$\mathcal{L},\quad \mathcal{M},\quad \mathcal{N},\quad \mathcal{P},\quad \mathcal{Q},\quad \mathcal{R}$$

ce que deviennent

$$\mathrm{L},\quad \mathrm{M},\quad \mathrm{N},\quad \mathrm{P},\quad \mathrm{Q},\quad \mathrm{R}$$

quand on y remplace

$$\mathrm{D}_x,\quad \mathrm{D}_y,\quad \mathrm{D}_z\quad \text{par}\quad u,\quad v,\quad w,$$

on trouvera

$$\nabla=(\mathrm{D}_t^2-\mathrm{L})(\mathrm{D}_t^2-\mathrm{M})(\mathrm{D}_t^2-\mathrm{N})-\mathrm{P}^2(\mathrm{D}_t^2-\mathrm{L})-\mathrm{Q}^2(\mathrm{D}_t^2-\mathrm{M})-\mathrm{R}^2(\mathrm{D}_t^2-\mathrm{N})-2\mathrm{PQR},$$
$$\mathcal{S}=(s^2-\mathcal{L})(s^2-\mathcal{M})(s^2-\mathcal{N})-\mathcal{P}^2(s^2-\mathcal{L})-\mathcal{Q}^2(s^2-\mathcal{M})-\mathcal{R}^2(s^2-\mathcal{N})-2\mathcal{P}\mathcal{Q}\mathcal{R}.$$

Cela posé, soient

$$\varpi$$

la fonction principale, déterminée par l'équation (4), et

$$\varphi, \ \chi, \ \psi, \qquad \Phi, \ X, \ \Psi$$

ce que devient cette fonction principale, quand on remplace

$$\varpi(x, y, z)$$

par l'une des fonctions initiales

$$\varphi(x,y,z), \quad \chi(x,y,z), \quad \psi(x,y,z), \qquad \Phi(x,y,z), \quad X(x,y,z), \quad \Psi(x,y,z).$$

Pour intégrer les équations données, de manière à remplir toutes les conditions requises, il suffira de résoudre par rapport à

$$\xi, \ \eta, \ \zeta$$

les équations présentées sous les formes

$$\begin{aligned}
(D_t^2 - L)\xi - R\eta \ - Q\zeta \ &= \nabla(\Phi + D_t\varphi),\\
-R\xi + (D_t^2 - M)\eta - P\zeta \ &= \nabla(X + D_t\chi),\\
-Q\xi - P\eta \ + (D_t^2 \ - N)\zeta &= \nabla(\Psi + D_t\psi),
\end{aligned}$$

en opérant comme si D_x, D_y, D_z, D_t étaient de véritables quantités. Alors, en posant, pour abréger,

$$\begin{aligned}
\mathfrak{L} &= (D_t^2 - M)(D_t^2 - N) - P^2, &\qquad \mathfrak{P} &= P(D_t^2 - L) + QR,\\
\mathfrak{M} &= (D_t^2 - N)(D_t^2 - L) - Q^2, &\qquad \mathfrak{Q} &= Q(D_t^2 - M) + RP,\\
\mathfrak{N} &= (D_t^2 - L)(D_t^2 - M) - R^2, &\qquad \mathfrak{R} &= R(D_t^2 - N) + PQ,
\end{aligned}$$

on trouvera

$$\begin{aligned}
\xi &= D_t(\mathfrak{L}\varphi + \mathfrak{R}\chi + \mathfrak{Q}\psi) + (\mathfrak{L}\Phi + \mathfrak{R}X + \mathfrak{Q}\Psi),\\
\eta &= D_t(\mathfrak{R}\varphi + \mathfrak{M}\chi + \mathfrak{P}\psi) + (\mathfrak{R}\Phi + \mathfrak{M}X + \mathfrak{P}\Psi),\\
\zeta &= D_t(\mathfrak{Q}\varphi + \mathfrak{P}\chi + \mathfrak{N}\psi) + (\mathfrak{Q}\Phi + \mathfrak{P}X + \mathfrak{N}\Psi).
\end{aligned}$$

Telles sont effectivement, sous leur forme la plus simple, les équations des mouvements infiniment petits d'un système homogène de molécules sollicitées par des forces d'attraction ou de répulsion mutuelle.

Considérons maintenant deux systèmes de molécules qui se pénètrent mutuellement. Les équations de leurs mouvements infiniment petits seront de la forme

$$\begin{aligned}
&(\mathrm{L} - \mathrm{D}_t^2)\xi + \mathrm{R}\eta + \mathrm{Q}\zeta + \mathrm{L}_{,}\xi_{,} + \mathrm{R}_{,}\eta_{,} + \mathrm{Q}_{,}\zeta_{,} = 0,\\
&\mathrm{R}\xi + (\mathrm{M} - \mathrm{D}_t^2)\eta + \mathrm{P}\zeta + \mathrm{R}_{,}\xi_{,} + \mathrm{M}_{,}\eta_{,} + \mathrm{P}_{,}\zeta_{,} = 0,\\
&\mathrm{Q}\xi + \mathrm{P}\eta + (\mathrm{N} - \mathrm{D}_t^2)\zeta + \mathrm{Q}_{,}\xi_{,} + \mathrm{P}_{,}\eta_{,} + \mathrm{N}_{,}\zeta_{,} = 0,\\
&{}_{,}\mathrm{L}\xi + {}_{,}\mathrm{R}\eta + {}_{,}\mathrm{Q}\zeta + (\mathrm{L}_{,,} - \mathrm{D}_t^2)\xi_{,} + \mathrm{R}_{,,}\eta_{,} + \mathrm{Q}_{,,}\zeta_{,} = 0,\\
&{}_{,}\mathrm{R}\xi + {}_{,}\mathrm{M}\eta + {}_{,}\mathrm{P}\zeta + \mathrm{R}_{,,}\xi_{,} + (\mathrm{M}_{,,} - \mathrm{D}_t^2)\eta_{,} + \mathrm{P}_{,,}\zeta_{,} = 0,\\
&{}_{,}\mathrm{Q}\xi + {}_{,}\mathrm{P}\eta + {}_{,}\mathrm{N}\zeta + \mathrm{Q}_{,,}\xi_{,} + \mathrm{P}_{,,}\eta_{,} + (\mathrm{N}_{,,} - \mathrm{D}_t^2)\zeta_{,} = 0,
\end{aligned}$$

ξ, η, ζ ou $\xi_{,}, \eta_{,}, \zeta_{,}$ étant les déplacements d'une molécule du premier ou du second système mesurés parallèlement aux axes coordonnés, et les lettres

$$\mathrm{L},\ \mathrm{M},\ \mathrm{N},\ \mathrm{P},\ \mathrm{Q},\ \mathrm{R},\quad \mathrm{L}_{,},\ \mathrm{M}_{,},\ \ldots,\quad \ldots$$

indiquant des fonctions entières des caractéristiques

$$\mathrm{D}_x,\ \mathrm{D}_y,\ \mathrm{D}_z.$$

Or supposons que les coefficients des différents termes proportionnels à $\mathrm{D}_x, \mathrm{D}_y, \mathrm{D}_z$ ou à leurs puissances soient, dans ces mêmes fonctions, regardés comme constants, ce qu'on peut admettre, au moins dans une première approximation, lorsque chaque système de molécule est homogène, et que le rayon de la sphère d'activité d'une molécule est très petit. Concevons d'ailleurs que l'on veuille intégrer les six équations données, dont chacune est du second ordre, de manière à vérifier, pour $t = 0$, les douze conditions

$$\begin{aligned}
\xi &= \varphi(x,y,z), & \eta &= \chi(x,y,z), & \zeta &= \psi(x,y,z),\\
\xi_{,} &= \varphi_{,}(x,y,z), & \eta_{,} &= \chi_{,}(x,y,z), & \zeta_{,} &= \psi_{,}(x,y,z),\\
\mathrm{D}_t\xi &= \Phi(x,y,z), & \mathrm{D}_t\eta &= \mathrm{X}(x,y,z), & \mathrm{D}_t\zeta &= \Psi(x,y,z),\\
\mathrm{D}_t\xi_{,} &= \Phi_{,}(x,y,z), & \mathrm{D}_t\eta_{,} &= \mathrm{X}_{,}(x,y,z), & \mathrm{D}_t\zeta_{,} &= \Psi_{,}(x,y,z);
\end{aligned}$$

par conséquent, en supposant connues les valeurs initiales des déplacements et des vitesses de chaque molécule, suivant des directions parallèles aux axes des x, y, z. En appliquant le théorème ci-dessus énoncé à la recherche des valeurs générales de

$$\xi,\ \eta,\ \zeta,\quad \xi_{,},\ \eta_{,},\ \zeta_{,},$$

et nommant

$$\mathfrak{L},\ \mathfrak{M},\ \mathfrak{N},\ \mathfrak{P},\ \mathfrak{Q},\ \mathfrak{R},\quad \mathfrak{L}_{,},\ \mathfrak{M}_{,},\ \ldots,\quad \ldots,\ \mathfrak{Q}_{,,},\ \mathfrak{R}_{,,}$$

ce que deviennent

$$\mathrm{L},\ \mathrm{M},\ \mathrm{N},\ \mathrm{P},\ \mathrm{Q},\ \mathrm{R},\quad \mathrm{L}_{,},\ \mathrm{M}_{,},\ \ldots,\quad \ldots,\ \mathrm{Q}_{,,},\ \mathrm{R}_{,,},$$

quand on y remplace

$$\mathrm{D}_x,\ \mathrm{D}_y,\ \mathrm{D}_z,\ \text{par}\ u,\ v,\ w,$$

on trouvera

$$\nabla = (\mathrm{D}_t^2 - \mathrm{L})(\mathrm{D}_t^2 - \mathrm{M})(\mathrm{D}_t^2 - \mathrm{N})(\mathrm{D}_t^2 - \mathrm{L}_{,,})(\mathrm{D}_t^2 - \mathrm{M}_{,,})(\mathrm{D}_t^2 - \mathrm{N}_{,,}) - \ldots,$$
$$\mathcal{S} = (s^2 - \mathfrak{L})(s^2 - \mathfrak{M})(s^2 - \mathfrak{N})(s^2 - \mathfrak{L}_{,,})(s^2 - \mathfrak{M}_{,,})(s^2 - \mathfrak{N}_{,,}) - \ldots.$$

Cela posé, soient

$$\varpi$$

la fonction principale déterminée par l'équation (4), et

$$\varphi,\ \chi,\ \psi,\quad \varphi_{,},\ \chi_{,},\ \psi_{,},$$
$$\Phi,\ \mathrm{X},\ \Psi,\quad \Phi_{,},\ \mathrm{X}_{,},\ \Psi_{,}$$

ce que devient cette fonction principale quand on remplace

$$\varpi(x, y, z)$$

par l'une des fonctions initiales

$$\varphi(x,y,z),\quad \chi(x,y,z),\quad \psi(x,y,z),\quad \varphi_{,}(x,y,z),\quad \chi_{,}(x,y,z),\quad \psi_{,}(x,y,z),$$
$$\Phi(x,y,z),\quad \mathrm{X}(x,y,z),\quad \Psi(x,y,z),\quad \Phi_{,}(x,y,z),\quad \mathrm{X}_{,}(x,y,z),\quad \Psi_{,}(x,y,z).$$

Pour intégrer les équations données de manière à remplir toutes les conditions requises, il suffira de résoudre, par rapport à

$$\xi,\ \eta,\ \zeta,\quad \xi_{,},\ \eta_{,},\ \zeta_{,},$$

ces équations présentées sous les formes

$$
\begin{aligned}
(D_t^2 - L)\xi - R\eta - Q\zeta - L_{,}\xi_{,} - R_{,}\eta_{,} - Q_{,}\zeta_{,} &= \nabla(\Phi + D_t\varphi),\\
-R\xi + (D_t^2 - M)\eta - P\zeta - R_{,}\xi_{,} - M_{,}\eta_{,} - P_{,}\zeta_{,} &= \nabla(X + D_t\chi),\\
-Q\xi - P\eta + (D_t^2 - N)\zeta - Q_{,}\xi_{,} - P_{,}\eta_{,} - N_{,}\zeta_{,} &= \nabla(\Psi + D_t\psi),\\
-{}_{,}L\xi - {}_{,}R\eta - {}_{,}Q\zeta + (D_t^2 - L_{,,})\xi_{,} - R_{,,}\eta_{,} - Q_{,,}\zeta_{,} &= \nabla(\Phi_{,} + D_t\varphi_{,}),\\
-{}_{,}R\xi - {}_{,}M\eta - {}_{,}P\zeta - R_{,,}\xi_{,} + (D_t^2 - M_{,,})\eta_{,} - P_{,,}\zeta_{,} &= \nabla(X_{,} + D_t\chi_{,}),\\
-{}_{,}Q\xi - {}_{,}P\eta - {}_{,}N\zeta - Q_{,,}\xi_{,} - P_{,,}\eta_{,} + (D_t^2 - N_{,,})\zeta_{,} &= \nabla(\Psi_{,} + D_t\psi_{,}),
\end{aligned}
$$

en opérant comme si

$$D_x,\quad D_y,\quad D_z,\quad D_t$$

étaient de véritables quantités. On trouvera de cette manière

$$
\begin{aligned}
\xi &= \mathfrak{L}(\Phi + D_t\varphi) + \mathfrak{R}(X + D_t\chi) + \mathfrak{Q}(\Psi + D_t\psi) + \mathfrak{L}_{,}(\Phi_{,} + D_t\varphi_{,}) + \mathfrak{R}_{,}(X_{,} + D_t\chi_{,}) + \mathfrak{Q}_{,}(\Psi_{,} + D_t\psi_{,}),\\
\eta &= \mathfrak{R}(\Phi + D_t\varphi) + \mathfrak{M}(X + D_t\chi) + \mathfrak{P}(\Psi + D_t\psi) + \mathfrak{R}_{,}(\Phi_{,} + D_t\varphi_{,}) + \mathfrak{M}_{,}(X_{,} + D_t\chi_{,}) + \mathfrak{P}_{,}(\Psi_{,} + D_t\psi_{,}),\\
\zeta &= \mathfrak{Q}(\Phi + D_t\varphi) + \mathfrak{P}(X + D_t\chi) + \mathfrak{N}(\Psi + D_t\psi) + \mathfrak{Q}_{,}(\Phi_{,} + D_t\varphi_{,}) + \mathfrak{P}_{,}(X_{,} + D_t\chi_{,}) + \mathfrak{N}_{,}(\Psi_{,} + D_t\psi_{,}),\\
\xi_{,} &= {}_{,}\mathfrak{L}(\Phi + D_t\varphi) + {}_{,}\mathfrak{R}(X + D_t\chi) + {}_{,}\mathfrak{Q}(\Psi + D_t\psi) + \mathfrak{L}_{,,}(\Phi_{,} + D_t\varphi_{,}) + \mathfrak{R}_{,,}(X_{,} + D_t\chi_{,}) + \mathfrak{Q}_{,,}(\Psi_{,} + D_t\psi_{,}),\\
\eta_{,} &= {}_{,}\mathfrak{R}(\Phi + D_t\varphi) + {}_{,}\mathfrak{M}(X + D_t\chi) + {}_{,}\mathfrak{P}(\Psi + D_t\psi) + \mathfrak{R}_{,,}(\Phi_{,} + D_t\varphi_{,}) + \mathfrak{M}_{,,}(X_{,} + D_t\chi_{,}) + \mathfrak{P}_{,,}(\Psi_{,} + D_t\psi_{,}),\\
\zeta_{,} &= {}_{,}\mathfrak{Q}(\Phi + D_t\varphi) + {}_{,}\mathfrak{P}(X + D_t\chi) + {}_{,}\mathfrak{N}(\Psi + D_t\psi) + \mathfrak{Q}_{,,}(\Phi_{,} + D_t\varphi_{,}) + \mathfrak{P}_{,,}(X_{,} + D_t\chi_{,}) + \mathfrak{N}_{,,}(\Psi_{,} + D_t\psi_{,}),
\end{aligned}
$$

les lettres

$$\mathfrak{L},\ \mathfrak{M},\ \mathfrak{N},\ \mathfrak{P},\ \mathfrak{Q},\ \mathfrak{R},\qquad \mathfrak{L}_{,},\ \mathfrak{M}_{,},\ \ldots,\qquad \ldots,\ \mathfrak{Q}_{,,},\ \mathfrak{R}_{,,}$$

indiquant des fonctions entières des caractéristiques

$$D_x,\quad D_y,\quad D_z,\quad D_t,$$

et la forme de ces nouvelles fonctions se déduisant immédiatement de celle des fonctions représentées par

$$L,\ M,\ N,\ P,\ Q,\ R,\qquad L_{,},\ M_{,},\ \ldots,\qquad \ldots,\ Q_{,,},\ R_{,,}.$$

53.

Physique mathématique. — *Mémoire sur les mouvements infiniment petits dont les équations présentent une forme indépendante de la direction des trois axes coordonnés, supposés rectangulaires, ou seulement de deux de ces axes.*

C.-R., t. VIII, p. 937 (17 juin 1839).

Considérations générales.

Comme on l'a vu dans les précédents Mémoires, les mouvements infiniment petits, d'un ou de plusieurs systèmes de molécules, peuvent être représentés par des équations linéaires aux différences partielles entre trois variables principales, savoir, les déplacements d'une molécule mesurés parallèlement à trois axes coordonnés rectangulaires, et quatre variables indépendantes, savoir, les coordonnées et le temps. Il y a plus : dans ces équations, les coefficients des variables principales et de leurs dérivées deviennent constants, lorsque l'on considère un système unique et homogène de molécules, ou bien encore, lorsque l'on considère deux systèmes homogènes de molécules, et que l'on s'arrête à une première approximation. Dans l'un ou l'autre cas, les coefficients dont il s'agit, et par conséquent la forme des équations linéaires dépendront en général, non seulement de la nature du système ou des systèmes moléculaires, mais encore de la direction des axes coordonnés. Néanmoins, il n'en est pas toujours ainsi. La constitution du système ou des systèmes de molécules donnés peut être telle que les coefficients renfermés dans les équations des mouvements infiniment petits ne soient pas altérés quand on fait tourner d'une manière quelconque les trois axes coordonnés autour de l'origine ; et alors il est clair que la propagation de ces mouvements devra s'effectuer en tout sens suivant les mêmes lois. C'est ce qui arrive, par exemple, lorsque le son se propage dans un gaz ou dans un liquide. C'est ce qui arrivera encore si, l'un des systèmes de molécules donnés étant le fluide éthéré, l'autre système compose ce que dans la théorie de la lumière nous appelons un corps *isophane*. Ce n'est pas tout : la constitution du système, ou des systèmes de molécules donnés, peut être telle que les coefficients renfermés dans les équations des mouvements infiniment petits ne soient pas altérés, quand, l'un des axes coordonnés demeurant fixe, on fait tourner les deux autres autour du premier; et alors il est clair que la propagation du mouvement devra s'effectuer en tous sens suivant les mêmes lois, non plus autour d'un point quelconque, mais seulement autour de tout axe parallèle à l'axe fixe. C'est ce qui arrivera, par exemple, si, le premier système de molécules étant le fluide éthéré, l'autre système compose ce qu'on nomme dans la théorie de la lumière un cristal à un seul axe optique. Il est donc important d'examiner ce que deviendront les équations des mouvements infiniment petits d'un ou de deux systèmes homogènes de molécules, quand elles acquerront la propriété de ne pouvoir être altérées, tandis que l'on fera tourner les trois axes coordonnés autour de l'origine, ou bien encore, deux de ces axes autour du troisième supposé fixe. J'ai déjà traité cette question, en considérant un seul système de molécules : 1° pour le cas où les équations sont homogènes, dans les *Exercices de Mathématiques;* 2° pour le cas général, dans un Mémoire relatif à la *Théorie de la Lumière,* et lithographié sous la date d'août 1836. Mais d'une part ce dernier Mémoire, tiré à un petit nombre d'exemplaires, est assez rare aujourd'hui, et d'ailleurs, en réfléchissant de nouveau sur la même question, je suis parvenu à rendre la solution plus simple. J'ai donc tout lieu d'espérer que les géomètres accueilleront encore avec intérêt ce nouveau Mémoire, qui permettra d'établir et d'exposer facilement quelques-unes des théories les plus délicates de la *Physique mathématique*.

Parmi les quatre paragraphes dont le Mémoire se compose, le premier est consacré au développement de quelques théorèmes relatifs à la transformation des coordonnées rectangulaires, le second à la recherche des conditions nécessaires pour qu'une fonction de deux ou de trois coordonnées rectangulaires reste indépendante de la direction des axes coordonnés; et c'est la connaissance de ces conditions qui me conduit, dans les paragraphes suivants, à la solution de la question ci-dessus indiquée.

54.

Physique mathématique. — *Mémoire sur la réflexion et la réfraction d'un mouvement simple transmis d'un système de molécules à un autre, chacun de ces deux systèmes étant supposé homogène et tellement constitué que la propagation des mouvements infiniment petits s'y effectue en tous sens suivant les mêmes lois.*

C. R., t. VIII, p. 985 (24 juin 1839).

Considérations générales.

Après avoir montré, dans la dernière séance, ce que deviennent les équations des mouvements infiniment petits d'un ou de deux systèmes de molécules, quand elles prennent une forme indépendante de la position des axes coordonnés, je me proposais de présenter à l'Académie les formules auxquelles se réduisent, dans ce cas particulier, les intégrales générales insérées dans le dernier *Compte rendu.* Mais, comme chacun peut aisément effectuer cette réduction sur laquelle, d'ailleurs, je pourrai revenir soit dans un autre Mémoire, soit dans le nouvel Ouvrage qui est maintenant sous presse, et qui a pour titre : *Exercices d'Analyse et de Physique mathématique*, j'ai pensé que, pour répondre au désir des physiciens et des géomètres, il serait mieux de traiter dès à présent les questions sur lesquelles la lettre de M. Mac-Cullagh a rappelé leur attention lundi dernier, et d'appliquer les théories générales, exposées dans mes précédents Mémoires, à la recherche des lois suivant lesquelles un mouvement simple, propagé dans un système homogène de molécules, se trouve réfléchi ou réfracté par la surface qui sépare ce premier système du second. Pour fixer les idées, je considère spécialement aujourd'hui le cas où chacun des systèmes donnés est du nombre de ceux dans lesquels les équations des mouvements infiniment petits prennent une forme indépendante de la direction des axes coordonnés, et dans lesquels, en conséquence, la propagation du mouvement s'effectue en tous sens suivant les mêmes lois. Je suppose encore qu'on peut, sans erreur sensible, réduire les équations dont il s'agit à des équations homogènes, comme on le fait dans la théorie de la lumière, lorsqu'on néglige la dispersion. Enfin, je considère un mouvement simple dans lequel la densité reste invariable. Cela posé, en joignant aux équations des mouvements infiniment petits les équations de conditions relatives à la surface de séparation de deux systèmes, obtenues par les méthodes exposées dans un précédent Mémoire, j'établis les lois de la réflexion et de la réfraction des mouvements infiniment petits. Ces lois sont de deux espèces. Les unes, indépendantes de la forme des équations de condition, ont été déjà développées dans un Mémoire antérieur sur la réflexion et la réfraction de la lumière. Elles sont relatives aux changements qu'éprouvent les épaisseurs des ondes planes et les directions de leurs plans, quand on passe des ondes incidentes aux ondes réfléchies ou réfractées. Les autres lois dépendent de la forme des équations de condition, et se rapportent aux changements que les amplitudes des vibrations des molécules, et les paramètres angulaires, propres à déterminer les positions des plans qui terminent ces ondes, éprouvent en vertu de la réflexion et de la réfraction. Elles sont exprimées par des équations finies qui renferment, avec les angles d'incidence et de réfraction, non seulement les amplitudes et les paramètres angulaires relatifs à chaque espèce d'ondes, mais encore deux constantes correspondantes à chaque milieu. Lorsque l'on suppose ces équations finies applicables à la théorie de la lumière, il suffit de réduire à l'unité la seconde des deux constantes dont nous venons de parler, et d'attribuer à l'autre une valeur réelle, pour obtenir les formules de Fresnel relatives à la réflexion et à la réfraction opérées par la première ou la seconde surface des corps transparents; et alors il existe toujours un angle de polarisation complète, c'est-à-dire un angle d'incidence pour lequel la lumière est complètement polarisée dans le plan de réflexion. Lorsqu'en réduisant la seconde constante à l'unité, on attribue à la première une valeur imaginaire, on obtient les formules dont il est question dans une lettre adressée de Prague à M. Libri, et insérée dans le *Compte rendu* de la séance du 2 mars 1836, formules dont plusieurs ne diffèrent pas au fond de celles que M. Mac-Cullagh a données dans un article publié sous la date du 24 octobre de la même année. Enfin, lorsqu'en supposant la première constante réelle ou imaginaire, on suppose la seconde différente de l'unité, alors, en considérant les formules auxquelles on arrive comme applicables à la théorie de la lumière, on trouve, dans la réflexion opérée sur la surface d'un corps transparent, une polarisation qui demeure incomplète sous tous les angles d'incidence, comme l'est effectivement la polarisation produite par le diamant, et l'on obtient, pour représenter les rayons réfléchis ou réfractés par un corps opaque, des formules distinctes de celles que j'avais trouvées en 1836. Des expériences faites avec beaucoup de soin pourront seules nous apprendre si les phénomènes, déjà représentés avec une assez grande précision par les anciennes formules, le seront mieux encore par les autres.

Un résultat de mon analyse qui paraît digne d'être remarqué, c'est que, dans le cas où la polarisation par réflexion devient complète, la dilatation du volume de l'éther en un point donné, différentiée deux fois de suite par rapport au temps, offre une dérivée du second ordre égale à zéro, dans chacun des milieux que l'on considère. Donc, si cette dilatation et sa dérivée de premier ordre s'évanouissent partout à l'origine du mouvement, excepté dans une très petite portion de l'espace, elles s'évanouiront encore au bout d'un temps quelconque. Il en résulte aussi que, dans l'éther considéré isolément ou renfermé dans des milieux qui polarisent complètement la lumière, les vibrations dirigées dans le sens des rayons lumineux ont une vitesse de propagation nulle. On peut donc admettre que les vibrations de cette espèce ne se propagent pas, et demeurent circonscrites dans l'espace où elles ont pris naissance.

Quoi qu'il en soit, la bienveillance avec laquelle les géomètres et les physiciens ont accueilli mes précédents Mémoires m'encourage à leur présenter avec confiance ce nouveau travail, dans lequel se trouve traité, pour la première fois, par des méthodes rigoureuses substituées à des formules empiriques ou à des hypothèses plus ou moins gratuites, le problème de la réflexion et de la réfraction des mouvements infiniment petits.

Pour ne pas trop allonger ce Mémoire, je me bornerai aujourd'hui à donner une idée succincte de la marche que j'ai suivie, et à établir les principales formules dont les conséquences seront développées dans un prochain article.

§ Ier. — *Équations des mouvements infiniment petits d'un système homogène de molécules. Réduction de ces équations dans le cas où elles deviennent indépendantes de la direction des axes coordonnés.*

Pour obtenir, sous la forme la plus simple, les équations des mouvements infiniment petits d'un système homogène de molécules, il suffit de réduire à zéro les variables $\xi_{,}, \eta_{,}, \zeta_{,}$, dans les équations (6) de la page 814 (séance du 27 mai) (1), qui deviennent alors

$$(1)\qquad \left\{\begin{array}{l}(\mathrm{L}-\mathrm{D}_t^2)\xi+\mathrm{R}\eta+\mathrm{Q}\zeta=0,\\ \mathrm{R}\xi+(\mathrm{M}-\mathrm{D}_t^2)\eta+\mathrm{P}\zeta=0,\\ \mathrm{Q}\xi+\mathrm{P}\eta+(\mathrm{N}-\mathrm{D}_t^2)\zeta=0.\end{array}\right.$$

Dans ces équations

$$\xi,\quad \eta,\quad \zeta$$

sont les trois déplacements d'une molécule, considérés comme fonctions du temps t et des coordonnées rectangulaires x, y, z; tandis que

$$\mathrm{L},\quad \mathrm{M},\quad \mathrm{N},\quad \mathrm{P},\quad \mathrm{Q},\quad \mathrm{R}$$

peuvent être censés représenter des fonctions entières des caractéristiques

$$\mathrm{D}_x,\quad \mathrm{D}_y,\quad \mathrm{D}_z.$$

Seulement, dans le cas général, ces fonctions entières, développées

(1) *Œuvres de C.* — S. I, t. IV, p. 353.

suivant les puissances ascendantes de D_x, D_y, D_z, sont composées d'un nombre infini de termes.

Dans le cas où les équations (1) prennent une forme indépendante de la direction des axes coordonnés (*voir* l'article inséré dans le *Compte rendu* de la séance du 17 juin, et aussi le *Mémoire sur la Théorie de la lumière,* lithographié, sous la date d'août 1836, p. 55 et 59), on a

$$L = E + FD_x^2, \qquad M = E + FD_y^2, \qquad N = E + FD_z^2,$$
$$P = FD_yD_z, \qquad Q = FD_zD_x, \qquad R = FD_xD_y,$$

E, F désignant deux fonctions entières du trinôme

$$D_x^2 + D_y^2 + D_z^2;$$

et par suite

$$(2) \quad (D_t^2 - E)\xi = FD_x\upsilon, \qquad (D_t^2 - E)\eta = FD_y\upsilon, \qquad (D_t^2 - E)\zeta = FD_z\upsilon,$$

υ désignant, pour le point (x, y, z), la dilatation du volume déterminée par la formule

$$(3) \qquad \upsilon = D_x\xi + D_y\eta + D_z\zeta,$$

de laquelle on tire, en la combinant avec les équations (2),

$$(4) \qquad [D_t^2 - E - (D_x^2 + D_y^2 + D_z^2)F]\upsilon = 0.$$

Soient d'ailleurs

$$a, \quad b, \quad c$$

les cosinus des angles formés par un axe fixe, prolongé dans un certain sens, avec les demi-axes des x, y, z positives, et 8 le déplacement d'une molécule, mesuré parallèlement à cet axe. On aura

$$(5) \qquad 8 = a\xi + b\eta + c\zeta,$$

et l'on tirera des formules (2)

$$(6) \qquad (D_t^2 - E)8 = (aD_x + bD_y + cD_z)F\upsilon,$$

puis de celle-ci, combinée avec la formule (4),

$$(7) \qquad (D_t^2 - E)[D_t^2 - E - (D_x^2 + D_y^2 + D_z^2)F]8 = 0.$$

Lorsque la dilatation υ et sa dérivée du premier ordre relative à t, savoir $D_t\upsilon$, sont nulles à l'origine du mouvement, elles sont toujours nulles, en vertu de la formule (4). Alors la densité du système de molécules donné reste invariable pendant la durée du mouvement; et c'est ce qui paraît avoir lieu à l'égard des mouvements infiniment petits de l'éther qui, dans des corps isophanes, occasionnent la sensation de la lumière. Alors aussi la formule (3) donne

$$D_x\xi + D_y\eta + D_z\zeta = 0, \tag{8}$$

et les formules (2) se réduisent à

$$(D_t^2 - E)\xi = 0, \quad (D_t^2 - E)\eta = 0, \quad (D_t^2 - E)\zeta = 0. \tag{9}$$

Lorsque les équations des mouvements infiniment petits sont homogènes, E devient proportionnel à $D_x^2 + D_y^2 + D_z^2$, et F se réduit à une constante. On peut donc alors supposer

$$E = \iota(D_x^2 + D_y^2 + D_z^2) \tag{10}$$

et

$$F = \iota f, \tag{11}$$

ι, f désignant deux constantes réelles. Cela posé, les formules (2), (4) et (7) donneront

$$\left\{\begin{aligned} &[D_t^2 - \iota(D_x^2 + D_y^2 + D_z^2)]\,\xi = \iota f D_x\upsilon, \\ &[D_t^2 - \iota(D_x^2 + D_y^2 + D_z^2)]\,\eta = \iota f D_y\upsilon, \\ &[D_t^2 - \iota(D_x^2 + D_y^2 + D_z^2)]\,\zeta = \iota f D_z\upsilon; \end{aligned}\right. \tag{12}$$

$$[D_t^2 - \iota(1 + f)(D_x^2 + D_y^2 + D_z^2)]\,\upsilon = 0, \tag{13}$$

$$[D_t^2 - \iota(D_x^2 + D_y^2 + D_z^2)][D_t^2 - \iota(1 + f)(D_x^2 + D_y^2 + D_z^2)]\,8 = 0. \tag{14}$$

§ II. — *Équations symboliques des mouvements infiniment petits. Mouvements simples.*

Les équations (1), (2), (3), (4), (7), ... du paragraphe précédent se trouvent vérifiées, si l'on prend pour

$$\xi, \quad \eta, \quad \zeta, \quad 8, \quad \upsilon$$

les parties réelles de variables imaginaires

$$\bar{\xi},\quad \bar{\eta},\quad \bar{\zeta},\quad \bar{8},\quad \bar{\upsilon}$$

propres à vérifier des équations de même forme. Ces nouvelles variables sont ce qu'on peut appeler les *déplacements symboliques*, mesurés parallèlement aux axes coordonnés ou à un axe fixe, et la *dilatation symbolique* du volume. Les nouvelles équations dont il s'agit peuvent être pareillement désignées sous le nom d'*équations symboliques*. Dans le cas où les équations des mouvements infiniment petits deviendront indépendantes de la direction des axes coordonnés, on aura, en vertu des formules (2) et (3) du § Ier,

$$(1)\qquad (D_t^2 - E)\bar{\xi} = FD_x\bar{\upsilon},\qquad (D_t^2 - E)\bar{\eta} = FD_y\bar{\upsilon},\qquad (D_t^2 - E)\bar{\zeta} = FD_z\bar{\upsilon};$$

la valeur de $\bar{\upsilon}$ étant

$$(2)\qquad \bar{\upsilon} = D_x\bar{\xi} + D_y\bar{\eta} + D_z\bar{\zeta}$$

ou, ce qui revient au même,

$$(3)\qquad \begin{cases} (D_t^2 - E)\,\bar{\xi} = FD_x(D_x\bar{\xi} + D_y\bar{\eta} + D_z\bar{\zeta}), \\ (D_t^2 - E)\bar{\eta} = FD_y(D_x\bar{\xi} + D_y\bar{\eta} + D_z\bar{\zeta}), \\ (D_t^2 - E)\bar{\zeta} = FD_z(D_x\bar{\xi} + D_y\bar{\eta} + D_z\bar{\zeta}). \end{cases}$$

Un moyen fort simple d'obtenir un système d'intégrales particulières des équations (3) ou, ce qui revient au même, des équations (1) et (2), est de supposer

$$(4)\qquad \bar{\xi} = A e^{ux+vy+wz-st},\qquad \bar{\eta} = B e^{ux+vy+wz-st},\qquad \bar{\zeta} = C e^{ux+vy+wz-st}$$

et, par suite,

$$(5)\qquad \bar{\upsilon} = (uA + vB + wC)\,e^{ux+vy+wz-st},$$

u, v, w, s, A, B, C étant des constantes réelles ou imaginaires, propres à vérifier les formules

$$(6)\qquad \begin{cases} (s^2 - \mathcal{E})A = \mathcal{F}u(uA + vB + wC), \\ (s^2 - \mathcal{E})B = \mathcal{F}v\,(uA + vB + wC), \\ (s^2 - \mathcal{E})C = \mathcal{F}w(uA + vB + wC), \end{cases}$$

dans lesquelles

$$\mathcal{E},\quad \mathcal{F}$$

représentent ce que deviennent

$$\mathbf{E},\quad \mathbf{F}$$

quand on y remplace les lettres caractéristiques

$$D_x,\quad D_y,\quad D_z,\quad D_t$$

par les coefficients

$$u,\quad v,\quad w,\quad s.$$

D'ailleurs on pourra toujours supposer que, dans les formules (4), la partie imaginaire de la constante s est le produit de $\sqrt{-1}$ par une quantité positive.

En posant, pour abréger,

$$(7)\qquad u^2 + v^2 + w^2 = k^2,$$

on tire des équations (6), respectivement multipliées par u, v, w, puis combinées entre elles par voie d'addition,

$$(8)\qquad (s^2 - \mathcal{E} - \mathcal{F}k^2)(u\mathrm{A} + v\mathrm{B} + w\mathrm{C}) = 0;$$

et, à l'aide de cette dernière formule, on reconnait facilement que, pour satisfaire aux équations (6), on devra supposer, ou

$$(9)\qquad s^2 = \mathcal{E},\qquad u\mathrm{A} + v\mathrm{B} + w\mathrm{C} = 0,$$

ou

$$(10)\qquad s^2 = \mathcal{E} + \mathcal{F}k^2,\qquad \frac{\mathrm{A}}{u} = \frac{\mathrm{B}}{v} = \frac{\mathrm{C}}{w}.$$

On arriverait aux mêmes conclusions en observant que, si l'on nomme

$$a,\quad b,\quad c$$

les cosinus des angles formés par un axe fixe avec les demi-axes des x, y, z positives, 8 le déplacement mesuré parallèlement à cet axe, et $\bar{8}$ le déplacement symbolique correspondant, on aura, en vertu des formules (5), (7) du § I,

(11) $$\bar{8} = a\bar{\xi} + b\bar{\eta} + c\bar{\zeta},$$

(12) $$(D_t^2 - E)[D_t^2 - E - (D_x^2 + D_y^2 + D_z^2)E]\bar{8} = 0,$$

et que de ces dernières, combinées avec les formules (4), on tirera

(13) $$(s^2 - \mathcal{E})(s^2 - \mathcal{E} - \mathcal{F}k^2) = 0.$$

Le système d'intégrales particulières des équations (3), représenté par les équations (4) jointes aux formules (9) ou (10), est ce que nous appelons un *système d'intégrales simples;* et le mouvement représenté par ces intégrales simples est un *mouvement simple*. Dans un semblable mouvement, si l'on pose, pour abréger,

(14) $$a\mathrm{A} + b\mathrm{B} + c\mathrm{C} = \mathrm{O},$$

la valeur de $\bar{8}$ déterminée par la formule (11) sera

(15) $$\bar{8} = \mathrm{O}e^{ux+vy+wz-st}.$$

Cela posé, soient

(16) $$u = \mathrm{U} + \mathrm{u}\sqrt{-1}, \qquad v = \mathrm{V} + \mathrm{v}\sqrt{-1}, \qquad w = \mathrm{W} + \mathrm{w}\sqrt{-1},$$

(17) $$s = \mathrm{S} + \mathrm{s}\sqrt{-1},$$

(18) $$\mathrm{O} = \mathrm{h}e^{\varpi\sqrt{-1}},$$

u, v, w, s, U, V, W, S, h, ϖ désignant des constantes réelles, parmi lesquelles

$$\mathrm{s}, \quad \mathrm{h}$$

peuvent être censées positives, et prenons encore

(19) $$\mathrm{k} = \sqrt{\mathrm{u}^2 + \mathrm{v}^2 + \mathrm{w}^2}, \qquad \mathrm{K} = \sqrt{\mathrm{U}^2 + \mathrm{V}^2 + \mathrm{W}^2},$$

(20) $$\mathrm{k}\iota = \mathrm{u}x + \mathrm{v}y + \mathrm{w}z, \qquad \mathrm{K}\mathrm{R} = \mathrm{U}x + \mathrm{V}y + \mathrm{W}z.$$

Les valeurs numériques de

$$\iota, \quad \mathrm{R}$$

exprimeront les distances d'une molécule aux deux *plans invariables*.

représentés par les équations

$$(21)\qquad \mathrm{u}x + \mathrm{v}y + \mathrm{w}z = 0,$$

$$(22)\qquad \mathrm{U}x + \mathrm{V}y + \mathrm{W}z = 0,$$

et la formule (14) donnera

$$(23)\qquad \bar{8} = \mathrm{h}\,e^{\mathrm{K}\mathrm{R} - \mathrm{S}t}\,e^{(\mathrm{k}\iota - \mathrm{S}t + \varpi)\sqrt{-1}},$$

puis on en conclura

$$(24)\qquad 8 = \mathrm{h}\,e^{\mathrm{K}\mathrm{R} - \mathrm{S}t}\cos(\mathrm{k}\iota - \mathrm{s}t + \varpi).$$

En vertu de cette dernière formule, le déplacement 8 s'évanouit : 1° pour une molécule donnée, à des instants séparés les uns des autres par des intervalles dont le double

$$(25)\qquad \mathrm{T} = \frac{2\pi}{\mathrm{s}}$$

est la *durée d'une vibration* moléculaire; 2° à un instant donné, pour toutes les molécules comprises dans des plans équidistants, parallèles au plan invariable que représente l'équation (21) et séparés les uns des autres par des intervalles dont le double

$$(26)\qquad \mathrm{l} = \frac{2\pi}{\mathrm{k}}$$

est la *longueur d'une ondulation* ou l'épaisseur d'une *onde plane*. L'exponentielle

$$e^{\mathrm{K}\mathrm{R} - \mathrm{S}t}$$

représente le *module* du mouvement simple,

$$\mathrm{K},\quad \mathrm{S}$$

étant les *coefficients d'extinction* relatifs à l'espace et au temps; ϖ désigne le *paramètre angulaire* relatif à l'axe fixe que l'on considère,

$$\mathrm{h}\,e^{\mathrm{K}\mathrm{R} - \mathrm{S}t}$$

la *demi-amplitude* des vibrations relatives au même axe, et

$$\mathrm{h}$$

la valeur initiale de cette demi-amplitude en chaque point du plan invariable représenté par l'équation (22). Enfin la vitesse de propagation Ω des ondes planes est déterminée par la formule

$$\Omega = \frac{\mathrm{s}}{\mathrm{k}} = \frac{\mathrm{l}}{\mathrm{T}}. \tag{27}$$

Dans un mouvement simple, déterminé par le système des formules (4) et (9), l'équation (5) donne

$$\bar{\upsilon} = 0, \tag{28}$$

par conséquent

$$\upsilon = 0. \tag{29}$$

Donc, dans un semblable mouvement, la dilatation du volume est nulle, ou, en d'autres termes, la densité demeure constante. Tels paraissent être, dans les corps isophanes, les mouvements de l'éther qui donnent naissance aux phénomènes lumineux.

De la seconde des formules (9) ou (10) jointe aux formules (4) on tire

$$u\bar{\xi} + v\bar{\eta} + w\bar{\zeta} = 0, \tag{30}$$

ou

$$\frac{\bar{\xi}}{u} = \frac{\bar{\eta}}{v} = \frac{\bar{\zeta}}{w}. \tag{31}$$

D'ailleurs la formule (30) ou (31) entraîne la suivante

$$u\xi + v\eta + w\zeta = 0, \tag{32}$$

ou

$$\frac{\xi}{u} = \frac{\eta}{v} = \frac{\zeta}{w}, \tag{33}$$

1° lorsque les coefficients u, v, w sont réels; 2° lorsque ces coefficients n'offrent pas de parties réelles. Dans le premier cas, les formules (32) et (33) donneront

$$U\xi + V\eta + W\zeta = 0, \tag{34}$$

ou

$$\frac{\xi}{U} = \frac{\eta}{V} = \frac{\zeta}{W}; \tag{35}$$

dans le second cas elles donneront

$$u\xi + v\eta + w\zeta = 0, \tag{36}$$

ou

$$\frac{\xi}{u} = \frac{\eta}{v} = \frac{\zeta}{w}. \tag{37}$$

En conséquence les vibrations moléculaires, représentées par les équations (4) jointes aux formules (9) ou (10), seront, dans le premier cas, parallèles ou perpendiculaires au plan invariable représenté par l'équation (22), et dans le second cas parallèles ou perpendiculaires au plan invariable représenté par l'équation (21).

Si les équations des mouvements infiniment petits deviennent homogènes, on aura, en vertu des formules (10), (11) du § I,

$$\mathcal{E} = \iota k^2, \qquad \mathcal{F} = \iota \mathrm{f}, \tag{38}$$

ι, f désignant des constantes réelles, et par conséquent les valeurs de s^2 que fournissent les équations (9), (10) deviendront

$$s^2 = \iota k^2, \qquad s^2 = \iota(1 + \mathrm{f})k^2, \tag{39}$$

ou, ce qui revient au même,

$$s^2 = \iota(u^2 + v^2 + w^2), \qquad s^2 = \iota(1 + \mathrm{f})(u^2 + v^2 + w^2). \tag{40}$$

§ III. — *Sur les perturbations qu'éprouvent les mouvements simples, lorsque les équations des mouvements infiniment petits sont altérées dans le voisinage d'une surface plane.*

Concevons que, les molécules qui composent le système donné étant toutes situées d'un même côté d'un plan fixe, la constitution du système, et par suite les équations des mouvements infiniment petits se trouvent altérées dans le voisinage de ce plan. Supposons, par exemple, que, toutes les molécules étant situées du côté des x positives, les équations des mouvements infiniment petits conservent constamment la même forme pour des valeurs de x positives et sensiblement différentes de zéro, mais que, dans le voisinage du plan des y, z, ces équations changent de forme sans cesser d'être linéaires, et de telle sorte que les coefficients des variables principales

$$\xi, \quad \eta, \quad \zeta$$

et de leurs dérivées, devenus fonctions de la coordonnée x, varient très rapidement avec elle entre les limites très rapprochées

$$x = 0, \qquad x = \varepsilon.$$

Supposons d'ailleurs que, dans ces mêmes équations transformées d'abord en équations différentielles par la méthode développée dans un précédent Mémoire, puis ramenées au premier ordre et résolues par rapport à

$$\frac{\partial \xi}{\partial x}, \quad \frac{\partial \eta}{\partial y}, \quad \ldots,$$

les produits des coefficients, ou plutôt des variations, par la distance ε, restent très petits. Alors un ou plusieurs mouvements simples, propagés séparément ou simultanément dans le système donné, éprouveront, dans le voisinage du plan fixe des y, z, des perturbations en vertu desquelles les valeurs des déplacements effectifs

$$\xi, \quad \eta, \quad \zeta$$

et par suite des déplacements symboliques

$$\bar{\xi}, \quad \bar{\eta}, \quad \bar{\zeta}$$

se trouveront altérées pour de très petites valeurs positives de x; mais, à l'aide des principes établis dans le Mémoire dont il s'agit, on prouvera que les valeurs altérées et les valeurs non altérées sont liées entre elles par certaines équations de condition qui subsistent dans le voisinage du plan fixe, et spécialement pour une valeur nulle de la coordonnée x. Entrons à ce sujet dans quelques détails.

Considérons, pour fixer les idées, le cas où, avant d'être altérées, les équations des mouvements infiniment petits sont homogènes et indépendantes de la direction des axes coordonnés. Alors les équations symboliques de ces mouvements, c'est-à-dire les équations (3) du § II, seront, pour des valeurs de x positives et sensiblement différentes de zéro, déterminées par des équations de la forme

$$(1)\quad \begin{cases} [D_t^2 - \iota(D_x^2 + D_y^2 + D_z^2)]\bar{\xi} = \iota\, \mathfrak{f}\, D_x(D_x\bar{\xi} + D_y\bar{\eta} + D_z\bar{\zeta}), \\ [D_t^2 - \iota(D_x^2 + D_y^2 + D_z^2)]\bar{\eta} = \iota\, \mathfrak{f}\, D_y(D_x\bar{\xi} + D_y\bar{\eta} + D_z\bar{\zeta}), \\ [D_t^2 - \iota(D_x^2 + D_y^2 + D_z^2)]\bar{\zeta} = \iota\, \mathfrak{f}\, D_z(D_x\bar{\xi} + D_y\bar{\eta} + D_z\bar{\zeta}). \end{cases}$$

Alors aussi les déplacements symboliques, correspondants à un mouvement simple, seront, pour des valeurs de x positives et sensiblement différentes de zéro, déterminés par des équations de la forme

$$(2)\quad \bar{\xi} = A e^{ux+vy+wz-st}, \qquad \bar{\eta} = B e^{ux+vy+wz-st}, \qquad \bar{\zeta} = C e^{ux+vy+wz-st};$$

les constantes

$$u, \quad v, \quad w, \quad s, \quad A, \quad B, \quad C$$

étant assujetties à vérifier l'un des deux systèmes d'équations

$$(3)\qquad s^2 = \iota(u^2 + v^2 + w^2), \qquad uA + vB + wC = 0,$$

$$(4)\qquad s^2 = \iota(1 + \mathfrak{f})(u^2 + v^2 + w^2), \qquad \frac{A}{u} = \frac{B}{v} = \frac{C}{w},$$

dans lesquels ι, $\mathfrak{f}$ représentent deux quantités réelles. Le mouvement simple dont il s'agit sera du nombre de ceux qui ne s'éteignent point en se propageant, si les coefficients d'extinction relatifs à l'espace et au temps s'évanouissent, c'est-à-dire, en d'autres termes, si les coefficients

$$u, \quad v, \quad w, \quad s$$

des variables indépendantes dans l'exponentielle

$$e^{ux+vy+wz-st}$$

n'offrent pas de parties réelles, par conséquent, si l'on a

(5) $u = \mathrm{u}\sqrt{-1}, \quad v = \mathrm{v}\sqrt{-1}, \quad w = \mathrm{w}\sqrt{-1}, \quad s = \mathrm{s}\sqrt{-1},$

u, v, w, s étant des quantités réelles. Le même mouvement simple sera du nombre de ceux dans lesquels la densité de l'éther reste invariable, si les valeurs précédentes de

$$u, \quad v, \quad w, \quad s$$

vérifient la première des équations (3), réduite à

(6) $$\mathrm{s}^2 = \iota(\mathrm{u}^2 + \mathrm{v}^2 + \mathrm{w}^2),$$

ce qui suppose la constante ι positive. C'est ce qui aura lieu, par exemple, si, en posant pour abréger

(7) $$\mathrm{k} = \sqrt{\mathrm{u}^2 + \mathrm{v}^2 + \mathrm{w}^2}, \qquad \Omega = \sqrt{\iota},$$

on prend

(8) $$\mathrm{s} = \Omega \mathrm{k}.$$

Alors le mouvement simple sera représenté par le système des équations

(9) $$\begin{cases} \bar{\xi} = \mathrm{A}e^{(\mathrm{u}x+\mathrm{v}y+\mathrm{w}z-\mathrm{s}t)\sqrt{-1}}, \\ \bar{\eta} = \mathrm{B}e^{(\mathrm{u}x+\mathrm{v}y+\mathrm{w}z-\mathrm{s}t)\sqrt{-1}}, \\ \bar{\zeta} = \mathrm{C}e^{(\mathrm{u}x+\mathrm{v}y+\mathrm{w}z-\mathrm{s}t)\sqrt{-1}}, \end{cases}$$

jointes à la formule (8) et à la seconde des formules (3), ou, ce qui revient au même, à la suivante :

(10) $$\mathrm{uA} + \mathrm{vB} + \mathrm{wC} = 0.$$

Si d'ailleurs on pose

(11) $$\mathrm{u}x + \mathrm{v}y + \mathrm{w}z = \mathrm{k}\text{ı}$$

et

(12) $$\mathrm{A} = \mathrm{a}e^{\lambda\sqrt{-1}}, \qquad \mathrm{B} = \mathrm{b}e^{\mu\sqrt{-1}}, \qquad \mathrm{C} = \mathrm{c}e^{\nu\sqrt{-1}},$$

a, b, c désignant des quantités positives, et λ, μ, ν des arcs réels, les formules (9) deviendront

$$(13)\qquad \bar{\xi} = \mathrm{a}e^{(\mathrm{k}\iota - \mathrm{s}t + \lambda)\sqrt{-1}}, \qquad \bar{\eta} = \mathrm{b}e^{(\mathrm{k}\iota - \mathrm{s}t + \mu)\sqrt{-1}}, \qquad \bar{\zeta} = \mathrm{c}e^{(\mathrm{k}\iota - \mathrm{s}t + \nu)\sqrt{-1}},$$

et l'on en conclura

$$(14)\quad \xi = \mathrm{a}\cos(\mathrm{k}\iota - \mathrm{s}t + \lambda), \quad \eta = \mathrm{b}\cos(\mathrm{k}\iota - \mathrm{s}t + \mu), \quad \zeta = \mathrm{c}\cos(\mathrm{k}\iota - \mathrm{s}t + \nu).$$

Soient maintenant

$$(15)\qquad \frac{\partial\xi}{\partial x} = \varphi, \qquad \frac{\partial\eta}{\partial x} = \chi, \qquad \frac{\partial\zeta}{\partial x} = \psi,$$

et

$$(16)\qquad \frac{\partial\bar{\xi}}{\partial x} = \bar{\varphi}, \qquad \frac{\partial\bar{\eta}}{\partial x} = \bar{\chi}, \qquad \frac{\partial\bar{\zeta}}{\partial x} = \bar{\psi},$$

et nommons

$$\xi_0, \quad \eta_0, \quad \zeta_0, \quad \varphi_0, \quad \chi_0, \quad \psi_0,$$

ou

$$\bar{\xi}_0, \quad \bar{\eta}_0, \quad \bar{\zeta}_0, \quad \bar{\varphi}_0, \quad \bar{\chi}_0, \quad \bar{\psi}_0,$$

ce que deviennent, pour zéro, les valeurs des variables principales

$$\xi, \quad \eta, \quad \zeta, \quad \varphi, \quad \chi, \quad \psi,$$

ou

$$\bar{\xi}, \quad \bar{\eta}, \quad \bar{\zeta}, \quad \bar{\varphi} \quad \bar{\chi}, \quad \bar{\psi},$$

déterminées par le système des formules (14) et (15), ou (13) et (16), quand on commence par modifier ces valeurs de manière qu'elles vérifient, non plus les équations (1), mais ces équations altérées par la variation que subissent les coefficients des variables principales et de leurs dérivées dans le voisinage du plan des y, z. En vertu des principes établis dans le Mémoire ci-dessus mentionné, les différences

$$\bar{\xi} - \bar{\xi}_0, \qquad \bar{\eta} - \bar{\eta}_0, \qquad \bar{\zeta} - \bar{\zeta}_0, \qquad \bar{\varphi} - \bar{\varphi}_0, \qquad \bar{\chi} - \bar{\chi}_0, \qquad \bar{\psi} - \bar{\psi}_0$$

vérifieront certaines équations de condition, et, pour obtenir celles-ci, on devra d'abord chercher les divers systèmes d'intégrales simples que peuvent représenter les équations (2), jointes aux formules (3) ou (4), quand on y regarde les coefficients

$$v, \quad w, \quad s$$

comme invariables, et devant acquérir, dans chaque système d'intégrales simples, les valeurs fournies par les trois dernières des équations (5). Or, dans cette hypothèse, on tirera des équations (3) ou (4), jointes à la formule (6) et à la première des formules (7),

$$(17) \qquad u^2 = -\mathrm{u}^2, \qquad u\mathrm{A} + (\mathrm{vB} + \mathrm{wC})\sqrt{-1} = 0$$

ou

$$(18) \qquad u^2 = \mathrm{v}^2 + \mathrm{w}^2 - \frac{\mathrm{k}^2}{1+\mathrm{f}}, \qquad \frac{\mathrm{A}}{u} = \frac{\mathrm{B}}{\mathrm{v}\sqrt{-1}} = \frac{\mathrm{C}}{\mathrm{w}\sqrt{-1}}.$$

Il en résulte que, dans un mouvement simple correspondant aux valeurs imaginaires données de v, w, s, le coefficient u peut acquérir quatre valeurs distinctes, puisqu'on peut satisfaire à la première des équations (17), en prenant non seulement

$$(19) \qquad u = \mathrm{u}\sqrt{-1},$$

mais encore

$$(20) \qquad u = -\mathrm{u}\sqrt{-1},$$

puis à la première des équations (18), en prenant

$$(21) \quad u = \left(\frac{\mathrm{k}^2}{1+\mathrm{f}} - \mathrm{v}^2 - \mathrm{w}^2\right)^{\frac{1}{2}}\sqrt{-1} \quad \text{ou} \quad u = -\left(\frac{\mathrm{k}^2}{1+\mathrm{f}} - \mathrm{v}^2 - \mathrm{w}^2\right)^{\frac{1}{2}}\sqrt{-1},$$

si l'on a

$$(22) \qquad \frac{\mathrm{k}^2}{1+\mathrm{f}} > \mathrm{v}^2 + \mathrm{w}^2,$$

et en prenant au contraire

$$(23) \quad u = \left(\mathrm{v}^2 + \mathrm{w}^2 - \frac{\mathrm{k}^2}{1+\mathrm{f}}\right)^{\frac{1}{2}} \quad \text{ou} \quad u = -\left(\mathrm{v}^2 + \mathrm{w}^2 - \frac{\mathrm{k}^2}{1+\mathrm{f}}\right)^{\frac{1}{2}},$$

si l'on a

$$(24) \qquad \mathrm{v}^2 + \mathrm{w}^2 > \frac{\mathrm{k}^2}{1+\mathrm{f}}.$$

Observons à présent que, si la formule (22) se vérifie, aucune des quatre valeurs de u n'offrira de partie réelle, et qu'en conséquence aucune d'elles n'offrira de partie réelle négative ou, en d'autres termes, inférieure à celle de

$$u = \mathrm{U}\sqrt{-1}.$$

Donc alors, en vertu des principes établis dans le Mémoire ci-dessus rappelé, les valeurs de

$$\bar{\xi}, \quad \bar{\eta}, \quad \bar{\zeta}, \quad \bar{\varphi}, \quad \bar{\chi}, \quad \bar{\psi},$$

relatives au mouvement simple qui correspond à la valeur précédente de u, vérifieront, pour $x = 0$, les équations de condition

$$(25) \quad \bar{\xi} = \bar{\xi}_0, \qquad \bar{\eta} = \bar{\eta}_0, \qquad \bar{\zeta} = \bar{\zeta}_0, \qquad \bar{\varphi} = \bar{\varphi}_0, \qquad \bar{\chi} = \bar{\chi}_0, \qquad \bar{\psi} = \bar{\psi}_0.$$

Si au contraire la formule (24) se vérifie, alors des quatre valeurs de u, celle que détermine la seconde des équations (23) offrira seule une partie réelle négative. Donc alors les valeurs de $\bar{\xi}$, $\bar{\eta}$, ... relatives au mouvement simple dont il s'agit vérifieront, pour $x = 0$, les équations de condition que l'on obtiendra en supposant, dans la formule

$$\frac{\bar{\xi} - \bar{\xi}_0}{\mathrm{A}} = \frac{\bar{\eta} - \bar{\eta}_0}{\mathrm{B}} = \frac{\bar{\zeta} - \bar{\zeta}_0}{\mathrm{C}} = \frac{\bar{\varphi} - \bar{\varphi}_0}{u\mathrm{A}} = \frac{\bar{\chi} - \bar{\chi}_0}{v\mathrm{B}} = \frac{\bar{\psi} - \bar{\psi}_0}{w\mathrm{C}},$$

les constantes

$$u, \quad v, \quad w, \quad \mathrm{A}, \quad \mathrm{B}, \quad \mathrm{C}$$

choisies de manière que l'on ait

$$u = -\mathfrak{V}, \qquad v = \mathrm{v}\sqrt{-1}, \qquad w = \mathrm{w}\sqrt{-1}, \qquad \frac{\mathrm{A}}{u} = \frac{\mathrm{B}}{\mathrm{v}\sqrt{-1}} = \frac{\mathrm{C}}{\mathrm{w}\sqrt{-1}};$$

la valeur de $\mathfrak{v}$ étant

$$(26) \qquad \mathfrak{v} = \left(\mathrm{v}^2 + \mathrm{w}^2 - \frac{\mathrm{k}^2}{1+\mathrm{f}}\right)^{\frac{1}{2}},$$

on aura, dans ce cas, pour $x = 0$,

$$(27) \qquad \frac{\bar{\xi} - \bar{\xi}_0}{-\mathfrak{v}} = \frac{\bar{\eta} - \bar{\eta}_0}{\mathrm{v}\sqrt{-1}} = \frac{\bar{\zeta} - \bar{\zeta}_0}{\mathrm{w}\sqrt{-1}} = \frac{\bar{\varphi} - \bar{\varphi}_0}{\mathfrak{v}^2} = \frac{\bar{\chi} - \bar{\chi}_0}{-\mathfrak{v}\,\mathrm{v}\sqrt{-1}} = \frac{\bar{\psi} - \bar{\psi}_0}{-\mathfrak{v}\,\mathrm{w}\sqrt{-1}}.$$

55.

C. R., t. IX, p. 1 (1er juillet 1839). — (Suite.)

Fin du § III. (*Voir* la séance du 24 juin.)

Avant d'aller plus loin, cherchons à reconnaître d'une manière précise dans quels cas subsistent les diverses formules ci-dessus établies.

Pour y parvenir, nous remarquerons d'abord que les diverses puissances des caractéristiques

$$\mathrm{D}_x, \quad \mathrm{D}_y, \quad \mathrm{D}_z$$

renfermées dans les équations symboliques des mouvements infiniment petits se transforment en puissances, de mêmes degrés, des coefficients

$$u, \quad v, \quad w,$$

quand on suppose ces mouvements infiniment petits réduits à des mouvements simples, c'est-à-dire quand on suppose les déplacements symboliques proportionnels à une seule exponentielle de la forme

$$e^{ux+vy+wz-st}.$$

Alors les fonctions de D_x, D_y, D_z, représentées par

$$\mathrm{L}, \quad \mathrm{M}, \quad \mathrm{N}, \quad \mathrm{P}, \quad \mathrm{Q}, \quad \mathrm{R}$$

dans les équations (1) du § Ier, se transforment en des fonctions de u,

v, w, désignées par

$$\mathfrak{L},\quad \mathfrak{M},\quad \mathfrak{N},\quad \mathfrak{P},\quad \mathfrak{Q},\quad \mathfrak{R}$$

dans les précédents Mémoires. Dans cette hypothèse, réduire, comme nous l'avons fait, les équations des mouvements infiniment petits à des équations du second ordre ou, en d'autres termes, réduire

$$\mathrm{L},\quad \mathrm{M},\quad \mathrm{N},\quad \mathrm{P},\quad \mathrm{Q},\quad \mathrm{R}$$

à des fonctions qui soient du second degré par rapport au système des caractéristiques D_x, D_y, D_z, c'est évidemment réduire

$$\mathfrak{L},\quad \mathfrak{M},\quad \mathfrak{N},\quad \mathfrak{P},\quad \mathfrak{Q},\quad \mathfrak{R}$$

à des fonctions qui soient du second degré par rapport au système des coefficients u, v, w. D'ailleurs, comme on l'a vu dans le Mémoire sur les mouvements infiniment petits d'un système de molécules, si l'on nomme

$$x,\quad y,\quad z$$

les coordonnées d'une molécule $\mathfrak{m}$ du système donné, et

$$x+\mathrm{x},\qquad y+\mathrm{y},\qquad z+\mathrm{z}$$

les coordonnées d'une autre molécule m, les valeurs de

$$\mathfrak{L},\quad \mathfrak{M},\quad \mathfrak{N},\quad \mathfrak{P},\quad \mathfrak{Q},\quad \mathfrak{R}$$

seront représentées par des sommes de termes correspondants aux diverses molécules m voisines de $\mathfrak{m}$, et dont chacun, considéré comme fonction de u, v, w, sera proportionnel à la différence

$$e^{u\mathrm{x}+v\mathrm{y}+w\mathrm{z}}-1,$$

mais s'évanouira sensiblement hors de la sphère d'activité de la molécule $\mathfrak{m}$. Donc, réduire les équations des mouvements infiniment petits au second ordre, c'est négliger dans le développement de cette différence, c'est-à-dire dans la somme

$$u\mathrm{x}+v\mathrm{y}+w\mathrm{z}+\frac{(u\mathrm{x}+v\mathrm{y}+w\mathrm{z})^2}{1.2}+\frac{(u\mathrm{x}+v\mathrm{y}+w\mathrm{z})^3}{1.2.3}+\ldots,$$

les puissances du trinôme

$$u\mathrm{x}+v\mathrm{y}+w\mathrm{z}$$

d'un degré supérieur au second. Or il sera généralement permis de négliger ces puissances, au moins dans une première approximation, si le module du trinôme

$$u\mathrm{x}+v\mathrm{y}+w\mathrm{z}$$

reste très petit pour tous les points situés dans l'intérieur de la sphère d'activité sensible d'une molécule; et cette dernière condition sera remplie elle-même, si le rayon de la sphère dont il s'agit est très petit, par rapport aux longueurs d'ondulations mesurées dans un mouvement simple qui ne s'éteigne pas en se propageant. En effet, dans un semblable mouvement, u, v, w seront de la forme

$$u=\mathrm{U}\sqrt{-1},\qquad v=\mathrm{V}\sqrt{-1},\qquad w=\mathrm{W}\sqrt{-1},$$

U, V, W désignant des constantes réelles; et le plan d'une onde, parallèle au plan invariable représenté par l'équation

$$\mathrm{U}x+\mathrm{V}y+\mathrm{W}z=0,$$

formera, avec les demi-axes des coordonnées positives, des angles dont les cosinus seront respectivement proportionnels à

$$\mathrm{U},\quad \mathrm{V},\quad \mathrm{W},$$

tandis que l'épaisseur d'une onde sera représentée par

$$\mathrm{l}=\frac{2\pi}{\mathrm{k}},$$

la valeur de k étant

$$\mathrm{k}=\sqrt{\mathrm{U}^2+\mathrm{V}^2+\mathrm{W}^2}.$$

D'autre part, si l'on nomme r le rayon vecteur mené de la molécule m à la molécule m, et δ l'angle formé par le rayon vecteur r avec la perpendiculaire au plan d'une onde, on aura

$$r=\sqrt{\mathrm{x}^2+\mathrm{y}^2+\mathrm{z}^2},$$

$$\mathrm{U}\mathrm{x}+\mathrm{V}\mathrm{y}+\mathrm{W}\mathrm{z}=\mathrm{k}r\cos\delta=2\pi\frac{r}{\mathrm{l}}\cos\delta;$$

et il est clair que le produit

$$2\pi\frac{r}{l}\cos\delta$$

deviendra très petit en même temps que le rapport

$$\frac{r}{l}.$$

Donc le module du trinôme

$$ux + vy + wz,$$

représenté dans le mouvement simple que l'on considère par la valeur numérique de la somme

$$\text{ux} + \text{vy} + \text{wz} = 2\pi\frac{r}{l}\cos\delta,$$

restera très petit, si le rayon vecteur r, supposé inférieur ou égal au rayon de la sphère d'activité sensible d'une molécule, est très petit par rapport à la longueur d'une ondulation.

Lorsque la condition ici énoncée sera remplie, et qu'en conséquence les équations des mouvements infiniment petits pourront être, sans erreur sensible, réduites à des équations du second ordre, ces dernières renfermeront généralement des termes du premier ordre et des termes du second ordre. Il semblerait au premier abord que ceux-ci devraient encore être considérés comme très petits par rapport aux autres. Mais on doit observer que les coefficients des dérivées du premier ordre seront des sommes composées de parties, les unes positives, les autres négatives, et qui, dans beaucoup de cas, se détruiront réciproquement. C'est ce qui arrive, en particulier, quand le système de molécules est constitué de telle manière que la propagation du mouvement s'effectue en tous sens suivant les mêmes lois. Il en résulte que, loin de négliger les termes du second ordre vis-à-vis des termes du premier ordre, on devra plus généralement négliger ceux-ci vis-à-vis des termes du second ordre, ce qui suffira pour rendre homogènes les équations du second ordre auxquelles on sera parvenu.

Considérons maintenant en particulier les conditions relatives aux points situés dans le plan fixe des y, z. D'après ce qu'on a dit, ces conditions supposent qu'on obtient des produits très petits en multipliant la constante ε, c'est-à-dire la distance au plan fixe, en deçà de laquelle les perturbations des mouvements infiniment petits deviennent sensibles, par certains coefficients renfermés dans ces mêmes équations. D'ailleurs, en vertu des principes développés dans le Mémoire qui a pour titre : *Méthode générale propre à fournir les équations de conditions relatives aux limites des corps*, les coefficients dont il s'agit seront généralement ceux par lesquels se trouveront multipliées les variables principales

$$\bar{\xi}, \quad \bar{\eta}, \quad \bar{\zeta}, \quad \bar{\varphi}, \quad \bar{\chi}, \quad \bar{\psi}$$

dans les équations symboliques des mouvements infiniment petits, transformées d'abord en équations différentielles par la substitution des constantes

$$v, \quad w, \quad s$$

aux caractéristiques

$$D_y, \quad D_z, \quad D_t,$$

puis ramenées au premier ordre par l'adjonction des variables principales $\bar{\varphi}$, $\bar{\chi}$, $\bar{\psi}$ aux variables principales $\bar{\xi}$, $\bar{\eta}$, $\bar{\zeta}$, et résolues par rapport à

$$\frac{\partial\bar{\xi}}{\partial x}, \quad \frac{\partial\bar{\eta}}{\partial x}, \quad \frac{\partial\bar{\zeta}}{\partial x}, \quad \frac{\partial\bar{\varphi}}{\partial x}, \quad \frac{\partial\bar{\chi}}{\partial x}, \quad \frac{\partial\bar{\psi}}{\partial x}.$$

Mais il est important d'observer que, si, dans un mouvement simple, l'épaisseur l des ondes planes devient très petite, les constantes

$$u, \quad v, \quad w$$

offriront de très grands modules comparables à la quantité

$$k = \frac{2\pi}{l}.$$

Alors les dérivées

$$\bar{\varphi} = D_x\bar{\xi} = u\bar{\xi}, \qquad \bar{\chi} = D_x\bar{\eta} = u\bar{\eta}, \qquad \bar{\psi} = D_x\bar{\zeta} = u\bar{\zeta}$$

seront elles-mêmes comparables aux produits

$$k\bar{\xi},\quad k\bar{\eta},\quad k\bar{\zeta};$$

et comme, dans les équations des mouvements infiniment petits, réduites à des équations homogènes du second ordre, puis transformées en équations différentielles, les divers termes resteront tous comparables les uns aux autres, les coefficients qui, multipliés par ε, devront fournir des produits très petits, seront, dans les valeurs de

$$\frac{\partial\bar{\varphi}}{\partial x},\quad \frac{\partial\bar{\chi}}{\partial x},\quad \frac{\partial\bar{\psi}}{\partial x}$$

exprimées en fonctions linéaires de

$$\bar{\xi},\quad \bar{\eta},\quad \bar{\zeta},\quad \bar{\varphi},\quad \bar{\chi},\quad \bar{\psi},$$

les coefficients de

$$\bar{\varphi},\quad \bar{\chi},\quad \bar{\psi}$$

ou ceux de

$$k\bar{\xi},\quad k\bar{\eta},\quad k\bar{\zeta}.$$

On peut ajouter que les coefficients de $\bar{\varphi}$ dans la valeur de $\frac{\partial\bar{\varphi}}{\partial x}$, de $\bar{\chi}$ dans la valeur de $\frac{\partial\bar{\chi}}{\partial x}$, $\ldots$, auront, dans le mouvement troublé, des valeurs comparables à celles qu'ils acquièrent dans le mouvement simple et non troublé, c'est-à-dire au coefficient u, par conséquent à la constante k. Donc, en définitive, pour que la valeur de la distance ε permette aux conditions relatives à la surface de subsister, il suffira que le produit

$$k\varepsilon = 2\pi\frac{\varepsilon}{l}$$

reste très petit, ou, en d'autres termes, que la distance ε soit très petite relativement à la longueur d'une ondulation.

Cette condition étant supposée remplie, les formules (25) ou (27) subsisteront, pour $x=0$, dans les circonstances que nous avons indiquées, si les variables

$$\bar{\xi},\quad \bar{\eta},\quad \bar{\zeta}$$

représentent les déplacements symboliques relatifs à un mouvement simple pour lequel on aurait

$$u = \mathrm{u}\sqrt{-1}.$$

Il y a plus : en vertu des principes établis dans le Mémoire déjà cité, on arrivera encore aux formules (25) ou (27), si les variables

$$\bar{\xi},\quad \bar{\eta},\quad \bar{\zeta}$$

représentent les déplacements symboliques relatifs à un mouvement simple pour lequel on aurait

$$u = -\mathrm{u}\sqrt{-1},$$

ou même les déplacements symboliques relatifs à un mouvement résultant de la superposition de deux mouvements simples, pour l'un desquels on aurait

$$u = \mathrm{u}\sqrt{-1},$$

tandis qu'on aurait pour l'autre

$$u = -\mathrm{u}\sqrt{-1}.$$

Cela posé, on pourra énoncer la proposition suivante :

THÉORÈME. — *Considérons un système homogène de molécules situé, par rapport au plan des y, z, du côté des x positives, et pour lequel les équations des mouvements infiniment petits, indépendantes de la direction des axes coordonnés, puissent se réduire, sans erreur sensible, à des équations homogènes du second ordre, par conséquent aux formules* (1). *Supposons en outre que, dans le voisinage du plan des y, z, et entre les limites très rapprochées*

$$x = 0,\qquad x = \varepsilon,$$

ces équations changent de forme, les coefficients des déplacements effectifs ou des déplacements symboliques et de leurs dérivées devenant alors fonctions de la coordonnée x. Nommons

$$\bar{\varphi},\quad \bar{\chi},\quad \bar{\psi}$$

les dérivées premières de

$$\bar{\xi},\quad \bar{\eta},\quad \bar{\zeta}$$

relatives à x, et

$$\bar{\xi}_0, \quad \bar{\eta}_0, \quad \bar{\zeta}_0, \qquad \bar{\varphi}_0, \quad \bar{\chi}_0, \quad \bar{\psi}_0$$

ce que deviennent, pour $x = 0$, les valeurs de

$$\bar{\xi}, \quad \bar{\eta}, \quad \bar{\zeta}, \qquad \bar{\varphi}, \quad \bar{\chi}, \quad \bar{\psi},$$

correspondantes à un mouvement infiniment petit, propagé dans le système de molécules donné, quand on a égard aux perturbations de ce mouvement indiquées par l'altération des équations (1) dans le voisinage du plan des y, z. Enfin, supposons que le mouvement dont il s'agit soit un mouvement simple qui ne s'éteigne point en se propageant, ou bien encore qu'il résulte de la superposition de deux mouvements simples de cette espèce, correspondants aux mêmes valeurs imaginaires des coefficients

$$v, \quad w, \quad s,$$

mais à des valeurs imaginaires de u, qui, étant égales au signe près, se trouvent affectées de signes contraires. Si d'ailleurs la distance ε est très petite relativement à la longueur d'une ondulation, les valeurs de

$$\bar{\xi}, \quad \bar{\eta}, \quad \bar{\zeta}, \qquad \bar{\varphi}, \quad \bar{\chi}, \quad \bar{\psi},$$

calculées comme si le mouvement simple n'éprouvait aucune perturbation dans le voisinage du plan des y, z, vérifieront, pour $x = 0$, les conditions (25) ou (27), savoir, les conditions

$$\bar{\xi} = \bar{\xi}_0, \qquad \bar{\eta} = \bar{\eta}_0, \qquad \bar{\zeta} = \bar{\zeta}_0, \qquad \bar{\varphi} = \bar{\varphi}_0, \qquad \bar{\chi} = \bar{\chi}_0, \qquad \bar{\psi} = \bar{\psi}_0,$$

si l'on a

$$\frac{\mathrm{k}^2}{1+\mathrm{f}} > \mathrm{v}^2 + \mathrm{w}^2,$$

et les conditions

$$\frac{\bar{\xi} - \bar{\xi}_0}{-\mho} = \frac{\bar{\eta} - \bar{\eta}_0}{\mathrm{v}\sqrt{-1}} = \frac{\bar{\zeta} - \bar{\zeta}_0}{\mathrm{w}\sqrt{-1}} = \frac{\bar{\varphi} - \bar{\varphi}_0}{\mho^2} = \frac{\bar{\chi} - \bar{\chi}_0}{-\mho\mathrm{v}\sqrt{-1}} = \frac{\bar{\psi} = \bar{\psi}_0}{-\mho\mathrm{w}\sqrt{-1}},$$

si l'on a

$$\frac{\mathrm{k}^2}{1+\mathrm{f}} < \mathrm{v}^2 + \mathrm{w}.$$

Les mêmes principes peuvent servir encore à établir les équations de condition auxquelles devraient satisfaire, pour $x = 0$, les valeurs de

$$\bar{\xi}, \quad \bar{\eta}, \quad \bar{\zeta}, \quad \bar{\varphi}, \quad \bar{\chi}, \quad \bar{\psi}$$

relatives, soit à des mouvements qui s'éteindraient en se propageant, soit à des mouvements accompagnés d'un changement de densité. Mais, nous bornant pour l'instant à indiquer ces diverses applications de nos formules générales, nous allons nous occuper plus spécialement des formules particulières que nous venons de trouver et développer les conséquences qui s'en déduisent.

Les valeurs de v, w étant

$$(28) \qquad\qquad v = \mathbf{v} \sqrt{-1}, \qquad w = \mathbf{w} \sqrt{-1},$$

la formule (27) peut s'écrire comme il suit :

$$(29) \qquad \frac{\bar{\xi} - \bar{\xi}_0}{-\upsilon} = \frac{\bar{\eta} - \bar{\eta}_0}{v} = \frac{\bar{\zeta} - \bar{\zeta}_0}{w} = \frac{\bar{\varphi} - \bar{\varphi}_0}{\upsilon^2} = \frac{\bar{\chi} - \bar{\chi}_0}{-\upsilon v} = \frac{\bar{\psi} - \bar{\psi}_0}{-\upsilon w}.$$

D'ailleurs on tire de cette dernière, non seulement

$$\frac{\bar{\eta} - \bar{\eta}_0}{v} = \frac{\bar{\zeta} - \bar{\zeta}_0}{w}$$

et

$$\bar{\xi} - \bar{\xi}_0 = \frac{\bar{\chi} - \bar{\chi}_0}{v} = \frac{\bar{\psi} - \bar{\psi}_0}{w},$$

par conséquent

$$(30) \quad w\bar{\eta} - v\bar{\zeta} = w\bar{\eta}_0 - v\bar{\zeta}_0, \qquad \bar{\psi} - w\bar{\xi} = \bar{\psi}_0 - w\bar{\xi}_0, \qquad v\bar{\xi} - \bar{\chi} = v\bar{\xi}_0 - \bar{\chi}_0,$$

mais encore

$$\frac{1}{v}\bar{\eta} - \frac{1}{v}\bar{\eta}_0 = \frac{\bar{\zeta} - \bar{\zeta}_0}{-\upsilon} = \frac{\bar{\varphi} - \bar{\varphi}_0}{\upsilon^2} = \frac{\bar{\varphi} - \bar{\varphi}_0 + \alpha(\bar{\xi} - \bar{\xi}_0) + \mathfrak{e}\left(\frac{1}{v}\bar{\eta} - \frac{1}{v}\bar{\eta}_0\right)}{\upsilon^2 - \alpha\upsilon + \mathfrak{e}},$$

quels que soient les facteurs α, $\mathfrak{e}$, et par suite

$$(31) \qquad\qquad \bar{\varphi} + \alpha\bar{\xi} + \frac{\mathfrak{e}}{v}\bar{\eta} = \bar{\varphi}_0 + \alpha\bar{\xi}_0 + \frac{\mathfrak{e}}{v}\bar{\eta}_0,$$

si l'on choisit α, β de manière à vérifier la formule

$$\mho^2 - \alpha\mho + \beta = 0 \quad (32)$$ [1].

(1) Pressé par le temps, et obligé de renvoyer au prochain numéro le développement des principes que je viens d'exposer, je me bornerai, pour le moment, à indiquer ici les formules qui seront établies dans la suite de ce Mémoire, relativement à la réflexion et à la réfraction de la lumière par la surface des corps qui ne la polarisent pas complètement.

Si le rayon incident, que nous supposerons simple, est considéré comme résultant de la superposition de deux autres rayons polarisés suivant le plan d'incidence, et perpendiculairement à ce plan, les lois de la réflexion ou de la réfraction relatives au premier rayon composant, c'est-à-dire au rayon polarisé suivant le plan d'incidence, resteront les mêmes pour les corps transparents et isophanes qui polarisent complètement la lumière, et pour ceux qui, comme le diamant, ne jouissent pas de cette propriété.

Si maintenant on compare l'un à l'autre les deux rayons composants, la réflexion et la réfraction feront varier le rapport de leurs amplitudes, ou la tangente de l'azimut, et la différence de leurs phases, ou l'anomalie, suivant les lois exprimées par les formules que je vais transcrire.

Soient

τ, τ' les angles d'incidence et de réfraction;

ϖ, ϖ' les tangentes des azimuts des rayons réfléchi et réfracté, quand le rayon incident est polarisé à 45° du plan d'incidence;

δ, δ' les anomalies de réflexion et de réfraction.

On aura, pour le rayon réfracté,

$$\tang^2\varpi' = \cos^2(\tau - \tau') + \varepsilon^2 \sin^2\tau \sin^2(\tau - \tau'),$$
$$\delta' = \operatorname{arc\,tang}[\varepsilon \sin\tau \tang(\tau - \tau')],$$

ε désignant un coefficient très petit dont l'observation fournira la valeur. On aura, au contraire, pour le rayon réfléchi,

$$\cot^2\varpi = [\cos^2(\tau + \tau') + \varepsilon^2 \sin^2\tau \sin^2(\tau + \tau')] \cot^2\varpi',$$

et, en outre,

$$\delta = \delta' + \operatorname{arc\,tang}[\varepsilon \sin\tau \tang(\tau + \tau')] + \pi, \quad \text{si} \quad \tau + \tau' < \frac{\pi}{2},$$

et

$$\delta = \delta' + \operatorname{arc\,tang}[\varepsilon \sin\tau \tang(\tau + \tau')], \quad \text{si} \quad \tau + \tau' > \frac{\pi}{2}.$$

Au reste, je reviendrai dans les prochains numéros sur ces diverses formules qui montrent l'exactitude des explications et des hypothèses proposées par M. Airy, dans un Mémoire digne de remarque. (*Voir* le IVe Volume des *Transactions de la Société philosophique de Cambridge.*)

56.

C. R., t. IX, p. 59 (8 juillet 1839). — Suite.

§ IV. — *Sur les conditions générales de la coexistence de mouvements simples, que l'on suppose propagés dans deux portions différentes d'un système moléculaire, diversement constituées et séparées l'une de l'autre par une surface plane.*

Considérons deux systèmes homogènes de molécules, séparés par une surface plane que nous prendrons pour plan des y, z, ces deux systèmes n'étant autre chose que deux portions différentes d'un même système dont la constitution change quand la coordonnée x passe du négatif au positif, et reste sensiblement invariable de chaque côté de la surface de séparation, excepté dans le voisinage de cette surface. Soient

$$\xi, \quad \eta, \quad \zeta \quad \text{et} \quad \bar{\xi}, \quad \bar{\eta}, \quad \bar{\zeta}$$

les déplacements effectifs et symboliques d'une molécule, correspondants à un ou à plusieurs mouvements simples propagés dans le premier des systèmes donnés, que nous supposerons situé du côté des x négatives; et nommons

$$\varphi, \quad \chi, \quad \psi \quad \text{ou} \quad \bar{\varphi}, \quad \bar{\chi}, \quad \bar{\psi}$$

les dérivées de ces déplacements effectifs ou symboliques prises par rapport à x. Soient pareillement

$$\xi', \quad \eta', \quad \zeta' \quad \text{et} \quad \bar{\xi}', \quad \bar{\eta}', \quad \bar{\zeta}'$$

les déplacements effectifs ou symboliques correspondants à un ou à plusieurs mouvements simples propagés dans le second système situé du côté des x positives; et nommons encore

$$\varphi', \quad \chi', \quad \psi' \quad \text{ou} \quad \bar{\varphi}', \quad \bar{\chi}', \quad \bar{\psi}'$$

les dérivées de ces déplacements effectifs ou symboliques prises par rapport à x. Soient enfin

$$\xi_0,\quad \eta_0,\quad \zeta_0,\quad \varphi_0,\quad \chi_0,\quad \psi_0$$

ou

$$\bar{\xi}_0,\quad \bar{\eta}_0,\quad \bar{\zeta}_0,\quad \bar{\varphi}_0,\quad \bar{\chi}_0,\quad \bar{\psi}_0$$

ce que deviennent les déplacements effectifs ou symboliques et leurs dérivées pour les points situés dans le plan des y, z. Si les deux espèces de mouvements simples que l'on suppose propagés dans les deux systèmes donnés de molécules peuvent coexister, alors, en raisonnant comme dans le § III, on obtiendra : 1° entre les différences

$$\bar{\xi}-\bar{\xi}_0,\quad \bar{\eta}-\bar{\eta}_0,\quad \bar{\zeta}-\bar{\zeta}_0,\quad \bar{\varphi}-\bar{\varphi}_0,\quad \bar{\chi}-\bar{\chi}_0,\quad \bar{\psi}-\bar{\psi}_0,$$

2° entre les différences

$$\bar{\xi}'-\bar{\xi}_0,\quad \bar{\eta}'-\bar{\eta}_0,\quad \bar{\zeta}'-\bar{\zeta}_0,\quad \bar{\varphi}'-\bar{\varphi}_0,\quad \bar{\chi}'-\bar{\chi}_0,\quad \bar{\psi}'-\bar{\psi}_0,$$

des équations de condition qui devront se vérifier pour une valeur nulle de x; puis, en éliminant

$$\bar{\xi}_0,\quad \bar{\eta}_0,\quad \bar{\zeta}_0,\quad \bar{\varphi}_0,\quad \bar{\chi}_0,\quad \bar{\psi}_0$$

entre ces deux espèces d'équations de condition, on en obtiendra d'autres entre les seules variables

$$\bar{\xi},\quad \bar{\eta},\quad \bar{\zeta},\quad \bar{\varphi},\quad \bar{\chi},\quad \bar{\psi};\quad \bar{\xi}',\quad \bar{\eta}',\quad \bar{\zeta}',\quad \bar{\varphi}',\quad \bar{\chi}',\quad \bar{\psi}'.$$

Les nouvelles équations de condition, ainsi obtenues, devront, comme les précédentes, subsister seulement pour une valeur nulle de x; et les unes comme les autres seront linéaires par rapport aux déplacements symboliques et à leurs dérivées. En conséquence, après l'élimination de

$$\bar{\xi}_0,\quad \bar{\eta}_0,\quad \bar{\zeta}_0,\quad \bar{\varphi}_0,\quad \bar{\chi}_0,\quad \bar{\psi}_0,$$

la forme la plus générale d'une équation de condition sera

$$\Gamma + \Gamma' = 0, \tag{1}$$

Γ désignant une fonction linéaire des variables

$$\bar{\xi},\quad \bar{\eta},\quad \bar{\zeta},\quad \bar{\varphi},\quad \bar{\chi},\quad \bar{\psi},$$

composée de six termes respectivement proportionnels à ces mêmes variables, et Γ' une fonction de la même espèce, mais composée avec les variables

$$\bar{\xi}', \quad \bar{\eta}', \quad \bar{\zeta}', \quad \bar{\varphi}', \quad \bar{\chi}', \quad \bar{\psi}'.$$

Si l'on suppose qu'un seul mouvement simple se propage dans le système de molécules situé du côté des x négatives, les valeurs de

$$\bar{\xi}, \quad \bar{\eta}, \quad \bar{\zeta}, \quad \bar{\varphi}, \quad \bar{\chi}, \quad \bar{\psi},$$

correspondantes à une valeur nulle de x, seront de la forme

$$\bar{\xi} = \mathrm{A}e^{vy+wz-st}, \qquad \bar{\eta} = \mathrm{B}e^{vy+wz-st}, \qquad \bar{\zeta} = \mathrm{C}e^{vy+wz-st},$$

$$\bar{\varphi} = \mathrm{A}ue^{vy+wz-st}, \qquad \bar{\chi} = \mathrm{B}ue^{vy+wz-st}, \qquad \bar{\psi} = \mathrm{C}ue^{vy+wz-st},$$

u, v, w, s, A, B, C désignant des constantes réelles ou imaginaires ; et par suite, la valeur de Γ, correspondante à $x = 0$, sera de la forme

$$\Gamma = \gamma e^{vy+wz-st},$$

γ désignant une nouvelle constante. Si au contraire plusieurs mouvements simples, superposés les uns aux autres, se propagent simultanément dans le premier des systèmes donnés, et si l'on admet que les déplacements symboliques deviennent proportionnels, dans l'un de ces mouvements simples, à l'exponentielle

$$e^{ux+vy+wz-st},$$

dans un autre, à l'exponentielle

$$e^{u_{,}x+v_{,}y+w_{,}z-s_{,}t}, \quad \ldots,$$

la valeur de Γ, correspondante à $x = 0$, sera de la forme

$$\Gamma = \gamma e^{vy+wz-st} + \gamma_{,} e^{v_{,}y+w_{,}z-s_{,}t} + \ldots, \tag{2}$$

γ, $\gamma_{,}$, ... désignant diverses constantes. Pareillement, si divers mouvements simples se propagent dans le second système de molécules, et si l'on admet que les déplacements symboliques deviennent proportionnels, dans l'un de ces mouvements simples, à l'exponentielle

$$e^{u'x+v'y+w'z-s't},$$

dans un autre, à l'exponentielle

$$e^{u''x+v''y+w''z-s''t},$$

la valeur de Γ', correspondante à $x=0$, sera de la forme

$$\Gamma'=\gamma' e^{v'y+w'z-s't}+\ldots. \tag{3}$$

Cela posé, l'équation (1), réduite à

$$\gamma e^{vy+wz-st}+\gamma_{,} e^{v_{,}y+w_{,}z-s_{,}t}+\ldots+\gamma' e^{v'y+w'z-s't}+\ldots=0, \tag{4}$$

entraînera la formule

$$\gamma+\gamma_{,}+\ldots+\gamma'+\ldots=0, \tag{5}$$

à laquelle elle se réduira identiquement si l'on a

$$\left\{\begin{array}{l} v=v_{,}=\ldots=v'=\ldots, \\ w=w_{,}=\ldots=w'=\ldots, \\ s=s_{,}=\ldots=s'=\ldots. \end{array}\right. \tag{6}$$

Il y a plus : si les constantes

$$\gamma,\quad \gamma_{,},\quad \ldots,\quad \gamma',\quad \ldots$$

diffèrent de zéro, l'équation (4), qui doit subsister quelles que soient les valeurs attribuées aux variables indépendantes y, z, t, entraînera toujours, non seulement l'équation (5), en laquelle elle se transforme, quand on réduit y, z et t à zéro, mais encore les formules (6). C'est ce que l'on démontrera sans peine à l'aide des considérations suivantes.

L'équation (4), devant subsister, quels que soient y, z et t, donnera, pour $z=0$ et $t=0$,

$$\gamma e^{vy}+\gamma_{,} e^{v_{,}y}+\ldots+\gamma' e^{v'y}+\ldots=0.$$

Si, dans cette dernière équation et dans ses dérivées des divers ordres, relatives à y, on pose $y = 0$, on trouvera

$$(7)\quad \begin{cases} \gamma \;\; + \gamma_, \;\; + \ldots + \gamma' \;\;\; + \ldots = 0, \\ \gamma v \; + \gamma_, v_, + \ldots + \gamma' v' \; + \ldots = 0, \\ \gamma v^2 + \gamma_, v_,^2 \; + \ldots + \gamma' v'^2 + \ldots = 0, \\ \ldots \ldots \ldots \ldots \ldots \ldots \ldots \end{cases}$$

Or il est facile de s'assurer que les équations (7), dont on peut supposer le nombre égal à celui des coefficients

$$\gamma, \quad \gamma_,, \quad \ldots, \quad \gamma', \quad \ldots,$$

entraînent la première des formules (6). En effet, admettons, par exemple, que ces coefficients se réduisent à trois,

$$\gamma, \quad \gamma_,, \quad \gamma'.$$

Alors, en éliminant deux d'entre eux des équations (7), c'est-à-dire, des formules

$$\gamma \;\; + \gamma_, \;\; + \gamma' \;\;\; = 0,$$

$$\gamma v \; + \gamma_, v_, + \gamma' v' \; = 0,$$

$$\gamma v^2 + \gamma_, v_,^2 + \gamma' v'^2 = 0,$$

on trouvera successivement

$$\gamma(v - v_,)(v - v') = 0, \qquad \gamma_,(v_, - v')(v_, - v) = 0, \qquad \gamma'(v' - v)(v' - v_,) = 0;$$

et, par suite, si

$$\gamma, \quad \gamma_,, \quad \gamma'$$

diffèrent de zéro, les trois différences

$$v - v_,, \quad v - v', \quad v_, - v'$$

devront s'évanouir, en sorte que la première des formules (6) devra être vérifiée. Eu égard à la forme des équations (7), la même démonstration reste applicable, quel que soit le nombre des coefficients γ, $\gamma_,$, ..., γ', ...; et d'ailleurs on pourra évidemment établir de la même manière la seconde et la troisième des formules (6).

Lorsqu'un mouvement simple, propagé dans un système de molécules, atteint une surface plane qui sépare ce premier système du second, il donne très souvent naissance à d'autres mouvements simples, les uns réfléchis, les autres réfractés, qui coexistent tous ensemble, mais qui ne pourraient plus coexister, dans le double système de molécules que l'on considère, si l'on venait à supprimer quelques-uns d'entre eux. Ainsi, par exemple, lorsque ces deux systèmes sont tels qu'un mouvement simple, propagé jusqu'à leur surface de séparation, donne naissance à deux mouvements de cette espèce, l'un réfléchi, l'autre réfracté, on ne saurait concevoir deux de ces trois mouvements propagés seuls dans le double système de molécules. Donc alors l'équation (1) ou (4) ne peut subsister, lorsqu'on supprime l'un des trois mouvements simples; ce qui aurait lieu toutefois, si l'une des constantes

$$\gamma,\quad \gamma_{,},\quad \gamma'$$

venait à s'évanouir. Donc, si l'on applique l'équation (1) ou (4) à la réflexion et à la réfraction des mouvements simples, elle entraînera généralement les formules (6).

Supposons l'équation (4) effectivement appliquée à la réflexion et à la réfraction d'un mouvement simple; et soient dans cette même équation

$$\gamma e^{vy+wz-st}$$

le terme qui correspond aux ondes incidentes,

$$\gamma_{,} e^{v_{,}y+w_{,}z-s_{,}t},\quad \ldots$$

ceux qui correspondent aux ondes réfléchies; enfin

$$\gamma' e^{v'y+w'z-s't},\quad \ldots$$

ceux qui correspondent aux ondes réfractées. Si l'on pose, comme dans le § II,

$$(8)\qquad u = \mathrm{U} + \mathrm{u}\sqrt{-1},\qquad v = \mathrm{V} + \mathrm{v}\sqrt{-1},\qquad w = \mathrm{W} + \mathrm{w}\sqrt{-1}$$

$$(9)\qquad s = \mathrm{S} + \mathrm{s}\sqrt{-1},$$

$$(10)\qquad \mathrm{k} = \sqrt{\mathrm{u}^2+\mathrm{v}^2+\mathrm{w}^2},\qquad \mathrm{K} = \sqrt{\mathrm{U}^2+\mathrm{V}^2+\mathrm{W}^2},$$

(11) $$1 = \frac{2\pi}{k}, \qquad T = \frac{2\pi}{s},$$

(12) $$\Omega = \frac{s}{k} = \frac{1}{T},$$

u, v, w, s, U, V, W, S désignant des quantités réelles, parmi lesquelles s pourra être censée positive, les constantes réelles

$$K, \quad S$$

représenteront, dans le mouvement incident, les coefficients d'extinction relatifs à l'espace et au temps, et

$$T$$

la durée des vibrations moléculaires, tandis que

$$l$$

représentera l'épaisseur des ondes planes, et

$$\Omega$$

leur vitesse de propagation. De plus, les plans des ondes étant tous parallèles au plan invariable représenté par l'équation

(13) $$ux + vy + wz = 0,$$

et la constante u devant être positive dans le cas où, comme on doit le supposer, les ondes incidentes, en se propageant, se rapprochent du plan des y, z; si l'on nomme τ l'*angle d'incidence,* c'est-à-dire l'angle aigu formé par une droite perpendiculaire aux plans des ondes avec l'axe des x, on aura, dans le cas dont il s'agit,

$$\cos\tau = \frac{u}{\sqrt{u^2 + v^2 + w^2}} = \frac{u}{k},$$

et par suite

$$\sin\tau = \frac{\sqrt{v^2 + w^2}}{\sqrt{u^2 + v^2 + w^2}} = \frac{\sqrt{v^2 + w^2}}{k};$$

puis on en conclura

(14) $$u = k\cos\tau, \qquad \sqrt{v^2 + w^2} = k\sin\tau.$$

Quant au plan invariable représenté par l'équation

$$\mathrm{U}x + \mathrm{V}y + \mathrm{W}z = 1, \tag{15}$$

il sera celui duquel s'éloignent de plus en plus les molécules dont les vibrations deviennent de plus en plus petites, et disparaîtra si le mouvement incident est du nombre de ceux qui ne s'éteignent point en se propageant.

Soient maintenant

$$\mathrm{u}_{,},\ \mathrm{v}_{,},\ \mathrm{w}_{,},\ \mathrm{s}_{,},\ \mathrm{U}_{,},\ \mathrm{V}_{,},\ \mathrm{W}_{,},\ \mathrm{S}_{,},\ \mathrm{k}_{,},\ \mathrm{K}_{,},\ \mathrm{l}_{,},\ \mathrm{T}_{,},\ \Omega_{,},\ \tau_{,},\ \ldots$$

ou

$$\mathrm{u}',\ \mathrm{v}',\ \mathrm{w}',\ \mathrm{s}',\ \mathrm{U}',\ \mathrm{V}',\ \mathrm{W}',\ \mathrm{S}',\ \mathrm{k}',\ \mathrm{K}',\ \mathrm{l}',\ \mathrm{T}',\ \Omega',\ \tau',\ \ldots$$

ce que deviennent les constantes réelles

$$\mathrm{u},\ \mathrm{v},\ \mathrm{w},\ \mathrm{s},\ \mathrm{U},\ \mathrm{V},\ \mathrm{W},\ \mathrm{S},\ \mathrm{k},\ \mathrm{K},\ \mathrm{l},\ \mathrm{T},\ \Omega,\ \tau,\ \ldots$$

quand on passe des ondes incidentes aux ondes réfléchies ou réfractées. Les formules (6), jointes aux équations (8), (9), (10), (11), (12), (14), entraîneront évidemment les suivantes :

$$\begin{cases} \mathrm{v} = \mathrm{v}_{,} = \ldots = \mathrm{v}' = \ldots, \\ \mathrm{w} = \mathrm{w}_{,} = \ldots = \mathrm{w}' = \ldots, \end{cases} \tag{16}$$

$$\mathrm{s} = \mathrm{s}_{,} = \ldots = \mathrm{s}' = \ldots, \tag{17}$$

$$\begin{cases} \mathrm{V} = \mathrm{V}_{,} = \ldots = \mathrm{V}' = \ldots, \\ \mathrm{W} = \mathrm{W}_{,} = \ldots = \mathrm{W}' = \ldots, \end{cases} \tag{18}$$

$$\mathrm{S} = \mathrm{S}_{,} = \ldots = \mathrm{S}' = \ldots, \tag{19}$$

On tirera d'ailleurs de la formule (17)

$$\mathrm{T} = \mathrm{T}_{,} = \ldots = \mathrm{T}' = \ldots \tag{20}$$

et, des formules (16),

$$\sqrt{\mathrm{v}^2 + \mathrm{w}^2} = \sqrt{\mathrm{v}_{,}^2 + \mathrm{w}_{,}^2} = \ldots = \sqrt{\mathrm{v}'^2 + \mathrm{w}'^2} = \ldots,$$

ou, ce qui revient au même,

$$\mathrm{k}\sin\tau = \mathrm{k}_{,}\sin\tau_{,} = \ldots = \mathrm{k}'\sin\tau' = \ldots, \tag{21}$$

et par suite

$$(22)\qquad \frac{\sin\tau}{\mathrm{l}} = \frac{\sin\tau_{\prime}}{\mathrm{l}_{\prime}} = \ldots = \frac{\sin\tau'}{\mathrm{l}'} = \ldots.$$

Il résulte de la formule (20) que la durée des vibrations moléculaires reste la même dans les mouvements incidents, réfléchis et réfractés. Il résulte de la formule (22) que l'*angle d'incidence* τ, l'*angle de réflexion* $\tau_{\prime}$, ..., l'*angle de réfraction* τ', ... offrent des sinus respectivement proportionnels aux épaisseurs l, $\mathrm{l}_{\prime}$, ..., l', ... des ondes incidentes, réfléchies et réfractées. De plus, comme les plans invariables, représentés par les formules (13) et (15), ont pour traces, sur le plan des y, z, les droites représentées par les équations

$$(23)\qquad \mathrm{v}y + \mathrm{w}z = 0,$$

$$(24)\qquad \mathrm{V}y + \mathrm{W}z = 0,$$

il résulte des formules (16) et (18) que ces traces restent les mêmes, quand on passe du mouvement incident aux mouvements réfléchis ou réfractés. Donc les plans des ondes incidentes, réfléchies et réfractées coupent le plan des y, z, ou, en d'autres termes, la surface réfléchissante, suivant des droites qui sont toutes parallèles les unes aux autres; et si, par un point donné de la même surface, on mène des perpendiculaires aux plans de ces différentes espèces d'ondes, ces perpendiculaires seront toutes renfermées dans un plan unique que l'on peut appeler indifféremment le *plan d'incidence*, ou le *plan de réflexion*, ou le *plan de réfraction*.

On tire des formules (22)

$$(25)\qquad \frac{\sin\tau}{\sin\tau_{\prime}} = \frac{\mathrm{l}}{\mathrm{l}_{\prime}}, \quad \ldots \quad \text{et} \quad \frac{\sin\tau}{\sin\tau'} = \frac{\mathrm{l}}{\mathrm{l}'}, \quad \ldots.$$

Donc *le rapport du sinus d'incidence au sinus de réflexion est en même temps le rapport entre les épaisseurs des ondes incidentes et réfléchies,* tandis que *le rapport entre les sinus d'incidence et de réfraction se confond avec le rapport entre les épaisseurs des ondes incidentes et réfractées.* Le premier de ces rapports est ce que nous nommerons l'*indice d'incidence*, le second est celui qu'on nomme l'*indice de réfraction*.

Lorsque le premier système de molécules sera du nombre de ceux dans lesquels la propagation du mouvement s'effectue en tous sens suivant les mêmes lois, et que, pour cette raison, nous appellerons *isotropes*, s deviendra fonction de la somme $u^2+v^2+w^2$, à laquelle s^2 sera même proportionnel, si les équations des mouvements infiniment petits sont homogènes. Alors le mouvement incident, que nous supposerons simple, pourra donner naissance à un seul mouvement simple réfléchi; et l'équation

$$s = s_{,}$$

entraînera la suivante

$$u^2+v^2+w^2 = u_{,}^2+v_{,}^2+w_{,}^2.$$

Celle-ci, jointe aux équations

$$v = v_{,}, \qquad w = w_{,},$$

donnera

$$(26) \qquad u^2 = u_{,}^2;$$

et, comme on ne pourrait supposer à la fois

$$u = u_{,}, \qquad v = v_{,}, \qquad w = w_{,},$$

sans rendre parallèles les plans des ondes incidentes et réfléchies, ce qui ne permettrait plus de vérifier les équations de condition, et ce qui est effectivement contraire à toutes les expériences, la formule (26) entraînera l'équation

$$(27) \qquad u_{,} = -u,$$

par conséquent aussi l'équation

$$(28) \qquad \mathrm{U}_{,} = -\mathrm{U}.$$

Or de cette dernière, jointe aux formules

$$\mathrm{V}_{,} = \mathrm{V}, \qquad \mathrm{W}_{,} = \mathrm{W},$$

on tirera

$$\sqrt{u_{,}^2+v_{,}^2+w_{,}^2}=\sqrt{u^2+v^2+w^2},$$

ou

$$(29)\qquad k_{,}=k,$$

et par suite

$$(30)\qquad l_{,}=l.$$

Cela posé, la première des formules (25) donnera $\sin\tau_{,}=\sin\tau$,

$$(31)\qquad \tau_{,}=\tau.$$

Donc, *dans un milieu isotrope, l'angle de réflexion est toujours égal à l'angle d'incidence.*

Supposons maintenant le second système de molécules isotrope comme le premier. Alors le mouvement incident, étant simple, pourra donner naissance d'une part à un seul mouvement simple réfléchi, d'autre part à un seul mouvement simple réfracté. Si d'ailleurs ces trois mouvements simples sont du nombre de ceux qui ne s'éteignent pas en se propageant, on aura

$$(32)\qquad \begin{cases} u=\mathrm{u}\sqrt{-1}, & v=\mathrm{v}\sqrt{-1}, & w=\mathrm{w}\sqrt{-1}, & s=\mathrm{s}\sqrt{-1}, \\ u'=\mathrm{u}'\sqrt{-1}, & v'=\mathrm{v}'\sqrt{-1}, & w'=\mathrm{w}'\sqrt{-1}, & s'=\mathrm{s}'\sqrt{-1}. \end{cases}$$

Dans ce cas particulier, s étant fonction de

$$u^2+v^2+w^2=-(\mathrm{u}^2+\mathrm{v}^2+\mathrm{w}^2)=-k^2,$$

et s' fonction de

$$u'^2+v'^2+w'^2=-(\mathrm{u}'^2+\mathrm{v}'^2+\mathrm{w}'^2)=-k'^2,$$

à une valeur déterminée de s, et par suite de $s'=s$, correspondront des valeurs déterminées, non seulement de k, mais aussi de k', quel que soit d'ailleurs l'angle d'incidence τ. Donc alors, l'*indice de réfraction*, savoir

$$\frac{\sin\tau}{\sin\tau'}=\frac{l}{l'}=\frac{k}{k'},$$

sera indépendant de l'angle d'incidence.

57.

C. R., t. IX, p. 91 (15 juillet 1839). — Suite.

§ V. — *Sur les lois de la réflexion et de la réfraction des mouvements simples dans les milieux isotropes.*

Pour obtenir complètement les lois de la réflexion et de la réfraction des mouvements simples dans les milieux isotropes, il faut joindre aux lois générales établies dans le paragraphe précédent celles qui résultent de la forme particulière sous laquelle se présentent les équations de condition relatives à la surface de séparation de deux semblables milieux. Pour fixer les idées, nous nous bornerons ici à considérer le cas où, dans chaque système de molécules, les équations des mouvements infiniment petits peuvent être réduites sans erreur sensible à des équations homogènes du second ordre; et nous supposerons que le mouvement incident, étant simple, donne naissance, d'une part, à un seul mouvement simple réfléchi, d'autre part, à un seul mouvement simple réfracté, ces trois mouvements étant du nombre de ceux dans lesquels la densité reste invariable. Enfin nous prendrons la surface réfléchissante pour plan des y, z. Cela posé, soient, pour le premier milieu, situé du côté des x négatives,

$$\bar{\xi}, \quad \bar{\eta}, \quad \bar{\zeta}, \quad \bar{\varphi}, \quad \bar{\chi}, \quad \bar{\psi}$$

les déplacements symboliques d'une molécule et leurs dérivées relatives à x, dans le mouvement incident, ou dans le mouvement réfléchi, ou bien encore dans le mouvement résultant de la superposition des ondes incidentes et réfléchies. Soient au contraire, pour le second milieu, situé du côté des x positives,

$$\bar{\xi}', \quad \bar{\eta}', \quad \bar{\zeta}', \quad \bar{\varphi}', \quad \bar{\chi}', \quad \bar{\psi}'$$

les déplacements symboliques d'une molécule et leurs dérivées relatives à x dans le rayon réfracté. Les valeurs de $\bar{\xi}$, $\bar{\eta}$, $\bar{\zeta}$, relatives au mouvement incident, seront de la forme

$$(1)\qquad \bar{\xi} = \mathrm{A}e^{ux+vy+wz-st},\qquad \bar{\eta} = \mathrm{B}e^{ux+vy+wz-st},\qquad \bar{\zeta} = \mathrm{C}e^{ux+vy+wz-st},$$

les constantes réelles ou imaginaires u, v, w, s, A, B, C étant liées entre elles par les équations

$$(2)\qquad s^2 = \iota(u^2+v^2+w^2),\qquad \mathrm{A}u+\mathrm{B}v+\mathrm{C}w = 0,$$

et la lettre ι désignant une constante réelle. Si maintenant on passe du mouvement incident au mouvement réfléchi ou réfracté, les valeurs de

$$v,\quad w,\quad s$$

resteront les mêmes, d'après ce qu'on a vu dans le § IV; mais on ne pourra en dire autant des coefficients

$$u,\quad \mathrm{A},\quad \mathrm{B},\quad \mathrm{C}$$

qui feront place à d'autres représentés par

$$u_{,},\quad \mathrm{A}_{,},\quad \mathrm{B}_{,},\quad \mathrm{C}_{,}$$

ou par

$$u',\quad \mathrm{A}',\quad \mathrm{B}',\quad \mathrm{C}',$$

la valeur de $u_{,}$ étant

$$(3)\qquad u_{,} = -u.$$

En conséquence, les valeurs de $\bar{\xi}$, $\bar{\eta}$, $\bar{\zeta}$, relatives au mouvement réfléchi, seront de la forme

$$(4)\qquad \bar{\xi} = \mathrm{A}_{,}e^{-ux+vy+wz-st},\qquad \bar{\eta} = \mathrm{B}_{,}e^{-ux+vy+wz-st},\qquad \bar{\zeta} = \mathrm{C}_{,}e^{-ux+vy+wz-st},$$

les coefficients $\mathrm{A}_{,}$, $\mathrm{B}_{,}$, $\mathrm{C}_{,}$ étant liés à u, v, w par la formule

$$(5)\qquad -\mathrm{A}_{,}u+\mathrm{B}_{,}v+\mathrm{C}_{,}w = 0,$$

et pareillement les valeurs de $\bar{\xi}'$, $\bar{\eta}'$, $\bar{\zeta}'$, relatives au mouvement réfracté, seront de la forme

$$(6)\qquad \bar{\xi}' = \mathrm{A}'e^{u'x+vy+wz-st},\qquad \bar{\eta}' = \mathrm{B}'e^{u'x+vy+wz-st},\qquad \bar{\zeta}' = \mathrm{C}'e^{u'x+vy+wz-st},$$

les constantes u', v, w, s, A', B', C' étant liées entre elles par les équations

$$s^2 = \iota'(u'^2 + v^2 + w^2), \qquad A'u' + B'v + C'w = 0, \tag{7}$$

et ι' étant ce que devient la constante réelle ι quand on passe du premier milieu au second. Ajoutons que, si dans le premier milieu on considère à la fois les ondes incidentes et réfléchies, la superposition de ces ondes produira un mouvement dans lequel les valeurs de $\bar{\xi}$, $\bar{\eta}$, $\bar{\zeta}$ deviendront

$$\left\{\begin{aligned} \bar{\xi} &= A e^{ux+vy+wz-st} + A_, e^{-ux+vy+wz-st},\\ \bar{\eta} &= B e^{ux+vy+wz-st} + B_, e^{-ux+vy+wz-st},\\ \bar{\zeta} &= C e^{ux+vy+wz-st} + C_, e^{-ux+vy+wz-st}.\end{aligned}\right. \tag{8}$$

C'est entre les valeurs de $\bar{\xi}$, $\bar{\eta}$, $\bar{\zeta}$, $\bar{\varphi}$, $\bar{\chi}$, $\bar{\psi}$ et de $\bar{\xi}'$, $\bar{\eta}'$, $\bar{\zeta}'$, $\bar{\varphi}'$, $\bar{\chi}'$, $\bar{\psi}'$, tirées des formules (6) et (8), que devront subsister, pour $x = 0$, les équations de condition relatives à la surface réfléchissante.

Considérons spécialement le cas où les mouvements incident, réfléchi et réfracté sont du nombre de ceux qui ne s'éteignent pas en se propageant, et où l'on a par suite

$$\left\{\begin{aligned} &u = \mathrm{u}\sqrt{-1}, \qquad v = \mathrm{v}\sqrt{-1}, \qquad w = \mathrm{w}\sqrt{-1}, \qquad s = \mathrm{s}\sqrt{-1},\\ &u' = \mathrm{u}'\sqrt{-1},\end{aligned}\right. \tag{9}$$

u, v, w, s, u' désignant des quantités réelles. Posons d'ailleurs

$$\mathrm{k} = \sqrt{\mathrm{u}^2 + \mathrm{v}^2 + \mathrm{w}^2}, \qquad \mathrm{k}' = \sqrt{\mathrm{u}'^2 + \mathrm{v}^2 + \mathrm{w}^2}. \tag{10}$$

Comme les formules (2) et (7), jointes aux formules (9) et (10), donneront

$$\iota = \frac{\mathrm{s}^2}{\mathrm{k}^2}, \qquad \iota' = \frac{\mathrm{s}^2}{\mathrm{k}'^2},$$

il est clair que les constantes réelles ι, ι' seront positives. Soient maintenant

$$\bar{\xi}_0, \quad \bar{\eta}_0, \quad \bar{\zeta}_0, \quad \bar{\varphi}_0, \quad \bar{\chi}_0, \quad \bar{\psi}_0$$

ce que deviennent les déplacements symboliques d'une molécule et leurs dérivées relatives à x, cn un point de la surface réfléchissante, quand on tient compte des perturbations qu'éprouvent dans le voisinage de cette surface les mouvements infiniment petits. On obtiendra, pour $x = 0$, entre les expressions

$$\bar{\xi},\quad \bar{\eta},\quad \bar{\zeta},\quad \bar{\varphi},\quad \bar{\chi},\quad \bar{\psi}$$

et

$$\bar{\xi}_0,\quad \bar{\eta}_0,\quad \bar{\zeta}_0,\quad \bar{\varphi}_0,\quad \bar{\chi}_0,\quad \bar{\psi}_0,$$

des équations de condition représentées par les formules (25) ou (27) du § III. Donc alors, si la constante réelle que nous avons désignée par f est telle que l'on ait

$$(11)\qquad \frac{k^2}{1+f} > v^2 + w^2,$$

on trouvera

$$(12)\qquad \bar{\xi} = \bar{\xi}_0,\quad \bar{\eta} = \bar{\eta}_0,\quad \bar{\zeta} = \bar{\zeta}_0,\quad \bar{\varphi} = \bar{\varphi}_0,\quad \bar{\chi} = \bar{\chi}_0,\quad \bar{\psi} = \bar{\psi}_0.$$

Si au contraire on a

$$(13)\qquad \frac{k^2}{1+f} < v^2 + w^2,$$

alors les équations de condition se trouveront comprises dans la formule

$$(14)\qquad \frac{\bar{\xi} - \bar{\xi}_0}{-\upsilon} = \frac{\bar{\eta} - \bar{\eta}_0}{v} = \frac{\bar{\zeta} - \bar{\zeta}_0}{w} = \frac{\bar{\varphi} - \bar{\varphi}_0}{\upsilon^2} = \frac{\bar{\chi} - \bar{\chi}_0}{-\upsilon v} = \frac{\bar{\psi} - \bar{\psi}_0}{-\upsilon w},$$

la valeur de υ étant

$$(15)\qquad \upsilon = \left(v^2 + w^2 - \frac{k^2}{1+f}\right)^{\frac{1}{2}}.$$

Pareillement, si, en nommant f' ce que devient f quand on passe du premier milieu au second, on a

$$(16)\qquad \frac{k'^2}{1+f'} > v^2 + w^2,$$

on trouvera

$$(17)\qquad \bar{\xi}' = \bar{\xi}_0,\quad \bar{\eta}' = \bar{\eta}_0,\quad \bar{\zeta}' = \bar{\zeta}_0,\quad \bar{\varphi}' = \bar{\varphi}_0,\quad \bar{\chi}' = \bar{\chi}_0,\quad \bar{\psi}' = \bar{\psi}_0.$$

Si l'on a au contraire

$$(18)\qquad \frac{k'^2}{1+f'} < v^2 + w^2,$$

on trouvera

$$(19)\qquad \frac{\bar{\xi}' - \bar{\xi}_0}{-\mho'} = \frac{\bar{\eta}' - \bar{\eta}_0}{v} = \frac{\bar{\zeta}' - \bar{\zeta}_0}{w} = \frac{\bar{\varphi}' - \bar{\varphi}_0}{\mho'^2} = \frac{\bar{\chi}' - \bar{\chi}_0}{-\mho' v} = \frac{\bar{\psi}' - \bar{\psi}_0}{-\mho' w},$$

la valeur de $\mho'$ étant

$$(20)\qquad \mho' = \left(v^2 + w^2 - \frac{k'^2}{1+f'}\right)^{\frac{1}{2}}.$$

Comme on ne connaît pas *a priori* la loi des actions moléculaires, ni par suite les valeurs des constantes f, f′, le seul moyen de savoir si ces constantes vérifient les formules (11) et (16); ou (13) et (18), est de chercher les conséquences qui se déduisent de l'une et l'autre supposition et de les comparer aux résultats de l'expérience. Or, si l'on admet les formules (11) et (16), alors les conditions (12), jointes aux conditions (17), donneront, pour $x = 0$,

$$(21)\qquad \bar{\xi} = \bar{\xi}', \quad \bar{\eta} = \bar{\eta}', \quad \bar{\zeta} = \bar{\zeta}', \quad \bar{\varphi} = \bar{\varphi}', \quad \bar{\chi} = \bar{\chi}', \quad \bar{\psi} = \bar{\psi}'.$$

De ces dernières équations, combinées avec les formules (6), (8), on tirera

$$(22)\qquad \begin{cases} A + A_{,} = A', & B + B_{,} = B', & C + C_{,} = C', \\ u(A - A_{,}) = u'A', & u(B - B_{,}) = u'B', & u(C - C_{,}) = u'C', \end{cases}$$

et par suite

$$(23)\qquad \frac{A_{,}}{A} = \frac{B_{,}}{B} = \frac{C_{,}}{C} = \frac{u - u'}{u + u'},$$

$$(24)\qquad \frac{A'}{A} = \frac{B'}{B} = \frac{C'}{C} = \frac{2u}{u + u'};$$

puis, de ces dernières, jointes aux formules (2), (5) et (7), on conclura

$$(25)\qquad \begin{cases} Au + Bv + Cw = 0, \\ -Au + Bv + Cw = 0, \\ Au' + Bv + Cw = 0. \end{cases}$$

D'ailleurs on tire des formules (25)

$$(26) \qquad Au = Au' = 0, \qquad Bv + Cw = 0,$$

puis, de celles-ci, combinées avec les formules (9) et (1),

$$(27) \qquad \mathrm{A}\mathrm{u} = \mathrm{A}'\mathrm{u}' = 0, \qquad \mathrm{B}\mathrm{v} + \mathrm{C}\mathrm{w} = 0$$

et

$$(28) \qquad \mathrm{u}\bar{\xi} = \mathrm{u}'\bar{\xi} = 0, \qquad \mathrm{v}\bar{\eta} + \mathrm{w}\bar{\zeta} = 0;$$

par conséquent

$$(29) \qquad \mathrm{u}\xi = \mathrm{u}'\xi = 0, \qquad \mathrm{v}\eta + \mathrm{w}\zeta = 0.$$

Enfin, pour satisfaire à la première des équations (29), il faut supposer que l'on a

$$(30) \qquad \mathrm{u} = \mathrm{u}' = 0,$$

c'est-à-dire que les plans des ondes incidentes et réfractées sont parallèles au plan des y, z, ou que l'on a

$$(31) \qquad \xi = 0,$$

c'est-à-dire que les vibrations des molécules sont perpendiculaires à l'axe des x. Donc, lorsque les formules (11) ou (16) se vérifient, un mouvement incident, que nous supposons simple, ne peut donner naissance à un seul mouvement simple réfléchi, et à un seul mouvement simple réfracté, que dans des cas très particuliers, savoir, lorsque les plans des ondes ou des directions des vibrations moléculaires sont parallèles à la surface réfléchissante.

Au contraire, un mouvement simple pourra se réfléchir et se réfracter, quelle que soit la direction des plans des ondes ou des vibrations moléculaires, si l'on suppose vérifiées, non plus les formules (11) et (16), mais les formules (13) et (18). Alors les variables

$$\bar{\xi}, \quad \bar{\eta}, \quad \bar{\zeta}, \quad \bar{\varphi}, \quad \bar{\chi}, \quad \bar{\psi}$$

d'une part, et les variables

$$\bar{\xi}', \quad \bar{\eta}', \quad \bar{\zeta}', \quad \bar{\varphi}', \quad \bar{\chi}', \quad \bar{\psi}'$$

d'autre part, se trouveront liées à

$$\bar{\xi}_0,\quad \bar{\eta}_0,\quad \bar{\zeta}_0,\quad \bar{\varphi}_0,\quad \bar{\chi}_0,\quad \bar{\psi}_0$$

par les formules (14), (19), dont chacune comprendra cinq équations distinctes ; et l'élimination de

$$\bar{\xi}_0,\quad \bar{\eta}_0,\quad \bar{\zeta}_0,\quad \bar{\varphi}_0,\quad \bar{\chi}_0,\quad \bar{\psi}_0,$$

entre les dix équations dont le système est représenté par ces deux formules, fournira, entre les seules variables

$$\begin{array}{llllll} \bar{\xi}, & \bar{\eta}, & \bar{\zeta}, & \bar{\varphi}, & \bar{\chi}, & \bar{\psi}, \\ \bar{\xi}', & \bar{\eta}', & \bar{\zeta}', & \bar{\varphi}', & \bar{\chi}', & \bar{\psi}', \end{array}$$

quatre équations de condition qui devront subsister pour $x = 0$. Pour obtenir ces équations de condition, on observera qu'en raisonnant comme dans le § III on tire des formules (14) et (19), non seulement

$$w\bar{\eta} - v\bar{\zeta} = w\bar{\eta}_0 - v\bar{\zeta}_0,\quad \bar{\psi} - w\bar{\xi} = \bar{\psi}_0 - w\bar{\xi}_0,\quad v\bar{\xi} - \bar{\chi} = v\bar{\xi}_0 - \bar{\chi}_0$$

et

$$w\bar{\eta}' - v\bar{\zeta}' = w\bar{\eta}_0 - v\bar{\zeta}_0,\quad \bar{\psi}' - w\bar{\xi}' = \bar{\psi}_0 - w\bar{\xi}_0,\quad v\bar{\xi}' - \bar{\chi}' = v\bar{\xi}_0 - \bar{\chi}_0,$$

mais encore

$$\bar{\varphi} + \alpha\bar{\xi} + \frac{6}{v}\bar{\eta} = \bar{\varphi}_0 + \alpha\bar{\xi}_0 + \frac{6}{v}\bar{\eta}_0$$

et

$$\bar{\varphi}' + \alpha\bar{\xi}' + \frac{6}{v}\bar{\eta}' = \bar{\varphi}_0 + \alpha\bar{\xi}_0 + \frac{6}{v}\bar{\eta}_0,$$

pourvu que l'on choisisse α, 6 de manière à vérifier simultanément les deux formules

$$(32)\qquad \mho^2 - \alpha\mho + 6 = 0,\qquad \mho'^2 - \alpha\mho' + 6 = 0.$$

On devra donc avoir alors, pour $x = 0$,

$$(33)\quad w\bar{\eta} - v\bar{\zeta} = w\bar{\eta}' - v\bar{\zeta}',\quad \bar{\psi} - w\bar{\xi} = \bar{\psi}' - w\bar{\xi}',\quad v\bar{\xi} - \bar{\chi} = v\bar{\xi}' - \bar{\chi}'$$

et

$$(34)\qquad \bar{\varphi} + \alpha\bar{\xi} + \frac{\mathfrak{b}}{\nu}\bar{\eta} = \bar{\varphi}' + \alpha\bar{\xi}' + \frac{\mathfrak{b}}{\nu}\bar{\eta}'.$$

De plus, comme, en vertu des équations (32), υ, υ' sont les deux racines de l'équation du second degré

$$x^2 - \alpha x + \mathfrak{b} = 0,$$

on aura nécessairement

$$(35)\qquad \alpha = \upsilon + \upsilon', \qquad \mathfrak{b} = \upsilon\upsilon',$$

et par suite la formule (34) pourra être réduite à

$$(36)\qquad \bar{\varphi} + (\upsilon + \upsilon')\bar{\xi} + \frac{\upsilon\upsilon'}{\nu}\bar{\eta} = \bar{\varphi}' + (\upsilon + \upsilon')\bar{\xi}' + \frac{\upsilon\upsilon'}{\nu}\bar{\eta}'.$$

Les formules (33) et (36) seront précisément les quatre équations de condition demandées.

Avant d'aller plus loin, il est bon d'observer qu'en vertu des formules (6), (8), les équations (33) peuvent être réduites aux trois suivantes

$$(37)\qquad \begin{cases} D_z\bar{\eta} - D_y\bar{\zeta} = D_z\bar{\eta}' - D_y\bar{\zeta}', \\ D_x\bar{\zeta} - D_z\bar{\xi} = D_x\bar{\zeta}' - D_z\bar{\xi}', \\ D_y\bar{\xi} - D_x\bar{\eta} = D_y\bar{\xi}' - D_x\bar{\eta}', \end{cases}$$

desquelles on tire évidemment

$$(38)\qquad \begin{cases} D_z\eta - D_y\zeta = D_z\eta' - D_y\zeta', \\ D_x\zeta - D_z\xi = D_x\zeta' - D_z\xi', \\ D_y\xi - D_x\eta = D_y\xi' - D_x\eta', \end{cases}$$

ou, ce qui revient au même,

$$(39)\qquad \frac{\partial\eta}{\partial z} - \frac{\partial\zeta}{\partial y} = \frac{\partial\eta'}{\partial z} - \frac{\partial\zeta'}{\partial y}, \quad \frac{\partial\zeta}{\partial x} - \frac{\partial\xi}{\partial z} = \frac{\partial\zeta'}{\partial x} - \frac{\partial\xi'}{\partial z}, \quad \frac{\partial\xi}{\partial y} - \frac{\partial\eta}{\partial x} = \frac{\partial\xi'}{\partial y} - \frac{\partial\eta'}{\partial x}.$$

Les formules (39) sont précisément les trois premières des quatre formules que j'ai données en 1836 comme propres à représenter les équations de condition relatives à la surface réfléchissante. (Voir les *Nouveaux Exercices*, p. 203.)

Ajoutons que l'équation (36) peut s'écrire comme il suit :

$$(40) \qquad \bar{\eta} + D_y\left(\frac{1}{\mho} + \frac{1}{\mho'} - \frac{D_x}{\mho\mho'}\right)\bar{\xi} = \bar{\eta}' + D_y\left(\frac{1}{\mho} + \frac{1}{\mho'} + \frac{D_x}{\mho\mho'}\right)\bar{\xi}.$$

Observons encore qu'en vertu des formules (1) et (2), ou (4) et (5), on vérifiera l'équation

$$(41) \qquad D_x\bar{\xi} + D_y\bar{\eta} + D_z\bar{\zeta} = 0,$$

en supposant les déplacements symboliques

$$\bar{\xi}, \quad \bar{\eta}, \quad \bar{\zeta}$$

relatifs au mouvement incident, ou au mouvement réfléchi, par conséquent aussi, en supposant ces déplacements symboliques relatifs au mouvement résultant de la superposition des ondes incidentes et réfléchies. Pareillement, il suit des formules (6) et (7) que les déplacements symboliques

$$\bar{\xi}', \quad \bar{\eta}', \quad \bar{\zeta}',$$

relatifs au mouvement réfracté, vérifient la formule

$$(42) \qquad D_x\bar{\xi}' + D_y\bar{\eta}' + D_z\bar{\zeta}' = 0.$$

Au reste, les formules (41) et (42) entraînent les deux suivantes :

$$(43) \qquad \begin{cases} D_x\xi + D_y\eta + D_z\zeta = 0, \\ D_x\xi' + D_y\eta' + D_z\zeta' = 0, \end{cases}$$

qui se déduisent immédiatement de l'hypothèse admise, puisqu'elles expriment que les mouvements propagés dans chaque système de molécules ont lieu sans changement de densité. On tirera d'ailleurs des formules (41), (42)

$$D_x(\bar{\xi} - \bar{\xi}') + D_y(\bar{\eta} - \bar{\eta}') + D_z(\bar{\zeta} - \bar{\zeta}') = 0,$$

ou, ce qui revient au même, eu égard aux équations (6) et (8),

$$D_x(\bar{\xi}-\bar{\xi}')+v(\bar{\eta}-\bar{\eta}')+w(\bar{\zeta}-\bar{\zeta}')=0,$$

et par conséquent

$$(44)\quad \begin{cases} v(\bar{\eta}-\bar{\eta}')+w(\bar{\zeta}-\bar{\zeta}')=-D_x(\bar{\xi}-\bar{\xi}'),\\ v(\bar{\chi}-\bar{\chi}')+w(\bar{\psi}-\bar{\psi}')=-D_x^2(\bar{\xi}-\bar{\xi}'),\end{cases}$$

quelles que soient les valeurs attribuées aux variables x, y, z.

Les quatre équations de condition (37) et (40) peuvent être remplacées par d'autres que l'on déduit aisément des formules (14) et (19) combinées avec les équations (44). En effet, les formules (14) et (19) donnent, non seulement

$$\bar{\xi}-\bar{\xi}_0=\frac{\bar{\chi}-\bar{\chi}_0}{v}=\frac{\bar{\psi}-\bar{\psi}_0}{w},\qquad \frac{\bar{\eta}-\bar{\eta}_0}{v}=\frac{\bar{\zeta}-\bar{\zeta}_0}{w},$$

$$\bar{\xi}'-\bar{\xi}_0=\frac{\bar{\chi}'-\bar{\chi}_0}{v}=\frac{\bar{\psi}'-\bar{\psi}_0}{w},\qquad \frac{\bar{\eta}'-\bar{\eta}_0}{v}=\frac{\bar{\zeta}'-\bar{\zeta}_0}{w},$$

et par suite

$$(45)\quad \bar{\xi}-\bar{\xi}'=\frac{\bar{\chi}-\bar{\chi}'}{v}=\frac{\bar{\psi}-\bar{\psi}'}{w},\qquad \frac{\bar{\eta}-\bar{\eta}'}{v}=\frac{\bar{\zeta}-\bar{\zeta}'}{w},$$

mais encore

$$\bar{\varphi}+\alpha\bar{\xi}+\frac{6}{v}\bar{\eta}=\bar{\varphi}_0+\alpha\bar{\xi}_0+\frac{6}{v}\bar{\eta}_0,\qquad \bar{\varphi}'+\alpha\bar{\xi}'+\frac{6}{v}\bar{\eta}'=\bar{\varphi}_0+\alpha\bar{\xi}_0+\frac{6}{v}\bar{\eta}_0,$$

et par suite

$$(46)\quad \bar{\varphi}-\bar{\varphi}'+\alpha(\bar{\xi}-\bar{\xi}')+\frac{6}{v}(\bar{\eta}-\bar{\eta}')=0.$$

pourvu que l'on suppose

$$\alpha=\mho+\mho',\quad 6=\mho\mho'.$$

Or les formules (45) et (46), qui ne diffèrent pas au fond des formules (33), (34), donneront d'abord

$$(47)\quad \frac{\eta-\eta'}{v}=\frac{\zeta-\zeta'}{w},\qquad \frac{\chi-\chi'}{v}=\frac{\psi-\psi'}{w},$$

ou, ce qui revient au même,

$$(48)\qquad \mathrm{D}_z\bar{\eta} - \mathrm{D}_y\bar{\zeta} = \mathrm{D}_z\bar{\eta}' - \mathrm{D}_y\bar{\zeta}', \qquad \mathrm{D}_x(\mathrm{D}_z\bar{\eta} - \mathrm{D}_y\bar{\zeta}) = \mathrm{D}_x(\mathrm{D}_z\bar{\eta}' - \mathrm{D}_y\bar{\zeta}');$$

puis, eu égard aux formules (44),

$$\bar{\xi} - \bar{\xi}' = \frac{v(\bar{\chi} - \bar{\chi}') + w(\bar{\psi} - \bar{\psi}')}{v^2 + w^2} = -\frac{\mathrm{D}_x^2(\bar{\xi} - \bar{\xi}')}{v^2 + w^2},$$

$$(\alpha + \mathrm{D}_x)(\bar{\xi} - \bar{\xi}') = -6\frac{\bar{\eta} - \bar{\eta}'}{v} = -6\frac{\bar{\zeta} - \bar{\zeta}'}{w} = -6\frac{v(\bar{\eta} - \bar{\eta}') + w(\bar{\zeta} - \bar{\zeta}')}{v^2 + w^2} = 6\frac{\mathrm{D}_x(\bar{\xi} - \bar{\xi}')}{v^2 + w^2},$$

et par conséquent

$$(49)\qquad \left\{\begin{array}{l} (\mathrm{D}_x^2 + v^2 + w^2)(\bar{\xi} = \bar{\xi}') = 0, \\ [6\mathrm{D}_x - (v^2 + w^2)(\alpha + \mathrm{D}_x)](\bar{\xi} - \bar{\xi}') = 0, \end{array}\right.$$

ou, ce qui revient au même, eu égard aux formules (35),

$$(50)\qquad \left\{\begin{array}{l} (\mathrm{D}_x^2 + \mathrm{D}_y^2 + \mathrm{D}_z^2)\bar{\xi} = (\mathrm{D}_x^2 + \mathrm{D}_y^2 + \mathrm{D}_z^2)\bar{\xi}', \\ \left[\mathrm{D}_x - (\mathrm{D}_y^2 + \mathrm{D}_z^2)\left(\frac{1}{\mho} + \frac{1}{\mho'} + \frac{\mathrm{D}_x}{\mho\mho'}\right)\right]\bar{\xi} = \left[\mathrm{D}_x - (\mathrm{D}_y^2 + \mathrm{D}_z^2)\left(\frac{1}{\mho} + \frac{1}{\mho'} + \frac{\mathrm{D}_x}{\mho\mho'}\right)\right]\bar{\xi}'. \end{array}\right.$$

D'ailleurs on tirera immédiatement des formules (49) et (50),

$$(51)\qquad \mathrm{D}_z\eta - \mathrm{D}_y\zeta = \mathrm{D}_z\eta' - \mathrm{D}_y\zeta', \qquad \mathrm{D}_x(\mathrm{D}_z\eta - \mathrm{D}_y\zeta) = \mathrm{D}_x(\mathrm{D}_z\eta' - \mathrm{D}_y\zeta'),$$

$$(52)\qquad \left\{\begin{array}{l} (\mathrm{D}_x^2 + \mathrm{D}_y^2 + \mathrm{D}_z^2)\xi = (\mathrm{D}_x^2 + \mathrm{D}_y^2 + \mathrm{D}_z^2)\xi', \\ \left[\mathrm{D}_x - (\mathrm{D}_y^2 + \mathrm{D}_z^2)\left(\frac{1}{\mho} + \frac{1}{\mho'} + \frac{\mathrm{D}_x}{\mho\mho'}\right)\right]\xi = \left[\mathrm{D}_x - (\mathrm{D}_y^2 + \mathrm{D}_z^2)\left(\frac{1}{\mho} + \frac{1}{\mho'} + \frac{\mathrm{D}_x}{\mho\mho'}\right)\right]\xi'. \end{array}\right.$$

Les équations de condition (51) et (52) offrent cela de remarquable, que les deux dernières renferment seulement les déplacements ξ, ξ' mesurés, dans l'un et l'autre milieu, suivant des droites perpendiculaires à la surface réfléchissante, tandis que les deux premières renferment seulement les déplacements η, ζ ou η', ζ', mesurés suivant des droites parallèles à cette surface.

Posons maintenant, pour abréger,

$$(53)\qquad h^2 = u^2 + v^2 + w^2 = -\mathrm{k}^2 \qquad \text{et} \qquad k'^2 = u'^2 + v^2 + w^2 = -\mathrm{k}^2.$$

Les conditions (48), (50), qui doivent subsister pour $x = 0$, étant jointes aux formules (6), (8), donneront

$$\mathrm{B}w - \mathrm{C}v + \mathrm{B}_{,}w - \mathrm{C}_{,}v = \mathrm{B}'w - \mathrm{C}'v,$$
$$u[(\mathrm{B}w - \mathrm{C}v) - (\mathrm{B}_{,}w - \mathrm{C}_{,}v)] = u'(\mathrm{B}'w - \mathrm{C}'v)$$

et

$$k^2(\mathrm{A} + \mathrm{A}_{,}) = k'^2\mathrm{A}',$$
$$u\left(1 - \frac{v^2 + w^2}{\mho\mho'}\right)(\mathrm{A} - \mathrm{A}_{,}) - \left(\frac{1}{\mho} + \frac{1}{\mho'}\right)(v^2 + w^2)(\mathrm{A} + \mathrm{A}_{,})$$
$$= \left[u' - (v^2 + w^2)\left(\frac{1}{\mho} + \frac{1}{\mho'} + \frac{u'}{\mho\mho'}\right)\right]\mathrm{A}',$$

ou, ce qui revient au même,

$$\frac{\mathrm{B}'w - \mathrm{C}'v}{u} = \frac{(\mathrm{B}w - \mathrm{C}v) + (\mathrm{B}_{,}w - \mathrm{C}_{,}v)}{u} = \frac{(\mathrm{B}w - \mathrm{C}v) - (\mathrm{B}_{,}w - \mathrm{C}_{,}v)}{u'},$$

$$\frac{\mathrm{A}'}{k^2 u\left(1 - \frac{v^2 + w^2}{\mho\mho'}\right)} = \frac{\mathrm{A} + \mathrm{A}_{,}}{k'^2 u\left(1 - \frac{v^2 + w^2}{\mho\mho'}\right)}$$
$$= \frac{\mathrm{A} - \mathrm{A}_{,}}{k^2 u'\left(1 - \frac{v^2 + w^2}{\mho\mho'}\right) + (k'^2 - k^2)(v^2 + w^2)\left(\frac{1}{\mho} + \frac{1}{\mho'}\right)};$$

par conséquent

$$(54)\quad \begin{cases} \mathrm{B}_{,}w - \mathrm{C}_{,}v = \dfrac{u - u'}{u + u'}(\mathrm{B}w - \mathrm{C}v), \\[2ex] \mathrm{B}'w - \mathrm{C}'v = \dfrac{2u}{u + u'}(\mathrm{B}w - \mathrm{C}v), \end{cases}$$

$$(55)\quad \begin{cases} \mathrm{A}_{,} = \dfrac{(k'^2 u - k^2 u')\left(1 - \dfrac{v^2 + w^2}{\mho\mho'}\right) - (k'^2 - k^2)(v^2 + w^2)\left(\dfrac{1}{\mho} + \dfrac{1}{\mho'}\right)}{(k'^2 u + k^2 u')\left(1 - \dfrac{v^2 + w^2}{\mho\mho'}\right) + (k'^2 - k^2)(v^2 + w^2)\left(\dfrac{1}{\mho} + \dfrac{1}{\mho'}\right)}\mathrm{A}, \\[4ex] \mathrm{A}' = \dfrac{2k^2 u\left(1 - \dfrac{v^2 + w^2}{\mho\mho'}\right)}{(k'^2 u + k^2 u')\left(1 - \dfrac{v^2 + w^2}{\mho\mho'}\right) + (k'^2 - k^2)(v^2 + w^2)\left(\dfrac{1}{\mho} + \dfrac{1}{\mho'}\right)}\mathrm{A}. \end{cases}$$

Comme, en vertu des formules (53), on a

$$k'^2 - k^2 = (u' - u)(u' + u),$$
$$k'^2 u - k^2 u' = (v^2 + w^2 - uu')(u - u'), \quad k'^2 u + k^2 u' = (v^2 + w^2 + uu')(u + u'),$$

il est clair que les équations (55) peuvent s'écrire comme il suit

$$(56)\quad \begin{cases} \dfrac{A_{\prime}}{A} = \dfrac{(v^2+w^2-uu')\left(1-\dfrac{v^2+w^2}{\mho\mho'}\right)+(u'+u)(v^2+w^2)\left(\dfrac{1}{\mho}+\dfrac{1}{\mho'}\right)}{(v^2+w^2+uu')\left(1-\dfrac{v^2+w^2}{\mho\mho'}\right)+(u'-u)(v^2+w^2)\left(\dfrac{1}{\mho}+\dfrac{1}{\mho'}\right)}\,\dfrac{u-u'}{u+u'}, \\[2ex] \dfrac{A'}{A} = \dfrac{k^2\left(1-\dfrac{v^2+w^2}{\mho\mho'}\right)}{(v^2+w^2+uu')\left(1-\dfrac{v^2+w^2}{\mho\mho'}\right)+(u'-u)(v^2+w^2)\left(\dfrac{1}{\mho}+\dfrac{1}{\mho'}\right)}\,\dfrac{2u}{u+u'}. \end{cases}$$

Les équations (54) et (55) ou (56), jointes aux formules (5) et (7), suffisent pour déterminer complètement les valeurs des constantes

$$A_{\prime},\quad B_{\prime},\quad C_{\prime}\quad \text{et}\quad u',\quad A',\quad B',\quad C'$$

relatives aux mouvements réfléchi et réfracté, quand on connaît les valeurs des constantes

$$u,\quad v,\quad w,\quad s,\quad A,\quad B,\quad C$$

relatives au mouvement incident.

Si l'on veut, dans les valeurs de

$$A,\quad B,\quad C,\quad A',\quad B',\quad C',$$

introduire les coefficients réels

$$\mathrm{U},\quad \mathrm{V},\quad \mathrm{W},\quad \mathrm{U}',$$

à la place des coefficients imaginaires

$$u,\quad v,\quad w,\quad u',$$

il suffira d'avoir égard aux formules (9). Alors les formules (54) et (56), jointes aux formules (2) et (7), donneront

$$(57)\quad \begin{cases} \dfrac{B_{\prime}\mathrm{W}-C_{\prime}\mathrm{V}}{B\mathrm{W}-C\mathrm{V}} = \dfrac{\mathrm{U}-\mathrm{U}'}{\mathrm{U}+\mathrm{U}'}, \\[2ex] \dfrac{B'\mathrm{W}-C'\mathrm{V}}{B\mathrm{W}-C\mathrm{V}} = \dfrac{2\mathrm{U}}{\mathrm{U}+\mathrm{U}'}, \end{cases}$$

$$(58)\quad\begin{cases}\dfrac{\mathrm{A}_{,}}{\mathrm{A}}=\dfrac{(\mathrm{v}^2+\mathrm{w}^2-\mathrm{u}\mathrm{u}')\left(1-\dfrac{\mathrm{v}^2+\mathrm{w}^2}{\mathfrak{V}\mathfrak{V}'}\right)+(\mathrm{u}'+\mathrm{u})(\mathrm{v}^2+\mathrm{w}^2)\left(\dfrac{1}{\mathfrak{V}}+\dfrac{1}{\mathfrak{V}'}\right)\sqrt{-1}}{(\mathrm{v}^2+\mathrm{w}^2+\mathrm{u}\mathrm{u}')\left(1-\dfrac{\mathrm{v}^2+\mathrm{w}^2}{\mathfrak{V}\mathfrak{V}'}\right)+(\mathrm{u}'-\mathrm{u})(\mathrm{v}^2+\mathrm{w}^2)\left(\dfrac{1}{\mathfrak{V}}+\dfrac{1}{\mathfrak{V}'}\right)\sqrt{-1}}\;\dfrac{\mathrm{u}-\mathrm{u}'}{\mathrm{u}+\mathrm{u}'},\\[2ex] \dfrac{\mathrm{A}'}{\mathrm{A}}=\dfrac{k^2\left(1-\dfrac{\mathrm{v}^2+\mathrm{w}^2}{\mathfrak{V}\mathfrak{V}'}\right)}{(\mathrm{v}^2+\mathrm{w}^2+\mathrm{u}\mathrm{u}')\left(1-\dfrac{\mathrm{v}^2+\mathrm{w}^2}{\mathfrak{V}\mathfrak{V}'}\right)+(\mathrm{u}'-\mathrm{u})(\mathrm{v}^2+\mathrm{w}^2)\left(\dfrac{1}{\mathfrak{V}}+\dfrac{1}{\mathfrak{V}'}\right)\sqrt{-1}}\;\dfrac{\mathrm{u}-\mathrm{u}'}{\mathrm{u}+\mathrm{u}'}\end{cases}$$

et

$$(59)\quad\begin{cases}-\mathrm{A}_{,}\mathrm{u}+\mathrm{B}_{,}\mathrm{v}+\mathrm{C}_{,}\mathrm{w}=0,\\ \mathrm{A}'\mathrm{u}'+\mathrm{B}'\mathrm{v}+\mathrm{C}'\mathrm{w}=0.\end{cases}$$

Les calculs se simplifient lorsqu'on suppose l'axe des z parallèle aux traces des plans des ondes sur la surface réfléchissante. Alors, la formule (23) du § IV devant se réduire à

$$y=0,$$

on aura nécessairement

$$\mathrm{w}=0,\qquad w=\mathrm{w}\sqrt{-1}=0,$$

et par suite les formules (1), (4), (6) deviendront

$$(60)\quad \bar{\xi}=\mathrm{A}e^{ux+vy-st},\qquad \bar{\eta}=\mathrm{B}e^{ux+vy-st},\qquad \bar{\zeta}=\mathrm{C}e^{ux+vy-st},$$

$$(61)\quad \bar{\xi}=\mathrm{A}_{,}e^{-ux+vy-st},\qquad \bar{\eta}=\mathrm{B}_{,}e^{-ux+vy-st},\qquad \bar{\zeta}=\mathrm{C}'e^{-ux+vy-st},$$

$$(62)\quad \bar{\xi}'=\mathrm{A}'e^{u'x+vy-st},\qquad \bar{\eta}'=\mathrm{B}'e^{u'x+vy-st},\qquad \bar{\zeta}'=\mathrm{C}'e^{u'x+vy-st}.$$

Alors aussi, les valeurs des déplacements symboliques étant indépendantes de z, dans chacun des mouvements incident, réfléchi et réfracté, les dérivées de ces déplacements, relatives à z, s'évanouiront dans les formules (48) et (50), qui se réduiront aux suivantes

$$(63)\quad \mathrm{D}_y\zeta=\mathrm{D}_y\bar{\zeta}',\qquad \mathrm{D}_x\mathrm{D}_y\bar{\zeta}=\mathrm{D}_x\mathrm{D}_y\bar{\zeta}',$$

$$(64)\quad\begin{cases}(\mathrm{D}_x^2+\mathrm{D}_y^2)\bar{\xi}=(\mathrm{D}_x^2+\mathrm{D}_y^2)\bar{\xi}',\\ \left[\mathrm{D}_x-\mathrm{D}_y^2\left(\dfrac{1}{\mathfrak{V}}+\dfrac{1}{\mathfrak{V}'}+\dfrac{\mathrm{D}_x}{\mathfrak{V}\mathfrak{V}'}\right)\right]\bar{\xi}=\left[\mathrm{D}_x-\mathrm{D}_y^2\left(\dfrac{1}{\mathfrak{V}}+\dfrac{1}{\mathfrak{V}'}+\dfrac{\mathrm{D}_x}{\mathfrak{V}\mathfrak{V}'}\right)\right]\bar{\xi}'\end{cases}$$

Comme on pourra d'ailleurs, dans celles-ci, remplacer D_y par v, les formules (63) donneront

$$\zeta = \zeta', \qquad D_x\zeta = D_x\zeta',$$

ou, ce qui revient au même,

$$\zeta = \zeta', \qquad \psi = \psi'.$$

Ces dernières, qui se trouvent déjà comprises parmi les conditions (21), donneront encore

$$C + C_, = C', \qquad u(C - C_,) = u'C',$$

par conséquent

$$(65) \qquad \frac{C_,}{C} = \frac{u - u'}{u + u'}, \qquad \frac{C'}{C} = \frac{2u}{u + u'};$$

et l'on tirera des formules (64)

$$(66) \quad \left\{ \begin{aligned} \frac{A_,}{A} &= \frac{(v^2 - uu')\left(1 - \frac{v^2}{\mho\mho'}\right) + (u' + u)v^2\left(\frac{1}{\mho} + \frac{1}{\mho'}\right)}{(v^2 + uu')\left(1 - \frac{v^2}{\mho\mho'}\right) + (u' - u)v^2\left(\frac{1}{\mho} + \frac{1}{\mho'}\right)} \, \frac{u - u'}{u + u'}, \\ \frac{A'}{A} &= \frac{h^2\left(1 - \frac{v^2}{\mho\mho'}\right)}{(v^2 + uu')\left(1 - \frac{v^2}{\mho\mho'}\right) + (u' - u)v^2\left(\frac{1}{\mho} + \frac{1}{\mho'}\right)} \, \frac{2u}{u + u'}. \end{aligned} \right.$$

D'autre part, en vertu des formules (2), (5), (7) et (53), on aura, non seulement

$$(67) \qquad Au + Bv = 0$$

et

$$(68) \qquad -A_,u + B_,v = 0, \qquad A'u' + B'v = 0,$$

mais encore

$$(69) \qquad k^2 = u^2 + v^2 = \frac{s^2}{\iota}, \qquad k'^2 = u'^2 + v^2 = \frac{s^2}{\iota'}.$$

Enfin on ne devra pas oublier que ces diverses formules se rapportent au cas où les mouvement incident, réfléchi et réfracté sont du nombre de ceux qui ne s'éteignent pas en se propageant, et où par suite les valeurs de u, v, s, u' sont de la forme

$$(70)\qquad u = \mathrm{U}\sqrt{-1},\qquad v = \mathrm{V}\sqrt{-1},\qquad s = \mathrm{S}\sqrt{-1},\qquad u' = \mathrm{U}'\sqrt{-1}.$$

58.

Mécanique céleste. — *Mémoire sur l'intégration des équations différentielles des mouvements planétaires.*

C. R., t. IX, p. 184 (5 août 1839).

On sait que je me suis déjà occupé, à diverses reprises, de l'intégration des équations du mouvement de notre système planétaire, et que tel a été l'objet direct ou indirect de plusieurs des Mémoires que j'ai publiés à Turin et à Prague, dans les années 1831, 1832, 1833 et 1835. Parmi ces Mémoires, il en est un qui a surtout attiré l'attention des géomètres, les résultats qu'il renferme ayant paru assez nouveaux et assez importants pour que des savants distingués aient voulu en reproduire une traduction italienne, en joignant au texte des Notes fort étendues, propres à familiariser le lecteur avec les méthodes dont j'ai fait usage. Je veux parler du Mémoire qui, comme l'indique son titre, a spécialement pour objet la Mécanique céleste et un nouveau calcul applicable à un grand nombre de questions diverses. C'est dans ce Mémoire que j'ai donné des formules pour la détermination directe de chacun des coefficients numériques relatifs aux perturbations des mouvements planétaires, et pour la simplification de calculs qui exigent quelquefois, des astronomes, plusieurs années de travail. Un des membres correspondants de cette Académie, M. Plana, m'ayant parlé du temps que consumaient de pareils calculs, je lui dis que j'étais persuadé qu'il serait possible de les abréger, et même de déterminer immédiatement le coefficient numérique correspondant à une inégalité donnée. Effectivement, au bout de quelques jours, je lui rapportai des formules à l'aide desquelles on pouvait résoudre de semblables questions, et dont j'avais déjà fait l'application à la détermination de certains nombres qu'il est utile de considérer dans la théorie de Saturne et de Jupiter. Au reste, pour établir les formules dont il s'agit, et d'autres formules analogues renfermées dans le Mémoire ci-dessus mentionné, il suffisait d'appliquer au développement de la fonction, désignée par R dans la *Mécanique céleste*, des théorèmes bien connus, tels que le théorème de Taylor et le théorème de Lagrange sur le développement des fonctions des racines d'équations algébriques ou transcendantes. Mais il était nécessaire de recourir à d'autres principes et à de nouvelles méthodes pour obtenir des résultats plus importants, que je vais rappeler en peu de mots.

En joignant à la série de Maclaurin le reste qui la complète, et présentant ce reste sous la forme que Lagrange lui a donnée, ou sous d'autres formes du même genre, on peut s'assurer, dans un grand nombre de cas, qu'une fonction explicite d'une seule variable x est développable, pour certaines valeurs de x, en une série convergente ordonnée suivant les puissances ascendantes de cette variable, et déterminer la limite supérieure des modules des valeurs réelles ou imaginaires de x, pour lesquels le développement subsiste. De plus, la théorie du développement des fonctions explicites de plusieurs variables peut être aisément ramenée à la théorie du développement des fonctions explicites d'une seule variable. Mais il importe d'observer que l'application des règles, à l'aide desquelles on peut décider si la série de Maclaurin est convergente ou divergente, devient souvent très difficile, attendu que dans cette série le terme général, ou proportionnel à la $n^{\text{ième}}$ puissance de la variable, renferme la dérivée de l'ordre n de la fonction explicite donnée, ou du moins la valeur de cette dérivée qui correspond à une valeur nulle de x, et que, hormis certains cas particuliers, la dérivée de l'ordre n prend une forme de plus en plus compliquée à mesure que n augmente.

Quant aux fonctions implicites, on avait présenté pour leurs développements en séries, diverses formules déduites le plus souvent de la méthode des coefficients indéterminés. Mais les démonstrations qu'on avait données de ces formules étaient généralement insuffisantes : 1° parce qu'on n'examinait pas d'ordinaire si les séries étaient convergentes ou divergentes, et qu'en conséquence on ne pouvait dire le plus souvent dans quel cas les formules devaient être admises ou rejetées; 2° parce qu'on ne s'était point attaché à démontrer que les développements obtenus avaient pour sommes les fonctions développées, et qu'il peut arriver qu'une série convergente provienne du développement d'une fonction sans que la somme de la série soit équivalente à la fonction elle-même. Il est vrai que l'établissement de règles générales propres à déterminer dans quels cas les développements des fonctions implicites sont convergents, et représentent ces mêmes fonctions, paraissait offrir de grandes difficultés. On peut en juger en lisant attentivement le Mémoire de M. Laplace sur la convergence ou la divergence de la série que fournit, dans le mouvement elliptique d'une planète, le développement du rayon vecteur suivant les puissances ascendantes de l'excentricité. Je pensai donc que les astronomes et les géomètres attacheraient quelque prix à un travail qui avait pour but d'établir, sur le développement des fonctions, soit explicites, soit implicites, des principes généraux et d'une application facile, à l'aide desquels on pût, non seulement démontrer avec rigueur les formules et indiquer les conditions de leur existence, mais encore fixer les limites des erreurs que l'on commet en négligeant les restes qui doivent compléter les séries. Parmi ces règles, celles qui se rapportent à la fixation des limites des erreurs commises présentaient dans leur ensemble un nouveau calcul que je désignai sous le nom de *Calcul des limites*. Les principes de ce nouveau calcul se trouvent exposés, avec des applications à la Mécanique céleste, dans les Mémoires lithographiés à Turin, sous les dates du 15 octobre 1831, de 1832 et du 6 mars 1833. L'accueil bienveillant que reçurent ces Mémoires, dès qu'ils eurent été publiés, dut m'encourager à suivre la route qui s'était ouverte devant moi, et à exécuter le dessein que j'avais annoncé (Mémoire du 15 octobre 1831), de faire voir comment le nouveau calcul peut être appliqué aux séries qui représentent les intégrales d'un système d'équations différentielles linéaires ou non linéaires. Tel est effectivement l'objet d'un Mémoire lithographié à Prague en 1835, et dans lequel je montre, d'une part, comment on peut s'assurer de la convergence des séries en question; d'autre part, comment on peut fixer des limites supérieures aux modules des restes qui complètent ces mêmes séries. Toutefois, quoique les résultats auxquels je suis parvenu dans le Mémoire de 1835 paraissent déjà dignes de remarque, cependant ils ne forment qu'une partie de ceux áuxquels on se trouve conduit par la méthode dont j'ai fait usage. C'est ce que j'ai déjà observé dans une lettre adressée à M. Coriolis, le 28 janvier 1837. Cette lettre, insérée dans les *Comptes rendus* de nos séances, renferme l'énoncé de quelques théorèmes importants que je me propose maintenant de développer, surtout sous le rapport de leurs applications à la Mécanique céleste, à laquelle ils semblent promettre d'heureux et utiles perfectionnements. Pour ne point abuser de l'attention de l'Académie, je me bornerai aujourd'hui à donner l'énoncé précis et la démonstration d'un théorème fondamental inséré dans la lettre dont il s'agit.

THÉORÈME. — *x désignant une variable réelle ou imaginaire, une fonction réelle ou imaginaire de x sera développable en une série convergente, ordonnée suivant les puissances ascendantes de x, tant que le module de x conservera une valeur inférieure à la plus petite de celles pour lesquelles la fonction ou sa dérivée cesse d'être finie et continue.*

Démonstration. — Soit

$$f(x)$$

une fonction donnée de la variable x. Si l'on attribue à cette variable une valeur imaginaire z dont le module soit Z et l'argument p, en sorte qu'on ait

$$z = \mathrm{Z}e^{p\sqrt{-1}},$$

on aura identiquement

$$(1) \qquad \frac{\partial f(z)}{\partial \mathrm{Z}} = \frac{1}{\mathrm{Z}\sqrt{-1}} \frac{\partial f(z)}{\partial p}.$$

Supposons maintenant que l'on intègre les deux membres de l'équation (1) : 1° par rapport à Z et à partir de $Z = 0$; 2° par rapport à p entre les limites $p = -\pi$, $p = \pi$. Si la fonction de Z et de p, représentée par $f(z)$, reste, avec sa dérivée $f'(z)$, finie et continue, quel que soit p, pour la valeur attribuée à Z, et pour une valeur plus petite, on trouvera

$$\int_{-\pi}^{\pi} f(z)\,dp = 2\pi f(0). \tag{2}$$

Si, de plus, la fonction $f(x)$ s'évanouit avec x, l'équation (2) donnera simplement

$$\int_{-\pi}^{\pi} f(z)\,dp = 0. \tag{3}$$

Enfin, si, dans la formule (3), on remplace $f(z)$ par le produit

$$z\frac{f(z) - f(x)}{z - x},$$

x étant différent de z, et le module de x inférieur à Z, on en conclura

$$\int_{-\pi}^{\pi} \frac{z f(z)}{z - x}\,dp = \int_{-\pi}^{\pi} \frac{z f(x)}{z - x}\,dp = f(x)\int_{-\pi}^{\pi}\left(1 + \frac{x}{z} + \frac{x^2}{z^2} + \cdots\right)dp = 2\pi f(x),$$

et par suite

$$f(x) = \frac{1}{2\pi}\int_{-\pi}^{\pi} \frac{z f(z)}{z - x}\,dp. \tag{4}$$

L'équation (4) suppose, comme les équations (2) et (3), que la fonction de Z et de p, représentée par $f(z)$, reste, avec sa dérivée $f'(z)$, finie et continue pour la valeur attribuée à Z et pour des valeurs plus petites. D'ailleurs, comme le rapport

$$\frac{z}{z - x}$$

est la somme de la progression géométrique

$$1,\quad \frac{x}{z},\quad \frac{x^2}{z^2},\quad \ldots$$

qui demeure convergente tant que le module de x reste inférieur au module Z de z; il suit de la formule (4) que

$$f(x)$$

sera développable en une série convergente, ordonnée suivant les puissances ascendantes de x, si le module de la variable réelle ou imaginaire x conserve une valeur inférieure à la plus petite de celles pour lesquelles la fonction $f(x)$ et sa dérivée $f'(x)$ cessent d'être finies et continues.

Ainsi, en particulier, puisque les fonctions

$$\cos x, \quad \sin x, \quad e^x, \quad e^{x^2}, \quad \cos(1 - x^2), \quad \ldots$$

et leurs dérivées du premier ordre ne cessent jamais d'être finies et continues, elles seront toujours développables en séries convergentes ordonnées suivant les puissances ascendantes de x. Au contraire, les fonctions

$$(1+x)^{\frac{1}{2}}, \quad \frac{1}{1-x}, \quad \frac{x}{1+\sqrt{1-x^2}}, \quad \log(1+x), \quad \operatorname{arc\,tang} x, \quad \ldots,$$

qui, lorsqu'on attribue à x une valeur imaginaire de la forme

$$\mathrm{Z}e^{p\sqrt{-1}},$$

cessent d'être, avec leurs dérivées du premier ordre, fonctions continues de x, au moment où le module Z devient égal à 1, seront certainement développables en séries convergentes ordonnées suivant les puissances ascendantes de la variable x si la valeur réelle ou imaginaire de x offre un module inférieur à l'unité; mais elles pourront devenir et deviendront en effet divergentes si le module de x surpasse l'unité. Enfin, comme les fonctions

$$e^{\frac{1}{x}}, \quad e^{\frac{1}{x^2}}, \quad \cos\frac{1}{x}, \quad \ldots$$

deviennent discontinues avec leurs dérivées du premier ordre pour une valeur nulle de x, par conséquent lorsque le module de x est le plus petit possible, elles ne seront jamais développables en séries convergentes ordonnées suivant les puissances ascendantes de x.

Nota. — La démonstration précédente du théorème énoncé suppose que, si les conditions indiquées dans ce théorème sont remplies, l'équation (1) entraînera toujours l'équation (2). Or c'est ce dont on ne saurait douter. En effet, admettons que le module Z de z conserve une valeur inférieure à la plus petite de celles pour lesquelles la fonction $f(z)$ et sa dérivée $f'(z)$ cessent d'être finies et continues. Pour une telle valeur de Z, la valeur commune des deux membres de la formule (1), savoir

$$e^{p\sqrt{-1}} f'(z) = e^{p\sqrt{-1}} f'(Ze^{p\sqrt{-1}}),$$

restera finie et déterminée; et l'on pourra en dire autant des fonctions réelles

$$\varphi(Z, p) = \frac{1}{2}\left[e^{p\sqrt{-1}} f'(Ze^{p\sqrt{-1}}) + e^{-p\sqrt{-1}} f'(Ze^{-p\sqrt{-1}})\right],$$

$$\chi(Z, p) = \frac{1}{2\sqrt{-1}}\left[e^{p\sqrt{-1}} f'(Ze^{p\sqrt{-1}}) - e^{-p\sqrt{-1}} f'(Ze^{-p\sqrt{-1}})\right]$$

et, par conséquent, des intégrales doubles

$$\int_{-\pi}^{\pi}\int_{0}^{Z} \varphi(Z, p)\, dp\, dZ = \int_{0}^{Z}\int_{-\pi}^{\pi} \varphi(Z, p)\, dZ\, dp,$$

$$\int_{-\pi}^{\pi}\int_{0}^{Z} \chi(Z, p)\, dp\, dZ = \int_{0}^{Z}\int_{-\pi}^{\pi} \chi(Z, p)\, dZ\, dp.$$

Donc, puisqu'on aura identiquement

$$e^{p\sqrt{-1}} f'(z) = \varphi(Z, p) + \sqrt{-1}\,\chi(Z, p),$$

l'intégrale double

$$\int_{-\pi}^{\pi}\int_{0}^{Z} e^{p\sqrt{-1}} f'(z)\, dp\, dZ = \int_{0}^{Z}\int_{-\pi}^{\pi} e^{p\sqrt{-1}} f'(z)\, dZ\, dp$$

conservera elle-même une valeur finie et déterminée. D'ailleurs, la fonction $f(z)$ restant par hypothèse finie et continue pour les valeurs attribuées à Z et pour une valeur plus petite, on aura encore

$$\int_0^Z e^{p\sqrt{-1}} f'(z)\, dZ = \int_0^Z \frac{\partial f(z)}{\partial Z}\, dZ = f(z) - f(0),$$

$$\int_{-\pi}^{\pi} e^{p\sqrt{-1}} f'(z)\, dp = \frac{1}{Z\sqrt{-1}} \int_{-\pi}^{\pi} \frac{\partial f(z)}{\partial p}\, dp = 0,$$

comme on le conclura sans peine des principes établis dans le résumé des leçons données à l'École Polytechnique sur le Calcul infinitésimal. Donc, dans l'hypothèse admise, l'équation (1) entraînera la formule

$$\int_{-\pi}^{\pi} [f(z) - f(0)]\, dp = 0,$$

ou

$$\int_{-\pi}^{\pi} f(z)\, dp = \int_{-\pi}^{\pi} f(0)\, dp = 2\pi f(0),$$

qui est précisément l'équation (1).

Nous remarquerons en finissant que les fonctions ci-dessus prises pour exemples, et leurs dérivées du premier ordre, deviennent toujours infinies ou discontinues pour les mêmes valeurs du module de la variable indépendante. Si l'on était assuré qu'il en fût toujours ainsi, on pourrait, dans le théorème énoncé, se dispenser, comme nous l'avions fait dans le Mémoire de 1831, et dans la lettre à M. Coriolis, de parler de la fonction dérivée. Mais, comme on n'a point à cet égard une certitude suffisante, il est plus rigoureux d'énoncer le théorème dans les termes dont nous nous sommes servis plus haut.

Ce serait ne pas répondre suffisamment à l'attente de l'Académie, que de terminer cette Note sans payer un juste tribut de regrets à la mémoire de celui dont la perte récente laisse un grand vide au milieu de nous [1]. Si, au jour du deuil et de la tristesse, j'ai cru devoir me borner à joindre mes humbles prières à celles que la religion offrait pour lui, je n'en serai que plus empressé à m'acquitter des devoirs si doux que la reconnaissance m'impose envers un illustre confrère qui jadis parut prendre quelque plaisir à me compter au nombre de ses élèves, et voulut bien applaudir à mes premiers travaux.

(1) M. de Prony.

D'autres vous ont dit et vous diront encore tout ce qu'il a fait comme savant, comme ingénieur, et les nombreux monuments de ses doctes veilles suffiraient pour l'attester. Pour moi, ce que je me plairai surtout à rappeler aujourd'hui, c'est cette bienveillance naturelle avec laquelle il abordait, il recherchait ceux qui cultivaient les sciences, ceux-là même dont il n'aurait pas partagé toutes les convictions. Il me souvient encore de l'aimable accueil que je reçus de lui après une absence de huit années. Pour la consolation de ma patrie, il y a deux sentiments qu'en France on aime à voir profondément gravés dans les cœurs, et auxquels, je le sais par expérience, on se plaît à rendre justice, je veux dire, le dévoûment à l'infortune et l'amour sincère de la vérité.

59.

Physique mathématique. — *Mémoire où l'on montre comment une seule et même théorie peut fournir les lois de propagation de la lumière et de la chaleur.*

C. R., t. IX, p. 283 (26 août 1839).

Les principes exposés dans mes précédents Mémoires, comme j'en ai fait l'observation, et comme on le verra de plus en plus par les développements que je donnerai, sont applicables à la solution d'un grand nombre de problèmes de Physique mathématique. Mais, parmi les conséquences qui se déduisent de ces principes, il en est plusieurs qu'il me paraît utile de signaler dès à présent. Ainsi, en particulier, je suis parvenu à reconnaître qu'il existe, entre les lois de propagation de la chaleur et les lois de la polarisation de la lumière réfléchie, une connexion intime qu'on n'aurait pas soupçonnée au premier abord, et que je vais établir en peu de mots.

Dans mes Leçons données au Collège de France en 1830 et dans les Mémoires que j'avais déjà publiés à cette époque sur la Théorie de la lumière, j'ai prouvé que les mouvements par ondes planes, qui peuvent se propager dans un système de molécules *isotrope* où l'élasticité reste la même en tous sens, sont de deux espèces, savoir : des mouvements dans lesquels les vibrations moléculaires restent parallèles aux plans des ondes, et des mouvements dans lesquels les vibrations sont perpendiculaires à ces plans; c'est-à-dire, en d'autres termes, des mouvements qui ont lieu sans que la densité varie, et des mouvements qu'accompagne un changement de densité du système. Ainsi s'est trouvée détruite l'objection qu'on avait élevée contre la supposition admise par Fresnel, savoir que, dans les rayons lumineux, il existe des vibrations transversales. J'ai remarqué d'ailleurs que, dans le cas où la propagation du mouvement ne s'effectuait pas en tous sens suivant les mêmes lois, les vibrations cessaient d'être rigoureusement parallèles aux plans des ondes, et j'ai montré, d'une part, dans les *Exercices de Mathématiques,* d'autre part, dans les Mémoires présentés à l'Académie les 17 et 31 mai 1830, comment on pouvait, dans ce cas, obtenir ce que Fresnel appelle la surface des ondes, soit en la considérant comme une surface enveloppée de tous côtés par les ondes planes, qui représentent alors les plans tangents, soit en intégrant généralement les équations des mouvements infiniment petits d'un système de molécules dont quelques-unes, renfermées dans un très petit espace, se trouvent seules, au premier instant, écartées de leurs positions d'équilibre. Lorsque le système de molécules donné devient isotrope, les deux espèces d'ondes, relatives aux vibrations transversales et longitudinales, se propagent avec des vitesses indépendantes de la direction des plans de ces ondes; mais les deux vitesses de propagation, relatives aux deux espèces d'ondes, diffèrent généralement l'une de l'autre. Si, en supposant les équations des mouvements infiniment petits réduites à des équations homogènes du second ordre, on les faisait coïncider avec les formules qu'avait proposées d'abord M. Navier, le rapport des deux vitesses de propagation serait celui de $\sqrt{3}$ à l'unité. Mais cette valeur particulière du rapport des deux vitesses de propagation ne paraît pas devoir être admise dans la théorie de la lumière, et, au contraire, en comparant à l'expérience les formules établies dans mon Mémoire sur la réflexion des mouvements simples, on en conclut que, dans le vide et les milieux dont la surface polarise complètement la lumière réfléchie, la vitesse de propagation des ondes relatives aux vibrations longitudinales doit s'évanouir. Ainsi, lorsque, dans la théorie de la lumière, on se borne à la première approximation, en négligeant les termes qui peuvent être omis quand on ne tient pas compte de la dispersion des couleurs, on arrive à cette conséquence digne de remarque, non seulement que les vibrations transversales peuvent subsister, mais encore qu'elles sont les seules qui se propagent. Voyons maintenant suivant quelles lois pourront se propager les vibrations longitudinales, et de quelle nature elles pourront être si l'on pousse plus loin l'approximation.

Dans une lettre écrite à M. Ampère le 19 février 1836, et insérée dans les *Comptes rendus des séances de l'Académie*, j'ai dit qu'il serait intéressant d'examiner *si les vibrations longitudinales ne pourraient pas représenter le mouvement de la chaleur*. Or la question que je proposais alors aux physiciens me paraît aujourd'hui devoir être résolue par l'affirmative. Je vais en donner les motifs.

Si la chaleur est un mouvement vibratoire, comme tout porte à le croire, et si elle peut se propager dans le vide, c'est-à-dire dans l'éther considéré isolément, il faut qu'elle y soit l'un des mouvements de vibration dont l'éther est susceptible. Or, lorsque des vibrations propagées dans l'éther parviennent à de grandes distances du centre d'ébranlement, en sorte que les surfaces des ondes, prises dans une étendue limitée, puissent être sans erreur sensible considérées comme des surfaces planes, ces vibrations se réduisent nécessairement à celles que comportent des mouvements par ondes planes, c'est-à-dire à des vibrations ou transversales ou longitudinales (1). Donc, puisque les vibrations transversales, qui s'exécutent sans que la densité varie,

(1) S'il restait quelques doutes à cet égard, il suffirait, pour les faire disparaître, de discuter les valeurs que les intégrales générales des mouvements infiniment petits, réduites à leur forme la plus simple, fournissent pour les déplacements et les vitesses des molécules, à de grandes distances du centre d'ébranlement, comme nous l'avons fait, M. Poisson et moi, dans la théorie des ondes propagées à la surface d'un liquide, et comme l'a fait M. Poisson à l'égard des équations proposées d'abord par M. Navier. J'ajouterai que la discussion des intégrales générales des équations homogènes est précisément l'une des deux méthodes par lesquelles j'étais parvenu, en 1830, à former les équations générales des ondes sonores, lumineuses, et à retrouver ce que Fresnel appelle la *surface des ondes*.

représentent la lumière, il ne reste pour représenter la chaleur que les vibrations longitudinales, ou, ce qui revient au même, les vibrations accompagnées d'un changement de densité.

D'autre part, on sait que l'équation aux différences partielles, par laquelle on a réussi à représenter, d'une manière satisfaisante, les lois de la propagation de la chaleur, est, si l'on peut s'exprimer ainsi, une équation boiteuse, cette équation étant du second ordre par rapport aux coordonnées, et du premier ordre seulement par rapport au temps. Comme d'ailleurs, dans les problèmes de Mécanique, les dérivées relatives au temps sont généralement du second ordre, il est naturel de supposer, et c'était, je crois, la pensée de M. Ampère, que l'équation du mouvement de la chaleur tire son origine d'une autre équation dont elle représente une intégrale particulière, et qui serait du second ordre par rapport au temps, mais du quatrième ordre par rapport aux coordonnées. Or, il est remarquable que cette supposition s'accorde parfaitement avec l'hypothèse que la chaleur est représentée dans l'éther par des vibrations qu'accompagne un changement de densité. En effet, dans les mouvements infiniment petits d'un système isotrope, la dilatation du volume se trouve séparément déterminée par une équation aux différences partielles qui ne renferme que des dérivées d'ordre pair, le premier membre étant la dérivée du second ordre relative au temps, et le second membre étant composé de termes qui renferment des dérivées relatives aux coordonnées, savoir, trois dérivées du second ordre, six du quatrième ordre, et ainsi de suite. Or, d'après ce qui a été dit plus haut, la vitesse de propagation des ondes longitudinales sera nulle si l'on réduit les équations des mouvements infiniment petits de l'éther à des équations homogènes. Donc les dérivées du second ordre disparaîtront d'elles-mêmes, et les premières, dont on devra tenir compte, seront les dérivées du quatrième ordre. Si d'ailleurs on néglige alors les dérivées d'un ordre supérieur au quatrième, la formule que l'on obtiendra sera précisément l'équation aux différences partielles, dont l'équation connue du mouvement de la chaleur est une intégrale particulière.

Ainsi, en résumé, si l'on admet que les vibrations de la chaleur dans l'éther sont des vibrations accompagnées d'un changement de densité, alors, en partant de ce fait unique, qu'il existe des corps qui polarisent complètement la lumière par réflexion, on se trouvera conduit à l'équation du mouvement de la chaleur telle que Fourier l'a donnée; et réciproquement la forme généralement attribuée à l'équation de la chaleur entraînera la possibilité de la polarisation complète dont il s'agit.

Si l'on adopte les principes que nous venons d'exposer, la lumière pourra se propager, sans être accompagnée de chaleur, soit dans le vide et les espaces célestes, comme M. Herschel l'avait pensé, soit dans les corps parfaitement transparents et isophanes. Mais il n'en sera plus de même lorsque la lumière traversera un corps transparent non isophane, ni surtout lorsqu'elle pénétrera, en s'éteignant, dans une couche très mince d'un corps opaque, située près de la surface de ce corps. Alors, en effet, il n'existera plus de vibrations qui, étant sensiblement parallèles aux plans des ondes, s'effectuent sans changement de densité.

Au reste, pour déterminer d'une manière précise et la nature et les lois de propagation de la chaleur dans les corps, il pourra être utile de recourir aux équations que j'ai données précédemment et qui représentent les mouvements infiniment petits d'un double système de molécules sollicitées par des forces d'attraction mutuelle. C'est là une question sur laquelle je reviendrai dans de nouveaux Mémoires, où je montrerai de plus comment les équations dont il s'agit peuvent représenter les mouvements des fluides, et en particulier le mouvement du son propagé dans l'air ou dans un autre fluide élastique.

Je joins ici le calcul très simple sur lequel se fonde la théorie cidessus exposée.

Considérons un système de molécules sollicitées par des forces d'attraction ou de répulsion mutuelle; et soit υ la dilatation du volume, au bout du temps t, pour le point (x, y, z). Si le système est isotrope, alors, en vertu des principes développés dans un précédent Mémoire, la dilatation υ pourra être séparément déterminée par une équation aux différences partielles de la forme

$$D_t^2 \upsilon = \nabla \upsilon, \tag{1}$$

∇ désignant une fonction entière de D_x, D_y, D_z, et même du trinôme

$$D_x^2 + D_y^2 + D_z^2,$$

mais généralement composée d'un nombre infini de termes. On aura donc

$$\nabla = a(D_x^2 + D_y^2 + D_z^2) + b(D_x^2 + D_y^2 + D_z^2)^2 + \ldots,$$

a, b désignant des coefficients constants; en sorte que l'équation (1) deviendra

$$D_t^2 \upsilon = a(D_x^2 + D_y^2 + D_z^2)\upsilon + b(D_x^2 + D_y^2 + D_z^2)^2 \upsilon + \ldots. \tag{2}$$

Si l'on se borne à la première approximation, l'équation (2), réduite à une équation homogène du second ordre, prendra la forme

$$D_t^2 \upsilon = a(D_x^2 + D_y^2 + D_z^2)\upsilon. \tag{3}$$

D'ailleurs, de ce qui a été dit dans le Mémoire sur la *Réflexion des mouvements simples,* il résulte que le coefficient a sera nul pour tout système de molécules dans lequel la lumière réfléchie pourra subir une polarisation complète, par exemple, dans le vide ou l'éther considéré isolément; et qu'alors la formule (3), ou celle que donne une première approximation, deviendra

$$D_t^2 \upsilon = 0. \tag{4}$$

Donc alors, dans le second membre de l'équation (2), le premier terme dont on devra tenir compte sera celui qui renfermera les dérivées du quatrième ordre, savoir

$$b(D_x^2 + D_y^2 + D_z^2)^2 \upsilon.$$

Si l'on néglige les termes suivants, l'équation (2) pourra être réduite à

$$[D_t^2 - b(D_x^2 + D_y^2 + D_z^2)^2]\upsilon = 0, \tag{5}$$

ou, ce qui revient au même, à

$$[D_t + b^{\frac{1}{2}}(D_x^2 + D_y^2 + D_z^2)][D_t - b^{\frac{1}{2}}(D_x^2 + D_y^2 + D_z^2)]v = 0.$$

Or on vérifie cette dernière formule en posant

$$[D_t - b^{\frac{1}{2}}(D_x^2 + D_y^2 + D_z^2)]v = 0$$

ou, ce qui revient au même,

$$D_t v = b^{\frac{1}{2}}(D_x^2 + D_y^2 + D_z^2)v \tag{6}$$

ou, enfin,

$$\frac{\partial v}{\partial t} = b^{\frac{1}{2}}\left(\frac{\partial^2 v}{\partial x^2} + \frac{\partial^2 v}{\partial y^2} + \frac{\partial^2 v}{\partial z^2}\right), \tag{7}$$

et l'on reconnaît immédiatement ici l'équation du mouvement de la chaleur telle qu'elle est généralement admise par les physiciens.

60.

Mémoire sur la réduction des intégrales générales d'un système d'équations linéaires aux différences partielles.

C. R., t. IX, p. 288 (26 août 1839).

M. Cauchy prouve que la méthode exposée dans le Mémoire sur l'intégration d'un système d'équations aux différences partielles continue d'être applicable dans le cas même où l'on peut abaisser l'ordre de l'équation auxiliaire qu'il a nommée l'*équation caractéristique*. Alors les intégrales générales se présentent sous une forme plus simple que celle qu'on aurait obtenue si l'on n'avait pas tenu compte de l'abaissement dont il s'agit.

61.

Note.

C. R., t. IX, p. 337 (9 septembre 1839).

M. Cauchy fait hommage à l'Académie des 1re, 2e, 3e et 4e livraisons du nouvel Ouvrage qu'il publie sous le titre d'*Exercices d'Analyse et de Physique mathématique*.

Parmi les diverses théories qui se trouvent ou reproduites ou développées dans les diverses livraisons que je présente aujourd'hui à l'Académie, je citerai, dit l'auteur, comme paraissant mériter une attention spéciale, celle que renferme le Mémoire sur les mouvements infiniment petits dont les équations offrent une forme indépendante de la direction de trois axes coordonnés supposés rectangulaires, ou seulement de deux de ces axes. Déjà en 1828, en supposant les équations des mouvements infiniment petits d'un système homogène de molécules réduites à des équations homogènes, j'avais donné les conditions qui doivent être remplies pour que la propagation du mouvement s'effectue en tous sens suivant les mêmes lois, soit autour d'un point quelconque, soit autour de tout axe parallèle à un axe donné. Les conditions que renferme la 4e livraison de mes *Nouveaux Exercices* sont beaucoup plus générales que celles que j'avais données dans les *Exercices de Mathématiques*. Elles ne supposent plus les équations données réduites à des équations homogènes, et ce qu'il y a de remarquable, c'est que la théorie, en devenant plus générale, est aussi devenue beaucoup plus simple. La démonstration des formules comprises dans la 4e livraison est fondée sur divers théorèmes relatifs à la transformation des coordonnées, et fournit le moyen d'obtenir très facilement les équations des mouvements infiniment petits d'un système simple, ou de plusieurs systèmes de molécules, isophanes ou isotropes.

62.

Rapport sur un Mémoire de M. Lamé, *relatif au dernier théorème de Fermat.*

C. R., t. IX, p. 359 (16 septembre 1839).

L'Académie nous a chargés, M. Liouville et moi, de lui rendre compte d'un Mémoire de M. Lamé sur le dernier théorème de Fermat.

On sait que Fermat, l'un des plus beaux génies qui aient illustré la France, a donné des énoncés de plusieurs théorèmes, parmi lesquels il en est deux dont la démonstration a été pendant longtemps recherchée avec ardeur par divers géomètres. De ces théorèmes il n'en reste plus qu'un seul qui ne soit pas aujourd'hui complètement démontré : c'est le théorème relatif aux puissances des nombres entiers, et suivant lequel une puissance d'un degré n supérieur au second ne peut résulter de l'addition de deux puissances du même degré. On sait toutefois que le théorème, une fois démontré pour une valeur particulière de n, l'est en même temps pour tous les multiples de cette valeur, et que, d'après les principes établis par Fermat lui-même, le théorème se démontre assez facilement pour $n = 4$. De plus, Euler et M. Legendre sont parvenus à le démontrer encore pour les valeurs 3 et 5 de l'exposant n. Mais leurs démonstrations sont fondées sur la théorie des formes quadratiques des nombres premiers; et les difficultés que M. Legendre a eu à surmonter, pour le cas de $n = 5$, laissaient peu d'espoir d'appliquer avec succès les mêmes principes au cas où n acquiert des valeurs plus considérables. Toutefois, cette considération n'a pas empêché M. Lejeune-Dirichlet, dont les recherches sur la théorie des nombres avaient été utiles à M. Legendre, de s'occuper de nouveau du dernier théorème de Fermat; et, à l'aide d'un artifice particulier de calcul, il est parvenu à le démontrer pour le cas où l'on suppose $n = 14$. M. Lamé a considéré à son tour un cas qui renferme le précédent, savoir, le cas où l'on suppose $n = 7$; et les savants apprendront avec plaisir qu'il est parvenu effectivement au but qu'il s'était proposé d'atteindre.

Pour démontrer l'impossibilité de résoudre en nombres entiers une équation de la forme

$$x^7 + y^7 + z^7 = 0,$$

où z est supposé négatif, M. Lamé n'a point recours à la théorie des formes quadratiques des nombres premiers. Après avoir prouvé à l'ordinaire que

$$x, \quad y, \quad z$$

peuvent être supposés premiers entre eux, il démontre un lemme, digne de remarque, savoir, que le rapport entre la somme

$$x + y + z$$

des trois inconnues et la racine 7e du produit des trois sommes

$$x + y, \quad x + z, \quad y + z,$$

ou de ce produit multiplié par 7, est un carré parfait; puis, à l'aide de ce lemme, il prouve facilement qu'il est impossible de supposer les trois inconnues non divisibles par 7, ce que l'on savait déjà. Enfin, en supposant l'une des inconnues divisible par 7, et s'appuyant sur le lemme dont il s'agit, il remplace l'équation proposée, du septième degré, par une autre équation dont le premier membre est du quatrième degré, le second membre étant du huitième, et qui peut être présentée sous la forme

$$z^4 = x^8 - 3x^4y^4 + \frac{16}{7}y^8;$$

puis il démontre l'impossibilité de résoudre cette dernière équation, à l'aide d'une suite d'opérations semblables à celle que fournit la résolution d'une équation de la forme

$$x^2 - y^2 = \text{A}.$$

En lisant avec soin le Mémoire de M. Lamé, nous nous sommes demandé : 1° si le lemme dont il a fait usage se trouve compris dans quelque autre proposition plus générale relative à une valeur quelconque de n; 2° s'il ne serait pas possible d'abréger encore la démonstration donnée par M. Lamé pour le cas de $n = 7$. Nous avons reconnu qu'effectivement le lemme de M. Lamé est une conséquence nécessaire d'un théorème d'Analyse qui nous semble assez curieux pour mériter d'être indiqué dans ce Rapport. Voici l'énoncé de ce nouveau théorème :

Si l'on retranche la somme des puissances $n^{ièmes}$ de deux inconnues x, y de la puissance $n^{ième}$ de leur somme

$$x + y,$$

le reste sera divisible algébriquement, non seulement par le produit

$$n\,xy(x + y),$$

comme on le reconnaît aisément; mais encore, pour des valeurs de n supérieures à 3, par le trinôme

$$x^2 + xy + y^2 = \frac{x^3 - y^3}{x - y},$$

et même par le carré de ce trinôme, lorsque n, divisé par 6, donnera pour reste l'unité.

En appliquant ce théorème aux cas où l'on a

$$n = 3, \qquad n = 5, \qquad n = 7;$$

on obtient successivement les formules

$$(x + y)^3 - x^3 - y^3 = 3xy(x + y),$$
$$(x + y)^5 - x^5 - y^5 = 5xy(x + y)(x^2 + xy + y^2),$$
$$(x + y)^7 - x^7 - y^7 = 7xy(x + y)(x^2 + xy + y^2)^2,$$

dont la dernière conduit sans peine au lemme de M. Lamé.

Quant à la seconde question, nous avons reconnu qu'on abrège la démonstration de M. Lamé quand on commence par établir l'impossibilité de résoudre l'équation

$$z^2 = x^4 - \frac{3}{4}x^2y^2 + \frac{1}{7}y^4,$$

en prenant pour x, y, z des nombres premiers entre eux, et pour y un carré pair. Au reste, la méthode par laquelle on y parvient ne diffère pas au fond de celle qui sert à démontrer l'impossibilité de résoudre en nombres entiers l'équation

$$z^2 = x^4 + y^4,$$

et servirait pareillement à établir l'impossibilité de résoudre en nombres entiers une multitude d'équations de la forme

$$z^2 = x^4 - Ax^2y^2 + By^4.$$

Nous ne terminerons pas ce rapport sans rappeler qu'à une époque antérieure M. Lamé s'était déjà occupé de la théorie des nombres. Au moment où l'Académie proposa, pour sujet de prix, le dernier théorème de Fermat, elle reçut un Mémoire qui ne résolvait pas, il est vrai, la question proposée, mais qui renfermait du moins des théorèmes curieux sur l'impossibilité de la résoudre sans que certains nombres, égaux, par exemple, à l'unité augmentée du double ou du quadruple de l'exposant, fussent diviseurs de l'une des inconnues. L'un de nous, nommé Commissaire à cette époque avec M. Legendre, se rappelle encore avoir lu ces théorèmes dans le Mémoire envoyé au concours. Si l'auteur, que nous avons su depuis être M. Lamé, ne parvint pas alors à remplir entièrement le vœu de l'Académie, son travail n'était pourtant pas sans mérite, et son nouveau Mémoire prouve qu'il est capable de lutter avec avantage contre des difficultés qui dans cette matière n'ont pu être jusqu'à présent complètement surmontées par les géomètres.

En résumé, vos Commissaires pensent que le Mémoire de M. Lamé est digne de l'approbation de l'Académie, et mérite d'être inséré dans le Recueil des *Savants étrangers*.

Les conclusions de ce Rapport sont adoptées.

Post-scriptum. — On démontre aisément le nouveau théorème énoncé dans ce Rapport de la manière suivante :

Soient

$$1, \quad \alpha, \quad \beta$$

les trois racines de l'équation

$$x^3 = 1.$$

On aura, non seulement

$$1 + \alpha + \beta = 0,$$

mais encore, en supposant n non divisible par 3,

$$(1) \qquad 1 + \alpha^n + \beta^n = 0,$$

et de plus

$$x^2 + xy + y^2 = (x - \alpha y)(x - \beta y).$$

Cela posé, je dis que, si l'on prend pour n un nombre premier impair supérieur à 3, l'expression

$$(2) \qquad (x + y)^n - x^n - y^n$$

sera divisible par le trinôme

$$x^2 + xy + y^2,$$

et même par le carré de ce trinôme, lorsque n divisé par 3 donnera pour reste l'unité. Effectivement, pour établir cette proposition, il suffira de faire voir qu'en supposant

$$x = \alpha y \qquad \text{ou} \qquad x = \beta y$$

on réduit à zéro l'expression (2), et de plus sa dérivée relative à x, savoir

$$(3) \qquad n[(x + y)^{n-1} - x^{n-1}],$$

lorsque n divisé par 6 donnera 1 pour reste. Or, lorsqu'on suppose, par exemple, $x = \alpha y$, les expressions (2) et (3) deviennent

$$(1 + \alpha)^n - 1 - \alpha^n = -1 - \alpha^n + (-\beta)^n,$$
$$n[(1 + \alpha)^{n-1} - \alpha^{n-1}] = n[(-\beta)^{n-1} - \alpha^{n-1}],$$

et il est clair qu'elles s'évanouissent, la première en vertu de la formule (1), pour les valeurs impaires de n non divisibles par 3; la seconde, en vertu des formules

$$\alpha^3 = 1, \qquad 6^3 = 1,$$

pour les valeurs impaires de n, qui, divisées par 3, donnent 1 pour reste.

63.

Analyse mathématique. — *Sur la théorie des nombres, et en particulier sur les formes quadratiques des nombres premiers.*

C. R., t. IX, p. 473 (14 octobre 1839).

Dans une des précédentes séances, en annonçant la découverte d'un Manuscrit de Fermat, M. Libri a remarqué que ce Manuscrit renfermait l'énoncé, non seulement des théorèmes déjà connus de cet illustre géomètre, mais encore d'autres propositions dignes de remarque. Ainsi, en particulier, Fermat annonce qu'il a trouvé une méthode pour décomposer directement en deux carrés un nombre premier de la forme $4x+1$. Toutefois nous avons eu le regret d'apprendre que cette méthode ne se trouve, ni exposée, ni même indiquée dans le Manuscrit de Fermat. Heureusement, comme je l'ai observé, la décomposition dont il s'agit, et d'autres du même genre, peuvent aujourd'hui être effectuées par des méthodes directes, comme Fermat l'annonçait, et même à l'aide de calculs qui n'exigent que de simples additions, comme on le verra tout à l'heure. Dans son beau Mémoire sur les résidus biquadratiques, publié en 1825, M. Gauss donne une règle à l'aide de laquelle on peut obtenir directement la racine de l'un des carrés dans lesquels se décompose un nombre premier de la forme $4n+1$. Il suffit de chercher le plus petit reste qu'on obtient en divisant par n la moitié du coefficient du terme moyen dans la puissance $2n$ d'un binôme. De plus, dans le *Journal de M. Crelle* de 1827, M. Jacobi annonce qu'en cherchant la démonstration de la règle de M. Gauss, il a été conduit par une théorie féconde à des règles du même genre qui fournissent, par exemple, la réduction d'un nombre premier p, ou du quadruple de ce nombre, à la forme quadratique $x^2 + 7y^2$, lorsque $p - 1$ est divisible par 7, ou $x^2 + 27y^2$, lorsque $p - 1$ est divisible par 3. Enfin, dans des Notes et Mémoires publiés, ou présentés à l'Académie en 1829 et 1830, je me suis à mon tour occupé de la recherche directe des formes quadratiques des nombres premiers, et j'ai été assez heureux pour parvenir à des résultats dont la grande généralité a paru digne de l'attention des géomètres. Tel est, entre autres, un théorème établi dans un Mémoire du 17 mai 1830, et suivant lequel, n étant un nombre premier de la forme $4x + 3$, et p un nombre premier de la forme $nx + 1$, on peut résoudre directement en nombres entiers l'équation

$$x^2 + ny^2 = p^m$$

ou

$$x^2 + ny^2 = 4p^m,$$

dans laquelle la valeur de m se déduit par une règle facile de ce qu'on appelle les nombres de Bernoulli. Ce théorème, qui a été publié, avec un extrait du Mémoire en question, dans le *Bulletin de M. Férussac* de mars 1831, et d'autres théorèmes analogues se trouvent démontrés dans ce Mémoire, dont l'impression s'achève en ce moment, et à la suite duquel j'ai placé des Notes nouvelles qui me paraissent de nature à intéresser les savants occupés de la théorie des nombres. Parmi les résultats nouveaux auxquels je suis parvenu, je citerai dès à présent une méthode directe qui sert à déterminer l'exposant d'une puissance d'un nombre premier p représentée par un binôme de la forme

$$\omega x^2 + \nu y^2$$

ou

$$x^2 + \nu\omega y^2,$$

ou par le quart de ce binôme, ω et ν étant deux diviseurs premiers impairs de $p - 1$, dont l'un est de la forme $4x + 1$, et l'autre de la forme

$4x+3$. Au reste, je ne fais aujourd'hui qu'indiquer le sujet de mes nouvelles recherches, et je demanderai à l'Académie la permission de lui donner plus de détails à cet égard dans l'une des prochaines séances.

J'ajouterai seulement ici une observation qui n'est pas sans importance. Dans les formules auxquelles je parviens, comme dans les formules que j'ai citées de MM. Gauss et Jacobi, les valeurs des inconnues se déduisent toujours des restes que donnent les coefficients du binôme divisés par un nombre premier donné. Il semblerait en résulter au premier abord que la détermination de ces valeurs exige la formation de produits composés souvent d'un très grand nombre de facteurs; mais, pour éviter cette formation et réduire le calcul à de simples additions, il suffit, comme je l'ai déjà remarqué dans un Mémoire du 5 juillet 1830, de recourir au triangle arithmétique de Pascal et de réduire en même temps chaque terme au reste le plus petit (abstraction faite du signe) que donne la division de ce terme par le nombre premier donné. On peut même alors réduire le triangle arithmétique à quelques termes de chaque ligne horizontale, les termes suivants reproduisant périodiquement les termes déjà calculés.

64.

Sur la théorie des nombres, et en particulier sur les formes quadratiques des puissances d'un nombre premier ou du quadruple de ces puissances.

C. R., t. IX, p. 519 (28 octobre 1839).

Suivant une observation importante faite par Lagrange, la résolution algébrique des équations du second, du troisième et du quatrième degré, aussi bien que la résolution algébrique des équations binômes, peut se déduire de la considération d'une seule fonction linéaire des racines; savoir, de celle qu'on obtient en prenant pour coefficients des diverses racines d'une équation proposée, de degré n, les diverses racines $n^{\text{ièmes}}$ de l'unité, ou plus généralement les diverses puissances de l'une de ces dernières racines. Cette fonction sera, pour plus de commodité, désignée ici sous le nom de *fonction principale*. Lorsqu'on veut appliquer l'observation que je viens de rappeler à la résolution d'une équation binôme du degré p, ou de la forme

$$x^p - 1 = 0, \tag{1}$$

on doit d'abord débarrasser celle-ci de la racine 1, en la réduisant à l'équation suivante :

$$\frac{x^p - 1}{x - 1} = 0 \tag{2}$$

ou

$$x^{p-1} + x^{p-2} + \ldots + x + 1 = 0,$$

et par conséquent on doit, dans la fonction principale, prendre pour coefficients les racines de l'unité du degré $p - 1$, ou les puissances de l'une de ces racines. Si d'ailleurs on nomme, avec M. Poinsot, *racines primitives* de l'équation binôme, celles qui ne peuvent satisfaire à aucune équation binôme de même forme, mais de degré moindre, les diverses racines de l'équation du degré p seront, comme l'on sait, les diverses puissances d'une racine primitive quelconque, les exposants de ces puissances pouvant être réduits aux divers nombres inférieurs à p, ou, ce qui revient au même, aux divers termes de la progression arithmétique

$$0, \quad 1, \quad 2, \quad 3, \quad \ldots, \quad p-1,$$

et deux puissances représentant la même racine, lorsque leurs exposants divisés par p donnent le même reste, c'est-à-dire, en d'autres termes, lorsque leurs exposants sont *équivalents* entre eux, suivant le *module* p. Ainsi,

$$\theta$$

étant une racine primitive de l'équation (1), on trouvera généralement

$$\theta^h = \theta^k,$$

lorsqu'on aura, suivant la notation de M. Gauss,

$$h \equiv k \pmod p;$$

et de plus les diverses racines de l'équation (1) pourront être représentées par

$$1,\quad \theta,\quad \theta^2,\quad \theta^{p-1},$$

par conséquent celles de l'équation (2) pourront être représentées par

$$\theta,\quad \theta^2,\quad \ldots,\quad \theta^{p-1}.$$

La fonction principale Θ sera la somme de ces dernières, rangées dans un ordre quelconque et respectivement multipliées par les diverses racines de l'unité du degré $p-1$, c'est-à-dire par les diverses racines de l'équation

(3) $$x^{p-1} = 1,$$

ou plus généralement par les diverses puissances de l'une de ces racines. Donc, si l'on nomme τ une racine primitive de l'équation (3), les coefficients des diverses puissances de θ dans la fonction principale seront les divers termes de la suite

$$1,\quad \tau,\quad \tau^2,\quad \ldots,\quad \tau^{p-2},$$

ou plus généralement les divers termes de la suite

$$1,\quad \tau^h,\quad \tau^{2h},\quad \ldots,\quad \tau^{(p-2)h},$$

c'est-à-dire les diverses puissances d'une racine quelconque τ^h de l'équation (3). Si le nombre entier h est premier à $p-1$, les termes de la seconde suite seront les mêmes, à l'ordre près, que ceux de la première. Mais si le nombre h a pour facteur un diviseur ϖ de $p-1$, en sorte qu'on ait

$$p - 1 = n\varpi,$$

n termes de la seconde suite seront égaux à chacune des racines de l'équation

(4) $$x^n = 1,$$

et, si l'on nomme ρ une racine primitive de cette dernière équation, le termes réellement distincts de la seconde suite se réduiront à

$$1, \quad \rho, \quad \rho^2, \quad \ldots, \quad \rho^{n-1}.$$

Lorsque p est un nombre premier impair, alors, d'après un théorème connu de Fermat, la puissance du degré $p-1$ de tout nombre non divisible par p, et par conséquent de chaque terme de la progression arithmétique

$$1, \quad 2, \quad 3, \quad \ldots, \quad p-1,$$

est équivalente à l'unité, suivant le module p. Donc alors, si l'on adopte la notation de M. Gauss, ces divers termes seront les diverses racines de l'équivalence

$$x^{p-1} \equiv 1 \pmod p. \tag{5}$$

Soit t une racine primitive de cette dernière, c'est-à-dire un nombre entier tellement choisi que, dans l'équivalence

$$t^{p-1} \equiv 1 \pmod p, \tag{6}$$

on ne puisse remplacer l'exposant p par un exposant positif moindre. Les divers termes de la progression arithmétique

$$1, \quad 2, \quad 3, \quad \ldots, \quad p-1$$

seront, à l'ordre près, équivalents, suivant le module p, aux divers termes de la progression géométrique

$$t, \quad t^2, \quad \ldots, \quad t^{p-2},$$

et par conséquent les diverses racines de l'équation (1) pourront être représentées par

$$\theta, \quad \theta^t, \quad \theta^{t^2}, \quad \ldots, \quad \theta^{t^{p-2}}.$$

Si l'on multiplie respectivement ces dernières, dans lesquelles les exposants forment une progression géométrique, par les divers termes de cette autre progression géométrique

$$1, \quad \tau, \quad \tau^2, \quad \ldots, \quad \tau^{p-2},$$

ou plus généralement de celle-ci

$$1, \quad \tau^h, \quad \tau^{2h}, \quad \ldots, \quad \tau^{(p-2)h},$$

la somme des produits obtenus sera évidemment une des valeurs de la fonction principale. En désignant cette valeur par Θ_h, on aura

$$(7) \qquad \Theta_h = \theta + \tau^h \theta^t + \tau^{2h} \theta^{t^2} + \ldots + \tau^{(p-2)h} \theta^{t^{p-2}}.$$

Or, comme je l'ai déjà remarqué dans le *Bulletin de M. Férussac* de septembre 1829, la valeur précédente de la fonction principale a cela de très remarquable que, si l'on y remplace h par $-h$ en changeant seulement le signe de l'indice h, le produit des deux valeurs obtenues

$$\Theta_h, \quad \Theta_{-h}$$

sera égal au nombre p pris avec le signe $+$ ou avec le signe $-$, suivant que l'indice h sera pair ou impair, pourvu toutefois que h ne soit pas divisible par p. Si h était divisible par p, alors, en vertu de la formule

$$(8) \qquad 1 + \theta + \theta^2 + \ldots + \theta^{p-1} = 0,$$

on aurait évidemment

$$(9) \qquad \Theta_h = \Theta_0 = -1.$$

Mais, dans le cas contraire, on aura généralement

$$(10) \qquad \Theta_h \Theta_{-h} = (-1)^h p,$$

savoir,

$$\Theta_h \Theta_{-h} = p$$

si h est pair, et

$$\Theta_h \Theta_{-h} = -p$$

dans le cas contraire. Pour cette raison, nous désignerons les deux expressions imaginaires

$$\Theta_h, \quad \Theta_{-h}$$

sous le nom de *facteurs primitifs* de $\pm p$, et nous dirons que ces deux facteurs sont *conjugués* l'un à l'autre.

Comme l'on a

$$x^{p-1} - 1 = \left(x^{\frac{p-1}{2}} - 1\right)\left(x^{\frac{p-1}{2}} + 1\right),$$

il en résulte que l'équation (3) se décompose en deux autres, savoir

$$(11) \qquad x^{\frac{p-1}{2}} = 1,$$

$$(12) \qquad x^{\frac{p-1}{2}} = -1,$$

et l'équivalence (5) en deux autres, savoir

$$(13) \qquad x^{\frac{p-1}{2}} \equiv 1 \quad (\text{mod. } p),$$

$$(14) \qquad x^{\frac{p-1}{2}} \equiv -1 \quad (\text{mod. } p).$$

Or, τ et t, étant racines primitives des formules (3) et (5), ne peuvent vérifier les formules (11) et (13); ils vérifieront donc les formules (12) et (14), en sorte qu'on aura

$$(14\ bis) \qquad \tau^{\frac{p-1}{2}} = -1,$$

$$(15) \qquad t^{\frac{p-1}{2}} \equiv -1 \quad (\text{mod. } p).$$

Donc, si l'on pose

$$(16) \qquad \theta - \theta^{t} + \theta^{t^2} - \ldots + \theta^{t^{p-3}} - \theta^{t^{p-2}} = \Delta,$$

on aura

$$\Theta_{\frac{p-1}{2}} = \Theta_{-\frac{p-1}{2}} = \Delta,$$

et, en posant $h = \frac{p-1}{2}$, on tirera de la formule (10)

$$(17) \qquad \Delta^2 = (-1)^{\frac{p-1}{2}} p.$$

Cette belle formule est l'une de celles que M. Gauss a données dans ses *Recherches arithmétiques*. D'autre part, comme, en posant

$$x \equiv t^{2m} \quad (\text{mod. } p),$$

on en conclura

$$x^{\frac{p-1}{2}} \equiv t^{m(p-1)} \equiv 1,$$

il est clair que les diverses racines de l'équivalence (13) seront les puissances paires de t, savoir

$$1, \quad t^2, \quad t^4, \quad \ldots, \quad t^{p-3},$$

ou, ce qui revient au même, les divers termes de la suite

$$1^2, \quad 2^2, \quad 3^2, \quad \ldots, \quad (n-1)^2.$$

Donc chaque racine de l'équation (13) est le reste ou résidu de la division d'un carré par p; ce qui n'a pas lieu pour les racines de l'équivalence (14). On dit pour cette raison qu'une quantité entière h est *résidu quadratique* ou *non-résidu quadratique*, relativement au module p, suivant que h est racine de la formule (13) ou de la formule (14), c'est-à-dire suivant que le reste de la division de

$$h^{\frac{p-1}{2}}$$

par p se réduit à $+1$ ou à -1. Nous désignerons ce même reste, avec M. Legendre, par la notation

$$\left(\frac{h}{p}\right),$$

en sorte qu'on aura, si h est résidu quadratique,

$$\left(\frac{h}{p}\right) = 1,$$

et si h est non-résidu

$$\left(\frac{h}{p}\right) = -1.$$

Une propriété remarquable des facteurs primitifs de p, c'est que le produit de deux ou plusieurs facteurs de cette espèce est proportionnel à un semblable facteur. En d'autres termes, on a

$$\Theta_h \Theta_k = R_{h,k} \Theta_{h+k},$$

et généralement

$$(18) \qquad \Theta_h \Theta_k \Theta_l \ldots = R_{h,k,l,\ldots} \Theta_{h+k+l+\ldots},$$

les expressions

$$R_{h,k}, \quad R_{h,k,l}, \quad \ldots$$

étant indépendantes de θ, et se réduisant en conséquence à des fonctions symétriques de τ^h, τ^k, ou généralement de

$$\tau^h, \quad \tau^k, \quad \tau^l, \quad \ldots.$$

A l'aide de cette proposition, jointe à celles que nous avons déjà rappelées, on transforme aisément certaines puissances du nombre p, ou le quadruple de ces puissances, en expressions de la forme

$$x^2 + ny^2,$$

n étant un diviseur de $p - 1$. Il suffit, en effet, pour y parvenir, de multiplier l'un par l'autre, dans un certain ordre, les facteurs primitifs du nombre p; et l'on peut ajouter que, parmi les puissances dont il s'agit, il en existe toujours une dont l'exposant, facile à determiner, est égal ou inférieur à la moitié du nombre N des termes qui, dans la suite

$$1, \quad 2, \quad 3, \quad \ldots, \quad n-1,$$

sont premiers au nombre n. C'est ce que nous démontrerons plus en détail dans un prochain article.

65.

Note.

C. R., t. IX, p. 525 (28 octobre 1839).

Outre la Note qu'on vient de lire, M. Cauchy a, dans cette séance, présenté à l'Académie plusieurs Mémoires et Notes manuscrits, dont il suffira pour le moment d'indiquer l'objet en peu de mots, les résultats qu'ils contiennent devant être développés par l'auteur dans une des séances prochaines.

Dans un de ces nouveaux Mémoires, M. Cauchy parvient à des formules très simples qui déterminent les pressions ou tensions supportées par trois plans rectangulaires, en un point quelconque d'un double système de molécules soumises à des forces d'attraction ou de répulsion mutuelle. Ces pressions sont de trois espèces suivant qu'elles résultent, ou des actions mutuelles des molécules du premier système, ou des actions mutuelles des molécules du second système, ou enfin des actions réciproques des molécules du premier système sur celles du second, et des molécules du second système sur celles du premier. L'auteur, après avoir établi les formules générales relatives, soit à l'état d'équilibre, soit à l'état de mouvement, examine en particulier le cas où les deux systèmes donnés sont isotropes, et montre les réductions que subissent alors les formules générales. Puis il indique une hypothèse qu'il suffirait d'adopter pour déduire de ces formules la loi de Mariotte relative à la pression dans les gaz. Enfin, il recherche la vitesse de propagation d'un mouvement simple dans un double système isotrope, et il obtient alors entre cette vitesse, la densité du gaz et la pression, une relation différente de celle que fournit la formule newtonienne relative à la propagation du son.

Un autre Mémoire a pour objet la recherche des conditions à remplir pour que, dans l'état d'équilibre ou de mouvement d'un système simple ou d'un double système de molécules, il y ait égalité de pression en tous sens autour d'un même point. L'auteur arrive ici à des conclusions qui paraissent fort singulières au premier abord, et contraires même jusqu'à un certain point aux idées généralement admises. Toutefois l'exactitude des principes sur lesquels elles reposent lui persuade qu'après un mûr examen elles seront adoptées par les physiciens et les géomètres.

Dans un autre Mémoire, M. Cauchy discute les hypothèses proposées par M. Ampère dans un article que renferme la *Bibliothèque universelle* et qui a pour titre : *Idées de M. Ampère sur la chaleur et la lumière*. M. Cauchy trouve la plupart de ces hypothèses très naturelles et très propres à donner l'explication des phénomènes. Il en est une toutefois sur laquelle des doutes se sont élevés dans son esprit. C'est la supposition que l'action mutuelle de deux atomes est tantôt attractive, tantôt répulsive, de manière à s'évanouir une ou plusieurs fois pour une ou plusieurs valeurs finies de la distance. En réfléchissant sur cet objet, il a semblé à M. Cauchy qu'une autre supposition pourrait remplacer avec avantage celle que l'on vient de mentionner, et rendre plus facilement raison des formes polyédriques des molécules intégrantes. Ce serait d'admettre que chaque molécule intégrante se compose de trois ou plusieurs espèces d'atomes conjugués deux à deux, les atomes de même espèce s'attirant toujours entre eux [1], et occupant deux sommets opposés du polyèdre qui constitue la molécule, tandis que deux atomes d'espèces différentes se repousseraient. M. Cauchy, en développant cette hypothèse, montre comment elle pourrait servir à expliquer les changements de forme des molécules intégrantes, et les variations que M. Mitscherlich a observées dans les angles des cristaux dilatés par la chaleur.

Enfin, dans une Note présentée à l'Académie, M. Cauchy rappelle une idée qui s'était présentée depuis longtemps à son esprit, et qu'il avait même communiquée à quelques personnes. En réfléchissant sur la grande quantité de chaleur absorbée dans le passage d'un corps à l'état liquide, et surtout à l'état gazeux, il avait pensé que cette absorption de chaleur et la fluidité des gaz s'expliqueraient facilement si l'on admettait, d'une part, que la chaleur dépend de la force vive des molécules d'un corps mises en vibration, d'autre part, que dans l'état gazeux chaque molécule intégrante exécute des révolutions complètes sur elle-même. On pourrait supposer d'ailleurs que, dans l'état liquide ou solide, ces révolutions complètes se trouvent remplacées par de simples oscillations de la molécule, sensibles ou insensibles, autour de son centre de gravité.

(1) On pourrait aussi admettre que les atomes de même espèce se repoussent, et que les atomes d'espèces différentes s'attirent.

66.

Physique mathématique. — *Mémoire sur la constitution des molécules intégrantes et sur les mouvements atomiques des corps cristallisés.*

C. R., t. IX, p. 558 (4 novembre 1839).

M. Mitscherlich a reconnu que les angles des cristaux varient avec la température. Il en résulte que la forme des molécules intégrantes ne peut être considérée comme constante et inaltérable. Pour rendre raison en même temps de la forme polyédrique de ces molécules et de la variation des angles, il suffit d'admettre que chaque molécule est composée d'atomes, ou points matériels, les divers atomes pouvant d'ailleurs être de plusieurs espèces différentes et agir les uns sur les autres par attraction ou par répulsion. Cela posé, il est clair que, pour résoudre complètement le problème des mouvements vibratoires des corps cristallisés, il ne suffira point de considérer un cristal comme un système de points matériels, ou bien encore comme un système de très petits corps dont chacun tourne sur lui-même en exécutant de légères oscillations. Mais on devra considérer ce cristal comme formé par la réunion de plusieurs systèmes d'atomes placés dans le même espace en présence les uns des autres. Les équations d'équilibre ou de mouvement de ces divers systèmes d'atomes seront semblables à celles que j'ai données pour le mouvement de deux systèmes de molécules qui se pénètrent mutuellement. Seulement on devra considérer autant de systèmes d'atomes qu'il y aura d'atomes distincts dans chaque molécule. Par suite, si n représente le nombre des atomes compris dans une molécule intégrante, $3n$ sera le nombre des équations aux différences partielles du corps cristallisé.

Le Mémoire que j'ai l'honneur d'offrir en ce moment à l'Académie renferme l'application du principe que je viens d'énoncer à un cristal quelconque. Après les Mémoires que j'ai déjà publiés sur le mouvement de deux systèmes de molécules qui se pénètrent, ce qu'il y avait peut-être ici de plus difficile était de trouver une notation commode qui permît de présenter les équations d'équilibre et de mouvement sous une forme simple et symétrique. Les notations que j'ai adoptées me paraissent remplir ces deux conditions. Après avoir établi, dans un premier paragraphe, les équations d'équilibre et de mouvement d'un cristal, j'examine, dans un second paragraphe, ce qu'elles deviennent lorsqu'on suppose les mouvements infiniment petits. Alors les équations du mouvement peuvent être aisément intégrées à l'aide de la méthode que j'ai suivie dans les précédents Mémoires. On doit surtout remarquer le cas où le mouvement propagé dans le cristal est du nombre de ceux que j'ai nommés *mouvements simples,* les déplacements symboliques étant tous proportionnels à une seule exponentielle népérienne dont l'exposant est une fonction linéaire des variables indépendantes. On reconnaît sans peine qu'un semblable mouvement est, pour chaque système d'atomes, un mouvement par ondes planes dans lequel chaque atome décrit une droite, un cercle ou une ellipse. D'ailleurs, la durée des vibrations atomiques et la longueur des ondulations restent les mêmes pour les différents systèmes d'atomes, aussi bien que le plan invariable auquel les plans des ondes sont parallèles. On pourra encore en dire autant du plan invariable parallèle à tout plan dans lequel se trouvent renfermés des atomes qui exécutent des vibrations de même amplitude, si le mouvement simple s'éteint en se propageant dans une certaine direction. Quant aux amplitudes mêmes des vibrations atomiques, elles varient, en général, dans le passage d'un système d'atomes à un autre, aussi bien que la direction des plans qui renferment les ellipses décrites, et du plan invariable parallèle aux plans de ces ellipses. Par suite, dans les mouvements vibratoires et infiniment petits d'un corps cristallisé, on devra distinguer les vibrations exécutées par le centre de gravité de chaque molécule, et les mouvements relatifs des divers atomes. Ces derniers mouvements constituent ce que M. Ampère appelait les *vibrations atomiques*.

D'après ce que je viens de dire, on voit combien la question traitée dans le présent Mémoire diffère de celle que s'est proposée un illustre Confrère dans un travail qu'il a présenté récemment à l'Académie. Dans le cas du mouvement, les formules obtenues par M. Poisson déterminent seulement les petites vibrations des molécules et leurs petites oscillations sur elles-mêmes, sans que l'on fasse aucune supposition sur la forme des molécules et sur la constitution particulière du cristal que l'on considère. Au contraire, les formules que je donne pour la détermination des mouvements atomiques varient avec la forme et la constitution dont il s'agit, c'est-à-dire avec deux éléments dont on sera obligé de tenir compte si quelque jour on parvient à faire entrer la Chimie dans le domaine des Mathématiques. Parmi les applications que l'on peut faire de mes nouvelles formules, l'une des plus simples se rapporte au cas où la molécule intégrante d'un cristal, étant un octaèdre régulier, est considérée comme composée de six atomes placés aux six sommets de cet octaèdre.

67.

Mécanique céleste. — *Mémoire sur la convergence des séries. Application du théorème fondamental aux développements des fonctions implicites.*

C. R., t. IX, p. 587 (11 novembre 1839).

Lorsque, dans une question de Physique ou de Mécanique, l'analyse ne fournit pas les valeurs des inconnues en termes finis, on cherche à développer ces inconnues en séries. C'est en particulier ce qui arrive dans la Mécanique céleste, où l'on développe les coordonnées qui déterminent la position de chaque astre, par exemple le rayon vecteur et la longitude, ou l'anomalie, ou bien encore les éléments variables des orbites planétaires en séries ordonnées suivant les puissances ascendantes de diverses quantités, telles que les excentricités des orbites et les masses des planètes. Toutefois, pour que l'on puisse, à l'aide des développements en séries, obtenir des valeurs de plus en plus approchées des inconnues que l'on se propose de calculer, il est absolument nécessaire que les séries soient convergentes, et lorsque cette condition n'est pas remplie, la prétendue solution analytique que les développements fournissent dans chaque problème devient complètement illusoire. On comprend donc l'importance que les géomètres ont dû attacher à la question de la convergence des séries. Mais l'établissement de règles générales propres à montrer dans quels cas les séries obtenues sont convergentes ou divergentes a paru pendant longtemps offrir de grandes difficultés. C'est ce que l'on reconnaîtra sans peine en lisant les divers Mémoires qui avaient été publiés avant l'année 1831 sur cette matière, et particulièrement le *Supplément* au Ve Volume de la *Mécanique céleste* de M. de Laplace, supplément où l'auteur a prouvé que le rayon vecteur d'une planète, développé suivant les puissances ascendantes de l'excentricité, pouvait cesser d'offrir une série convergente lorsque l'excentricité surpassait un certain nombre sensiblement égal à $\frac{2}{3}$. C'est dans un Mémoire sur l'Astronomie, lithographié à Turin en 1831, que se trouvent énoncées, pour la première fois, diverses propositions qui permettent d'établir les règles de la convergence des séries pour des cas très généraux, et même d'assigner des limites aux erreurs que l'on commet en arrêtant les développements après certains termes. Dans ce Mémoire, qui, dès le moment de son apparition, fut accueilli avec tant de bienveillance par les géomètres, et dont les savants éditeurs du Recueil imprimé à Milan, MM. Gabrio Piola et Friziani, ont publié une traduction en langue italienne, on trouve en particulier, page 7, le théorème général que j'ai rappelé dans une précédente séance, et qui fournit immédiatement la règle sur la convergence des séries produites par le développement des fonctions explicites.

Dans le Mémoire que j'ai l'honneur de présenter aujourd'hui à l'Académie, je montre avec quelle facilité le même théorème s'applique au développement des fonctions implicites. Les règles que j'établis de cette manière se trouvent d'accord, ainsi que je le démontre, avec celles que j'avais données dans le Mémoire de 1831. Elles comprennent d'ailleurs, comme cas particulier, la règle à laquelle j'étais parvenu dans un Mémoire de 1829, sur la convergence de la série de Lagrange, et à plus forte raison le résultat auquel M. Laplace est parvenu dans le Supplément au Ve Livre de la *Mécanique céleste*.

68.

Mémoire sur les pressions et tensions dans un double système de molécules sollicitées par des forces d'attraction ou de répulsion mutuelle.

C. R., t. IX, p. 588 (11 novembre 1839).

Dans le *Bulletin de la Société philomathique*, et dans le tome II des *Exercices*, j'ai considéré d'une manière générale la pression ou tension supportée en un point donné d'un corps par un plan quelconque. J'ai fait voir que, dans le cas où la pression offre une intensité variable avec la direction du plan qui la supporte, elle n'est pas toujours normale à ce plan. J'ai nommé *pressions ou tensions principales* celles qui sont normales aux plans contre lesquels elles s'exercent; et j'ai prouvé qu'en chaque point d'un corps il existe généralement trois pressions ou tensions principales dirigées suivant trois axes rectangulaires entre eux. Enfin j'ai donné plusieurs théorèmes relatifs aux pressions et analogues à ceux qui, dans la Géométrie, se rapportent aux rayons de courbures des surfaces courbes. J'ai recherché en particulier les relations qui existent, en chaque point d'un corps, entre les composantes rectangulaires de la pression ou tension supportée par un plan quelconque et les pressions ou tensions principales; et, pour établir ces relations dignes de remarque, j'ai suivi une méthode fort simple qui depuis a été adoptée par d'autres géomètres, en comparant entre elles les pressions supportées par les faces d'un tétraèdre ou d'un parallélépipède infiniment petit qui renferme le point donné.

Dans un Mémoire présenté à l'Académie, le 1er octobre 1827, et inséré par extrait dans les *Annales de Physique et de Chimie*, M. Poisson avait donné des formules pour calculer les pressions qui résultent des actions mutuelles d'un système de molécules; et, pour obtenir les pressions dans le cas du mouvement, il avait supposé ce système décomposé en éléments dont chacun offrait la forme d'un parallélépipède rectangle avant le déplacement des molécules. Ayant repris la même question dans le Tome III des *Exercices mathématiques*, j'ai déterminé directement les pressions supportées par les faces d'un petit solide qui offre la forme d'un parallélépipède rectangle, non avant, mais après le déplacement des molécules; et dès lors il a été facile de s'assurer que les pressions provenant des actions moléculaires vérifient effectivement les relations et les théorèmes que j'avais exposés dans le Tome II des *Exercices*. En développant les formules très simples auxquelles j'étais parvenu, j'ai cherché en particulier les conditions qui devaient être remplies pour que la propagation du mouvement pût s'effectuer de la même manière en tous sens, c'est-à-dire, en d'autres termes, pour que le système de molécules devînt isotrope; j'ai depuis généralisé ces mêmes conditions, dans le Mémoire sur la lumière, lithographié en 1836, et dans un article que renferment mes *Exercices d'Analyse et de Physique mathématique*.

Dans mon nouveau Mémoire, les formules que je viens de rappeler sont étendues au cas où l'on considère deux systèmes de molécules qui se pénètrent l'un l'autre, c'est-à-dire deux systèmes de molécules, renfermées dans le même espace, et d'ailleurs sollicitées par des forces d'attraction ou de répulsion mutuelle. Alors les pressions supportées par un plan quelconque, ou plutôt leurs composantes parallèles aux axes coordonnés, se composent chacune de trois termes qui sont sensiblement proportionnels, l'un au carré de la densité du premier système de molécules, l'autre au carré de la densité du second système, l'autre au produit de ces deux densités.

Si l'on prend pour premier système le fluide éthéré, pour second système un fluide élastique, et si d'ailleurs on suppose que la densité de l'éther reste sensiblement la même dans le vide et dans les corps, le premier des termes dont nous venons de parler ne paraîtra point dans les expériences que l'on pourra faire. Si, d'autre part, on suppose les molécules d'un fluide élastique séparées par des distances assez considérables pour qu'on puisse ne pas tenir compte de leurs actions mutuelles, le second terme s'évanouira, et il ne restera de chaque pression que le troisième terme sensiblement proportionnel à la densité du fluide élastique.

Les recherches que je viens de rappeler m'ont naturellement ramené à l'examen du principe de l'égalité de pression en tous sens qui, pendant longtemps, a été considéré comme le principe fondamental propre à établir la distinction entre les fluides et les solides. Or une discussion approfondie des équations d'équilibre ou de mouvement d'un système de molécules m'a conduit à cette conclusion que, dans un semblable système, lorsqu'il est isotrope, l'état d'équilibre offre effectivement, en chaque point, une pression égale dans tous les sens, mais qu'un mouvement infiniment petit du système ne peut plus offrir cette égalité d'une manière rigoureuse. On se trouve ainsi conduit à révoquer en doute, avec M. Poisson, l'exactitude du principe d'égalité de pression appliqué au mouvement des liquides. Ne serait-ce pas à ce défaut d'exactitude que tiendraient les modifications que l'on a été obligé d'apporter aux formules de l'Hydrodynamique pour les rendre propres à représenter les résultats des observations?

FIN DU TOME IV DE LA PREMIÈRE SÉRIE.

TABLE DES MATIÈRES

DU TOME QUATRIÈME.

PREMIÈRE SÉRIE.

MÉMOIRES EXTRAITS DES RECUEILS DE L'ACADÉMIE DES SCIENCES DE L'INSTITUT DE FRANCE.

NOTES ET ARTICLES EXTRAITS DES COMPTES RENDUS HEBDOMADAIRES DES SÉANCES DE L'ACADÉMIE DES SCIENCES.

FIN DE LA TABLE DES MATIÈRES DU TOME IV DE LA PREMIÈRE SÉRIE.

5050 Paris. — Imprimerie de Gauthier-Villars, quai des Augustins, 55.

Printed in the United States